REFRIGERAÇÃO COMERCIAL
PARA TÉCNICOS EM AR-CONDICIONADO

Tradução da 2ª edição norte-americana

Dados Internacionais de Catalogação na Publicação (CIP)
(Câmara Brasileira do Livro, SP, Brasil)

Dados Internacionais de Catalogação na Publicação (CIP)
(Câmara Brasileira do Livro, SP, Brasil)

Wirz, Dick
 Refrigeração comercial para técnicos em ar condicionado / Dick Wirz ; [tradução Harue Avritscher; revisão técnica Carlos Daniel Ebinuma]. -- São Paulo : Cengage Learning, 2023.

 3. reimpr. da 1. ed. de 2011.
 Título original: Commercial refrigeration for air conditioning technicians.

 ISBN 978-85-221-1119-0

 1. Engenharia 2. Máquinas térmicas 3. Ar-condicionado I Ebinuma, Carlos Daniel. II. Título.

11-10356   CDD-62

Índice para catálogo sistemático:
1. Engenharia 62 2. Máquinas térmicas 621 3. Ar-condicionado 628

Dick Wirz

REFRIGERAÇÃO COMERCIAL
PARA TÉCNICOS EM AR-CONDICIONADO

Tradução da 2ª edição norte-americana

Tradução
Harue Avritscher

Revisão técnica
Carlos Daniel Ebinuma
Professor titular do Departamento de Energia da Unesp – Campus de Guaratinguetá
Livre-docente em Termodinâmica pela Unesp

CENGAGE Learning

Austrália • Brasil • Japão • Coreia • México • Cingapura • Espanha • Reino Unido • Estados Unidos

CENGAGE Learning

Refrigeração comercial para técnicos em ar-condicionado – Tradução da 2ª edição norte-americana

Dick Wirz

Gerente editorial: Patricia La Rosa

Supervisora de produção editorial: Noelma Brocanelli

Supervisora de produção gráfica: Fabiana Alencar Albuquerque

Editora de desenvolvimento e produção editorial: Gisele Gonçalves Bueno Quirino de Souza

Tradução: Harue Avritscher

Revisão técnica: Carlos Daniel Ebinuma

Pesquisa iconográfica: Douglas Cometti

Copidesque: Sandra Maria Ferraz Brazil

Revisão: Entrelinhas Editorial, Maria Dolores D. Sierra Mata

Capa e diagramação: SGuerra Design

© 2012 Cengage Learning, Inc.
© 2010, 2006 Delmar, Cengage Learning

Todos os direitos reservados. Nenhuma parte deste livro poderá ser reproduzida, sejam quais forem os meios empregados, sem a permissão, por escrito, da Editora.
Aos infratores aplicam-se as sanções previstas nos artigos 102, 104, 106 e 107 da Lei nº 9.610, de 19 de fevereiro de 1998.

Esta editora empenhou-se em contatar os responsáveis pelos direitos autorais de todas as imagens e de outros materiais utilizados neste livro. Se porventura for constatada a omissão involuntária na identificação de algum deles, dispomo-nos a efetuar, futuramente, os possíveis acertos.

Para informações sobre nossos produtos, entre em contato pelo telefone **+55 11 3665-9900**.

Para permissão de uso de material desta obra, envie seu pedido para **direitosautorais@cengage.com**.

ISBN-13: 978-85-221-1119-0
ISBN-10: 85-221-1119-7

Cengage
WeWork
Rua Cerro Corá, 2175 – Alto da Lapa
São Paulo – SP – CEP 05061-450
Tel.: (11) +55 11 3665-9900

Para suas soluções de curso e aprendizado, visite
www.cengage.com.br.

Impresso no Brasil.
Printed in Brazil.
3. reimpr. – 2023

Sumário

Prefácio — *xiii*

1 *Refrigeração* — *1*

- Visão geral do capítulo — 1
- Introdução — 1
- Faixas de temperatura de refrigeração — 2
- O ciclo da refrigeração — 3
- Comparando a refrigeração comercial com AC — 6
- Refrigerantes mais recentes usados na refrigeração comercial — 7
- Os quatro componentes básicos de um sistema de refrigeração — 9
- Resumo — 10
- Questões de revisão — 12

2 *Evaporadores* — *15*

- Visão geral do capítulo — 15
- Funções do evaporador — 15
- Tipos de evaporadores — 24
- Operação do evaporador — 26
- Medindo o superaquecimento — 27
- Resumo — 46
- Questões de revisão — 48

3 Condensadores — 51

- Visão geral do capítulo — 51
- Funções do condensador — 51
- Operação do condensador — 52
- Três fases do condensador — 53
- Gás *Flash* — 55
- Intervalo de temperatura no condensador (*Condenser split*) — 58
- Condensadores de ar refrigerado: limpeza e manutenção — 60
- Controles de ambiente com baixa temperatura para condensadores de ar refrigerado — 63
- Inundação do condensador — 66
- Pressão máxima flutuante — 70
- Condensadores refrigerados a água: limpeza — 77
- Resumo — 78
- Questões de revisão — 80

4 Compressores — 85

- Visão geral do capítulo — 85
- Funções de um compressor — 85
- Lubrificação do compressor — 92
- Resumo — 122
- Questões de revisão — 124

5 Dispositivos de medida — 129

- Visão geral do capítulo — 129
- Dispositivo de medida: Funções — 129
- Superaquecimento — 132
- Como uma TEV opera — 135
- Estilos de corpos de TEV — 137
- Válvulas equalizadas – internas e externas — 137
- Ajustando o superaquecimento — 140
- Colocação do bulbo da TEV — 142

Como o sistema afeta as TEVs	143
Dimensionamento da TEV	146
Leitura de uma válvula de expansão	149
TEVs: Solução de problemas	150
Tubos capilares como dispositivos de medida	154
Como funciona o tubo capilar	156
Tubos capilares: Solucionando problemas	159
Válvulas de expansão automáticas	162
Válvulas de expansão elétrica	162
Resumo	168
Questões de revisão	169

6 Controles e acessórios — 175

Visão geral do capítulo	175
Controles de temperatura	175
Válvula de serviço de compressor	180
Válvulas solenoides para pump down e de desvio de gás quente	184
Válvulas de desvio de gás quente	188
Reguladores da pressão do cárter	189
Reguladores de pressão do evaporador	192
Controles de baixa pressão	194
Controles de alta pressão	197
Separadores de óleo	197
Controles de segurança do óleo	199
Receptores	203
Acumuladores	205
Filtros secadores	206
Visores de vidro	210
Trocas de calor	211
Eliminador de vibração	213
Resumo	213
Questões de revisão	215

7 Sistema de refrigeração: solucionando problemas — 221

- Visão geral do capítulo — 221
- Revisão e previsão — 222
- Dispositivos de medida — 227
- Dispositivos de medida fixos: Como reagem às condições do sistema — 228
- Como os sistemas TEV reagem às condições do sistema — 230
- Resumo de como as mudanças na temperatura externa afetam o sistema de refrigeração — 232
- Resumo de como as mudanças na pressão afetam o sistema de refrigeração — 233
- Superaquecimento e sub-resfriamento — 234
- Diagnosticando nove problemas do sistema — 236
- Refrigerante: Subcarga — 239
- Sobrecarga de refrigerante — 241
- Problemas de fluxo de ar do condensador — 244
- Não condensáveis — 246
- Compressor ineficiente — 249
- Dispositivo de medida restrito — 251
- Obstrução parcial na linha de líquido após o receptor — 253
- Obstrução parcial no lado de alta antes do receptor — 254
- Evaporador sujo, evaporador com gelo ou fluxo de ar baixo — 255
- Obtendo as informações corretas — 257
- Tabela de diagnóstico: utilização — 258
- Registrando óleo no evaporador — 263
- Resumo — 266
- Questões de revisão — 269

8 Controles do motor do compressor — 277

- Visão geral do capítulo — 277
- Motores trifásicos — 277
- Contatores — 279
- Motor: Dispositivos de partida — 281
- Motores monofásicos — 281
- Relés de partida e capacitores — 283
- Motor: Tipos de sobrecargas — 290

Motores: Solução de problemas	291
Resumo	298
Questões de revisão	299

9 Atualização, recuperação, evacuação e carga — 305

Visão geral do capítulo	305
Refrigeração: Atualização dos sistemas	305
Recuperação do refrigerante: Procedimentos	312
Sistema: Evacuação	317
Sistema: Partida e carregamento	323
Resumo	335
Questões de revisão	337

10 Refrigeração de supermercado — 341

Visão geral do capítulo	341
Visibilidade do produto e acesso do cliente	341
Refrigeradores múltiplos e temperaturas	342
Sistemas de rack paralelo	342
Rack paralelo: Controles do sistema	344
Controladores de sistema de rack	347
Pressão máxima: Controle	348
Consumo de energia: Eficiência	350
Serpentina: Descongelamento	350
Sub-resfriamento mecânico	352
Recuperação de calor e reaquecimento	354
Vitrines de exposição: Fluxo de ar	354
Instalação, assistência técnica e manutenção	356
Vazamento de refrigerante: Detecção	358
Novas tecnologias	359
Resumo	365
Questões de revisão	367

11 Câmaras frigoríficas e freezers — 371

Visão geral do capítulo	371
Tipos e tamanhos do interior da câmara frigorífica	371
Instalação da parte interna das câmaras frigoríficas	373
Tipos de portas e ajustes da câmara frigorífica	375
Parte interna das câmaras frigoríficas: Aplicações	379
Sistema: Ajuste dos componentes para o correto funcionamento	381
Refrigeração: Tubulação	389
Tubulação de drenagem	398
Câmaras frigoríficas: Solução de problemas	399
Resumo	406
Questões de revisão	407

12 Máquinas de fabricar gelo — 411

Visão geral do capítulo	411
Máquinas de produzir gelo: Tipos e aplicações	411
Máquinas de fabricar gelo: Funcionamento básico	412
Instalação: Serviços	415
Máquinas de produzir gelo: Manutenção e limpeza	418
Máquina de produção de gelo: Garantias	423
Máquinas de produzir gelo: Solucionando problemas	423
Resumo	427
Questões de revisão	429

13 Temperatura do produto para sua preservação e para a saúde — 433

Visão geral do capítulo	433
Temperaturas mínimas	434
O que o fiscal da saúde procura?	434
Áreas de problemas e soluções	435
Máquinas de produzir gelo: Inspeção	437
Dobradiças, maçanetas e gaxetas	437

Refrigeração: Programa de manutenção	439
Temperatura e saúde: Fatos interessantes	440
Resumo	441
Questões de revisão	443

14 Dicas para o negócio de refrigeração — 445

Visão geral do capítulo	445
O negócio: Começar e permanecer	445
Registros e escrituração	447
O dinheiro é o rei	448
Orçamento e custos	449
Clientes	453
Empregados	454
O negócio: Expandir	455
Manutenção: Contratos	456
Estratégia de saída	461
Resumo	462
Questões de revisão	463

Índice remissivo — 465

Apêndice e Glossário estão disponíveis no site do livro, em http://www.cengage.com.br

Prefácio

Refrigeração comercial para técnicos

Este livro destina-se a técnicos de refrigeração, técnicos de ar-condicionado (AC) e estudantes de cursos avançados de AC. Ensina-se a refrigeração comercial, como matéria específica, em apenas cerca de 10% das escolas que possuem programas de HVACR (Heating, Ventilating, Air Conditionning, Refrigeration – Aquecimento, Ventilação, Ar-condicionado, Refrigeração). Como consequência, há pouquíssimos estudantes e técnicos treinados em AC. No entanto, se esses técnicos forem competentes também em refrigeração comercial, serão mais úteis a suas empresas e seus clientes.

O tema e o formato deste livro são resultado de um curso de 60 horas que desenvolvi para o capítulo da National Association of Power Engineering (NAPE – Associação Nacional de Engenharia Elétrica), em Washington, D.C. Doug Smarte, diretor executivo da Fundação Educacional da NAPE, reconheceu a necessidade de oferecer treinamento em refrigeração comercial para engenheiros civis e administradores imobiliários.

Organização

Os primeiros seis capítulos combinam a revisão da teoria de refrigeração com a introdução da aplicação desses princípios especificamente ao equipamento de refrigeração comercial. Sempre que possível, os conceitos de refrigeração são comparados àqueles de AC. Isso facilita aos estudantes e aos técnicos de HVACR relacionar o que já sabem ao campo da refrigeração comercial.

No Capítulo 7, aplicam-se as informações dos seis capítulos iniciais à solução dos nove problemas comuns do sistema de refrigeração. Esse capítulo também inclui um gráfico-diagnóstico para o leitor utilizar em sala de aula e em seu trabalho. O Capítulo 8, que trata dos controles de motor, também contém instruções sobre a solução de problemas. O setor de refrigeração comercial encontra-se na vanguarda do desenvolvimento das práticas de readequação (*retrofitting*) para substituir os gases refrigerantes clorofluorcarbono (CFC) e hidroclorofluorcarbono (HCFC). Portanto, no Capítulo 9, abrangem-se a readequação e outras práticas relacionadas de recuperação, evacuação e carregamento.

O Capítulo 10 constitui uma introdução ao mundo da refrigeração de supermercados. Os capítulos 11 e 12 tratam de *walk-ins* (câmaras frigoríficas tão grandes que uma pessoa pode entrar nelas), *reach-ins* (geladeiras de uso comercial de fácil acesso ao produto pelo usuário) e máquinas de produção de gelo. O Capítulo 13 é um olhar relativamente breve, mas importante sobre o papel dos técnicos de refrigeração na preservação de alimentos e nas questões de saúde.

Uma vez que muitos técnicos de HVACR abrem suas próprias empresas, o último capítulo deste livro trata da parte comercial desse setor. Mesmo que muitos estudantes não tenham a intenção imediata de se tornar empresários, este capítulo fornece a ideia das situações com as quais seus funcionários lidariam no dia a dia. Nesses *insights*, os técnicos podem se tornar parte vital e ser mais valorizados em suas empresas.

Características

Ao longo do livro há boas informações denominadas Regras de Ouro dos Técnicos (Technician's Rules of Thumb – TROT). Essas informações formam uma coleção de práticas que os técnicos com experiência utilizam a fim de prestar uma assistência melhor e mais rápida aos equipamentos. Há uma lista completa das Regras de Ouro no Apêndice, disponível para download no site do livro <http://www.cengage.com.br>. O Apêndice também contém tabelas de pressão/temperatura (P/T) para os refrigerantes atualmente empregados na maior parte das aplicações de refrigeração.

No site do livro também há o Glossário, que possui definições e explicações de termos técnicos e frases utilizadas ao longo da obra. Os termos em vermelho indicam que essa palavra pode não ser familiar a muitos leitores e que, portanto, há um verbete com seu significado no Glossário.

Suplementos

A maioria dos técnicos em HVACR aprende de modo muito visual, portanto, este livro inclui muitas fotos e desenhos para ilustrar o texto. Caso este livro seja usado como parte de um curso sobre refrigeração, há o recurso eletrônico disponível no site do livro (http://www.cengage.com.br) para os professores qualificados em HVACR. O material em PowerPoint® foi planejado para ser usado pelo professor em sala de aula. Esse apoio visual para o ensino ajuda a explicar os conceitos de refrigeração e aumenta a compreensão do estudante.

Sobre o autor

Minha carreira em HVACR teve início com um trabalho de férias no verão de 1963. Nos primeiros oito anos, instalei sistemas de dutos e dei assistência técnica aos equipamentos de AC e de aquecedores residenciais. Nos 30 anos seguintes, desfrutei do mundo da refrigeração comercial. Técnico mestre registrado em HVACR e eletricista mestre em vários estados, tenho certificado em todas as categorias oferecidas pelos Industry Competence Exams (ICE) e pela North American Training Excellence (NATE). Por mais de 25 anos fui presidente e coproprietário de uma empresa de refrigeração comercial bem-sucedida no mercado. Agora me divirto lecionando e publicando material para treinamento. Dessa maneira, posso retribuir os muitos benefícios que recebi de uma carreira recompensadora na área de HVACR.

Formei-me na Virginia Tech com grau em Administração de Negócios e com habilitação secundária em Engenharia Mecânica. Vinte anos depois, voltei aos estudos para obter o grau de mestre em administração de negócios. Para conseguir ser um bom professor, passei dois anos em um programa de pós-graduação na George Mason University, onde recebi um certificado em ensino em universidade comunitária. Atualmente, sou professor de HVACR no Northern Virginia Community College e também na NAPE. Além disso, ofereço treinamento para empresas e seminários para os distribuidores de HVACR. Minha esposa e eu damos assessoria a professores, por meio de CDs, sob o nome corporativo de Refrigeration Training Services (Serviços de Treinamento em Refrigeração) para programas de HVACR, como no material complementar que está disponível para este livro.

Agradecimentos

Gostaria de agradecer à minha esposa, Irene, por sua enorme ajuda neste projeto. Ela forneceu todos os gráficos usados neste livro e nos materiais complementares. Sem sua edição, seus gráficos, sua habilidade com softwares e seu apoio, este livro não teria jamais se tornado realidade.

Também gostaria de agradecer às muitas pessoas que me contataram desde a primeira edição. Seu reconhecimento aumentou minha crença de que a enorme quantidade de trabalho na realização deste livro beneficiou milhares de estudantes, professores e técnicos. Seus comentários ajudaram a fazer as mudanças e atualizações da segunda edição. Particularmente, gostaria de agradecer aos professores Chris Sterret, Eric Seltenright, Joe Owens e Stephen Vossler por aceitarem a solicitação do editor de revisar a primeira edição e fazer sugestões para a segunda.

Ensinar e treinar têm sido uma experiência recompensadora e de humildade para mim. Embora imaginasse dominar HVACR, logo percebi que ainda precisava conhecer muitas outras coisas para lecionar. Alguém me disse um dia: "Você nunca poderia saber tudo sobre algo, mas tem de continuar tentando". Agora percebo como essas palavras são verdadeiras. Tornei-me estudante para toda a vida, e encorajo a mesma sede de conhecimento àqueles para os quais leciono.

FEEDBACK

Foi realizado considerável esforço editorial para eliminar os possíveis erros deste livro. No entanto, pode haver algo que tenha escapado. Caso encontre alguma imprecisão ou tenha alguma dúvida quanto ao conteúdo, por favor, entre em contato com a editora ou por meu e-mail pessoal, que se encontra a seguir.

Muito obrigado por usar este livro, estou certo de que seu aprendizado trará grande benefício para seu sucesso nesta área. Espero que este texto se torne parte importante de sua biblioteca técnica.

Dick Wirz
Contato: teacherwirz@cox.net

Refrigeração

CAPÍTULO 1

Visão geral do capítulo

Em seu início, este capítulo explica o tema do livro e a quem ele se destina. A seguir há uma revisão completa do ciclo de refrigeração; depois, o ar-condicionado é comparado com a refrigeração comercial, explicando-se suas semelhanças assim como suas diferenças. Os refrigerantes usados recentemente em refrigeração comercial são também abordados. Finalmente, são discutidos os quatro componentes básicos de um sistema de refrigeração.

Introdução

A maioria dos técnicos tende a se especializar em um único tipo de aplicação de ar-condicionado (AC), como o sistema de ar-condicionado residencial, o comercial leve ou comercial pesado. Entretanto, frequentemente, surgem oportunidades fora da área original de especialização do técnico, assim, é fundamental que ele domine mais de uma especialidade. Por exemplo, uma empresa que fornece bons serviços de AC a um restaurante pode fazer a manutenção do equipamento de refrigeração comercial desse estabelecimento. Da mesma maneira, um engenheiro civil que lida de forma competente com os grandes resfriadores (*chillers*) de um edifício comercial pode ter sua responsabilidade aumentada com a inclusão da manutenção da refrigeração e máquinas de produção de gelo da cafeteria desse edifício.

O principal objetivo deste livro é ajudar os técnicos de AC a conhecer a refrigeração comercial. Alguém disse certa vez: "Sorte é a preparação para encontrar a oportunidade". Quanto maior o domínio do técnico nas várias áreas de conhecimento, tanto maior a vantagem que ele pode tirar das oportunidades que surgem.

Portanto, este livro foi escrito tanto para os técnicos com experiência em ar-condicionado quanto para os estudantes que têm uma base sólida na teoria de AC. Este primeiro capítulo é uma revisão da refrigeração básica e também uma introdução às semelhanças e às diferenças entre AC e refrigeração comercial.

Ao longo dos capítulos, uma palavra ou expressão usada pela primeira vez e que pode não ser familiar a todos os leitores está grafada em negrito e foi incluída no Glossário.

Faixas de temperatura de refrigeração

A seguir temos uma lista das faixas mais comuns de temperaturas de refrigeração nos espaços discutidos neste livro:

- » 23,9 ºC, AC (condicionamento confortável)
- » 12,8 ºC, refrigeração de alta temperatura
- » 1,7 ºC, refrigeração de temperatura média
- » – 23,3 ºC, refrigeração de baixa temperatura
- » – 31,7 ºC, refrigeração de temperatura extrabaixa

A maioria dos exemplos nos próximos capítulos diz respeito a aplicações de temperaturas média e baixa. Câmaras frigoríficas (*walk-ins*) de temperatura média normalmente operam em uma faixa de 1,7 ºC a 2,8 ºC, enquanto as geladeiras comerciais (*reach-ins*) operam em temperaturas ligeiramente mais altas, de 3,3 ºC a 4,4 ºC. As câmaras frigoríficas congeladoras normalmente operam em –23,3 ºC e os congeladores das geladeiras comerciais operam a cerca de –17,8 ºC.

A diferença entre as temperaturas em câmaras frigoríficas e geladeiras comerciais deve-se, principalmente, ao modo como se usa seu espaço interior e como se projeta o equipamento. As baixas temperaturas das câmaras frigoríficas permitem que elas mantenham grandes quantidades de produtos frescos por períodos relativamente mais longos. As geladeiras comerciais, por outro lado, são usadas por conveniência. Uma vez que elas são menores do que as câmaras frigoríficas, podem ficar mais próximas de onde são necessárias. Uma geladeira comercial é normalmente reabastecida a partir de uma câmara frigorífica, pelo menos uma vez ao dia. Portanto, a temperatura de armazenamento ligeiramente mais alta de uma geladeira comercial é aceitável, pois o produto permanece em seu interior por período relativamente mais curto.

O CICLO DA REFRIGERAÇÃO

A Figura 1.1 é uma ilustração de um sistema muito simples de AC, que mostra um compressor e uma válvula de expansão; os tanques cilíndricos representam o condensador e o evaporador. As pressões e as temperaturas representam as de um sistema de AC R22 de eficiência padrão diária de 35 ºC.

O compressor desenvolve pressão de 1915,74 quilopascal manométrico (kPa man) [278 libras por polegada quadrada manométrica (psig)] e descarrega vapor superaquecido a 79,4 ºC. O vapor diminui para 73,9 ºC quando entra no condensador e continua a ser resfriado pelo ar ao redor do cilindro. Quando a temperatura do vapor cai a 51,7 ºC, os gases se condensam em gotas de líquido – o vapor então alcançou sua temperatura de condensação, que é a temperatura de saturação do refrigerante R22 à pressão de 1915,74 kPa man (278 psig) [consulte a tabela pressão/temperatura (P/T) do Apêndice]. A condensação prossegue em 51,7 ºC até que todo o vapor se converta em líquido no fundo do tanque. O resfriamento adicional, chamado **sub-resfriamento**, desse líquido pelo ar **ambiente** a 35 ºC reduz a temperatura do líquido a 46,1 ºC ao deixar o fundo do condensador. No momento que o líquido entra na válvula de expansão, ele é ainda sub-resfriado a 40,6 ºC.

Durante esse processo, a pressão na parte alta do sistema, entre a saída do compressor e a entrada da válvula de expansão, permanece constante em 1915,74 kPa man (278 psig). No entanto, o refrigerante altera as temperaturas quando o gás quente da descarga resfria, depois sub-resfria, enquanto flui através do condensador. O significado dessas diferentes temperaturas é importante na compreensão do processo de refrigeração.

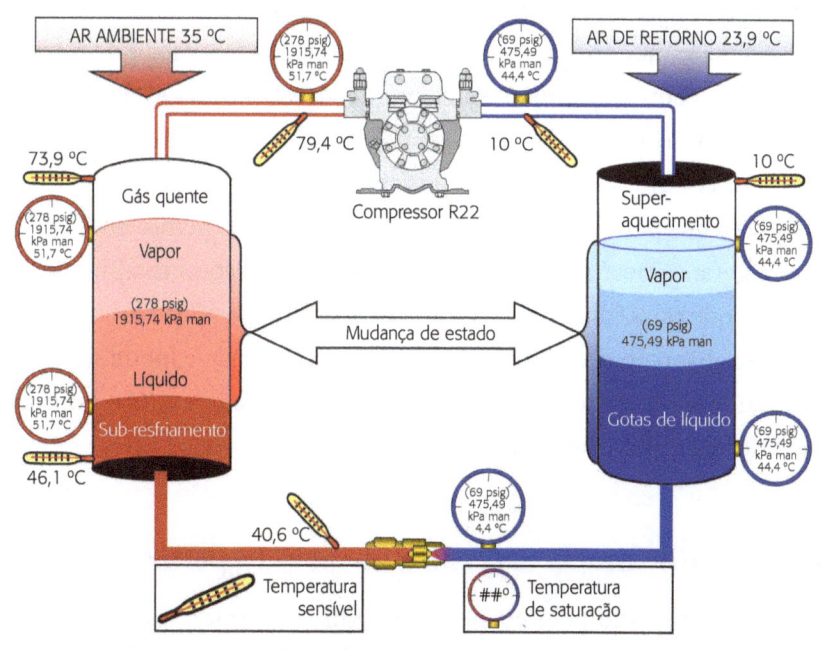

Figura 1.1 Sistema simples de AC R22. *Cortesia de Refrigeration Training Services.*

O lado de baixa pressão do sistema

À medida que o líquido refrigerante de 1915,74 kPa man (278 psig) flui através da válvula de expansão termostática (TEV), sua pressão diminui 475,49 kPa man (69 psig). Então, a queda de pressão de 1440,25 kPa man (209 psig), de um lado da válvula para o outro, é acompanhada por um decréscimo na temperatura. A TEV age como um bocal da mangueira de jardim, mudando a corrente sólida de líquido do condensador para um *spray* de mistura de vapor e gotas do líquido refrigerante. As gotas são mais facilmente fervidas no evaporador do que uma corrente sólida de líquido. O refrigerante R22 ferve, ou evapora, em 4,4 °C, quando sua pressão é reduzida a 475,49 kPa man (69 psig) (consulte a tabela P/T no Apêndice). O calor do ar de 23,9 °C, soprando através do tanque, é absorvido pelo refrigerante, o que leva à fervura das gotas do refrigerante. A temperatura do refrigerante permanece em 4,4 °C até que todo ele tenha se vaporizado. Somente então sua temperatura se elevará ao mesmo tempo que absorve mais calor do ar circundante. No momento que o vapor de sucção abandona o tanque, a temperatura do refrigerante aumentará para 10 °C. A temperatura do refrigerante acima de seus 4,4 °C de ponto de ebulição (temperatura saturada) é chamada de **superaquecimento**.

Como o calor é absorvido pelo evaporador?

Começando com a TEV, uma nuvem de gotículas de líquido é borrifada no tanque. O ar morno sopra no tanque evaporador e se resfria ao mesmo tempo que seu calor é absorvido no refrigerante em ebulição. Muito mais calor é absorvido no refrigerante à medida que ele ferve, do que antes ou após ele ter fervido. Ebulição, ou a mudança do estado de líquido para o de vapor, absorve calor sem mudança na temperatura. Quase todo o efeito de refrigeração alcançado no evaporador obtém-se quando o refrigerante ferve. O tipo de calor absorvido durante o processo de evaporação é chamado de **calor latente**. A capacidade de remover enormes quantidades de calor em uma pequena área possibilita aos fabricantes projetar sistemas de refrigeração bem pequenos para ser usados tanto em residências quanto em locais de negócios.

Quando o refrigerante tiver sido totalmente vaporizado, estará totalmente **saturado** com todo o calor latente que possa absorver. O vapor saturado a 4,4 °C pode aumentar sua temperatura somente pela absorção do **calor sensível**. Esse calor sensível pode ser medido com um termômetro, e qualquer temperatura que se eleve acima da temperatura saturada do refrigerante é chamada de superaquecimento.

Como o condensador descarta o calor absorvido pelo evaporador?

Para rejeitar o calor absorvido pelo evaporador, como mostrado na Figura 1.1, o vapor de sucção frio deve ser elevado a uma temperatura mais alta do que os 35 °C do ar externo. Na

Figura 1.1 a temperatura do refrigerante é elevada a 51,7 ºC. A diferença de 16,7 ºC entre a temperatura de condensação e o ar exterior é grande o suficiente para transferir facilmente o calor do condensador quente para o ar exterior quente.

Nota: *Quanto maior a diferença de temperatura entre duas substâncias, mais rápida é a transferência de calor de uma para a outra.*

Comprimindo o vapor de sucção de 475,49 kPa man (69 psig) para 1915,74 kPa man (278 psig), aumenta-se seu ponto de ebulição de 4,4 ºC para 1,7 ºC (ver a tabela P/T no Apêndice). Aquecido a 51,7 ºC, o vapor do evaporador libera o calor latente para o ar do ambiente mais frio, ao mesmo tempo que o refrigerante condensa para um líquido.

Nota: *A diferença entre a* **temperatura de condensação** *de um refrigerante e a* **temperatura ambiente** *é chamada de* **intervalo do condensador**.

EXEMPLO: 1 temperatura de condensação 51,7 ºC – ambiente 35 ºC = intervalo de condensador 16,7 ºC.

De fato, ao deixar o compressor, o vapor tem temperatura acima de 51,7 ºC. Além do calor latente do evaporador, o vapor de descarga também contém o seguinte calor sensível:
» Superaquecimento do evaporador
» Superaquecimento da linha de sucção
» Calor do motor do compressor
» Calor de compressão

Na Figura 1.1, o gás quente a 79,4 ºC que deixa o compressor deve **dessuperaquecer**, ou reverter o superaquecimento, antes de começar a se condensar em sua temperatura de saturação de 51,6 ºC. O processo de condensação continua a 51,6 ºC, eliminando o calor latente para o ambiente. Quando o líquido totalmente condensado é resfriado abaixo de sua temperatura de saturação, isso se chama sub-resfriamento. Para calcular o sub-resfriamento, determina-se a temperatura de condensação da pressão máxima e se subtrai a temperatura da linha do líquido que deixa o condensador.

EXEMPLO: 2 A pressão máxima é de 1915,74 kPa man (278 psig) e a temperatura da linha do líquido da saída do condensador é medida a 46,1 ºC. Portanto, a temperatura de condensação 51,6 ºC – temperatura da linha do líquido 46,1 ºC = sub-resfriamento 5,5 ºC.

O líquido se desloca do condensador para a TEV, onde o processo se reinicia. Esse ciclo remove o calor de onde ele não é desejado (espaço resfriado) e o rejeita para outro lugar (para o exterior). Essa é a definição básica do processo de refrigeração.
Esta seção sobre o ciclo básico de refrigeração não é novidade para a maioria dos leitores. Entretanto, ainda assim a revisão é importante para formar a base para muito do que será discutido nos capítulos seguintes.

COMPARANDO A REFRIGERAÇÃO COMERCIAL COM AC

Qual é a diferença entre o sistema de refrigeração de temperatura média na Figura 1.2 e o sistema de AC da Figura 1.1?

As pressões e as temperaturas no lado do condensador são as mesmas porque ambos usam refrigerante R22 e eliminam o calor do evaporador para o ar ambiente de 35 ºC. No entanto, o ar que retorna soprando sobre o evaporador no sistema de temperatura média é de somente 1,7 ºC. Como a temperatura do ambiente é mais baixa, a temperatura do evaporador teve de ser diminuída. Na Figura 1.2, o evaporador foi baixado para –3,9 ºC, reduzindo-se a pressão do refrigerante R22 para 337,67 kPa man (49 psig).

Portanto, um dispositivo de medida do sistema de refrigeração diminui a pressão e a temperatura do evaporador para um nível mais baixo do que a alcançada por um dispositivo de medição projetada para um sistema AC. Da mesma maneira, um compressor de refrigeração deve ser capaz de aumentar a baixa pressão do evaporador até um nível suficientemente alto para rejeitar o calor para o ar ambiente de 35 ºC.

A Figura 1.3 é um diagrama mais elaborado de um sistema de AC, que contém rótulos para identificar o que está acontecendo no circuito refrigerante.

A Figura 1.4 é similar à Figura 1.3, exceto por mostrar as diferentes temperaturas e as pressões do lado baixo de uma câmara frigorífica típica usando R22.

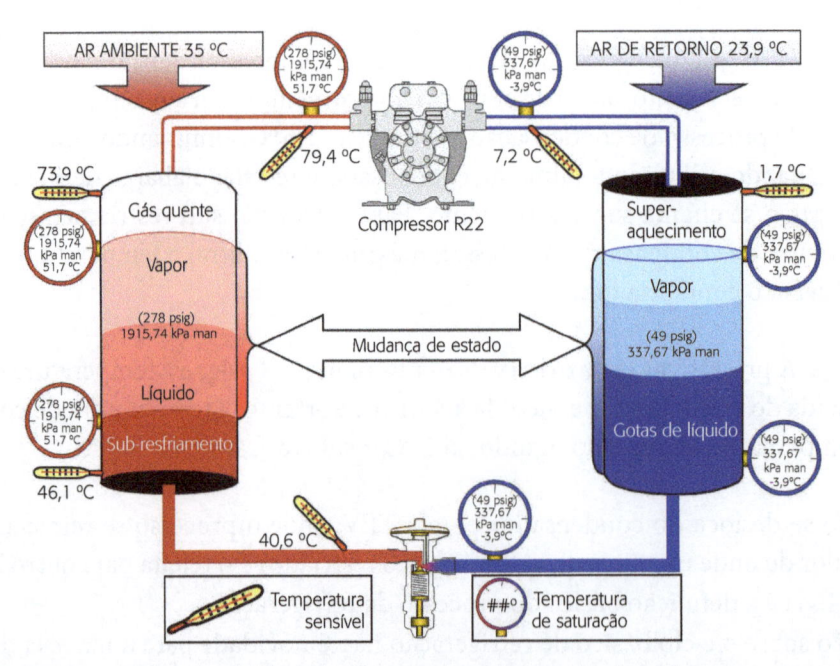

Figura 1.2 Sistema simples de refrigeração R22. *Cortesia de Refrigerations Training Services.*

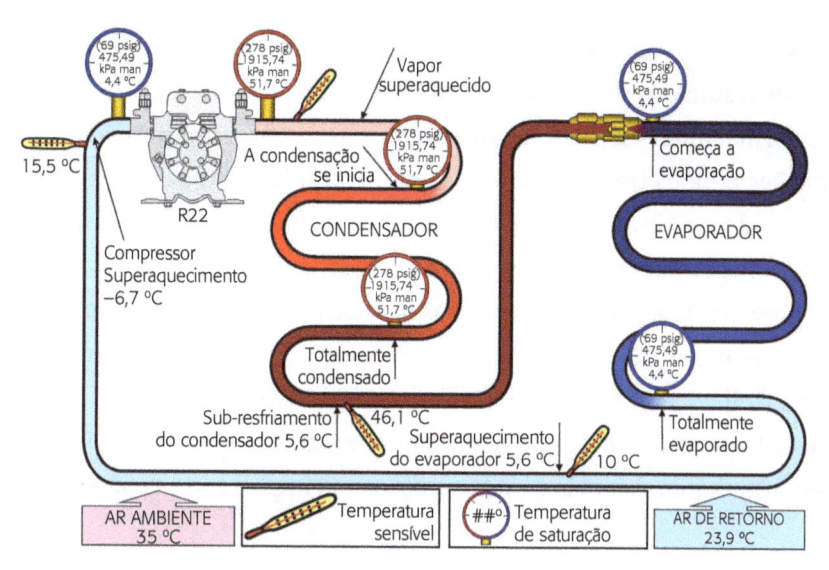

Figura 1.3 Sistema básico R22 de AC com dispositivo de medição fixo. *Cortesia de Refrigeration Training Services.*

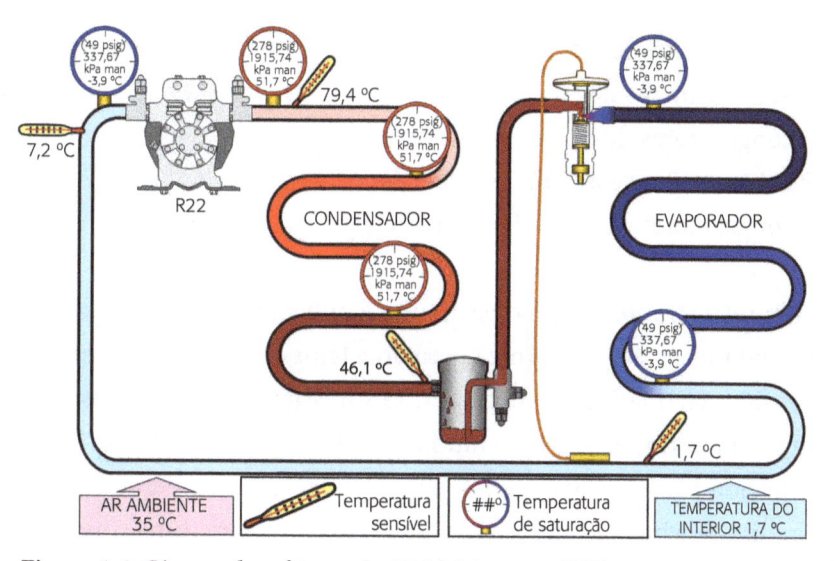

Figura 1.4 Câmara de refrigeração R22 básica com TEV e receptor. *Cortesia de Refrigeration Training Services.*

Refrigerantes mais recentes usados na refrigeração comercial

Muitos técnicos experientes em AC diagnosticam as unidades padrão R22 AC com base em leituras aproximadas de pressão. Por exemplo, eles podem dizer que a pressão de sucção deve ser de cerca de 447,93 kPa man (65 psig) a 516,84 kPa man (75 psig) se a temperatura de retorno for 23,9 °C. Ou, ao verificar a pressão máxima em um dia de 35 °C, o técnico pode estimar que ele deveria estar em torno de 1791,70 kPa man (260 psig) a 1998,44 kPa man (290 psig).

Embora essa técnica não seja tão precisa quanto usar a tabela P/T, esses técnicos parecem ficar satisfeitos com os resultados desse método de diagnóstico de serviço.

Da mesma forma, antes de 1990, alguns técnicos de refrigeração comercial também usavam aproximações para os três refrigerantes: R12, R22 e R502. Quando o Clean Air Act (Lei Norte-Americana do Ar Limpo), de 1990, entrou em vigor, o R12 e o R502 foram substituídos por mais de dez refrigerantes diferentes projetados para manter as mesmas temperaturas, mas em diferentes pressões. Consequentemente, os técnicos de refrigeração tiveram de reaprender a utilizar as temperaturas do sistema, em vez da pressão. Surpreendentemente, esse método provou ser mais fácil e melhor do que trabalhar apenas com a pressão.

Portanto, este livro se concentra no uso de temperaturas do sistema, de modo que o leitor entenderá melhor todos os sistemas de refrigeração, não importando qual o refrigerante usado.

EXEMPLO: 3 As temperaturas de condensação e do evaporador na Figura 1.4 serão as mesmas, independentemente do refrigerante que o sistema use: R22, R12, R502, R134a ou R404A.

Atualmente, os seguintes refrigerantes são usados nos novos equipamentos;
» R404A e R22 – câmaras frigoríficas
» R404A – congeladores de câmaras frigoríficas
» R134a, R404A r R22 – geladeiras comerciais
» R404A – congeladores de geladeiras comerciais

O R134a é um refrigerante químico particular, conhecido como um *azeótropo*, que entra em ebulição e se condensa em uma única pressão e temperatura. Entretanto, as novas séries de refrigerantes 400, chamados de *zeótropos*, são misturas de diferentes refrigerantes. Os diferentes componentes do refrigerante mudam de estado em pressões diferentes. Essa propriedade é conhecida como *deslize* (*glide*) (diferença entre a temperatura de ebulição mais alta e a temperatura de ebulição mais baixa das substâncias em uma mistura zeotrópica) e tem sido fonte tanto de preocupação quanto de mito há muito tempo. A seguir, temos quatro dessas preocupações e quatro razões por que eles não são um problema tão grande como se receava originalmente.

1. Há um desligamento na linha do líquido de pelo menos um componente do refrigerante.
   » Na prática, o desligamento limitado de um único componente não parece afetar extensamente a operação geral do sistema.
2. Não há meios de medir precisamente o superaquecimento e o sub-resfriamento.
   » Nas tabelas P/T, as temperaturas do refrigerante designado como **ponto de orvalho** são usadas para calcular o superaquecimento e as temperaturas do **ponto de bolha** são usadas para calcular o sub-resfriamento.

3. Mesmo um pequeno vazamento do refrigerante mudará a composição química do refrigerante restante no sistema.
   » A maioria dos produtores de refrigerantes e de sistemas diz que o sistema teria de perder a maior parte de sua carga para isso se tornar um problema. Um ou dois pequenos vazamentos podem ser "fechados" sem mudança das propriedades do refrigerante no sistema.
4. As misturas do refrigerante devem ser carregadas no estado líquido. Entretanto, ensina-se aos técnicos que o líquido na linha de sucção pode danificar o compressor.
   » Procedimentos corretos no carregamento asseguram que nenhum prejuízo ocorrerá ao compressor. Esse processo é abordado mais completamente em capítulos posteriores sobre compressores e carregamento.

Nota: Os técnicos devem estar familiarizados com os regulamentos da Agência de Proteção Ambiental (EPA – Environmental Protection Agency) sobre quantas vezes um sistema pode ser complementado. Eles devem também ter consciência de quem monitora os vazamentos e a quantidade de refrigerantes, e quem é, em última análise, o responsável pela obediência a essas leis.

OS QUATRO COMPONENTES BÁSICOS DE UM SISTEMA DE REFRIGERAÇÃO

Nos capítulos 2 a 5, cada um dos quatro componentes básicos de um sistema de refrigeração são abordados detalhadamente. A seguir, há a breve visão de que parte de cada componente é responsável no ciclo de refrigeração (Figura 1.5).

Evaporador

O ar quente do ambiente é soprado sobre o evaporador. O calor do ar é absorvido pelo refrigerante à medida que ferve no interior do tubo do evaporador. O calor permanece no refrigerante, que flui para outra área e é ejetado.

Condensador

O condensador é uma **imagem invertida** do evaporador, entretanto, em lugar de absorver calor, ele o rejeita. Há enorme transferência de calor quando o refrigerante muda de estado. O calor latente é liberado à medida que o vapor condensa em líquido dentro do condensador.

TROT

Algumas vezes, quando um técnico não consegue obter as informações exatas necessárias para resolver um problema, deve contar com a experiência com equipamentos similares sob condições similares. Subconscientemente, o técnico também forma valores aproximados para certas condições. Embora não seja fácil colocar isso em palavras, cada técnico desenvolveu certas **regras de ouro**, que emprega para diagnosticar problemas de equipamentos.

No livro *The New Dictionary of Cultural Literacy: What Every American Needs to Know*, de E. D. Hirsch, James Trefil (Houghton Mifflin Harcourt, 2002), a expressão *regras de ouro* é definida como "um princípio prático que vem da sabedoria da experiência e que é normalmente válido, mas nem sempre".

A maioria dos técnicos experientes em serviço e instalação utiliza regras de ouro diariamente em seu trabalho. Quando usadas neste livro, elas serão referidas como Regras de Ouro do Técnico (TROT). O acrônimo TROT é fácil de lembrar se pensarmos em um cavalo que começa a trotar, quando quer andar mais depressa. Da mesma maneira, um técnico pode aprender e trabalhar mais depressa usando algumas regras de ouro. Haverá uma anotação especial no texto quando um TROT for usado. Além disso, o Apêndice contém uma lista completa de todos os TROTs usados neste livro.

Nota: *Especificações e orientações da fábrica sempre têm precedência sobre o TROT. Essas regras de ouro devem ser usadas somente quando as informações de fábrica não estiverem disponíveis.*

Compressor

O calor no refrigerante somente pode ser removido se for exposto a temperaturas ambiente relativamente mais frias. Uma vez que o ar exterior tem 35 ºC ou mais de temperatura, tem-se de aumentar bastante a temperatura do refrigerante. O compressor pode aumentar a temperatura do refrigerante, aumentando a pressão. Portanto, quanto mais quente estiver fora, mais altas se tornam as pressões do compressor.

Dispositivo de medição

O dispositivo de medição, seja a válvula de expansão ou o tubo capilar, reduz a pressão do líquido, forçando-o através de um bocal ou pequena abertura. Quando se diminui a pressão do refrigerante, permite-se que ele entre em ebulição à temperatura mais baixa. Para que o refrigerante entre em ebulição de modo mais fácil, o dispositivo de medição muda a corrente do líquido para uma densa nuvem de gotículas de líquido antes que ela entre no evaporador.

Resumo

A maioria das aplicações de refrigeração comercial neste livro opera em uma faixa de 1,7 ºC a 4,4 ºC para unidades de temperatura média e –17,8 ºC –23,3 ºC para unidades de temperatura baixa.

Uma vez que muitos leitores estão familiarizados com as pressões e temperaturas do R22 usado em unidades de AC, muitas ilustrações da refrigeração comercial são também apresentadas usando o R22. Esperamos que isso facilite o entendimento das diferenças e das semelhanças entre os dois tipos de aplicações.

Os refrigerantes mais populares usados em nova refrigeração comercial são R134a e R404A. Alguns equipamentos R22 foram produzidos, mas em volume menor, até 2010, quando ocorreu sua desativação gradual.

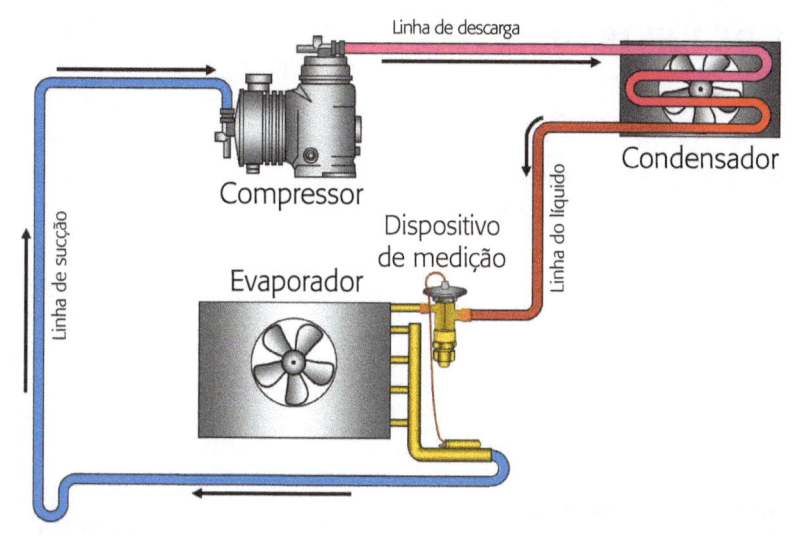

Figura 1.5 Os quatro componentes básicos de um sistema de refrigeração.
Cortesia de Refrigeration Training Services.

O uso de refrigerantes misturados exigiu dos técnicos o aprendizado de novas habilidades, mas não tem sido o problema que o setor outrora temia.

Há quatro componentes básicos do sistema de refrigeração. O evaporador, o condensador, o compressor e o dispositivo de medição são abordados detalhadamente nos próximos quatro capítulos. O conhecimento completo desses componentes é necessário, antes de mudar para os muitos acessórios, controles de operação e segurança tratados em capítulos posteriores.

Os técnicos devem seguir sempre as especificações e as recomendações da fábrica. No entanto, há vezes em que um TROT (regras de ouro do técnico) pode ajudar a acelerar o processo diagnóstico.

Em refrigeração comercial, como em qualquer negócio de serviços, tempo é dinheiro. Quanto mais rapidamente um técnico diagnosticar um problema, maior será sua eficiência. Mais eficiência significa mais sucesso para o técnico e sua empresa. Tão importante quanto o sucesso é a atitude positiva de um técnico como resultado de trabalhar com algo de que gosta. O objetivo deste livro é ajudar o leitor a se tornar um melhor técnico, alguém que gosta do que faz e consegue um bom meio de vida fazendo isso.

Há algumas técnicas mulheres muito talentosas nesse negócio, e muitas mais são necessárias. Neste livro, pronomes masculinos e femininos serão usados intercambiavelmente para descrever os técnicos. Não somente isso é mais justo, mas é menos trabalhoso do que usar ele/ela recorrentemente.

Questões de revisão

1. O que é considerada temperatura "normal" do interior de uma câmara frigorífica?

    a. 1,7 ºC a –2,8 ºC
    b. 3,3 ºC a –4,4 ºC
    c. –23,3 ºC
    d. –17,8 ºC

2. O que é considerada a temperatura "normal" do interior de uma geladeira comercial?

    a. 1,7 ºC a –2,8 ºC
    b. 3,3 ºC a –4,4 ºC
    c. –23,3 ºC
    d. 17,8 ºC

3. O que é considerada uma temperatura "normal" do interior do congelador de uma câmara frigorífica?

    a. 1,7 ºC a –2,8 ºC
    b. 3,3 ºC a –4,4 ºC
    c. –23,3 ºC
    d. –17,8 ºC

4. O que é considerada uma temperatura "normal" do interior do congelador de uma geladeira comercial?

    a. 1,7 ºC a –2,8 ºC
    b. 3,3 ºC a –4,4 ºC
    c. –23,3 ºC
    d. –17,8 ºC

5. Por que a temperatura de uma câmara frigorífica é normalmente mais baixa do que a temperatura das geladeiras comerciais?

    a. As câmaras frigoríficas são projetadas para o armazenamento de longo prazo e temperaturas mais baixas.
    b. As geladeiras comerciais são projetadas para o armazenamento de longo prazo e temperaturas mais baixas.
    c. As geladeiras comerciais são menores e não podem reter temperaturas mais baixas.

Tenha como referência as Figuras 1.1 a 1.4 para as questões de 6 a 11:

6. Qual é a pressão por toda a parte alta do sistema?

    a. 1578,07 kPa man (229 psig)
    b. 1915,74 kPa man (278 psig)
    c. 337,67 kPa man (49 psig)
    d. 475,49 kPa man (69 psig)

7. A que temperatura o refrigerante condensa?

    a. 51,7 ºC
    b. 46,1 ºC
    c. 37,8 ºC
    d. 35 ºC

8. Qual é a temperatura do líquido sub-refrigerado no condensador?

    a. 51,7 ºC
    b. 46,1 ºC
    c. 35 ºC
    d. –12,2 ºC

9. Qual é a queda de pressão através do TEV?

    a. 1578,07 kPa man (229 psig)
    b. 1915,74 kPa man (278 psig)
    c. 337,67 kPa man (49 psig)
    d. 475,49 kPa man (69 psig)

10. O refrigerante R22 em 49 psig entra em ebulição em que temperatura?

    a. 23,9 °C
    b. 1,7 °C
    c. -3,9 °C
    d. -12,2 °C

11. Qual é a temperatura do vapor superaquecido na saída do evaporador?

    a. 23,9 °C
    b. 1,7 °C
    c. -3,9 °C
    d. -12,2 °C

12. Como pode um calor latente em uma linha de sucção fria ser transferido para temperaturas mais altas do exterior?

    a. Acrescentando calor ao vapor de sucção até que fique mais alto do que o ambiente.
    b. Comprimindo o vapor de sucção até que sua temperatura de condensação seja mais alta do que a do ambiente.
    c. Resfriando o vapor de descarga até que ele condense logo acima do ambiente.

13. Qual é a principal diferença entre o sistema de AC da Figura 1.1 e o sistema de refrigeração da Figura 1.2?

    a. A unidade de AC precisa aumentar a pressão máxima.
    b. A unidade de refrigeração precisa diminuir a temperatura de evaporação.
    c. A unidade de AC não pode usar uma TEV.

14. Qual refrigerante é mais usado em câmaras frigoríficas instaladas mais recentemente?

    a. R12
    b. R502
    c. R404A
    d. R134a

15. Qual refrigerante é mais usado em geladeiras comerciais instaladas mais recentemente?

    a. R12
    b. R502
    c. R123
    d. R134a

16. Qual refrigerante é mais usado em congeladores de câmaras frigoríficas e em congeladores de geladeiras comerciais instalados mais recentemente?

    a. R12
    b. R502
    c. R404A
    d. R134a

17. Por que as misturas zeotrópicas possuem deslize de temperatura?

    a. Os refrigerantes componentes entram em ebulição em diferentes condições.
    b. Os refrigerantes são tão novos que não tiveram tempo de estabilizar.

18. Sob quais circunstâncias um técnico deve usar o TROT?

    a. Quando o técnico está com muita pressa para encontrar as informações corretas.
    b. Quando as informações da fábrica não estão disponíveis.
    c. Quando o técnico não teve treinamento suficiente.

Evaporadores

CAPÍTULO 2

VISÃO GERAL DO CAPÍTULO

Em seu início, este capítulo apresenta uma explicação das funções do evaporador e de como ele é projetado para realizá-las. Os conceitos de temperatura do evaporador e diferença de temperatura (TD – *temperature diference*) são apresentadas para ajudar a explicar a função e o desempenho de um evaporador.

A prática da medida de superaquecimento é mostrada como o único meio confiável de determinar se um evaporador possui refrigerante demais ou de menos. É essencial compreender esses conceitos-chave e suas condições para resolver os problemas do complexo sistema nos capítulos posteriores.

A umidade é discutida como uma função da TD e desempenha um importante papel na maioria das aplicações de refrigeração comercial. Como os evaporadores de refrigeração operam abaixo do ponto de congelamento, a prática de descongelar tanto os evaporadores de temperatura média quanto de baixa temperatura é abordada detalhadamente.

FUNÇÕES DO EVAPORADOR

A função principal de um evaporador é absorver o calor do espaço refrigerado. A função secundária é remover ou manter a umidade do espaço.

Temperatura do evaporador

Temperatura do evaporador é a expressão usada para descrever a temperatura do refrigerante *no interior* do tubo do evaporador. Não é prático perfurar a tubulação para inserir um termômetro. Um método mais prático e preciso é medir a pressão da sucção e compará-la à tabela pressão/temperatura (P/T). Por exemplo, se a pressão de sucção for de 344,56 KPa man (50 psig) em uma câmara de refrigeração R22, de acordo com a tabela P/T, a temperatura da serpentina é de cerca de –3,3 ºC (ver Figura 2.1).

Diferença de temperatura

A expressão **diferença de temperatura** ou **TD** é usada neste livro para significar a diferença entre a temperatura do evaporador e a temperatura do espaço refrigerado. Por exemplo, se a temperatura do evaporador de uma câmara de refrigeração for –3,9 ºC e a temperatura interna for de 1,7 ºC, então a TD será de 5,6 ºC [1,7 ºC – (– 3,9 ºC) = 5,6 ºC]. As razões de se usar a temperatura do evaporador em lugar da temperatura do ar que sai do evaporador são a facilidade e a precisão da medida. Com câmaras frigoríficas e geladeiras comerciais muitas vezes é difícil medir o ar da descarga por causa da turbulência do ar que passa através das lâminas do ventilador. No entanto, a entrada do ar está sempre na temperatura do interior e a temperatura do evaporador é facilmente determinada pela pressão de sucção.

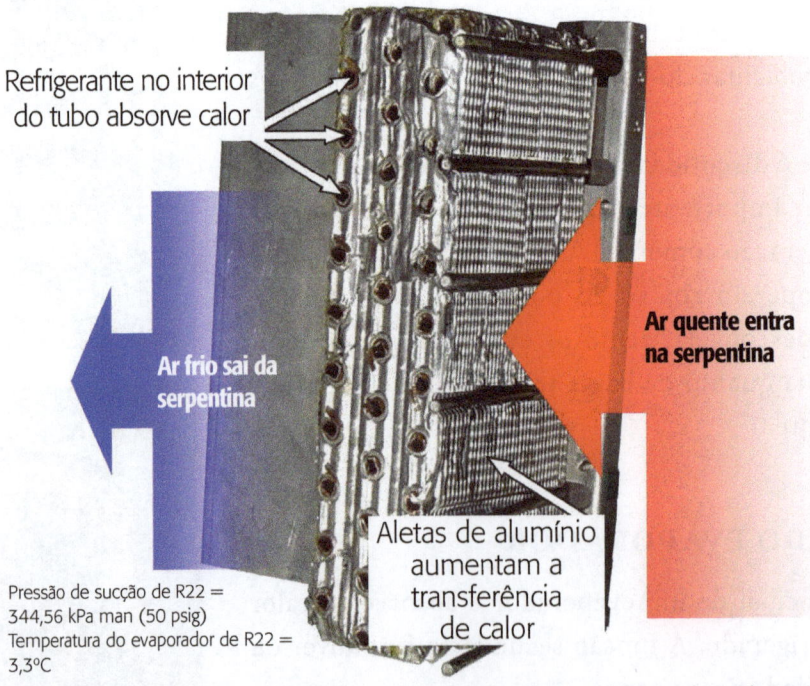

Figura 2.1 Corte transversal de um evaporador Heatcraft. *Foto de Dick Wirz.*

A indústria do ar-condicionado (AC) sempre usou ΔT (**delta T**) como sendo a diferença entre as temperaturas do ar de suprimento e do ar de retorno. Para as aplicações de AC, é fácil colocar sondas de temperatura na tubulação onde o ar é completamente misturado.

No setor de supermercados, é mais fácil usar a medida da saída de ar na grelha de abastecimento, ou "colmeia", contra a temperatura do evaporador no ar de retorno.

O importante é que os profissionais se assegurem de utilizar a mesma definição quando discutem TD. Em qualquer discussão sobre diferença de temperatura entre as duas partes, elas deveriam esclarecer o que se quer dizer ao usar TD e ΔT.

Refrigerante no interior do evaporador

O refrigerante ferve no interior do evaporador, absorvendo o calor latente. A temperatura na qual o refrigerante entra em ebulição é referida por vários termos diferentes:
- Temperatura do evaporador
- Temperatura de sucção
- Temperatura de saturação
- Temperatura de sucção saturada (SST – *Saturated Suction Temperature*)

Embora esses termos soem diferentes, todos eles significam essencialmente a mesma coisa.

À medida que a temperatura do ar que envolve a tubulação do evaporador aumenta, o mesmo ocorre com a temperatura do refrigerante no interior do tubo do evaporador. O aumento na temperatura faz com que o refrigerante entre em ebulição mais rapidamente, e quanto mais vigorosa a ebulição, maior será a pressão de sucção. Portanto, se um produto quente for colocado no interior do refrigerador, a temperatura e a pressão aumentarão proporcionalmente. Inversamente, à medida que a temperatura se reduz ou a carga diminui em função das serpentinas bloqueadas ou problemas no ventilador, as pressões e as temperaturas também diminuirão.

Essa relação da temperatura do refrigerante com a temperatura do interior é um conceito importante a ser entendido para solucionar corretamente os problemas nos sistemas de refrigeração.

O que acontece no início da atividade?

A **redução de calor** refere-se ao início de atividade de um novo sistema, um *freezer* após o descongelamento, ou quando há produto quente em seu interior. Isso significa que há uma carga enorme no sistema inicialmente, e não haverá temperaturas e pressões corretas até que se aproxime das **condições de projeto** pretendidas ou condições normais de operação. Entretanto, as temperaturas e as pressões anormais do sistema, observadas durante uma redução de calor, indicam como a carga excessiva afeta um sistema. Considere o que acontece no evaporador no início da atividade de uma câmara frigorífica quente.

A válvula de expansão alimenta o sistema de refrigerante, mas não basta encher o evaporador. Portanto, o superaquecimento (a diferença entre a temperatura do evaporador e a temperatura do refrigerante deixando o evaporador) é alto. A pressão de sucção é também alta porque o ar quente no interior faz o refrigerante ferver rapidamente, aumentando tanto sua pressão quanto sua temperatura.

À medida que a temperatura do interior cai, também caem as pressões e o superaquecimento. Finalmente, quando a caixa está perto de sua temperatura de projeto de 1,7 °C, a pressão de sucção é equivalente a cerca de 5,6 °C abaixo do interior, e o superaquecimento está também próximo de 5,6 °C.

Acabamos de ver o que uma alta carga provoca nas condições de evaporação. Se um técnico encontrar pressões anormalmente altas e superaquecimento em um chamado de assistência técnica, deve inicialmente considerar a carga no interior antes de ajustar a válvula de expansão termostática (TEV), adicionar refrigerante ou condenar componentes. Os profissionais têm sido conhecidos por ajustar uma válvula de expansão aberta para obter superaquecimento mais baixo em atividades iniciais, somente para ter um evaporador inundado quando a temperatura do interior atingir as condições de projeto.

Umidade e TD

A umidade é medida como a porcentagem que o ar úmido pode reter a certa temperatura. Aumentando a temperatura do ar, ele reterá mais umidade; diminuindo suficientemente a temperatura do ar, ele começará a liberar umidade quando alcançar o ponto de orvalho. Quando a temperatura do ar exterior cair abaixo de seu ponto de orvalho, é provável que chova. Bem cedo, em uma manhã de verão, quando o chão é mais frio do que o ponto de orvalho do ar acima dele, o orvalho forma-se sobre a grama. Quando o ar no interior de um espaço refrigerado cai abaixo do seu ponto de orvalho, ele condensa em superfícies frias, ou seja, a serpentina do evaporador.

A refrigeração remove a umidade do espaço, o que se denomina desumidificação. Durante a refrigeração, um evaporador opera abaixo da temperatura do ponto de orvalho do ar que passa sobre ele. Portanto, a umidade no ar condensa no tubo frio e nas aletas do evaporador, é coletado na bandeja de drenagem e flui para o exterior através da linha de drenagem da condensação. O ar que sai do evaporador agora possui menos umidade ou umidade mais baixa do que quando ele entrou.

TD de ar-condicionado e umidade

A TD entre o ar que entra na serpentina e a temperatura do evaporador tem muito a ver com a quantidade de umidade condensada retirada do ar. Por exemplo, em uma serpentina de AC, a TD é de cerca de 19,5 ºC (temperatura do ar de retorno de 23,9 ºC – temperatura do evaporador de 4,4 ºC). Com base em tabelas psicrométricas pode se determinar que o ar no espaço terá umidade de cerca de 50%, o que é desejável em uma sala de estar com resfriamento confortável. Essa baixa umidade relativa permite que ela se evapore da pele das pessoas, fazendo a sala parecer fresca e confortável. Se o evaporador tiver somente uma TD de 13,9 ºC, a temperatura da serpentina seria de 10 ºC em lugar de 4,4 ºC. O evaporador mais quente não removeria tanta água, o que resultaria em umidade mais alta do ambiente. Com umidade relativa do ar de 50% como um **benchmark** (ponto de referência), quanto mais alta a umidade da sala, menos confortáveis os ocupantes se sentirão.

Nota: Os profissionais de AC estão mais familiarizados com ΔT. Esta é a diferença entre a temperatura do ar de retorno do manuseador e a do ar de alimentação. O ar de alimentação é normalmente medido na linha-tronco do espaço de armazenamento, após se misturar bem no espaço do ar de alimentação. No exemplo anterior, a unidade de AC operando corretamente teria cerca de 11,1 ºC ΔT (23,9 ºC de temperatura do ar de retorno – 12,8 ºC de ar de alimentação = 11,1 ºC ΔT). A temperatura do evaporador deve estar em torno dos 4,4 ºC.

Infelizmente, para os profissionais em refrigeração, o ar descarregado pelas hélices dos ventiladores dos evaporadores de refrigeração possui diferentes temperaturas em vários lugares em torno da área do ventilador. A dificuldade de se determinar com precisão as temperaturas do ar que sai tem como consequência o uso da temperatura da espiral como um método melhor de medida.

TD de câmaras de refrigeração e umidade

Em uma câmara de refrigeração, uma grande superfície de espiral e alto volume de ar combinam-se para produzir uma TD de somente cerca de 5,6 ºC (temperatura do interior de 1,7 ºC – temperatura da espiral de –3,9 ºC = 5,6 ºC). A uma temperatura interna de caixa de 1,7 ºC com uma TD de evaporador de 5,6 ºC, a umidade em uma câmara de refrigeração é de cerca de 85%. Este alto índice de umidade é muito bom para alimentos, como carne e produtos que têm a necessidade de ser armazenados em um lugar úmido para impedir que ressequem.

TD de geladeiras comerciais (*reach-in*) e umidade

Geladeiras comerciais possuem um espaço interior limitado, portanto, o evaporador precisa ser o menor possível, embora deva ser capaz de manter temperaturas adequadas para aplicações de temperatura média. O evaporador menor ainda mantém 3,3 ºC a 4,4 ºC, mas com uma TD mais alta de cerca de 11,1 ºC. Uma TD tão alta resulta em umidade mais

> **TROT**
>
> **TROT PARA TD DE EVAPORAÇÃO E UMIDADE**
> AC = 19,5 ºC (1,7 de TD em 50%)
> AC: temperatura de retorno de 23,9 ºC – temperatura do evaporador de 4,4 ºC = 19,5 ºC
> Geladeiras comerciais = 11,1 ºC de TD em 65%
> Geladeiras comerciais: temperatura interna de 4,4 ºC – temperatura do evaporador de –6,7 ºC = 11,1 ºC TD
> Câmaras frigoríficas = 5,6 ºC de TD em 85%
> Câmaras frigoríficas: temperatura interna de 1,7 ºC – temperatura de evaporação de – 3,9 ºC = 5,6 ºC TD
> Interiores com alta umidade = 4,4 ºC de TD em 90% ou + (Câmaras de flores, carne fresca e produtos delicados de mercearia)
>
> Nota: Como regra, quanto menor a TD do evaporador, mais alta é a umidade.

baixa, de aproximadamente 65%. Embora produtos não embalados sequem mais rapidamente nas geladeiras comerciais do que em uma câmara frigorífica, uma geladeira comercial é usada principalmente para armazenamento de curto prazo. As geladeiras comerciais são projetadas para lojas de conveniência, onde é desejável ter produtos refrigerados facilmente acessíveis para os clientes ou para a equipe da cozinha.

A quantidade de superfície da serpentina e a de fluxo de ar podem afetar a umidade no interior. Por exemplo, alta umidade relativa do ar no ambiente pode ser obtida usando-se um evaporador com uma serpentina de grande superfície e maior capacidade em unidades termostáticas britânicas por hora (Btuh = Unidade de potência que determina a potência de refrigeração de cada aparelho por hora) do que sua unidade de condensação. Um ventilador de velocidade menor pode evitar danos ao produto, que é sensível ao fluxo de ar. Uma combinação desses dois fatores é usada em **serpentinas de baixa velocidade**.

Esses evaporadores são frequentemente utilizados em refrigeradores em ambientes para carnes, produtos delicados de mercearia e flores.

Essas regras de ouro serão usadas para resolver problemas de uma seção posterior. No entanto, para impedir a má aplicação dessas afirmações gerais, seguem algumas condições e exceções para se ter em mente (ver a Figura 2.2).

Em primeiro lugar, as variações do AC estão em TD ao invés de ΔT. O AC também está incluído na lista como uma fonte de comparação à refrigeração comercial para aqueles leitores que já estão familiarizados com ΔT e resfriamento de conforto. Os valores dados se baseiam em unidades "padrão" de 10 SEER e abaixo (taxa de eficiência da energia sazonal). As unidades de alta eficiência apresentam temperaturas mais altas na serpentina, que aumenta a capacidade do resfriamento sensível para aumentar suas taxas. Entretanto, isso reduz a TD e aumenta a umidade interior. Essa questão não será tratada neste manual.

Embora a TD das geladeiras comerciais possa variar entre 8,3 ºC e 16,7 ºC, a maioria delas operam em TD de cerca de 11,1 ºC. As câmaras frigoríficas são surpreendentemente consistentes em cerca de 5,6 ºC de TD.

Esses valores da TD podem ser usados tanto em *freezers* como em refrigeradores. No entanto, os índices de umidade não são aplicáveis em *freezers* porque o alimento é normalmente embalado.

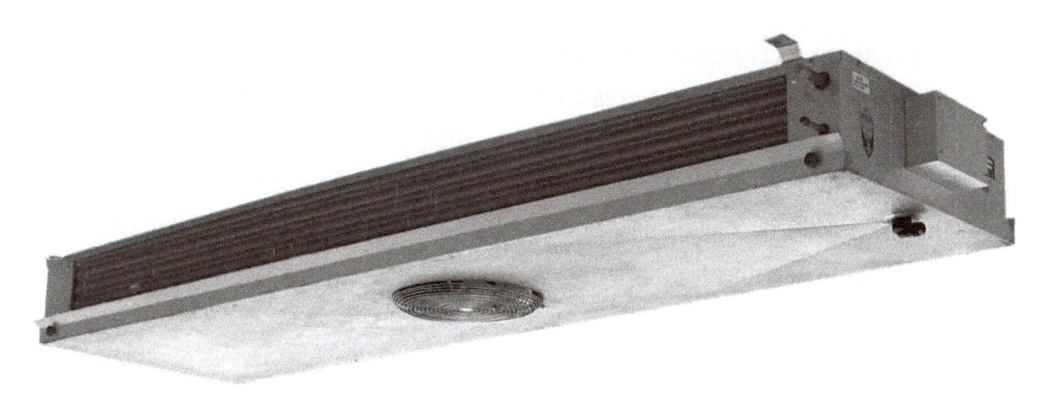

Figura 2.2 Baixa velocidade, serpentina de evaporador de alta umidade. *Cortesia de Tecumseh Products.*

Usando TROT para TD e para solucionar problemas

Se um refrigerador de câmara está funcionando em 1,7 °C de temperatura interna, qual deve ser a temperatura do evaporador? De acordo com TROT, a temperatura deveria ser 5,6 °C mais baixa do que a do interior, ou −3,9 °C (temperatura do interior de 1,7°C − TD de 5,6°C = temperatura do evaporador de −3,9°C)

Para verificar a temperatura do evaporador, o técnico deve verificar a pressão de sucção o mais próximo possível do evaporador. Se o sistema contiver o refrigerante R22, a pressão de sucção será de aproximadamente 337,67 kPa man (49 psig); se contiver o R404A, a pressão será de aproximadamente 427,25 kPa man (62 psig). Se a pressão de sucção for medida na entrada do compressor, digamos a 15,24 m de distância, pode haver a leitura de pressão de cerca de 13,78 kPa man (2 psi) a menos do que no evaporador. Essa queda de pressão na linha de sucção é normal para um sistema remoto instalado corretamente. Uma queda maior de pressão poderia indicar um problema com o dimensionamento do tubo ou alguma restrição na linha de sucção.

Materiais do evaporador

Os fabricantes usam diferentes materiais para seus evaporadores com base em suas condições do projeto de transferência de calor, custo e resistência à corrosão. O cobre oferece a melhor transferência de calor, mas a um custo relativamente alto. O alumínio é a próxima melhor escolha para a transferência de calor, e é mais barato. Para alcançar melhor equilíbrio custo-transferência de calor, a maioria dos evaporadores de ar por compressão é feita de tubos de cobre com aletas de alumínio. As aletas de alumínio acrescentam área de superfície para uma transferência ótima de calor (Figura 2.5).

Ocasionalmente, os fabricantes tentam diminuir o custo de seu equipamento substituindo o tubo de cobre do evaporador pelo tubo de alumínio. Eventualmente, os evaporadores desenvolvem pequenos vazamentos que são muito difíceis de reparar. Por essa razão, os evaporadores de alumínio não são populares entre os profissionais de assistência técnica.

Unidades de geladeiras comerciais de preparação de pizzas e sanduíches, nas quais tomates e vinagre são frequentemente armazenados, podem desenvolver furinhos na tubulação de cobre devido aos efeitos corrosivos dos ácidos presentes nesses alimentos. Por isso, os fabricantes frequentemente usam uma cobertura de epóxi nessas espirais a fim de impedir o ataque dos ácidos ao cobre.

Os fabricantes de máquinas de produção de gelo preocupam-se com os minerais presentes na água, que se acumulam em seus evaporadores. Quanto maior o acúmulo desses minerais, mais baixa é a transferência de calor. A maioria das máquinas de produzir gelo, como a Manitowoc, usa evaporadores de cobre cobertos de níquel sobre os quais o gelo é formado. As máquinas de produção de gelo Hoshizaki obtiveram grande sucesso com evaporadores de aço inoxidável, embora o aço inoxidável não seja tão eficiente em sua transferência de calor e custe muito mais do que o cobre. No Capítulo 12 discutem-se de forma abrangente as máquinas de produção de gelo.

Em condensadores resfriados à água, o acúmulo de minerais causa problemas com a transferência de calor, fluxo de água e corrosão. Ligas de cobre e níquel (níquel cuproso) têm sido muito eficazes na redução desses problemas. No entanto, ainda não há evidências do seu uso em evaporadores.

Eficiência na troca de calor

Os líquidos são o "meio" mais eficiente de troca de calor. Por sua densidade, os líquidos fornecem melhor transferência de calor do que o vapor. Por exemplo, aqueça a extremidade de um tubo de cobre de 2,22 cm (7/8") até que sua cor se torne vermelha. O que o resfriará mais rapidamente, soprar ar de 21,1 °C sobre ele ou derramar água de 21,1 °C sobre ele? A água, naturalmente, o resfriará muito mais rapidamente, pois a água densa absorve calor mais rapidamente do que o ar.

A troca de calor de líquido para líquido é muito eficiente. Um exemplo é um *chiller* que possui um dispositivo de medição flutuante que permite que o líquido encha ou inunde o evaporador. O refrigerante secundário de água, glicol, ou salmoura, passa a circular através da tubulação coberta pelo líquido refrigerante. O evaporador inundado é resfriado à medida que a superfície do líquido ferve e o vapor é trazido para o interior do compressor.

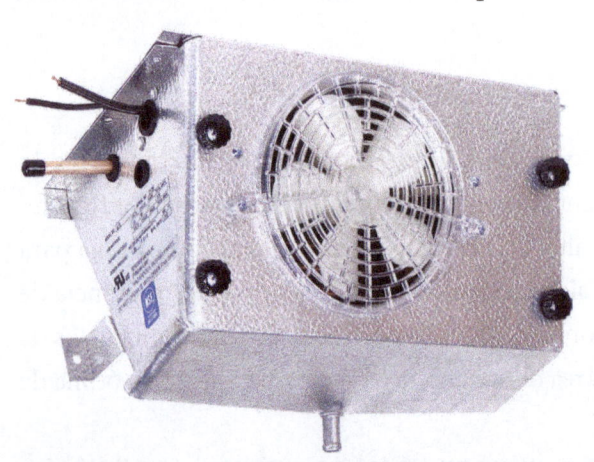

Figura 2.3 Evaporador de geladeira comercial. *Cortesia de Tecumseh Products and Heatcraft.*

Figura 2.4 Evaporador de câmara frigorífica. *Cortesia de Tecumseh Products.*

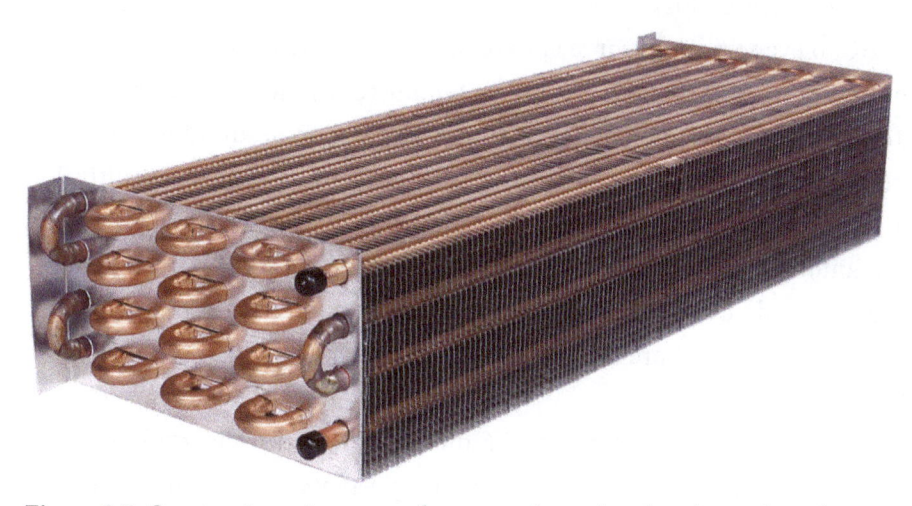

Figura 2.5 Construção mais comum de evaporador: tubos de cobre e aletas de alumínio. *Cortesia de Tecumseh Products.*

Na maioria dos evaporadores tratados neste livro, o único meio líquido encontra-se no interior da tubulação da serpentina. À medida que o ar do espaço passa sobre as serpentinas do evaporador, o líquido refrigerante ferve enquanto absorve o calor do ar. Essa ebulição aumenta muito a transferência do calor, uma vez que ela faz com que o refrigerante absorva o calor latente.

Para ilustrar como a transferência de calor é aumentada pela ebulição, considere o conceito de aquecimento de água ensinado nas primeiras aulas sobre refrigeração básica. É necessário apenas 0,29 watts (W) (1 Btuh) de calor para aumentar a temperatura de 0,453 quilo (kg) de água de 99,4 °C para 100 °C. No entanto, é necessária a adição de 0,284 quilowatt (kW)(970 Btuh) para fazer a água a 100 °C mudar de estado para um vapor a 100 °C. O motivo é que a água deve absorver quase mil vezes mais calor (calor latente) para ferver do que para simplesmente mudar de temperatura. O calor contido no ar que passa sobre a tubulação do evaporador é absorvido de modo eficiente no refrigerante no interior da tubulação à medida que o líquido refrigerante ferve e se transforma em vapor.

Se o líquido que entra no evaporador é convertido em pequenas gotículas, o processo de ebulição é mais fácil de completar. O dispositivo de medição (TEV, tubo de capilaridade ou o bocal fixado) muda, ou "expande", a corrente de líquido refrigerante que entra em gotículas. Daí provém o termo *DX*, ou expansão direta da espiral.

Efeito do fluxo na troca de calor

A velocidade do ar movendo-se através de um evaporador ou a velocidade do fluxo do líquido através da tubulação pode mudar a velocidade da troca de calor. Os leitores familiarizados com AC estão conscientes dos efeitos que o volume de ar tem sobre o sistema. Em um sistema-padrão de AC, o evaporador absorve aproximadamente 3,52 kW (12 mil Btuh) com cerca de 11,33 m^3 por minuto (mcm) [400 *cubic feet per minute* (cfm)] do fluxo de ar. Se o ar se deslocar muito lentamente, ou rápido demais, ele não refrigerará nem desumidificará corretamente.

Na refrigeração, não é comum encontrar canalização ou aletas com multivelocidades. O volume do fluxo de ar é projetado para a unidade de serpentina de ventilador pelo fabricante. Entretanto, é importante entender os efeitos sobre as pressões e as temperaturas do sistema se o motor de um ventilador tiver uma velocidade incorreta ou se queimar, se as lâminas do ventilador se voltarem para a direção errada, ou se o evaporador estiver sujo ou com muito gelo.

À medida que o fluxo de ar decresce, há menos calor a ser absorvido pelo refrigerante. Com menos calor, o refrigerante não ferve tanto, portanto, a pressão de sucção cai, assim como a temperatura da serpentina. A temperatura mais baixa do evaporador produz ainda mais camada fina de gelo. Finalmente, o evaporador inteiro ficará coberto de uma camada fina de gelo.

A camada fina de gelo age como um isolante entre o ar quente na caixa e o refrigerante frio no evaporador. Dessa maneira, devido à reduzida transferência de calor, a temperatura do interior aumenta e o termostato (*tstat*) mantém o compressor funcionando. Finalmente, a fina camada de gelo se transformará em gelo, permitindo que a temperatura do interior se eleve suficientemente estragando os alimentos.

TIPOS DE EVAPORADORES

No início da evolução da refrigeração, os primeiros evaporadores eram seções longas de canos de refrigeração montadas próximas do teto de uma sala refrigerada. O ar quente da sala se desloca para o teto, os canos frios diminuem sua temperatura e, à medida que o ar frio desce, o espaço esfria. Uma circulação natural e suave de ar continua mediante o processo de convecção natural; esse método de refrigeração produz um ambiente de alta umidade, perfeitamente adequado a carnes e produtos frescos. A inclusão de aletas de alumínio sobre o tubo de cobre aumenta muito a troca de calor e necessita de menor quantidade de tubulação para alcançar o mesmo efeito de refrigeração. Esses evaporadores são conhecidos como serpentinas de tubo de convecção aletadas, ou serpentinas de gravidade, e estão em uso ainda hoje. Uma aplicação interessante é preservar caranguejos vivos para a indústria, pois eles podem sobreviver fora da água somente se houver um ambiente frio com pouquíssima movimentação do ar (ver a Figura 2.6).

Mais inovações surgiram com a adição de um ventilador para forçar o ar pelas superfícies da serpentina. Isso aumentou ainda mais a eficiência do evaporador e reduziu muito o tamanho do evaporador. De fato, as serpentinas podem ser feitas bem pequenas para caber no interior de um armário. Dessa forma nasceu o refrigerador comercial de acesso fácil ao público usuário (ver a Figura 2.7).

Nos primeiros evaporadores grandes, o projeto de tubo único diminuía significativamente a pressão no momento em que o refrigerante deixava a serpentina. Como a queda de pressão ocasiona a diminuição na temperatura do refrigerante saturado, a segunda metade da serpentina seria muito mais fria do que a primeira. Esse arranjo tornava as temperaturas desiguais na serpentina e levava a seu congelamento excessivo.

Para resolver esse problema, os grandes evaporadores foram reprojetados para seções menores de evaporador ou circuitos. Um evaporador multicircuito compõe-se de um grupo de serpentinas isoladas, empilhadas umas sobre as outras, e alimentá-las com uma válvula de expansão. A saída de cada circuito é colocada em um cano retilíneo, ou **tubo de comunicação**. Esse tubo de comunicação torna-se a linha de sucção que faz retornar o vapor do evaporador superaquecido para o compressor. É mais eficiente usar múltiplos circuitos do que um único circuito longo, e isso ajuda a manter a queda da pressão e o congelamento da turbina ao mínimo.

Figura 2.6 Serpentina de gravidade ou serpentina de convecção. *Foto de Dick Wirz.*

Evaporadores prensados utilizam duas lâminas de metal, com passagens prensadas no metal por onde o refrigerante pode fluir. A superfície estendida dos pratos fornece boa transferência de calor entre o refrigerante e outros líquidos. Esse método é usado por alguns fabricantes de máquinas de gelo e é um dos métodos preferidos para resfriar a água em grandes tanques comerciais de peixes (ver a Figura 2.9).

OPERAÇÃO DO EVAPORADOR

É importante que os profissionais conheçam o que acontece no interior de um evaporador e como os diferentes evaporadores afetam diferentes condições. A seguir, há um exemplo de tipo de evaporador e condições corretas de operação que um técnico pode esperar no caso de uma geladeira comercial de temperatura média.

Figura 2.7 Unidade de serpentina de ventilador. *Cortesia de Tecumseh Products.*

Uma geladeira comercial padrão projetada para uma temperatura interna de 1,7 °C usaria uma unidade de serpentina de ventilador projetada para uma TD de 5,6 °C. A temperatura do evaporador, ou a temperatura do refrigerante no interior do evaporador, deveria ser 5,6 °C abaixo da temperatura interna da geladeira, ou −3,9 °C.

A medida mais precisa da temperatura do evaporador é dada pela pressão de sucção. Nesta aplicação, um sistema R22 a uma sucção de −3,9 °C teria uma pressão de 337,67 kPa man (49 psig) ou 427,25 kPa man (62 psig) para um R404A. Para verificar, veja a Tabela P/T do Apêndice.

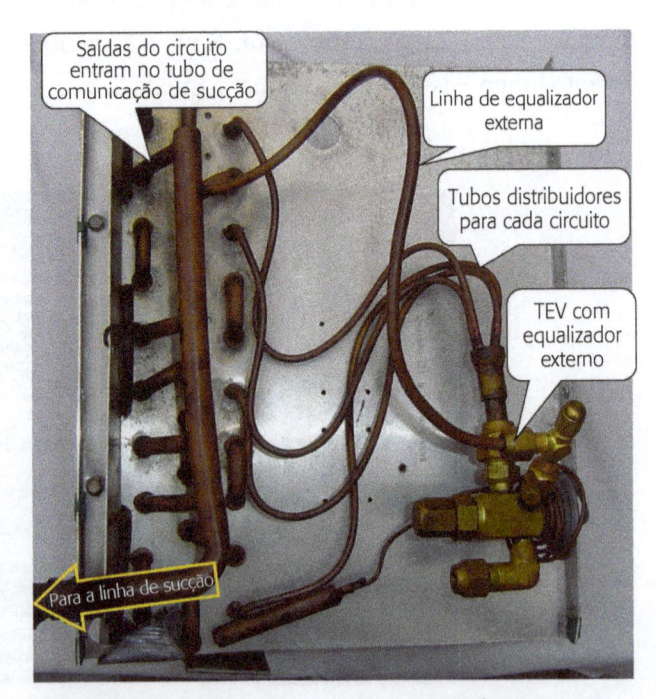

Figura 2.8 Uma serpentina multicircuitos de um evaporador Heatcraft. *Foto de Dick Wirz.*

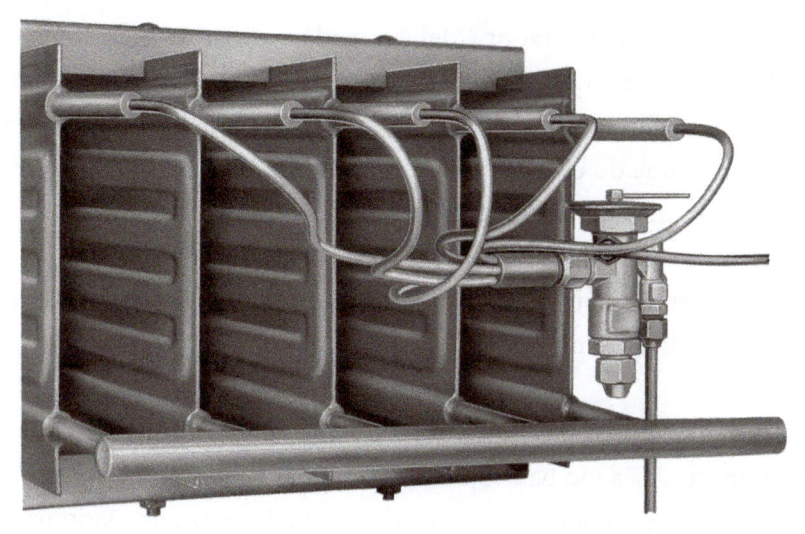

Figura 2.9 Evaporador prensado ou do "tipo placa". *Cortesia de Sporlan.*

O dispositivo de medida muda o estado do líquido que entra para uma neblina densa de gotículas. Durante o mesmo processo, a alta pressão do líquido diminui para a chamada "pressão do evaporador" ou pressão de sucção. Essa pressão se relaciona à temperatura do evaporador (use a Tabela P/T do Apêndice). Durante a evaporação, o refrigerante permanece à mesma temperatura (sua temperatura de saturação) ao longo da serpentina, até que todas as gotículas do líquido se convertam em vapor ou se saturem totalmente.

Quando o refrigerante chega próximo do fim do evaporador, o vapor totalmente **saturado** pode absorver somente o calor sensível. Embora absorver o calor sensível não contribua muito para o efeito geral da refrigeração, ser capaz de medir o calor sensível com um termômetro é muito importante. Cada 1 °C do vapor de sucção acima de sua temperatura de saturação corresponde a 1 °C de **superaquecimento**.

Medindo o superaquecimento

Medir a quantidade de superaquecimento permite ao técnico determinar se todo o refrigerante entrou em ebulição no evaporador e medir aproximadamente a eficiência da operação da serpentina. Também pode ser uma medida da margem de segurança contra a inundação do compressor com o líquido refrigerante.

As quatro etapas no cálculo do superaquecimento são as seguintes:
1. medir a pressão da sucção com o manômetro;
2. com base na pressão, determinar a temperatura do evaporador usando uma Tabela P/T;
3. medir a temperatura da linha de sucção na saída do evaporador;
4. subtrair a temperatura do evaporador da temperatura da linha de sucção.

Como a temperatura do evaporador é determinada a partir da pressão de sucção, a precisão da medição depende de quão fisicamente próxima do evaporador é feita a leitura da pressão. Uma leitura excelente pode ser feita instalando-se um T na linha externa do equalizador da TEV ou na saída do evaporador.

Exemplo de cálculo de superaquecimento em uma câmara frigorífica em 1,7 °C (ver a Figura 2.10):

» 1,7 °C (na saída da serpentina ou do bulbo de TEV) – 3,9 °C (temperatura do evaporador) = superaquecimento de 5,6 °C.

O nível de superaquecimento do evaporador projetado em um sistema varia de 8,3 °C para alguns sistemas de AC a tão baixa quanto 1,7 °C para a maioria das máquinas de fabricação de gelo. Como uma regra de ouro, 5,6 °C é normalmente adequado para sistemas de refrigeração comercial. No entanto, para eficiência máxima, o técnico deve verificar com o fabricante do equipamento.

O técnico deve saber que tipo de medida de superaquecimento é recomendado pela fábrica. Um fabricante de evaporador pode especificar que a maior parte dos seus evaporadores de refrigeração é projetada com superaquecimento de 5,6 °C e que ele é calculado usando a temperatura da linha de sucção na saída do evaporador. Entretanto, um fabricante de compressor pode recomendar um superaquecimento do compressor de 11,1 °C ou 16,7 °C. Isso é o total do superaquecimento no evaporador mais o calor sensível tomado na linha de sucção. O cálculo do superaquecimento do compressor, ou superaquecimento total, é determinado tomando-se a temperatura da linha de sucção a 15,2 cm (6") da entrada do compressor, não na saída do evaporador (ver a Figura 2.10).

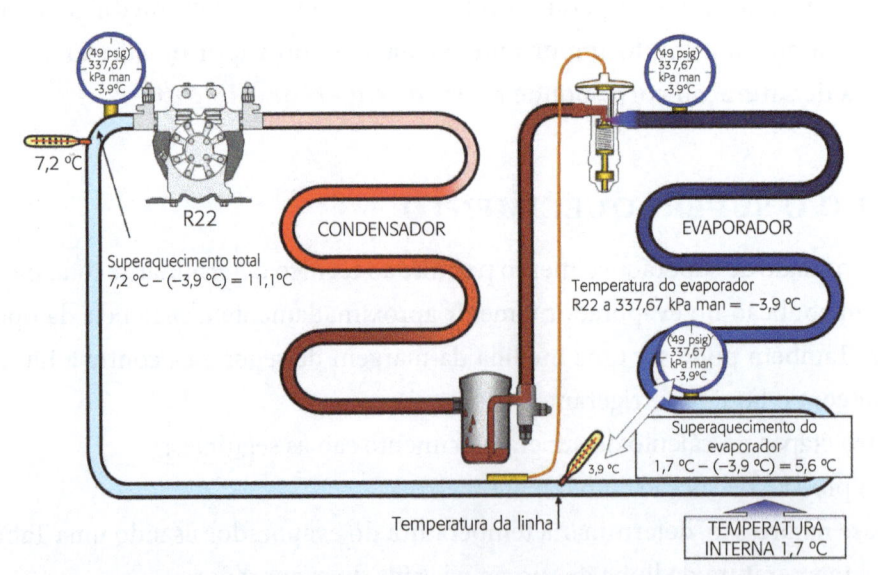

Figura 2.10 Um exemplo de pressões e temperaturas no lado inferior de um sistema de refrigeração. *Cortesia de Refrigeration Training Services.*

O fabricante de compressor quer se certificar de que há superaquecimento suficiente nas entradas do compressor para assegurar que os compressores não sofrerão danos pelo líquido transbordando do evaporador.

Evaporadores que sofrem inundação e evaporadores que apresentam subcarga

Em um evaporador **que sofre inundação** o refrigerante não ferve o bastante para impedir que o líquido deixe o evaporador. Se o refrigerante não ferver totalmente, não poderá captar qualquer calor sensível. Um sistema inundado não apresenta superaquecimento; no entanto, emprega-se a inundação algumas vezes para descrever um evaporador que apresenta superaquecimento muito abaixo do normal.

EXEMPLO: 1 Um sistema com superaquecimento normal de 5,6 °C é considerado inundado se seu superaquecimento estiver abaixo de 2,8 °C.

No evaporador **que apresenta subcarga**, o refrigerante ferve cedo demais. Portanto, o refrigerante não preenche o evaporador de modo suficiente, e então capta mais calor sensível do que o normal. Um evaporador com subcarga apresenta alto superaquecimento.

EXEMPLO: 2 Considera-se um sistema em superaquecimento normal de 5,6 °C como tendo subcarga caso seu superaquecimento esteja acima de 11,1 °C.

Redução anormal de temperatura (*hot pull-down*)

Caso a temperatura do interior ou do espaço de um refrigerador esteja muito acima do normal ou haja uma sobrecarga de produto, chama-se o processo de redução da temperatura de redução anormal de temperatura (*hot pull-down*). Durante a redução anormal de temperatura, nenhuma das relações entre pressão/temperatura discutidas anteriormente parece sustentar-se. O dispositivo de medida, seja de tubo de capilaridade ou TEV, alimenta o evaporador com tanto refrigerante quanto possível. No entanto, o refrigerante líquido ferve rapidamente por causa da alta condição de carga de calor, resultando em um evaporador com alto superaquecimento.

Embora em um *hot pull-down* o sistema esteja desequilibrado, é aconselhável esperar até que as pressões e temperaturas se normalizem e cheguem mais perto das condições usuais do sistema, ou do *projeto*, antes de determinar medidas tais como TD e superaquecimento.

De acordo com TROT, o superaquecimento deve somente ser medido quando o sistema estiver no interior de 2,8 °C das condições do projeto. Por exemplo, o interior de geladeiras comerciais projetadas para operar a 1,7 °C não está nem perto de seu superaquecimento normal até que tenha diminuído para pelo menos 4,4 °C. Ainda assim, ela provavelmente alimentará mais refrigerante do que o faz quando estiver perto de 1,7 °C, mas pelo menos estará bastante próxima do superaquecimento desejado de 5,6 °C.

Problemas do evaporador

Os evaporadores apresentam dois problemas principais:
» problemas de fluxo de ar: problemas com evaporador sujo ou com gelo, problemas no motor do ventilador ou nas lâminas;
» problemas com o refrigerante: refrigerante demais ou insuficiente, problemas com o dispositivo de medida ou com o distribuidor.

A resolução desses problemas será abordada de forma completa em capítulos posteriores. Entretanto, como ambas as unidades de refrigeração de temperaturas média e baixa desenvolvem uma fina camada de gelo, que pode causar problemas de fluxo de ar, este capítulo é um bom momento para discutir como extingui-la.

Degelo de ar em evaporador de temperatura média

A refrigeração comercial de temperatura média normalmente opera a uma temperatura interior entre 1,1 °C a 4,4 °C com a temperatura de evaporador de aproximadamente –9,4 °C a –3,9 °C. Uma vez que a temperatura da serpentina está bem abaixo do congelamento, é normal a fina camada de gelo acumular-se nas aletas do evaporador durante o "ciclo em funcionamento", quando o compressor está trabalhando.

Quando o termostato atinge seu ponto, o compressor desliga e os ventiladores do evaporador continuam a circular o ar do espaço pelas aletas da serpentina. Como a temperatura do espaço e do produto estão acima do congelamento, o evaporador aquece e a fina camada de gelo derrete. Esse processo, chamado **random** (aleatório) ou **descongelamento fora do ciclo**, ocorre cada vez que o termostato desligar o compressor.

Para ajudar a assegurar suficiente tempo de degelo, os termostatos da refrigeração comercial são projetados com uma temperatura **diferencial** relativamente ampla. O diferencial é a diferença entre **liga** e **desliga** do controle. O *liga* de um termostato é a situação na qual os contatos fecham quando há aumento na temperatura interna; o *desliga* é a situação na qual os contatos se abrem, interrompendo o ciclo de refrigeração. Os termostatos que exprimem a temperatura interna normalmente possuem um diferencial de 2,2 °C ou 2,8 °C, amplo o bastante para o ar degelar a serpentina do evaporador.

Degelo planejado por ar

Algumas vezes o ciclo de degelo padrão não é longo o suficiente para degelar o evaporador. Esse problema ocorre normalmente quando a temperatura interna é mantida entre 1,1 °C e 2,2 °C. O evaporador pode também desenvolver uma fina camada de gelo excedente quando a parte interna recebe muita demanda de produtos quentes, portas com gaxetas ruins ou simplesmente excesso de ciclos de abertura da porta.

Os profissionais têm de planejar quando, e por quanto tempo, desligar o compressor para remover o gelo das serpentinas. Por essa razão, é chamado de degelo *planejado* e usa um relógio de controle do tempo para fechar o compressor por tempo suficientemente longo para obter o necessário degelo por ar.

Normalmente os descongelamentos são programados para os períodos quando o interior não está em uso. Por exemplo, os profissionais normalmente ajustam o relógio para degelar às 2 horas da madrugada, pelo período de uma ou duas horas. Isso dá à serpentina tempo suficiente para derreter o gelo acumulado durante o dia. A temperatura do produto no interior pode aumentar em alguns graus,

Figura 2.11 Relógio de descongelamento da série Paragon 4000 para descongelamento planejado. *Foto de Dick Wirz.*

mas não o suficiente para que a comida estrague. Quando o período do degelo estiver completo, o compressor rapidamente restaura o produto à sua temperatura original.

Abaixo da temperatura interior de 1,1 °C, calor adicional deve ser usado para alcançar o descongelamento completo. Por exemplo, os açougueiros preferem a carne a −2,2 °C, porque nessa temperatura a carne está firme, o que torna mais fácil cortá-la. Desse modo, uma geladeira de carnes terá uma unidade de condensação de temperatura média, uma válvula de expansão de temperatura média e uma serpentina de *freezer* com aquecedores elétricos para completar o descongelamento. Normalmente, requer-se somente um ou dois descongelamentos curtos a cada 24 horas.

O relógio de controle do tempo Paragon da Figura 2.11 simplesmente abre e fecha um conjunto de interruptores de acordo com a configuração dos *trippers* (dispositivos de acionamento). O relógio abre um conjunto de contatos e desliga a refrigeração quando o dispositivo de acionamento chega às 2 horas da manhã. O dispositivo de acionamento de prata fecha os contatos e liga a refrigeração de volta às 4 horas da manhã.

A Figura 2.12 mostra o cabeamento básico de uma geladeira comercial que usa um termostato e um **solenoide de desligamento do fluxo do refrigerante**. Ao atingir o ponto, o termostato interrompe o circuito para a serpentina de solenoide. Isso permite que seu êmbolo baixe, interrompendo o fluxo do líquido para a válvula de expansão. O compressor funciona

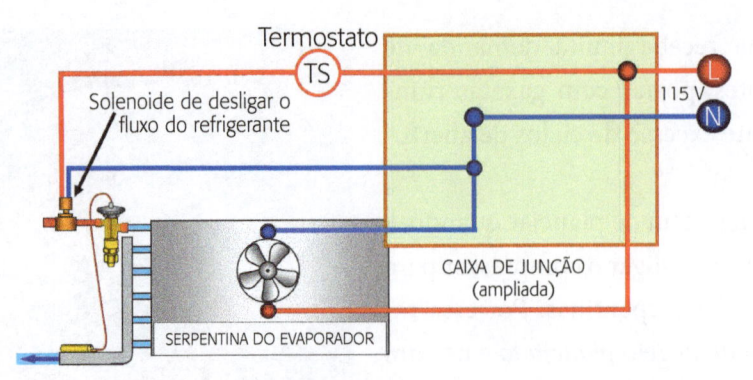

Figura 2.12 Cabeamento básico de evaporador de 115 volts em uma geladeira comercial. *Cortesia de Refrigeration Training Services.*

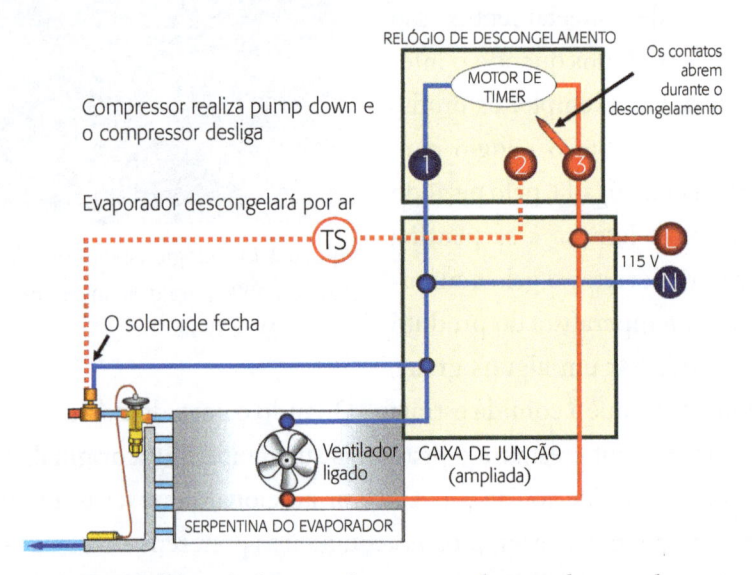

Figura 2.13 Relógio de descongelamento usado para descongelamento planejado. *Cortesia de Refrigeration Training Services.*

até que a pressão de sucção diminua para a condição *desligar* no controle de pressão baixa. Os ventiladores do evaporador funcionam continuamente, circulando o ar no interior.

Quando a temperatura no espaço aumenta, o termostato energiza a serpentina do solenoide. O êmbolo da válvula então sobe, deixando o refrigerante fluir através da TEV para o evaporador e de volta ao compressor. Quando a pressão de sucção aumenta, o controle de pressão baixa fecha e o compressor se inicia.

Há várias razões para o uso do solenoide de desligar o fluxo do refrigerante com uma unidade de condensação remota:

1. quando o solenoide fecha, o compressor retira o refrigerante do lado inferior do sistema e o armazena no receptor antes de fechar. Isso impede a migração do refrigerante durante o período em que o aparelho está desligado;

2. é mais fácil o compressor começar a partir de uma condição sem carga;
3. os cabos de controle não são necessários entre o termostato no refrigerador e a unidade de condensação remota.

Quando for o momento para o descongelamento planejado, os contatos 2 e 3 abrem (ver a Figura 2.13). A serpentina magnética sobre a válvula do solenoide é desenergizada, interrompendo o fluxo do líquido refrigerante para o evaporador. O compressor desliga o fluxo e fecha em pressão baixa. Os ventiladores funcionam continuamente, derretendo o gelo à medida que a temperatura do evaporador sobe até a temperatura do refrigerador.

Na Figura 2.14, o cabeamento é igual ao das Figuras 2.12 e 2.13, exceto pela inclusão de um interruptor de dois polos para desligar o ventilador. Alguns clientes querem desligar o ventilador enquanto estão no interior do refrigerador. Além disso, a inspeção elétrica pode exigir um interruptor a fim de servir ao motor do ventilador do evaporador.

Qualquer que seja a razão, é importante certificar-se de que o interruptor corta a energia para o solenoide de desligar o fluxo, a fim de que o compressor esteja desligado sempre que o ventilador estiver desligado. Caso contrário, o compressor continuará a funcionar, congelando a serpentina e causando a inundação da serpentina por refrigerante líquido.

Quando degelar

A seguir, uma lista de TROT para as temperaturas do espaço refrigerado, quando o termostato deveria ser capaz de desempenhar o descongelamento aleatório ou fora do ciclo,

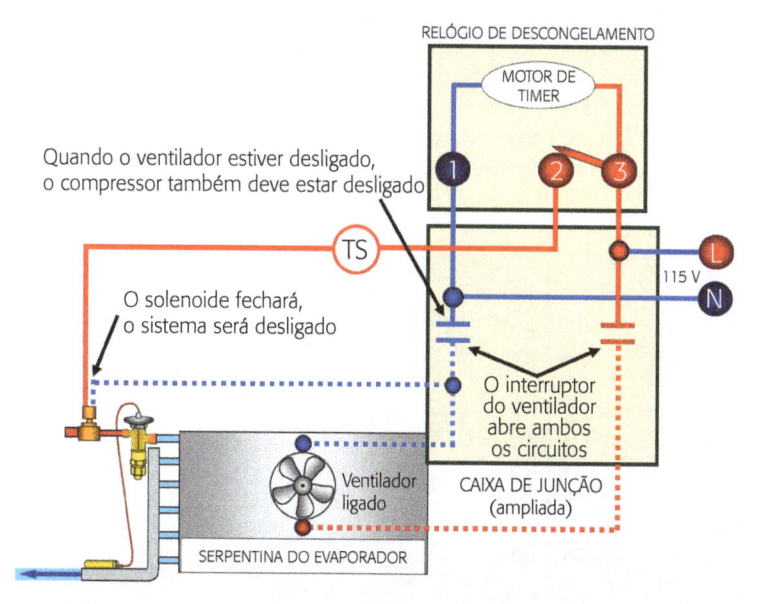

Figura 2.14 Cabeamento do interruptor do ventilador do evaporador. *Cortesia de Refrigeration Training Services.*

quando um relógio para o descongelamento planejado é necessário e quando o calor deve ser acrescentado para descongelar o evaporador:

» Temperatura interna 2,8 °C (e acima) = **Fora do ciclo** (o relógio não é necessário)
» Temperatura interna 1,7 °C = **Planejado** (somente o relógio)
» Temperatura interna 0,6 °C (e abaixo) = **Calor** (e relógio)

A maior parte dos refrigeradores descongela automaticamente durante o tempo de ciclo desligado desde que a temperatura interna seja de 2,8 °C ou mais alta e o produto esteja na mesma temperatura.

No entanto, quando a temperatura interna diminui para 1,7 °C, há normalmente gelo em excesso para ser derretido no período de ciclo desligado. Por isso, um relógio é instalado para forçar o compressor a permanecer desligado o tempo suficiente para descongelar a serpentina.

Se a temperatura interna for de 0,6 °C ou menos, não há como o interior ficar quente o suficiente para o descongelamento por ar. Portanto, uma resistência elétrica suplementar ou gás quente são necessários para descongelar.

Descongelamento do evaporador de baixa temperatura

Os evaporadores de baixa temperatura requerem um relógio de controle do tempo, controles e uma fonte de calor para derreter sua acumulação normal de gelo. Pois o gelo é produzido

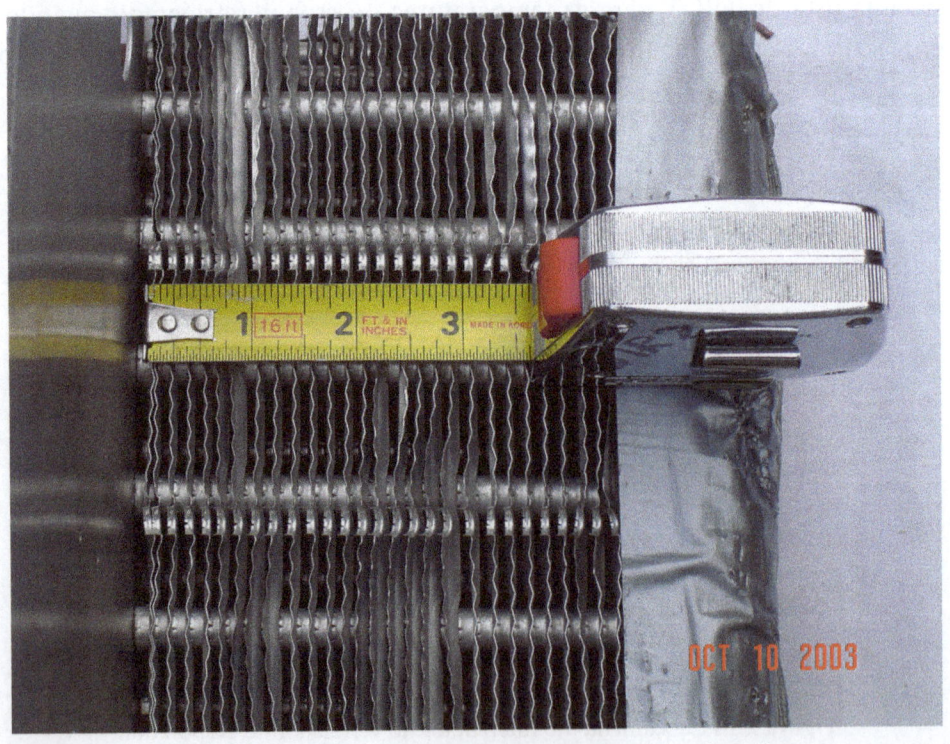

Figura 2.15 Medindo o espaçamento da aleta do evaporador. *Foto de Dick Wirz.*

facilmente quando a temperatura da serpentina estiver abaixo de –17,8 °C, o espaçamento das aletas precisa ser suficientemente grande para impedir que o gelo faça uma ponte entre as aletas por pelo menos quatro a seis horas de operação normal.

As serpentinas do AC podem ter espaçamento de 6 aletas por centímetro (cm) [15 *fins per inch* (fpi)], enquanto as unidades de temperatura média operam em 4 aletas por cm (10 fpi). No entanto, o espaçamento da aleta na serpentina do *freezer* deve ser de não mais do que 3 aletas por cm (7 fpi). O maior espaçamento da aleta atrasa a instalação de ponte de gelo e a elevação final do gelo (ver a Figura 2.15).

O sistema mais comum de descongelamento para câmaras frigoríficas e evaporadores em *freezers* de fácil acesso são os aquecedores elétricos de resistência em faixa. Eles são normalmente fixados nas aletas da serpentina na abertura do lado da entrada de ar do evaporador. Os aquecedores e todos os controles são pré-montados na fábrica, tornando mais fácil o trabalho dos instaladores.

O **descongelamento por gás quente** é utilizado principalmente em aplicações para supermercado e máquinas de fabricação de gelo por ser rápido e eficiente. Durante o descongelamento, o gás quente entra no evaporador na direção da corrente da TEV. O refrigerante quente aquece a tubulação no interior do evaporador, o que é mais eficaz do que os aquecedores elétricos que aquecem as aletas fora da tubulação. Instalar um sistema de descongelamento de gás quente pode ser muito trabalhoso devido à canalização adicional e às válvulas. No entanto, o gás quente é mais eficiente porque o compressor pode gerar a mesma quantidade de Btuh que os aquecedores elétricos, mas com menos energia elétrica.

Operação de descongelamento de *freezers*

O número de descongelamentos por dia e a duração máxima do tempo de descongelamento depende das condições de operação e da localização do equipamento.

EXEMPLO: 3 Em área de forte calor e umidade durante o verão, normalmente requer quatro descongelamentos em um período de 24 horas.

Sob as condições de projeto, um descongelamento durará somente 15 a 20 minutos. Entretanto, o gelo excessivo ocasionalmente provocará um período de descongelamento mais longo.

Se o descongelamento for longo demais, o relógio possui um dispositivo ajustável **seguro contra falha** que interromperá automaticamente o descongelamento do sistema e o levará de volta para o modo de refrigeração. A colocação do dispositivo do seguro contra falha dependerá do clima em que o sistema está localizado.

EXEMPLO: 4 A maioria dos técnicos em áreas de forte calor e umidade ajusta o dispositivo de segurança contra falha para 45 minutos.

Muitos descongelamentos podem ser tão ruins quanto poucos descongelamentos. Mesmo em climas muito úmidos, mais de seis descongelamentos por dia podem indicar um problema do sistema, que precisa ser analisado. Com descongelamentos demais, não há tempo suficiente para congelar corretamente o produto. Em descongelamentos mais curtos também pode ocorrer de não haver descongelamento completo do evaporador. Para verificar o completo descongelamento, o técnico deve usar uma lanterna para verificar todas as seções do evaporador. Lembrar que *aquecedores descongelantes descongelam as finas camadas de gelo e não o gelo*. Uma vez que a camada fina de gelo da serpentina se transforma em gelo, ela deve ser descongelada manualmente.

Em regiões quentes e secas há pouca umidade para transformar a camada fina de gelo em serpentinas do *freezer*. Portanto, é possível usar menos descongelamentos por dia, como dois descongelamentos.

O descongelamento do *freezer* segue seis etapas.

1. O descongelamento se inicia de acordo com o tempo estabelecido no relógio de descongelamento.
2. O compressor e o(s) ventilador(es) do evaporador cessam.
3. O aquecedor elétrico (ou gás quente) começa a aquecer a serpentina.

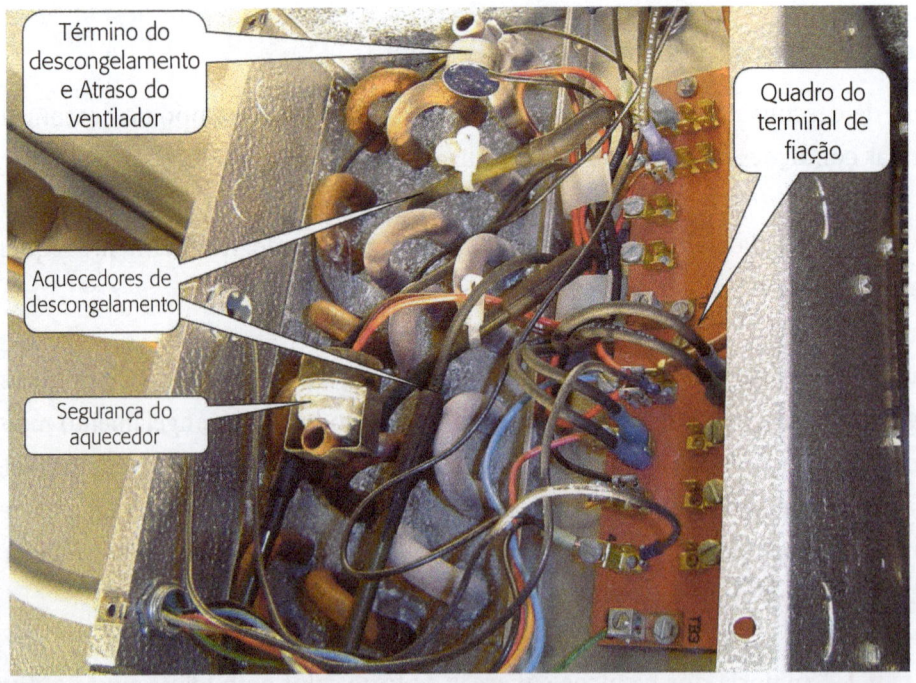

Figura 2.16 Aquecedores elétricos de descongelamento e controles em um evaporador de *freezer* Heatcraft. *Foto por Dick Wirz.*

4. Quando a serpentina alcança uma temperatura alta o suficiente para derreter toda a camada fina de gelo, um sensor de temperatura, chamado **interruptor descongelamento**, interrompe o descongelamento da serpentina e devolve-a para a operação de refrigeração.
5. O compressor se inicia, mas o(s) ventilador(es) permanece(m) desligado(s). O refrigerador agora refrigera a serpentina e remove o calor do descongelamento, congelando de novo qualquer gotícula de água remanescente do descongelamento.
6. Quando o evaporador diminui para aproximadamente –3,9 ºC, o **interruptor de atrasar o ventilador** fecha. Os ventiladores passam a circular o ar até o próximo ciclo de descongelamento.

*Nota: Normalmente o término do descongelamento e a demora do ventilador são combinados em um controle único de três fios designado pelas letras **DTFD** (**defrost termination/fan delay – término de descongelamento/atraso do ventilador**) (ver a Figura 2.16). O controle possui um fio comum e dois conjuntos de contatos. Um dos contatos é fechado quando quente e o outro conjunto, quando frio. O DTFD será discutido detalhadamente a seguir neste capítulo.*

O ciclo de descongelamento é também importante para o retorno correto do óleo. Quando o compressor está desligado, o óleo migra para o ponto mais frio do sistema, que, em um *freezer*, é normalmente o evaporador. Durante o ciclo de congelamento, o óleo frio engrossa enquanto circula pela serpentina e tende a ficar aprisionado no evaporador. Desse modo, o calor durante o descongelamento aquece o óleo suficientemente para que retorne ao compressor.

Relógios de descongelamento de freezer

A Figura 2.17 retrata um dos relógios mais comuns de 208-230 volts, o Paragon 8145-20. A face do relógio traz a hora do dia no anel externo. As áreas em preto denotam das 18 horas às 6 horas da manhã.

Os parafusos na face são os pinos de acionamento do descongelamento. O relógio gira lenta e continuamente. Quando o acionador chega ao ponteiro "TEMPO", o sistema é mecanicamente colocado em "descongelar". O relógio na Figura 2.17 é ajustado para quatro descongelamentos por dia (às 6 horas, 12 horas, 18 horas e 24 horas). A configuração "seguro contra falha" é colocada no centro do *dial*. Supõe-se que o sistema saia do descongelamento em resposta ao sensor de temperatura de término de descongelamento no evaporador. Se ele não mudar para o modo refrigeração até o tempo em que o seguro contra falha é alcançado, o relógio mudará mecanicamente os contatos do descongelamento e voltará para o ciclo de congelamento. O relógio na Figura 2.17 é ajustado para 45 minutos de seguro contra falha.

Configurar o tempo correto do dia, ou girar manualmente o sistema para descongelar, obtém-se girando o centro do *dial* em sentido anti-horário.

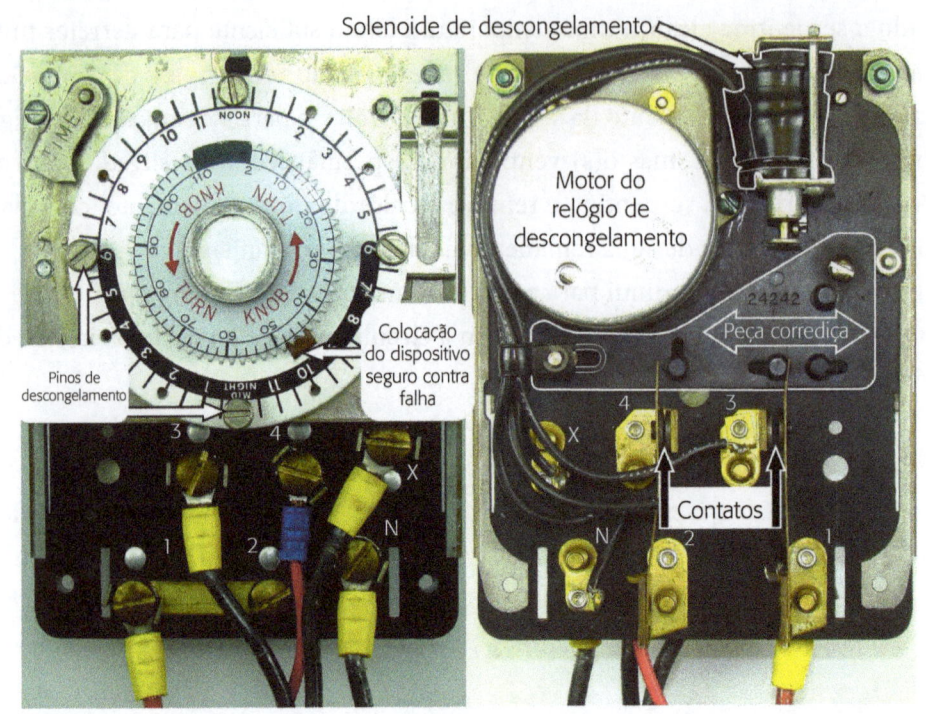

Figura 2.17 Relógio de controle do tempo de descongelamento Paragon Modelo 8145-20. *Foto de Dick Wirz.*

Ciclo de congelamento

No relógio da Figura 2.18, os contatos 2 e 4 são fechados, enviando energia para o terminal 4 no evaporador. O terminal 4 está conectado ao solenoide do termostato do *freezer* e ao ventilador do evaporador.

Nota: O N indica o uso de fio comum.

Ciclo de descongelamento

O descongelamento é iniciado no tempo determinado pelo relógio de descongelamento. Veja a sequência das operações:

1. no relógio da Figura 2.19, os contatos 2 e 4 são abertos. Isso interrompe a energia para o termostato, solenoide e ventilador;
2. no relógio, os contatos 1 e 3 são fechados. Isso envia energia para o terminal 3 no evaporador, energizando o aquecedor de descongelamento. Quando o 3 no relógio é energizado, ele também envia energia para um lado do terminal do solenoide de descongelamento mostrado no canto superior esquerdo da Figura 2.19. Em um *timer* real de descongelamento, o solenoide encontra-se atrás do painel frontal do relógio, próximo do motor do relógio (ver a Figura 2.17).

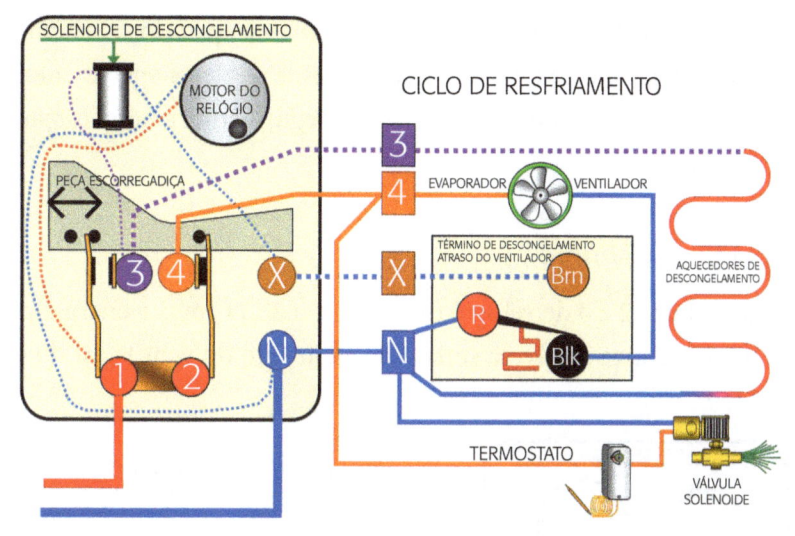

Figura 2.18 Relógio de descongelamento no ciclo de resfriamento.
Cortesia de Refrigeration Training Services.

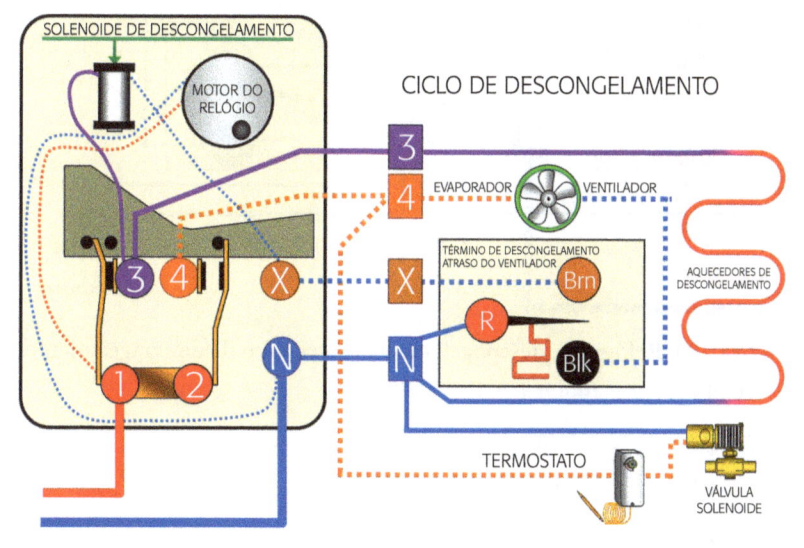

Figura 2.19 Relógio de descongelamento no ciclo de descongelamento.
Cortesia de Refrigeration Training Services.

Término do descongelamento

Quando os aquecedores aquecem o evaporador até cerca de 12,8 °C, os contatos do término de descongelamento se fecham entre R e Brn (*brown* = marrom) no controle do DTFD (ver a Figura 2.20). Isso permite que a energia flua pelo fio comum de N através do X e para o outro lado do solenoide de descongelamento.

Quando energizada, a bobina do solenoide de descongelamento movimenta uma alavanca que move a barra corrediça para a direita. Isso muda mecanicamente as posições do interruptor. Os contatos 1 e 3 se abrirão, e os contatos 2 e 4 se fecharão (ver a Figura 2.21).

O relógio de descongelamento funciona continuamente quando o sistema está em resfriamento ou descongelamento. Se o terminal do controle de descongelamento não trouxer o sistema para fora do descongelamento, o interruptor seguro contra falha forçará o sistema de volta ao modo resfriamento.

Retorno ao ciclo de resfriamento

O fechamento dos contatos 2 e 4 do relógio (ver a Figura 2.21) envia a energia para o terminal 4 no evaporador. Isso energiza a válvula solenoide e um lado do ventilador do evaporador.

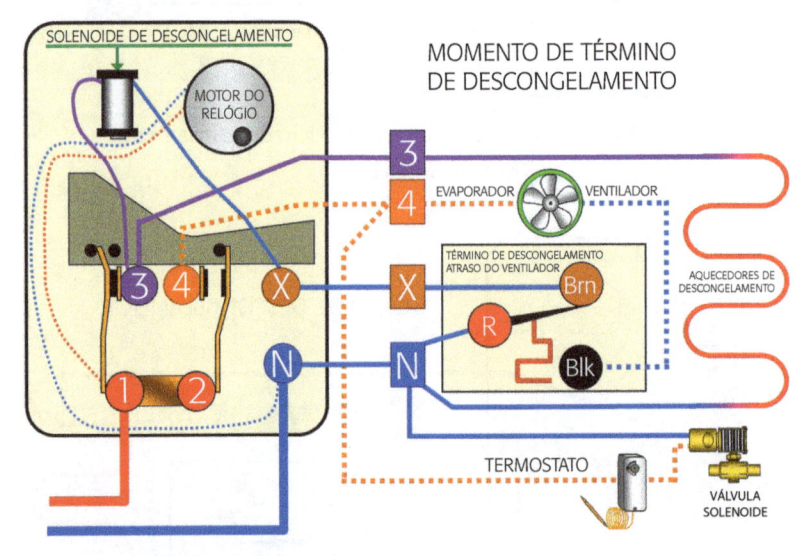

Figura 2.20 Relógio de descongelamento no término de descongelamento.
Cortesia de Refrigeration Training Services.

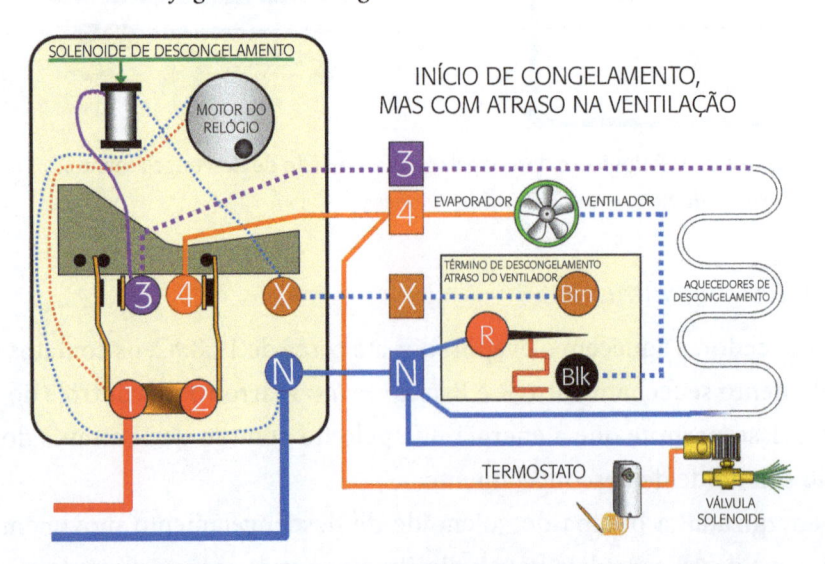

Figura 2.21 Relógio de descongelamento volta ao ciclo de resfriamento.
Cortesia de Refrigeration Training Services.

Atraso do ventilador

O ventilador do evaporador permanece desligado no começo do ciclo de resfriamento porque os contatos do atraso do ventilador do DTFD são abertos entre R e Blk (*black* = preto) (ver a Figura 2.21). Eles se fecharão quando o evaporador resfriar para –3,9 °C, retardando o ventilador até que o evaporador esteja abaixo do ponto de congelamento (ver a Figura 2.18). Isso garante que o calor do descongelamento seja removido do evaporador e as poucas gotículas de água deixadas após o descongelamento sejam congeladas novamente nas aletas do evaporador. O controle do atraso do ventilador impede tanto o calor de descongelamento quanto as gotículas de água de ser sopradas para o interior quando o ventilador reinicia. Uma indicação ruim do atraso do ventilador seriam os pingentes de gelo no teto do interior e gelo nas lâminas do ventilador, pois os contatos fechados permitiriam que o ventilador iniciasse assim que a unidade retornasse ao ciclo de resfriamento.

Verifique esse tipo de controle DTFD, colocando-o em outro *freezer* até que a temperatura do controle fique abaixo de –17,8 °C. Então, retire-o e use um ohmímetro para medir a continuidade entre o fio comum e o fio que irá para o ventilador. Abaixo de –3,9 °C, esse circuito deve estar fechado. À medida que o controle aquece, os contatos se abrirão. A cerca de 12,8 °C, os contatos entre os fios comuns e o fio que vai para o terminal X devem fechar (ver a Figura 2.22).

Quando iniciar as atividades de um *freezer* quente, os ventiladores parecem levar um período muito longo para começar a funcionar. Além disso, os ventiladores podem alternar as funções ligar e desligar algumas vezes até que a temperatura interior caia para menos de –3,9 °C. Alguns técnicos ignoram o controle durante a inicialização (ver Figura 2.23).

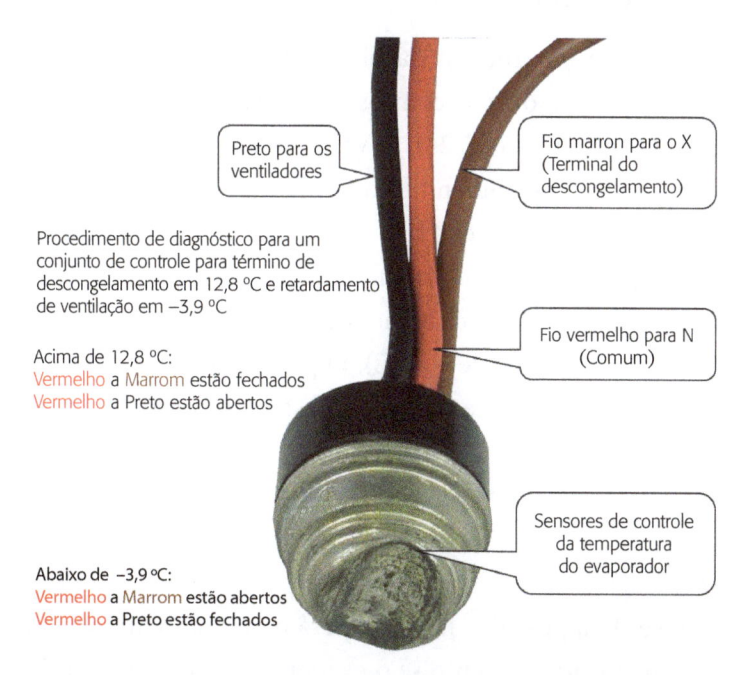

Figura 2.22 Terminal de degelo de três fios e atraso do ventilador.
Foto de Dick Wirz.

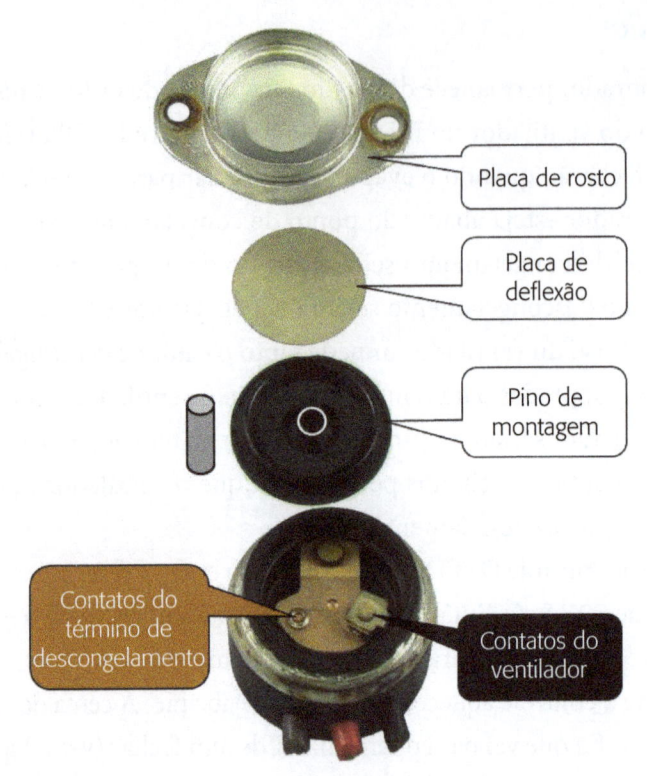

Figura 2.23 Visão explodida de DTFD. *Foto de Dick Wirz.*

Término de descongelamento ajustável

Algumas unidades possuem controle ajustável de término de descongelamento, instalado na frente da serpentina do evaporador com os sensores de bulbo localizados no compartimento do evaporador (ver a Figura 2.24). A variação ajustável para o fim do descongelamento é de 15,6 °C a 23,9 °C, dependendo do modelo de controle. Embora o término do descongelamento tenha algum ajuste, o atraso do ventilador é normalmente fixado em cerca de −3,9 °C. No entanto, o atraso do ventilador possui um parafuso de ajuste atrás da cobertura de controle próxima ao ajuste de duração. Cada volta em sentido horário do parafuso aumenta o atraso do ventilador em até 1,7 °C). O parafuso não deve ser ajustado em mais do que quatro voltas. Fazer esse ajuste aumenta o estabelecimento da temperatura de descongelamento em um valor similar.

Segurança do aquecedor

O controle da segurança do aquecedor interromperá o circuito para os aquecedores de descongelamento e a vasilha de aquecimento se o evaporador superaquecer. Para a maioria das câmaras frigoríficas, o fabricante estabelece 21,1 °C para desligar e 4,4 °C para ligar.

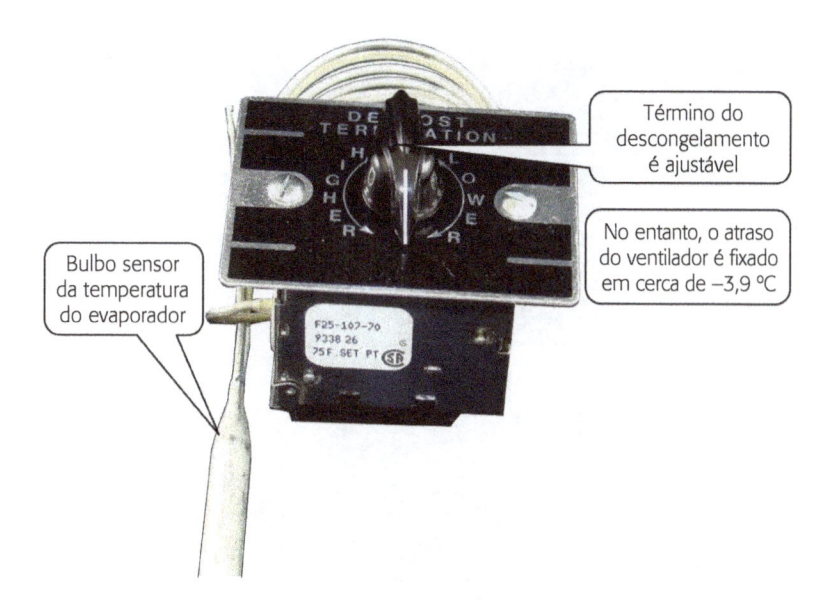

Figura 2.24 Controle ajustável do término de descongelamento. *Foto de Dick Wirz.*

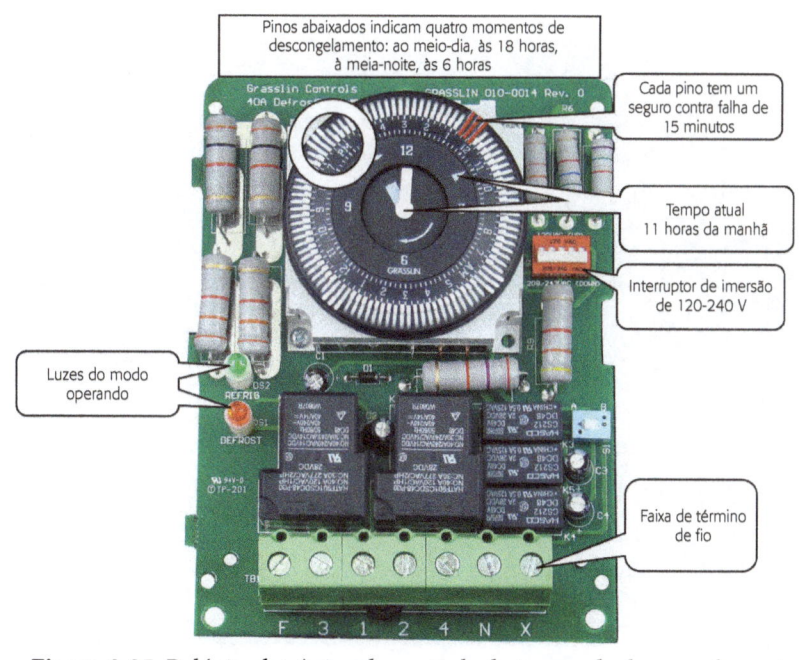

Figura 2.25 Relógio eletrônico de controle do tempo de descongelamento de Grasslin. *Foto de Dick Wirz.*

Relógios eletrônicos de controle de tempo

Nos anos 1990, uma empresa chamada Grasslin surgiu com uma versão eletrônica dos velhos relógios de controle de tempo eletromecânicos (ver a Figura 2.25). Era mais preciso, mais fácil

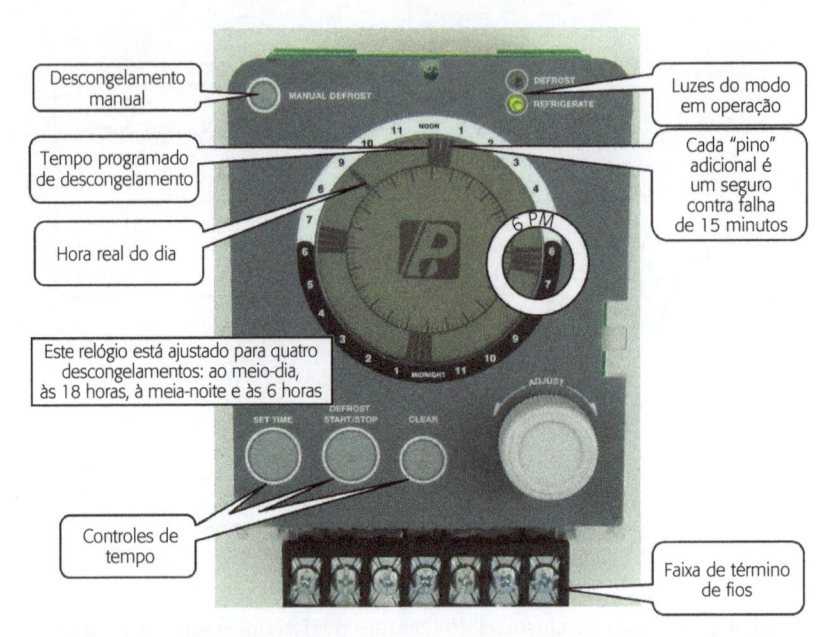

Figura 2.26 Relógio eletrônico de controle de tempo de descongelamento da Paragon. *Foto de Dick Wirz.*

Figura 2.27 Transdutor de pressão. *Foto de Dick Wirz.*

de ajustar, possuía uma bateria de *backup* à disposição e, o mais importante, um único relógio poderia substituir a maioria dos velhos relógios. Para tornar fácil substituir o Paragon pelo Grasslin, a nova empresa usou um sistema de numeração similar ao Paragon. A ideia pegou e Paragon (mais tarde chamada de Invensys) finalmente se juntou ao movimento cerca de cinco anos mais tarde com sua própria versão (Figura 2.26).

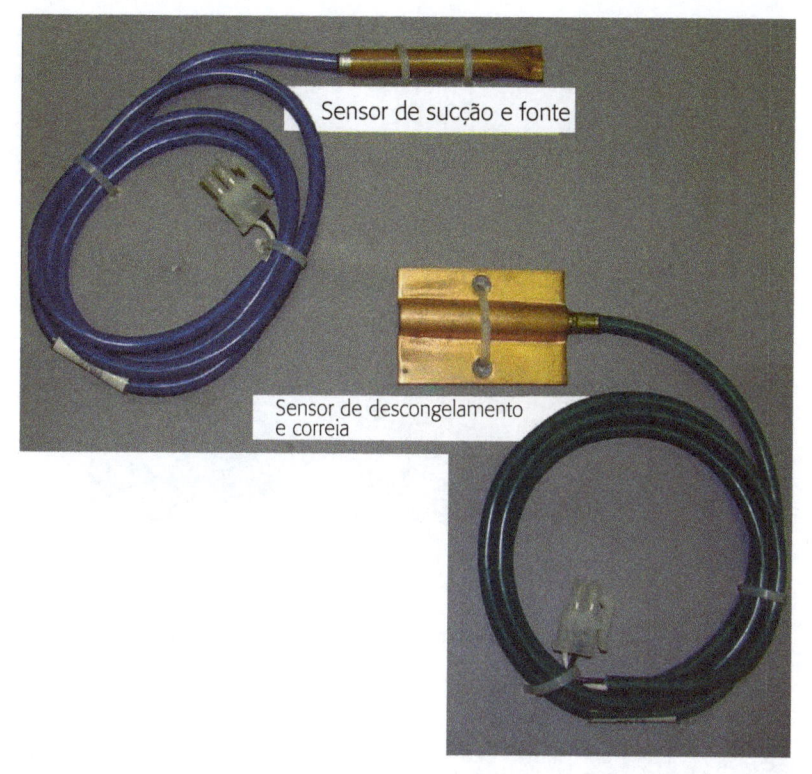

Figura 2.28 Termistores para entrada de temperatura. *Foto por Dick Wirz.*

Descongelamento por solicitação

Em sistemas de refrigeração padrão de baixa temperatura, os relógios de descongelamento são ajustados para um número definido de descongelamentos por dia. Com base apenas no tempo, o relógio força a unidade a degelar se o evaporador tiver um aumento substancial em gelo ou não. Em sistemas de controle eletrônico de refrigeração mais avançados, uma de suas muitas características é descongelar a serpentina somente quando necessário. Como o descongelamento se baseia na solicitação, isso tem sido referido como "descongelamento por solicitação". De acordo com a entrada eletrônica de pressão (usando transdutores – ver a Figura 2.27), temperatura (usando termistores – ver a Figura 2.28), tempo de ciclo de funcionamento (quantidade de tempo para cada ciclo desde o início de um ciclo até o início do ciclo seguinte) e outros dados, o controlador determina quando e se o descongelamento é necessário.

A Heatcraft reivindica que sua fábrica instalou Beacon II® (Figura 2.29) e o produto relacionado Smart Defrost Kit® (Figura 2.30) pode facilmente reduzir a exigência de descongelamento em até 40%. Menos descongelamentos significam menor consumo de energia de descongelamento assim como da refrigeração necessária para remover o calor adicionado à serpentina durante o descongelamento. Além disso, as temperaturas internas e do produto ficam mais estáveis.

Figura 2.29 Controlador Beacon instalado no evaporador. *Cortesia de Heatcraft.*

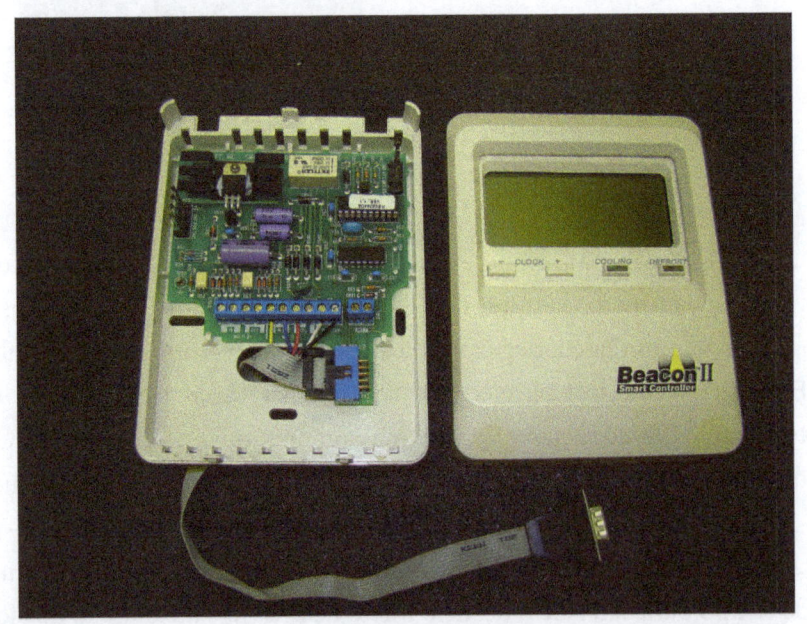

Figura 2.30 Controle remoto inteligente do Beacon II®. *Foto de Dick Wirz.*

Resumo

A função do evaporador é absorver calor do espaço refrigerado. Há uma diferença na temperatura do evaporador para diferentes aplicações desde AC à temperatura muito baixa de congelamento.

TD é uma função da diferença entre o ar que entra no evaporador e a temperatura do refrigerante no interior do tubo do evaporador. Quanto maior a TD, mais o evaporador remove umidade do ar.

Há vários tipos de evaporadores, mas o mais comum é a serpentina de ventilador feita de tubulação de cobre com aletas de alumínio.

Três termos são usados para descrever o "calor" do evaporador.

- » **Calor latente**: é o calor absorvido no evaporador pela mudança de estado do refrigerante, sem mudança na temperatura do refrigerante;
- » **Calor sensível**: é o calor absorvido no evaporador após todo o refrigerante ter sido evaporado. Há mudança na temperatura do refrigerante quando o calor sensível é absorvido;
- » **Superaquecimento**: é uma medida do calor sensível após todo o refrigerante ter fervido. É uma indicação da eficiência da serpentina e se o evaporador está com subcarga ou inundando.

Os evaporadores devem ter algum tipo de descongelamento se a temperatura da serpentina estiver abaixo da temperatura de congelamento. Em refrigeração comercial todas as serpentinas desenvolvem finas camadas de gelo. Elas podem somente necessitar de algum tempo enquanto o compressor está desligado para o ar no interior descongelá-las, ou elas podem necessitar de eletricidade suplementar ou gás quente para remover a camada fina de gelo. Relógios eletrônicos de descongelamento, termistores de temperatura, transdutores de pressão e controladores eletrônicos têm realizado a operação de refrigeração de modo mais preciso e mais eficiente no consumo de energia.

Questões de revisão

1. **O que é a "temperatura do evaporador"?**
   a. A temperatura do refrigerador no interior do tubo do evaporador.
   b. A temperatura do ar que entra no evaporador.
   c. A temperatura do ar que sai do evaporador.

2. **Como se calcula a temperatura do evaporador com base na pressão de sucção?**
   a. Usa-se um termômetro para verificar a temperatura do ar.
   b. Usa-se uma Tabela P/T.
   c. Usa-se um manômetro inclinado para medir a diferença de pressão.

3. **Como a TD do evaporador é calculada para uma câmara frigorífica?**
   a. Subtrai-se a temperatura do ar que entra da temperatura do ar que sai.
   b. Encontra-se a pressão máxima e adiciona-se a temperatura interna.
   c. Subtrai-se o SST da temperatura interna.

4. **O que é "redução anormal de temperatura" (*hot pull-down*)?**
   a. É quando o evaporador está sujeito a temperaturas e cargas mais altas do que sob condições normais de operação.
   b. É o período de descongelamento de um *freezer*.
   c. É a pressão máxima que um sistema experimenta durante o *pump down*.

5. **Durante a redução anormal de temperatura (*hot pull-down*), o que o evaporador experimenta?**
   a. Uma inundação a partir da TEV completamente aberta.
   b. Escassez, porque o refrigerante está fervendo rapidamente.
   c. Excessiva camada fina de gelo, porque o evaporador está muito frio.

6. **Qual é a umidade aproximada em uma câmara frigorífica com uma TD de evaporador de 5,6 ºC?**
   a. 50%
   b. 65%
   c. 85%

7. **Ao aumentar a TD, como isso afeta a umidade interna?**
   a. Aumentando a umidade.
   b. Diminuindo a umidade.

8. **Se o fluxo de ar que passa por um evaporador diminui, que efeito isso tem nas temperaturas do evaporador e na pressão de sucção?**
   a. A temperatura do evaporador e a pressão de sucção aumentam.
   b. A temperatura do evaporador diminui, mas a pressão de sucção aumenta.
   c. A temperatura do evaporador e a pressão de sucção diminuem.

9. **Por que os múltiplos circuitos são usados em grandes serpentinas de evaporador?**
   a. Eles fornecem menos queda de pressão do que um único e longo circuito evaporador.
   b. Eles custam menos para ser produzidos do que um único circuito evaporador.

c. Eles permitem o uso de múltiplos TEV em um evaporador.

10. Se a pressão de sucção de uma unidade R22 é 379 kPa man (55 psig), qual é a temperatura aproximada do evaporador?

   a. −3,9 °C
   b. −1,1 °C
   c. 1,7 °C

11. Se a pressão de sucção de uma unidade R404A for 144,71 kPa man (21 psig), qual é a temperatura aproximada do evaporador?

   a. −25,6 °C
   b. −20 °C
   c. −10 °C

12. Como se determina o superaquecimento do evaporador de um sistema de refrigeração?

   a. Subtrai-se a pressão principal da pressão de sucção.
   b. Subtrai-se a temperatura do evaporador da temperatura da linha de sucção no bulbo da válvula de expansão
   c. Adiciona-se a temperatura do evaporador à temperatura da linha de sucção.

13. Um *freezer* de câmara frigorífica a −23,3 °C que utiliza um R 404A tem pressão de sucção de 103,37 kPa man (15 psig). A temperatura da linha de sucção no bulbo da TEV é −28,9 °C. Qual é o superaquecimento do evaporador?

   a. −16,7 °C
   b. −12,2 °C
   c. −6,7 °C

14. Baseado nos superaquecimentos da questão anterior, o evaporador está:

   a. inundado.
   b. normal.
   c. com subcarga.

15. No interior de quantos graus da temperatura interna projetada pode-se verificar o superaquecimento do evaporador?

   a. Qualquer temperatura é boa para se verificar o superaquecimento.
   b. −3,9 °C
   c. −15 °C

16. Quais são as duas principais categorias de problemas do evaporador?

17. Por que é necessário que o espaçamento entre as aletas de um evaporador seja grande?

   a. O aumento de geada não ocorrerá tão rápido se o espaçamento da aleta for amplo.
   b. Ajuda a movimentar mais ar porque mais espaço significa menos resistência.
   c. O calor do descongelamento necessita passar pelas aberturas da aleta.

18. Qual é a sequência básica de operação no início de descongelamento do *freezer*?

   a. O compressor fecha, os ventiladores do evaporador iniciam o funcionamento e os aquecedores começam a funcionar.
   b. Os ventiladores do evaporador desligam, o compressor desliga e os aquecedores começam a funcionar.
   c. Os ventiladores e os aquecedores são atrasados até que terminem os ciclos do compressor.

19. Qual sistema de descongelamento de *freezer* é mais eficiente: a gás quente ou elétrico? Por quê?

20. Se uma câmara frigorífica opera a uma temperatura interna de 1,7 °C, que tipo de descongelamento ela deveria ter?

    a. Descongelamento aquecido: um relógio de descongelamento e calor elétrico ou gás quente.
    b. Descongelamento planejado: somente um relógio de descongelamento.
    c. Descongelamento aleatório: sem relógio ou aquecedores, somente descongelamento fora do ciclo com termostato.

21. Qual é uma maneira eficaz de se verificar o controle de DTFD?

    a. Prender o fio comum no controle e ver se ele vai para o interior do descongelamento.
    b. Substituí-lo por um novo da fábrica e ver se ele corrige o problema.
    c. Congelar o controle em outro *freezer* e depois medir a continuidade dos contatos com um ohmímetro.

Condensadores

CAPÍTULO 3

Visão geral do capítulo

Este capítulo se inicia com uma explanação da função de um condensador e como ele é projetado para realizar suas funções. Os conceitos de temperatura de condensação e os intervalos de diferença de temperatura de condensador (*condenser split*) são mencionados para explicar o desempenho de um condensador.

A prática de medida de sub-resfriamento é mostrada como meio confiável de determinar o desempenho do condensador e a carga do sistema. Entender esses conceitos-chave e suas condições é essencial para resolver problemas do sistema complexo em capítulos posteriores.

São descritos diferentes tipos de condensadores, assim como sua operação e sua correta manutenção. Como a maioria dos condensadores remotos da refrigeração comercial tem de operar em condições ambientais frias, os controles da pressão de entrada são abordados detalhadamente.

Funções do condensador

Os condensadores são a imagem invertida do evaporador. Enquanto a função do evaporador é absorver o calor do espaço refrigerado, a função do condensador é remover esse calor para fora do espaço refrigerado.

Além do calor do evaporador e do superaquecimento da linha de sucção, o condensador deve, também, remover o calor de compressão e o calor do motor, captados pelo vapor de sucção em seu caminho pelo compressor. Esse calor adicional pode ser um terço maior do que aquele absorvido pelo evaporador. Por exemplo, um sistema de 10,55 kW (36 mil Btuh) por hora deve remover cerca de 14,07 kW (48 mil Btuh) de calor; para isso, precisa haver mais superfície da serpentina de condensação efetiva do que superfície do evaporador. O fluxo de ar que percorre os condensadores é também um fator importante. Os manipuladores de ar do AC movem cerca de 11,33 metros cúbicos por minuto por tonelada (mcm/ton) [400 pés cúbicos por minuto por tonelada (cfm/ton)], enquanto os ventiladores do condensador movem cerca de 28,31 mcm/ton (1000 cfm/ton). A maioria das serpentinas dos condensadores é projetada para ter fluxo de ar percorrendo-as, com cerca de 28,31 mcm/ton (1000 cfm/ton) de refrigeração. Isso representa duas vezes e meia o fluxo de ar da maior parte dos evaporadores de AC, que é de 11,33 mcm/ton (400 cfm/ton).

Operação do condensador

Os novatos nesse tipo de negócio podem considerar difícil entender como o sistema absorve tanto calor no evaporador e ainda assim ter uma linha de sucção fria. Essa estranha condição ocorre porque o calor absorvido é quase totalmente constituído por calor latente. Esse tipo de calor não altera a temperatura do vapor de sucção frio; ele fica preso no interior do vapor refrigerante quando as gotículas de líquido fervem no evaporador; a temperatura desse vapor permanece a mesma em todo o evaporador. Depois de o refrigerante saturar-se completamente com o calor latente, qualquer calor adicional (superaquecimento) constitui calor sensível, e é possível medi-lo com um termômetro.

Antes de o evaporador reciclar o refrigerante, devem acontecer duas coisas no condensador:
1. o calor no vapor de sucção tem de ser removido;
2. o vapor deve se transformar em líquido antes de entrar no dispositivo de medição.

Ao se condensar, o vapor libera enorme quantidade de calor latente como resultado de sua mudança de estado – de vapor para líquido. Teoricamente, o vapor a 1,7 ºC na linha de sucção poderia condensar se fosse refrigerado de modo suficiente. Mas, na realidade, o vapor de sucção é quase sempre exposto a temperaturas mais altas do que a sua própria, o que torna quase impossível descarregar o calor contido no vapor de sucção frio em um ambiente mais quente.

Presumindo a temperatura exterior como sendo de 35 ºC, como um vapor de 1,7 ºC pode se condensar novamente ao estado líquido? De algum modo, a temperatura desse vapor deve se elevar o suficiente para que o ar ambiente de 35 ºC se torne frio o bastante para condensar o vapor.

De acordo com as leis da termodinâmica, pode-se aumentar a temperatura de um vapor elevando-se sua pressão. Em refrigeração, obtém-se esse processo com a ajuda de um compressor. A operação mecânica da compressão será abordada com detalhes no Capítulo 4. Este capítulo concentra-se na relação pressão-temperatura de compressão quando ela ajuda o processo de remoção de calor, e, finalmente, o vapor de sucção retornando a líquido.

EXEMPLO: 1 Comprime-se o vapor do R22 a −3,9 °C, e 337,67 kPa man (49 psig) é comprimido até que alcance 1274,86 kPa man (185 psig). Com base na Tabela Pressão/Temperatura (P/T), a temperatura do vapor de pressão mais alta é agora de 35,6 °C. Teoricamente, se o vapor for resfriado em 0,6 °C, para 35 °C, ele não ficará mais totalmente saturado e deve começar a se condensar novamente para o estado líquido.

Em um único grau de diferença entre o vapor e o ar ambiente, o processo de resfriamento é razoavelmente lento. No Exemplo 2, a diferença entre a temperatura do vapor quente no condensador e a temperatura do ar ambiente é aumentada para 16,7 °C. Quanto maior a diferença de temperatura entre duas substâncias, mais rápida é a transferência de calor.

EXEMPLO: 2 O vapor do R22 em −3,9 °C, e 337,67 kPa man (49 psig) é comprimido até que alcance 1915,74 kPa man (278 psig). A essa pressão o vapor saturado está a 51,7 °C e condensará mais rápido quando refrigerado pelo ar ambiente de 35 °C.

Os dois exemplos anteriores eram teóricos e não levaram em consideração a adição de várias outras fontes de calor sensível que são parte de um processo real de compressão. No entanto, a intenção é mostrar que, aumentando a pressão, o calor aumenta, e que a diferença de temperatura afeta a velocidade de transferência de calor.

Três fases do condensador

As três fases do condensador são as seguintes:
1. desaquecer o superaquecimento;
2. condensar;
3. sub-resfriar.

Fase de desaquecer o superaquecimento

O **gás de descarga**, ou **gás quente**, que deixa o compressor contém muito mais calor do que ao entrar no compressor e sua temperatura é muito mais alta. Como se afirmou anteriormente, o vapor de sucção capta o calor do motor e o calor da compressão quando se submete ao processo de compressão. O gás quente é chamado de **vapor superaquecido**. Assim como no evaporador, se a temperatura de um vapor estiver acima de sua temperatura de saturação, ela é superaquecida.

EXEMPLO: 3 Observe a Figura 3.1. A temperatura do gás quente que deixa o compressor é de 79,4 °C, mas a temperatura de condensação de R22 em 1915,74 kPa man (278 psig) é de somente 51,7 °C. O vapor deve ser resfriado a 27,8 °C na primeira parte do condensador antes que a condensação tenha início.

Fase da condensação

A **temperatura de condensação** é aquela na qual o vapor retorna ao estado líquido.

A condensação é um processo, não uma ação que acontece de repente. A condensação começa quando se alcança a temperatura de condensação, e continua pela maior parte da serpentina de condensação até que o vapor se condense completamente em líquido. Nesse ponto, o refrigerante é um líquido saturado em uma temperatura que corresponde à pressão de condensação listada em uma Tabela P/T.

Fase de sub-resfriamento

Refrigerar o líquido saturado abaixo da temperatura de condensação é conhecido como *sub--resfriamento*. A quantidade de sub-resfriamento é determinada subtraindo a temperatura do líquido que deixa o condensador da temperatura de condensação.

EXEMPLO: 4 Observe a Figura 3.1. A temperatura de condensação (e a temperatura de saturação) de R22 em 1915,74 kPa man (278 psig) é 51,7 °C. A temperatura da linha de líquido na saída do condensador é de 46,1 °C.

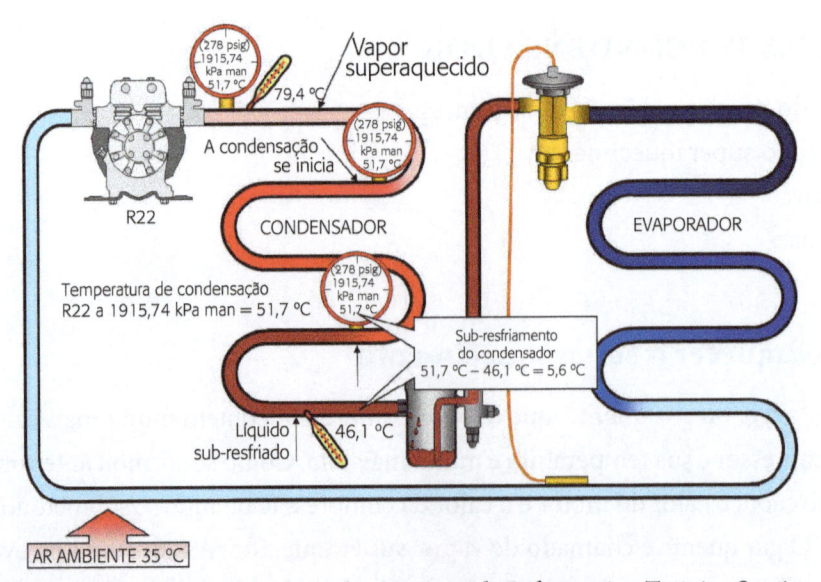

Figura 3.1 Fases de um condensador. *Cortesia de Refrigeration Training Services.*

» Temperatura de condensação 51,7 °C – temperatura da linha do líquido 46,1 °C = sub-resfriamento de 5,6 °C.

Mas por que verificar o sub-resfriamento? Sabendo-se o valor do sub-resfriamento, o técnico pode dizer muito sobre o sistema com o qual está trabalhando para resolver problemas. Por exemplo:
» A falta de sub-resfriamento (0 °C) significa que não há refrigerante suficiente no sistema para condensar em um líquido.
» Baixo sub-resfriamento (menor que 2,8 °C) pode significar que pode haver uma formação repentina de refrigerante antes que ele alcance o dispositivo de medida.
» Alto sub-resfriamento (acima de 11,1 °C) pode significar que há refrigerante demais no sistema.

Nota: Embora muitos sistemas operem adequadamente com sub-resfriamento entre 2,8 °C e 11,1 °C, é perigoso fazer um diagnóstico inteiramente com base em medidas fora desse intervalo. Outros fatores devem ser considerados, e eles são abordados no capítulo sobre solução de problemas.

Advertência: Se você não puder medir qualquer sub-resfriamento na saída do condensador, mas tem alguma certeza de que a unidade possui refrigerante suficiente, então verifique a temperatura da linha do líquido que sai do receptor. Alguns fabricantes (Heatcraft é um deles) usam o receptor da unidade de condensação como sub-resfriador em lugar de adicionar tubo para a serpentina do condensador.

Gás *Flash*

Gás *Flash* é a transformação do refrigerante líquido em vapor, por meio de ebulição. A formação repentina de gás com base no líquido saturado ocorre quando sua temperatura sobe ou quando sua pressão é reduzida.

EXEMPLO: 5 Observe a Figura 3.1. O líquido em R22 a 1915,74 kPa man (278 psig) está saturado em 51,7 °C. Ele evaporará repentinamente se:
1. sua temperatura for aumentada em um grau, para 52,2 °C;
2. baixar sua pressão para 1908,85 kPa man (277 psig)

A diminuição de pressão é a causa principal da formação do gás *flash* e constitui um acontecimento desejável quando o refrigerante passa através do dispositivo de medida. O refrigerante cai da temperatura da linha de líquido à temperatura do evaporador se tiver evaporação instantânea.

TROT
Na maioria dos sistemas de refrigeração, o sub-resfriamento é de 5,6 °C.

No entanto, a evaporação instantânea na linha de líquido, antes que o refrigerante entre no dispositivo de medição, pode fazer com que o dispositivo se comporte erraticamente. Esse gás *flash* pode, algumas vezes, ser visto como bolhas no visor de vidro, uma boa razão para instalar esse visor de vidro logo antes da válvula de expansão termostática (TEV).

Nota: As bolhas no visor de vidro causadas pela baixa carga do refrigerante ou queda de pressão podem ser corrigidas simplesmente acrescentando-se refrigerante. No entanto, as bolhas se formarão no visor durante as condições de baixa carga e podem ocorrer quando se usam refrigerantes mistos. Nessas condições, a adição do refrigerante causará mais problemas do que soluções.

Usando sub-resfriamento para impedir a formação do gás *flash*

Se no exemplo anterior o líquido tivesse queda de temperatura equivalente à queda de pressão, então o líquido teria permanecido totalmente saturado, ou em estado líquido. Dessa forma, sub-resfriar um líquido pode impedi-lo de ter evaporação instantânea por diminuição de pressão. A quantidade de sub-resfriamento determina quanto o líquido pode suportar diminuição de pressão antes que se transforme instantaneamente em vapor.

EXEMPLO: 6 Se R22 a 1915,74 kPa man (278 psig) diminui para 1908,85 kPa man (277 psig), começará a entrar em evaporação instantânea a 51,7 °C.

Se o líquido for sub-resfriado a 48,9 °C, ainda estará em estado líquido se a pressão diminuir para 1791,70 kPa man (260 psig).

O tamanho adequado da tubulação de linha de líquido é importante para impedir a redução na pressão do líquido durante as longas passagens pela tubulação. A diminuição de pressão é o resultado da fricção entre o interior do cano e o fluxo do fluido. Se o tamanho do tubo for muito pequeno ou o comprimento da passagem for longo demais, a pressão baixará muito. Isso é similar à fricção por rolamento nas rodas de um carro: se ele estiver se movimentando com o motor desligado no nível do chão, a fricção o tornará mais lento, esgotando seu impulso para a frente.

A elevação vertical, ou a pressão que se opõe do peso do líquido sendo empurrado diretamente para cima, resulta em uma grande diminuição do nível da pressão. Uma linha de líquido vertical de 0,965 cm (⅜") sofrerá uma diminuição de pressão de aproximadamente 11,32 kPa man por metro de aumento (½ psig por pé de aumento).

EXEMPLO: 7 Uma câmara frigorífica está localizada em uma cafeteria do terceiro andar. Sua unidade de condensação se encontra no chão 9,14 m (30') abaixo. A linha de líquido de 0,965 cm (⅜") experimentará uma diminuição de pressão de 11,32 kPa man por metro (½ psig por pé) da elevação vertical. A diminuição de pressão de 103,37 kPa man (15 psig) em um sistema

R22 exigirá um sub-resfriamento de 2,2 °C para evitar que o líquido refrigerante evapore instantaneamente antes de entrar no espaço do teto (Figura 3.2).

A seguir, cálculos para o sub-resfriamento de 2,2 °C, necessário para impedir a evaporação instantânea na tubulação que eleva a linha do líquido na Figura 3.3:

De acordo com a Tabela P/T, R22 em 1915,74 kPa man (278 psig) entrará em evaporação instantânea acima de sua temperatura de saturação de 51,7 °C. A diminuição de pressão para 103,37 kPa man (15 psig) do aumento da linha de líquido reduzirá a pressão de condensação de 1915,74 kPa man (278 psig) para 1812,37 kPa man (263 psig). A temperatura saturada do R22 em 1812,37 kPa man (268 psig) é de cerca de 49,4 °C. Portanto, a unidade de condensação necessita sub-resfriar o líquido pelo menos 2,2 °C para impedir que o líquido entre em evaporação instantânea antes de entrar no espaço do teto.

EXEMPLO: 8 A mesma instalação exige que a linha do líquido corra pelo espaço quente. O calor no espaço no teto aumenta a temperatura do líquido em 2,8 °C adicionais. O líquido evaporará instantaneamente assim que a temperatura subir acima de sua temperatura de condensação ou saturação. Portanto, para impedir a evaporação instantânea deve ocorrer o sub-resfriamento de um grau para cada grau de calor adicionado ao líquido acima de sua temperatura de condensação. Se o calor do espaço no teto adicionar 2,8 °C ao calor do líquido, serão necessários 2,8 °C de sub-resfriamento para impedir a evaporação espontânea.

3. Condições no espaço do teto antes do evaporador:
   - A linha de líquido capta 2,8 °C de calor no espaço do teto
   - São necessários mais 2,8 °C para impedir evaporação instantânea

2. Condições no topo do elevador da linha do líquido:
   - Elevação de 9,14 m = diminuição de pressão de 103,37 kPa man
   - Pressão do líquido reduzida a 1812,37 kPa man
   - Temperatura de saturação a 1812,37 kPa man: 49,4°C
   - São necessários 2,2 °C de sub-resfriamento para impedir a evaporação instantânea na linha vertical do líquido

1. Condições na unidade de condensação:
   - Pressão máxima: 1915,74 kPa man (278 psig)
   - Temperatura de saturação: 51,7 °C
   - Linha do líquido: 51,7 °C
   - Não assumir sub-resfriamento.

Ao menos 5 °C de resfriamento são necessários na unidade de condensação para impedir a evaporação instantânea em TEV

57,2 °C no espaço do teto

Cafeteria da Karen

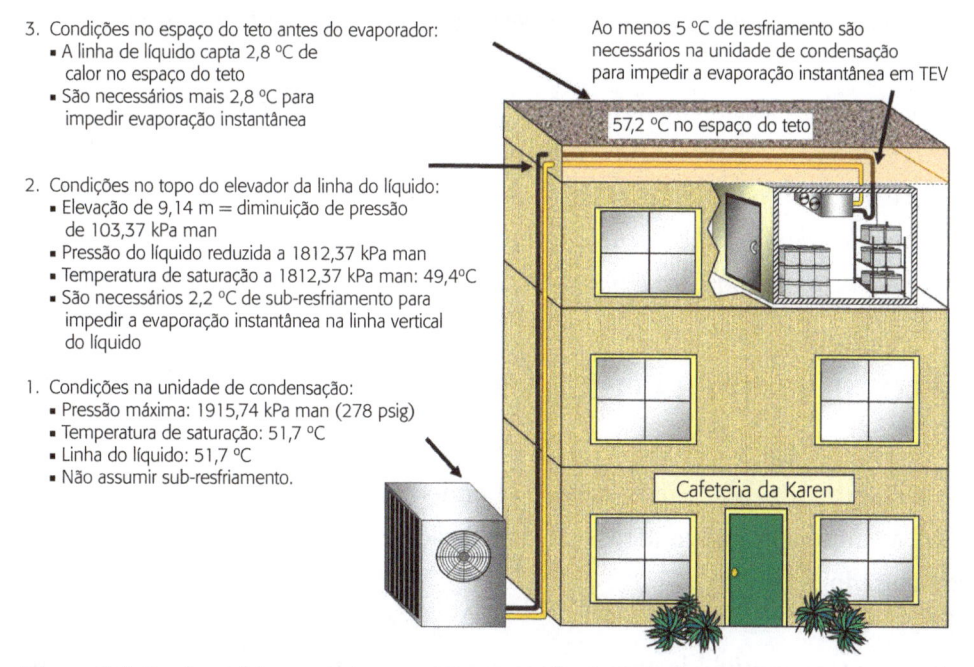

Figura 3.2 O sub-resfriamento é necessário para a diminuição de pressão e o acréscimo de calor. *Cortesia de Refrigeration Training.*

Intervalo de temperatura média de 16,7 °C da Master Bilt

Intervalo de freezer de 13,9 °C da Russell

Intervalo remoto de 5,6 °C a 16,7 °C da Heatcraft

Intervalo de 11,1 °C de A/C de alta eficiência da Trane

Figura 3.3 Diferentes intervalos de temperatura em condensadores para diferentes aplicações. *Cortesia de Master Bilt, Heatcraft, Russell e Trane.*

As unidades nos dois exemplos anteriores necessitarão de pelo menos 5 °C de sub-resfriamento para impedir a evaporação espontânea antes que o líquido entre na TEV. *Para aumentar o sub-resfriamento, simplesmente adicione refrigerante. A maioria dos sistemas de intervalo de temperatura é projetada para ter cerca de 5,6 °C a 8,3 °C de sub-resfriamento quando carregados corretamente.* Procedimentos detalhados de carga serão tratados no Capítulo 9.

Nota: Um visor de vidro e dispositivo de pressão da linha de líquido perto da TEV ajudaria o técnico a ter certeza de que não haverá evaporação instantânea na TEV. Isolando a linha de líquido no espaço do teto também pode ajudar a impedir que algum calor entre na linha do líquido. Além disso, um trocador de calor na linha de sucção perto da TEV resfriará a linha de líquido e condensará de volta um pouco de vapor para líquido.

INTERVALO DE TEMPERATURA NO CONDENSADOR (CONDENSER SPLIT)

O **intervalo de temperatura no condensador** (Condenser split – **CS**) é a diferença de temperatura entre a temperatura de condensação da unidade e a temperatura do ar ambiente que entra no condensador.

EXEMPLO: 9 Se a temperatura de condensação do refrigerante for de 151,7 °C e o ambiente estiver a 35 °C, o CS é 16,7 °C (51,7 °C − 35 °C = 16,7 °C).

O fabricante do sistema determina o CS de uma unidade em dada temperatura do ambiente. Por exemplo, quanto maior o intervalo, mais rápida é a transferência de calor e menor a serpentina de condensador exigida.

Nota: O CS variará ligeiramente com as temperaturas do ambiente e as cargas do evaporador.

EXEMPLO: 10 Considere uma unidade projetada para um CS de 16,7 ºC em um ambiente de 35 ºC:
- » Em um ambiente de 21,1 ºC, o CS poderia diminuir para cerca de 13,9 ºC. Um condensador é mais eficiente em temperaturas abaixo das condições máximas do projeto.
- » Cargas baixas no evaporador não exigem tanto CS. Quanto menos calor for absorvido pelo evaporador, menos calor há para ser removido pelo condensador, e mais baixo será o CS necessário para remover esse calor.
- » Cargas altas no evaporador (como durante uma redução anormal de temperatura) exigirão CS mais alto para remover o calor adicional captado no evaporador.

Um intervalo menor significa um sistema mais eficiente de consumo energético. O compressor não tem de trabalhar tanto (usando menos potência) porque a temperatura e a pressão de condensação são mais baixas.

Os fabricantes podem baixar o CS simplesmente produzindo condensadores maiores. Entretanto, há duas razões para que todas as unidades não tenham condensadores grandes:
1. o custo da unidade é maior por causa do aumento nos custos de produção;
2. condensadores maiores exigem mais espaço, o que limita os locais onde as unidades podem ser colocadas.

Felizmente, o custo e o tamanho nem sempre são os fatores. A seguir são apresentados vários exemplos em que o custo de um condensador maior se justifica.

- » Unidades de AC de alta eficiência

As 12 unidades de SEER têm um CS de 11,1 ºC em um ambiente de 35 ºC.

- » Condensadores de *freezers*

Os compressores de *freezer* são expostos a altas **taxas de compressão** pois eles operam a pressões de sucção muito baixas. Essa taxa pode diminuir se o CS diminuir. A maioria dos compressores de

> **TROT**
> A maioria dos CSs são projetados para 16,7 ºC em um ambiente de 35 ºC.
> Isso se aplica às unidades de condensação de refrigeração de temperatura média e sistemas de AC de 10 seer (SEER – *Seasonal Energy Efficiency Ratio*, em português Classificação da eficiência energética sazonal) e mais baixo. Os fabricantes determinaram que esse intervalo constitui um bom equilíbrio entre o custo da produção e o custo de operação.

baixa temperatura tem um CS de 11,1 °C a 13,9 °C. (As taxas de compressão são discutidas no Capítulo 4.)

» Condensadores remotos

Os fabricantes de condensadores remotos justificam o custo dos condensadores maiores porque o CS mais baixo pode tornar mais baixo o total de cavalos-vapor (cv) exigidos de um sistema. Isso não somente reduz o custo inicial do pacote total do equipamento, mas também os custos de operação do cliente. Os fabricantes dos condensadores remotos oferecem variedade de CSs opcionais tão baixo quanto 5,6 °C. No entanto, a maioria dos condensadores remotos são de intervalo padrão de 16,7 °C.

EXEMPLO: 11 Um supermercado pode exigir um porta-compressor com três compressores de 40 cv se o CS for de 16,7 °C. Se for usado um condensador maior, pode-se baixar o intervalo para 5,6 °C. O CS mais baixo pode permitir que a mesma carga interna possa ser conduzida por compressores de somente 30 cv. Isso significa economia de 25% no custo do equipamento e economia semelhante na operação. (*Nota: Isso é apenas um exemplo; os números reais variam.*)

CONDENSADORES DE AR REFRIGERADO: LIMPEZA E MANUTENÇÃO

Um condensador sujo impede a sua remoção do calor e resulta em pressões e temperaturas de condensação mais altas. Ele pode parecer limpo porque as aletas não têm pó nem sujeira sobre elas, no entanto, a única forma de um técnico poder se assegurar de que o condensador está limpo em toda a sua extensão é fazer sua limpeza. O técnico pode usar uma bomba nebulizadora para encharcar o condensador com uma solução de limpeza e, em unidades externas, use grande quantidade de água para forçar a saída da sujeira do condensador. Se possível, use uma mangueira conectada à torneira de água ou mangueira de jardim para obter pressão e volume de água necessários para fazer uma limpeza eficiente. Gordura de cozinha acumulada nas aletas do condensador pode exigir água quente, ou mesmo a limpeza com vapor, para remover os depósitos.

Limpe as lâminas do ventilador do condensador para se assegurar de que elas estão movimentando as quantidades apropriadas de ar. Lâminas sujas de ventilador movimentam menos ar, aumentando a pressão de condensação.

Os condensadores de ar refrigerado no interior do prédio do cliente, especialmente nas cozinhas, apresentam problemas especiais. O técnico deve tentar não interferir no trabalho do cliente, não desorganizar sua área de trabalho nem danificar o equipamento com produtos químicos.

Coloque toalhas ao redor da base da unidade de condensação para impedir que a água e o material de limpeza respinguem nas laterais da geladeira comercial. Alguns materiais de limpeza podem riscar a superfície de metal da parte interna, especialmente o alumínio. O técnico deve estar preparado para usar muitas toalhas e panos de limpeza.

Higienizadores portáteis de limpeza a vapor podem também ser usados para limpar os condensadores. O vapor de alta temperatura é muito eficiente para derreter a gordura acumulada da cozinha, usando pouca água. Além disso, o uso de um higienizador a vapor reduz a necessidade de soluções químicas de limpeza fortes.

> **VERIFICAÇÃO DA REALIDADE Nº 1**
> Alguns equipamentos são tão inacessíveis que é necessário removê-los para fazer a limpeza. Caso não possa ser movida, isso pode exigir que se retire a unidade de condensação delicadamente e que se leve para o ambiente externo. Todas as orientações para recuperação da Agência de Proteção Ambiental devem ser observadas.

Boa dica de negócio: A limpeza correta pode demandar muito tempo e dinheiro. Em primeiro lugar, faça um orçamento para seu cliente; ele pode escolher tentar limpar ele mesmo o aparelho. Após a primeira tentativa, a maioria ficará feliz de pagar pela limpeza do equipamento.

Boa dica de negócio: Se o cliente estiver ciente dos gastos envolvidos na limpeza, ele pode ser mais receptivo ao orçamento de um contrato de manutenção. A manutenção periódica é muito mais fácil e menos cara do que grandes limpezas ocasionais. A quebra do equipamento em razão de o condensador estar sujo tem acréscimo de gasto pela perda de produto e a inconveniência de o cliente ter de trabalhar sem a peça de refrigeração.

Serpentina: soluções de limpeza

Use uma solução de limpeza alcalina (não ácida) que limpará tanto a sujeira quanto a gordura encontrada na maioria dos condensadores dos equipamentos de refrigeração. Duas escolhas populares são o Triplo "D" da DiversiTech e CalClean da Nu-Calgon (Figura 3.4). Essas soluções de limpeza são concentradas e devem ser corretamente misturadas a uma razão de uma parte da solução de limpeza para seis partes de água. O concentrado não limpa bem, é como tentar limpar o carro com sabão sem dilui-lo primeiro em água.

Outra dica importante é permitir que a solução de limpeza atue tempo suficiente antes de enxaguar; normalmente, cerca de cinco a dez minutos.

Não use espuma de limpeza; a ação da espuma é gás de hidrogênio liberado à medida que o produto químico reage com o alumínio, não com a sujeira ou a gordura. Elas não limpam melhor do que a solução de limpeza sem espuma, e corroem as aletas e riscam o alumínio, assim, a sujeira e a gordura juntam-se mais depressa do que na superfície lisa original de alumínio.

Figura 3.4 Solução de limpeza de serpentina CalClean e Triple "D". *Fotos de Dick Wirz.*

Soluções ácidas de limpeza são boas apenas para remover o resíduo de pó de *spray* de água salgada de *drywall*. O ácido não elimina a gordura de uma serpentina de condensador.

Sempre use óculos protetores e luvas quando usar produtos químicos de qualquer tipo. Use uma máscara ou equipamento para respirar se a solução de limpeza que você estiver usando liberar qualquer emanação.

Inspeções de manutenção

Uma vez que o equipamento esteja completamente limpo e o cliente tiver aderido a um programa de manutenção periódica, o técnico deve instalar um filtro em cada unidade de condensador interno do edifício. Isso tornará as inspeções mais fáceis e mais rápidas, porque os filtros são trocados sem ter de limpar novamente cada condensador (Figura 3.5).

Nota: Os ventiladores do condensador não oferecem muita resistência ao fluxo de ar. Eles se tornarão lentos, elevando a pressão máxima. Para evitar isso, use o tipo barato de filtro de fiberglass encontrado em filtros de fornalha de 2,54 cm (1") descartáveis. Eles são vendidos em rolos e podem ser cortados no tamanho necessário.

Esse material do filtro possui amplos espaços entre as fibras para permitir que o ar passe, mas juntará muita poeira e gordura. Pendure o filtro nas costas do condensador usando dois "ganchos em S" feitos de uma peça de cabide de arame.

Assegure-se de que os intervalos de inspeção sejam frequentes o suficiente para impedir o grande acúmulo nos filtros. Alguns clientes podem exigir inspeções mensais de filtros nos

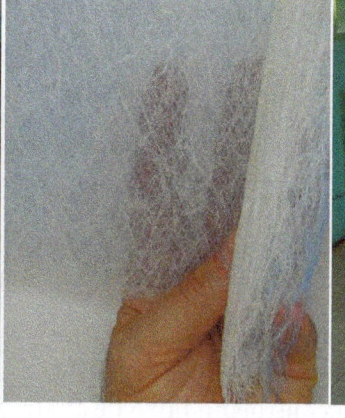

Filtro de ar de condensador de malha de metal em máquina de fabricação de gelo

Material de *fiberglass* de 2,54 cm (1") permite bom fluxo de ar

Filtro de ar de *fiberglass* em um condensador de geladeira comercial

Figura 3.5 Filtros nos condensadores. *Fotos de Dick Wirz.*

condensadores em uma seção de seu negócio, como a área da cozinha ou uma plataforma para carregamento, enquanto o restante dos filtros das unidades podem somente necessitar ser trocados a cada três meses.

Os fabricantes de máquinas de fabricação de gelo têm tido menos problemas desde que começaram a instalar filtros em seus condensadores. Normalmente, eles usam uma malha fina, mas densa, de plástico ou alumínio. Para vencer a resistência do ar desses tipos de filtros, os produtores tiveram de aumentar os motores de ventiladores dos condensadores.

CONTROLES DE AMBIENTE COM BAIXA TEMPERATURA PARA CONDENSADORES DE AR REFRIGERADO

A maioria das unidades-padrão de condensação é projetada para operar satisfatoriamente em condições ambientes entre 15,5 °C e 37,8 °C. Abaixo de 15,5 °C, a pressão de condensação é muito baixa para o dispositivo de medida operar corretamente. Válvulas de expansão-padrão exigem a diminuição mínima de pressão entre o líquido de alta pressão que entra na válvula e o fluido de baixa pressão que sai. Quando a pressão na entrada é muito baixa, a válvula não controla corretamente e ocorre uma operação errática. Isso faz com que a válvula procure seu ponto de equilíbrio, subalimentando o evaporador em um minuto e inundando-o no minuto seguinte.

EXEMPLO: 12 A pressão máxima do R22 está em 1157,71 kPa man (168 psig); a temperatura de condensação é de 32,2 °C. A temperatura do evaporador de uma câmara frigorífica de temperatura média é de −3,9 °C em 337,67 kPa man (49 psig). A diminuição de pressão através da TEV é de aproximadamente 820,05 kPa man (119 psig) [1157,71 (168) − 337,67 (49) = 820,05 (119)].

Portanto, a diminuição de pressão de menos de 820,05 kPa man (119 psig) pode causar operação errática da TEV.

A solução é manter a pressão máxima acima do mínimo, normalmente equivalente a uma temperatura de condensação de 32,2 ºC. Por exemplo, se a unidade usar R22, a pressão mínima permitida seria 1157,71 kPa man (168 psig). Nas seções seguintes descrevem-se três dos métodos mais comuns para manter a alta pressão máxima em condições de baixas temperaturas do ambiente:

» fazer rodízio dos ventiladores do condensador;
» usar amortecedores para controlar o fluxo de ar através do condensador;
» inundar o condensador com refrigerante para diminuir sua superfície efetiva de condensação.

Controles do ciclo do ventilador

Os controles do ciclo do ventilador ajudam a administrar a pressão máxima, monitorando uma de duas condições, a pressão de descarga ou a temperatura ambiente (Figura 3.6). A maior parte dos controles do ciclo do ventilador interrompem o ventilador do condensador quando a pressão máxima diminui para uma configuração de remoção da pressão mínima. Sem o ventilador puxando o ar frio através do condensador, o sistema não pode remover prontamente o calor. Como consequência, a pressão máxima sobe. O ventilador começa a funcionar quando a pressão atinge a condição mais alta de inserção do controle.

EXEMPLO: 13 Uma unidade de condensação R22 opera em um ambiente de 10 ºC. Quando a pressão máxima diminui para o equivalente à temperatura de condensação de 32,2 ºC [1157,71 kPa man (168 psig) para R22], o ventilador desliga. Isso é chamado de *pressão de interrupção* do controle.

A *pressão de partida* é normalmente estabelecida em cerca de 275,65 kPa man (40 psig) acima da interrupção, ou 1433,36 kPa man (208 psig) [1157,71 (168) + 275,65 (40) = 1433,36 (208)] neste exemplo. O interruptor do ventilador do condensador é equivalente a um ambiente de 15,5 ºC, e a pressão de partida é equivalente a um ambiente de 23,3 ºC. A unidade operará em uma condição ambiente média de cerca de 19,4 ºC, no meio do caminho entre 15,5 ºC e 23,3 ºC. A pressão permanecerá alta o suficiente para a operação correta do dispositivo de medição.

O **diferencial** (entre partida e interrupção) deve estar entre 206,73 kPa man (30 psig) e 344,56 kPa man (50 psig). Se for mais baixa do que 206,73 kPa man (30 psig), o motor do ventilador terá um ciclo curto, resultando em falha prematura do motor. Se a partida tiver um

Condensadores

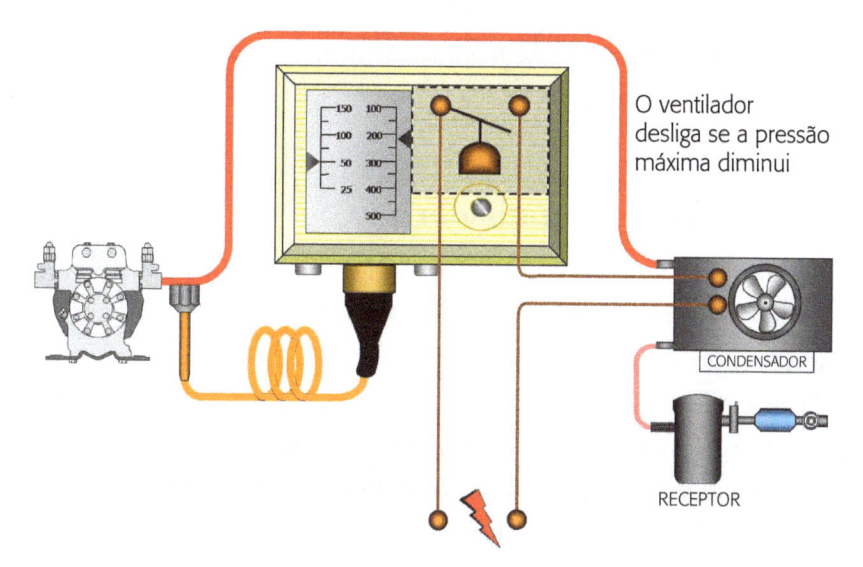

Figura 3.6 Ciclo do ventilador para condições baixas de ambiente. *Cortesia de Refrigeration Training Services.*

diferencial maior do que 344,56 kPa man (50 psig), o ventilador ficará desligado por tempo demais. Ciclos longos desligados causam amplas oscilações na pressão máxima, o que pode resultar em operação errática da válvula de expansão.

Em condensadores remotos com múltiplos ventiladores, o fabricante pode usar uma combinação de temperatura e pressão de controles de ventilador. Por exemplo, o primeiro ventilador pode ser regulado para desligar a uma temperatura ambiente de 21,1 °C, o segundo a 15,6 °C e o último ventilador perto da saída do condensador pode operar na temperatura de condensação. Verifique as recomendações do fabricante.

Limitações ao uso de controles da pressão máxima pelo ciclo de ventilador

Em unidades de condensação com compressores de ar refrigerado, o ventilador do condensador tem a importante função de fornecer o fluxo de ar necessário para refrigerar o motor do compressor do ar refrigerado. Quando o ventilador está desligado, a falta de movimentação do ar pode causar o superaquecimento do motor do compressor, mesmo em um clima muito frio.

A Copeland não recomenda controles de ciclo de ventilador em suas unidades de condensação de um único ventilador equipadas com compressor de ar refrigerado. Entretanto, se a unidade tiver múltiplos ventiladores no condensador, o controle pode fazer o ciclo de todos, menos um dos ventiladores. O ventilador remanescente assegura o resfriamento do motor do compressor.

Controles de ciclo de ventilador são mais eficazes onde as temperaturas do inverno são normalmente acima do congelamento.

Controles da velocidade do ventilador

A movimentação variável da frequência (VFD – *Variable Frequency Drive*) e os motores comutados eletricamente (ECM – *Electrically Commutated Motors*) permitem que os motores do condensador modulem a velocidade do motor para manter pressão máxima mais consistente. Diferentemente dos controles do ciclo de ventilador padrão que variam a pressão máxima de 206,73 (30 psig) a 344,56 kPa man (50 psig), os motores que variam sua velocidade podem manter a pressão máxima quase constante. Embora sejam mais caros, esses ventiladores de motor têm ganhado aceitação, porque eles aumentam o desempenho e a eficiência do sistema, o que reduz os custos de operação.

Amortecedores de ar

Obturadores, ou amortecedores, são usados ocasionalmente em condensadores remotos grandes para manter elevada a pressão máxima. De modo semelhante ao ciclo do ventilador, os amortecedores limitam o fluxo de ar através da superfície do condensador. Os amortecedores possuem múltiplas posições, que são próximas em estágios. Alguns sistemas de amortecedores respondem à pressão máxima da unidade, enquanto outros respondem às temperaturas do ar ambiente. Controles do ciclo do ventilador são frequentemente usados com os amortecedores para o controle mais completo da pressão máxima.

Os amortecedores são também usados para impedir condições de ambientes de baixas temperaturas com base nos **ventos prevalentes**, ou ventos que estão soprando na mesma direção a maior parte do tempo. Vento soprando em um condensador pode baixar a temperatura de condensação, mesmo se o ventilador não estiver no ciclo. Ao se instalarem condensadores de ar refrigerado, uma boa regra a seguir é colocá-los a 90 graus em relação ao vento prevalente.

INUNDAÇÃO DO CONDENSADOR

A inundação do condensador é como supercarregar uma unidade: aumenta a pressão máxima. Os fabricantes das unidades com inundação de condensador usam um tipo de válvula de regulação da pressão máxima (HPR – *High Pressure Regulating*) para restringir o líquido que sai do condensador. Retido no condensador, o líquido refrigerante enche o tubo do condensador, deixando menos espaço para o gás de descarga do compressor para condensar. Como resultado, a pressão máxima se eleva para uma pressão mínima baseada na configuração da válvula HPR. As temperaturas e as pressões no condensador aumentam como se houvesse um ar quente de ambiente atravessando o condensador.

A maioria das válvulas HPR são realmente válvulas de três portas que fecham o líquido que deixa o condensador durante condições ambientais de baixas temperaturas para aumentar a pressão máxima equivalente a uma temperatura de condensação de 32,2 °C. Ao mesmo tempo, a porta da pressão de descarga abre para contornar o vapor quente de descarga para manter uma temperatura quente do refrigerante no receptor (ver as Figuras 3.7 e 3.8).

Nota: Os fabricantes de sistemas de condensador inundados calculam os procedimentos corretos de carga para assegurar o refrigerante adequado para inundar o condensador durante condições de ambiente de baixa temperatura. Se a unidade não tiver a informação, o técnico terá de contatar a fábrica para carregar corretamente o sistema. A unidade deveria também ter um receptor grande para conter a carga total do refrigerante durante condições de ambiente de altas temperaturas. (Ver o Capítulo 9 para mais informações sobre carregamento de condensadores inundados e sistemas de refrigeração remotos padrão.)

Válvulas HPR: solução de problemas

Para diagnosticar e resolver problemas das válvulas HPR (Figura 3.9), os técnicos devem procurar saber:
- » a configuração da pressão da válvula HPR;
- » a pressão máxima atual;
- » a temperatura da linha de líquido;
- » a temperatura do ar ambiente que entra no condensador.

Como quaisquer soluções de problemas, o técnico precisa determinar o que ocorre no sistema e compará-lo a como ele deve supostamente operar. Alguns técnicos acreditam que seria bom se toda a tubulação de refrigeração fosse de vidro claro para que eles pudessem ver o fluxo do refrigerante em todas as partes da unidade. Entretanto, realmente é melhor confiar nas medidas e nos termômetros do que confiar nos olhos. A determinação correta da temperatura e da pressão é o método mais exato de diagnosticar um sistema de refrigeração.

Quando a HPR está funcionando corretamente, a pressão máxima é igual à configuração da válvula e a linha do líquido está quente (cerca de 32,2 °C).

A seguir há dois problemas de HPR durante operação em ambiente de baixa temperatura:
- » se a pressão máxima estiver baixa e a linha de líquido estiver fria, a porta da válvula HPR na saída do condensador estará travada na posição aberta. Não está bloqueando o refrigerante no condensador ou contornando o gás quente;
- » se a pressão máxima for alta e a linha do líquido estiver morna ou quente, significa que a porta da válvula HPR na saída do condensador está travada na posição fechada. Ela fechou a saída do condensador e está evitando somente gás quente para o interior da linha do líquido.

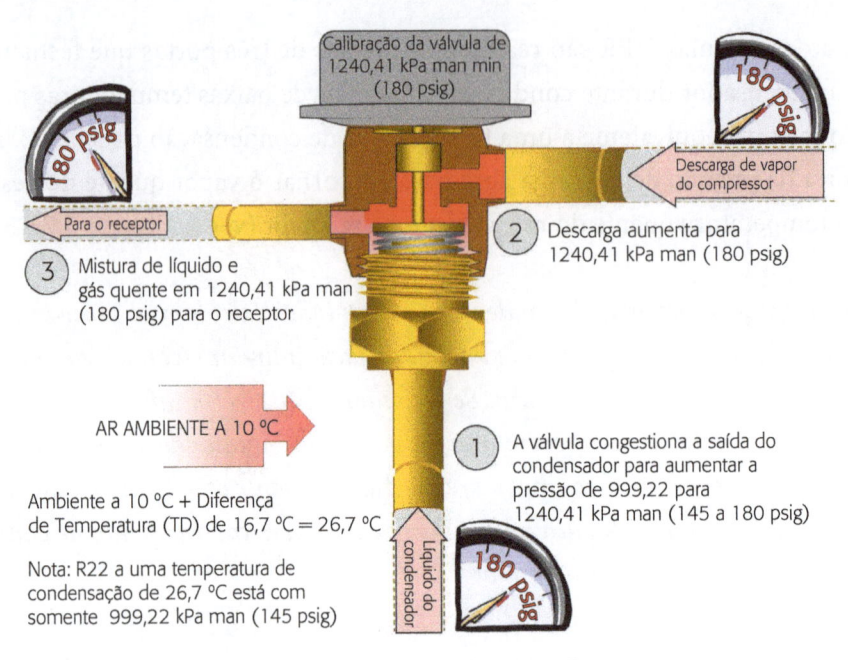

Figura 3.7 Corte de uma válvula HPR. *Cortesia de Refrigeration Training Services.*

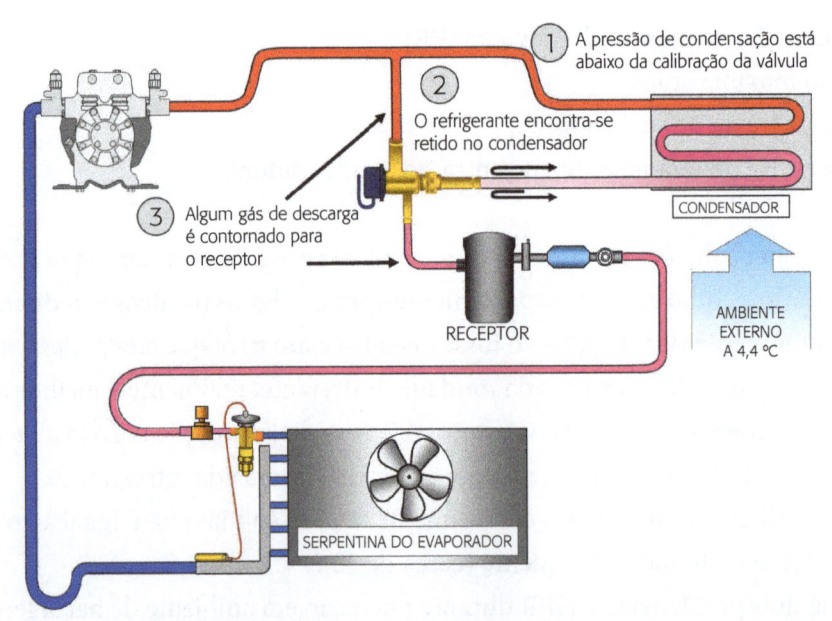

Figura 3.8 Válvula HPR em um sistema de refrigeração. *Cortesia de Refrigeration Training Services.*

Nota: *Uma carga baixa pode enganar o técnico, que condenará uma válvula HPR que está, na verdade, em bom estado. Se a linha do líquido estiver morna (ou quente), mas a pressão máxima for baixa, a unidade está baixa em refrigerante.*

A válvula realiza seu trabalho fechando a saída do condensador. No entanto, não há refrigerante suficiente para bloquear o condensador a fim de aumentar a pressão máxima. Nenhum líquido está vindo através da entrada da válvula para se misturar com o gás de descarga na linha de contorno. Portanto, é somente gás quente entrando na linha do líquido.

DIAGNÓSTICO DAS VÁLVULAS DE REGULAÇÃO DE PRESSÃO MÁXIMA (HPRs)

INFORMAÇÕES NECESSÁRIAS:
PRESSÃO MÁXIMA (HP) _____
TEMPERATURA DA LINHA DO LÍQUIDO (LLT) _____
MEDIDA DA PRESSÃO DA VÁLVULA HPR _____
TEMPERATURA DO AR QUE ENTRA NO CONDENSADOR _____

NOTAS	APLICAÇÃO	REFRIGERANTE	MEDIDA
	Válvulas de alta pressão	R502, R404A, HP81 E R22	1240,41 KPa man (180 psig) = 32,2 °C temp
	Válvulas de baixa pressão	R12, R134a, MP39, R414B	689,12 KPa man (100 psig) = 32,2°C temp

VERÃO (Acima de 15,6°C)	INVERNO (Abaixo de 15,6°C)	RAZÃO	DIAGNÓSTICO
Hp – NORMAL Llt – NORMAL	Hp – BAIXA Llt – FRIA	HPR NÃO ESTÁ BLOQUEANDO O REFRIGERANTE NO CONDENSADOR FLUXO NORMAL ATRAVÉS DO CONDENSADOR.	HPR TRAVADA NA POSIÇÃO ABERTA OU PRESSÃO MÁXIMA PERDEU CARGA Substituir hpr
Hp – ALTA Llt – QUENTE	Hp – ALTA Llt – MORNA/QUENTE	HPR BLOQUEANDO TOTALMENTE A SAÍDA DO CONDENSADOR NENHUM LÍQUIDO ESTÁ DEIXANDO O CONDENSADOR. O GÁS QUENTE SUBSTITUI O LÍQUIDO EM LLT.	HPR TRAVADA NA POSIÇÃO FECHADA Substituir hpr
Hp – BAIXA Llt – QUENTE	Hp – BAIXA Llt – MORNA/QUENTE	NÃO HÁ GÁS SUFICIENTE PARA BOA HP, O GÁS QUENTE SUBSTITUI LÍQUIDO EM LL. *Nota: Uma unidade remota que requer 8,16 kg (18 libras) de refrigerante para condições ambientais baixas pode operar corretamente com somente 3,63 kg (8 libras) em clima morno.*	BAIXA CARGA Acrescentar refrigerante *Não carregado corretamente para condições ambientais baixas ou há vazamento de refrigerante.*

Figura 3.9 Uma tabela diagnóstica para problemas da válvula HPR. *Cortesia de Refrigeration Training Services.*

Um técnico que vivencia esses sintomas pode verificar o diagnóstico acrescentando alguns quilos de refrigerante. Se as pressões retornarem ao normal, as suposições do técnico estão justificadas.

Nota: Essa situação ocorre frequentemente durante os primeiros dias frios do outono ou inverno. Se a unidade foi originalmente carregada durante o verão, não é raro que o técnico tenha se esquecido de acrescentar refrigerante o suficiente para o condensador inundar durante a operação em clima frio.

Pressão máxima flutuante

A **pressão máxima flutuante** descreve a prática que permite que a pressão máxima de um sistema diminua à medida que a temperatura do ambiente baixa. A principal razão para o uso de controles de ambiente de baixa temperatura é manter alta a pressão do líquido para que as válvulas convencionais de expansão operem corretamente. No entanto, vários fabricantes têm introduzido válvulas de expansão com **porta balanceada** que operam corretamente mesmo que a pressão da linha de líquido diminua. A Russell Coil Company utiliza essas válvulas em seus sistemas de refrigeração remotos Sierra, instalados em muitas lojas de conveniência. Russell projetou o sistema para operar de modo eficiente e correto abaixo da temperatura ambiente de −1,1 ºC, sem controles de ambiente de baixa temperatura. Abaixo dessa temperatura, o ciclo do ventilador do condensador é normalmente o único controle necessário de ambiente de baixa temperatura.

Condensadores refrigerados a água

Unidades de ar refrigerado dependem do ar do ambiente para transferir o calor do interior do condensador para o ar externo ao espaço do ar-condicionado. A taxa de calor transferida pode aumentar de várias maneiras, incluindo movimentar uma quantidade maior de ar através do condensador.

A água é mais densa do que o ar, portanto, pode absorver calor de modo mais eficiente que o ar. Condensadores refrigerados a água são fisicamente menores do que os condensadores refrigerados a ar e projetados para operar em uma temperatura de condensação consistente de somente cerca de 40,6 ºC. O único momento em que a unidade de ar refrigerado opera a essa temperatura é em um dia de temperatura amena de 23,9 ºC.

As unidades refrigeradas a água são usadas no interior da residência, onde o ar ambiente é quente ou contém farinha, poeira ou gordura, como em uma cozinha comercial. Outra aplicação ocorre quando a unidade de condensação é localizada em uma área sem ventilação. Máquinas de produção de gelo localizadas em pequenas áreas de venda são frequentemente refrigeradas a água. Se o ar estiver refrigerado, elas circulariam de novo seu próprio ar e finalmente eliminariam este ar em alta pressão máxima.

Os condensadores refrigerados a água mais populares para a refrigeração comercial são:
» condensadores de tubo duplo, como os condensadores com serpentina refrigerada a água usados em pequenas unidades de condensação e máquinas de produção de gelo (Figura 3.10);
» condensadores do tipo casco e tubo, como os condensadores-receptores usados em grandes unidades de condensação e *chillers* centrífugos.

Nos *condensadores* do tipo tubo duplo a água circula por todo o interior do cano, que é circundado por um tubo externo que contém o refrigerante. Nessa configuração, o refrigerante pode ser refrigerado tanto pela água no tubo interno como pelo ar ambiente em contato com a superfície externa do tubo do refrigerante (ver a Figura 3.11 para ter uma visão interna desse tipo de condensador). Um condensador de tubo duplo é projetado de maneira que a água entre por onde o líquido condensado sub-resfriado sai do condensador. Essa configuração de contrafluxo mantém a taxa relativamente constante de troca de calor por todo o condensador. Além disso, se a água fria entrar em contato com a linha de gás quente, o choque térmico causado pela grande diferença de temperaturas entre os dois fluidos pode causar rachadura e fadiga do metal. Além do mais, quanto maior a diferença de temperaturas entre os dois fluidos, maior o acúmulo de minerais nesse ponto do sistema.

Os condensadores de tubo duplo mais frequentemente têm configuração de serpentina e são relativamente baratos. Outra versão é o tipo flange, que corre em linha reta de duplos tubos empilhados com flanges removíveis ou pratos em ambas as extremidades para limpeza.

O tipo de condensador **casco e tubo** utiliza um grande tanque, ou casco, com o propósito de condensar e manter o refrigerante. O gás quente que adentra no casco entra em contato com canos de água fria, ou tubos, que correm pelo tanque. Outro modo de descrever a configuração é que ela parece um receptor de líquido com tubos de água no interior. De fato, alguns técnicos chamam essas unidades de "condensadores/receptores". Os pratos na extremidade podem ser removidos para limpeza dos tubos de água (ver as Figuras 3.10 e 3.12).

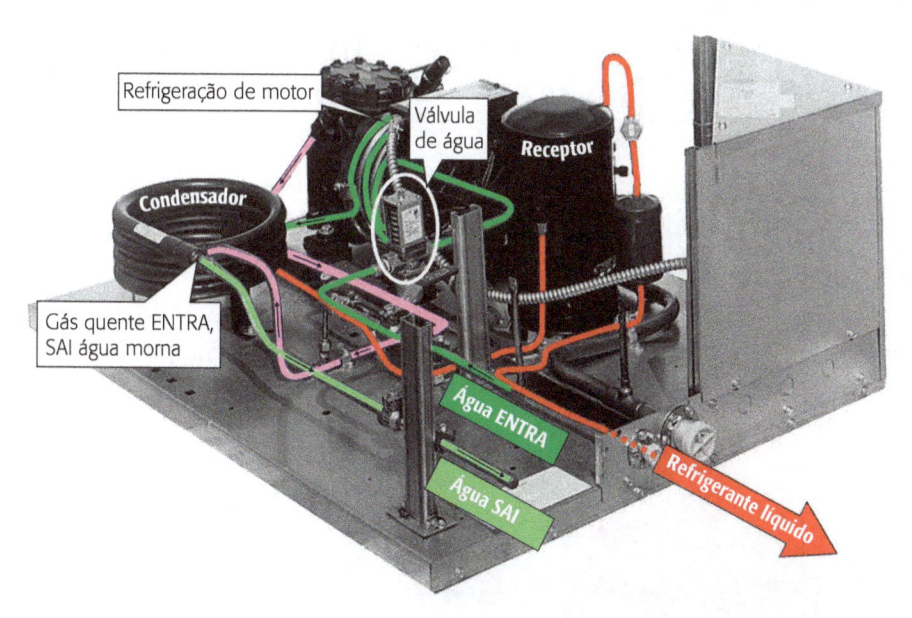

Figura 3.10 Unidade de condensação refrigerada à água com condensador de duplo tubo. *Cortesia de Russell Coil Company.*

Válvulas reguladoras de água

A maioria das unidades refrigeradas à água usam **válvulas reguladoras de água** (WRV – *Water Regulating Valves*) para regular o fluxo de água que entra no condensador em resposta à pressão máxima. Quando o compressor está desligado, a pressão da mola empurra para baixo a flange interna da válvula para interromper o fluxo de água para o interior do condensador. Quando o compressor começa a funcionar, a pressão máxima se eleva, empurrando para cima os foles, que colocam pressão de abertura na válvula. As duas pressões se equalizam para permitir somente água suficiente no condensador a fim de manter a pressão máxima para a qual a válvula está ajustada (ver a Figura 3.13). Quando ajustar a WRV, use uma chave manométrica. Virar o eixo com um par de alicates ou uma chave de fenda frequentemente resulta em dano à extremidade do ajustador. Girando o eixo no sentido horário (olhando para baixo no final do ajustador), aumenta-se a pressão máxima.

Torres de resfriamento

As torres de resfriamento usadas na refrigeração são as mesmas que as empregadas no resfriamento de conforto. Entretanto, é importante lembrar que as torres devem ser tratadas quimicamente para reduzir o volume do acúmulo de incrustações nos tubos do condensador. Elas também exigem algum tipo de "sangria" (*bleed-off*) ou "purga" (*blow-down*) do reservatório de água para impedir excessiva concentração de minerais nesse reservatório.

Operações suficientemente grandes para torres de resfriamento normalmente empregam empresas profissionais de tratamento de água para manter a qualidade da água da torre. Sem a manutenção correta da torre, a eficiência dos sistemas de refrigeração diminuirá, ao mesmo tempo que o custo de operação e de serviço aumenta. Torres de refrigeração circulam novamente sua água a uma taxa de aproximadamente 11,34 litros por minuto por tonelada de refrigeração [3,51 kW (12 mil Btuh)] a uma temperatura do poço de coleta de água de 29,4 °C.

Figura 3.11 Condensador tipo flange. *Foto de Dick Wirz.*

Sistemas de água residual

Sistemas de águas residuais são unidades refrigeradas a água que usam

CONDENSADORES

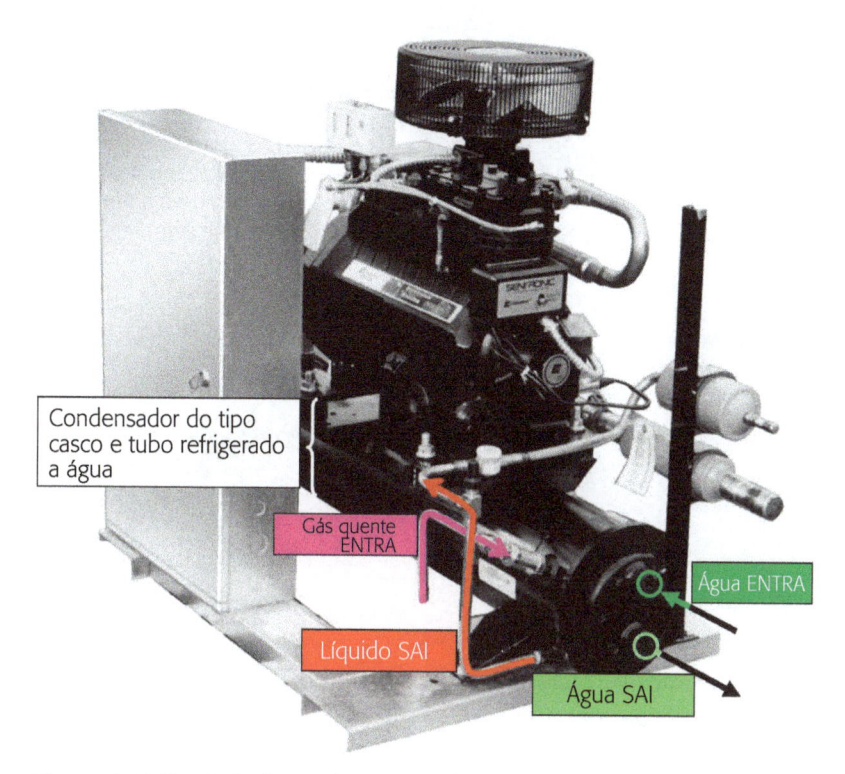

Figura 3.12 Unidade de condensação refrigerada a água com condensador casco e tubo. *Cortesia de Russell Coil Company.*

água potável para refrigerar o condensador e depois drenar a água residual. Esse método usa cerca de 5,7 litros por minuto por tonelada na água que chega a uma temperatura de 23,9 °C.

Nota: *O fluxo da água depende da temperatura da água que entra. Quanto mais fria a água que chega, menos fluxo de água é necessário para condensar o refrigerante. Quanto mais alta a temperatura da água que chega, maior o fluxo de água necessário para a condensação.*

Ao sugerir um sistema refrigerado a água, o técnico deve conscientizar o cliente do aumento que ocorrerá em sua conta de água e esgoto.

EXEMPLO: 14 Suponha que uma unidade de 1 tonelada [3,51 kW (12 mil Btuh)] corra a uma média de 16 horas (960 minutos) a cada 24 horas. O uso da água será de 5451 litros por dia (5,678 litros por minuto × 1 tonelada × 960 minutos). A conta mensal de água do cliente refletirá o uso do condensador refrigerado a água de 163.530 litros. Se o preço for de US$ 3 por 3.785 litros usados, a parte da conta da unidade de refrigeração a água será de US$ 130 por mês,

> **TROT**
> O custo de instalar uma torre de refrigeração é normalmente justificado quando as capacidades combinadas do equipamento refrigerado a água alcançam cerca de 7,03 Kw (24 mil Btuh) a 10,55 kW (36 mil Btuh).

73

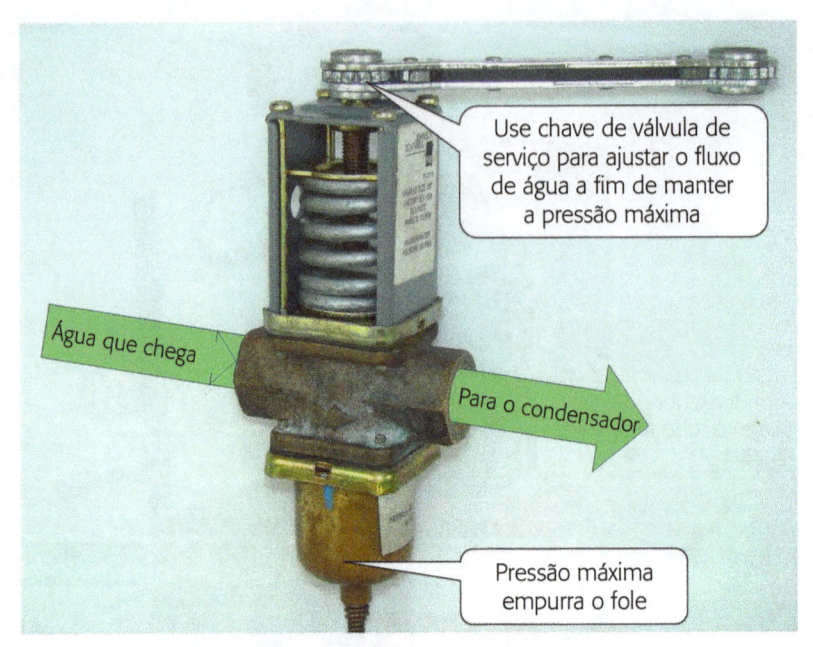

Figura 3.13 Válvula reguladora de água. *Foto de Dick Wirz.*

ou US$ 1.560 anuais. Unidades múltiplas, condensadores sujos ou válvulas de HPR que vazam podem fazer esse número aumentar consideravelmente. *Embora o custo das unidades refrigeradas a água instaladas, usando água residual, seja mais barato inicialmente, uma torre de refrigeração ou mesmo uma unidade de ar-condicionado remoto pode ser menos cara em longo prazo.*

Nota: Verifique com o fiscal de edificação local antes de instalar um sistema de **água residual**. *Muitas municipalidades não permitem esse tipo de sistema de refrigeração, principalmente por causa de seu uso de água, mas também por causa da carga de resíduos adicionada às instalações de tratamento de resíduos.*

Equipamento refrigerado a água: serviço e manutenção

Seja pelo cuidado com a saúde ou pelo cuidado com o equipamento de refrigeração, a inspeção periódica e a manutenção fazem mais sentido do que esperar até que algo dê errado (ver as Figuras 3.14 e 3.15). Veja algumas orientações.

1. Qual é a temperatura da água que sai do condensador?

    Sugestão: Tome a temperatura da água que sai, ou prenda e isole uma sonda de termômetro eletrônico na linha de drenagem do condensador. A temperatura do cano deve ser muito próxima à temperatura real da água.

2. Qual é a temperatura de condensação?

Sugestão: Use manômetro para determinar a pressão máxima. Use uma Tabela P/T para determinar a temperatura de condensação.

3. Qual é o fluxo da água que sai?

Sugestão: Use um recipiente de medida, como um balde de 3,79 litros. Coloque-o sob a saída do condensador e determine quanto tempo leva para encher. Por exemplo, se levar 30 segundos para encher um balde de (3,79 litros, o fluxo é de 7,58 litros por min.

Se o condensador for canalizado para um canal de drenagem maior, corte a linha de drenagem do condensador refrigerado a água que você estiver verificando. Meça o fluxo como descrito anteriormente. Instale uma junta ou acoplamento de compressão não somente para reconectar a drenagem principal, mas também para tornar mais fácil a verificação do fluxo novamente durante a próxima inspeção.

Condições corretas de operação de uma unidade refrigerada a água em um sistema de água residual

O CS (intervalo de temperatura) da maioria dos condensadores refrigerados a água é projetado para 16,7 °C acima da temperatura média da água que entra de 23,9 °C. Portanto, a temperatura de condensação deve ser de cerca de 40,6 °C (23,9 °C + 16,7 °C = 40,6 °C). A temperatura da *água que sai* de uma unidade refrigerada a água deve ser 5,6 °C *abaixo* da temperatura de condensação. Nesse caso, ela deve ser de 35 °C (40,6 °C – 5,6 °C = 35 °C).

A seguir, veremos por que é tão importante verificar o fluxo de água da saída do condensador. A válvula HPR encontra-se na entrada da linha de água do condensador. Ela regula o fluxo da água para manter a pressão máxima correta. Quando os tubos do condensador ficam cobertos com um acúmulo de mineral, a pressão máxima começa a subir. À medida que a pressão máxima aumenta, a válvula reguladora aumenta a sua abertura, permitindo que mais água flua pela tubulação para trazer de volta a pressão máxima à sua configuração original. Se o técnico verificar somente a pressão máxima, ele poderia não perceber que a tubulação já está começando a ser coberta de minerais.

EXEMPLO: 15 Um técnico verifica o fluxo de uma unidade de 3,51 kW (12 mil Btuh) e encontra a temperatura de condensação em 35 °C, mas um fluxo de 7,57 litros por min em lugar dos 5,68 litros por min normal. O técnico deveria saber que um problema está iniciando. Ele pode programar um prazo conveniente para limpar a unidade e provavelmente terá um trabalho relativamente fácil.

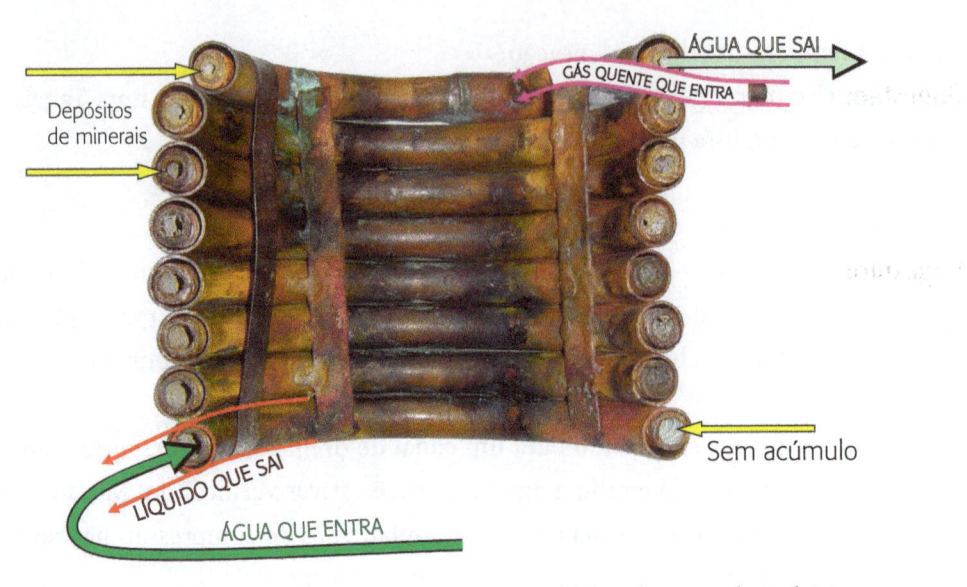

Figura 3.14 Acúmulo de minerais no condensador duplo tubo. *Foto de Dick Wirz.*

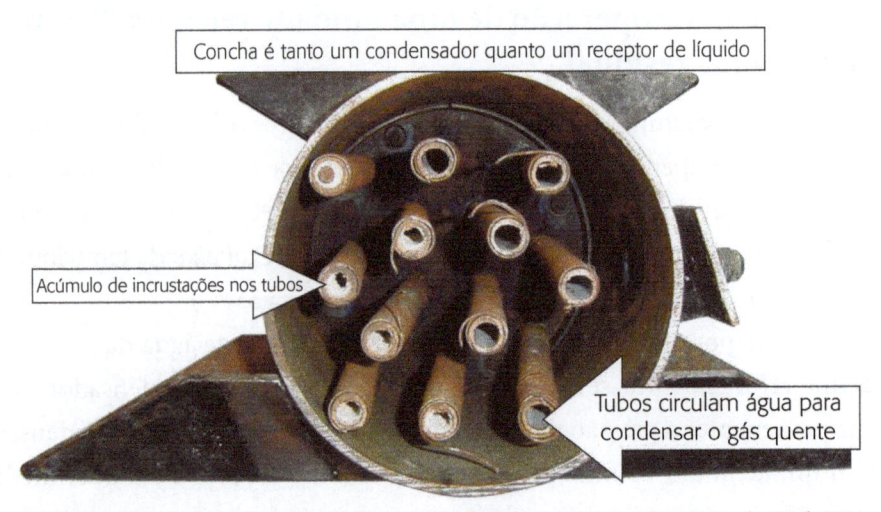

Figura 3.15 Acúmulo de minerais em condensador casco e tubo. *Foto de Dick Wirz.*

Se o técnico depender somente de ver uma medida alta de pressão máxima para assinalar a necessidade de limpeza, será tarde demais. A válvula reguladora de água continua a abrir mais e mais para permitir um fluxo maior de água para compensar o efeito isolante do acúmulo mineral. Somente quando a válvula da água estiver completamente aberta e a espessura da incrustação for suficiente para impedir a transferência correta de calor, a alta pressão máxima surgirá, provavelmente tropeçará na reposição da alta pressão. Nesse ponto, o condensador desenvolveu uma crosta muito espessa de minerais, tornando mais difícil a limpeza. Além disso, o técnico tem uma situação emergencial em mãos.

Condensadores refrigerados a água: limpeza

Como mencionado anteriormente, as extremidades tipo flange em um condensador podem ser removidas para limpeza. Escovas especiais e varas com broca podem ser usadas para limpar os minerais da tubulação de água.

Alguns técnicos tentam, primeiro, remover os depósitos de minerais com produtos químicos. Isso pode evitar ter de desmontar o condensador e limpá-lo com varas e escovas. No próximo parágrafo, explica-se a limpeza de condensadores refrigerados a água por produtos químicos (ver Figura 3.16).

A única forma de limpar condensadores do tipo serpentina é fazer circular neles uma forte solução de limpeza, produzida para essa finalidade. A loja de materiais para refrigeração que possui a solução de limpeza deve também fornecer a pequena bomba submersível revestida de epóxi necessária para essa tarefa. A seguir, uma breve descrição do procedimento de limpeza:

» corte os canos de entrada e saída de água;
» instale juntas nos canos cortados. Isso possibilita um meio fácil de ligar as mangueiras para limpar o condensador, assim como para conectar de novo os canos após completar o processo de limpeza;
» ligue uma mangueira da saída da bomba de ácido à entrada do condensador.
» passe uma mangueira da saída do condensador de volta ao balde;
» misture a quantidade correta de solução de limpeza no balde, depois coloque a bomba no interior do balde com a solução de limpeza;
» ligue a bomba e faça circular a solução ácida até que o condensador esteja limpo.

Siga as instruções do produto de limpeza para determinar quando o condensador está limpo. Ou simplesmente conecte de novo a água da entrada do condensador e verifique a pressão máxima junto com a taxa de fluxo de água da saída.

Para unidades em condições muito ruins, é aconselhável dar ao cliente dois orçamentos. Um orçamento é para tentar limpar com ácido a unidade existente; o outro inclui um valor adicional para substituir o condensador se a limpeza não for bem-sucedida. O cliente pode decidir somente substituir o condensador e ter certeza dos resultados, e do orçamento.

Dica de negócio: É melhor fornecer alternativas ao cliente, sempre que possível. Se houver mais de uma maneira de realizar um serviço, você deve dar ao cliente as informações apropriadas e deixar que ele tome a decisão.

> **Verificação da realidade nº 2**
> É muito importante planejar antes. O técnico deve possuir gaxetas de flange, parafusos sobressalentes e uma chave de fenda, antes de começar a trabalhar. Ocasionalmente, os parafusos se quebram no processo de remover a flange. As gaxetas normalmente precisam ser substituídas antes da reinstalação dos flanges.

Tecnologia de microcanais

A aleta e os tubos da serpentina do condensador podem ser coisa do passado. O microcanal é o termo usado para o tipo de serpentina de condensador e evaporador que está sendo introduzida em algumas unidades por Trane, York, Heatcraft e outros fabricantes (ver a Figura 3.17). A nova configuração produz serpentinas menores com eficiência maior. O projeto é similar ao usado atualmente pela indústria automobilística em seus radiadores.

Resumo

O refrigerante entra em ebulição no evaporador à medida que absorve calor. O compressor bombeia o refrigerante e aumenta sua pressão e temperatura antes de descarregá-lo no condensador. O condensador remove o calor e condensa o vapor de volta a líquido.

Ser capaz de medir o sub-resfriamento do condensador ajuda o técnico a determinar se todo o

---

Verificação da realidade nº 3

Limpar condensadores refrigerados a água é fácil se a crosta dos depósitos nos tubos não for muito espessa. Entretanto, nem sempre se é bem-sucedido ao limpar condensadores com grande acúmulo de incrustações. Ao limpar pode não se conseguir remover satisfatoriamente os minerais para baixar a pressão máxima. Em alguns casos, a limpeza pode desalojar pedaços de minerais, resultando em um bloqueio completo da tubulação do condensador.

Cuidado: nota de segurança

Algumas soluções de limpeza são ácidos corrosivos que podem queimar a pele e até causar cegueira. Para sua segurança use luvas grossas de borracha e óculos protetores. As soluções de limpeza podem também danificar o condensador se circularem tempo demais (por exemplo, durante a noite). Sempre leia e siga as instruções do fabricante.

Solução de limpeza ácida e Bomba de ácido

Figura 3.16 Ilustração da limpeza por ácido de um condensador refrigerado a água. *Foto de Dick Wirz.*

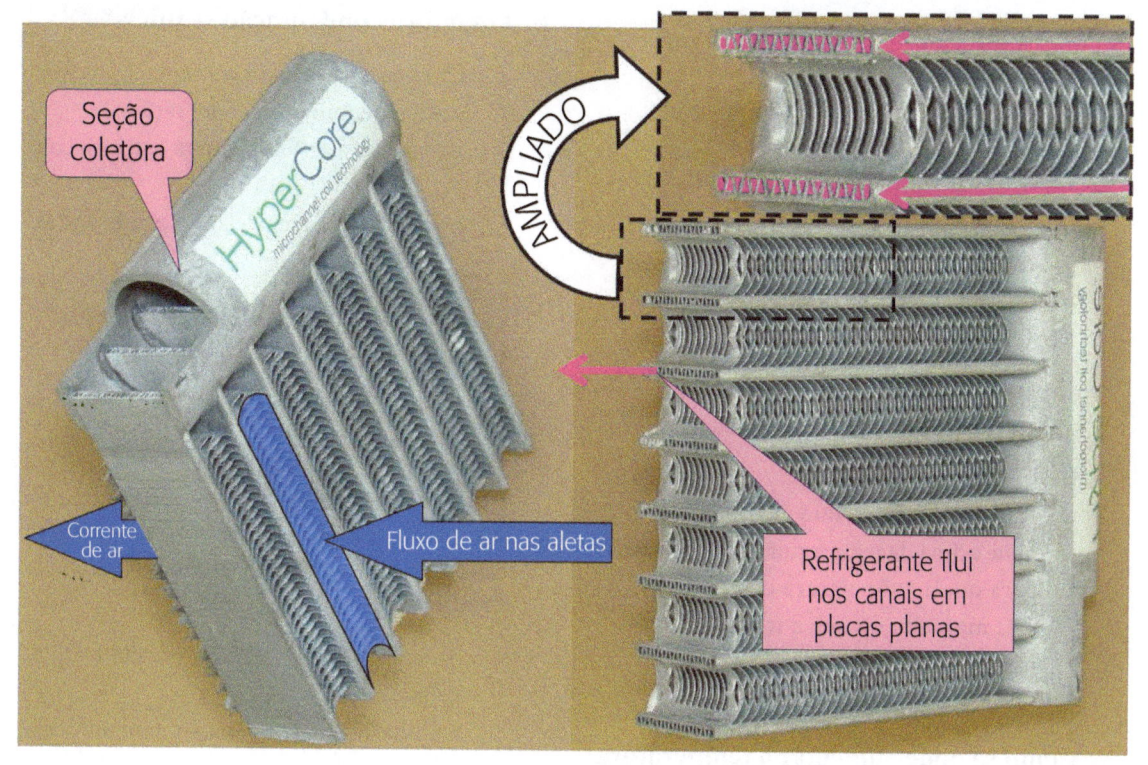

Figura 3.17 Tecnologia de serpentina de microcanais. *Foto de Dick Wirz.*

vapor do refrigerante foi condensado em um líquido. O sub-resfriamento é também benéfico na prevenção da produção do gás *flash* na linha do líquido.

Condições de ambiente em baixa temperatura exigem o controle para manter um mínimo de 32,2 °C na temperatura de condensação em um condensador resfriado a ar. Em condensadores resfriados a água, a válvula que regula a água ajusta automaticamente seu fluxo para manter a adequada pressão máxima.

A melhor maneira de se certificar de que o condensador está limpo é fazer sua limpeza. Há procedimentos apropriados para limpar tanto os condensadores refrigerados a água quanto os condensadores refrigerados a ar. Um programa consistente de manutenção é benéfico ao negócio tanto para o cliente quanto para o técnico.

Questões de revisão

1. **Qual é a função principal de um condensador?**
   a. Absorver calor do espaço refrigerado.
   b. Remover calor do espaço refrigerado.

2. **Por que o vapor de sucção tem sua temperatura aumentada antes que possa se condensar?**
   a. Para que a temperatura de condensação fique acima da temperatura do ambiente.
   b. Para que a temperatura do ambiente seja mais alta do que a temperatura do refrigerante.

3. **Como se pode aumentar a temperatura do refrigerante sem adicionar calor excessivo?**
   a. Aumentando a temperatura que passa pelo condensador.
   b. Diminuindo a pressão do refrigerante.
   c. Aumentando a pressão do refrigerante.

4. **Quais são as três fases do condensador?**
   a. Sub-resfriar, super-resfriar e condensar.
   b. Dessuperaquecer, condensar e sub--resfriar.
   c. Superaquecer, condensar e sub-resfriar.

5. **De onde vem o superaquecimento do gás de descarga?**
   a. Superaquecimento do vapor de sucção.
   b. Calor do motor do compressor.
   c. Calor da compressão.
   d. Todas as respostas anteriores.

6. **Quando a condensação se inicia?**
   a. Quando o gás de descarga é refrigerado à sua temperatura de condensação.
   b. Assim que o gás de descarga entra no condensador.
   c. Após o refrigerante deixar o condensador.

7. **O que é sub-resfriamento e o que ele indica?**

8. **Após o vapor ter se condensado a líquido, quais são as duas causas para o líquido retornar ao estado de vapor antes de alcançar o dispositivo de medida?**
   a. Aumento na temperatura com aumento na pressão.
   b. Diminuição na temperatura com diminuição na pressão.
   c. Aumento na temperatura ou diminuição na pressão.

9. **Se uma linha de líquido de 0,95 cm (⅜") tiver elevação vertical de 12 m (40'), qual será a diminuição da pressão?**
   a. 68,91 kPa man (10 psig)
   b. 137,82 kPa man (20 psig)
   c. 206,73 kPa man (30 psig)
   d. 275,65 kPa man (40 psig)

10. **Com base na diminuição de pressão da questão anterior e em um projeto de temperatura de condensação de 51,7 °C, qual é o sub-resfriamento mínimo exigido para R22?**
    a. 1,1 °C
    b. 2,8 °C
    c. 6,7 °C
    d. 7,8 °C

11. O que é CS?

a. A diferença entre o ar ambiente e o ar de descarga do condensador.
b. A diferença entre a temperatura de sucção e a temperatura de condensação.
c. A diferença entre o ar ambiente e a temperatura de condensação.

12. Se a CS de uma unidade for 16,7 °C, qual deveria ser a temperatura de condensação a uma temperatura do ar ambiente de 21,1 °C que entra no condensador?

a. 26,7 °C
b. 37,8 °C
c. 51,7 °C
d. 4,4 °C

13. Com base na questão anterior, se o sistema estiver usando R22, qual deveria ser a pressão máxima?

a. 689,12 kPa man (100 psig)
b. 1240,41 kPa man (180 psig)
c. 1350,67 kPa man (196 psig)
d. 1915,74 kPa man (278 psig)

14. O que ou quem determina a CS de uma unidade?

a. O fabricante da unidade de condensação.
b. O técnico que o instala.
c. O cliente.

15. Quais são as CSs aproximadas das seguintes unidades e por quê?

a. Unidade de condensação de refrigeração de temperatura média padrão.
b Freezer comercial.
c. Condensador de refrigeração remoto.

16. Como o técnico pode ter a certeza de que um condensador está limpo?

a. Perguntando ao cliente.
b. Olhando para a sujeira que sai das aletas.
c. O técnico faz a limpeza de todo o condensador.

17. Por que é necessário ter a certeza de que as lâminas do ventilador do condensador estão limpas?

a. Lâminas sujas fornecem menos fluxo de ar do que as lâminas limpas.
b. Não vai parecer certo se o condensador estiver limpo e as lâminas não.
c. O cliente está pagando por uma boa limpeza.

18. O termo *ambiente de temperatura baixa* normalmente descreve temperaturas de ambiente abaixo de _____ graus?

a. –17,8 °C
b. 0 °C
c. 4,4 °C
d. 15,6 °C

19. Qual é a temperatura mínima de condensação para unidades padrão de refrigeração?

a. 15,6 °C
b. 32,2 °C
c. 40,6 °C
d. 51,7 °C

20. Quais são os três métodos comuns de controle de pressão máxima em ambiente de temperatura baixa?

a. Válvulas HPR, válvulas CPR e amortecedor.
b. Amortecedores, controles do ciclo do ventilador e inundação do condensador.
c. Pressão máxima flutuante, válvulas HPR e WRVs.

21. Quais são as duas condições às quais os controles do ciclo do ventilador podem responder?

a. Fluxo de água e fluxo de ar.
b. Pressão máxima e pressão de sucção.
c. Temperatura do ar ambiente e pressão máxima.

22. Quais problemas podem ocorrer se o ventilador do condensador permanecer desligado tempo demais?

a. Nenhum, a pressão máxima precisa aumentar de qualquer maneira.
b. Superaquecimento do motor do compressor de ar refrigerado e resultado errático da operação de TEV.
c. A TEV provocará carência no evaporador e a pressão máxima diminuirá.

23. Que problema ocorre quando o ventilador do condensador encurta o ciclo?

a. O motor do ventilador pode ser danificado.
b. O termostato no interior não funcionará corretamente.
c. Nenhum, é bom manter as oscilações da pressão bem próximas.

24. Como os ventos prevalecentes afetam a operação de um condensador?

a. Eles baixam a pressão máxima mesmo quando o ventilador interrompe seu funcionamento.
b. Eles mantêm o compressor frio quando o ventilador está desligado.
c. Eles bloqueiam o condensador com sujeira.

25. Como a inundação do condensador mantém a pressão máxima em ambientes de baixa temperatura?

a. O refrigerante ocupa espaço na tubulação do condensador, forçando para cima a pressão máxima.
b. Ela diminui a pressão máxima até atingir pressões ótimas.
c. Faz a TEV inundar de refrigerante por meio do evaporador.

26. Quais são os quatro detalhes que um técnico precisa saber antes de diagnosticar problemas em uma válvula HPR?

a. Fabricante, número do modelo, número de série e cor.
b. Temperatura ambiente, pressão máxima, temperatura da linha do líquido e classificação da válvula.
c. Pressão máxima, pressão de descarga, sub-resfriamento e tamanho da válvula.

27. O que é a pressão máxima flutuante?

a. Pressão máxima das unidades de condensação usada nos navios.
b. Permitir que a pressão máxima diminua junto com o ambiente.
c. Usar TEVs de porta balanceada para alimentar o evaporador a fim de manter para cima a pressão máxima.

28. O que significa duplo tubo, quando se refere a condensadores refrigerados a água?

a. O cano de água é circundado pela tubulação do refrigerante.
b. O casco é um tanque de refrigerante com tubos de água correndo nele.
c. O condensador é um grande tubo de água com pequenos tubos de refrigerante correndo nele.

29. O que é um condensador casco e tubo refrigerado a água?

   a. O cano de água é circundado pela tubulação do refrigerante.
   b. O condensador é um grande tubo com tubos de água correndo nele.
   c. O condensador é um grande tubo de água com pequenos tubos de refrigerante correndo nele.

30. Condensadores de água residual usam quanta água por minuto da água que chega com temperaturas de 23,9 ºC?

   a. 3,785 litros por min/cv
   b. 5,68 litros por min/ton
   c. 11,355 litros por min/cv
   d. 13,25 litros por min/ton

31. Se o compressor da questão anterior for projetado para 1,76 kW (6 mil Btuh), qual deveria ser o fluxo da água que sai em litros por minuto?

   a. 1,893 litros por min
   b. 2,839 litros por min
   c. 5,678 litros por min
   d. 11,355 litros por min

32. Qual é a temperatura aproximada de condensação de um condensador refrigerado a água?

   a. 23,9 ºC
   b. 32,2 ºC
   c. 40,6 ºC
   d. 51,7 ºC

33. Quantos graus abaixo da temperatura de condensação deveria ser a água que sai do condensador refrigerado a água?

   a. 2,8 ºC
   b. 5,6 ºC
   c. 8,3 ºC
   d. 11,1 ºC

34. Se a pressão máxima estiver correta, você teria de medir o fluxo da água que sai? Justifique sua resposta.

35. Se a pressão máxima e o fluxo forem altos, qual é a condição do condensador refrigerado a água?

   a. Há grande acúmulo de minerais no condensador.
   b. A válvula de regulação da água precisa de ajuste.
   c. A unidade tem um vazamento de refrigerante.

36. A limpeza de um condensador refrigerado a água é sempre bem-sucedida? Justifique sua resposta.

Compressores

CAPÍTULO 4

VISÃO GERAL DO CAPÍTULO

A abordagem deste capítulo concentra-se nos compressores alternativos, o tipo mais comum de compressor utilizado na refrigeração comercial. Embora os compressores rotativos tenham se tornado muito populares em aplicações para ar-condicionado, eles ainda não são ainda amplamente empregados em refrigeração comercial.

Neste capítulo o objetivo é explicar como os compressores alternativos funcionam e quais condições no sistema de refrigeração afetam sua operação. Além disso, a seção final deste capítulo fornece a oportunidade para colocar essas informações em bom uso ao analisar exemplos de problemas de compressor e como se pode corrigi-los.

FUNÇÕES DE UM COMPRESSOR

O compressor pode ser considerado o "coração" de uma unidade de refrigeração, porque "bombeia" o refrigerante no sistema. Além disso, faz aumentar a temperatura do vapor de sucção que retorna a uma temperatura mais alta antes de descarregá-lo no condensador. Como foi discutido no Capítulo 3, o gás de descarga se condensa apenas se sua temperatura de saturação for maior do que a do ar ou da água que refrigera o condensador.

Pode-se aumentar a temperatura do vapor refrigerante comprimindo-o à pressão mais alta. Entretanto, no processo de se movimentar no compressor, o vapor capta calor sensível de duas fontes:
1. do calor do motor ou do calor gerado pelo motor do compressor;
2. do **calor de compressão** ou calor gerado durante o processo de compressão.

Esse calor sensível adicional, além do calor sensível da linha de sucção, toma a forma de vapor superaquecido. Ele deve ser eliminado na primeira parte do condensador, antes que o vapor possa resfriar o suficiente para condensar.

Compressor alternativo: como funciona

As descrições da sequência alternada do cilindro do compressor são ilustradas na Figura 4.1. Começando na Etapa A, o pistão encontra-se no topo de seu movimento. O vapor de sucção entrará no cilindro pela esquerda, e o vapor de descarga sairá pela direita.

Na Etapa B, à medida que o eixo da manivela gira, o pistão desce em seu cilindro e a pressão no interior do cilindro diminui. Quando a pressão do cilindro é menor do que a pressão da linha de sucção, a válvula de palhetas de sucção inclina-se para baixo e permite que o cilindro se encha de vapor de sucção. A ação do pistão nesse movimento descendente é chamada de **curso de entrada** ou **curso de sucção**, porque o vapor do evaporador é sugado para o interior do cilindro do compressor.

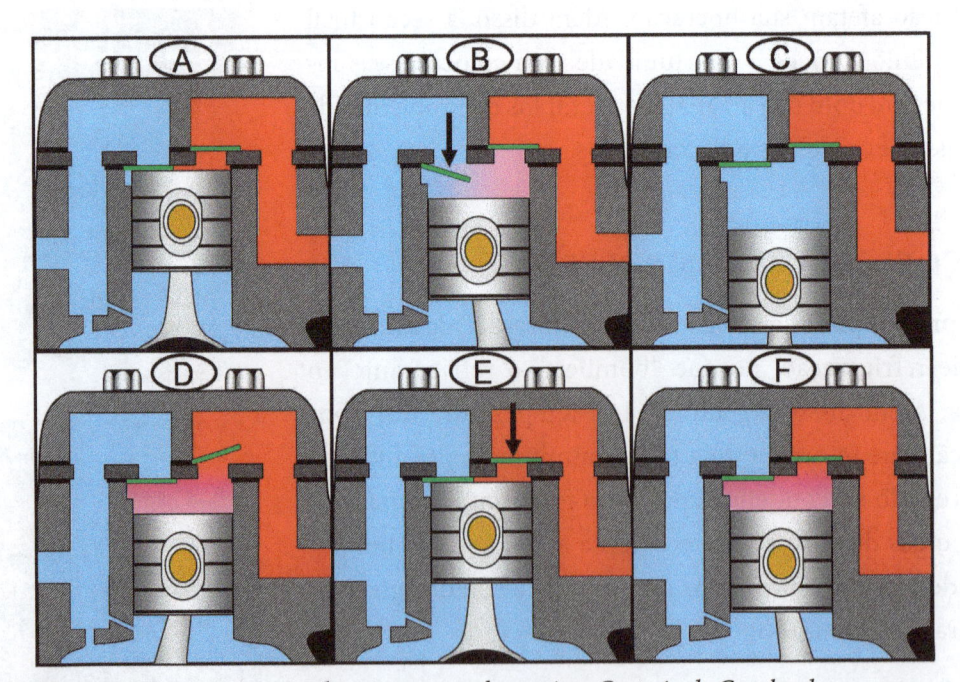

Figura 4.1 Funcionamento de compressor alternativo. *Cortesia de Copeland Corporation.*

A Etapa C constitui a base do curso de sucção. As pressões no cilindro e acima da válvula de palhetas de sucção são iguais. A válvula de sucção é fechada por ação da mola.

Na Etapa D, quando o pistão inicia seu movimento ascendente, comprime o vapor no cilindro restringindo-o a um espaço menor, isso aumenta a pressão do vapor e se denomina **curso de compressão**. Quando a pressão no cilindro está acima da pressão no condensador, a válvula de palhetas de descarga é forçada a abrir. O *gás de descarga* de alta pressão é então descarregado no condensador.

No topo do curso de compressão, Etapa E, a pressão no cilindro equaliza-se à pressão no condensador, o que permite que a válvula de palheta permaneça fechada pela mola. Quando a válvula de descarga está fechada, permanece uma pequena área de gás de alta pressão entre o topo do pistão e o fundo da válvula (na flecha). Esse espaço é conhecido como **volume nocivo**.

Na Etapa F, o pistão começa seu movimento descendente no curso de sucção. A alta pressão no volume do vão expande novamente até que esteja abaixo da pressão de sucção. Somente então a válvula de sucção pode abrir-se.

Quanto mais alta a pressão no volume do vão, mais o pistão tem de descer antes que possa receber o vapor de sucção. Quanto mais o pistão descer no cilindro antes que a válvula de sucção se abra, menos volume de vapor de sucção ele poderá restringir. Isso afeta contrariamente a **eficiência volumétrica** do compressor.

Eficiência volumétrica é a expressão empregada para descrever a operação de um compressor quando comparado a sua capacidade prevista no projeto. A capacidade do compressor pode ser afetada pelas variações na pressão de sucção e na pressão de descarga, assim como pela condição de suas válvulas e seus anéis. A eficiência volumétrica será discutida no Capítulo 7.

Taxa de compressão

Em refrigeração, a taxa de compressão é a relação da pressão máxima e a pressão de sucção em quilopascal absoluto (kPa abs) [libras por polegada quadrada absoluta (psia – *pounds per square inch absolute*)]. Para determinar essa taxa de compressão, acrescente simplesmente 101,3 kPa (14,7 psi)(76 cm Hg) à pressão medida em Quilopascal manométrico (kPa man) [libras por polegada quadrada (psig)].

EXEMPLO: 1 A taxa de compressão de um R22 do sistema de uma câmara frigorífica em condições de projeto de evaporador de –3,9 °C e temperatura de condensação de 51,7 °C é calculada da seguinte maneira:

1. A pressão da parte inferior em –3,9 °C é 337,67 kPa man (49 psig) + 101,3 (14,7) = 438,97 kPa abs (64 psia).
2. A pressão da parte superior em 51,7 °C) é 1915,74 kPa man (278 psig) + 101,3 (14,7) = 2017,04 kPa abs (293 psia).

3. A taxa de compressão em condições de projeto é 2017,04 (293)/438,97 (64) = 4,6, expressa como 4,6-para-1, ou 4,6:1.

Em outras palavras, a pressão de sucção é aumentada em 4,6 vezes para alcançar a pressão máxima. Os compressores são projetados para operar de forma eficiente seguindo certas taxas de compressão. A seguir são apresentadas as taxas de compressão de duas outras aplicações de R22:
» compressor de ar-condicionado (AC) e evaporador a 4,4 °C e condensação a 51,7 °C = razão 3,5:1;
» compressor de *freezer* e evaporador a −28,9 °C e condensação a 51,7 °C = 11,8:1.

Com base na diferença entre essas duas taxas, é fácil ver por que um compressor de AC não operaria muito bem em uma aplicação em *freezer*. Além disso, quanto mais alta a taxa de compressão, mais alto o calor de compressão, portanto, mais quente será o vapor de descarga que deixa o compressor. Por essa razão, os compressores do *freezer* têm temperaturas muito altas de descarga mesmo sob condições normais.

No Capítulo 3, o intervalo de temperatura do condensador (CS) de um refrigerador padrão de temperatura média era de cerca de 16,7 °C. No entanto, os *freezers* tinham um CS entre 11,1 °C e 13,9 °C. Os fabricantes os projetam com um CS mais baixo para diminuir a taxa de compressão e a temperatura de descarga do compressor. A fim de ilustrar, suponha que um *freezer* de câmara frigorífica R404A opere a uma temperatura interna de −17,8 °C com temperatura de evaporador de −28,9 °C. Em um CS de 16,7 °C, a temperatura de condensação em um ambiente de 35 °C seria de 51,7 °C. A razão de compressão é calculada da seguinte maneira:

$$\frac{(2294,76 \text{ kPa man} + 101,3)}{(110,26 \text{ kPa man} + 101,3)} = \frac{2396,06 \text{ kPa abs}}{211,56 \text{ kPa abs}} \text{ ou } \frac{(333 \text{ psig} + 14,7)}{(16 \text{ psig} + 14,7)} = \frac{348 \text{ psia}}{13 \text{ psia}} = \text{razão } 11,2:1$$

Se a unidade fosse fabricada com um CS menor, a temperatura de condensação se reduziria a 46,1 °C. Portanto, a razão de compressão também seria mais baixa:

$$\frac{(2012,22 \text{ kPa man} + 101,3)}{(110,26 \text{ kPa man} + 101,3)} = \frac{2113,52 \text{ kPa abs}}{211,56 \text{ kPa abs}} \text{ ou } \frac{(292 \text{ psig} + 14,7)}{(16 \text{ psig} + 14,7)} = \frac{307 \text{ psia}}{31 \text{ psia}} = \text{razão } 9,9:1$$

Manter a temperatura de descarga do compressor o mais baixa possível aumentará a vida útil de um *freezer*. Altas temperaturas de descarga fazem com que a válvula de descarga falhe e surjam problemas de lubrificação devidos ao colapso no óleo.

Sabe-se que altas temperaturas ambientes, condensadores sujos e problemas de ventilador causam altas temperaturas de condensação, o que, por sua vez, causam altas temperaturas de descarga. No entanto, temperaturas elevadas de gás quente também podem se originar de uma unidade que funcione a temperatura mais baixa do que a temperatura interna para a qual foi projetada. Usando o exemplo anterior, o *freezer* da câmara frigorífica R404A projetado para −17,8 °C de temperatura interna tinha uma taxa de compressão de 9,9:1, na temperatura de evaporador de −28,9 °C. A seguir, temos uma ilustração de como a taxa de compressão mudaria se a temperatura interna fosse reduzida somente até 5,6 °C:

$$\frac{(2012,22 \text{ kPa man} + 101,3)}{(68,91 \text{ kPa man} + 101,3)} = \frac{2113,52 \text{ kPa abs}}{107,21 \text{ kPa abs}} \text{ ou } \frac{(292 \text{ psig} + 14,7)}{(10 \text{ psig} + 14,7)} = \frac{307 \text{ psia}}{25 \text{ psia}} = \text{razão } 12,3:1$$

Baixar o termostato (*tstat*) em 5,6 °C fez a pressão de sucção diminuir em 41,35 kPa man (6 psig). Essa leve diminuição aumentou a taxa de compressão em mais do que 20%. Em comparação, teria de haver aumento de 413,47 kPa man (60 psig) na pressão máxima para igualar o mesmo aumento na razão de compressão.

O diagnóstico de problemas de falha no compressor de um *freezer* ou qualquer outro tipo do sistema deveria sempre incluir causas de alta pressão máxima. No entanto, o exemplo anterior ilustra por que um bom técnico deveria também considerar danos causados pelas baixas condições de carga. Os técnicos devem procurar causas como um evaporador congelado, evaporador com subcarga e temperatura de operação mais baixa do que o normal.

Compressores herméticos

A palavra *hermético* provém do vocábulo grego *hermeticus*, que significa "secreto" e "lacrado em um recipiente". Essa palavra descreve bem o estilo do compressor, pois todo o conjunto de motor e pistão é montado sobre molas no interior de um revestimento de metal e, depois, fechado com solda (ver a Figura 4.2).

O vapor de sucção entra no recipiente revestido, esfria o motor ao passar por ele e depois é atraído para o interior do cilindro. O resfriamento do motor do compressor advém inteiramente do vapor de sucção. Portanto, é importante retornar o vapor refrigerante denso o suficiente para resfriar adequadamente os rolamentos do motor do compressor. A terminologia da

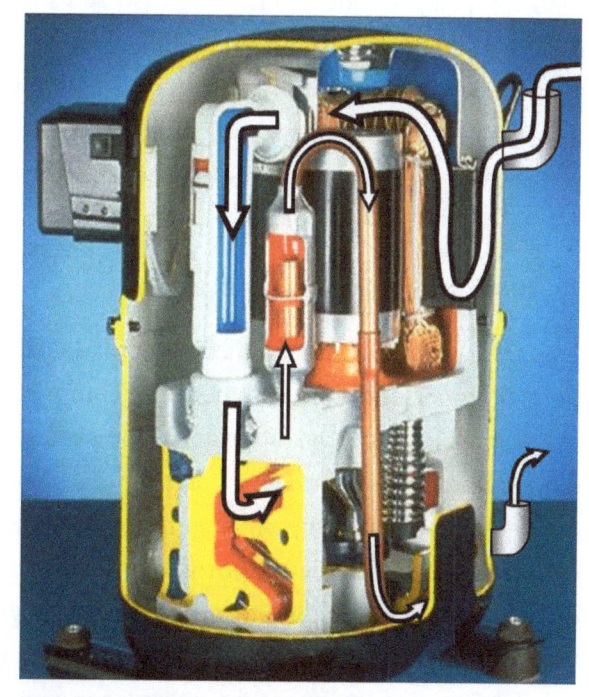

Figura 4.2 Compressor hermético em revestimento soldado. *Cortesia de Copeland Corporation.*

engenharia para isso é **fluxo de massa**, que é dada em termos de Quilograma por segundo (kg/s) de líquido refrigerante.

Em outras palavras, quanto menor a pressão, menor será a densidade do refrigerante. Tecnicamente, o vapor de baixa pressão possui menos átomos, ou moléculas por metro cúbico para remover a energia do calor do motor. Portanto, o vapor de baixa pressão é menos eficaz na transferência de calor da superfície do motor por convecção.

EXEMPLO: 2 Se um cano fosse apenas soldado, o que poderia refrigerá-lo mais rapidamente: soprar ar a 21,1 °C sobre ele ou aspergir uma fina névoa de água a 21,1 °C nele? A névoa transferiria mais rapidamente o calor porque as gotículas de água são mais densas do que o ar. Também, à medida que a água ferve e seca, ela absorve grandes quantidades do calor latente.

Os fabricantes de compressores insistem que as pressões de sucção sejam mantidas altas o bastante para fornecer refrigeração adequada. Eles sabem muito bem que vapor denso ligeiramente mais quente em uma pressão mais alta realmente refrigerará os seus motores de compressão refrigerados por sucção melhor do que o vapor menos denso, mais frio e a uma pressão menor.

Se um compressor R22 for projetado para temperatura saturada de sucção de –3,9 °C, o motor do compressor será adequadamente refrigerado com pressão de sucção de 337,67 kPa man (49 psig). O que aconteceria caso se estreitasse o dispositivo de medida ou o sistema estivesse funcionando com pouco refrigerante? A pressão de sucção diminuiria, certo? Se a pressão de sucção diminuísse para 192,95 kPa man (28 psig), a temperatura de sucção diminuiria para –15 °C. Embora a temperatura seja mais fria, a pressão de vapor mais baixa não refrigeraria corretamente o motor, causando, provavelmente, seu superaquecimento.

Compressores semi-herméticos

Esse tipo de compressor é também chamado de *hermético utilizável*, de *ferro fundido* ou compressor *parafusado*. Diferentemente do compressor hermético, fechado com solda, o compressor semi-hermético é parafusado, o que permite uma aplicação limitada. O motor é lacrado em seu interior, ainda que o conjunto da placa da válvula esteja exposto. Duas operações úteis podem ser desempenhadas nesse compressor: conserto de válvulas e substituição de óleo. Outra característica importante é a possibilidade de **desmontar** esse tipo de compressor quando ele falha a fim de determinar a causa. Alguns compressores semi-herméticos são refeitos completamente no local de trabalho. Entretanto, compressores defeituosos são reciclados pela fábrica, onde a carcaça do compressor é readaptada com todas as novas partes internas e a montagem completa é revendida como sendo um compressor novo.

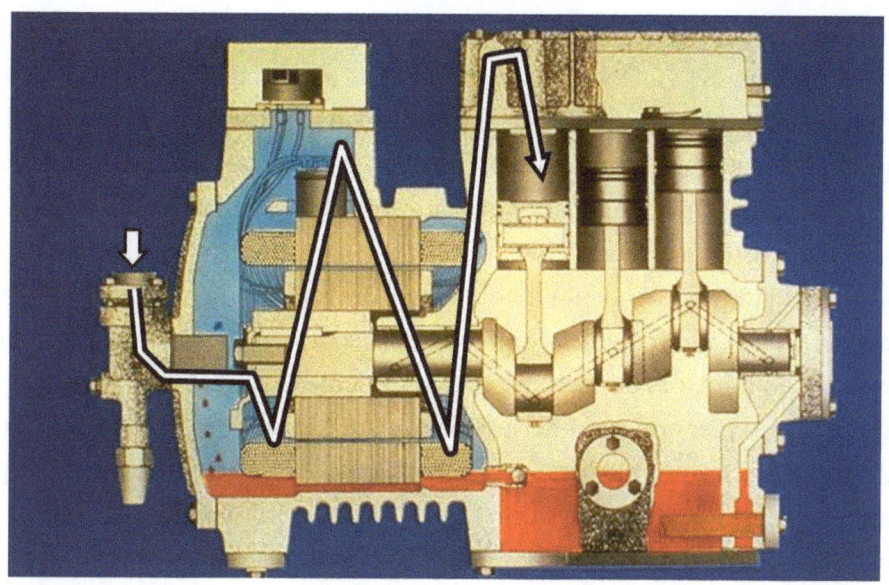

Figura 4.3 Compressor semi-hermético resfriado por sucção. *Cortesia de Copeland Corporation.*

| Séries KW Refrigerado a água | Séries KA Refrigerado a ar |

Figura 4.4 Compressor semi-hermético refrigerado a ar e envoltório de tubulação refrigerado a água. *Cortesia de Copeland Corporation.*

Há dois tipos de compressores semi-herméticos: refrigerado a ar e refrigerado por sucção. Um compressor refrigerado por sucção é similar ao compressor hermético. O vapor de sucção entra no compressor perto do motor e resfria o compressor antes de entrar no cilindro (ver a Figura 4.3).

No compressor refrigerado a ar, a válvula de sucção é montada perto da placa de válvula e cilindro (ver a Figura 4.4). O vapor de sucção segue diretamente para o interior do cilindro sem resfriar o motor do compressor. O resfriamento do motor é feito por ar soprado no corpo do compressor, normalmente iniciando no ventilador do condensador. Em unidades de condensação resfriadas a água, a tubulação de água encontra-se envolvida ao redor do corpo do compressor para esfriar o motor.

Como o ventilador do condensador fornece o resfriamento do motor em compressores refrigerados a ar, é mais fácil entender por que os controles de ciclo de ventilador não são recomendados em unidades de condensação de um único ventilador.

Os compressores menores semi-herméticos de um quarto cv a cerca de 3 cv são refrigerados a ar. A maioria dos compressores semi-herméticos, de 5 cv ou mais, é resfriada por sucção. Em caso de dúvida, o técnico deve verificar a localização da válvula de serviço de sucção no compressor. Se ela estiver no fim do motor do compressor, a unidade é refrigerada por sucção (ver a Figura 4.3). Se a válvula de sucção estiver ao lado do corpo, perto da cabeça do compressor, ele é resfriado a ar (ver a Figura 4.4).

Pode ser necessário resfriamento adicional para as cabeças do compressor em algumas unidades de baixa temperatura. Pressões de sucção muito baixas nesses compressores criam altas taxas de compressão e altas temperaturas na cabeça do compressor. As altas temperaturas de descarga criadas exigem ventiladores separados, montados sobre a cabeça do compressor a fim de evitar o superaquecimento das válvulas de descarga e pistões.

Lubrificação do compressor

Toda superfície de metal em um compressor que tem uma peça de metal que se desloca em direção a ela deve ter óleo adequado entre as duas superfícies. Pode soar óbvio, mas é surpreendente como muitos técnicos falham ao tentar compreender sua importância. Quando o motor de um compressor está girando em 1.725 ou 3.450 rotações por minuto (rpm), apenas alguns segundos são necessários para destruir um compressor quando o metal golpeia metal.

Os compressores espirram, bombeiam, espalham e espumam óleo no interior do compressor para lubrificar adequadamente as superfícies de todos os rolamentos. No processo, uma parte do óleo torna-se parte do vapor de sucção. À medida que o vapor de sucção é comprimido e descarregado no interior do condensador, o óleo se move com o refrigerante. O óleo passa por todo o sistema até que retorna ao cárter do compressor e recomeça seu trabalho de lubrificação. Por isso, manter pressões e velocidades suficientes na tubulação é muito importante. A tubulação do sistema deve ser corretamente dimensionada, inclinada e com um sifão em p para assegurar o retorno adequado do óleo. As práticas de canalização são abordadas detalhadamente no Capítulo 11.

Compressor: problemas e falhas

Os problemas do compressor associados com a eletricidade são tratados no Capítulo 8. Embora problemas elétricos possam impedir o funcionamento do compressor, eles não constituem a causa principal para sua falha. Mesmo os problemas elétricos associados com uma falha de compressor são frequentemente causados por problemas do refrigerante.

Por exemplo, umidade no sistema causa a formação de ácidos no óleo, que atacam o isolamento nos rolamentos e podem causar um curto-circuito no motor. Além disso, vazamento de líquido no compressor (*floodback*) pode causar danos suficientes nos rolamentos dos mancais do virabrequim, de modo que o rotor do motor cairá no interior do estator e fará o motor interromper seu funcionamento. Ainda neste capítulo haverá mais detalhes sobre essa situação.

Problemas mecânicos, por outro lado, frequentemente resultam em danos tão graves que o compressor deverá ser substituído. Portanto, é importante entender o que é considerada uma operação imprópria, e corrigi-la antes que cause danos ao compressor.

A maioria dos fabricantes de compressor concordaria com essa afirmação: "Os compressores não morrem, eles são assassinados!". Com base nessa premissa, é uma suposição razoável que os técnicos devam realizar uma "autópsia" para descobrir o que causou a morte do compressor.

Quando um compressor falha, os fabricantes de compressores semi-herméticos estimulam os técnicos a desmontá-los completamente, mesmo ainda no período de garantia. É necessário determinar a causa do defeito para evitar que o problema se repita com o compressor substituto.

Alguns distribuidores e fabricantes fazem "seminários de desmonte" em que permitem que os técnicos separem as diferentes partes de uma variedade de compressores que apresentaram defeito. O líder do seminário ajuda os técnicos a reconhecer o tipo e a forma dos danos para ajudá-los a diagnosticar a causa. Participar de um desses seminários é uma das experiências educacionais mais benéficas que um técnico pode ter.

As seções seguintes tratam dos problemas mecânicos mais comuns que resultam em defeitos de compressor. Depois de cada descrição do problema há uma listagem de possíveis causas. Na sequência, temos uma lista do que procurar caso o compressor seja desmontado para verificação. Finalmente, descrevem-se consertos sugeridos para resolver problemas de compressor.

Os principais problemas associados com falha mecânica de compressor são:
» lubrificação;
» inundação e acúmulo de líquido;
» partidas inundadas;
» aquecimento.

Problemas de lubrificação

Quantidade excessiva de óleo

Isso pode fazer com que o compressor apresente barulho e vibração quando o eixo da manivela do compressor golpeia a superfície do óleo. Embora essa situação seja rara, um bom técnico deve conhecer seus sintomas.

Causas

» Há quantidade de óleo excessiva, proveniente das múltiplas trocas de compressor.
» Se o compressor foi substituído várias vezes, o problema original pode ainda estar ativo. O óleo adicional de cada substituição de compressor apenas acrescenta outro problema.
» Alguém adicionou quantidade exagerada de óleo.

Em um sistema de *freezer*, o fluxo do óleo tende a se tornar lento e acumular-se no evaporador muito frio. Durante o descongelamento, o evaporador esquenta, assim como o óleo no seu interior. Quando o compressor começa a funcionar, o óleo retorna. Se o óleo foi adicionado durante o ciclo de congelamento, quando o nível do óleo no visor de vidro está mais baixo, pode haver óleo demais no cárter após o descongelamento.

Nota: A Copeland sustenta que o nível correto em um visor de vidro de óleo não é necessariamente no ponto médio, mas em qualquer lugar onde se possa vê-lo. Se o nível, mesmo visível, estiver no fundo do visor de vidro, não adicione óleo. A Carlyle afirma que o óleo de sua fabricação para compressor 6D deve estar entre ¼ e ¾ do visor de vidro e os óleos 6E e 6CC devem estar entre ⅛ e ⅜.

Figura 4.5 Desgaste de pistão por falta de lubrificação. *Cortesia de Copeland Corporation.*

A maioria dos fabricantes recomenda que, após a partida de uma nova instalação, talvez seja necessário adicionar óleo somente uma vez. Se mais óleo for necessário, pode haver um problema de tubulação.

O que procurar

Sinais de acúmulo de líquido, mas com óleo acumulado na área do pistão.

Consertos

» Drene o óleo e corrija a causa das mudanças múltiplas do compressor.
» Assegure-se de que a tubulação está corretamente dimensionada, inclinada e com sifão, se necessário.
» Use um separador de óleo se o sistema tiver um caminho longo para o condensador. No entanto, primeiro verifique com o fabricante do sistema.

Pouquíssima quantidade de óleo

Isso pode fazer com que o compressor emperre por causa da fricção entre as peças de metal.

Causas

» Há baixa carga de refrigerante ou carga baixa de óleo. Fluxo de baixa massa de refrigerante não fará o óleo retornar.
» Instalação inadequada do equipamento e da tubulação pode impedir o correto retorno do óleo.
» Há descongelamento inadequado do *freezer* ou um evaporador congelado.
» Ciclos curtos de compressor bombeiam óleo para o exterior do cárter, mas próximo o bastante para atraí-lo de volta.

O que procurar

» Todas as hastes e os rolamentos gastos ou arranhados
» Eixo de manivela arranhado de modo uniforme
» Anéis de pistão e cilindros desgastados (Figura 4.5)
» Pouco ou nenhum óleo no cárter

Consertos

» Corrigir a carga de refrigerante ou encontrar o motivo para condições de baixa carga.
» Corrigir a instalação e os problemas de tubulação (ver mais detalhes no Capítulo 11).
» Certificar-se de que o evaporador está limpo após o descongelamento.
» Corrigir a causa do ciclo curto do compressor.

Inundação

A inundação de refrigerante, ou **inundação por retorno** (*floodback*), causa problemas de lubrificação.

> » Compressores refrigerados a ar – A inundação de refrigerante lava o óleo das paredes do cilindro durante o curso da sucção. Sem lubrificação, o pistão se atrita contra o cilindro, e o metal mais delicado do pistão desgasta-se, abrindo uma distância entre o pistão e a parede do cilindro. Durante o curso da compressão, o refrigerante vaza ou **sopra através** do pistão e é empurrado para o interior do cárter.

O resultado é um compressor **ineficiente**, pois não pode comprimir o vapor no cilindro; assim, a pressão máxima diminui. O vapor de sucção é bombeado para o interior do cárter, o que aumenta a pressão de sucção.

> » Compressores refrigerados por sucção (ver a Figura 4.6) – A inundação pelo refrigerante dilui o óleo do cárter que lubrifica os rolamentos, o eixo da manivela e as hastes. O refrigerante evapora rapidamente à medida que é bombeado entre essas peças, deixando óleo insuficiente para lubrificá-las apropriadamente.

Causas

» A inundação é causada pelo excesso de refrigerante que entra no compressor.

O que procurar em um compressor refrigerado a ar

» Pistões e cilindros desgastados
» Nenhuma evidência de superaquecimento

O que procurar em um compressor refrigerado por sucção

» Rolamentos centrais e traseiros desgastados ou emperrados
» Rotor arrastando, estator encurtado
» Eixo de manivela arranhado progressivamente
» Pistão com hastes quebradas ou desgastadas

Consertos

» Buscar o superaquecimento correto, mesmo nos dispositivos de medida fixados no orifício.

Em condições de projeto, todos os sistemas devem ter algum superaquecimento. Isso verifica se não há refrigerante líquido retornando para o compressor. A maioria dos fabricantes de compressores recomenda pelo menos 11,1 °C de superaquecimento no compressor.

Sistemas de medição fixados são **carregados criticamente**. Isso significa que o fabricante especificou uma quantidade exata de refrigerante própria para cada unidade. Compressores

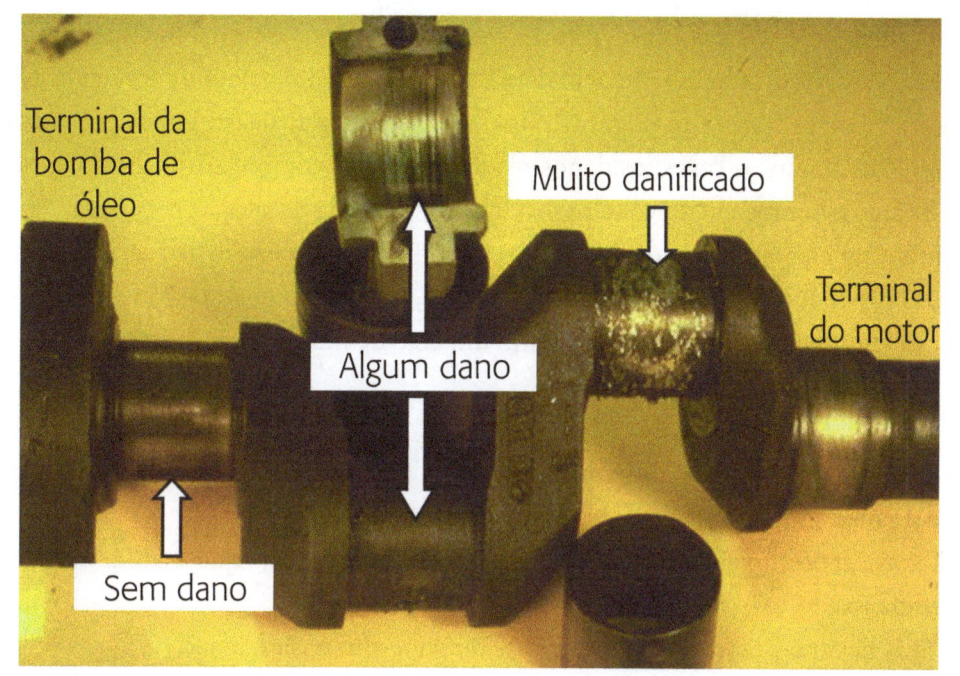

Figura 4.6 Rolamento do eixo da manivela de um compressor refrigerado por sucção desgastado pela inundação. *Cortesia de Copeland Corporation.*

herméticos usados na maioria dos sistemas carregados criticamente podem tolerar uma quantidade limitada de refrigerante líquido no óleo do cárter. Pelo projeto da fábrica, mesmo em condições extremas, não haverá refrigerante suficiente em um sistema carregado criticamente para danificar o compressor. O único modo pelo qual a inundação por retorno de líquido no compressor pode danificar esse tipo de sistema é se a unidade estiver sobrecarregada.

Os sistemas de válvula de expansão termal (TEV) inundam se o bulbo sensor de válvula não estiver corretamente atado à linha de sucção.

A válvula opera como se a linha de sucção fosse morna e completamente aberta para inundar o evaporador a fim de resfriar a linha. Uma TEV também se inundará se a válvula estiver travada na posição aberta por **resíduos** ou por gelo.

Acúmulo de líquido

O acúmulo de líquido é uma forma grave de inundação de refrigerante. Enquanto a inundação por fim danificará o compressor, o acúmulo de líquido causará quase imediatamente a completa falha do compressor.

Em compressores refrigerados por sucção, o efeito do acúmulo de líquido é um processo mais rápido de deslocamento do óleo com o refrigerante. O dano causado pelo contato de metais entre os rolamentos e o eixo de manivela ocorre logo depois que o líquido entra no cárter do compressor.

Em compressores refrigerados a ar, o refrigerante entra quase diretamente na válvula de palheta e na área do cilindro. O impacto da vibração do líquido batendo na válvula de sucção de palheta acaba por quebrá-la (Figura 4.7) ou a gaxeta principal será impelida para cima ou para baixo. Em ambos os casos, os danos resultam em um compressor ineficiente, porque o gás de descarga é bombeado de volta para o interior da linha de sucção.

Se líquido suficiente entrar no cilindro no curso da sucção, o pistão não será capaz de comprimi-lo. O pistão interromperá seu funcionamento, mas o eixo de manivela não. O resultado é uma haste de conexão quebrada, ou mesmo um eixo de manivela quebrado.

Causas

» O acúmulo de líquido ocorre normalmente no início da atividade a partir do refrigerante e do óleo situados na linha de sucção, perto do compressor.
» Há grave sobrecarga em um sistema criticamente carregado, que usa um dispositivo de medida fixado.
» A TEV fica travada na posição aberta se for superdimensionada.

O que procurar

» Palhetas, hastes ou eixos de manivela quebrados.
» Parafusos frouxos ou quebrados de apoio à válvula de descarga
» Desgaste da junta do cabeçote

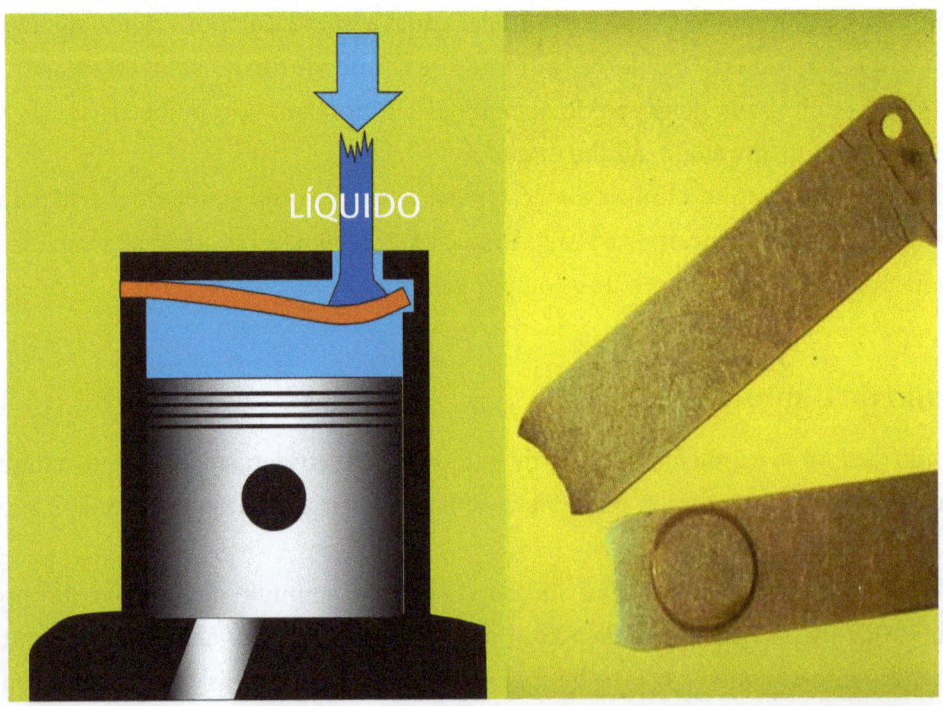

Figura 4.7 Hastes quebradas pelo acúmulo de líquido. *Cortesia de Copeland Corporation.*

Consertos

» Utilize as mesmas correções usadas na inundação de refrigerante.
» Verifique a tubulação do refrigerante, buscando deformações ou retenções perto do compressor que possam causar o acúmulo de óleo ou de refrigerante durante o período em que a unidade estiver desligada.

O acúmulo de óleo é um problema de tubulação que não pode ser detectado pela verificação do superaquecimento.

Se a inspeção de um compressor refrigerado a ar danificado pela vibração revelar óleo no topo do pistão, o acúmulo de óleo foi provavelmente a causa da falha.

Todas as unidades de refrigeração remota devem possuir um solenoide de desligamento do fluxo do refrigerante na linha do líquido. Isso interromperá o fornecimento de refrigerante e óleo, quando o termostato for **satisfeito**. Quando o controle de baixa pressão desliga o compressor, todo o refrigerante e a maior parte do óleo devem ser bombeados para o exterior da linha de sucção. No início da atividade, há pouca chance de acúmulo de líquido, a não ser que a tubulação esteja instalada incorretamente.

Partidas inundadas

Quando o compressor está desligado, qualquer refrigerante remanescente na linha de sucção migrará para o local mais frio no sistema. Se o compressor estiver localizado em área aberta em um dia frio, o refrigerante se deslocará até o compressor. Alguns refrigerantes, como o R22, têm **afinidade** ou são atraídos pelo óleo refrigerante. Por isso, ele passará como vapor para o cárter. Uma vez no cárter, o refrigerante transforma-se em líquido e assenta-se sob o óleo.

Quando o compressor inicia a operação, o refrigerante quase explode em uma mistura espumante de refrigerante e óleo. Essa mistura causa excessivo desgaste no rolamento sobre o eixo de manivela somente onde ele espirrar mais intensamente. À medida que o refrigerante evapora, não há óleo remanescente o suficiente para lubrificar essas superfícies. Se houver uma quantidade excessiva de refrigerante no cárter, ele poderia alcançar o cilindro, causando acúmulo do líquido refrigerante durante o curso da compressão.

Causas

» O refrigerante está migrando da linha de sucção para o óleo do cárter.

O que procurar

» Hastes ou rolamentos gastos ou riscados
» Hastes quebradas ou emperradas
» Rolamento com padrão errático de desgaste no cárter (ver a Figura 4.8)

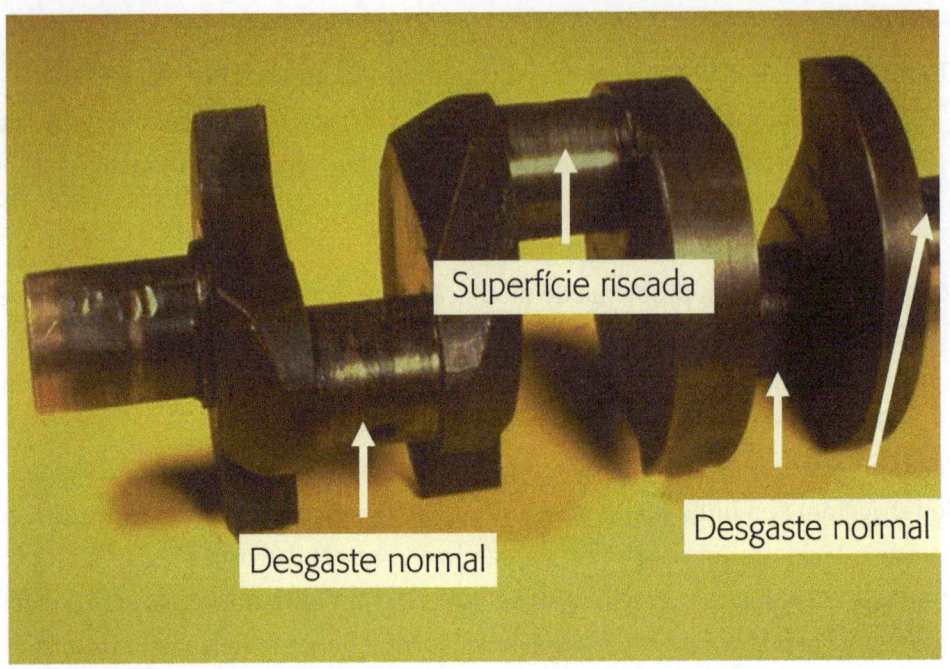

Figura 4.8 Desgaste errático do rolamento em razão da partida inundada. *Cortesia de Copeland Corporation.*

Consertos

» Os aquecedores do cárter esquentam o óleo para impedir que o refrigerante se transforme em líquido. No entanto, um aquecedor de cárter possui pouco efeito se a temperatura externa estiver perto de congelar.

» Um solenoide de desligamento do fluxo do refrigerante assegura que não haja refrigerante na linha de sucção durante o período em que o ciclo está interrompido. É muito eficaz para evitar que o refrigerante migre para o cárter. Os solenoides são descritos mais completamente no Capítulo 6.

Nota: *Embora os aquecedores do cárter levem o refrigerante para fora do óleo do compressor, o perigo de inundação pode não ser completamente resolvido. Quando o refrigerante vaporizado deixa o óleo, ele pode condensar de volta em refrigerante líquido ao entrar em contato com uma linha de sucção fria. Quando o compressor inicia sua operação, o líquido que fica na linha de sucção inundará o compressor. Essa é uma das razões pelas quais um ciclo de bombeamento para baixo é mais eficaz na prevenção de partidas inundadas do que um aquecedor de cárter.*

Problemas de lubrificação disfarçados de esgotamento de motor

O motor do compressor possui uma parte estacionária chamada **estator** que contém as bobinas do motor. O **rotor**, que gira no interior do estator, encontra-se anexado ao eixo de manivela do compressor. A falta de lubrificação pode causar danos aos rolamentos que sustentam o eixo de manivela do compressor (Figura 4.9). Se o eixo da manivela descer apenas 0,16 cm (1/16"), o rotor golpeará o estator do motor, reduzindo o tempo das bobinas. A falha do compressor, completado com óleo queimado e carvão, parecerá um problema elétrico. Muitos técnicos se enganam ao diagnosticar um problema elétrico, que, na realidade, se trata de uma falha mecânica.

Superaquecimento

O superaquecimento pode ocorrer nas bobinas do motor e também na área da válvula de descarga de um compressor.

Causas para superaquecimento do motor

» Compressor refrigerado por sucção – O superaquecimento do motor ocorre quando há resfriamento inadequado do vapor de sucção.
» Compressor refrigerado a ar – As bobinas do motor se superaquecem em razão da refrigeração incorreta no lado externo do corpo do compressor.

O que procurar

» Localização do estator queimado pelos resíduos de metal

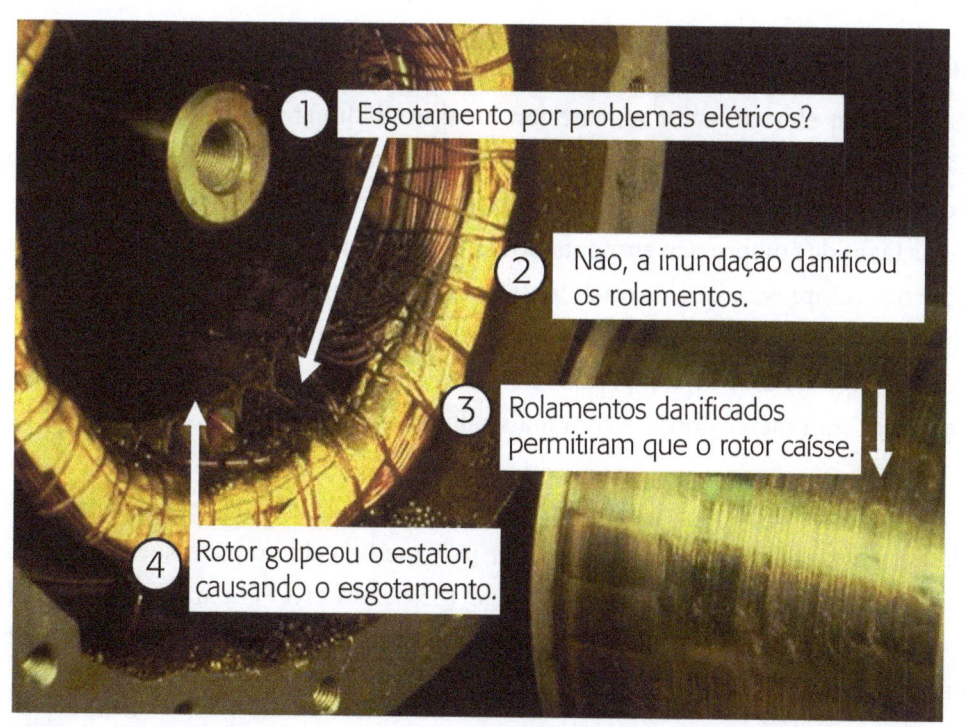

Figura 4.9 Esgotamento de motor causado pela falha no rolamento devido à inundação. *Cortesia de Copeland Corp.*

Consertos

» Compressores refrigerados por sucção – O vapor de sucção é o refrigerante para o motor do compressor, assim, mantenha elevada a pressão de sucção.

» Compressores refrigerados por sucção e a ar – Verifique o superaquecimento na linha de sucção a 15,24 cm (6") a partir do compressor. A maioria dos fabricantes de compressores querem pelo menos 11,1 °C de superaquecimento no compressor para evitar a inundação. No entanto, se o superaquecimento se elevar acima de 27,8 °C, podem ocorrer problemas de superaquecimento.

EXEMPLO: 3 Suponha um superaquecimento aceitável de 5,6 °C no evaporador de uma caixa refrigerada com uma linha de sucção de 15,24 m (50') de percurso. A serpentina está limpa, e a temperatura interior encontra-se nas condições de projeto. Se o superaquecimento no compressor for de 33,4 °C, presuma que os 27,8 °C adicionais de calor estão sendo captados após deixar o evaporador. O problema diz respeito à linha de sucção; talvez esteja faltando isolamento de algum dos tubos ou está percorrendo uma área quente.

EXEMPLO: 4 No exemplo anterior, suponha que o superaquecimento na saída do evaporador seja de 22,3 °C e no compressor seja de 33,4 °C. O principal problema é um evaporador com subcarga, porque é ali onde a maioria do superaquecimento (16,7 °C) está sendo gerada. O superaquecimento da linha de sucção de 11,1 °C não é excessivo.

Causas para o elevado calor de descarga

» Cargas com elevado calor no interior, e calor adicional acrescentado à linha de sucção, são passadas diretamente ao compressor. Quanto mais elevado é calor que entra no compressor, maior é a temperatura da descarga que deixa o compressor.

» Altas taxas de compressão aumentarão também a temperatura do gás de descarga. Imagine um compressor que normalmente possui uma razão de 4:1. Se a pressão de sucção diminui ou aumenta a pressão de condensação, a razão torna-se mais alta. Por exemplo, suponha que a razão de compressão aumentou para 6:1. O motor do compressor tem de trabalhar com mais esforço, e com mais calor, e o calor de compressão é maior.

Para os compressores alternativos da Copeland, o máximo de temperatura permitida da linha de descarga permitida de 15,24 cm (6") medida do compressor é 107,2 °C. Para os compressores de óleo mineral da Carlyle, é 135 °C e 121,1 °C para Polyol Ester (POE). Acima disso, o elevado calor no cilindro causará problema no óleo. Não haverá lubrificação suficiente entre o pistão e o cilindro.

O que procurar

» Pistões, anéis e cilindros desgastados
» Placas de válvula descoloridas
» Válvulas de palheta de descarga queimadas

Consertos

» Enfatize para o cliente a importância de não sobrecarregar o espaço interno com produtos quentes.
» Busque evidências de condições de carga baixa: evaporador congelado, evaporador com subcarga, ou operando com temperatura muito baixa no espaço interno.
» Isole corretamente as linhas de sucção.
» Verifique as razões de compressão em relação ao que deveriam ser as condições de projeto.

Tabela de diagnóstico

A Figura 4.10 é uma tabela que ajuda no diagnóstico de falhas em compressores semi-herméticos, após desmontar um compressor. A ideia é circular todos os X em cada linha do sintoma aplicável ao caso. Em seguida, totalizar todos os X circulados em cada coluna. A coluna que tiver mais X circulados apresenta a causa da falha.

Nota: Essa tabela foi desenvolvida pelo autor e se baseia em informações gerais disponíveis da Copeland Corporation. Pretende-se que seja usada como um instrumento de treinamento para ajudar a simplificar o diagnóstico da maioria das falhas mecânicas de compressores semi-herméticos. (Não se pretende aqui representar a visão da Copeland Corporation.)

Os primeiros seis sintomas sobre compressores refrigerados a ar e os cinco primeiros sobre compressores refrigerados por sucção podem ser verificados simplesmente removendo-se a cabeça do compressor. Se isso não revelar sintomas suficientes para fazer um bom diagnóstico, o técnico necessitará verificar o cárter. Desmontar o eixo da manivela exige um pouco mais de esforço, mas o tempo gasto valerá a pena se ajudar a determinar a razão para a falha do compressor.

Nota: Diagnósticos ineficientes do compressor causados por problemas de válvula, perda de compressão nos anéis do pistão, gaxetas porosas e assim por diante serão abordados no Capítulo 7.

Controle da capacidade do compressor

A carga em um compressor varia de acordo com as condições ambientais, assim como a carga no evaporador. À medida que a temperatura do produto refrigerado cai, a pressão de sucção também diminui. Quando a temperatura atinge a prevista no termostato, o compressor se desligará. Esse controle liga-desliga é o tipo mais simples de controle de capacidade. Se a carga em um compressor for baixa, a unidade frequentemente pode ligar demais, o que causa aumento no desgaste e custo maior de operação.

Toda vez que um compressor inicia seu funcionamento, ele "puxa" a amperagem do rotor de bloqueio (LRA – *Lock Rotor Amperage*). O LRA é a amperagem que um motor "puxa" por uma fração de segundo toda vez que ele inicia e é três a cinco vezes a amperagem de um funcionamento normal de motor. Cada vez que um motor inicia, a amperagem vai de zero a LRA e volta para a amperagem de funcionamento normal, cerca de 1,5 a 3 segundos. Compressores grandes "puxam" uma corrente inicial muito pesada, que pode causar diminuição na voltagem da energia para o restante do edifício em que o equipamento está instalado. Além da explosão de calor gerada nos enrolamentos do motor na partida, o grande influxo da corrente também aumenta o custo da energia para o cliente. Se isso não fosse suficientemente ruim, a partida coloca uma tensão mecânica nas peças do compressor, e leva tempo até que a pressão do óleo aumente o suficiente para lubrificá-lo corretamente. Se o controle da umidade for um problema, um compressor que não funciona por muito tempo não removerá a umidade do espaço que está condicionando. A maioria dos fabricantes concorda que um compressor que tem mais de seis ciclos por hora é considerado de ciclo curto.

COMPRESSOR SEMI-HERMÉTICO: DIAGNÓSTICO DE FALHAS
© 2004 Dick Wirz de Refrigeration Training Services, LLC.

Etapas:
(1) Circule o X de todas as linhas que se aplicam a seu caso.
(2) Centralize todas as colunas que tenham o X circulado.
(3) A coluna que apresentar o maior número de X indica o problema.

		COMPRESSORES REFRIGERADOS A AR			
Placa de válvula	Sem evidência de superaquecimento	X			
	Descolorida pelo aquecimento			X	
Haste de válvulas	Queimada			X	
	Quebrada		X		
Gaxetas do cabeçote – porosas			X		
Pistões e cilindros desgastados		X		X	
Hastes de pistão quebradas			X	X	X
Hastes de pistão e rolamentos – Todos desgastados ou riscados					X
Parafusos de apoio à haste do pistão – quebrados ou frouxos				X	

		Líquido no compressor	Partida inundada	Acúmulo de líquido	Alta temperatura de descarga	Perda de óleo
Eixo de manivela	Quebrado			X		
	Riscado de modo uniforme					X
	Padrão de desgaste errático		X			
Pontos do estator queimados por fragmentos metálicos					X	
Pouco ou nenhum óleo no cárter						X
Total de X circulados						
A coluna que apresentar mais X circulados indica a causa do defeito.						

COMPRESSORES REFRIGERADOS POR SUCÇÃO						
		Líquido no compressor	Partida inundada	Acúmulo de líquido	Alta temperatura de descarga	Perda de óleo
Placa de válvula – Descorada pelo calor					X	
Palhetas da válvula – queimadas					X	
Gaxetas do cabeçote – porosas			X			
Pistões e cilindros – desgastados					X	
Hastes de pistão – quebradas		X	X			X
Hastes de pistão e rolamentos – TODOS desgastados ou arranhados						X
Parafusos apoiadores da haste de pistão – quebrados ou frouxos				X		
Eixo de manivela	Quebrado			X		
	Arranhado de modo uniforme					X
	Progressivamente arranhado	X				
	Padrão errático de desgaste		X			
Rolamentos do centro e de trás desgastados ou emperrados		X				
Estator encurtado, rotor se arrastando		X				
Pontos do estator queimados pelos resíduos de metal					X	
Pouco ou nenhum óleo no cárter						X
Total de X circulados						
A coluna que apresentar mais X circulados indica a causa do defeito.						

AÇÃO CORRETIVA:
LÍQUIDO NO COMPRESSOR – Refrigerante líquido retornando durante o funcionamento do ciclo lava o óleo da superfície do metal.
Manter superaquecimento correto do evaporador e do compressor.
Corrigir condições de carga anormalmente baixas.
Instalar acumulador para interromper o retorno incontrolado do líquido.

PARTIDAS INUNDADAS – O vapor refrigerante migra para o cárter enquanto o ciclo estiver interrompido (desligado), diluindo o óleo no início da atividade.
Instalar solenoide de desligamento do fluxo do refrigerante.
Verificar a operação do aquecedor do cárter.

ACÚMULO DE LÍQUIDO – Tentativa de compressão do líquido. Líquido excessivo no compressor refrigerado a ar; início com grave inundação na sucção refrigerada.
Ver todas as ações de correção anteriores para líquido no compressor e partidas inundadas.

ALTAS TEMPERATURAS DE DESCARGA – Altas temperaturas na cabeça do compressor e nos cilindros fazem com que o óleo perca lubrificação.
Corrigir condições anormalmente baixas de carga.
Corrigir condições de pressão de descarga alta.
Isolar as linhas de sucção.
Fornecer refrigeração adequada ao compressor.

PERDA DE ÓLEO – Quando o óleo não retorna para o cárter, há desgaste uniforme de todas as superfícies do rolamento carregado.
Verificar falha no controle de óleo, caso isso se aplique.
Verificar carga de refrigerante no sistema.
Corrigir condições de carga anormalmente baixas ou ciclos curtos.
Verificar dimensionamento incorreto da canalização e/ou aprisionamento de óleo.
Verificar descongelamentos inadequados.

Figura 4.10 Tabela de diagnóstico de compressor semi-hermético. *Cortesia de Regrigeration Training Services.*

Outros problemas ocorrerão se a carga diminuir muito. O decréscimo na pressão de sucção leva ao aumento na taxa de compressão, que causa mais calor na cabeça do compressor. Além disso, menor fluxo de massa de refrigerante não somente reduz o efeito do refrigerante no motor refrigerado por sucção, mas pode impedir o retorno correto do óleo ao cárter.

Há vários modos de se controlar a capacidade do compressor para evitar seu ciclo curto e também manter alta a pressão de sucção de retorno. Um método é desviar o gás quente para a parte inferior do sistema a fim de aumentar a carga no compressor. A carga adicional evita a pressão de sucção baixa, produz períodos de execução mais longos e assegura o bom retorno de óleo. O **desvio do gás quente** é especialmente benéfico em aplicações de baixa temperatura, em que a baixa pressão de sucção produz taxas muito altas de compressão e muito calor na cabeça do compressor. Apesar de todos os seus benefícios, desviar o gás quente não reduz significativamente o consumo de energia. Válvulas de desvio de gás quente serão explicadas mais detalhadamente no Capítulo 6.

Combinar múltiplos compressores para uma única carga ou um grupo de cargas é outro tipo de controle de capacidade. Um ou mais compressores se desligam quando a carga decresce, e voltam para a linha, quando a carga aumenta. Embora esse arranjo chamado **sistema de portas paralelas** forneça grande controle de capacidade e economia de energia, o custo inicial é alto. Sistemas de múltiplos compressores são abordados mais completamente no Capítulo 10.

Outro tipo de controle de capacidade é descarregar o compressor; isso significa impedir o compressor de funcionar em sua capacidade nominal. Um dos métodos mais populares é bloquear um pouco a entrada do vapor de sucção, mas não em todos os cilindros no compressor.

Sem vapor de sucção, não há compressão de refrigerante, o que não somente reduz a capacidade do compressor, porque há menos trabalho realizado, mas também baixa a amperagem. O tempo longo de execução significa a não existência de ciclo curto. A seguir, temos exemplos para ajudar a ilustrar o básico de como operam os descarregadores.

Nota: Os descarregadores e seus controles associados são bem sofisticados e diferem de um fabricante para o outro. Consulte o fabricante de válvula ou compressor para descobrir como seus controles particulares operam e são ajustados. Esperamos que as explicações a seguir e as fotos tornem mais fácil entender os conceitos tanto do descarregamento quanto do controle de capacidade.

Suponha que haja três câmaras frigoríficas e que cada uma delas exija uma unidade de condensação de 10 cv. Em lugar de usar três sistemas de 10 cv, o empresário determinou que custará muito menos usar uma única unidade de 30 cv para fazer funcionar todas as três câmaras frigoríficas. Contanto que as três câmaras exijam a refrigeração ao mesmo tempo, o compressor ficará totalmente carregado e a pressão de sucção será basicamente a mesma nos três evaporadores.

Quando a primeira câmara frigorífica diminuir sua temperatura, seu termostato fechará uma válvula de solenoide (de desligamento do fluxo do refrigerante) na linha de líquido, o que interrompe o fluxo do refrigerante a seu evaporador. A carga no compressor foi então diminuída a um terço. Em outras palavras, o compressor de 30 cv possui uma carga de 20 cv porque os evaporadores em somente duas das câmaras frigoríficas estão absorvendo calor. Uma vez que o compressor encontra-se grande demais para a carga, a pressão de sucção diminuirá e a unidade pode ter ciclo curto.

Quando a segunda câmara frigorífica for satisfeita, a carga do compressor diminuirá em mais um terço. A unidade de condensação de 30 cv lida agora com somente 10 cv do valor de carga. Isso causará um comportamento errático, incluindo ciclo curto, superaquecimento e pouco retorno de óleo, o que quase certamente causará dano ao compressor.

O compressor de 30 cv na Figura 4.11 possui seis cilindros e três cabeças (dois cilindros por cabeça). Para ilustrar o controle da capacidade, vamos supor que duas das cabeças de compressor padrão foram substituídas por cabeças de cilindro, que possuem descarregadores instalados nelas. Quando o primeiro evaporador for satisfeito, a diminuição resultante na pressão de sucção fará com que o primeiro descarregador seja ativado. Se o primeiro descarregador estiver ainda em operação quando o segundo evaporador for satisfeito, a diminuição na pressão de sucção ativará o segundo descarregador, que bloqueará o vapor de sucção para o segundo conjunto de cilindros. Se os três evaporadores forem satisfeitos ao mesmo tempo, a pressão de sucção diminuirá o suficiente para que o controle da baixa pressão feche o compressor.

Nota: Um controle separado de baixa pressão é exigido para cada descarregador. Uma chave adicional de pressão funciona como um controle de operação e um controle de segurança. Quando o sistema desliga o fluxo do refrigerante, o controle de pressão desliga o compressor. Se a unidade perder refrigerante demais, ela também desligará o compressor.

Descarregadores podem ser mecânica ou eletricamente operados. Em ambos os modos, o descarregador bloqueará o vapor de sucção para cilindros específicos, quando a pressão de sucção para o compressor diminuir abaixo de uma pressão aceitável. Quando a carga aumenta, a pressão de sucção aumentará também. O aumento na pressão levará os descarregadores a abrir a porta para as válvulas de sucção. Isso permite que os cilindros iniciem mais uma vez o bombeamento do refrigerante em capacidade total.

O controle do descarregador possui um ponto fixo ou pressão de corte, no qual ele descarregará. Além disso, existe um diferencial ajustável que determina a pressão com a qual o controle interromperá ou voltará a sua operação normal aberta ou totalmente carregada.

Por exemplo, imagine que haja dois descarregadores em um compressor de seis cilindros, e cada descarregador lidará com dois cilindros. Sob operação normal, suponha que a pressão de sucção seja de 427,25 kPa man (62 psig). O primeiro descarregador é determinado para ativar em 344,56 kPa man (50 psig) com um diferencial de 137,82 kPa man (20 psig) [ele voltará para a carga total em 482,38 kPa man (70 psig)]. O segundo descarregador está definido para se ativar em 275,65 kPa man (40 psig) com um diferencial de 172,28 kPa man (25 psig).

Se as três câmaras frigoríficas de temperatura média na Figura 4.11 exigem refrigeração, o compressor R404A, de 30 cv, teria uma pressão de sucção de cerca de 427,25 kPa man (62 psig) (temperatura do evaporador de −3,9 °C). Se uma câmara frigorífica está satisfeita e interrompe o fluxo do refrigerante, há apenas a carga dos dois evaporadores restantes no compressor. Uma vez que o compressor de 30 cv ainda está com capacidade total, mas somente com a carga de dois evaporadores, a pressão de sucção diminuirá abaixo de 344,56 kPa man (50 psig). Nesse ponto, o primeiro par de cilindros descarregará e a capacidade do compressor diminuirá em 33%. Com a capacidade do compressor combinada com a carga dos dois evaporadores remanescentes, a pressão de sucção retornará aos 427,25 kPa man (62 psig) originais. Quando a câmara frigorífica voltar a operar, a pressão de sucção aumentará para 482,38 kPa man (70 psig); isso faz o descarregador abrir, trazendo o sistema de volta para 100% de capacidade (ver as Figuras 4.12 a 4.15).

Nota: Esses desenhos das operações do descarregador foram modificados para tornar esse difícil conceito um pouco mais fácil de entender. Os reais descarregadores dos compressores da Carlyle e da Copeland serão ligeiramente diferentes desses desenhos.

Suponha que a primeira câmara frigorífica esteja satisfeita. O descarregador 1 descarregará dois cilindros e o compressor funcionará a uma capacidade de 67%. Quando uma segunda câmara frigorífica estiver satisfeita, há um valor de 20 cv de capacidade funcionando na câmara frigorífica remanescente, que exige somente 10 cv. Como a capacidade do compressor é duas vezes a carga do evaporador, a pressão de sucção diminuirá rapidamente para um corte de 275,65 kPa man (40 psig). O controle de pressão energizará o descarregador 2, e mais dois cilindros descarregarão para diminuir a capacidade do compressor para 33%. A sucção aumentará para os 427,25 kPa man (62 psig) originais, pois a capacidade do compressor combina agora com a carga do último evaporador remanescente.

Há tantas aplicações diferentes quanto tipos diferentes de descarregadores. Apenas lembre-se de que descarregar um compressor significa impedi-lo de fazer aquilo para que ele é projetado a fazer, ou seja, "puxar" o vapor de sucção do evaporador, comprimi-lo e descarregá-lo no condensador. Bloqueando o vapor de sucção para os cilindros, a capacidade do compressor é ajustada à carga dos evaporadores. Como resultado, o compressor fica protegido das altas taxas de compressão, utiliza menos corrente durante o descarregamento, não realiza ciclos curtos, possui retorno adequado de óleo e as temperaturas do evaporador são estabilizadas em temperatura ótima e controle de umidade.

1. Todas as câmaras frigoríficas exigem refrigeração.
   Todos os cilindros estão carregados.

2. Uma câmara satisfeita.
   Cilindros na Cabeça 1 estão descarregados.

3. Duas câmaras frigoríficas estão satisfeitas.
   Cilindros na Cabeça 3 estão descarregados.

4. Todas as câmaras frigoríficas satisfeitas. O sistema desliga o
   fluxo do refrigerador e o compressor desliga.

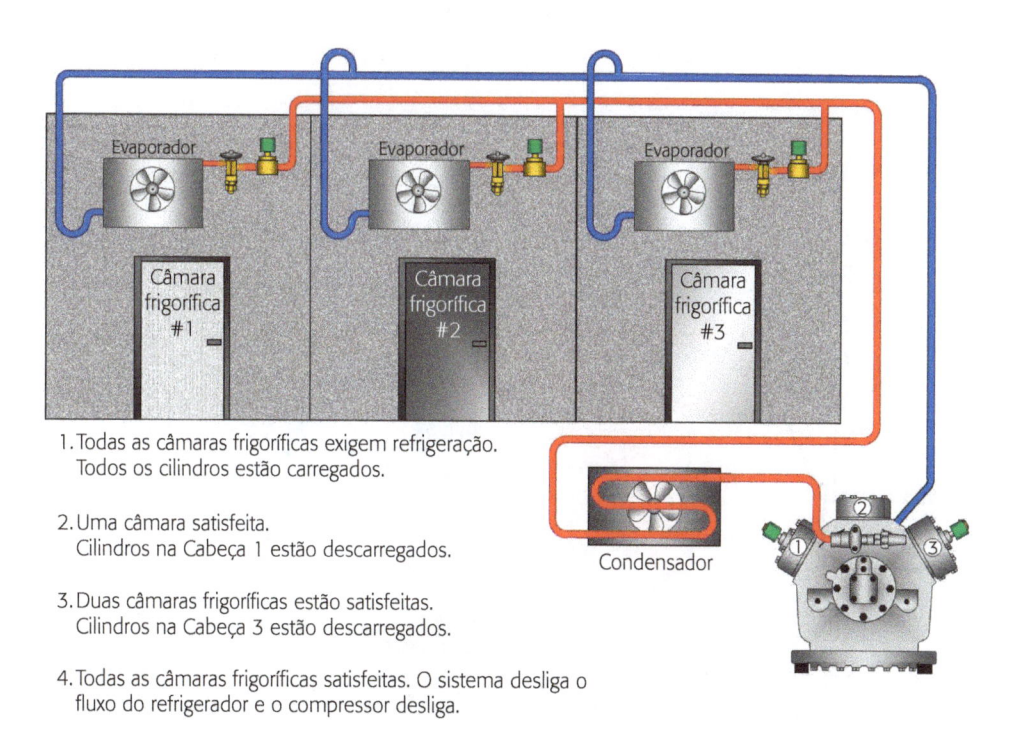

Figura 4.11 Três câmaras frigoríficas em um único compressor. *Cortesia de Refrigeration Training Services.*

Considerações sobre o controle da capacidade

Junto com os benefícios do controle de capacidade, há alguns fatores a considerar. As válvulas de expansão usadas devem ser capazes de operar corretamente nas mais baixas condições de capacidade. A maioria das TEVs padrão manterá controle mesmo a 50% de sua capacidade determinada, enquanto TEVs de porta balanceada operarão a 25% de sua capacidade. Válvulas de expansão eletrônicas têm variação ainda maior de controle de capacidade, algumas em condições tão baixas quanto 10%.

Outra consideração é que durante o último desligamento do fluxo de refrigerante, o(s) solenoide(s) do descarregador deve(m) ser desenergizado(s). Isso fará com que o compressor retorne à capacidade de 100%, de maneira que o período de desligamento do fluxo de refrigerante será muito curto. Um desligamento do fluxo de refrigerador muito longo poderia causar o superaquecimento do compressor. Se o compressor tiver válvulas descarregadoras do tipo pressão (em lugar de válvulas elétricas), não use o **interruptor automático** padrão (também chamado de **interruptor contínuo**) para desligar o compressor. Os descarregadores do tipo pressão permitem que o vapor de descarga entre no lado da sucção durante a interrupção, o que evita o desligamento do compressor. Em vez disso, use um **interruptor de uma única vez** (também chamado de **interruptor único**). Essas variações em interruptor de fluxo de refrigerante serão discutidas mais completamente com diagramas, no Capítulo 6.

A canalização da linha de sucção é também importante em sistemas com descarregadores para se certificar de que há retorno adequado de óleo durante as condições de descarregamento. Se o evaporador exigir um elevador vertical, exige-se um sistema de dois tubos. O vapor de

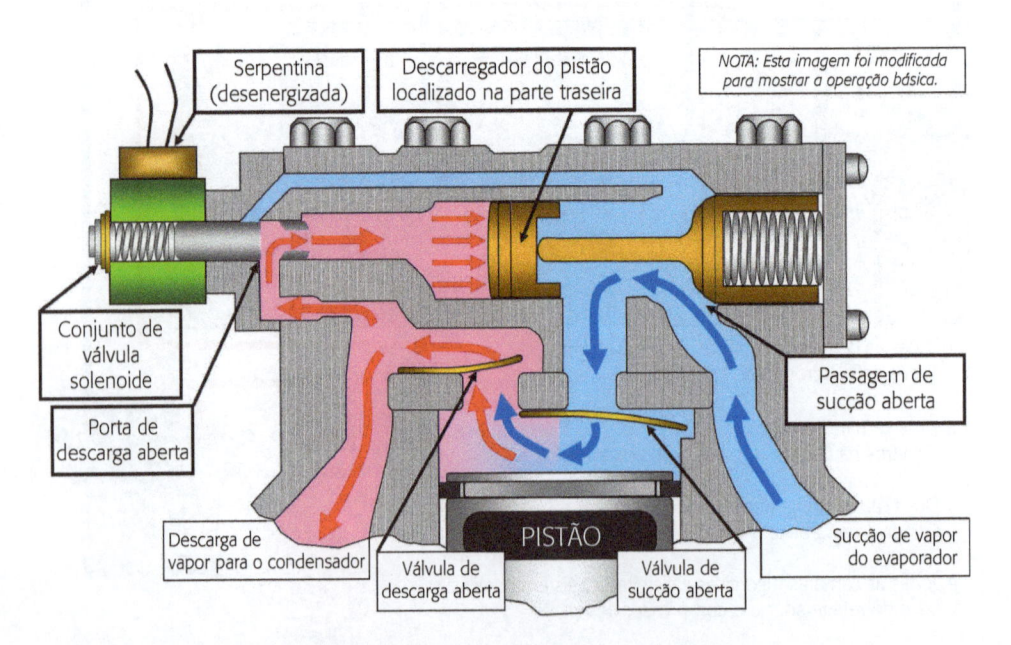

Figura 4.12 Condições normais: cilindro carregado em sua capacidade total (estilo Carlyle). *Cortesia de Refrigeration Training Services.*

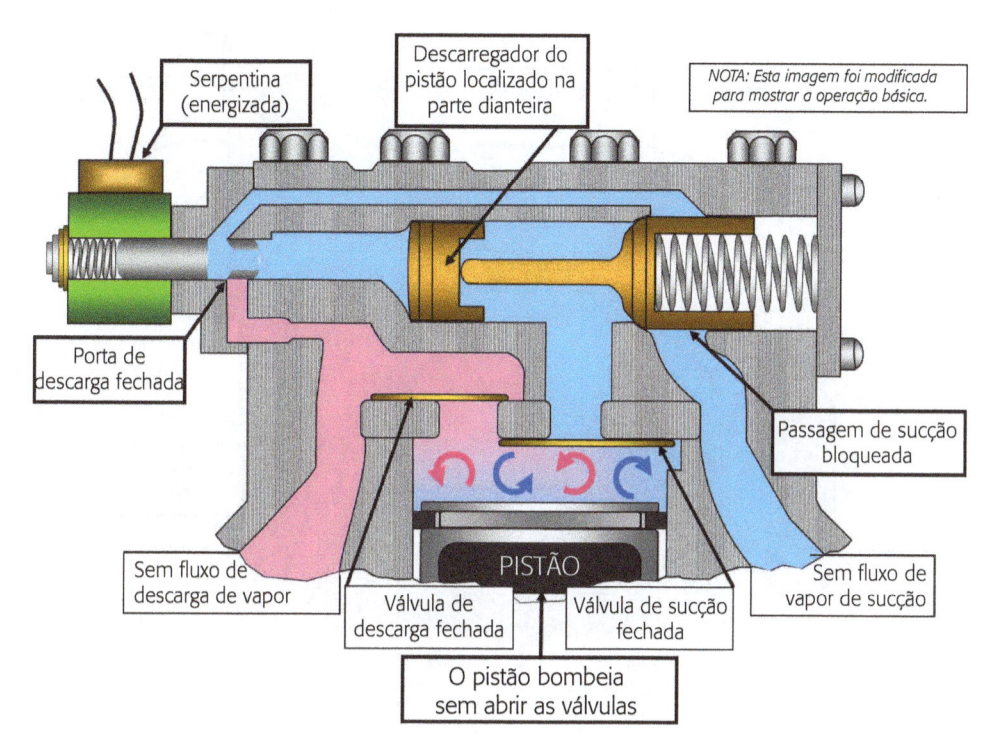

Figura 4.13 Condição de carga baixa: cilindro descarregado para capacidade reduzida (Estilo Carlyle). *Cortesia de Refrigeration Training Services.*

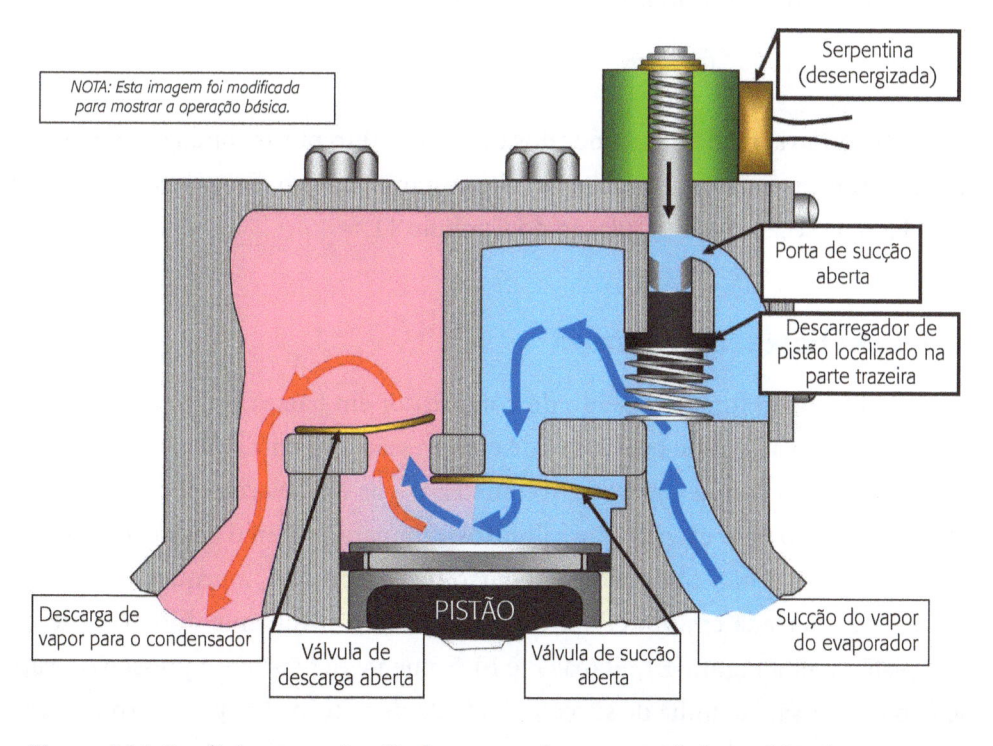

Figura 4.14 Condições normais: cilindro carregado em capacidade total (Estilo Copeland). *Cortesia de Refrigeration Training Services.*

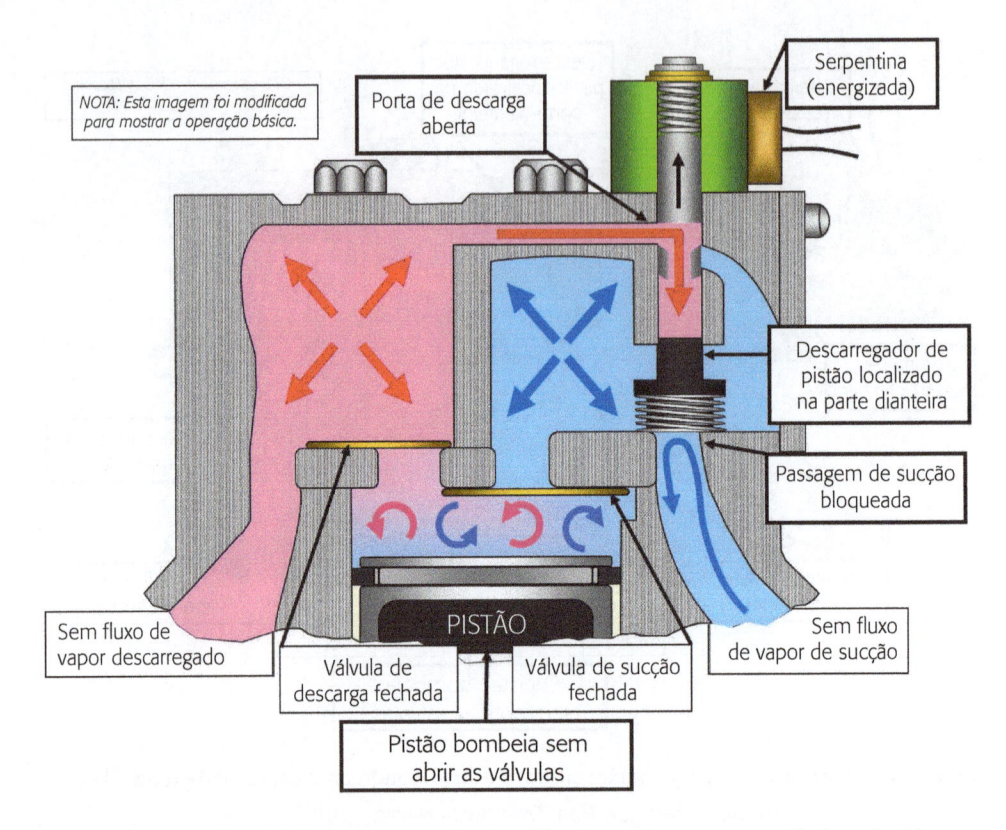

Figura 4.15 Condição de baixa carga: Cilindro descarregado para capacidade reduzida (Estilo Copeland). *Cortesia de Refrigeration Training Services.*

sucção e o óleo fluirão somente no menor dos dois tubos durante as condições de carga baixa. No entanto, durante a carga total, ambos os tubos estarão em uso. Esse tópico será completamente abordado na seção sobre tubulação do Capítulo 11.

Aplicações em baixa temperatura

O principal problema do funcionamento do compressor em baixas pressões de sucção é que sua eficiência diminui à medida que a taxa de compressão aumenta. Uma razão para a perda de eficiência tem a ver com a eficiência volumétrica, que é a relação da descarga do vapor realmente bombeada para o exterior dos cilindros, comparada com o deslocamento do compressor. Depois que o pistão completou seu curso de compressão, a pequena quantidade de vapor de descarga deixada em um cilindro deve expandir novamente durante a descida do êmbolo do pistão (ver a Figura 4.1, Etapas B e F). Somente depois que a pressão do vapor diminui abaixo da pressão na linha de sucção, a válvula de sucção abre para permitir a entrada de mais vapor no cilindro. Quanto menor a pressão de sucção, mais o gás residual se expandirá e menor será o espaço disponível para o novo vapor entrar. Portanto, à medida que a taxa de compressão aumenta, o compressor bombeia volume menor de refrigerante, que é uma redução no fluxo da massa.

Outra razão para a redução da eficiência é o aumento na temperatura do vapor devido ao aumento no calor de compressão. Índices altos de compressão fazem com que as paredes do cilindro fiquem mais quentes. O calor faz aumentar a temperatura do vapor que entra, expandindo-o em um vapor mais leve. Como resultado, o compressor bombeia um vapor menos denso, o que significa que está movimentando peso reduzido de refrigerante para cada ciclo do pistão. Isso reduz sua capacidade de absorver calor no evaporador, que reduz o **efeito refrigerante**, ou a capacidade do refrigerante de movimentar o calor.

Além da ineficiência, o grande calor do cilindro devido aos altos índices de compressão pode também danificar o compressor. O óleo impede o contato do metal com metal no compressor. Entretanto, a cerca de 154,4 °C, o óleo começará a evaporar, o que causa o desgaste do anel e do pistão. A 177 °C, o óleo perderá suas propriedades ou queimará produzindo contaminantes e danificando ainda mais rapidamente o compressor. Embora não seja possível para um técnico medir precisamente a temperatura do interior do cilindro do compressor, os fabricantes recomendam verificar se há superaquecimento. Para isso, mede-se a temperatura da linha de descarga, a 15,24 cm (6") (distante) do compressor. A temperatura no interior da cabeça do compressor é de aproximadamente 23,9 °C mais quente do que a linha de descarga. De acordo com essa informação, Copeland declarou que, para uma operação com máxima segurança, a temperatura da linha de descarga deveria permanecer abaixo de 107,2 °C. A essa temperatura da linha, a temperatura do cilindro seria de aproximadamente 148,9 °C, logo abaixo da temperatura de evaporação do óleo. Carlyle estabelece um alto limite de 135 °C para seus compressores que usam óleo mineral e 121,1 °C para aqueles que usam POE (óleo sintético).

Os fabricantes recomendam alguns métodos para evitar problemas de compressor, como o superaquecimento. Um deles é instalar um sistema de desvio de gás quente com uma **válvula de expansão dessuperaquecedora**, que injeta refrigerante na linha de sucção para manter elevada a pressão de sucção e, simultaneamente, baixar sua temperatura. Esse método reduz a taxa de compressão e impede o superaquecimento do compressor. A válvula de dessuperaquecimento serve para aplicações especiais e será discutida na seção sobre as válvulas de desvio de gás quente, no Capítulo 6.

Outra forma de evitar problemas de descarga de calor em compressores de baixa temperatura é instalar ventiladores de resfriamento de cabeça. A maioria dos fabricantes instala esses ventiladores em seus compressores que operam em temperaturas de evaporador abaixo de −17,8 °C.

Um método ainda mais direto e eficaz é chamado de **resfriamento por solicitação**. O Demand Cooling® da Copeland é usado em seus compressores Discus R22 de baixa temperatura. O refrigerante saturado é injetado na cavidade de sucção, quando a temperatura da cabeça interna do compressor atinge 144,4 °C. A injeção se mantém até que a temperatura seja reduzida a 138,9 °C. Se a temperatura permanecer acima de 154,4 °C por um minuto, o controle desliga o compressor em um reajuste manual (ver a Figura 4.16 para exemplos de ventiladores de resfriamento de cabeça e ventiladores de resfriamento por solicitação).

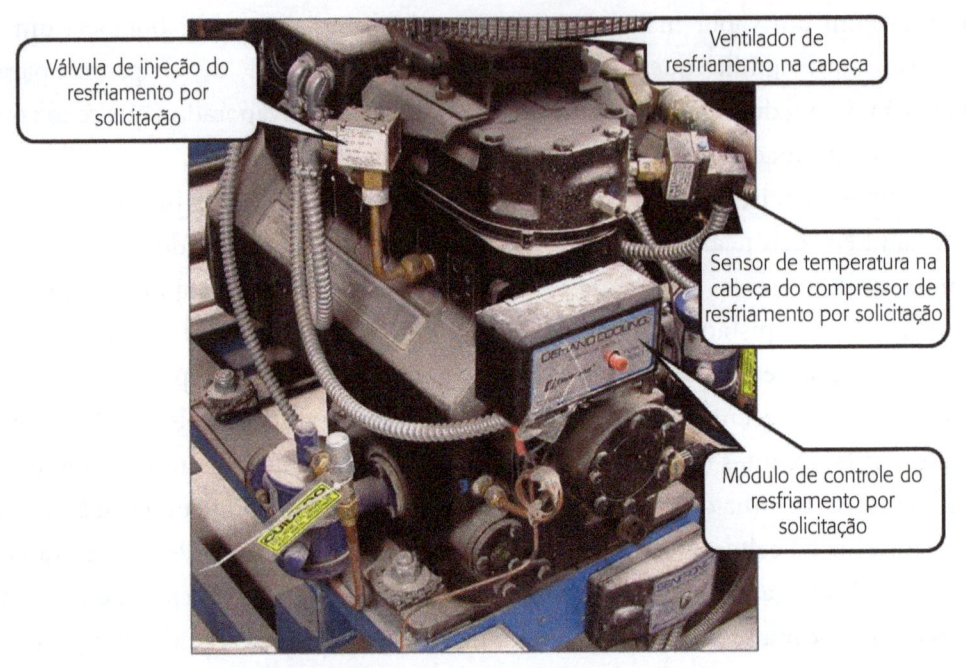

Figura 4.16 Foto do compressor de baixa temperatura da Copeland, com Demand Cooling®, ventilador de refrigeração na cabeça e refrigerador de óleo. *Foto de Jerry Meyer–Hussmann.*

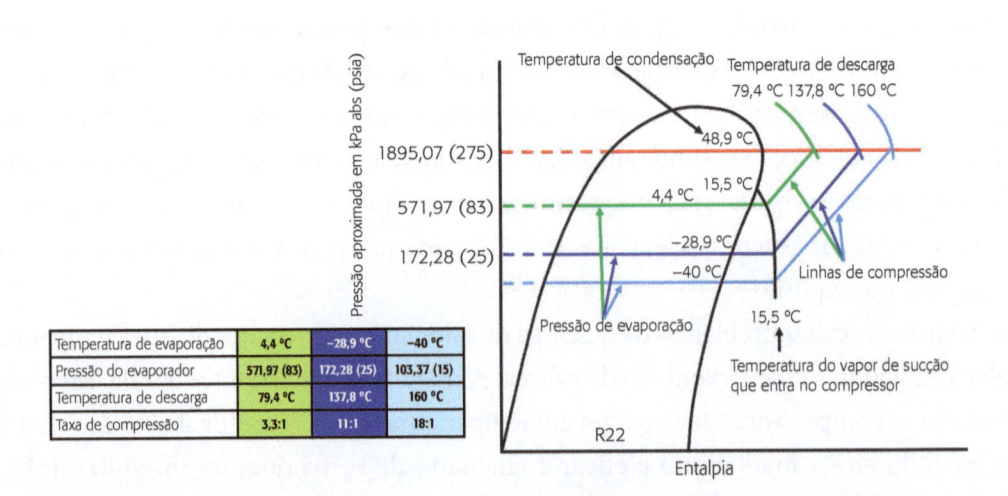

Temperatura de evaporação	4,4 °C	−28,9 °C	−40 °C
Pressão do evaporador	571,97 (83)	172,28 (25)	103,37 (15)
Temperatura de descarga	79,4 °C	137,8 °C	160 °C
Taxa de compressão	3,3:1	11:1	18:1

Figura 4.17 Diagrama pressão-entalpia, que ilustra como a temperatura de descarga pode aumentar, à medida que a temperatura de sucção diminui. *Cortesia de Refrigeration Training Services.*

Sistemas compostos de dois estágios

Como foi explicado nos parágrafos anteriores, quanto mais baixa a temperatura do espaço que está sendo resfriado, menores são a pressão de sucção e a temperatura do sistema. À medida que a pressão de sucção diminui, a eficiência volumétrica e o resfriamento do compressor também diminuem. Um compressor padrão de baixa temperatura não tem problema em operar a –28,9 °C de temperaturas do evaporador. No entanto, em temperaturas "extrabaixas", entre –34,4 °C e –62,2 °C, um compressor de um estágio pode apresentar problemas associados com taxas muito altas de compressão.

A Figura 4.17 é um exemplo de quanto a temperatura de descarga sobe quando a temperatura diminui de uma aplicação de AC para uma aplicação de temperaturas extrabaixas. A ilustração é um diagrama enormemente simplificado de pressão-entalpia de R22, que plota as temperaturas teóricas de descarga para três temperaturas de evaporador: 4,4 °C, –28,9 °C e –40 °C. Nos três casos, a temperatura de condensação será de 48,9 °C e a temperatura do vapor que entra no compressor será de 15,5 °C.

Nota: A temperatura do vapor de retorno de 15,5 °C significa que o vapor de 4,4 °C de um evaporador de AC captou 11,1 °C de superaquecimento. Entretanto, para obter uma temperatura de retorno de 15,5 °C de um evaporador de –40 °C, é necessário um superaquecimento de 55,6 °C. Embora esse cenário seja um pouco irrealista, usar a temperatura de retorno comum de 15,5 °C para todos os evaporadores torna os resultados do exemplo mais fáceis de plotar (e mais impressionantes).

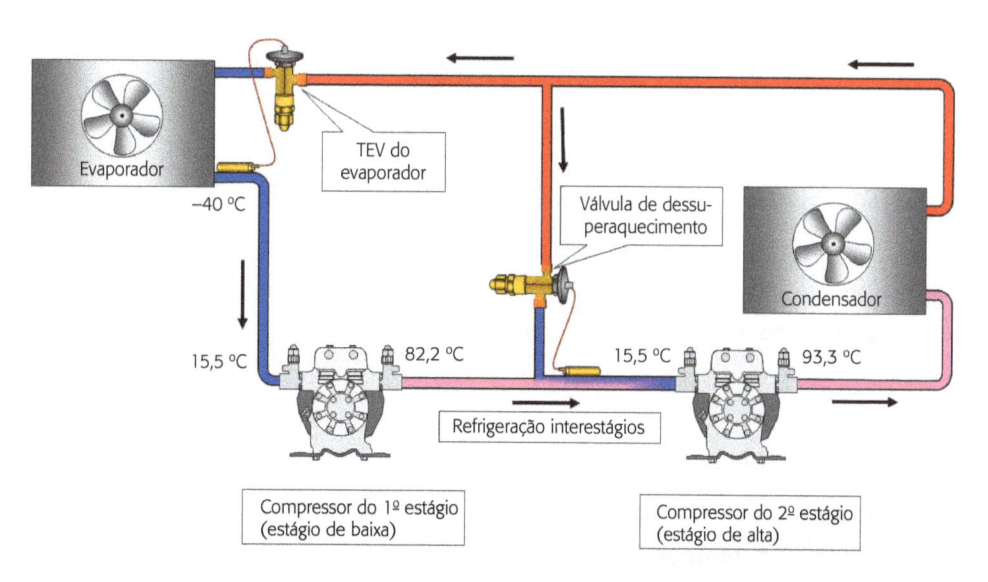

Figura 4.18 Diagrama pressão-entalpia, que ilustra como a compressão de dois estágios pode baixar. *Cortesia de Refrigeration Training Services.*

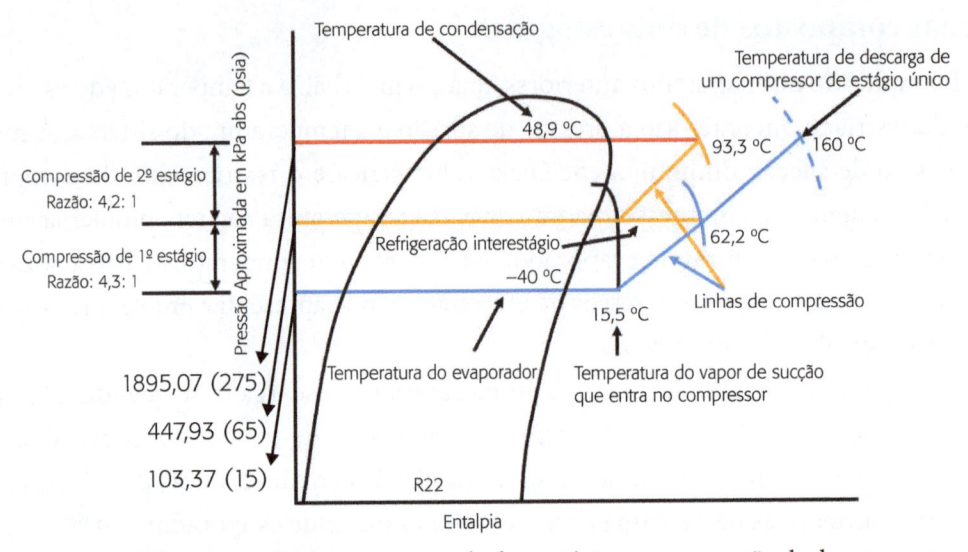

Figura 4.19 Um sistema básico, composto de dois estágios para operação de descarga em temperatura extrabaixa de descarga em aplicações de temperatura extrabaixa. *Cortesia de Refrigeration Training Services.*

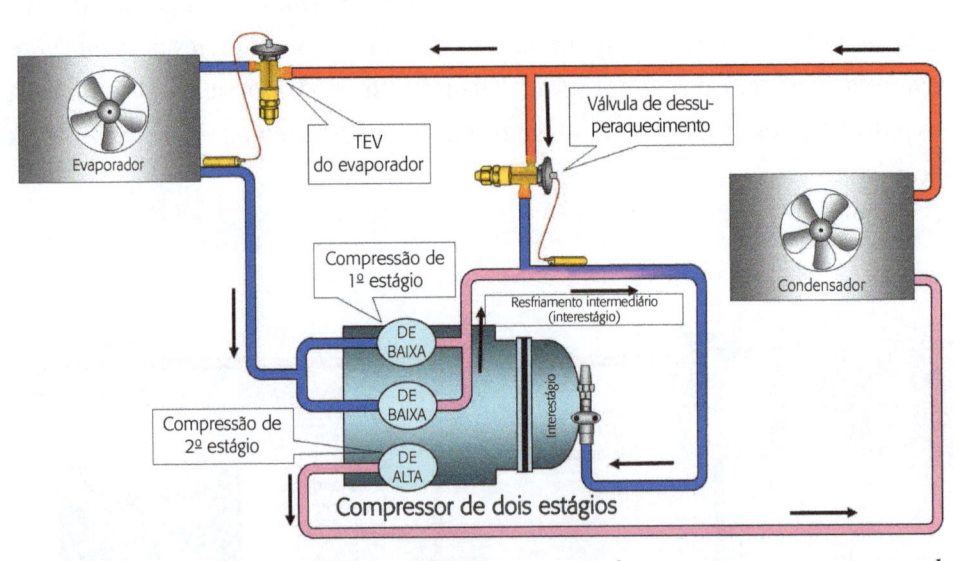

Figura 4.20 Exemplo de um sistema de temperatura extrabaixa que usa um compressor de dois estágios. *Cortesia de Refrigeration Training Services.*

Em nosso exemplo, um AC padrão com evaporador a 4,4 °C e condensador a 48,9 °C terá gás de descarga saindo do cilindro a 79,4 °C. À medida que a temperatura do evaporador diminui para −28,9 °C, a temperatura de descarga aumenta para 137,8 °C. Quando a temperatura do evaporador diminui para −40 °C, a temperatura de descarga é de 160 °C, e o óleo já evapora à medida que perde sua capacidade de lubrificação.

Nota: *O método aceito para o cálculo de taxa de compressão são as pressões absolutas (kPa abs) (psia), que são usadas no diagrama das Figuras 4.17 e 4.19. Para medir a pressão em kPa man (psig), subtraia 101,3 kPa (14,7 psi).*

O uso de um compressor de estágio único que vai da temperatura de sucção de –40 °C para uma temperatura de condensação de 48,9 °C sujeita o compressor a uma taxa muito alta de compressão: 18:1. Uma solução para os problemas encontrados quando um compressor único opera em temperaturas extrabaixas é o uso de compressão composta, ilustrada na Figura 4.18. O vapor de sucção que entra no primeiro estágio (estágio de baixa) é comprimido, mas somente a uma fração do nível final de condensação. A descarga do primeiro estágio torna-se a sucção do segundo estágio (estágio de alta), que o comprime até o final do caminho. A taxa de compressão de cada estágio é reduzida, o que aumenta a eficiência e, resfriando o refrigerante entre os dois estágios, as temperaturas de compressão diminuem.

O "interestágio" ou a área de pressão intermediária entre a descarga do primeiro estágio e a sucção do segundo é um componente-chave para a refrigeração composta. Conforme lê o exemplo seguinte da teoria por trás dos sistemas compostos de dois estágios, consulte o desenho do sistema composto de dois estágios na Figura 4.18 e o diagrama pressão-entalpia na Figura 4.19 da compressão de dois estágios.

O vapor de sucção deixa o evaporador de –40 °C e entra no primeiro estágio (estágio de baixa) do compressor a aproximadamente 15,5 °C e 103,37 kPa abs (15 psia). Em lugar de ter de ser comprimido à condensação de 120 °F (48,9 °C), ele somente tem de alcançar a pressão de 447,93 kPa abs (65 psia), que é a pressão de sucção do segundo estágio (estágio de alta). A temperatura do vapor de descarga do primeiro estágio é 82,2 °C, alta demais para a sucção do segundo estágio do compressor. Uma válvula de expansão de dessuperaquecimento injeta vapor frio no interior do interestágio entre os estágios de baixa e de alta. Esse efeito refrigerante reduz a temperatura do vapor de descarga de 82,2 °C para vapor de sucção de 15,5 °C antes que ele entre no estágio de alta. O vapor de sucção de alto estágio de 447,93 kPa abs (65 psia) está comprimido a uma pressão de descarga de 1895,07 kPa abs (275 psia) a 93,3 °C, antes que seja liberado para o condensador, no qual é transformado em um líquido para que o processo possa recomeçar.

Na Figura 4.20, imagine um compressor de três cilindros com pressão de sucção de 103,4 kPa abs (15 psia). Como o vapor de baixa pressão tem pouquíssimo volume, a seção de estágio de baixa do compressor exige dois cilindros para puxar vapor refrigerante suficiente para o cilindro único na seção de estágio de alta comprimir. A descarga de dois cilindros no estágio 1 é sugada para o interior do cárter do motor, que se torna interestágio. Antes que o vapor de descarga entre na área do motor, ele é resfriado pela válvula de expansão dessuperaquecimento. O vapor, então, entra no único cilindro do segundo estágio e é comprimido para vapor 1895,07 kPa abs (275 psia) em uma temperatura de condensação de 48,9 °C.

São necessários muitos controles e acessórios para os compressores de dois estágios de temperatura extrabaixa. Entre eles estão as válvulas solenoides, os acumuladores, separadores de óleo, sub-refrigeradores e mais. Há também muitas considerações de tubulação, isolamento, superaquecimento, sub-resfriamento e coisas semelhantes, que não foram tratados nos exemplos anteriores. No entanto, espera-se que as ilustrações e as explicações sejam suficientes para ajudar o leitor a começar a entender não somente a refrigeração composta e de dois estágios, mas a necessidade de manter a operação do compressor de acordo com suas especificações de projeto.

Compressor scroll

Embora o primeiro compressor scroll tenha sido patenteado em 1905, somente no final dos anos 1980 foram produzidos comercialmente para AC. A Copeland levou quase dez anos para vender um total de 1 milhão de scrolls, no entanto, hoje, eles produzem mais de 1 milhão a cada ano. Embora a indústria de AC tenha demorado a aceitar a nova tecnologia, quase todos os construtores de residências utilizam compressores scroll. Compressores alternativos são ainda dominantes na indústria da refrigeração comercial; no entanto, os scrolls estão sendo incorporados em mais aplicações a cada ano (Figura 4.21).

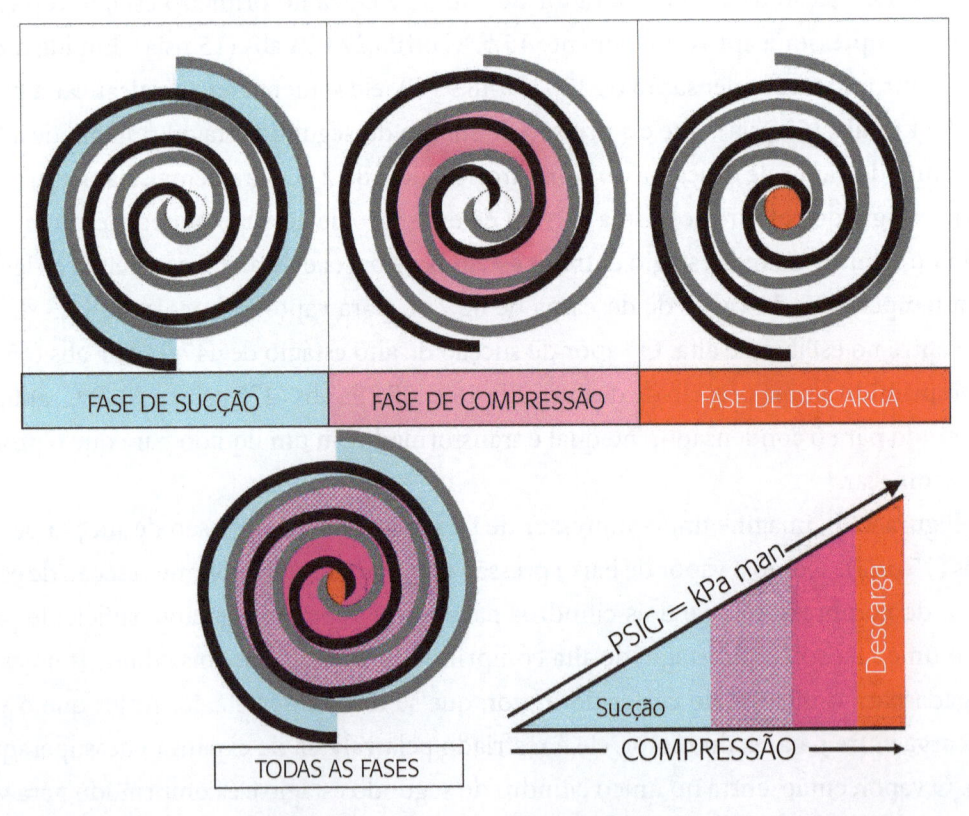

Figura 4.21 Projeto de compressor scroll. *Cortesia de Refrigeration Training Services.*

Em lugar de usar um movimento alternado, acionado por pistão para comprimir o vapor, o compressor scroll usa duas peças precisamente fresadas, que se parecem com a extremidade de um papel enrolado ou uma "espiral" (*scroll*, em inglês). Nesse tipo de compressor, a seção superior do scroll é fixada; o scroll inferior move-se de forma orbital à medida que o motor do eixo de manivela gira. O vapor de sucção entra na primeira das câmaras abertas, formadas pelas bordas externas dos dois scrolls. À medida que o scroll que orbita move-se no interior do scroll estacionário, forma-se uma série de bolsas ou câmaras de compressão seladas em movimento. À medida que o scroll que continua a revolver, o vapor é comprimido no interior de seções de scroll cada vez menores. Finalmente, o vapor é forçado para o interior da menor seção no centro do scroll, onde atinge a sua pressão mais alta, quando é descarregado no condensador.

Figura 4.22 Ultra Tech® da Copeland com carga de 67% da capacidade. *Adaptação do desenho da Copeland por RTS.*

A vantagem mais importante dos compressores scroll em relação aos compressores alternativos é a alta eficiência. O processo de compressão scroll é quase 100% volumetricamente eficiente em bombear refrigerante.

A base do projeto básico de compressor alternativo requer algum espaço entre o pistão e a cabeça ou placa de válvula, o que inevitavelmente deixa uma pequena quantidade de gás de descarga no cilindro. Essa pequena quantidade de vapor remanescente e de alta pressão do ciclo anterior de compressão deve ser expandida novamente e reduzida da pressão de descarga a uma baixa pressão de sucção, antes que a válvula de palheta de sucção abra para admitir mais vapor de sucção para compressão. Quanto maior a taxa de compressão, mais o pistão deve descer antes de abrir a palheta de sucção e permitir mais vapor de sucção para o interior do cilindro a ser comprimido. A redução na capacidade útil do espaço do cilindro (eficiência volumétrica) depende das pressões de sucção e da descarga. Quanto mais alta a pressão de descarga e mais baixa a pressão de sucção, maior a ineficiência. Essa é uma consideração importante em aplicações de baixa temperatura.

Embora a capacidade dos compressores scroll também seja reduzida à medida que as taxas de compressão aumentam, não é tanto quanto em compressores alternativos. Por essa razão, é provável que o uso de compressores scroll aumente em aplicações de refrigeração comercial.

À medida que os técnicos em refrigeração comercial encontram mais scrolls em uma indústria que costumava ser dominada por compressores alternativos, não devem ficar apreensivos com a diferença na tecnologia. Ao contrário, eles devem continuar a aplicar os mesmos princípios básicos de instalação de boa refrigeração e práticas de serviço a scrolls que eles vinham usando em compressores alternativos. Embora a maioria das temperaturas de evaporador e de condensação das unidades de scroll seja similar àquelas de compressores alternativos, o técnico deve sempre consultar a literatura do fabricante para determinar se ele está operando corretamente sob suas condições correntes.

Entretanto, uma diferença na operação scroll é verdadeira e facilmente verificável: compressores de trifásicos devem girar na direção correta. Na partida inicial, se o compressor estiver girando na direção errada, ele fará um barulho de batida e não bombeará. Se a pressão de sucção não diminuir e a pressão de descarga não aumentar para os níveis corretos, qualquer um dos dois fios elétricos do compressor deve ser revertido e, depois, verificar as pressões novamente. A rotação reversa não danificará o compressor, mas após vários minutos o protetor interno desengatará.

Como em compressores alternativos, os compressores scroll certas vezes demandam algum tipo de controle de capacidade e proteção contra a operação em alta taxa de compressão. A Copeland utiliza um sistema de injeção similar a seu Demand Cooling® para evitar o superaquecimento e as altas temperaturas de descarga em aplicações de baixa temperatura.

O Scroll Ultra Tech® da Copeland possui duas portas de desvio na base das placas de scroll, que são usadas para controlar a capacidade. Sob condições de carga baixa, um solenoide

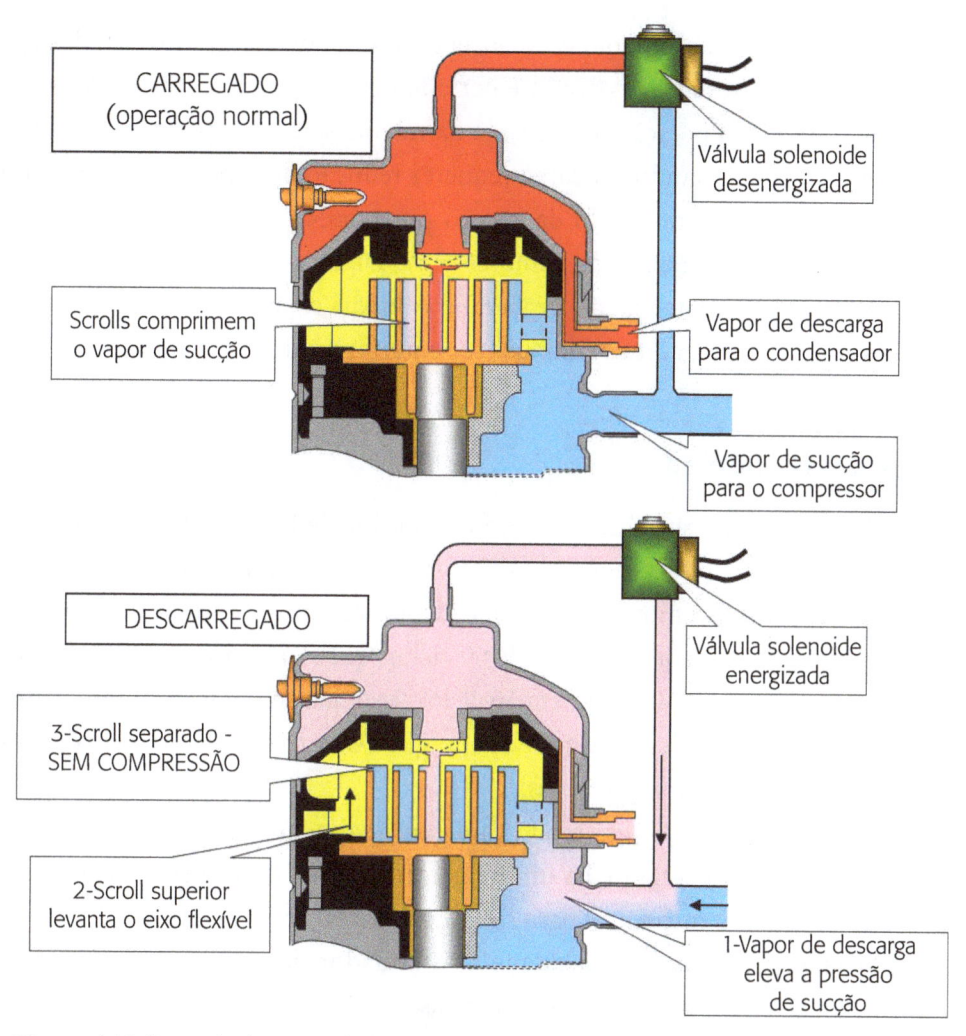

Figura 4.23 Controle de capacidade Digital® Scroll da Copeland. *Adaptação do desenho da Copeland pelo RTS.*

elétrico abre as portas reduzindo de modo eficaz o deslocamento do scroll em um terço. O compressor operará seja em 67% de capacidade ou 100% de capacidade, dependendo das exigências de carga. Esse compressor está sendo atualmente usado somente em aplicações de AC (ver a Figura 4.22).

O controle da capacidade do Digital® Scroll da Copeland é obtido separando-se de modo axial (ou seja, verticalmente) o scroll superior do scroll inferior. Durante o tempo em que as duas partes estão ligeiramente separadas, não há compressão e apenas cerca de 10% de uso de energia. Alcança-se a separação energizando uma válvula solenoide que desvia algum gás de descarga para o lado de sucção do compressor (Figura 4.23).

À medida que a pressão de sucção aumenta, aumenta o scroll superior. Variar o tempo em que os scrolls são separados resulta em obter controle preciso da capacidade entre 10% e 100%. Por exemplo, durante um período de 20 segundos, o solenoide pode ser desenergizado por 16 segundos (100% de capacidade) e, então, energizado por 4 segundos (0% de capacidade). A capacidade média resultante para esse período de 20 segundos é 80% (16 segundos + 20 segundos × 100). Essa operação liga-desliga da válvula solenoide permanecerá enquanto o compressor estiver funcionando e a carga requerer redução de capacidade. Como o vapor de descarga é introduzido para o lado da sucção por período relativamente curto, não há condições para o superaquecimento do compressor. O Digital® Scroll atualmente é usado em aplicações de refrigeração comercial de temperaturas média e baixa, nas quais os compressores alternativos com descarregadores eram usados anteriormente.

Variadores de frequência

Outra forma de controle de capacidade é modular a velocidade do motor do compressor. A tecnologia dos **Variadores de frequência** (VFD – *Variable Frequency Drive*) é a habilidade de mudar a velocidade de um motor (e sua capacidade), variando eletronicamente sua frequência. Por exemplo, a velocidade do motor de 60 ciclos, que normalmente funciona em 1750 rpm, diminuirá para cerca de 1400 rpm em 50 ciclos. Isso não somente diminui a capacidade do motor, mas também reduz seu consumo de energia. Os motores VFD são atualmente usados em exaustores, bombas e compressores.

No passado, a tecnologia VFD era muito cara e normalmente reservada apenas para motores de cargas maiores. No entanto, há um longo do tempo o custo dessa tecnologia continua a diminuir, tornando-a disponível para aplicações em motores menores. Em refrigeração comercial, o benefício de variar a velocidade do ventilador do evaporador refere-se a uma temperatura de ar de descarga de evaporador mais consistente, que pode estender muito a vida de produtos refrigerados nas prateleiras dos estabelecimentos. Variando o ventilador do condensador, ajudará a manter temperaturas de condensação consistentes, especialmente em condições ambientais de baixa temperatura.

Resumo

O compressor pode ser descrito como o "coração" porque "bombeia" o refrigerante por todo o sistema. O pistão do compressor alternativo aspira o vapor de sucção no curso descendente e depois o comprime no movimento ascendente. Esse processo aumenta a pressão de sucção e temperatura, de modo que o condensador pode transformar novamente o vapor refrigerante em líquido.

A velocidade na qual um compressor aumenta o vapor de sucção para vapor de descarga pode ser expressa como sua taxa de compressão. O dano ao compressor pode ser o resultado de operar em taxas de compressão em desacordo com aquelas projetadas para a unidade.

Compressores herméticos são refrigerados por sucção e soldados em um revestimento de aço. Compressores semi-herméticos são mais caros do que os compressores herméticos, mas os consertos da válvula podem ser feitos nesse compressor de ferro fundido.

A principal causa de falha do compressor é a falta de lubrificação. Os outros problemas que contribuem para a falha de um compressor são as inundações, partidas inundadas e superaquecimento. Essas condições causam problemas de lubrificação direta ou indiretamente.

O acúmulo de líquido é um exemplo de se ter algo bom em demasia: refrigerante ou óleo. Os compressores são "bombas" de vapor; eles não podem comprimir líquido. O dano devido ao acúmulo de líquido é rápido e drástico, resultando em hastes, pistões e eixos de manivela quebrados.

Fabricantes de compressores semi-herméticos encorajam os técnicos a desmontar compressores que apresentam defeitos, mesmo quando eles estão na garantia. Determinar a causa do defeito é necessário para evitar que o problema se repita com o compressor substituto.

Ligar e desligar o ciclo do compressor pode ser difícil para o compressor. O controle de capacidade pode estender o tempo de funcionamento, proteger o compressor de danos sob condições de carga baixa e reduzir a demanda de energia, assim como aumentar a eficiência. Alguns dos métodos de controle de capacidade são o desvio do gás quente, compressores múltiplos e descarregadores.

Em aplicações em baixa temperatura, o problema principal é que, à medida que as pressões de sucção decrescem, assim também diminui a eficiência do compressor. Calor de cilindro elevado, menor refrigeração do motor e fluxo reduzido da massa de refrigerantes são encontrados à medida que a taxa de compressão aumenta.

Utilizações em temperatura extrabaixa exige o uso de sistemas de compressão compostos de dois estágios. Compressores de dois estágios ou um compressor único com dois estágios operam bem quando as temperaturas de refrigeração são −34,4 °C a −62,2 °C.

Os compressores scroll começam a ser usados em refrigeração comercial. Sua principal vantagem sobre os compressores alternativos é que os scrolls têm quase 100% de eficiência volumétrica. Os scrolls não têm a reexpansão de vapor causada pelo vão inerente aos compressores de tipo pistão.

O uso da tecnologia VFD em motores grandes tem ajudado a aumentar a eficiência do compressor. Variando a frequência do motor, a velocidade e a capacidade do compressor podem ser controladas.

Questões de revisão

1. O vapor descarregado capta quais das duas fontes seguintes de calor sensível, à medida que o vapor de sucção é processado no compressor?

   a. Calor do motor e calor de compressão.
   b. Superaquecimento do evaporador e calor do motor.
   c. Calor do motor e calor de condensação.

2. O que é espaço de vão e como afeta a eficiência do compressor?

3. O que é eficiência volumétrica?

   a. O tamanho do cilindro em relação ao volume nocivo.
   b. É o desempenho do compressor, comparado com sua capacidade de projeto.
   c. A pressão máxima dividida pela pressão de sucção.

4. Se um R404A de um *freezer* comercial possui condições de projeto de –28,9 °C de temperatura de evaporador e 51,7 °C de temperatura de condensação, qual é a taxa de compressão?

   a. 14,1: 1
   b. 12,3: 1
   c. 11,2: 1
   d. 10,5: 1

5. No exemplo anterior, qual é a taxa de compressão se o cliente diminuir a temperatura interna de modo que o evaporador opere em –34,4 °C com a mesma pressão máxima?

   a. 14,1: 1
   b. 12,3: 1
   c. 11,2: 1
   d. 10,5: 1

6. Suponha que a temperatura do evaporador do *freezer* mencionado permaneça em –28,9 °C, mas o condensador é projetado para um intervalo de condensador de –3,9 °C e a temperatura de condensação diminui para 48,9 °C. Qual é a taxa de compressão?

   a. 14,1: 1
   b. 12,3: 1
   c. 11,2: 1
   d. 10,5: 1

7. Qual situação causará dano mais rapidamente ao compressor do *freezer* anterior, baixando a pressão de sucção em 34,46 kPa man (5 psig) ou aumentando a pressão máxima em até 137,82 kPa man (20 psig). Por quê?

   a. Aumentando a pressão máxima, porque ela aumenta a taxa de compressão mais do que baixando a pressão de sucção.
   b. Baixando a pressão de sucção, porque ela aumenta a taxa de compressão mais do que aumentando a pressão máxima.
   c. Ambos causarão danos ao compressor, porque eles aumentarão a taxa de compressão aproximadamente da mesma forma.

8. Na questão anterior, que tipo de dano ocorrerá ao compressor?

   a. Acúmulo de líquido
   b. Inundação
   c. Superaquecimento

9. Diminuir a pressão de sucção aumentará ou diminuirá o resfriamento do motor em um compressor refrigerado por sucção?

   a. Diminuirá a refrigeração do motor, causando seu superaquecimento.
   b. Aumentará a refrigeração do motor, porque o vapor está em uma temperatura mais baixa.

10. Quais consertos podem ser feitos no local onde está instalado um compressor semi-hermético?

    a. Somente substituição do estator do motor.
    b. Somente substituição do rotor do motor.
    c. Troca de óleo do cárter e substituição da placa da válvula.

11. Qual é a diferença entre um compressor refrigerado a ar e um compressor refrigerado por sucção?

12. Quais são as causas de excesso de óleo em um compressor?

    a. A fábrica colocou óleo demais.
    b. Houve múltiplas substituições de compressor ou outro técnico adicionou óleo.
    c. Foi dito ao cliente para adicionar óleo todos os meses.

13. Quais são as causas de pouco óleo em um compressor?

    a. Carga baixa de refrigerante ou carga baixa.
    b. Problemas de tubulação que impedem o retorno do óleo.
    c. Evaporador congelado ou evaporador subcarregado.
    d. Ciclo curto do compressor.
    e. Todas as alternativas anteriores.

14. O que poderia ser visto se desmontássemos um compressor caso houvesse falta de óleo?

    a. Válvulas queimadas.
    b. Óleo no topo dos pistões.
    c. Todas as hastes e rolamentos gastos ou arranhados.

15. O que causam a inundação e o acúmulo de líquido?

    a. Excesso de refrigerante retornando ao compressor.
    b. Pouco refrigerante no sistema.
    c. Compressor funcionando devagar demais para bombear vapor.

16. Com o compressor funcionando, qual sintoma é o indicador mais positivo de inundação ou acúmulo de líquido no compressor?

    a. Linha de sucção transpirando
    b. Grande superaquecimento
    c. Superaquecimento baixo ou nenhum
    d. Barulho do compressor

17. Se as válvulas de sucção estiverem quebradas, qual é a causa?

    a. Inundação
    b. Acúmulo de líquido
    c. Partida inundada

18. O que poderia causar arranhões nas paredes do cilindro e perda de compressão?

    a. Inundação
    b. Acúmulo de líquido
    c. Partida inundada

19. **Qual é a diferença entre inundação e acúmulo de líquido?**

    a. Acúmulo de líquido é excesso de refrigerante; inundação é líquido em excesso.
    b. Inundação é excesso de refrigerante; acúmulo de líquido é líquido em excesso.
    c. Ambos causam superaquecimento, lavando e retirando o óleo dos pistões.

20. **Qual é a principal causa de uma partida inundada?**

    a. Migração do refrigerante
    b. Líquido no compressor
    c. Ciclos curtos do compressor

21. **Como se pode evitar a partida inundada?**

    a. Ajustando o superaquecimento e a sub-refrigeração.
    b. Instalando um aquecedor de cárter ou solenoide de desligamento do fluxo do refrigerante.
    c. Instalando uma válvula de regulação de pressão no cárter.

22. **Ao desmontar um compressor, o que indicaria uma partida inundada?**

    a. Padrão de desgaste errático no eixo da manivela.
    b. Desgaste progressivo no eixo da manivela.
    c. Válvulas quebradas e uma cabeça de gaxeta porosa.

23. **O que causa muito calor no motor de um compressor refrigerado a ar?**

    a. Fluxo de ar inadequado do ventilador do condensador.
    b. Fluxo lento de massa de vapor de sucção para resfriar o motor do compressor.
    c. Válvulas de descarga quebradas.

24. **O que causa muito calor no motor de um compressor refrigerado por sucção?**

    a. Fluxo inadequado de ar do ventilador do condensador.
    b. Fluxo lento de massa do vapor de sucção para resfriar o motor do compressor.
    c. Válvulas de descarga quebradas.

25. **O que é controle de capacidade de compressor?**

    a. Impedir o cliente de carregar a câmara frigorífica.
    b. Elevar a pressão máxima para evitar carregar o compressor.
    c. Controlar a quantidade de trabalho que um compressor pode realizar.

26. **Qual das opções seguintes seria considerada ciclos curtos?**

    a. Seis ciclos por hora.
    b. Quatro ciclos por hora.
    c. Dois ciclos por hora.

27. **Qual das opções é considerada descarga de compressor?**

    a. Ligar e desligar o ciclo do compressor.
    b. Bloquear as válvulas de descarga para reduzir a capacidade.
    c. Impedir vapor de sucção de ser comprimido.

28. **O que normalmente é usado para iniciar o processo de descarga?**

    a. Diminuição na pressão de sucção.
    b. Aumento na pressão de sucção.
    c. Aumento ou diminuição na pressão máxima.

29. Na medida em que a taxa de compressão de um compressor aumenta...

   a. menos calor é produzido na cabeça do compressor.
   b. mais refrigerante é bombeado pelo sistema.
   c. menos refrigerante é bombeado pelo sistema.

30. Qual é a temperatura máxima da linha de descarga para os compressores de Copeland?

   a. 93,3 ºC
   b. 107,2 ºC
   c. 135 ºC

31. Em quais aplicações os sistemas compostos de dois estágios são usados?

   a. Temperatura baixa (–17,8 ºC a –28,9 ºC)
   b. Temperatura extrabaixa (–34,4 ºC a –62,2 ºC)
   c. Temperatura ultrabaixa (–73,3 ºC a –101,1 ºC)

32. O que é o interestágio em um sistema de dois estágios?

   a. Ponto em que a descarga de um entra na sucção do outro.
   b. Ponto em que a sucção de um entra na descarga do outro.
   c. Ponto em que o refrigerante é adicionado para aumentar a pressão de sucção.

33. Por que os scrolls são considerados mais eficientes do que os compressores alternativos?

   a. Eles funcionam em pressões de sucção mais baixas.
   b. Eles produzem mais Quilowatts (kW) (unidades térmicas britânicas por hora, (Btuh) para cada 453,59 g (libra) de refrigerante.
   c. Eles têm melhor eficiência volumétrica.

34. Como o VFD varia a capacidade do compressor?

   a. Ele muda a velocidade do motor aumentando sua resistência.
   b. Frequentemente ele descarrega as válvulas de sucção para variar a capacidade.
   c. Modula a frequência da potência elétrica.

Dispositivos de medida

CAPÍTULO 5

Visão geral do capítulo

Se deixarmos que o refrigerante líquido flua diretamente para o interior do evaporador, pode ocorrer algum resfriamento, mas nem todo o refrigerante evaporará. O líquido remanescente inundará o compressor. Neste capítulo, você aprenderá como o refrigerante é medido no interior do evaporador para conseguir a absorção mais eficiente de calor sem danificar o compressor.

Válvulas de expansão termostática e tubos capilares são os principais dispositivos de medida em refrigeração comercial. Válvulas de expansão automáticas possuem aplicações limitadas, mas especializadas.

Dispositivo de medida: Funções

A principal função de um dispositivo de medida é fornecer refrigerante ao evaporador em uma condição essencial para que ocorra a eficiente absorção de calor. Para isso, o dispositivo deve transformar uma coluna cheia de refrigerante líquido na linha do líquido em pequenas gotículas de refrigerante que são facilmente evaporadas, ou vaporizadas, no evaporador. O líquido é comprimido por meio de um **orifício**, ou abertura. É muito semelhante ao que acontece quando a água passa pelo bocal em uma mangueira de jardim: toda corrente de água na mangueira sai finamente pulverizada (ver as Figuras 5.1 a 5.3).

De modo ideal, a maior parte do evaporador deve ser preenchida com gotículas de refrigerante, vaporizadas completamente antes de alcançar a saída do evaporador. No entanto, as cargas de calor no evaporador variam ocasionalmente. Como resultado, o dispositivo de medida pode, algumas vezes, **subcarregar** ou subalimentar o evaporador; outras vezes, ele pode **inundar** ou superalimentar o evaporador. Subcarregar o evaporador diminui a eficiência do resfriamento; inundá-lo pode realmente danificar o compressor.

O dispositivo de medida não somente altera o líquido para o estado de borrifos, mas também diminui a temperatura do refrigerante que entra no evaporador. Se a temperatura de saturação do refrigerante estiver abaixo da temperatura ambiente, o ar mais quente no espaço refrigerado faz o refrigerante no interior do tubo do evaporador ferver e se transformar em vapor. O refrigerante em ebulição absorve o calor, que, por sua vez, remove o calor do espaço. À medida que o calor é removido, a temperatura do ambiente diminui.

A redução da temperatura do refrigerante se completa parcialmente pela diminuição da pressão do refrigerante, causada pelo fato de ela ser forçada através do dispositivo de medida.

Outro fator na diminuição de temperatura do refrigerante é resultado de evaporação instantânea de algum refrigerante, à medida que entra no evaporador. Essa evaporação instantânea é chamada de **expansão adiabática**. O processo usa um pouco do refrigerante que passa pelo dispositivo de medida para refrigerar o restante do refrigerante. Ele não interfere no efeito de refrigeração e deve ser mantido em um mínimo. Quanto mais alta a temperatura, ou maior a diminuição da pressão através do dispositivo, mais refrigerante é necessário para

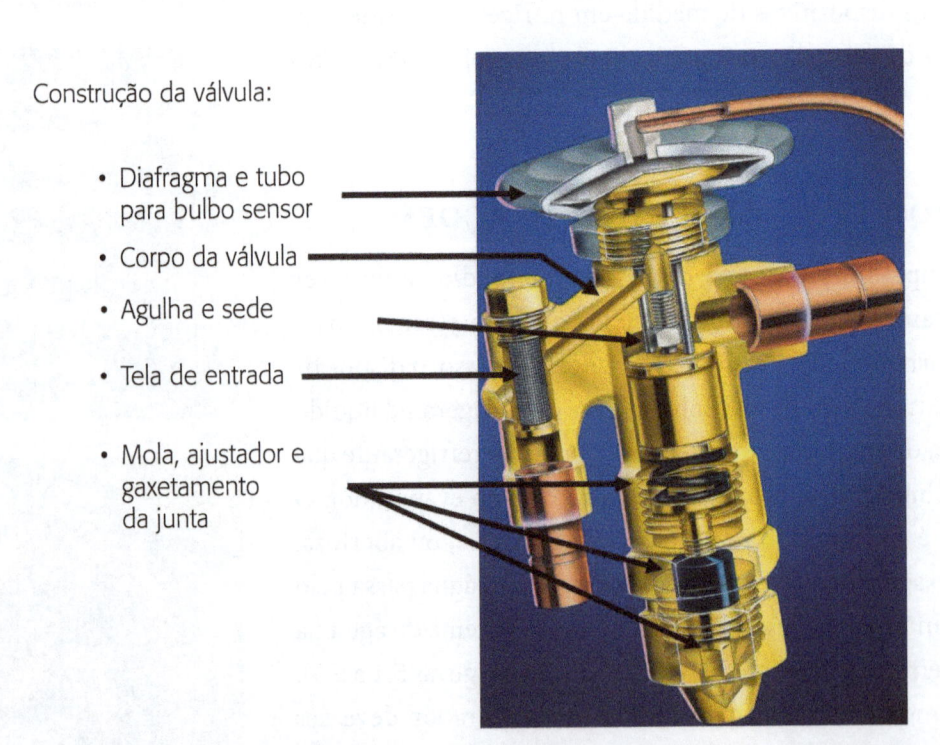

Construção da válvula:

- Diafragma e tubo para bulbo sensor
- Corpo da válvula
- Agulha e sede
- Tela de entrada
- Mola, ajustador e gaxetamento da junta

Figura 5.1 Visão da corte transversal da TEV Sporlan. *Cortesia de SporlanValve Company.*

Dispositivos de Medida

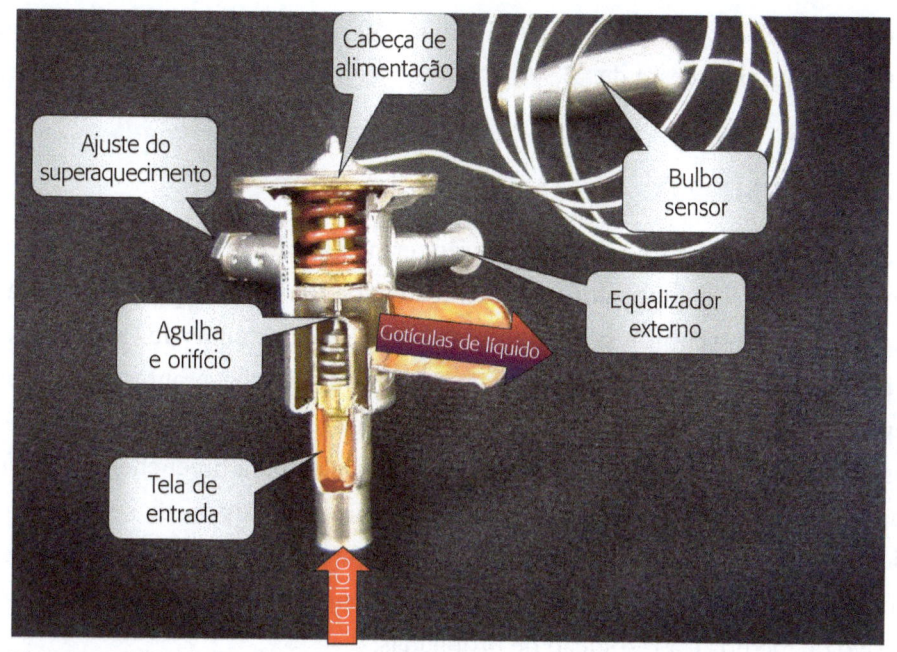

Figura 5.2 TEV da Danfoss. *Foto de Dick Wirz.*

a expansão adiabática. Dependendo das condições, aproximadamente 25% a 33% do líquido que entra no evaporador são evaporados instantaneamente, deixando o refrigerante remanescente absorver o calor latente do ambiente, à medida que flui pela tubulação da serpentina.

Essa ineficiência no sistema aumenta à medida que a pressão máxima sobe e envia líquido mais quente ao dispositivo de medida. Como resultado, mais refrigerante é usado para diminuir a temperatura do refrigerante remanescente. Portanto, há menos refrigerante para absorver calor no evaporador, o que resulta no aumento da temperatura do ambiente. Essa situação é ilustrada no Capítulo 7, no qual se discutem os problemas de altas temperaturas de condensação.

EXEMPLO: 1 A temperatura de saturação de refrigerante líquido R22 é 37,8 °C em 1350,67 kPa man (196 psig) (consulte a tabela pressão/

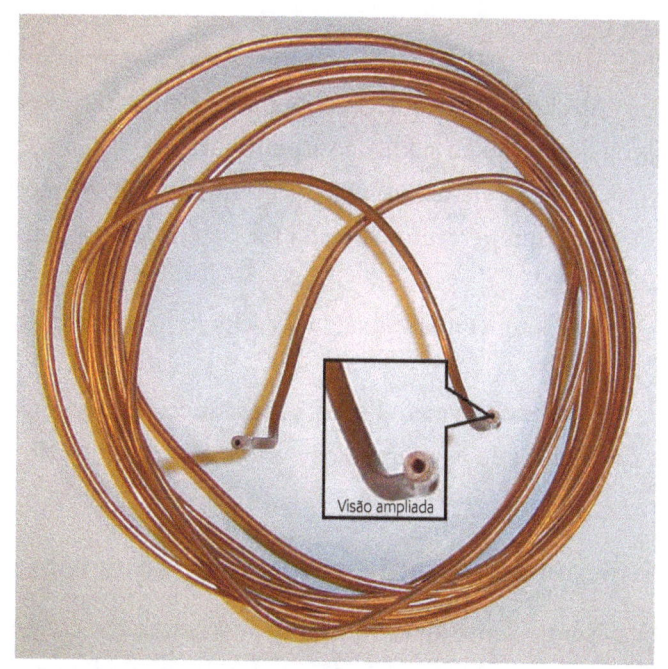

Figura 5.3 Tubo de alimentação do cabeçote. *Foto de Dick Wirz.*

temperatura [P/T]). Se reduzido a 337,67 kPa man (49 psig) pelo dispositivo de medida, sua temperatura diminui para cerca de –3,9 ºC.

SUPERAQUECIMENTO

O trabalho principal de uma válvula de expansão termostática (TEV) é manter o superaquecimento. Com isso, a TEV fornece a quantidade correta de refrigerante para o evaporador e, ao mesmo tempo, protege o compressor do líquido de retorno. Sistemas de válvula de expansão termostática armazenam quantidade relativamente grande de refrigerante. Para evitar a inundação, deve haver alguma **margem de segurança** ou amortecedor. Isso é obtido pelo uso de um dispositivo controlado termostaticamente, que se ajusta para preencher com refrigerante a maior parte da serpentina. Os técnicos podem medir essa margem de segurança, simplesmente calculando o superaquecimento. Embora no Capítulo 2 discuta-se o superaquecimento detalhadamente, uma breve revisão é benéfica para a compreensão do processo de operação do dispositivo de medida e a resolução de problemas.

O superaquecimento é a quantidade de calor sensível absorvida no refrigerante após todas as gotículas do refrigerante líquido terem se transformado completamente em vapor. Durante o processo de ebulição, o refrigerante absorve grandes quantidades de calor latente, ou calor de vaporização. Quando o refrigerante absorveu todo o calor latente possível a essa temperatura e pressão, o único calor que pode absorver é o calor sensível. Embora captar calor sensível não represente muito para o processo total de refrigeração, fornece um meio preciso de medida.

EXEMPLO: 2 Uma câmara frigorífica tem temperatura de evaporador de –3,9 ºC. A única informação adicional necessária para calcular o superaquecimento é medir a temperatura da linha de sucção na saída da serpentina:
   » se a temperatura na saída for de 1,7 ºC, o superaquecimento será de 5,6 ºC [1,7 ºC – (–3,9 ºC)]
   » se a temperatura na saída for de 7,2 ºC, o superaquecimento será de 11,1 ºC [7,2 ºC – (–3,9 ºC)]
   » se a temperatura na saída for –3,9 ºC, o superaquecimento será 0 ºC [(- 3,9 ºC)– (–3,9 ºC)]

Com base em medidas de superaquecimento, o técnico pode determinar a eficiência do evaporador e se o compressor pode sofrer o perigo do retorno de líquido.

Superaquecimento apropriado: o que vem a ser?

O ajuste de superaquecimento se baseia nas características de operação do sistema e do evaporador (ver a Figura 5.4). Unidades de ar-condicionado (AC) são suscetíveis a problemas de fluxo de ar e filtros sujos que podem fazer o refrigerante inundar o compressor. Configurações de alto superaquecimento fornecem boa margem de segurança para o compressor.

Os *freezers* necessitam da quantidade de evaporador suficiente para remover o calor do ambiente frio. Baixos superaquecimentos indicam uma serpentina mais eficiente.

Refrigeração de temperatura média opera melhor em algum ponto entre os outros dois sistemas.

Saber como calcular corretamente o superaquecimento é tão importante quanto conhecer de quanto deve ser o superaquecimento. Apresentamos, a seguir, três sugestões:

1. Use medidas precisas e termômetros eletrônicos.

Os termômetros de bolso, mesmo quando atados à tubulação e isolados, não são suficientemente precisos para medir o superaquecimento.

> **TROT**
> **SUPERAQUECIMENTOS DE EVAPORADOR**
> 1. 8,3 °C para AC;
> 2. 5,6 °C para refrigeração de temperatura média;
> 3. 2,8 °C para refrigeração de baixa temperatura.
>
> *NOTA: Essas regras de ouro aplicam-se somente quando você não tiver outras informações para referência. Sempre que possível, siga as recomendações do fabricante do equipamento.*

Figura 5.4 Medindo o superaquecimento no evaporador de um *freezer* de câmara frigorífica. *Foto de Dick Wirz.*

Os termômetros eletrônicos são muito mais precisos. Várias marcas trazem, inclusive, acessórios com o termistor como parte de um grampo de tubulação de soltura rápida. Essa opção custa mais de US$ 100, mas o investimento se pagará rapidamente, pois facilita a tomada de medida do superaquecimento, tornando-se mais rápida e exata, o que significa diagnóstico preciso.

2. Faça as leituras de pressão perto de onde as leituras de temperatura são feitas.

A temperatura da linha de sucção deve ser tomada no bulbo da válvula de expansão na saída do evaporador. De modo ideal, a leitura da pressão de sucção deve também ser feita no mesmo lugar ou perto desse ponto. Para verificar a pressão de sucção na saída da serpentina, alguns técnicos usam um T de Schrader iluminado na linha equalizadora externa ou instalam um acesso à pressão que se ajusta à linha de sucção na saída da serpentina.

Se o compressor estiver a apenas cerca de 1,5 m (5') de distância da saída do evaporador, use a leitura da pressão na válvula de sucção de serviço. No entanto, se o compressor estiver distante do evaporador e possuir um acumulador de linha de sucção ou tiver muitos cotovelos na linha, a diminuição de pressão poderia fazer diferença. Nessa situação, usar a leitura de pressão em uma válvula de serviço de sucção do compressor e depois tomar a temperatura da linha de sucção de volta no evaporador não resultaria em um cálculo preciso do superaquecimento.

Algumas vezes, simplesmente não existe custo-benefício efetivo para um técnico gastar tempo instalando uma torneira para pressão na saída do evaporador ou na linha externa do equalizador. Portanto, é necessário usar um cálculo alternativo para estimar a pressão do evaporador. Se a tubulação e os acessórios na linha de sucção parecem estar corretamente dimensionados, deve haver uma diminuição de pressão de não mais de 13,78 kPa man (2 psig). Acrescentar 13,78 kPa man (2 psig) à leitura da pressão na válvula de serviço de sucção deverá dar uma leitura bastante precisa da pressão do evaporador. Um técnico pode usar essa pressão e a temperatura da linha de sucção na saída do evaporador para calcular o superaquecimento do evaporador.

3. Realizar leitura dentro de 2,8 °C das condições de projeto.

É melhor fazer leituras de superaquecimento na temperatura de projeto do sistema, ou pelo menos dentro de 2,8 °C dele. Se o espaço interno da câmara frigorífica for projetado para 1,7 °C, não meça o superaquecimento até que o espaço tenha diminuído para pelo menos 4,4 °C.

Nunca meça o superaquecimento na partida de um sistema morno. Essa condição é considerada redução anormal de temperatura. A válvula está alimentando tanto refrigerante quanto lhe é possível, mas ele é rapidamente evaporado pela carga alta de calor no interior. O superaquecimento é muito alto, e a serpentina encontra-se subcarregada. Deixe a unidade funcionar até que o interior esteja perto da sua temperatura de projeto antes de verificar o superaquecimento.

Baixa carga é tão ruim quanto carga alta. Se o espaço interno estiver mais de 2,8 °C abaixo de sua temperatura de projeto ou se o equipamento estiver operando em condições de baixa temperatura ambiente sem controle de pressão máxima, a válvula de expansão perderá o controle. Ela oscilará, superalimentará ou subalimentará, tentando manter o superaquecimento. Corrija a situação de carga baixa antes de tentar ajustar a válvula.

Como uma TEV opera

Uma TEV é influenciada pelas seguintes forças:
1. pressão de diafragma do bulbo sensor – abre a válvula;
2. pressão do evaporador – fecha a válvula;
3. pressão da mola – pressão de fechamento ajustável.

Nota: Há, na verdade, uma quarta pressão, a força do refrigerante líquido que entra na válvula. No entanto, ela não se torna um fator, a menos que a pressão do líquido esteja bem longe das condições de projeto, ou muito alta ou muito baixa. Essas condições serão discutidas no Capítulo 7.

Nas Figuras 5.5 e 5.6 é importante observar que a única força de abertura na TEV é a pressão exercida para baixo no diafragma. Essa pressão provém da ebulição do refrigerante

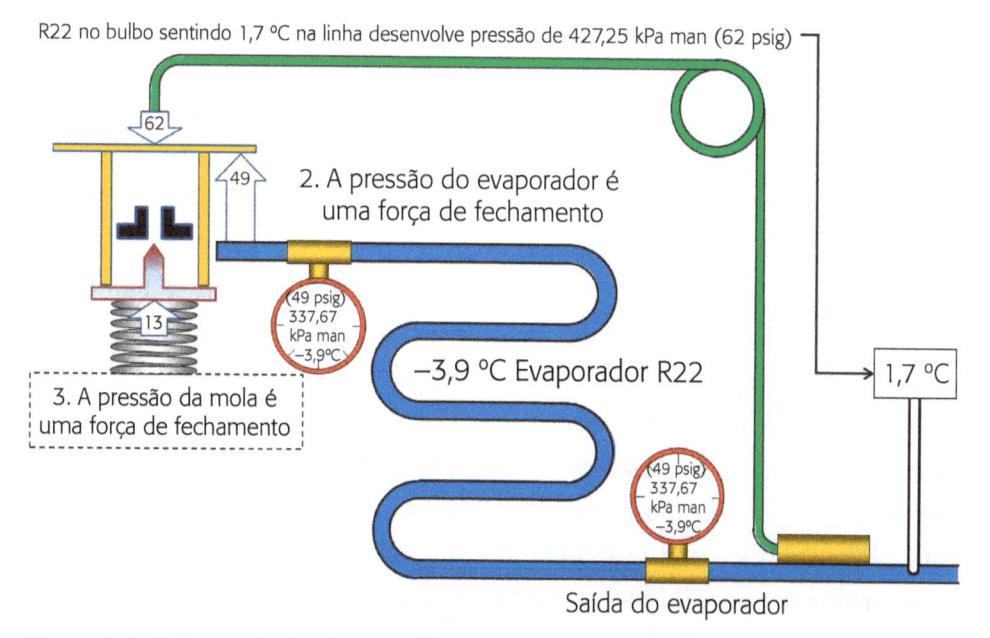

Figura 5.5 Diagrama de Sporlan simplificado de três pressões, que agem em uma TEV. *Ilustrado por Irene Wirz, RTS.*

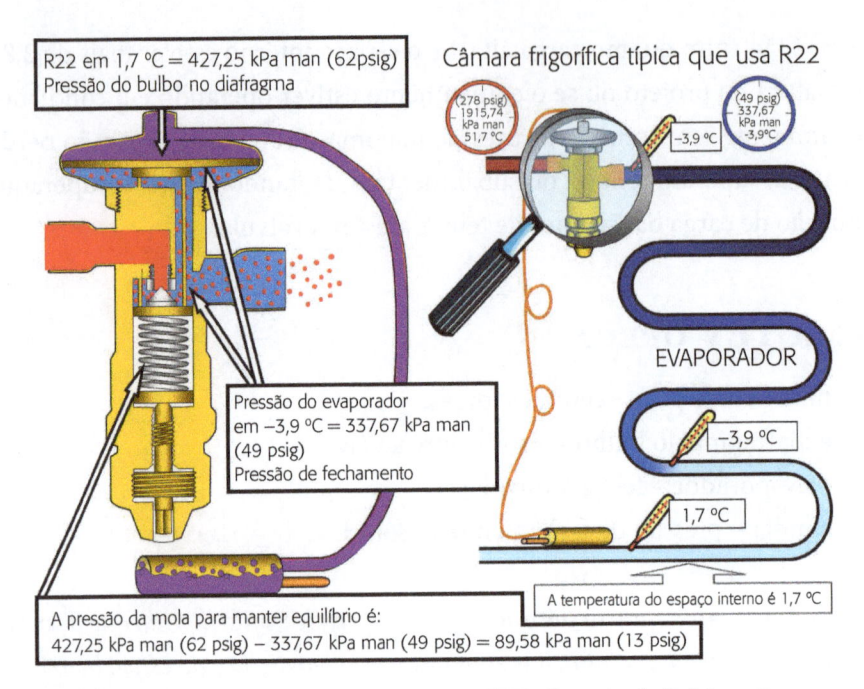

Figura 5.6 Três pressões que agem em uma TEV. *Cortesia de Refrigeration Training Services.*

no interior do bulbo da TEV. O bulbo é afetado pela temperatura da linha de sucção à qual é conectado. Na Figura 5.6, a temperatura da linha de sucção no bulbo sensor é 1,7 °C. Suponha que o bulbo da válvula de expansão contenha R22 para ajustar ao sistema. A pressão equivalente de R22 a 1,7 °C é 27,25 kPa man (62 psig). Essa é a pressão de abertura exercida para baixo no diafragma.

A pressão do evaporador é uma força de fechamento da válvula. À medida que a pressão empurra para cima o diafragma, a agulha sobe para a sede da válvula, restringindo o fluxo do refrigerante líquido. A temperatura do evaporador no desenho é de −3,9 °C. A pressão equivalente do evaporador é 337,67 kPa man (49 psig) para R22.

Se a pressão de abertura for 427,25 kPa man (62 psig) e a pressão de fechamento de apenas 337,67 kPa man (49 psig), a válvula permanecerá aberta, permitindo que o excesso de refrigerante flua pelo evaporador. Para evitar a inundação, a mola ajustável fornece outra pressão de fechamento contra a agulha da válvula.

A mola exerce força de 89,58 kPa man (13 psig) [427,25 kPa man (62 psig) de bulbo −337,67 kPa man (49 psig) evaporador]. A pressão de abertura é, agora, igual à pressão de fechamento, o que significa que a válvula está em equilíbrio. Quando uma TEV encontra-se em equilíbrio, a proporção do fluxo de refrigerante para o interior do evaporador é equilibrada com a quantidade de calor que o evaporador está absorvendo, mais algum superaquecimento.

Conexões *Flare*

Conexões *Sweat*

Equalizador externo

Equalizador interno

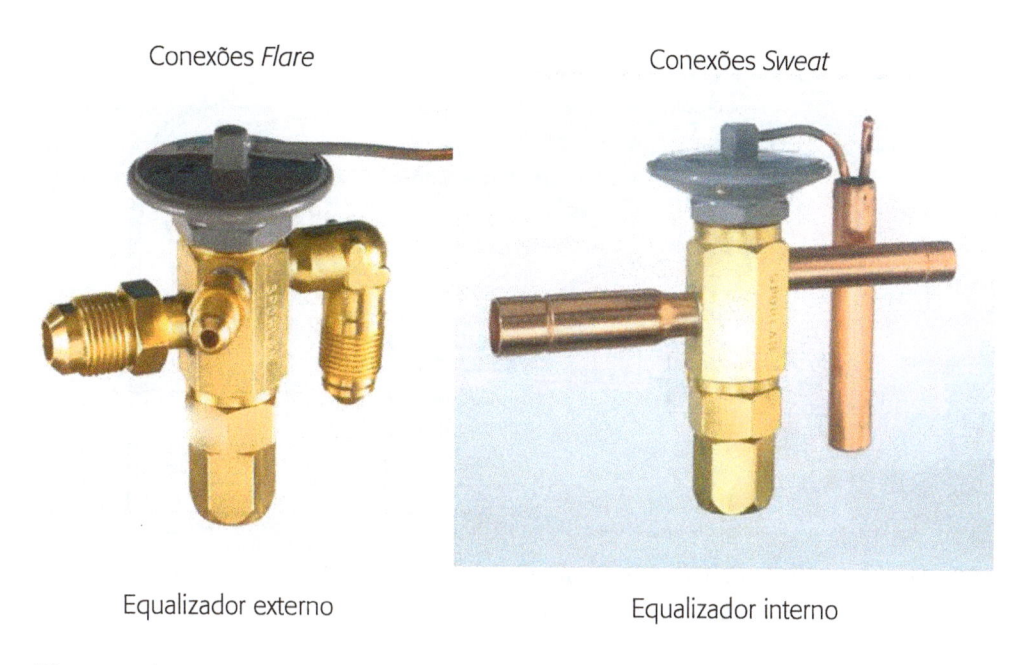

Figura 5.7 Tipos e conexões da TEV. *Cortesia de Sporlan Valve Company.*

ESTILOS DE CORPOS DE TEV

Em refrigeração comercial, a maioria das TEVs usa tubos de conexões do tipo *flare* ou *sweat* (Figura 5.7). As conexões *sweat* são as preferidas dos fabricantes que instalam a TEV no evaporador ainda na fábrica. Na linha de montagem, é bem fácil soldar fortemente a válvula. Diferentemente das conexões *flare*, as conexões *sweat* não vazam com os rigores de remessa e manipulação.

Ao instalar ou substituir uma válvula do tipo *sweat*, é importante não superaquecer a válvula durante o processo de soldagem. Para impedir que a válvula se aqueça demais, embrulhe com uma estopa úmida o corpo da válvula e dirija a chama para longe dela. Ponteiras semicirculares são usadas principalmente nas linhas de montagem e encontram-se disponíveis para os técnicos nos fornecedores locais. Essas ponteiras circundam a junta com chamas múltiplas, permitindo uma solda mais rápida com menos calor alcançando o corpo da válvula.

VÁLVULAS EQUALIZADAS – INTERNAS E EXTERNAS

As TEVs internamente equalizadas usam a pressão do refrigerante que sai da válvula como sua principal força de fechamento. Essa força empurra para cima a base do diafragma da válvula, "equalizando" a pressão de abertura que o bulbo sensor exerce sobre o topo do diafragma. Há somente diminuição de pressão de 13,78 KPa man (2 psig) na maioria dos evaporadores de

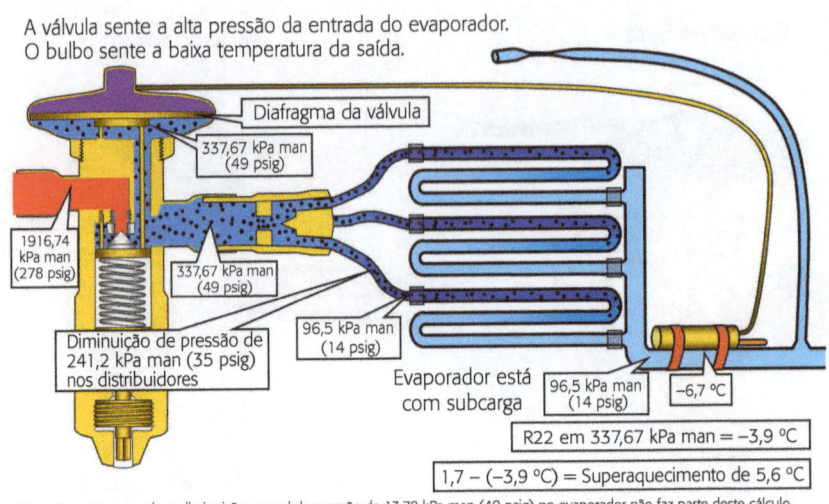

Figura 5.8 TEV internamente equalizada em um evaporador de múltiplos circuitos. *Cortesia de Refrigeration Training Services.*

circuito único; portanto, a pressão da saída do evaporador é muito próxima da pressão que deixa a válvula e vai para a entrada do evaporador. Como resultado, a pressão na saída da válvula é um indicador adequado da pressão do evaporador e temperatura. As TEVs internamente equalizadas são usadas em evaporadores pequenos de único circuito. O interior das geladeiras comerciais e máquinas de produção de gelo utilizam esse tipo de válvula.

As válvulas externamente equalizadas são usadas em evaporadores grandes, de muitos circuitos, como aquelas instaladas em interiores de câmaras frigoríficas. Como o técnico pode saber quando uma TEV externamente equalizada é necessária? Ele deve verificar os **distribuidores** ou tubos alimentadores entre a conexão da TEV e os tubos no evaporador. Somente serpentinas com múltiplos circuitos usam distribuidores. O fabricante do evaporador normalmente instala um tubo equalizador de 0,63cm (¼") perto da saída do evaporador.

A maior parte dos evaporadores com múltiplos circuitos têm diminuição de pressão de 241,2 kPa man (35 psig) em seus distribuidores, portanto, a pressão do evaporador é aproximadamente 241,2 kPa man (35 psig) inferior à pressão que deixa a TEV. A pressão mais alta na saída da TEV fornece força de fechamento em excesso no diafragma da válvula. Para que a válvula forneça refrigerante suficiente para todos os circuitos no evaporador, a força de fechamento no diafragma da válvula teria que ser a pressão mais baixa na saída do evaporador, à medida que entra na linha de sucção.

Como o nome diz, uma TEV externamente equalizada utiliza pressões externas à válvula, não a pressão interna desenvolvida na saída da válvula. A linha do equalizador externo fornece um caminho entre o espaço abaixo do diafragma da TEV e a saída da serpentina. A pressão na saída do evaporador, não na saída da válvula, torna-se uma força de fechamento sob o diafragma da válvula.

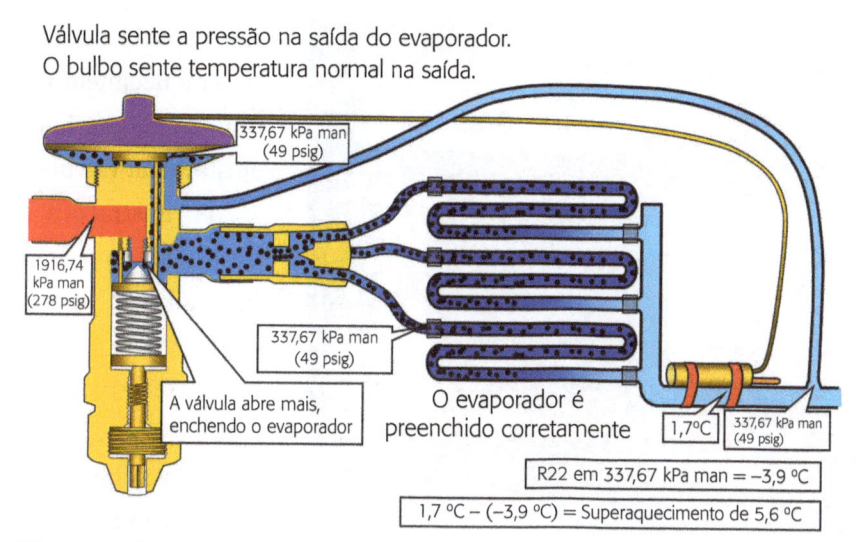

Figura 5.9 TEV externamente equalizada em um evaporador de múltiplos circuitos. *Cortesia de Refrigeration Training Services.*

Para ajudar a mostrar a importância de uma TEV externamente equalizada, a Figura 5.8 ilustra como a instalação de uma válvula internamente equalizada em um evaporador de múltiplos circuitos causa subcarga no evaporador e alto superaquecimento. A linha do equalizador mostra-se pinçada, como se não houvesse conexão para ela na TEV internamente equalizada.

Nota: Nas Figuras 5.8 e 5.9, há duas pressões omitidas em um esforço de simplificar a ilustração e os cálculos: a pressão da mola de ajuste e a diminuição de pressão de 2 psig no evaporador.

Na Figura 5.8, a pressão de fechamento de válvula sob o diafragma seria a pressão de saída da TEV de 337,67 kPa man (49 psig). No entanto, a diminuição de pressão no distribuidor é de 241,19 kPa man (35 psig). Portanto, a pressão na saída do evaporador seria de apenas 96,48 kPa man (14 psig) [337,67 (49) –241,19 (35)]. A essa pressão, o R22 está somente a –25,6 °C. Em temperatura tão baixa, o bulbo sensor da TEV de temperatura média não desenvolveria pressão suficiente no topo do diafragma para abrir a válvula. Desse modo, o evaporador teria uma subcarga.

Agora, examine a Figura 5.9. Uma TEV externamente equalizada foi instalada com uma linha de equalizador externo conectada a ela. A pressão de fechamento da válvula é agora a pressão na saída do evaporador. Para manter a pressão de 337,67 kPa man (49 psig) na saída do evaporador, a TEV abre o suficiente para permitir a diminuição da pressão de 241,19 kPa man (35 psig) nos distribuidores. A pressão mais alta na saída também significa temperatura mais alta. Agora que a linha de sucção está mais quente, a pressão sobe no bulbo sensor. A pressão no bulbo é alta o bastante para garantir força de abertura no topo do diafragma, que é suficientemente grande para trazer a alimentação da TEV a um ponto de equilíbrio. O evaporador operará em

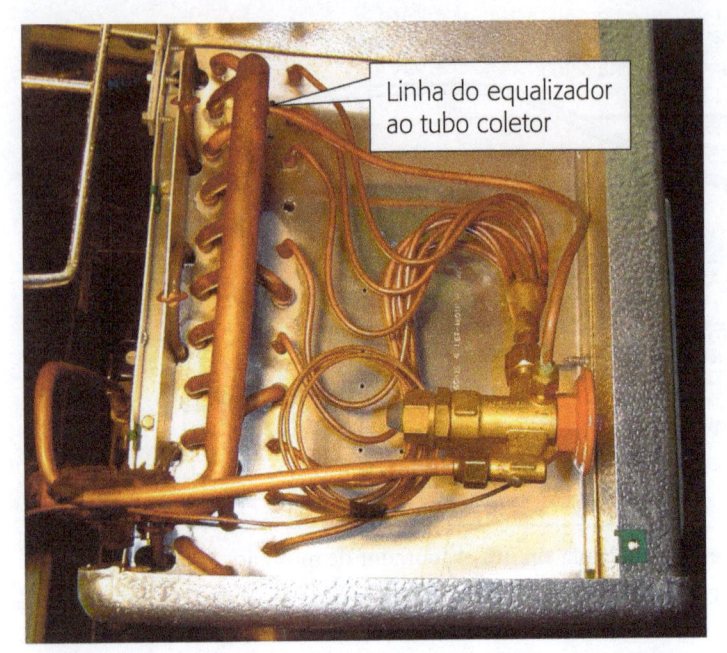

Figura 5.10 Linha equalizadora externa com derivações para o tubo coletor de sucção. *Foto de Dick Wirz.*

sua capacidade requerida, e o superaquecimento do evaporador será determinado pela mola ajustável da válvula.

As ilustrações mostram a linha de equalizador externa instalada na corrente descendente da linha de sucção do bulbo sensor da TEV (Figura 5.10). Na literatura de muitos fabricantes de válvulas, essa é a localização recomendada.

O raciocínio dos fabricantes de válvulas é de que, se uma pequena quantidade de líquido deve ir de alguma forma para o tubo externo, ela não afetaria negativamente o bulbo sensor. No entanto, os fabricantes de evaporadores normalmente instalam a linha equalizadora externa em um tubo coletor de sucção do evaporador. Essa localização está acima da localização do bulbo.

A questão é: o técnico da assistência técnica pode mudar a localização da linha externa instalada pela fábrica? Pelo menos um importante fabricante de válvulas não vê problemas em usar a linha externa do evaporador do fabricante, reivindicando que as novas TEVs são mais confiáveis do que as válvulas mais antigas. Portanto, há pouca chance de o líquido entrar na linha externa do equalizador.

AJUSTANDO O SUPERAQUECIMENTO

Uma palavra de precaução: ao diagnosticar um problema de TEV, ajustar o superaquecimento deve ser a última escolha, não a primeira. Uma válvula nova é configurada pela fábrica para superaquecimento satisfatório para a aplicação, e normalmente não necessita de ajuste adicional. As válvulas de expansão também não se desajustam durante a operação normal. Se um ajuste for necessário, deve ser feito cuidadosamente, para não exercer força excessiva no ajustador na extremidade, seja na posição da localização frontal, seja na localização traseira. Isso pode danificar a agulha da válvula e também pode fazer a válvula vazar o refrigerante.

Se o ajuste inicial não resultar em mudança do superaquecimento, o técnico deve voltar o ajustador para a sua posição inicial antes de verificar outra causa possível dos problemas no superaquecimento. Finalmente, o ajuste da TEV deve ser realizado somente por técnicos que dominem totalmente a operação da válvula de expansão.

A maioria das TEVs possui uma haste de ajuste de superaquecimento na base da válvula. Girar o ajustador para o interior da válvula (sentido horário) aumentará a tensão da mola; mais pressão da mola fechará a válvula, reduzindo a quantidade de refrigerante para o evaporador e aumentando o superaquecimento.

> **TROT**
> Prenda o bulbo ao lado da linha de sucção.
> Não se recomenda colocar o bulbo da TEV em uma linha de sucção vertical. O óleo que passa por toda a superfície interna de um tubo ascendente de sucção vertical impede o bulbo de sentir a verdadeira temperatura de sucção.

De acordo com a maioria dos livros-texto e fabricantes de válvulas, o modo correto de ajustar uma válvula de expansão é fazer ¼ de volta na haste, esperar 15 minutos, verificar novamente o superaquecimento e, então, girar mais ¼, se necessário. *Cada volta inteira da haste de ajuste mudará o superaquecimento desde 0,6 °C de superaquecimento a 2,8 °C, dependendo da marca e do tipo da válvula. Na maior parte das válvulas Sporlan, cada volta completa da haste ajustará o superaquecimento em 2,2 °C.* Suponha um ajuste em uma TEV Sporlan no exemplo seguinte:

EXEMPLO: 3 Se o superaquecimento necessita ser alterado em até 3,3 °C, faça uma volta e meia no ajustador e depois espere 15 minutos para se certificar de que ele se configure corretamente.

Se a válvula estiver completamente fora do alinhamento, é conveniente voltar o ajuste para a configuração da fábrica, que é próxima do meio da haste de ajuste. Siga essas etapas para encontrar a posição central da haste da válvula.

1. Gire a haste de ajuste em sentido horário até que ela pare. Faça suavemente esse ajuste, pois a agulha pode se danificar facilmente.
2. Conte as voltas quando você voltar a haste em sentido anti-horário até que ela pare.
3. Finalmente, gire a haste de ajuste em sentido horário metade do número total de voltas.

Ela está agora no meio de seu intervalo de ajuste, que é a configuração da fábrica. Verifique novamente o superaquecimento depois de a unidade ter estado em operação tempo suficiente para voltar às condições de projeto.

Nota: *Uma vez ajustada, a maioria das válvulas não necessita de reajuste. Embora seja uma boa ideia verificar o superaquecimento, não é boa ideia ajustar a válvula sem primeiro verificar pelo menos as seguintes condições:*

» certifique-se de que o sistema está dentro de 2,8 °C das condições de projeto;
» se o superaquecimento estiver alto, determine primeiro se a válvula está subcarregada por causa da falta de refrigerante. Pode ser qualquer coisa desde baixa carga de refrigerante até um filtro restrito mais seco ou filtro entupido na entrada da válvula;
» se o superaquecimento estiver baixo, verifique o bulbo para ter certeza de que ele está em uma superfície limpa, corretamente atado e em posição correta na linha de sucção.

Colocação do bulbo da TEV

Os livros-texto e os fabricantes de válvulas têm as seguintes orientações para a colocação do bulbo de TEV na linha de sucção (Figura 5.11):

» Para um tubo de diâmetro externo (OD) de 2,2 cm (7/8") ou mais, coloque o bulbo em um ângulo de 45° do centro. Veja a extremidade final do tubo como se ela fosse a face de um relógio. Instale o bulbo em oito ou quatro horas.

A razão para essa posição é porque ela é a parte mais fria do tubo. O topo é a parte mais quente, e o fundo é onde o óleo se junta. O óleo age como um isolante, que impede o bulbo de sentir as temperaturas corretas da linha de sucção.

» Para um tubo de diâmetro externo de 1,6 cm (5/8") e menor, coloque o bulbo em qualquer lugar, exceto na base da linha de sucção.

Da mesma forma que em tubos maiores, o óleo flui na seção mais baixa dos tubos menores, agindo como um isolante entre a temperatura da tubulação e a temperatura do refrigerante (Figura 5.12). Portanto, o bulbo nunca deve ser instalado no fundo do tubo.

A maior parte dos técnicos de manutenção considera que o topo do tubo é o lugar mais fácil de fixar o bulbo sensor. Como a temperatura do refrigerante é bastante igual por toda a linha de sucção, localizar o bulbo no topo é um lugar tão bom quanto qualquer outro.

> **VERIFICAÇÃO DA REALIDADE Nº 1**
>
> Algumas vezes a linha de sucção vertical é o único lugar disponível para montar o bulbo da TEV. Felizmente, a fina camada de óleo espalhada ao redor da seção vertical do cano não afetará muito a capacidade do bulbo de sentir a temperatura do vapor de sucção. Se você tiver que montá-lo verticalmente, a prática comum é posicionar o bulbo sensor com o tubo de cobertura saindo do topo (ver a Figura 5.12).

Alguns técnicos ficam confusos quando as fábricas recomendam localizar o bulbo na posição de oito e quatro horas, dez e duas horas ou nove e três horas. É mais fácil lembrar que a posição média no lado da linha de sucção funciona bastante bem para qualquer tamanho de tubo, para um diâmetro externo de linha de sucção de até 4,13 cm (5/8").

Instale sempre o bulbo da TEV em uma seção limpa, plana e horizontal do tubo. Jamais tente fixar o bulbo nas juntas ou nos cotovelos do cano.

A localização do bulbo, se os canos forem iguais ou maiores do que 2,2 cm (7/8"), coloque o bulbo em oito ou quatro horas.

Se o cano for menor do que 2,2 cm (7/8"), coloque o bulbo em qualquer lugar oito e quatro horas.

Figura 5.11 Localizações do bulbo da TEV recomendadas pela fábrica. *Cortesia de Refrigerant Training Services.*

Não importa quão apertado você amarre em uma superfície irregular, haverá lacunas na área de contato entre o bulbo e o tubo (ver a Figura 5.13).

A maior parte dos fabricantes de TEV fornece braçadeiras de latão e parafusos para fixar o bulbo à linha de sucção. O conjunto é adequado, mas pode ser difícil instalá-lo corretamente. Alguns técnicos usam grampos de radiador de aço inoxidável, que têm um ajustador do tipo parafuso. Esses grampos tornam mais fácil o trabalho de montar o bulbo. Também os parafusos de fixação tornam o trabalho do técnico mais fácil, quando estiver procurando por corrosão ou gelo entre o bulbo e a linha de sucção. É importante apertar as braçadeiras para fazer o ajuste perfeito do bulbo ao tubo. Entretanto, apertar demais pode danificar ou deformar o bulbo sensor.

Inicialmente, havia alguma preocupação de que a braçadeira de aço inoxidável presa em um cano de cobre poderia causar uma ação galvânica, resultando em corrosão. Provou-se não ser esse o caso. De fato, pelo menos um fabricante está usando agora braçadeiras de aço inoxidável. *Se o bulbo está deformado demais, pode afetar a pressão no diafragma da válvula, o que mudaria a capacidade das TEVs de manter o superaquecimento correto.*

Isolar o bulbo e o conjunto de tubos é recomendado para garantir que o bulbo sinta a temperatura da linha de sucção, não do ar ao redor da linha de sucção. Use isolamento de tubo de célula fechada de espessura de 0,95 cm (3/8") ou 1,27 cm (1/2") que não absorva a umidade.

Como o sistema afeta as TEVs

As válvulas de expansão termostática ajustam o fluxo de refrigerante que entra no evaporador, com base na temperatura da linha de sucção e sua relação com a pressão e a temperatura

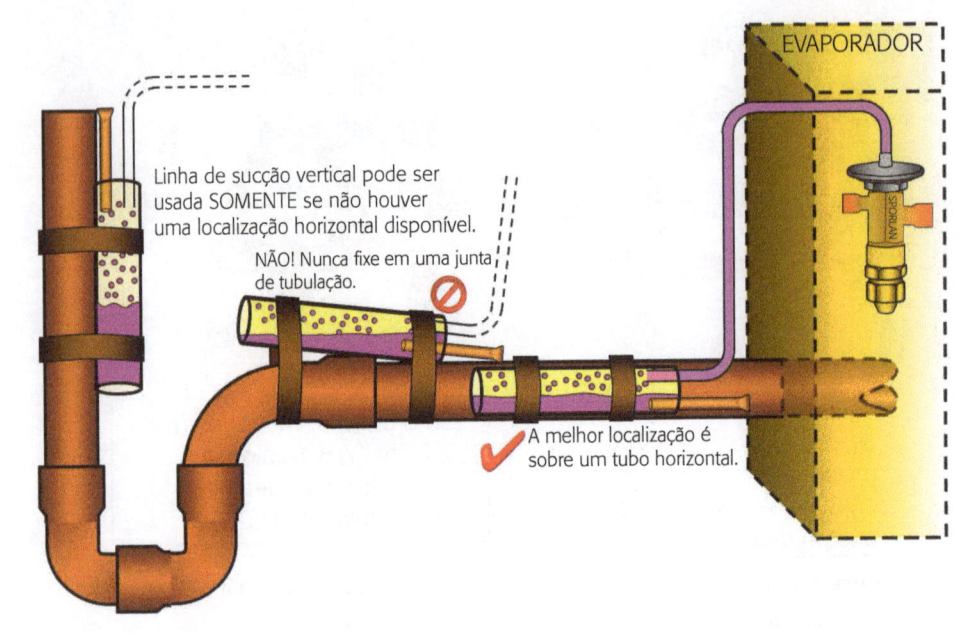

Figura 5.12 Bulbo sensor sobre uma linha vertical. *Cortesia de Refrigeration Training Services.*

Figura 5.13 Exemplos de bulbo em junta de tubulação e uso dos grampos de radiador. *Foto de Dick Wirz.*

do evaporador. As TEVs respondem bem à carga no interior, permitindo que entre mais refrigerante quando o bulbo sente uma alta carga de calor e diminuindo a quantidade de refrigerante quando a temperatura do evaporador diminui. As TEVs também não são afetadas de modo negativo pelas condições de alta temperatura do ambiente no condensador. A válvula pode lidar com pressões muito altas na entrada sem permitir que o refrigerante inunde o evaporador.

As válvulas de expansão termostática executam o balanceamento entre a temperatura do líquido que entra na válvula e a diminuição de pressão de condensação para a pressão do evaporador. À medida que a diferença de pressão aumenta, também aumenta a capacidade da válvula. No entanto, à medida que a temperatura da linha do líquido aumenta, a capacidade da válvula decresce. O efeito de uma compensa o efeito da outra; desse modo, a capacidade da válvula permanece quase constante.

Os exemplos seguintes pretendem esclarecer os conceitos gerais das TEVs, em lugar de tratar com números exatos para válvulas específicas. Os valores na tabela aproximam-se bastante das pressões e temperaturas de uma câmara frigorífica a 1,7 °C com temperatura de evaporador de –3,9 °C. As temperaturas do ambiente que afetam a pressão máxima cobrem um intervalo entre 10 °C a 37,8 °C de condições ambientais do exterior. O condensador tem um intervalo de temperatura no condensador (CS) de 16,7 °C e o refrigerante é R22.

Os **fatores de correção** reais da fábrica são usados para ilustrar a capacidade aumentada e diminuída da válvula. Os fatores de correção são uma porcentagem da capacidade de operação comparada com a capacidade da válvula nas condições de projeto. Se a válvula está operando nas condições de projeto, o fator é 1,00 porque está operando em 100% de sua capacidade de projeto. Um fator de correção de 0,90 significa que ela está operando a somente 90% de sua capacidade; se 1,10, a válvula está operando em 110% de sua capacidade.

Nota: Os números na tabela são aproximações e são arredondados para simplificar o exemplo.

Fatores de correção são usados principalmente pelos engenheiros de aplicação da fábrica quando dimensionam as TEVs para os sistemas. Entretanto, os técnicos devem ter algum conhecimento de quanto a operação da válvula é afetada pela diminuição de pressão por meio da válvula e a temperatura do líquido que entra na válvula.

A tabela na Figura 5.14 ilustra como as cargas mais altas do condensador afetam as válvulas de expansão. À medida que a pressão máxima aumenta, a diminuição de pressão na válvula também aumenta. O resultado é a maior capacidade da válvula, por causa do maior fluxo de refrigerante.

Em 37,8 °C ambiente, a diminuição de pressão na válvula é de 1722,79 kPa man (250 psig). A pressão mais alta que entra na válvula tem a capacidade de forçar mais refrigerante para o interior do evaporador. O refrigerante adicional pode aumentar a capacidade do evaporador em até 40% acima do valor de projeto e é dado um fator de correção de 1,40. Entretanto, a temperatura mais alta do líquido diminui a capacidade, pois mais refrigerante deve ser evaporado instantaneamente ao entrar no evaporador, a fim de diminuir a temperatura do refrigerante de 54,4 °C para uma temperatura de evaporador de –3,9 °C. O fator de correção é 0,80, o que

Ambiente externo A	Temperatura de condensação B	Pressão máxima C	Pressão do evaporador d	Diminuição de pressão (c – d)	fator de correção para diminuição de pressão e	Fator de correção para temperatura de líquido F	Fator de correção geral (e x f)
37,8 °C	54,4 °C	241,19 KPA MAN (300 PSIG)	344,56 KPA MAN (50 PSIG)	1722,79 KPA MAN (250 PSIG)	1,40	0,80	1,10
21,1 °C	37,8 °C	1378,23 KPA MAN (200 PSIG)	344,56 KPA MAN (50 PSIG)	1033,57 KPA MAN (150 PSIG)	1,10	1,00	1,10
10 °C	26,7 °C	1033,57 KPA MAN (150 PSIG)	344,56 KPA MAN (50 PSIG)	689,12 KPA MAN (100 PSIG)	0,90	1,15	1,05

Figura 5.14 Os fatores de correção da TEV equilibram a capacidade da válvula. *Adaptado do catálogo 201 da Sporlan.*

significa que a válvula perde 20% das condições de projeto. Multiplicando o fator de crescimento de 1,40 pelo fator de decréscimo de 0,80, o resultado é um fator de correção geral de 1,10 ou 10% acima das condições de projeto.

O aumento de 10% na capacidade não significa que o evaporador terá necessariamente tal quantidade a mais de refrigerante em seu interior. É semelhante à capacidade de reserva que está disponível se necessário por um aumento na carga do evaporador. Lembrar que o bulbo sensor da TEV sente a temperatura na linha de sucção e mantém o superaquecimento. Mesmo com a pressão aumentada na entrada da válvula, ela não permitirá mais refrigerante através da válvula, a menos que a pressão no bulbo sinta aumento no superaquecimento da carga aumentada no evaporador. Somente então o bulbo aumenta a pressão no diafragma e abre a válvula.

As TEVs são capazes de evitar que pressões muito altas forcem a entrada do refrigerante no evaporador. Por essa razão, altas temperaturas ambientais, condensadores sujos e ligeiras sobrecargas de refrigerante têm menos efeito sobre a pressão do evaporador, ou o superaquecimento, do que poderia se esperar. Isso será discutido detalhadamente no Capítulo 7, sobre o diagnóstico e resolução de problemas do sistema.

DIMENSIONAMENTO DA TEV

O método mais popular de dimensionamento das válvulas de expansão é combinar a capacidade da TEV com a capacidade do evaporador. Entretanto, isso é somente correto se a capacidade do evaporador e do condensador forem as mesmas. A seguir são apresentadas as etapas básicas para escolher a válvula de expansão correta.

1. Calcule a capacidade total em Quilowatt (kW) (Btuh) baseada na combinação do evaporador e da unidade de condensação.

2. Escolha a válvula correta com base nos três itens a seguir:
   » Capacidade total do sistema
   » Temperatura do evaporador
   » Temperatura do líquido

Quando o evaporador e o condensador não combinam (possuem diferentes capacidades), então será necessário fazer uma pesquisa para determinar a capacidade total do sistema e a temperatura real do evaporador. Isso será discutido de modo mais abrangente no Capítulo 11.

As TEVs são calibradas em toneladas, em 3,52 kW (12 mil Btuh) por tonelada.

EXEMPLO: 4 Um sistema calibrado para 1,76 kW (6 mil Btuh) exigiria um válvula de meia tonelada calibrada para 1,76 kW (6 mil Btuh) *como condições normais de operação da temperatura do evaporador e do líquido.*

É melhor usar as tabelas fornecidas pelo fabricante da válvula para dimensionar corretamente as TEVs. Uma válvula grande demais pode ser tão ruim quanto uma muito pequena. Ocasionalmente, não há o encaixe exato entre o calibre da válvula e o calibre do evaporador.

EXEMPLO: 5 Um evaporador de câmara frigorífica com R22 possui capacidade de 2,64 kW (9 mil Btuh). As únicas válvulas disponíveis para esse refrigerante particular e aplicação são de 1,76 kW (6 mil Btuh) (meia tonelada) e 3,52 kW (12 mil Btuh) (1 tonelada). Qual delas você escolheria e por quê?

Na Figura 5.15, a escolha das duas válvulas está em negrito (FVE-½ e FVE-1). A válvula de uma tonelada é recomendada porque válvulas menores podem subcarregar o evaporador. Além disso, a maioria dos fabricantes de válvulas concorda que, se o calibre da serpentina estiver entre as duas válvulas, a válvula maior ainda manterá o superaquecimento correto sem inundar.

Se o sistema de evaporador no exemplo anterior for calibrado em 2,05 kW (7 mil Btuh), seria melhor verificar a tabela das válvulas. O fator de correção da válvula de meia tonelada sob condições normais pode muito bem ser 1,10. Isso provavelmente colocaria a válvula perto o bastante da capacidade de evaporador de 2,05 kW (7 mil Btuh) [1,769 (6 mil) × 1,10 = 1,94 kW (7 mil Btuh)].

Mesmo um evaporador de 2,34 kW (8 mil Btuh), com um trocador de calor da linha de sucção, pode ter um fator de correção suficiente da temperatura da linha de líquido para permitir o uso da válvula de meia tonelada. Os benefícios dos trocadores de calor são discutidos de modo abrangente no Capítulo 6.

É importante entender o efeito que a temperatura do evaporador tem na capacidade de uma TEV; isso é especialmente crítico em aplicações de baixa temperatura. Por exemplo, um

Tabela de seleção de válvula do tipo F da SPORLAN

REFRIGERANTE (CÓDIGO SPORLAN)	TIPO F — SAE FLARE (SAE ROSCA)		TIPO EF — ODF SOLDER (ODF DE SOLDA)		CAPACIDADE NORMAL TONS DE REFRIGERAÇÃO	CARGAS TERMOSTÁTICAS DISPONÍVEIS	CONEXÕES – MM (POLEGADAS) SAE FLARE/ODF SOLDER	
	EQUALIZADOR INTERNO DE ROSCA	EQUALIZADOR EXTERNO DE ROSCA	EQUALIZADOR EXTERNO DE SOLDA	EQUALIZADOR INTERNO DE SOLDA			ENTRADA	SAÍDA
22 (V) 407 C (N) 407 A (V)	FV-1/5	FVE-1/5	EFV-1/5	EFVE-1/5	1/5		6,4(1/4) OU 9,5(3/8)	9,5(3/8) OU 12,7(1/2)
	FV-1/3	FVE-1/3	EFV-1/3	EFVE-1/3	1/3			
	FV-1/2	FVE-1/2	EFV-1/2	EFVE-1/2	1/2			
	FV-1	FVE-1	EFV-1	EFVE-1	1	C		
	FV-1-1/2	FVE-1-1/2	EFV-1-1/2	EFVE-1-1/2	1-1/2	Z		
	-	FVE-2	-	EFVE-2	2	ZP40		
	FV-2-1/2	-	EFV-2-1/2	-	2-1/2			
	-	FVE-3	-	EFVE-3	3		9,5(3/8)	12,7(1/2)
134 A (J) 12 (F) 401 A (X) 409 A (F)	FJ-1/8	FJE-1/8	EFJ-1/8	EFJE-1/8	1/8		6,4(1/4) OU 9,5(3/8)	9,5(3/8) OU 12,7(1/2)
	FJ-1/6	FJE-1/6	EFJ-1/6	EFJE-1/6	1/6			
	FJ-1/4	FJE-1/4	EFJ-1/4	EFJE-1/4	1/4			
	FJ-1/2	FJE-1/2	EFJ-1/2	EFJE-1/2	1/2	C		
	FJ-1	FJE-1	EFJ-1	EFJE-1	1			
	FJ-1-1/2	FJE-1-1/2	EFJ-1-1/2	EFJE-1-1/2	1-1/2			
	-	FJE-2	-	EFJE-2	2		9,5(3/8)	12,7(1/2)
404 A (S) 502 (R) 408 A (R)	FS-1/8	FSE-1/8	EFS-1/8	EFSE-1/8	1/8		6,4(1/4) OU 9,5(3/8)	9,5(3/8) OU 12,7(1/2)
	FS-1/6	FSE – 1/6	EFS-1/6	EFSE-1/6	1/6	C		
	FS-1/4	FSE-1/4	EFS-1/4	EFSE-1/4	1/4	Z		
	FS-1/2	FSE-1/2	EFS-1/2	EFSE-1/2	1/2	ZP		
	FS-1	FSE-1	EFS-1	EFSE-1	1			
	FS-1-1/2	FSE-1-1/2	EFS-1-1/2	EFSE-1-1/2	1-1/2		9,5(3/8)	12,7(1/2)
	-	FSE-2	-	EFSE-2	2			

Figura 5.15 Tabela de seleção de TEV do tipo F da Sporlan. *Cortesia da Sporlan Valve Company.*

sistema de *freezer* que possui uma capacidade de 10,55 kW (36 mil Btuh) exigiria uma TEV com capacidade de três toneladas. Na Figura 5.16, a tabela mostra que uma válvula calibrada para três toneladas, em uma temperatura de evaporador de –6,7 ºC, somente fornecerá 2,10 toneladas de capacidade em uma temperatura de evaporador de –28,9 ºC. Seria necessária uma válvula maior. Baseado na tabela, uma válvula de quatro toneladas terá capacidade de quase três toneladas (2,94 toneladas) em temperatura de evaporador de –28,9 ºC.

Capacidades da válvula de expansão termostática				
Aplicações da refrigeração comercial Refrigerante R404A				
Tipos de válvulas	Capacidade nominal indicada (em toneladas)	Tonelagem de acordo com a temperatura do evaporador		
		–6,7 ºC	–23,3 ºC	–28,9 ºC
C-S	3	3	2,45	2,1
C-S	4	4,28	3,42	2,94

Figura 5.16 A capacidade da TEV é reduzida à medida que a temperatura de evaporação decresce. *Adaptado pela RTS do Catálogo 201 da Sporlan.*

Leitura de uma válvula de expansão

Os fabricantes de válvulas de expansão termostática têm usualmente um sistema de numeração na válvula que identifica o tipo de válvula, qual é o refrigerante que deve ser usado e para qual aplicação (tipo de sistema) ela é projetada. Embora a codificação da válvula possa ser algumas vezes confusa, a válvula na Figura 5.17 é típica da maioria das válvulas Sporlan. A primeira letra (F) é o estilo do corpo, a segunda é o refrigerante e E, como terceira letra, significa que ela é externamente equalizada, e o número 1 significa que é indicada para a capacidade de 1 tonelada.

Nota sobre as conexões: A falta de letra antes do estilo significa que a válvula possui conexões *flare*. Se houver uma letra S antes do estilo do corpo, a válvula possui conexões *sweat* curtas. No entanto, a letra E antes do estilo de corpo significa conexões *sweat* estendidas (longa extensão). As válvulas do tipo F na tabela da Figura 5.15 estão disponíveis tanto em conexões *flare* ou em conexões *swat* estendidas.

Nota sobre válvulas equalizadas: A letra E depois do código do refrigerante significa "externamente equalizado". Entretanto, se não houver letra entre o refrigerante e a tonelagem, a válvula é internamente equalizada (consulte a tabela da Figura 5.15).

Após a tonelagem, a classificação indica a aplicação: GA para AC, C para temperatura comercial média e Z para *freezer*. O P nessa válvula representa "limite de pressão", o que significa que a válvula limitará a quantidade de refrigerante que entra no evaporador a uma

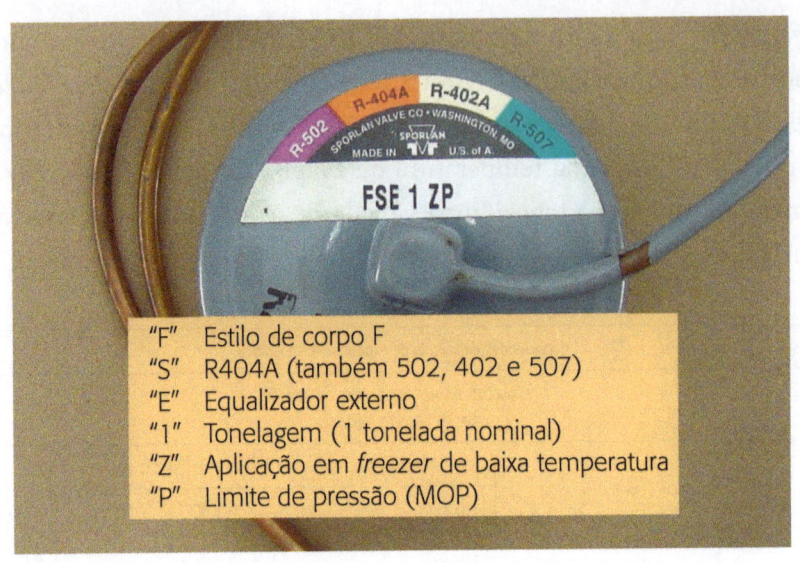

Figura 5.17 Leitura de uma TEV da Sporlan. *Foto de Dick Wirz.*

"F" Estilo de corpo F
"S" R404A (também 502, 402 e 507)
"E" Equalizador externo
"1" Tonelagem (1 tonelada nominal)
"Z" Aplicação em *freezer* de baixa temperatura
"P" Limite de pressão (MOP)

pressão máxima de aproximadamente 275,65 kPa man (40 psig). Essa característica se emprega principalmente em TEVs de baixa temperatura a fim de evitar que o compressor seja sobrecarregado durante uma redução anormal de temperatura (*hot pull-down*). Por exemplo, um sistema R404A que opera a –28,9 °C no evaporador terá pressão de sucção de 110,26 kPa man (16 psig) (consulte a Tabela P/T no Apêndice). O compressor de baixa temperatura é projetado para operar normalmente em baixas pressões, mas consumirá muitos amperes em altas pressões. Após o descongelamento, o calor remanescente no evaporador aumenta a pressão de sucção para mais de 689,12 kPa man (100 psig), o que pode sobrecarregar o compressor de um *freezer*. Usando uma TEV que limita a pressão, o compressor começará a funcionar sob pressão baixa, o que o impede de consumir alta amperagem e sobrecarga.

Algumas válvulas têm classificações conhecidas como *pressão de operação máxima* (MOP – *maximum operating pressure*). Essa é outra forma de expressar a capacidade da TEV para restringir o refrigerante de fluir para o evaporador e assim limitar o aumento da pressão de sucção.

TEVs: Solução de problemas

Há três critérios para que uma válvula de expansão funcione corretamente:
1. a válvula deve ser corretamente dimensionada;
2. o bulbo sensor deve ser corretamente preso à linha de sucção;
3. deve haver uma *coluna cheia de líquido* (tudo líquido, sem evaporação instantânea) para a válvula.

Inundação

Sempre que não houver superaquecimento mensurável, o evaporador está inundando. Pode ser que a TEV esteja enviando mais refrigerante para o evaporador do que o calor consegue vaporizar no espaço interno. Uma das principais causas da inundação da TEV é a presença de gelo na válvula. Qualquer umidade que chegue através do filtro secador pode congelar na válvula. Se o gelo mantiver a válvula aberta, ela inundará o evaporador. Para verificar esse problema, feche a unidade. Depois use um pano quente ou uma pistola de ar quente para aquecer a válvula; jamais use maçarico. Após a válvula ter aquecido o suficiente para derreter o gelo, reinicie o compressor. O superaquecimento deve voltar ao normal quando o sistema estiver operando de acordo com seu intervalo normal de temperatura.

Problemas de gelo em uma TEV são geralmente causados pela liberação de água de um filtro secador que está em sua capacidade máxima de retenção da umidade. Substituir o filtro secador deve resolver o problema da umidade. No entanto, para uma solução mais abrangente, o técnico poderia considerar recuperar o refrigerante, evacuar o sistema e recarregar com novo refrigerante, além de substituir o filtro secador.

Enquanto espera que o gelo derreta, verifique o bulbo sensor da TEV. Certifique-se de que ele esteja firmemente fixado a uma seção limpa da linha de sucção. Na dúvida, remova as braçadeiras, limpe o cano e o bulbo, depois recoloque e isole o bulbo. Um bulbo de TEV que não está sentindo a linha de sucção está respondendo a uma temperatura ambiente mais quente. Se esse for o caso, a válvula enviará mais refrigerante do que deveria.

Se o bulbo não for o problema e não parece haver gelo, configure de novo o ajuste do superaquecimento à configuração original de fábrica (como descrito anteriormente). Se a inundação continuar, substitua a válvula.

Subcarregamento

Superaquecimento alto é uma indicação de que o evaporador está subcarregado. Pode ser que a TEV não esteja enviando refrigerante suficiente para o evaporador. Como consequência, a pressão de sucção será baixa ou pode mesmo estar no vácuo. A pressão máxima será ligeiramente baixa porque o condensador não tem muito calor para processar. Mais uma vez, o gelo na válvula pode ser o problema. Dessa vez ele pode estar restringindo o fluxo do refrigerante. A solução é aquecer a válvula. Um rápido aumento na pressão de sucção indica que o gelo derreteu. Recoloque o filtro secador, reinicie o compressor e verifique o superaquecimento.

Um bulbo sensor frouxo não fechará a válvula. No entanto, a válvula fechará batendo se o bulbo sensor perder sua carga. Sem a pressão do bulbo sobre o topo do diafragma da válvula, não há força para mover a agulha da válvula. O resultado é a ausência do fluxo de refrigerante. Verifique se há tubo capilar rachado ou quebrado entre a cabeça da válvula e o bulbo. A vibração do equipamento é uma causa comum de danos na tubulação.

Figura 5.18 Filtros de entrada de TEV da Sporlan. *Foto de Dick Wirz.*

Há uma última possibilidade para a falta do fluxo de refrigerante: o filtro na entrada da válvula pode estar entupido. Algumas válvulas *sweat* possuem uma tela abaixo do parafuso, como o da Figura 5.18. As telas nas válvulas *flare* são parte do ajuste de entrada do *flare*. Vale a pena verificar as telas da entrada, porque isso pode evitar tempo e gasto na substituição desnecessária de válvula. Se o filtro estiver entupido, é uma boa ideia substituir o filtro secador.

Se ainda assim não houver fluxo através da válvula, então ajustar o superaquecimento não será bom. A solução provavelmente é a substituição da TEV.

TEV: oscilações

Se o superaquecimento oscilar de baixo ou nenhum superaquecimento para alto superaquecimento a cada 10 a 15 segundos, a válvula está oscilando. A TEV está procurando seu ponto de equilíbrio, no qual será capaz de manter a temperatura e o superaquecimento do evaporador corretos.

Certifique-se de que a válvula esteja corretamente dimensionada e se há 100% de líquido sendo fornecido para a válvula. A recomendação da fábrica é abrir a válvula, voltando a haste de ajuste em sentido anti-horário cerca de uma volta. O volume mais alto de refrigerante através da válvula provavelmente a ajudará a se estabilizar. Ajuste o superaquecimento o necessário.

Válvulas de expansão de porta balanceada

A oscilação pode também ser causada pela flutuação da pressão máxima. Quando o ventilador do condensador é ligado e desligado em condições ambientais de baixa temperatura, a pressão máxima sobe e desce em cerca de 344,56 kPa man (50 psig). À medida que a pressão sobe e desce, assim também faz a pressão do refrigerante na entrada da TEV. Como consequência, uma válvula convencional pode alimentar de modo errado, o que pode levar à inundação assim como à subcarga do evaporador.

Uma válvula de expansão de porta balanceada usa uma força de equilíbrio para firmar a alimentação da válvula sob condições como temperatura ambiente baixa e alta e condições flutuantes encontradas com os controles do ciclo do ventilador do condensador. Durante o período de pressões de condensação baixas, uma TEV padrão tenderá à subcarga porque não há diminuição de pressão suficiente na válvula para alimentar corretamente. Em uma válvula de porta balanceada, mesmo o líquido de baixa pressão que entra na válvula tenderá a empurrar para baixo a cabeça plana da agulha da válvula, o que permite o refrigerante fluir para o interior do evaporador. Para evitar a superalimentação do evaporador, o líquido que chega também empurra para cima o diafragma da válvula, o que tem efeito de fechamento ou de equilíbrio na válvula (ver a Figura 5.19).

Em ambientes muito quentes, a alta pressão de entrada tentará abrir a agulha da válvula e inundar o evaporador. Para evitar isso, há uma força oposta no lado de baixo do diafragma, que equilibrará o efeito de abertura na agulha da válvula. A pressão do bulbo preso à linha de sucção permanecerá, portanto, como a força de abertura principal baseada na carga do evaporador (ver a Figura 5.20).

Uma tabela para as válvulas de porta balanceada é semelhante à tabela para as válvulas de expansão padrão. A principal diferença é que a indicação de tonelagem é uma classificação em vez de um número específico. Isso tem a vantagem de permitir mais flexibilidade ao escolher a dimensão correta da TEV para o trabalho (ver a Figura 5.21).

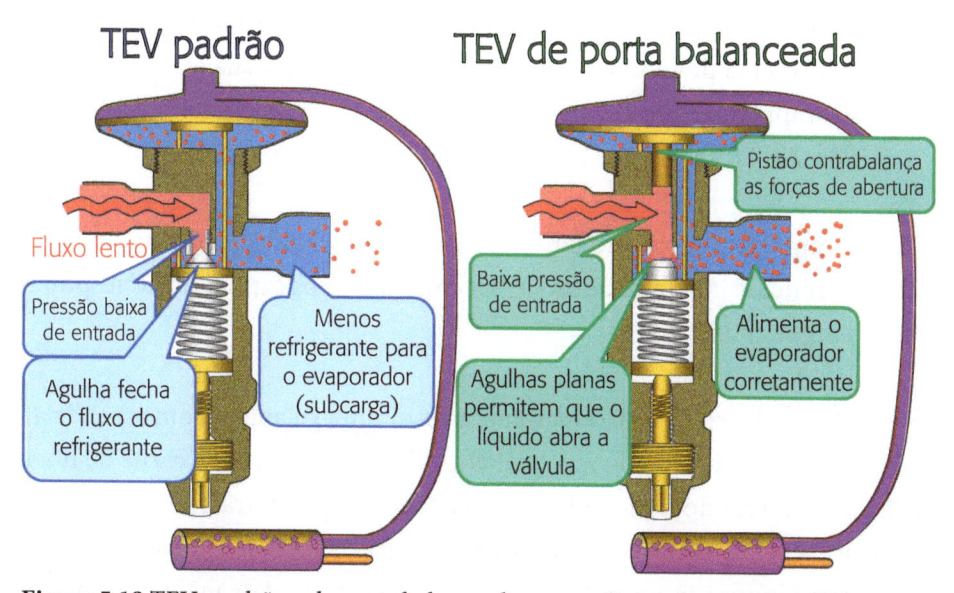

Figura 5.19 TEVs padrão e de porta balanceada em condições de ambientes de baixa temperatura. *Cortesia de Refrigeration Training Services.*

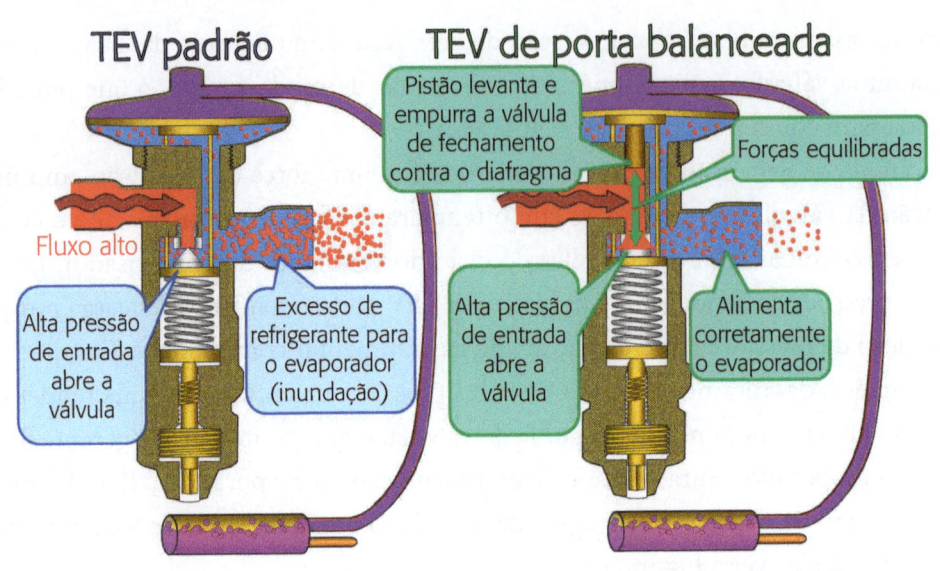

Figura 5.20 TEVs padrão e de porta balanceada em condições ambientais de alta temperatura. *Cortesia de Refrigeration Training Services.*

TUBOS CAPILARES COMO DISPOSITIVOS DE MEDIDA

Tubos capilares, ou tubos cap, são pequenos tubos de cobre. Eles medem o refrigerante mudando o líquido de alta pressão que entra em uma extremidade do tubo em um spray de líquido em uma pressão mais baixa no momento em que deixa a outra extremidade. Tubos capilares vêm com vários diâmetros internos (ID – *inside diameters*) e comprimentos e são utilizados em pequenos equipamentos de refrigeração comercial, como geladeiras comerciais.

O uso de sistemas de tubos capilares tem muita vantagem na relação custo-benefício: eles são baratos e não possuem peças móveis. Diferentemente das TEVs, as pressões do sistema se equalizam rapidamente de modo que o compressor não inicia sua atividade sob uma carga. Portanto, os compressores nesses sistemas não necessitam de capacitores de partida para ajudá-los a iniciar. As TEVs exigem um receptor e refrigerante extra, os sistemas de tubos capilares não.

Sistemas que empregam tubos capilares funcionam bem desde que sejam usados somente para armazenar produtos já refrigerados. Os sistemas de tubos capilares não respondem bem a mudanças de cargas no interior.

EXEMPLO: 6 O cozinheiro de um restaurante possui uma geladeira comercial de 4,4 °C localizada perto de uma área de grelha, na qual ele trabalha. Bolinhos de carne de uma câmara frigorífica de 1,7 °C no fundo da cozinha são colocados na geladeira imediatamente antes do jantar. A geladeira tem apenas de conservar o produto frio até que seja removido para preparo. Portanto, o refrigerador de tubos capilares tem poucos problemas de manter a temperatura do produto porque a carga no evaporador não é pesada.

Tabela de seleção de válvula do tipo F de porta balanceada da Sporlan

Refrigerante (Código da Sporlan)	Tipo – SAE flare – Equalizador interno	Tipo – SAE flare – Equalizador externo	Tamanho da porta	Capacidade normal Toneladas de refrigeração	Cargas termostáticas disponíveis	Conexões mm (Polegadas) – SAE Flare – Entrada	Conexões mm (Polegadas) – SAE Flare – Saída	Conexões mm (Polegadas) – SAE Flare – Equalizador externo
22 (V) 407C (N) 407A (V)	BFV-AAA	BFVE-AAA	AAA	1/8 a 1/3	C Z ZP40	6,4(1/4) ou 9,5(3/8) 6,4(1/4) ou 9,5(3/8) 9,5(3/8)		6,4(1/4)
	BFV-AA	BFVE-AA	AA	1/2 a 2/3				
	BFV-A	BFVE-A	A	3/4 a 1-1/2				
	BFV- B	BFVE-B	B	1-3/4 a 3				
	BFV –C	BFVE-C	C	3-1/2 a 5-1/2				
134A (J) 12 (F) 401 A (X) 409 A (F)	BFJ –AAA	BFJE-AAA	AAA	1/8 a 1/2	C	6,4(1/4) ou 9,5(3/8) 6,4(1/4) ou 9,5(3/8) 9,5(3/8)	9,5(3/8) ou 12,7(1/2)	
	BFJ –AA	BFJE-AA	AA	1/4 a 1/2				
	BFJ-A	BFJE-A	A	1/2 a 1				
	BFJ-B	BFJE-B	B	1-1/4 a 1-3/4				
	BJF-C	BFJE-C	C	2 a 3				
404 A (S) 502 (R) 408 A (R)	BFS-AAA	BFSE-AAA	AAA	1/2 a 1/2	C Z ZP	6,4(1/4) ou 9,5(3/8) 6,4(1/4) ou 9,5(3/8) 9,5(3/8)		
	BFS-AA	BFSE-AA	AA	1/4 a 1/2				
	BFS-A	BFSE-A	A	1/2 a 1				
	BFS-B	BFSE-B	B	1-1/4 a 2				
	BFS-C	BFSE-C	C	2-1/4 a 3				

Figura 5.21 TEVs de porta balanceada têm faixa de variação de capacidade. *Cortesia de Sporlan Valve Company.*

Como funciona o tubo capilar

A fricção dos fluidos (refrigerante) que passam pela tubulação pode resultar na diminuição da pressão. Tubos capilares usam esse princípio para mudar o refrigerante líquido de alta pressão da linha do líquido para um refrigerante *spray* de pressão mais baixa, que ferve facilmente no evaporador. Quanto mais longo o tubo ou menor seu diâmetro interno, mais baixa será a pressão quando o refrigerante deixar o tubo e entrar no evaporador.

O dimensionamento do tubo capilar é crítico, especialmente o diâmetro do tubo. Uma diferença de 0,01 cm (0,005"), de 0,06 cm (0,026") para 0,08cm (0,031") pode dobrar o fluxo do refrigerante para o evaporador. Entretanto, tubos capilares dependem de seu comprimento, assim como de seu diâmetro, para determinar sua restrição total, ou o fluxo. Os fabricantes de tubos capilares determinaram qual combinação de diâmetro interno e comprimento de tubo é necessária

	Tabela das dimensões do tubo capilar (R-12 e R-22)			
CV REF.	Temperatura normal de evaporação (em °C)			
	-23,3 A -15	-15 A -6,7	-6,7 A 1,7	1,7 A 10
1/5 R-12	2,4M [8'] TC-31	2,4M [8'] TC-36	3M [10'] TC-42	1,8M [6'] TC-42
1/4 R-22	3,6M [12'] TC-36	1,8M [6'] TC-36	2,6M [8-1/2'] TC-42	1,8M [6'] TC-49
1/4 R-12	3M [10'] TC-36	1,8M [6'] TC-36	2,4M [8'] TC-42	1,8M [6'] TC-49
1/3 R-22	3M [10'] TC-36	1,8M [6'] TC-36	3,3M [11'] TC-49	
1/3 R-12	3,6M [12'] TC-42	1,8M [6'] TC-42	2,7M [9'] TC-49	1,8M [6'] TC-54
1/2 R-22	1,8M [6'] TC-36	2,7M [9'] TC-42	2,3M [7-1/2'] TC-54	3M [10'] TC-64
1/2 R-12	11 PÉS [3,3M] TC-54	9 PÉS [2,7M] TC-49		
3/4 R-22	3,3M (11') TC-54	2,7M (9') TC-54		
3/4 R-12	2,3M (7-1/2') TC-54	3,6M (12') TC-70	3M (10') TC-80	
1 R-22	3M (10') TC-64	3,6M [12'] TC-70		
1 R-12	3M (10') TC-70	3,3M (11') TC-54	2,3M [7-1/2'] TC-54 (2PCS)	
1-1/2 R-22	2,3M [7-1/2'] TC-54 (2PCS)	2,3M [7-1/2'] TC-54 (2PCS)	2,4M (8') TC-64 (2PCS)	
1-1/2 R-12		2,7M (9') TC-64 (2 PCS)	3M (10') TC-80 (2 PCS)	
2 R-22		3M (10') TC-70 (2 PCS)	2,7M (9') TC-75 (2 PCS)	
2 R-12	3M (10') TC-70 (2 PCS)	2,7M (9') TC-75 (2 PCS)	3M (10') TC-85 (2 PCS)	
3 R-22		3M (10') TC-70 (3 PCS)	2,7M (9') TC-75 (3 PCS)	
3 R-12	3M (10') TC-70 (2 PCS)	2,4M (8') TC-64 (4 PCS)	3M (10') TC-80 (4 PCS)	
4 R-22		3M (10') TC-70 (4 PCS)	2,7M (9') TC-75 (4 PCS)	
4 R-12		3M (10') TC-70 (5 PCS)	2,7M (9') TC-75 (5 PCS)	
5 R-12		3M (10') TC-80 (5 PCS)	2,7M (9') TC-85 (5 PCS)	

Figura 5.22 Tabela das dimensões dos tubos capilares. *Cortesia de J/B Industries.*

para obter dada quantidade de refrigeração para sistemas de vários tamanhos. A Figura 5.22 é uma tabela das dimensões para os tubos capilares. O tamanho do tubo e o seu comprimento se baseiam no tamanho da unidade de condensação, refrigerante e temperatura do evaporador.

EXEMPLO: 7 Uma unidade de condensação de R22 de ⅓ cv com um evaporador de –9,4 ºC usaria 1,83 m (6') de tubo capilar TC36 (0,09 cm) (0,036").

Ao substituir um tubo capilar, algumas vezes o único tubo disponível possui o diâmetro interno diferente do original. A Figura 5.16 mostra como determinar qual tamanho e comprimento de tubo combinará com o original. A tabela usa multiplicadores para ajustar o comprimento do tubo de substituição com relação ao tubo original, para que alcance a mesma diminuição de pressão do original.

Suponha que a substituição de um tubo capilar tenha um diâmetro interno maior do que o tubo capilar original. O tubo de substituição tem de ser mais longo do que o original para atingir a mesma diminuição de pressão. Multiplique o comprimento do tubo original pelo fator de correção para determinar o comprimento do tubo substituto.

EXEMPLO: 8 Na Figura 5.23, o tubo capilar original tinha 0,1016 cm (0,040") de diâmetro interno e 2,7 m (9') de comprimento. No entanto, o tubo substituto é mais largo e tem 0,11 cm (0,042") de diâmetro interno. Portanto, o tubo substituto deve ser mais longo do que o original.
  » Pela tabela, multiplique o comprimento do tubo capilar original (2,7 m) (9') por um fator de 1,25.
  » 1,25 × 2,7 m (9') = 3,4 m (11,25'), que é o comprimento necessário para um tubo de 0,11 cm (0,042").

Se o ID (diâmetro interno) do tubo capilar substituto for menor do que o original, o tubo substituto terá de ser mais curto. O tubo substituto de diâmetro interno menor tem maior diminuição de pressão do que o tubo original, por isso ele não precisa ser tão longo.

EXEMPLO: 9 Na Figura 5.23, o tubo capilar original media 0,1016 cm (0,040") de ID e 2,7 m (9') de comprimento. No entanto, o tubo substituto possui um ID menor de 0,0914 cm (0,036"). Portanto, o tubo substituto deve ser mais curto do que o original.
  » Pela tabela, multiplique o comprimento do tubo original (2,7 m) (9') pelo fator 0,62.
  » 0,62 × 2,7 m (9') = 1,7 m (5,5'), que é o comprimento necessário para um diâmetro interno de tubo de 0,0914 cm (0,036").

TROT
Tubos capilares de substituição
Maior diâmetro, devem ser mais longos; diâmetro menor, devem ser mais curtos.

TABELA DE CONVERSÃO DO COMPRIMENTO DO TUBO CAPILAR

Esta tabela de conversão permitirá que o usuário converta o comprimento recomendado do diâmetro do tubo em tamanhos fornecidos por J/B Industries. Usando a tabela, recomenda-se que as conversões se façam usando fatores da área não sombreada.

PARA USAR A TABELA

1. Localize o ID do tubo capilar recomendado na coluna do lado esquerdo.
2. Encontre o fator de conversão sob o tamanho do tubo capilar de cobre.
3. Multiplique o comprimento dado do tubo capilar recomendado pelo fator de conversão.
4. O comprimento resultante [MÍN. 1,5 M(5') / MÁX. 4,9 M (16')] de tubo capilar de cobre dará as mesmas características de fluxo do tubo capilar original recomendado.

EXEMPLO

1. Tubo capilar recomendado: 2,74 m (9') - 0,10 cm (0,040) I.D.
2. Localize 0,10 cm (0,040) na coluna do lado esquerdo e seguindo a linha encontramos o seguinte fator de conversão: n. TC-36 (0,62) e TC-42 (1,25).
3. Multiplicando o comprimento do tubo capilar recomendado de 2,74 m (9') pelo fator de conversão, teremos os seguintes resultados: 1,70 m (5,58 (5'7")) TC - 36 e 3,43 m (11-1/4' (11'3")) TC-42. Qualquer um desses dois tubos surtirá os mesmos resultados como o tubo capilar original de ID 2,74 m (9')- 0,10 cm (0,040) ID.

Part Nº / Tube I.D.	TC-26 0,66 mm (0,026)	TC-31 0,79 mm (0,031)	TC-36 0,91 mm (0,036)	TC-42 1,07 mm (0,042)	TC-44 1,12 mm (0,044)	TC-49 1,24 mm (0,049)	TC-50 1,27 mm (0,050)	TC-54 1,37 mm (0,054)	TC-55 1,40 mm (0,055)
0,61 mm (0,024)	1,44								
0,64 mm (0,025)	1,20								
0,66 mm (0,026)	1,00	2,24							
0,89 mm (0,035)		0,58	1,16	2,31					
0,91 mm (0,037)		0,50	1,00	2,10					
0,94 mm (0,037)		0,45	0,90	1,79	2,22				
0,97 mm (0,038)		0,39	0,80	1,59	1,92				
0,99 mm (0,039)		0,35	0,71	1,41	1,75				
1,02 mm (0,040)		0,31	0,62	1,25	1,55	2,51			
1,04 mm (0,041)		0,28	0,56	1,12	1,38	2,26	2,50		
1,07 mm (0,042)		0,25	0,50	1,00	1,24	2,03	2,23		
1,09 mm (0,043)		0,23	0,45	0,87	1,11	1,83	1,98		
1,12 mm (0,044)		0,20	0,39	0,81	1,00	1,62	1,79		
1,14 mm (0,045)			0,35	0,73	0,90	1,47	1,60	2,32	
1,17 mm (0,046)			0,32	0,67	0,82	1,34	1,47	2,08	2,27
1,19 mm (0,047)				0,59	0,74	1,20	1,31	1,89	2,06

$2{,}74\text{m} \times 0{,}62 = 1{,}70\text{m}$

$2{,}74\text{m} \times 1{,}25 = 3{,}43\text{m}$

Figura 5.23 Tabela de conversão do comprimento de tubo capilar. *Cortesia de J/B Industries* (adaptado).

Tubos capilares: como respondem às condições do sistema

Os tubos capilares medem a quantidade de refrigerante no evaporador com base na pressão exercida no líquido que entra no tubo. Se a pressão for bastante constante, quanto mais alta a pressão máxima, mais refrigerante é enviado ao evaporador.

Tubos capilares não respondem bem às mudanças de cargas no evaporador. A quantidade limitada de refrigerante enviada para o evaporador entrará rapidamente em ebulição se houver alta carga de calor no interior. O evaporador ficará subcarregado, e o superaquecimento será alto. Portanto, o sistema de tubo capilar leva mais tempo para reduzir a temperatura da parte interna do que um sistema TEV.

Os fabricantes de sistemas de tubos capilares determinam quanto refrigerante deve estar na unidade para a operação correta, sem danificar o compressor. A quantidade específica de refrigerante é conhecida como **carga crítica**. Se a unidade estiver sobrecarregada, poderia haver inundação de retorno no compressor, tanto durante condições de evaporador com carga baixa como de condensador com carga alta. Se a unidade estiver subcarregada, não refrigerará apropriadamente e pode mesmo fazer com que o compressor superaqueça.

TUBOS CAPILARES: SOLUCIONANDO PROBLEMAS

Um evaporador subcarregado, como evidenciado pelo alto superaquecimento, pode ser causado pelas altas cargas do evaporador. O calor no espaço interno ferve e evapora rapidamente a quantidade limitada de refrigerante que o tubo capilar pode fornecer ao evaporador. A pressão de sucção será mais baixa do que a normal porque o compressor está puxando com força em uma pequena quantidade de refrigerante. A pressão máxima será ligeiramente alta porque o condensador está processando mais carga quente do que o normal.

Para ajudar a situação, remova alguns dos produtos quentes do espaço interno, ou adicione algo frio como o gelo, ou simplesmente espere que a temperatura diminua. O exemplo seguinte ilustra a lenta redução de temperatura de um sistema de tubo capilar com carga alta no interior do espaço interno.

EXEMPLO: 10 Uma nova unidade de geladeira comercial para exposição é entregue. O cliente a preenche com bebidas mornas. O refrigerador poderia levar quase 24 horas para que as bebidas chegassem a 4,4 ºC. Não há nada errado com a geladeira comercial, somente o sistema de tubo capilar é projetado para manter produtos frios refrigerados, não para reduzir rapidamente a temperatura de produtos mornos.

O primeiro problema de assistência com um tubo capilar é uma limitação da tubulação. O diâmetro interno da tubulação é tão pequeno que ele se entope facilmente. O principal culpado é o filtro secador.

A maioria dos pequenos secadores para tubos capilares usa um **secador granulado** ou material de filtro. Algumas vezes, o granulado afrouxa e esfregam-se os grânulos uns contra os outros, e pequenas partículas descamam (Figura 5.24). O fino pó secante finalmente vai parar no tubo capilar. Os sintomas incluem baixa pressão de sucção (talvez mesmo em um vácuo) e pressão máxima mais baixa do que o normal.

Felizmente, o bloqueio é normalmente na entrada do tubo, portanto, não é necessário substituir o tubo capilar inteiro. O reparo recomendado é o seguinte:

» recupere o refrigerante existente;
» remova o filtro secador existente;
» corte uma ou duas polegadas iniciais do tubo capilar;
» instale um novo secador;
» evacue e pese a quantidade correta do novo refrigerante.

Nota: A perda de um par de polegadas de tubo capilar não é suficiente para afetar negativamente o desempenho do sistema.

É importante que os tubos capilares sejam cortados corretamente para reter seu diâmetro interno completo. Não use um cortador de tubo; na realidade, ele reduzirá o tamanho do tubo.

O método aprovado é **marcar** ou fazer um entalhe no tubo com a ponta fina de uma lima. Com a marca no topo do tubo, coloque seus polegares sob ele e seus dedos ao redor do cano. Puxe para baixo como se você estivesse quebrando um lápis entre duas mãos. O tubo quebrará e seu diâmetro interno permanecerá em sua dimensão total.

Seja cuidadoso e não use solda forte demais ou material para solda quando reinstalar o tubo capilar. O tubo do filtro secador é normalmente de apenas 0,64 cm (¼") e é facilmente preenchido com solda, que também pode entupir o final do tubo capilar. O procedimento recomendado é inserir o tubo capilar cerca de 5,1 cm (2") na extremidade do secador, mas não longe o suficiente para tocar o filtro do interior do filtro secador. Inserir o tubo capilar na tela pode também bloquear o fluxo do refrigerante na extremidade do tubo capilar. A próxima

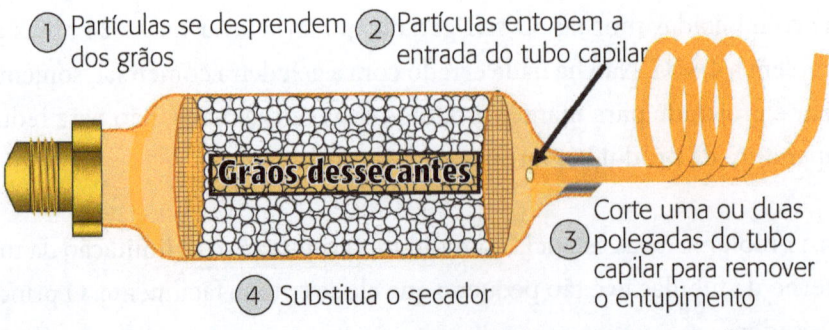

Figura 5.24 Tubo capilar e secador. *Cortesia de Refrigeration Training Services.*

etapa é manter o tubo capilar apertado em um dos lados do tubo, enquanto frisa sua porção restante de 0,64 cm (¼"). Finalmente, aplique somente material de solda suficiente para selar a abertura fresada.

Enquanto o evaporador subcarregado em um sistema de tubo capilar é normalmente devido à carga no evaporador, a inundação é resultado de alta carga no condensador. A quantidade de refrigerante que alimenta um tubo capilar é diretamente proporcional à pressão do líquido na entrada. Se a pressão máxima aumenta, por qualquer razão, mais refrigerante será forçado através do tubo para o interior do evaporador.

No entanto, o líquido no compressor é limitado pela quantidade de refrigerante no sistema. A carga crítica das unidades de tubos capilares recomendada pelo fabricante é parcialmente determinada por quanto líquido refrigerante o compressor pode tratar sem experimentar danos.

Dica de solução de problema: Ao trabalhar com sistemas de tubo capilar ou qualquer outro sistema com carga crítica, é recomendado que os marcadores não sejam usados para verificar o funcionamento. Toda vez que os marcadores são removidos, o sistema perde um pouco de refrigerante. Sistemas criticamente carregados não funcionarão corretamente se subcarregados com carga tão pequena quanto 10% de sua carga recomendada.

Em lugar disso, procure o superaquecimento com produtos mornos, gaxetas ruins da porta ou portas abertas muito frequentemente. Verifique também se o condensador não está sujo, se o evaporador tem gelo ou sujeira ou motor de ventilador em mau estado. Pergunte se alguém adicionou refrigerante recentemente ou se a unidade foi consertada.

Somente quando forem absolutamente necessários os marcadores devem ser usados no sistema. Se as pressões estiverem apenas um pouco anormais, não acrescente refrigerante simplesmente. Recupere o refrigerante existente, faça um bom vácuo e pese a carga correta.

Se a parte de baixo do sistema estiver em um vácuo e a pressão máxima estiver ligeiramente baixa para as condições ambientais, o problema talvez seja um tubo capilar restringido. Remova o refrigerante e o filtro secador e corte 2,54 cm (1") ou 5,08 cm (2") do tubo capilar. Instale um novo filtro secador, evacue e pese a carga correta do novo refrigerante. Faça a unidade funcionar e dê tempo para a temperatura diminuir.

Nota: Certifique-se de que o termostato está ajustado corretamente; os clientes normalmente reduzem o termostato ao primeiro sinal de problema.

Então, todas as possibilidades de conserto foram verificadas. Se a unidade ainda não atingir a temperatura desejada, o problema provavelmente é a ineficiência do compressor.

Os problemas e as soluções das unidades de refrigeração de tubos capilares são discutidos detalhadamente no Capítulo 7.

VÁLVULAS DE EXPANSÃO AUTOMÁTICAS

Válvulas de expansão automáticas (AEV – *automatic expansion valves*) são dispositivos de medida especializados, usados em aplicações nas quais há carga bastante constante. Esse dispositivo é basicamente uma válvula reguladora de pressão que, uma vez ajustada, mantém a temperatura de evaporador constante. Ele não é negativamente afetado pelas altas cargas do condensador como um tubo capilar. Diferentemente da TEV, a AEV não tenta manter o evaporador superaquecido; isso é importante quando a unidade tem um problema porque a temperatura do evaporador diminui para muito baixa (ver a Figura 5.25).

Figura 5.25 AEV. *Foto de Dick Wirz.*

As válvulas de expansão automáticas funcionam justamente ao contrário das TEVs. O aumento na carga no evaporador causa aumento na pressão do evaporador e na temperatura da linha de sucção. Se o evaporador usasse uma TEV, ela abriria, acrescentando mais refrigerante ao evaporador a fim de diminuir sua temperatura. Uma AEV, por outro lado, fechará na verdade o fluxo do refrigerante e subcarregará ligeiramente o evaporador.

Embora isso não reduza a carga rapidamente, impede que o evaporador fique muito frio. Válvulas de expansão automática são usadas em resfriamento de água potável para manter a água em temperatura fria. Entretanto, esse tipo de dispositivo de medida manterá o evaporador acima do congelamento, de modo que há pouca chance de o tanque de água fria se romper. Outro uso da AEV ocorre em *freezers* de sorvete cremoso e de distribuidores de polpas de suco congelada. A temperatura do produto deve ser mantida em um ou dois graus de projeto para que o produto fique nas condições adequadas para consumo.

VÁLVULAS DE EXPANSÃO ELÉTRICA

Em projetos atuais, os componentes eletrônicos que controlam a válvula são separados da válvula propriamente dita. Portanto, o termo correto para descrever as válvulas poderia ser "válvulas elétricas eletronicamente controladas". Para manter as coisas simples, usaremos, em vez disso, o termo "válvula elétrica" neste livro.

A principal função de uma TEV e de uma válvula de expansão elétrica (EEV – *electric expansion valve*) é basicamente a mesma: manter o superaquecimento correto no evaporador.

Se o evaporador tiver o superaquecimento correto, então o técnico pode estar razoavelmente certo de que está corretamente carregado com refrigerante e há pouca chance de o líquido retornar ao compressor. Ambas as válvulas mantêm o superaquecimento, sentindo a pressão e a temperatura da linha de sucção do evaporador. A TEV padrão em uso é uma unidade autocontida que utiliza a pressão e a temperatura para medir a quantidade correta de refrigerante no evaporador.

Por outro lado, para desempenhar as mesmas funções, a EEV precisa de energia elétrica para funcionar e um controlador separado para enviar sinais para a válvula. Após receber as informações dos sensores, o controlador determina como a válvula precisa funcionar. Um pequeno motor elétrico no topo da válvula abre e fecha a porta da válvula. A tecnologia eletrônica necessária faz com que o custo da EEV seja maior do que o da TEV, mas ela opera de forma mais precisa, o que melhora a eficiência do sistema e reduz os custos de operação de todo o sistema. Em sistemas maiores o custo inicial mais alto das EEVs tem retorno relativamente mais rápido por causa da economia de energia.

As válvulas elétricas podem desempenhar muitas tarefas diferentes baseadas no software programado em seus controladores e o tipo de agulha ou êmbolo da válvula. A seguir, há uma lista parcial de algumas das válvulas elétricas que são usadas hoje em sistemas de refrigeração:

» Válvulas de expansão
» Derivação de gás quente
» Reguladores de pressão de evaporador
» Reguladores de pressão de cárter
» Reguladores de pressão máxima
» Válvulas de três vias de recuperação de calor

Independentemente da tarefa da válvula, a parte do motor elétrico de todas elas é muito semelhante. Embora tenham existido vários tipos de motores usados em válvulas elétricas, o mais comum atualmente é o motor de fase. Tenha como referência as Figuras 5.26, 5.27 e 5.28. Motores de indução tradicionais usados em ventiladores, bombas e compressores funcionam desde que a energia seja aplicada a eles, no entanto, os motores de fase funcionam somente em um arco definido ou distância, depois desligam. Toda vez que a energia é aplicada e depois removida, o motor move uma quantidade fixa, ou fase, antes de parar. O benefício das pequenas fases é que a válvula é capaz de controlar o fluxo do refrigerante muito precisamente. Enquanto pequenas válvulas elétricas podem usar um mecanismo de transmissão direta para abrir e fechar a porta (Figura 5.27), válvulas maiores devem aumentar a força gerada pelo motor, usando uma simples engrenagem de trem (ver a Figura 5.28).

O controlador que indica à EEV o que fazer usa interruptores de estado sólido chamados transistores (Figura 5.29). O termo "estado sólido" significa que eles são fabricados de um *chip* de silicone sólido e não possuem partes móveis. Eles agem como interruptores ou relés,

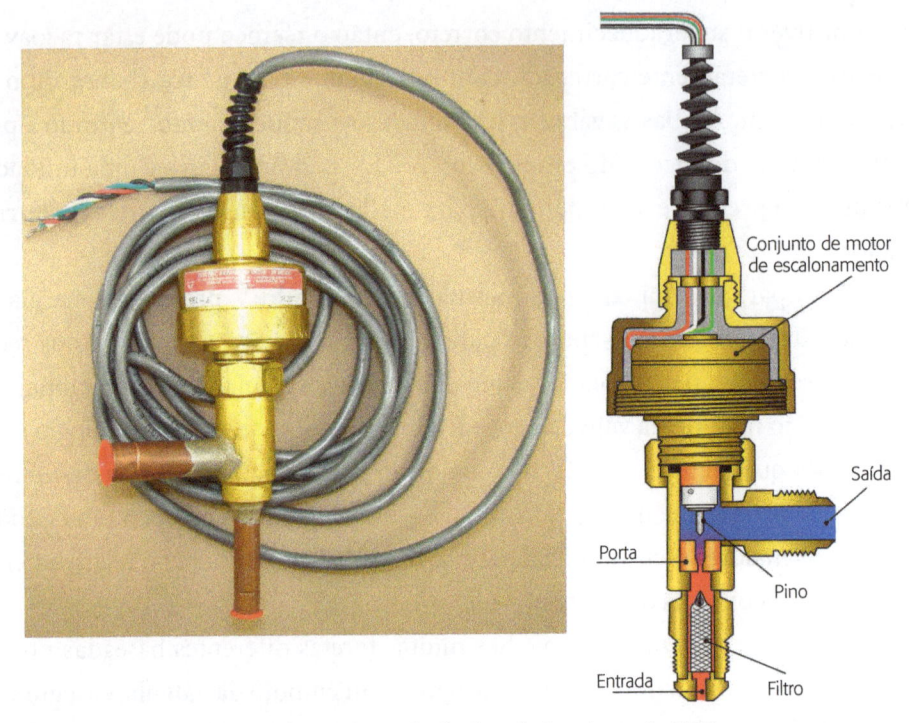

Figura 5.26 EEV da Sporlan. *Adaptado da foto de Sporlan pelo RTS.*

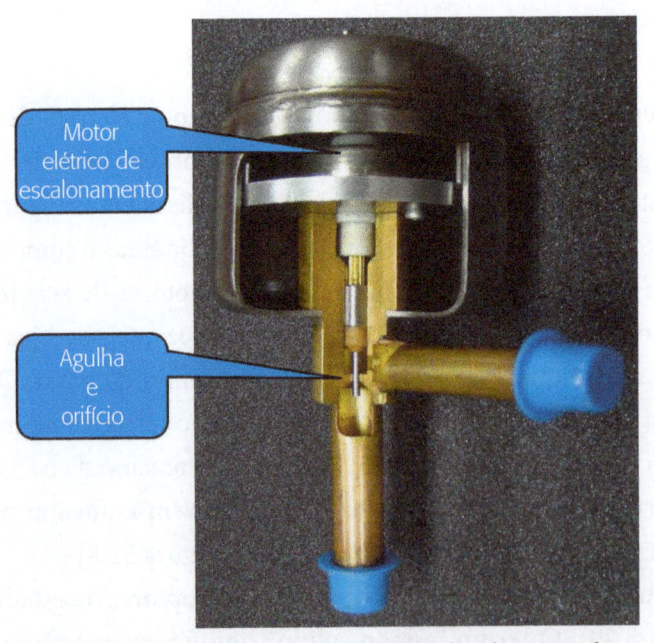

Figura 5.27 Visão do corte de uma EEV da Alco. *Foto de Dick Wirz.*

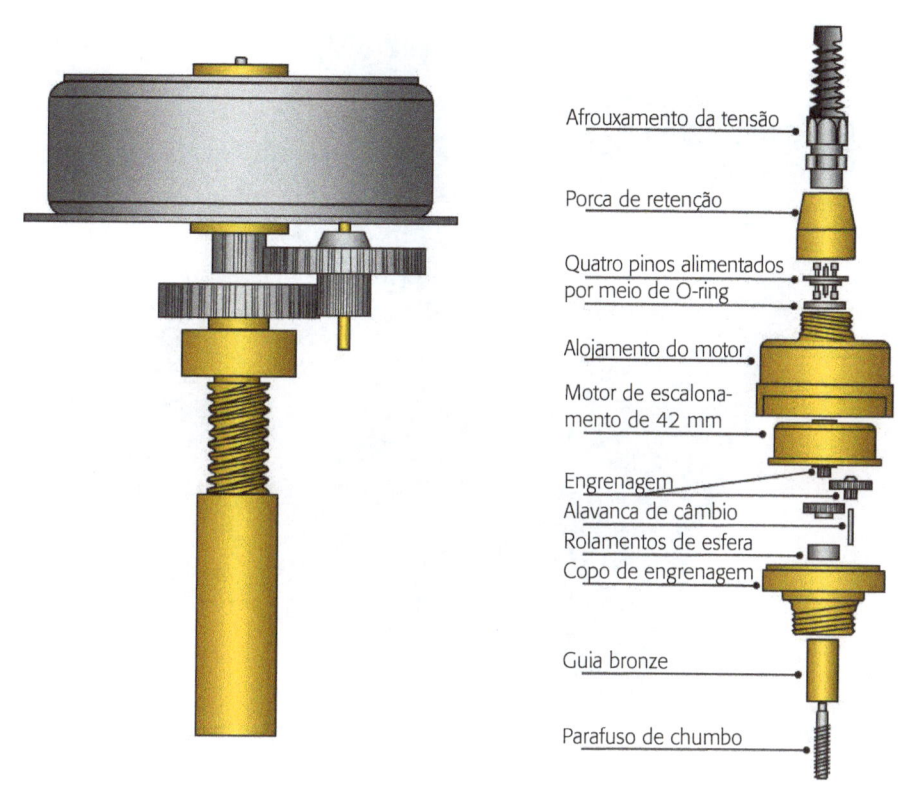

Figura 5.28 Sporlan usa engrenagem para aumentar a força em válvulas maiores. *Adaptado da foto de Sporlan por RTS.*

usando um pequeno sinal elétrico para ligar e desligar um grande sinal. No interior do controlador, encontra-se um microprocessador, também conhecido como computador, que envia sinais para os transistores a fim de fazer o motor de escalonamento abrir e fechar a válvula em incrementos muito precisos.

A válvula, o controlador, o microprocessador e a fiação são conhecidos como "hardware". O "software" é o conjunto de instruções, ou **algoritmos**, necessário para fazer a válvula desempenhar uma função. Testes extensivos foram necessários para certificar-se de que os algoritmos fazem a válvula funcionar corretamente. Devido às despesas desse teste, os algoritmos de superaquecimento são mantidos em segredo (informações de marca registrada) pela maioria dos fabricantes de controle. Os algoritmos se baseiam em lógica "se, então". Por exemplo, "se o superaquecimento aumentar 0,56 °C, então abra a EEV dois incrementos". Para determinar o superaquecimento, o controlador deve saber a temperatura de sucção saturada e a temperatura da linha de sucção. O controlador recebe essa informação em um formato eletrônico reconhecível de um **transdutor de pressão** e de um **termistor** (Figura 5.30).

Um transdutor de pressão é um dispositivo de três fios. Dois fios fornecem eletricidade e o terceiro fio envia sinal de saída para o controlador. O termistor é um dispositivo de estado sólido que muda sua resistência elétrica em resposta à mudança na temperatura. O controlador

Figura 5.29 Controlador da Sporlan para válvulas elétricas. *Cortesia de Sporlan Valve Company.*

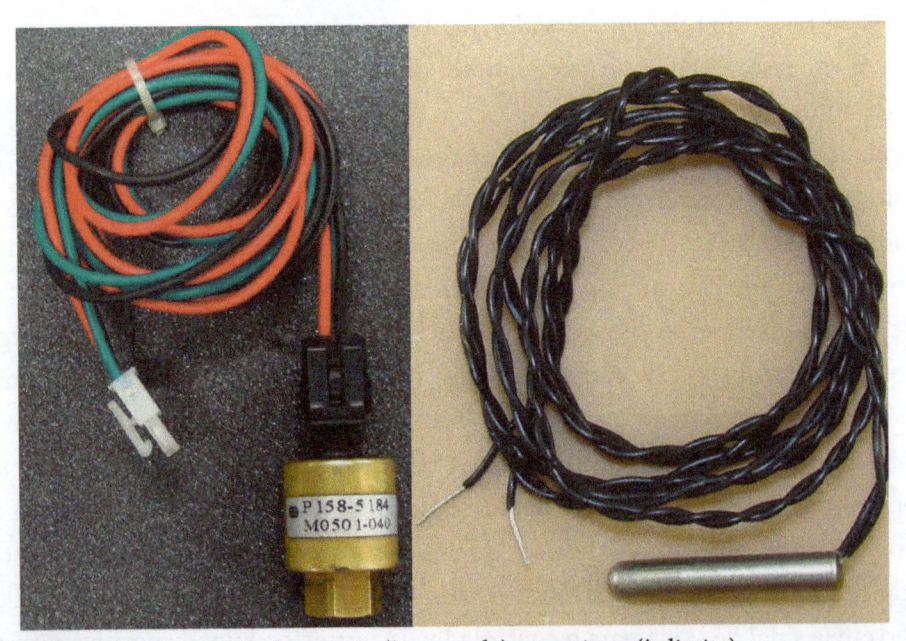

Figura 5.30 Transdutor de pressão (à esquerda) e termistor (à direita). *Foto de Dick Wirz.*

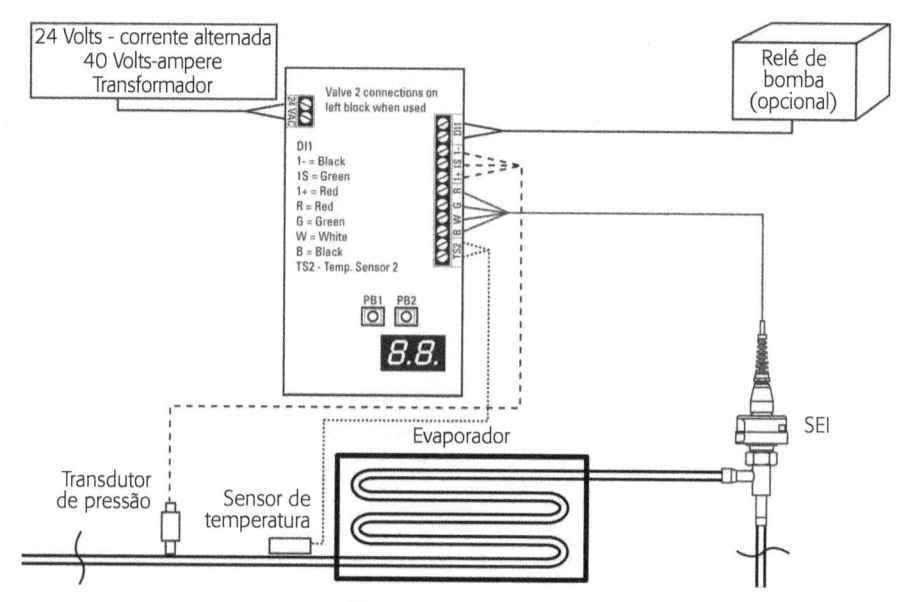

Figura 5.31 Diagrama da EEV e controlador da Sporlan, com entradas de pressão e temperatura. *Cortesia da Sporlan Valve Company.*

é capaz de determinar a temperatura com base na resistência encontrada pelo sinal elétrico que envia por meio do termistor.

Como as válvulas são controladas eletronicamente, elas têm a capacidade de monitorar muito precisamente e de controlar a pressão, a temperatura, o superaquecimento e muitas outras exigências do sistema. As EEVs usadas em casos de temperatura média e em câmaras frigoríficas são creditadas com acúmulo menor de gelo, mantendo a temperatura de evaporador mais consistente do que as TEVs tradicionais (Figura 5.31).

Além disso, as EEVs podem fechar completamente o fluxo do refrigerante, o que elimina a necessidade de solenoide para desligar e ligar. A válvula também impede o vazamento entre os lados alto e baixo durante a parada, o que evita a equalização das duas pressões. O benefício é que o sistema começará a refrigeração mais depressa, após o início da atividade por duas importantes razões:

1. o compressor atinge rapidamente a pressão máxima para as condições de operação porque a pressão de descarga não diminui muito após o ciclo anterior do compressor;
2. o compressor não gasta tempo diminuindo a pressão de sucção para as condições de operação porque a sucção não diminuiu tanto após o ciclo anterior.

Quando usadas com compressores de capacidade múltipla, as válvulas maximizam a eficiência do sistema enquanto combinam o fluxo do refrigerante às capacidades mutantes do compressor. Por exemplo, quando um descarregador é utilizado, a capacidade do compressor é reduzida. A EEV combinará a capacidade do compressor sob todas as condições de carga e descarga.

Solucionar problemas de EEVs não é muito difícil, mesmo elas empregando alto grau de tecnologia de hardware e software. Quando um sistema não está funcionando corretamente, os técnicos tendem a condenar a parte do sistema que eles não entendem. Isso é especialmente verdadeiro quando se trata de componentes eletrônicos. Como nos painéis de controle em ACs e máquinas de produção de gelo, as EEVs somente respondem a sinais fornecidos por seus controladores. Antes de condenar uma EEV, o técnico deve se certificar de que ela esteja recebendo o sinal correto do controlador. A maior parte dos controladores modernos apresentam capacidade de diagnóstico embutidas e os fabricantes fornecem instruções detalhadas de como verificar tanto o controlador quanto as válvulas. Sporlan tem até mesmo um SMA-12 Step Motor Actuator para ajudar a diagnosticar os sistemas, confirmando ou provando o funcionamento correto do motor de escalonamento de sua válvula.

Nota: As EEVs podem manter superaquecimentos muito baixos. Teoricamente, elas poderiam manter o superaquecimento de um evaporador em 0,56 ºC. Entretanto, como técnicos, nossa capacidade de verificar apropriadamente esses superaquecimentos, mesmo por meio de termômetros eletrônicos, é frequentemente imprecisa em vários graus. Portanto, os fabricantes de EEVs recomendam um superaquecimento mínimo de 2,8 ºC.

Resumo

Os dispositivos de medida fornecem refrigerante ao evaporador para absorver calor do espaço interno. Tanto a pressão quanto a temperatura de entrada do refrigerante líquido devem diminuir muito para resfriar o evaporador. Os tubos capilares realizam o trabalho adequado de medir o refrigerante em pequenas unidades comerciais, como as geladeiras comerciais. As TEVs têm a capacidade de tratar de mais carga no evaporador e são sempre usadas em equipamentos maiores com evaporadores com múltiplos circuitos.

O dimensionamento correto do dispositivo de medida é crítico para o funcionamento geral do sistema. Os tubos capilares atuam de modo muito diferente das TEVs. Solucionar problemas de dispositivos de medida exige a completa compreensão de como são dimensionados, como o sistema os afeta, assim como suas limitações. Válvulas eletrônicas de expansão estão se tornando mais comuns em sistemas de refrigeração comercial. Embora seu custo seja maior do que as TEVs convencionais, a economia de energia em razão de seu funcionamento eficiente fornece rápido retorno do investimento inicial nessa nova tecnologia.

Questões de revisão

1. **Qual é a principal função de todos os dispositivos de medida?**
   a. Fornecer refrigerante para o evaporador para absorver calor.
   b. Impedir o retorno do líquido ao compressor.
   c. Manter o superaquecimento.

2. **Quais são as duas maneiras pelas quais o dispositivo de medida realiza sua função principal?**
   a. Impedir líquido no compressor e inundação do evaporador.
   b. Alterar o líquido que entra na forma de *spray*, e diminuir a sua temperatura.
   c. Aumentar a pressão do evaporador e superaquecimento.

3. **Quais são os dois modos pelos quais o dispositivo de medida reduz a temperatura do refrigerante à medida que ele entra no evaporador?**
   a. Sub-resfriamento e dessuperaquecimento.
   b. Diminuição na pressão e aumento no superaquecimento.
   c. Diminuição na pressão e expansão adiabática.

4. **Por que o superaquecimento é importante em um sistema de TEV?**
   a. Ele age como margem de segurança para evitar dano ao compressor devido à inundação.
   b. Mantém a temperatura do evaporador elevada, desse modo ele não congela.
   c. Permite que o evaporador funcione em sua máxima eficiência.

5. **A pressão de sucção na saída do evaporador é de 447,93 kPa man (65 psig) em um sistema R404A e a temperatura da linha de sucção no bulbo é de 1,7 ºC. Qual é o superaquecimento?**
   a. 3,3 ºC
   b. 4,4 ºC
   c. 5,6 ºC
   d. 6,7 ºC

6. **De acordo com TROT, qual é a configuração aproximada do superaquecimento do evaporador no espaço interno de uma câmara frigorífica de temperatura média?**
   a. 2,8 ºC
   b. 5,6 ºC
   c. 8,3 ºC
   d. 11,1 ºC

7. **De acordo com TROT, qual é a configuração aproximada do superaquecimento do evaporador para um *freezer* de câmara frigorífica?**
   a. 2,8 ºC
   b. 5,6 ºC
   c. 8,3 ºC
   d. 11,1 ºC

8. **Você pode usar um termômetro de bolso para calcular o superaquecimento? Por que sim ou por que não?**
   a. Sim, os termômetros de bolso são muito precisos.
   b. Não, eles não são suficientemente precisos para medir a temperatura da linha.

9. **Se o compressor estiver a 18,3 m (60') do evaporador, você pode usar a pressão de sucção na válvula de**

sucção do compressor para calcular o superaquecimento do evaporador? Por que sim ou por que não?

a. Sim, porque a pressão de sucção é a mesma em todo o lado de baixo.
b. Provavelmente, se você permitir uma diminuição de pressão de 13,78 kPa man (2 psig) na linha de sucção.
c. Não, porque não haveria meio de saber qual é a pressão real do evaporador.

10. Qual é o melhor momento para fazer a leitura do superaquecimento?

a. Quando a temperatura do espaço estiver dentro de 2,8 ºC da temperatura de projeto.
b. No início da atividade do sistema.
c. Quando o sistema acabou de desligar.

11. Quais são as três principais forças sobre uma TEV?

a. Pressão máxima, pressão de sucção e pressão de válvula.
b. Pressão do bulbo, pressão do evaporador e pressão de mola.
c. Pressão do bulbo, pressão da linha de líquido e pressão de evaporador.

12. Qual é a única força de abertura da TEV?

a. A pressão da mola.
b. A pressão do evaporador.
c. A pressão do bulbo sensor.

13. Qual é a primeira consideração quando se instala um TEV de tipo *sweat*?

a. Não superaquecer a válvula.
b. Não permitir umidade no interior da válvula.
c. Não permitir oxidação no interior da válvula.

14. Que tipo de evaporador precisa de uma válvula externamente equalizada?

a. Evaporador de um único circuito sem tubo equalizador
b. Evaporador de múltiplos circuitos com tubo equalizador

15. Por que são necessárias válvulas externamente equalizadas em alguns evaporadores?

a. Por causa da alta diminuição de pressão nos distribuidores.
b. Por causa do número de aletas na serpentina.
c. Por causa do coletor de sucção na saída do evaporador.

16. Quando se ajusta uma TEV da Sporlan para um superaquecimento de mais 1,1 ºC, quantas voltas na haste de ajuste são necessárias e em que direção?

a. No sentido anti-horário (fora), meia-volta.
b. Sentido horário (dentro), meia-volta.
c. Sentido horário (dentro), uma volta.

17. Qual é a configuração de fábrica do ajuste de superaquecimento determinada em uma válvula de expansão da Sporlan?

a. Encontrar o ponto médio da haste de ajuste do superaquecimento.
b. Ajustar completamente a haste para dentro até que ela pare.
c. Ajustar completamente a haste para fora até que ela pare.

18. De acordo com os fabricantes de válvulas, onde o bulbo sensor da TEV deve ser montado sobre uma linha de sucção horizontal que tem um diâmetro de 2,2 cm (⅞") ou mais?

    a. No topo da linha de sucção.
    b. Na base da linha de sucção.
    c. Em uma posição de quatro horas ou oito horas.

19. Com base na pergunta anterior, onde você deve montar o bulbo se o tubo tivesse um diâmetro externo de 1,59 cm (⅝") ou menos?

    a. Na base da linha de sucção.
    b. Qualquer lugar, exceto na base da linha de sucção.

20. O que acontece com a capacidade de uma TEV à medida que a pressão máxima decresce?

    a. A capacidade aumenta por causa de mais diminuição de pressão na válvula.
    b. A capacidade diminui devido à diminuição menor da pressão na válvula.

21. O que acontece à capacidade de uma TEV à medida que a temperatura do líquido diminui?

    a. A capacidade aumenta devido à menor expansão adiabática necessária.
    b. A capacidade diminui devido ao menor fluxo de refrigerante.

22. Qual dimensão de TEV um evaporador de 5,27 kW (18 mil Btuh) demandaria? Dê a resposta em kW (Btuh) e tonelagem.

    a. 5,27 kW (18 mil Btuh), 1,5 tonelada.
    b. 3,52 kW (12 mil Btuh), 1 tonelada.
    c. 3,52 kW (12 mil Btuh), 1,5 tonelada.

23. Quais são os três critérios necessários para que uma TEV funcione corretamente?

    a. Válvula dimensionada corretamente, bulbo instalado corretamente e líquido completo na válvula.
    b. Válvula dimensionada corretamente, bulbo firmemente amarrado no cano e alta pressão para a válvula.
    c. Válvula dimensionada corretamente, bulbo montado na base do cano e pressão para a válvula.

24. Como você sabe se uma TEV está inundando?

    a. Baixo superaquecimento
    b. Alto superaquecimento
    c. Falta de superaquecimento

25. Quais são as três primeiras coisas a verificar se uma TEV estiver inundando?

    a. Gelo na válvula, pressão máxima e superaquecimento.
    b. Pressão máxima, pressão de sucção e superaquecimento.
    c. Gelo na válvula, bulbo sentido corretamente, e superaquecimento.

26. Como você sabe que uma TEV se encontra subcarregada?

    a. Baixo superaquecimento
    b. Alto superaquecimento
    c. Sem superaquecimento

27. Quais são as quatro coisas que você verificaria se a TEV estivesse subcarregada?

    a. Gelo na válvula, carga do bulbo, bloqueio do filtro e superaquecimento.

b. Pressão máxima, pressão de sucção, filtro e superaquecimento.
   c. Gelo na válvula, localização do bulbo, pressão de sucção e superaquecimento.

28. Como você sabe se uma TEV está oscilando?

   a. Baixo superaquecimento
   b. Alto superaquecimento
   c. Superaquecimento flutua

29. Quais as três coisas que você verificaria se uma TEV estivesse oscilando?

   a. Dimensionamento da válvula, líquido para a válvula e, se ao abrir a válvula, a oscilação para.
   b. Dimensionamento da válvula, pressão máxima e localização do bulbo.
   c. Dimensionamento da válvula, superaquecimento e posição média da válvula.

30. Como os tubos capilares medem o refrigerante?

   a. Pressão mais baixa do evaporador para a configuração do superaquecimento.
   b. Pressão mais baixa do líquido para a pressão do evaporador.
   c. Pulverizar líquido para o interior do evaporador.

31. Se um tubo capilar substituto tiver diâmetro interno maior do que o original, ele deve ser mais longo ou mais curto do que o tubo capilar original?

   a. Mais longo.
   b. Mais curto.

32. O dono de uma loja de conveniência acaba de comprar uma geladeira comercial com sistema de tubo capilar. Ele quer consertar o sistema porque as garrafas de cerveja mornas que ele colocou na geladeira após o almoço não estão frias até seu período de maior demanda, às 17 horas. O que você diria a ele? Justifique sua resposta.

33. Você está fazendo a manutenção de uma geladeira comercial morna com um sistema de tubo capilar. O cliente diz que ela funciona, mas em temperatura de 5,6 °C a 11,1 °C mais altas do que a normal, e o produto que entra no espaço interno provém do interior de uma câmara frigorífica que não tem problemas de funcionamento. Como você verificaria o espaço interno sem colocar seus marcadores nela?

34. Logo após colocar os marcadores na unidade da questão anterior, você encontra o lado baixo em um vácuo e a pressão máxima ligeiramente mais baixa do que a normal para as condições do ambiente. O que você suspeitaria como sendo o problema e como você o corrigiria?

35. Qual é a principal função de uma TEV?

   a. Manter o superaquecimento correto do evaporador.
   b. Preencher completamente o evaporador com refrigerante líquido.
   c. Alimentar refrigerante suficiente para evitar problemas de compressão.

36. Quais são as principais razões para o uso de uma EEV dispendiosa sobre uma TEV padrão?

a. Os clientes querem unidades com melhor tecnologia.
b. Melhor eficiência e controle do sistema.
c. EEVs são mais lucrativas.

37. O que é um algoritmo?

a. Uma teoria elétrica usada para desenvolver EEVs.
b. Uma função matemática que fornece parâmetros para uma TEV funcionar.
c. Um conjunto de instruções no microprocessador que controla uma válvula elétrica.

38. O que é um transdutor de pressão?

a. Um controle de segurança para evitar pressão baixa.
b. Um dispositivo sensor de pressão para monitorar.
c. Um dispositivo sensor de pressão que envia informações para o controlador.

39. O que é um termistor?

a. Um controle de segurança para evitar baixa temperatura.
b. Um controle de segurança para evitar alta temperatura.
c. Um dispositivo que muda a resistência em resposta às mudanças de temperatura.

40. Qual é o benefício de evitar que as pressões de um sistema se equalizem durante o período em que não está funcionando?

a. O sistema alcança a capacidade recomendada mais cedo após o início de atividade.
b. É menos provável que o evaporador inunde o compressor.
c. O compressor puxará menos corrente de partida.

41. Qual é o mínimo de superaquecimento recomendado pelos fabricantes de EEVs?

a. 0,56 °C de superaquecimento
b. 2,8 °C de superaquecimento
c. 5,6 °C de superaquecimento

Controles e acessórios

CAPÍTULO 6

Visão geral do capítulo

Os quatro capítulos anteriores focaram os componentes básicos de um sistema de refrigeração: evaporador, condensador, compressor e dispositivos de medida. Neste capítulo são abordados os controles que administram o funcionamento do sistema e os acessórios que melhoram seu desempenho.

Há muitos controles e acessórios à disposição para os sistemas de refrigeração. Entretanto, a ênfase deste capítulo está nos controles que os técnicos encontram normalmente em equipamentos que servem aos alimentos, de até cerca de 7,5 cv. Em equipamentos maiores, o tamanho do componente pode ser um pouco maior e parece ser mais complicado, mas as características de funcionamento são similares àquelas tratadas neste capítulo.

Controles de temperatura

O principal controlador de temperatura é um termostato (*tstat*). Em resposta à temperatura, um circuito elétrico liga ou desliga, fazendo o compressor interromper ou dar partida. Os termostatos de refrigeração comercial são voltagem de linha e usam bulbo sensor repleto de gás ou líquido para monitorar a temperatura. A pressão do bulbo é transmitida por meio de um tubo capilar ao diafragma no controle em resposta a uma das seguintes temperaturas:

» temperatura do ar de retorno ou do espaço interno;

» temperatura do ar de suprimento;
» temperatura do evaporador;
» temperatura da linha de sucção.

A maior parte dos termostatos monitora o ar de retorno, que é a média da temperatura do espaço interno. Os termostatos são apresentados em muitos intervalos de sensor de temperatura e temperaturas diferenciais (TD – *temperature differentials*) (diferença entre ligar e desligar). Ao "sentir" a temperatura do ar, o diferencial é de aproximadamente 1,7 °C a 2,7 °C. Essa oscilação bastante ampla de temperatura impede o ciclo curto do compressor e também permite à maioria dos refrigeradores de temperatura média o autodescongelamento durante o tempo desligado.

EXEMPLO: 1 Suponha que um refrigerador deva manter uma temperatura no espaço interno de 4,4 °C. Quando a temperatura interna atingir os 4,4 °C, o termostato liga o compressor. O termostato tem um diferencial de 3,7 °C, ou uma oscilação de temperatura. Quando a temperatura do espaço diminui para 1,7 °C (4,4 °C – diferencial de 2,7 = 1,7 °C), o termostato desliga o compressor. O(s) ventilador(es) do evaporador funciona(m) continuamente, circulando o ar por todo o espaço interno. Quando a temperatura do ar aumenta para 4,4 °C, o termostato liga o compressor, e o ciclo se repete (ver a Figura 6.1).

Alguns espaços internos de temperatura média têm problema com o excesso de congelamento da serpentina. Essa condição é frequentemente causada por cargas pesadas de produtos ou temperaturas de evaporação baixas. Evaporadores de geladeiras comerciais têm cerca de 8,3 °C a 11,1 °C de diferencial de temperatura. Isso significa que um espaço interno de 4,4 °C tem temperaturas de serpentina de –3,9 °C a –6,7 °C. Nessas temperaturas, o gelo se acumula quando o compressor está funcionando (ver a Figura 6.2).

Para se assegurar de que o evaporador está sem gelo durante o ciclo interrompido, alguns fabricantes de geladeiras comerciais colocam o sensor de termostato nas aletas do evaporador ou amarram-no à linha de sucção. Nessas posições, o termostato reage à temperatura da serpentina em lugar de reagir à temperatura do ar no espaço. Se o termostato for ajustado para ligar em 4,4 °C, ele o fará quando a temperatura do evaporador estiver até o limite de 4,4 °C. Normalmente,

Figura 6.1 Termostato sensor de ar. *Foto de Dick Wirz.*

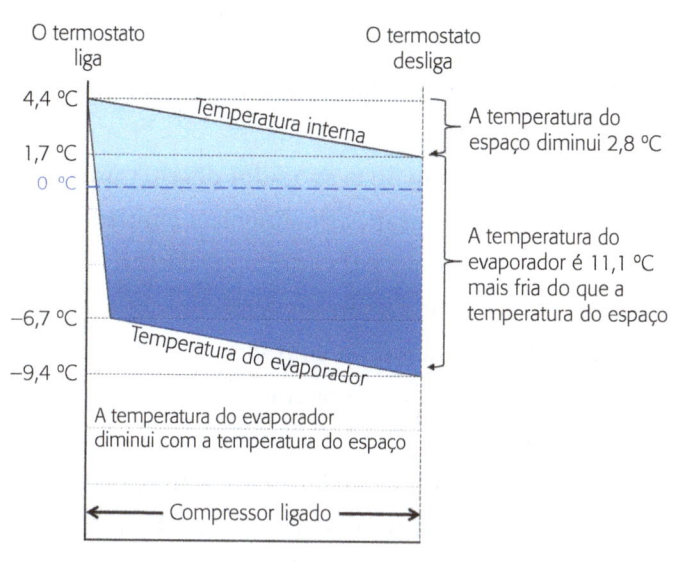

Figura 6.2 Diagrama da relação entre a temperatura interna e a temperatura do evaporador em um refrigerador com um diferencial de temperatura de 11,1 °C. *Cortesia de Refrigeration Training Services.*

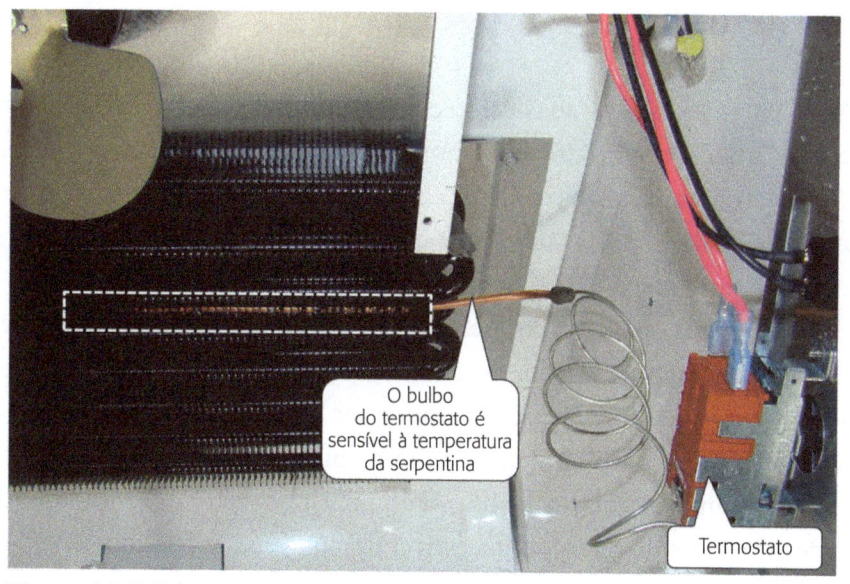

Figura 6.3 Geladeira comercial com termostato sensor de serpentina. *Foto de Dick Wirz.*

é como se fosse a temperatura do ar que sopra nas aletas do evaporador, mas com uma diferença importante: qualquer gelo que se acumulou no evaporador durante o ciclo de refrigeração deve ser derretido antes que a temperatura da serpentina alcance os 4,4 °C.

Isso garante que o evaporador esteja livre do gelo antes que ligue o compressor, fornecendo, portanto, a característica de autodegelo desse tipo de uso do termostato. A Figura 6.3 é uma foto do termostato de uma geladeira comercial com seu bulbo inserido no evaporador para "sentir" a temperatura da serpentina em lugar da temperatura do espaço interno. A foto foi feita com a panela do evaporador, montada no teto, retirada para expor a serpentina, o termostato e a fiação.

Um termostato sensor da temperatura do evaporador deve ter uma diferença grande, o suficiente entre ligar e desligar para monitorar corretamente a temperatura do evaporador, normalmente de 8,3 ºC a 11,1 ºC de diferencial para geladeiras comerciais, o que combina com os diferenciais de temperatura de geladeiras comerciais. Suponha que a temperatura do ar em uma geladeira comercial oscile de 4,4 ºC, quando o compressor começa a funcionar, para 1,7 ºC, quando o compressor desliga. Enquanto a temperatura interna é de 4,4 ºC, a temperatura do evaporador é de aproximadamente –6,7 ºC [supondo que a diferença de temperatura do evaporador seja de 11,1 ºC. Logo antes de o controle de temperatura interromper o compressor quando a temperatura interna diminui para 1,7 ºC, a temperatura do evaporador poderia funcionar em cerca de 8,4ºC (1,7 ºC – (–6,7) = 8,4 ºC)]. Na Figura 6.4, o termostato poderia ter sua partida em 4,4 ºC e o desligamento em –9,4 ºC.

A seguir, um exemplo de como um termostato com seu bulbo sensor montado no evaporador pode impedir problemas com gelo melhor do que um termostato sensor da temperatura do ar no espaço refrigerado.

EXEMPLO: 2 Um refrigerador é abastecido com um produto quente e a temperatura interna aumenta rapidamente para 15,5 ºC. O compressor passa a funcionar, mas, bem antes de a temperatura interna diminuir para 4,4 ºC, a serpentina forma uma fina camada de gelo, bloqueando o fluxo de ar e a transferência de calor. Como a fina camada de gelo isola a serpentina da temperatura morna do espaço interno, a temperatura do evaporador continua a diminuir. Um controle de sensor de ar manteria o compressor funcionando, acrescentando aos problemas de camada fina de gelo. Entretanto, se o bulbo sensor for montado nas aletas do evaporador, o termostato desligará o compressor quando o evaporador diminuir para a temperatura de desligamento do controle. Enquanto o compressor estiver desligado, os ventiladores continuam a circular o ar morno do interior sobre o evaporador, derretendo a fina camada de gelo. Quando a serpentina estiver descongelada, ele atinge 4,4 ºC – temperatura de ligar –, e então o compressor começa a funcionar novamente. Esse ciclo se mantém até que a temperatura do espaço interno e do produto finalmente diminua para os 4,4 ºC, a temperatura de projeto.

Se o termostato estivesse "sentindo" somente a temperatura interna, poderia manter o compressor em funcionamento mesmo quando a serpentina estivesse com uma fina camada de gelo. Os motores do ventilador adicionariam calor ao espaço interno, enquanto o evaporador, isolado pela fina camada de gelo, estaria formando gelo na tubulação da serpentina de dentro para fora.

As câmaras frigoríficas podem também ser mantidas livres da fina camada de gelo da mesma maneira, usando um termostato com um bulbo sensor remoto (ver a Figura 6.5).

O grande bulbo sensor do termostato é instalado na seção média do evaporador, cerca de 7,62 cm (3") do topo. Ao instalar, o técnico embute o bulbo sensor entre as aletas da serpentina em um ângulo ligeiramente voltado para baixo. Uma chave de fenda pode ser usada para espalhar as aletas suavemente e abrir espaço para o bulbo, que não deve tocar a tubulação da serpentina, somente as aletas.

A maioria dos termostatos de bulbo remotos tem sua temperatura de desligamento como característica principal na parte frontal do dial. No termostato da Figura 6.5, o ponteiro maior é o *desligar*, o ponteiro menor é o *ligar*, e a área entre os dois pontos é o diferencial. Um sistema com diferencial de temperatura de 5,6 °C provavelmente se desligaria em aproximadamente 5,6 °C a 8,3 °C a menos do que ao ligar.

A Figura 6.6 é uma versão eletrônica de termostato de bulbo remoto. Ele é mais preciso do que os modelos mecânicos e também possui um diferencial mais amplo de até 16,7 °C, que lhe permite ser usado em muito mais aplicações.

Para as geladeiras comerciais, os termostatos que "sentem" a serpentina são muito menores do que aqueles usados para câmaras frigoríficas. Alguns fabricantes também empregam o que se chama de termostato de "ligar constante" (Figura 6.7). Isso significa que o "ligar" é fixo, mas o diferencial de "desligar" é ajustável para combinar com a TD do refrigerador no qual é usado. As vantagens de se usar esse tipo de controle de temperatura incluem a temperatura do espaço interno fixa, não ajustável, enquanto possui uma característica muito eficaz de autodescongelamento em cada ciclo de funcionamento.

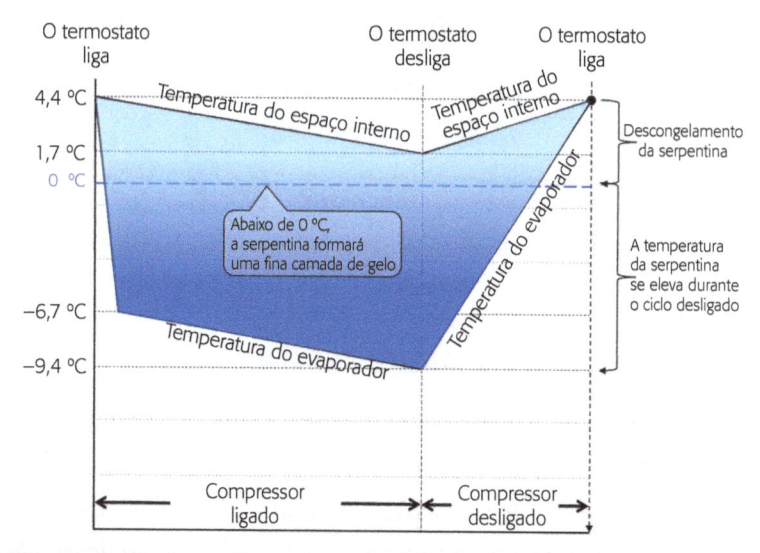

Figura 6.4 Ilustração de como o evaporador descongela durante o tempo em que não está funcionando, antes de o termostato iniciar o compressor. *Cortesia de Refrigeration Training Services.*

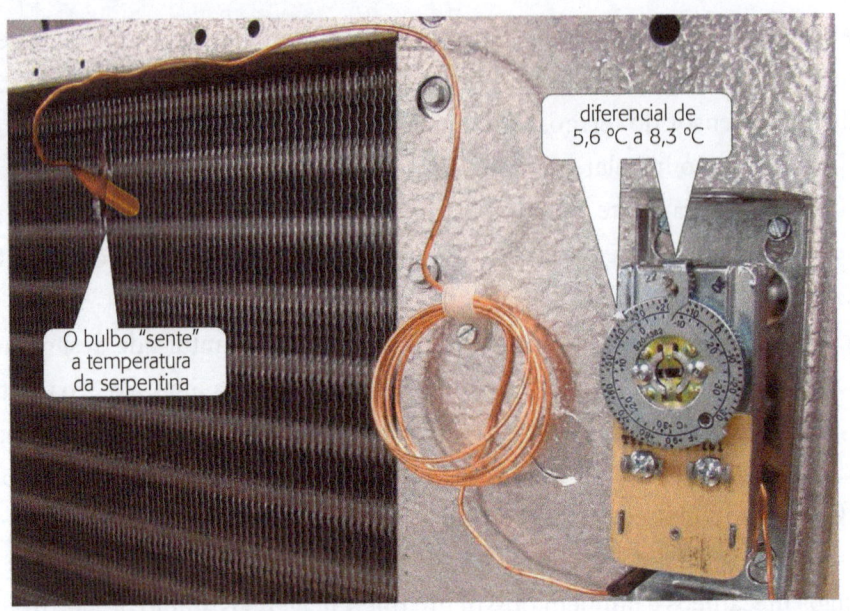

Figura 6.5 Conjunto de termostato de bulbo remoto calibrado para diferencial amplo quando o bulbo está "sentindo" a temperatura da serpentina. *Foto de Dick Wirz.*

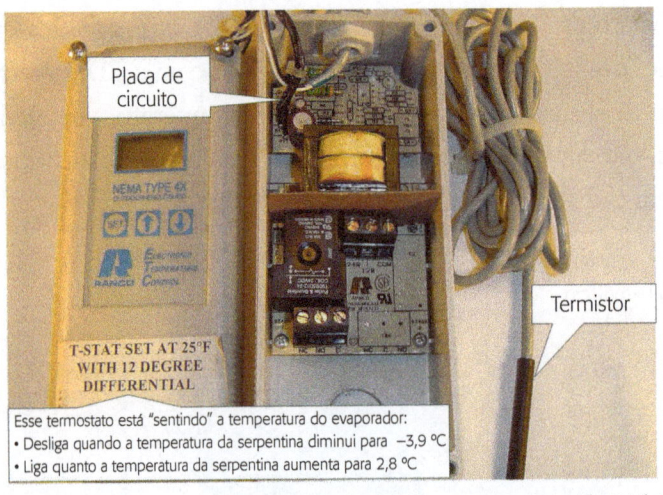

Figura 6.6 Termostato eletrônico com bulbo remoto. *Foto de Dick Wirz.*

VÁLVULA DE SERVIÇO DE COMPRESSOR

O uso das válvulas de serviço do compressor vai muito além de somente verificar as pressões do sistema. Os técnicos também utilizam as válvulas de serviço do compressor para verificar válvulas de palhetas do compressor e isolá-lo. A Figura 6.8 mostra em tamanho maior do que o normal uma válvula de serviço de sucção para a finalidade de ilustração. A posição da haste é chamada assentamento traseiro, porque a parte traseira da haste da válvula de flange encontra-se assentada.

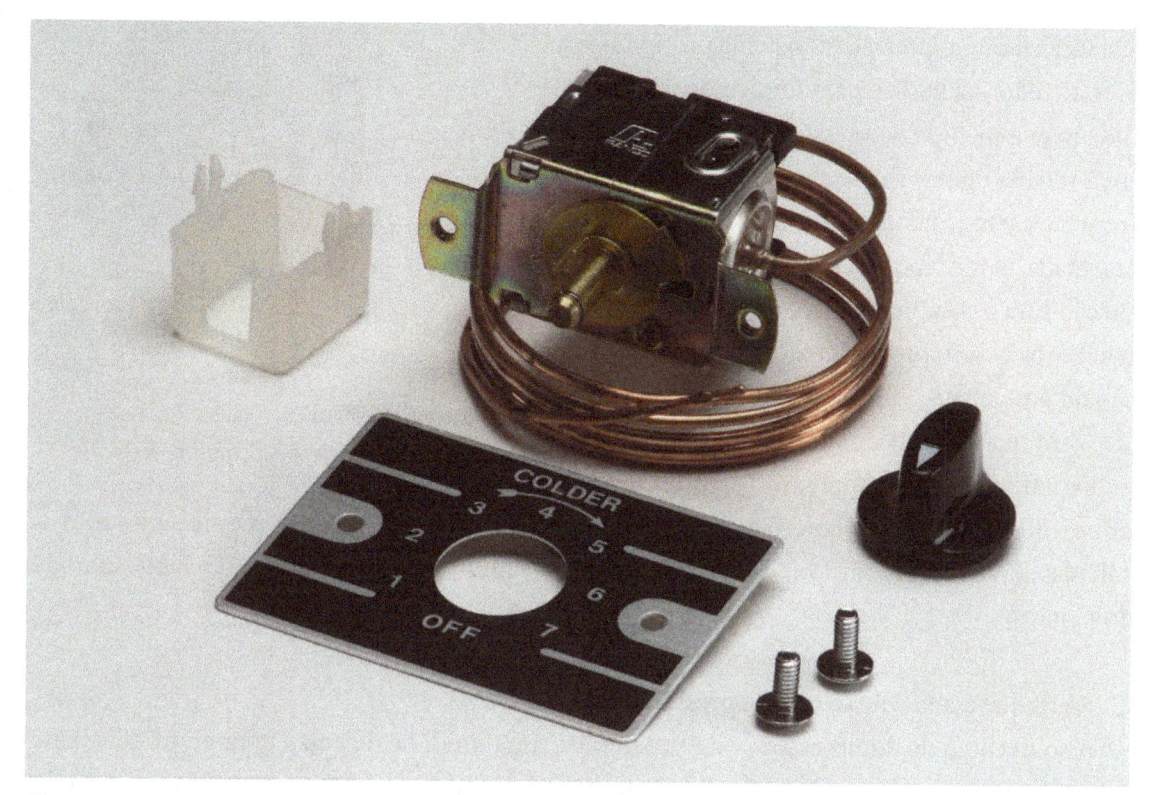

Figura 6.7 Termostato Ranco de "ligar" constante. *Cortesia de Ranco Controls.*

Todas as válvulas possuem uma embalagem ao redor da haste para impedir o vazamento do refrigerante. Algumas apresentam uma porca de embalagem que deve ser afrouxada ¼ de volta antes de girar a haste da válvula e depois apertar. A cobertura da haste da válvula não é mostrada, mas é chamada de *calota* (*dust cap*); ela mantém a haste da válvula limpa. Se sujeira ou ferrugem se juntarem na haste da válvula, será danificada a embalagem conforme a haste gira para dentro e para fora.

Finalmente, isso pode permitir que o refrigerante vaze, passando pela embalagem sempre que a válvula estiver com abertura dividida ou assentada na parte dianteira. O vazamento deve cessar quando a válvula estiver assentada na parte traseira.

Nota: *Um modo de verificar um compressor ineficiente é colocar a válvula de serviço de sucção em assento frontal e realizar um vácuo no compressor para um vácuo. O aumento na pressão do cárter pode ser uma indicação de válvulas de palhetas em mau estado interior do compressor. Uma válvula de serviço com vazamento causaria também o aumento na pressão, proporcionando um falso diagnóstico de válvulas de palhetas vazando.*

Na Figura 6.9a, a válvula está *dividida* ou *localizada no meio*. Girando a válvula em sentido horário, a haste da válvula gira para dentro, fazendo a volta da flange se mover para longe de sua localização. A pressão do sistema precipita-se na área ao redor da haste e para fora do orifício de medida para a medida da pressão. A Figura 6.9b mostra a válvula de serviço de sucção em assentamento frontal. A parte dianteira da flange da válvula está assentada, o que bloqueia completamente a linha de sucção para o compressor. Nessa posição, você pode realizar os quatro procedimentos seguintes de solução do problema.

1. Verifique a condição das válvulas de palheta.

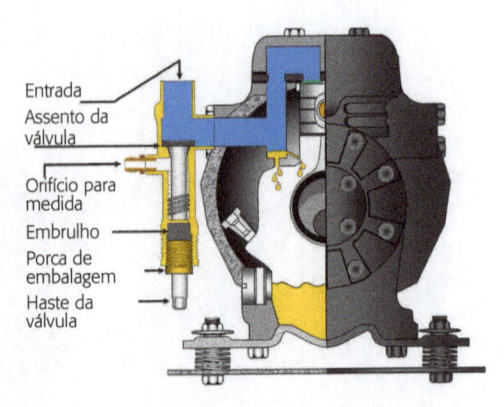

Figura 6.8 Válvula de serviço de sucção. *Cortesia de Refrigerant Training Services.*

Faça funcionar o compressor até que ele realize um vácuo no cárter. Desligue-o e observe a medida de sucção. Se a pressão começar a subir, as válvulas de sucção ou o vapor de descarga estão vazando, passando pelo pistão e pela parede do cilindro.

2. Verifique a alta sobrecarga da pressão de retorno.

A sobrecarga do compressor pode ocorrer em uma unidade de baixa temperatura durante a partida inicial, após a instalação. Pode também acontecer em um *freezer* quando ele sai do degelo. Em ambos os casos, o compressor inicia o funcionamento, opera por um período

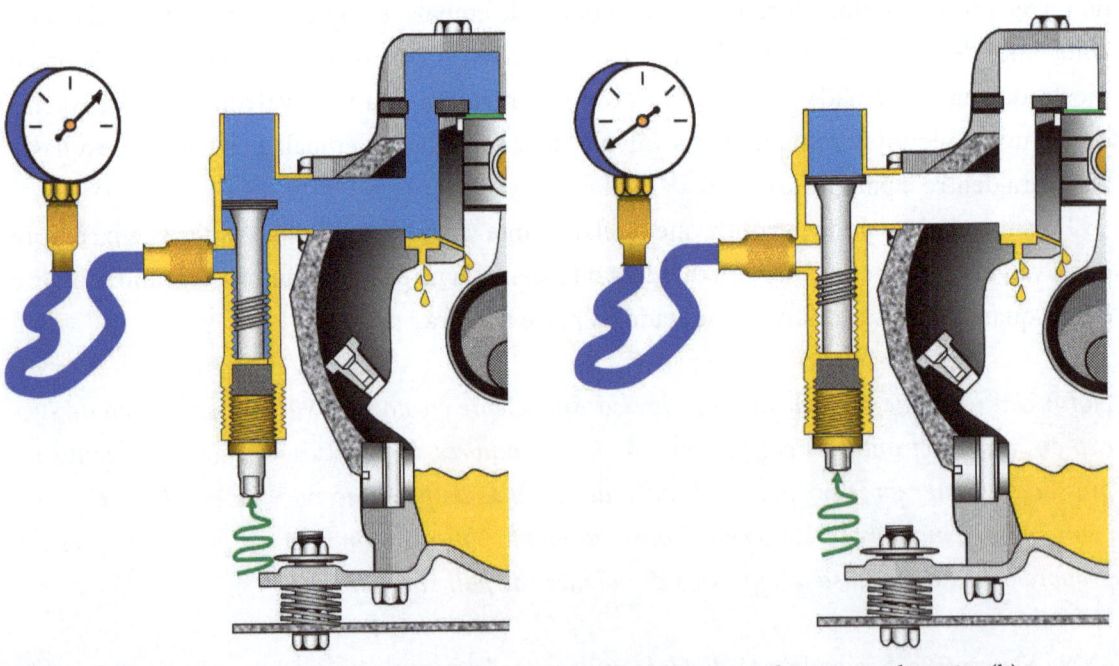

Figura 6.9 Válvula de serviço rachada ou localizada no meio (a) e assentada na parte dianteira (b). *Cortesia de Refrigeration Training Services.*

curto e desliga devido à sobrecarga. A pressão alta de retorno (pressão de sucção) de um evaporador morno (redução anormal de temperatura) é maior do que o compressor pode lidar.

No entanto, pela partida do compressor com a válvula de sucção localizada na frente, ele está começando a funcionar sem carga. Com o compressor funcionando, abra a válvula de serviço de sucção, uma volta de cada vez, à medida que verifica a amperagem do compressor. Interrompa o processo de abertura quando a amperagem alcançar a amperagem de carga estabelecida (RLA – *rated load amperage*), como apresentado na placa de classificação elétrica do compressor. À medida que o espaço interno resfria, a pressão de sucção e a amperagem diminuirão.

> **CUIDADO: NOTAS DE SEGURANÇA**
>
> *1 – Nunca faça o compressor funcionar com a válvula de descarga de serviço assentada na parte dianteira. Ele imediatamente arrebentará a gaxeta da placa da válvula. Ou pior, poderá bombear pressão perigosamente alta em sua mangueira de medida se estiver conectado à válvula de serviço.*
>
> *2 – Certifique-se de que toda a pressão foi eliminada antes de desparafusar a cabeça do compressor. São necessárias apenas alguns kPa de pressão para a cabeça ser lançada pelos ares.*

Enquanto monitora a RLA, continue abrindo a válvula até que esteja completamente aberta. Se o espaço interno esfriar e se o compressor se desligar no termostato e depois reiniciar, o compressor provavelmente esteja funcionando bem.

O compressor necessita de conserto caso continue a trajetória com sobrecarga, quando está dando partida sob alta pressão de sucção. Um regulador de pressão de cárter (CPR – *crankcase pressure regulator*) ou uma válvula de expansão termostática limitadora de pressão (TEV) provavelmente resolverá o problema. Ambos os limitadores de pressão são descritos em uma seção posterior deste capítulo.

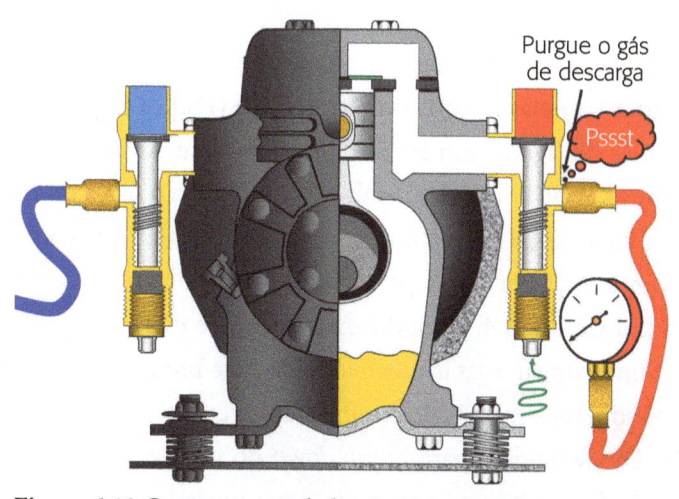

Figura 6.10 Compressor isolado. *Cortesia de Refrigeration Training Services.*

3. Isole o lado de sucção do compressor para mudanças de óleo.

Se a válvula de sucção estiver assentada na parte dianteira, todo o refrigerante na parte da pressão baixa (LP – *low pressure*) do sistema está no outro lado da flange da válvula. A pequena quantidade do refrigerante restante entre a válvula de serviço e o cilindro pode ser arejada. O óleo pode agora ser trocado, se o compressor for semi-hermético. Trocas de óleo são discutidas de maneira mais abrangente no Capítulo 9.

4. Isole ambos os lados para verificação da placa de válvula e substituição do compressor.

Na Figura 6.10, o serviço de sucção está assentado na parte dianteira. Se a válvula de descarga de serviço estiver também assentada na parte dianteira e a pressão na cabeça for retirada, o compressor estará completamente isolado de ambos os lados do sistema. Com o isolamento do compressor, a placa da válvula pode ser removida para verificação ou substituição.

O compressor isolado pode ser substituído sem remover o refrigerante do restante do sistema. A seguir, são apresentadas as etapas básicas para esse tipo de substituição de compressor.

1. Desparafuse as válvulas de serviço do compressor.
2. Remova o compressor antigo.
3. Coloque o novo compressor no lugar.
4. Parafuse de volta as válvulas de serviço.
5. Realize um vácuo sobre o novo compressor.
6. Assente na parte traseira as válvulas de serviço.
7. Você está pronto para dar a partida.

Válvulas solenoides para *pump down* e de desvio de gás quente

Em refrigeração comercial, as válvulas com um **solenoide** (uma serpentina eletromagnética) são usadas para interromper e iniciar o fluxo do refrigerante (Figura 6.11). Quando a eletricidade do solenoide encontra-se desligada, um êmbolo de ferro mantém a base com formato de disco redondo fechada no interior do corpo de metal, o que bloqueia o fluxo do refrigerante. Quando a serpentina elétrica se energiza, o campo magnético no interior da serpentina levanta o êmbolo. A pressão do refrigerante empurra a base para cima e o refrigerante flui pela válvula.

Como se afirmou no Capítulo 4, o modo mais eficaz de evitar a migração do refrigerante durante o período de interrupção é usar um solenoide para *pump down*. A válvula para o fluxo do líquido e o compressor empurram todo o refrigerante remanescente para fora do evaporador e da linha de sucção. Um solenoide para *pump down* do refrigerante é localizado na linha do líquido, seja na unidade de condensação ou perto do evaporador (Figura 6.12). A seguir temos uma sequência de operação para um solenoide de desligamento de fluxo de refrigerante.

1. Quando o termostato tiver atingido sua temperatura estabelecida, a energia para o solenoide se interrompe.
2. O êmbolo diminui e a base bloqueia o fluxo do líquido.
3. O compressor continua a funcionar, bombeando refrigerante para fora do evaporador e das linhas de sucção, e para dentro do lado elevado do sistema.
4. Quando a pressão de sucção diminui ao desligamento do controle LP (*low pressure – pressão baixa*), o compressor desliga. Nesse ponto, somente o vapor de LP permanece entre a válvula solenoide e a entrada do compressor.
5. Quando o termostato solicita refrigeração, o solenoide é energizado.
6. O êmbolo é levantado para o interior da bobina do solenoide, abrindo a válvula.
7. O refrigerante flui pela válvula, através do evaporador e para o interior da linha de sucção.
8. A pressão de sucção aumenta.
9. Quando a pressão atinge o momento de ligar do controle LP, o compressor inicia seu funcionamento.
10. O sistema está de volta no modo refrigeração.

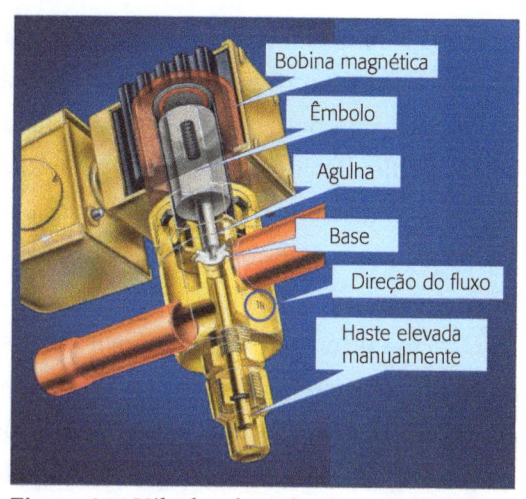

Figura 6.11 Válvula solenoide. *Cortesia da Sporlan.*

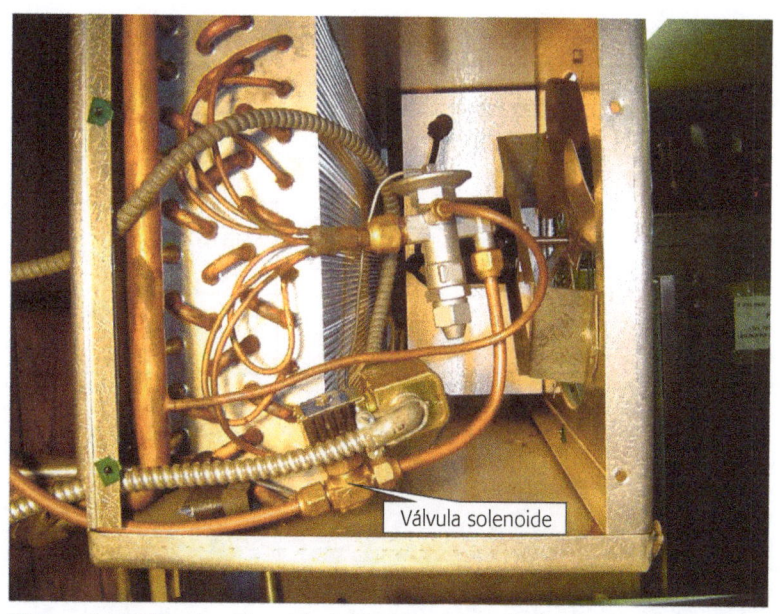

Figura 6.12 Válvula solenoide de desligamento do fluxo do refrigerante. *Toto de Dick Wirz.*

O método descrito de *pump down* é chamado de *pump down automático*. Esse método é simples e eficaz; entretanto, apresenta problemas. Uma vez realizado o *pump down*, as pressões do sistema podem equalizar se houver qualquer vazamento pela válvula solenoide ou pelas válvulas do compressor. Se a pressão do cárter aumentar até o ponto de "ligar" do LP, o compressor dará a partida para um novo ciclo de *pump down*. O compressor "puxará" rapidamente para baixo a pressão, mas as válvulas que vazam causarão ciclos curtos continuamente até que o termostato solicite refrigeração novamente.

O ciclo curto após o *pump down* pode ser evitado, usando-se o que é chamado de *pump down* de "uma vez". Também é referido como "*bombear*" *para fora* ou um *pump down sem reciclagem*. O termostato controla um relé, assim como a válvula solenoide. O relé não permitirá que o compressor se reinicie após o *pump down* até que o termostato solicite resfriamento.

Para ilustrar as diferenças, vejamos as Figuras 6.13 e 6.14. A Figura 6.13 mostra um sistema de *pump down* automático; quando o termostato está satisfeito, ele desenergiza o solenoide, desligando o fluxo do refrigerante para a válvula de expansão. O compressor continuará a funcionar até que o refrigerante seja "bombeado" para fora do evaporador e da linha de sucção. Quando a pressão diminui para o definido pelo controle LP, o compressor interromperá o funcionamento.

Na Figura 6.14, um relé de controle foi acrescentado, assim como um conjunto de contatos auxiliares no contator. Quando o termostato abre, ele desenergiza a válvula solenoide e o relé de controle. O compressor continuará realizando o *pump down* até que os contatos de controle são fechados porque os contatos auxiliares fechados permitem que a energia chegue até a bobina do contator. Quando o sistema realiza *pump down*, o controle da pressão

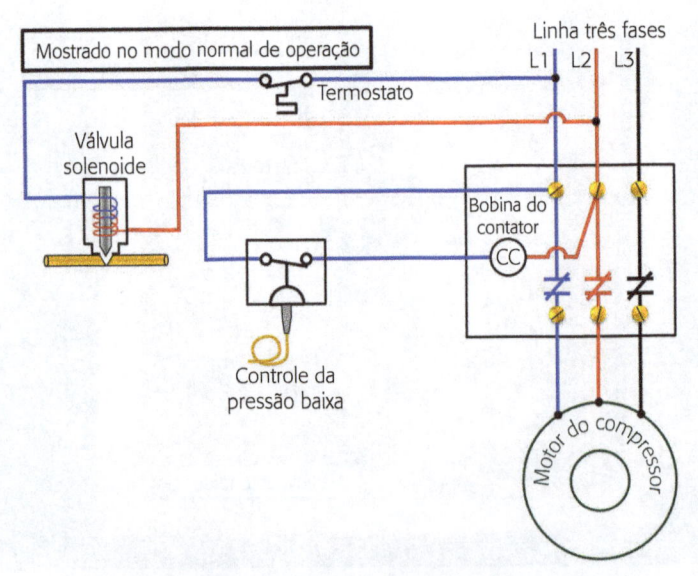

Figura 6.13 Diagrama do controle do *pump down*: *automático* ou *contínuo*. Cortesia de Refrigeration Training Services.

Controles e acessórios

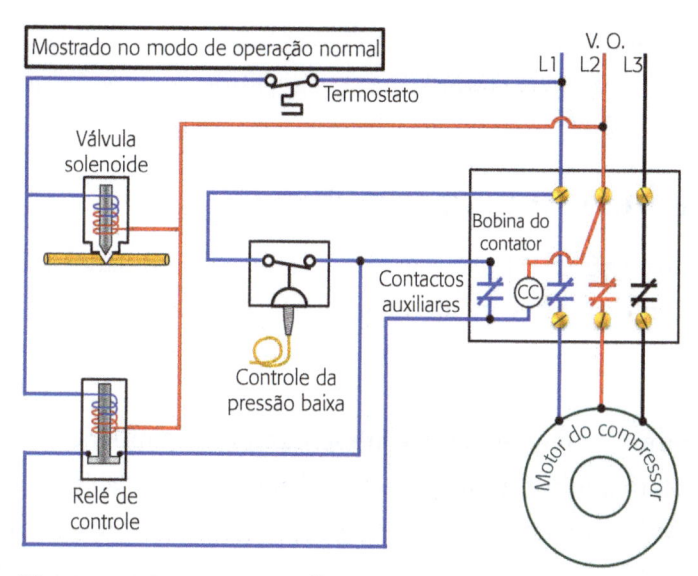

Figura 6.14 Diagrama para "bombeamento" para fora, não reciclagem ou *pump down* de uma vez. *Cortesia de Refrigeration Training Services.*

abrirá, interrompendo o circuito para a bobina do contator. Quando os contatos do compressor abrem, os contatos auxiliares também se abrem, e aqui está o ponto importante: mesmo se a pressão de sucção subir o suficiente para fechar o controle de LP, o compressor ainda permanecerá desligado. Isso porque os contatos auxiliares sobre o contator estão abertos, o que impede a energia de ir para a bobina do contator.

Para o compressor começar a funcionar, o termostato deve fechar primeiro, e, ao fechar o termostato, o relé de controle torna-se energizado, o que, por sua vez, fecha seus contatos. A energia então se desviará do controle de pressão e dos contatos auxiliares, direcionando-se para a bobina do contator. Quando o contator "puxa" para iniciar o compressor, simultaneamente os contatos auxiliares são fechados. O circuito de controle é agora posicionado para que da próxima vez em que o termostato seja satisfeito inicie outro *pump down* sem reciclagem. Consulte o material complementar disponível a professores no site www.cengage.com.br, para uma série de *slides* que mostram cada estágio desse processo.

As válvulas solenoides podem ser instaladas em linhas verticais, mas funcionam melhor quando instaladas em linha horizontal. Elas precisam ficar em posição ereta, se instaladas em linha horizontal. Válvulas solenoides instaladas de cabeça para baixo não se fecharão totalmente. A válvula também deve ser instalada de tal modo que o fluxo do refrigerante mantenha-se na direção correta. Para assegurar a correta instalação, uma flecha – ou a palavra *in* – encontra-se estampada no corpo da válvula. Se uma válvula solenoide for instalada invertida, a pressão do líquido não permitirá que ele se feche totalmente, o que resultará que o sistema não realizará o *pump down*, o compressor não fechará e o espaço interno continuará a ter sua temperatura reduzida.

Nota: *Válvulas de expansão eletrônicas (EEVs) fecham tão completamente que podem ser usadas para realizar* pump down, *assim como medir o refrigerante.*

VÁLVULAS DE DESVIO DE GÁS QUENTE

As válvulas de desvio de gás quente são válvulas de controle moduladoras, que contornam gás de descarga o suficiente para que o lado de baixo do sistema mantenha pressão mínima de sucção no compressor.

EXEMPLO: 3 Um único compressor está alimentando três unidades; cada uma delas tem seu próprio termostato que controla um solenoide de *pump down*. Se duas unidades forem fechadas, o evaporador remanescente pode não conseguir fazer retornar refrigerante o bastante para refrigerar de modo suficiente o compressor. Uma válvula de desvio de gás quente corrigiria esse problema adicionando refrigerante na linha de sucção. Um controle abre a válvula se a pressão de sucção ou a temperatura diminuir abaixo da configuração de controle.

Em lugar de entrar na linha de sucção, o gás de descarga poderia ser conectado à entrada do evaporador. Nessa instalação, o gás quente não somente impediria o superaquecimento do compressor, mas também impediria o evaporador de se tornar frio demais (ver a Figura 6.15).

Se o evaporador estiver distante do compressor, ou se houver múltiplos evaporadores, o gás quente normalmente retorna diretamente à linha de sucção na unidade de condensação. O

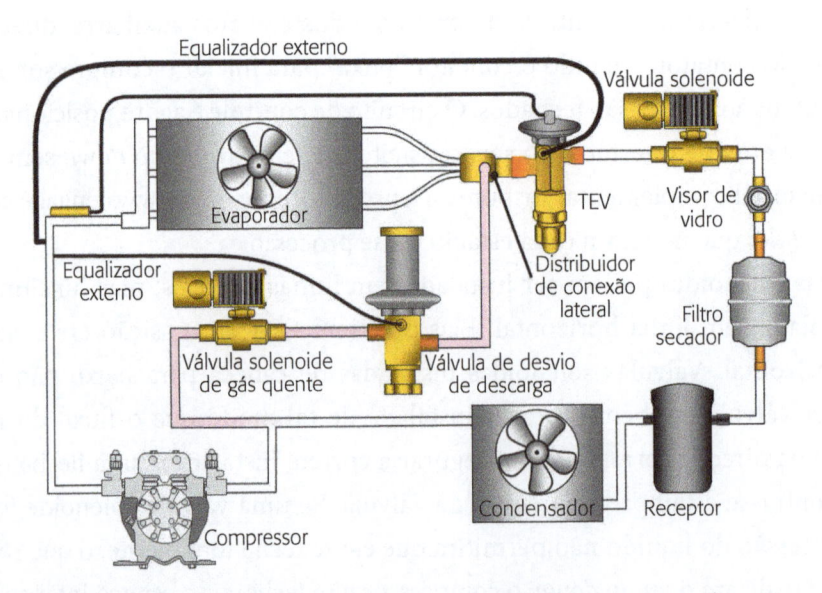

Figura 6.15 Desvio do gás quente para o evaporador. *Adaptação de um diagrama de Sporlan.*

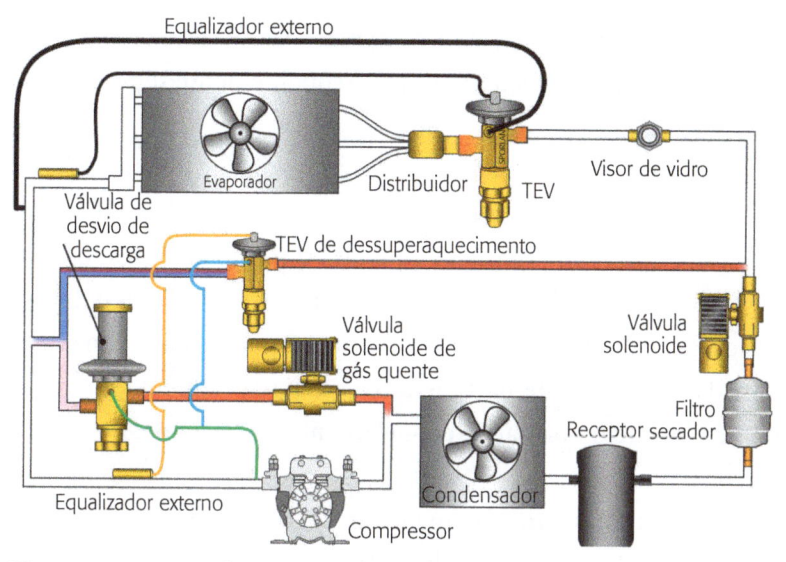

Figura 6.16 Desvio de gás quente para a linha de sucção com válvula de dessuperaquecimento. *Adaptação de um diagrama da Sporlan.*

problema com esse método é que o gás quente pode aumentar muito a temperatura do vapor de sucção à medida que entra no compressor.

Essa condição causará superaquecimento do compressor. Uma solução é resfriar o gás quente antes de ele entrar na linha de sucção, misturando-o com refrigerante mais frio de uma válvula de expansão de dessuperaquecimento. O bulbo sensor da válvula de dessuperaquecimento encontra-se atado à linha de sucção para que monitore a temperatura do vapor que entra no compressor. Essa válvula especial é basicamente uma válvula de expansão padrão, com uma configuração de superaquecimento muito alta (ver a Figura 6.16).

Mas qualquer que seja o método usado, o resultado principal é o mesmo: impedir que condições de baixa carga causem o superaquecimento do compressor por causa das taxas de compressão altas e dos ciclos curtos do compressor.

REGULADORES DA PRESSÃO DO CÁRTER

Anteriormente neste capítulo, mencionou-se o problema dos compressores de baixa temperatura desequilibrando-se em sua sobrecarga durante a redução anormal de temperatura. Um regulador de pressão do cárter (CPR) pode ser usado para resolver esse problema. Essa válvula regula automaticamente a alta pressão do vapor de sucção do evaporador até que o compressor possa lidar com a carga. A válvula do CPR deve ser instalada na linha de sucção próxima à válvula de serviço do compressor (Figura 6.17).

Compressores de baixa temperatura funcionam perto de seu RLA – amperagem de carga estabelecida – à medida que eles "bombeiam" LP (pressão baixa), vapor de sucção de baixa densidade durante o ciclo. No entanto, após o degelo, o vapor de sucção que entra no cilindro é um vapor de alta pressão, alta densidade, o que frequentemente supercarrega o compressor.

EXEMPLO: 4 Um *freezer* de –23,3 °C da geladeira comercial de uma loja de sorvetes apresenta temperatura de evaporador de –34,4 °C. As pressões de sucção desse sistema R404 A variam de 165,39 kPa man (24 psig) (em –23,3 °C), quando o termostato liga, para abaixo de 68,91 kPa man (10 psig) (–34,4 °C), quando o termostato está satisfeito. Após o degelo, o evaporador foi aquecido para cerca de 10 °C, o que aumenta a pressão de sucção acima de 689,12 kPa man (100 psig) na partida. A pressão de partida após o descongelamento é mais de quatro vezes maior do que o início do ciclo normal de congelamento (100 : 24 ≈ 4).

Isso em perspectiva, suponha um sistema de ar-condicionado (AC) que comece a funcionar em uma temperatura de evaporador de 23,9 °C. A pressão de sucção inicial de R22 no evaporador seria de cerca de 909,63 kPa man (132 psig) até que a válvula comece a desacelerar. O que aconteceria se a pressão de sucção fosse quatro vezes sua pressão normal de sucção, ou 3638,53 kPa man (528 psig)(909,63 × 4)(132 × 4)? Mesmo um compressor de AC teria um problema para dar partida com pressão de sucção tão alta.

Os reguladores de pressão de cárter previnem a sobrecarga por restringir o fluxo de vapor de sucção se a saída da pressão da válvula (do lado do cárter) aumentar. De acordo com a resposta dessa válvula a pressões, Sporlan refere-se a esse tipo de válvula como válvula CRO (*closes on rise of outlet* – que fecha com o aumento da pressão da saída).

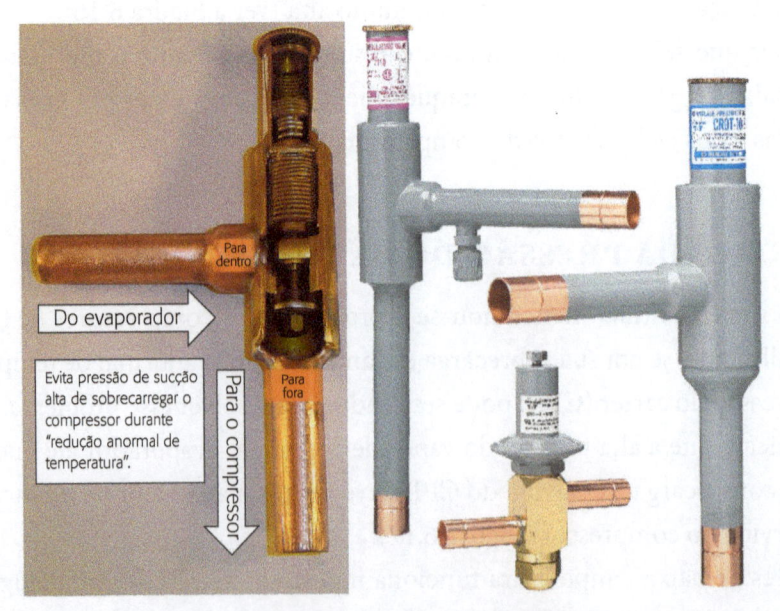

Figura 6.17 Válvulas reguladoras de pressão no cárter. *Cortesia da Sporlan.*

EXEMPLO: 5 Se o compressor pode lidar somente com 206,73 kPa man (30 psig) na partida, a válvula pode ser ajustada a fim de permitir o máximo de 206,73 kPa man (30 psig) a entrar no cárter, mesmo que a pressão de sucção que entra na válvula seja de 909,63 kPa man (100 psig).

Não instale uma válvula limitadora de pressão, ou um CPR, a menos que seja absolutamente necessário. Restringir a pressão de sucção durante a redução anormal de temperatura significa que levará mais tempo para a temperatura do evaporador diminuir após cada partida.

Se o compressor tiver dificuldade na partida inicial após a instalação, a pressão do cárter pode ser diminuída manualmente para manter o compressor sobrecarregado desde a abertura. Como descrito anteriormente, a válvula de sucção de serviço pode estar assentada na parte dianteira na partida e ser aberta lentamente à medida que a pressão de sucção diminui e a amperagem se estabiliza.

Outro modo de baixar a amperagem na partida inicial é nebulizar ligeiramente o condensador com água. Algumas vezes, mesmo uma pequena nebulização feita com bomba manual é suficiente para evitar o compressor de desligar na sobrecarga. Uma vez que o interior tenha baixado a temperatura, a unidade pode não necessitar desse tipo de ajuda novamente, mesmo após o descongelamento. No entanto, caso seja necessário, você pode, então, decidir qual válvula usar.

A seguir, há a descrição de um procedimento para determinar a pressão máxima que o compressor pode manejar. Saber qual pressão máxima pode ajudar a determinar se uma válvula de expansão ZP (baixa temperatura, pressão limitada) pode ajudar a lidar com o problema caso a válvula seja necessária.

1. Assente na parte dianteira a válvula de sucção de serviço.
2. Inicie o funcionamento do compressor quando o evaporador estiver morno.
3. Abra (leve para trás) a válvula de sucção de serviço vagarosamente e observe a amperagem do compressor.
4. Quando o compressor estiver indicando RLA, observe a pressão de sucção.
5. Essa é a pressão máxima com que o compressor pode lidar e é também a configuração da válvula CPR.

> **VERIFICAÇÃO DA REALIDADE Nº 1**
>
> Há mais de um modo de impedir a sobrecarga do compressor.
>
> Se o compressor pode lidar com até 275,65 kPa man (40 psig), uma válvula de expansão limitadora de pressão funcionará. Uma válvula de baixa temperatura da Sporlan, que mantém a pressão de sucção baixa para cerca de 261,86 kPa man (38 psig), utiliza a designação "ZP40" – Z para *freezer*, P para limitação da pressão e *40* para pressão máxima aproximada. A válvula está completamente aberta, em qualquer pressão acima de 261,86 kPa man (40 psig).

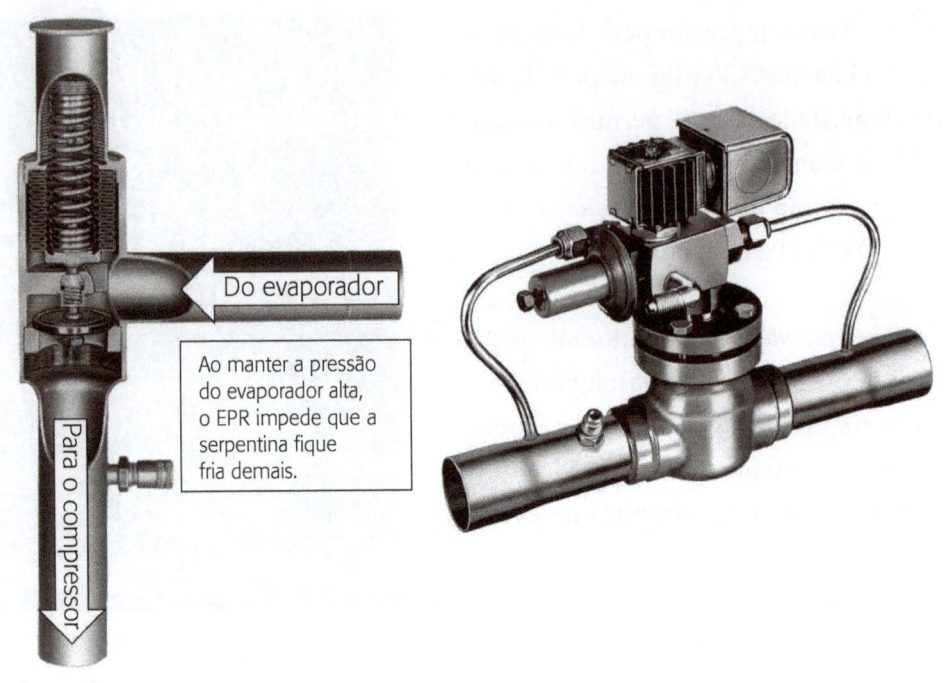

Figura 6.18 Reguladores de pressão do evaporador. *Cortesia da Sporlan.*

REGULADORES DE PRESSÃO DO EVAPORADOR

O regulador da pressão do evaporador (EPR – *evaporator pressure regulator*) é uma válvula usada para manter a pressão elevada no evaporador, que fica localizada na linha de sucção, na mesma direção descendente do evaporador. Devido ao modo como essa válvula responde à pressão, a Sporlan refere-se a ela como uma válvula ORI (*opens on rise of inlet* – abre com o aumento da entrada). A válvula abre somente quando a pressão do evaporador aumenta acima da configuração da válvula (ver a Figura 6.18).

O EPR é um controlador da temperatura do evaporador e sua finalidade é preservar o evaporador de ficar muito frio em vez de quente demais. Um exemplo de aplicação de EPR é apresentada a seguir, no qual há várias unidades de refrigeração em um compressor.

EXEMPLO: 6 Um compressor R22 de 10,55 kW (36 mil Btuh) apresenta três sistemas de 3,52 kW (12 mil Btuh) acoplados a ele, funcionando a uma temperatura de sucção de –3,9 °C e a uma pressão de 337,67 kPa man (49 psig). Cada sistema possui um termostato e solenoide de desligamento de fluxo do refrigerante. Se duas dessas unidades estiverem satisfeitas, a terceira fornece uma carga de apenas 3,52 kW (12 mil Btuh) em um compressor de 10,55 kW (36 mil Btuh). O compressor age como um grande aspirador de pó, e aspira o refrigerante de volta mais rapidamente do que um evaporador pode alimentá-lo. A capacidade desse evaporador ficaria tão superpotente pelo compressor de grande capacidade que a redução na pressão faria diminuir a temperatura do evaporador abaixo de sua temperatura de projeto de –3,9 °C. Isso poderia causar tanto o congelamento da serpentina quanto do produto. No entanto, um EPR manteria a pressão do evaporador elevada para os necessários 337,67 kPa man (49 psig) e a temperatura do evaporador em um mínimo de –3,9 °C.

Esse sistema provavelmente necessitaria de uma válvula de desvio de gás quente alimentando a linha de sucção principal. Quando somente um evaporador está alimentando de vapor para a linha de sucção, não haveria refrigerante suficiente para resfriar corretamente o compressor.

Uma abordagem alternativa é usar um EPR em cada sistema e instalar uma válvula de desvio de gás quente como controle de capacidade para manter o compressor em funcionamento o tempo todo. Os EPRs e os termostatos são discutidos amplamente no Capítulo 10.

Um exemplo de duas unidades de temperaturas diferentes em um compressor é apresentado a seguir.

EXEMPLO: 7 Um compressor é conectado a uma câmara frigorífica de 1,7 °C e a um balcão de doces de 12,8 °C. Sempre que o compressor estiver em funcionamento, tentará atrair a pressão de sucção e a temperatura do balcão de doces para o nível da câmara frigorífica. Se assim fizesse, o balcão de doces ficaria tão frio quanto a câmara frigorífica. Um EPR na saída do balcão de doces mantém a pressão (e a temperatura) elevada no evaporador de modo a manter os 12,8 °C do balcão.

Nesse exemplo, o sistema de câmara frigorífica provavelmente não necessita de um EPR porque é o maior dos dois sistemas e exige mais tempo de funcionamento. A temperatura e a pressão do evaporador também estão mais estreitamente combinadas àquelas da unidade de condensação (ver a Figura 6.19).

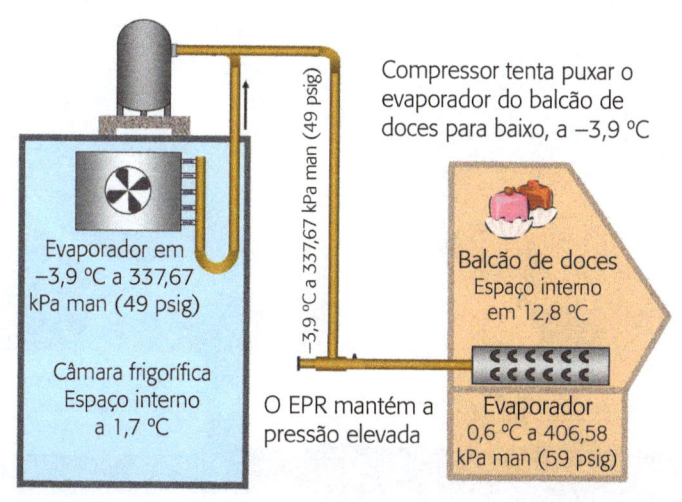

Figura 6.19 Regulador de pressão de evaporador em balcões de alta temperatura. *Cortesia de Refrigeration Training Services.*

Em alguns balcões, como naqueles usados para expor carnes e de produtos finos, para manter a alta umidade são usados evaporadores grandes e pouco movimento de ar. A serpentina encontra-se bem abaixo das bandejas que expõem o produto. Se fosse permitido ao evaporador ficar muito frio, o produto poderia congelar ou a umidade do balcão diminuir.

EXEMPLO: 8 A caixa de uma delicatéssen a 2,2 °C exige um evaporador com diferença de temperatura (TD) de 3,3 °C para manter a alta umidade no interior da caixa. A temperatura da bobina deve ficar a – 1,1 °C [3,3 °C TD = 2,2 °C – (– 1,1 °C)]. Estabelecer o EPR em 482,38 kPa man(70 psig) (R404A) manteria a temperatura exigida do evaporador de – 1,1 °C. O EPR manteria tanto a temperatura da serpentina como a umidade da caixa.

Algumas caixas necessitam ser fechadas ou isoladas de outras no mesmo sistema. Se o sistema usar um solenoide de desligar o fluxo do refrigerante na linha do líquido, o evaporador ficaria muito frio durante o longo período de desligamento do fluxo do refrigerante. Um solenoide de desligar o fluxo do refrigerante na linha de sucção poderia resolver esse problema. Felizmente há EPRs que possuem um solenoide de desligar o fluxo do refrigerante como parte da válvula (ver a Figura 6.18, do lado direito). Os EPRs eletrônicos como aquele na Figura 6.20 podem também ser programados para fechar completamente a linha de sucção, quando necessário.

CONTROLES DE BAIXA PRESSÃO

O controle de baixa pressão (LP) abre o circuito elétrico quando a pressão do sistema diminui abaixo da pressão do interruptor (Figura 6.21). Ele também fecha o circuito quando a pressão

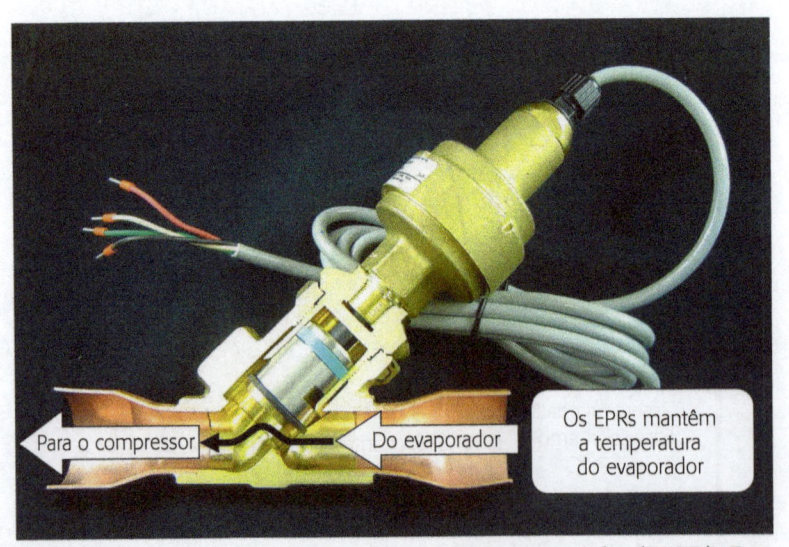

Figura 6.20 Regulador eletrônico da pressão do evaporador (EEPR). *Foto de Dick Wirz.*

fica além do estabelecido. Os controles de baixa pressão são principalmente usados para as seguintes finalidades:

1. proteger o compressor de danos devido à perda de refrigerante;
2. desligar o compressor no final de um ciclo de desligamento do fluxo de refrigerante;
3. como um termostato, a fim de regular a temperatura de um espaço refrigerado.

As principais preocupações quando estabelecer um controle de baixa pressão são:
1. Ciclo curto do compressor (ligar e desligar muito próximos).
2. Superaquecimento do compressor antes que ele desligue (ligar e desligar muito distantes).
3. Condições ambientais que afetam a operação de controle. Por exemplo, um controle de baixa pressão de uma unidade externa é colocado para ligar em 344,56 kPa man (50 psig) ou −3,3 °C para um sistema R22. Quando a temperatura ambiente diminui a −17,8 °C, os foles no controle reagem para baixar a temperatura do ambiente em lugar da pressão do sistema.

Ver Tabela 6.1 para a configuração de baixa pressão recomendada para unidades externas.

Nota: Para unidades localizadas no interior do edifício, use configuração de um mínimo de −1,1 °C do ambiente externo.

Nota: Muitos controles são rotulados como "evento alto" e "evento baixo" em lugar de ligar e desligar.

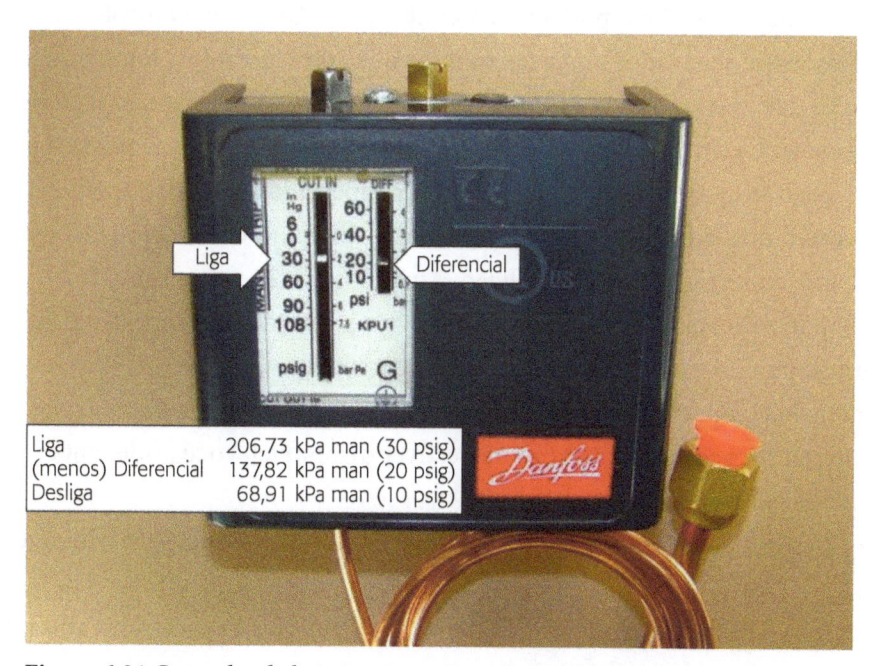

Figura 6.21 Controles de baixa pressão. *Foto de Dick Wirz.*

Tabela 6.1 Definição do controle de baixa pressão para unidades de condensação externa.

Temperatura mínima do ambiente externo °C	R22 (1,67 °C Refrigerador) kPa man (psig)		R404A–R507 (1,67 °C Refrigerador) kPa man (psig)		R404 A–R507 (-23,3 °C Freezer) kPa man (psig)		R134a (1,67 °C Refrigerador) kPa man (psig)	
	Liga	Desliga	Liga	Desliga	Liga	Desliga	Liga	Desliga
–1,1 °C	344,56 (50)	206,73 (30)	413,47 (60)	275,65 (40)	137,82 (20)	34,46 (5)	172,28 (25)	68,91 (10)
–12,2 °C	206,73 (30)	68,91 (10)	275,65 (40)	137,82 (20)	137,82 (20)	34,46 (5)	82,69 (12)	6,89 (1)
–17,8 °C	137,82 (20)	6,89 (1)	172,28 (25)	34,46 (5)	137,82 (20)	34,46 (5)	82,69 (8)	6,89 (1)
–23,3 °C	15 (103,37)	1 (6,89)	20 (137,82)	1 (6,89)	20 (137,82)	5 (34,46)	–	–
–28,9 °C	10 (68,91)	1 (6,89)	15 (103,37)	1 (6,89)	15 (103,37)	1 (6,89)	–	–

Certos tipos de equipamento de refrigeração utilizam o controle de LP para manter a temperatura do espaço interno, além de ser uma segurança em caso de perda de refrigerante. Esse método é usado em algumas geladeiras comerciais e balcões de exposição que já contêm sistema de refrigeração. Verifique sempre com o fabricante as configurações corretas de controle. Engenheiros de projeto usam uma combinação específica de ligar e desligar, e diferencial para manter a temperatura do refrigerador nessa unidade particular.

O controle de baixa pressão agindo como controle de temperatura é muito semelhante a usar um termostato que tem seu bulbo ligado à linha de sucção ou na serpentina do evaporador. O controle de LP "sente" a pressão do refrigerante, o que é proximamente relacionada à temperatura do evaporador. Esse arranjo mantém a temperatura de balcão muito precisa e permite que o evaporador se descongele completamente antes que o compressor reinicie.

Somente os sistemas de TEV podem usar controles de LP como controle de temperatura, porque as pressões de seus lados alto e baixo não equalizam durante o tempo de interrupção. Quando se alcança o desligamento do controle LP, o compressor desliga. Se o compressor não estiver funcionando, a pressão do evaporador empurra para cima o diafragma da válvula, fechando a válvula e atraindo a agulha da válvula bem apertada à sua base. Como não há equalização da pressão dos lados alto e baixo através da válvula, o único aumento na pressão da linha de sucção é do refrigerante em ebulição, à medida que a temperatura do espaço interno aumenta. Quando a pressão do evaporador aumenta a ponto de ligar o controle, o compressor começa a funcionar.

O fabricante do equipamento deveria fornecer a regulagem correta de controle de seu equipamento. Entretanto, se essa informação não estiver disponível, você pode tentar as seguintes regulagens gerais para geladeiras comerciais:

1. regule a pressão de ligar equivalente à temperatura do interior da geladeira que você quer manter;
2. regule a pressão de desligamento equivalente a –2,2 °C abaixo da temperatura do interior da geladeira.

EXEMPLO: 9 Uma geladeira comercial usa R134a com temperatura do espaço interno de 3,3 °C (ver a Figura 6.22). O controle de ligar de pressão baixa seria de 227,41 kPa man (33 psig) (3,3 °C), e o desligar seria de 82,69 kPa man (12 psig) (−12,2 °C). A diferença de 15,5 °C [3,3 °C − (−12,2 °C)] vem da soma:

» 2,7 °C de oscilação de temperatura interna (3,3 °C − 0,6 °C)
» 11,1 °C de diferença de temperatura do evaporador (para as geladeiras comerciais);
» 1,7 °C, temperatura equivalente a diminuição de pressão de 13,78 kPa man (2 psig) através do evaporador.

A soma acima é o diferencial do controle de LP entre liga e desliga [2,7 °C + 11,1 °C + (1,7 °C = 15,5 °C].

Controles de alta pressão

Condensadores sujos, neve, problemas com o ventilador, sobrecarga e ar no sistema são algumas das causas mais comuns para a alta pressão do sistema. Para proteger o compressor, a primeira linha é o controle da alta pressão, que abre um circuito para interromper o compressor, quando as pressões estiverem acima da configuração de controle.

Para a maioria das unidades de refrigeração, temperaturas um pouco acima da temperatura máxima de condensação de 68,3 °C danificariam o compressor. Portanto, a pressão máxima de desligamento deve ser aquela da Tabela 6.2. Para refrigerantes de alta pressão como o R22 (Figura 6.23), a pressão de ligar é de cerca de 344,56 kPa man (50 psig) abaixo da pressão de desligar.

Nota: No reajuste manual dos controles de alta pressão, empurrar o botão de restabelecer não reiniciará o funcionamento do compressor até que a pressão do sistema tenha diminuído para a pressão de "ligar" do controle.

Tabela 6.2 Estabelecimento do controle de alta pressão máxima para unidades de condensação externa.

Temperatura máxima de condensação	R22	R404A–R507	R134a
68,3 °C	2756,46 kPa man (400 psig)	3273,3 kPa man (475 psig)	13,78 kPa man (275 psig)

Separadores de óleo

Os separadores de óleo são encontrados em alguns compressores grandes acima de 10 cv e em sistemas de compressor com cremalheira em paralelo. A apresentação dos separadores de óleo neste capítulo prepara para a discussão dos sistemas, que serão vistos no Capítulo 10.

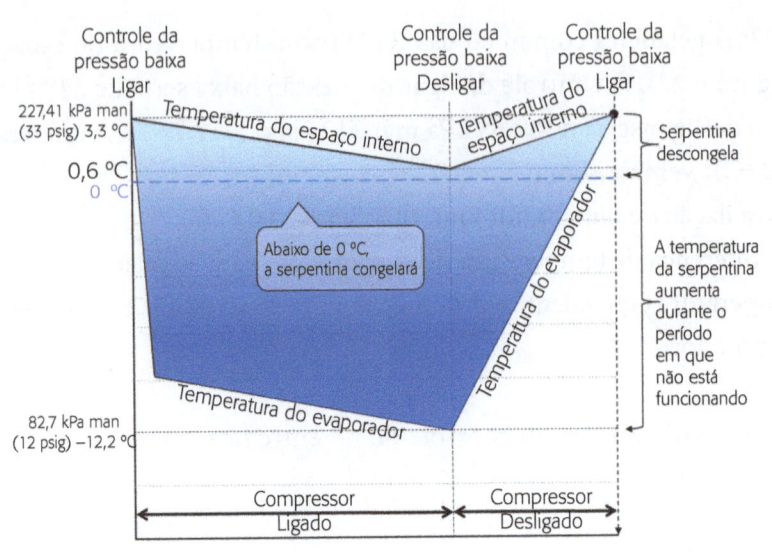

Figura 6.22 Ilustração de como um controle de baixa pressão pode ser usado como termostato. O exemplo é uma geladeira comercial que usa um R134a. *Cortesia de Refrigeration Training Services.*

Figura 6.23 Controle de alta pressão com restabelecimento manual. *Foto de Dick Wirz.*

Suponha que um compressor e seu receptor estejam localizados no subsolo de uma loja. A linha de descarga do compressor corre três andares acima para o condensador no teto; a linha de líquido que deixa o condensador tem de voltar para o receptor. O líquido, então, vai para algumas caixas refrigeradas no outro lado da loja, distante mais de 30 metros. O refrigerante e o óleo finalmente retornam ao compressor na linha de sucção.

Durante a partida inicial, o óleo pode ter de ser adicionado ao cárter para compensar tanto o óleo aprisionado quanto o óleo que percorre o longo caminho da tubulação. Como resultado, esse sistema poderia provavelmente ter algumas vezes óleo em excesso e, em outras, pouco óleo.

Os separadores de óleo removem ou separam o óleo do gás de descarga imediatamente após ele deixar o compressor. O vapor de alta pressão está passando por um recipiente de telas ou difusores que deixam diminuir o óleo do gás de descarga antes que ele deixe o separador. Uma boia no interior do separador mantém o nível do óleo no cárter (ver a Figura 6.24).

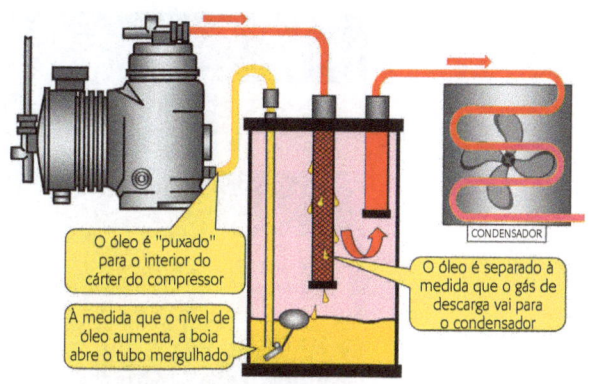

Figura 6.24 Separador de óleo. *Cortesia de Refrigeration Training Services.*

Normalmente há uma área de problema para os separadores de óleo: detritos na válvula da boia. Se a boia não pode fechar completamente, o cárter transbordará o óleo. Um conjunto de filtros de óleo evitará esse problema. Portanto, ela é recomendada em cada instalação de separador de óleo.

Os separadores de óleo são apenas de 50% a 90% eficientes, o que significa que algum óleo entra na tubulação do sistema e deve retornar ao compressor. Por essa razão, instalar um separador de óleo não é uma solução para tubulação de refrigeração mal instalada.

CONTROLES DE SEGURANÇA DO ÓLEO

Os controles de segurança do óleo, também chamados controles de falha de óleo, monitoram a **pressão líquida de óleo**. Esses controles medem a diferença entre a pressão de sucção no cárter e a pressão de descarga da bomba de óleo para determinar a pressão líquida do óleo (ver as Figuras 6.25 a 6.27).

A pressão líquida de óleo correta deve estar entre 68,91 kPa man (10 psig) e 413,47 kPa man (60 psig). A Tabela 6.3 ilustra como ambas as pressões, de sucção e da descarga da bomba de óleo, são usadas para determinar a pressão líquida do óleo.

A última linha na Tabela 6.3 é um exemplo de pressão líquida baixa de óleo [68,91 kPa man (10 psig)]. É evidente que a bomba de óleo não está movimentando óleo suficiente. Pressão baixa de óleo é normalmente devido ao baixo nível de óleo no cárter, espuma demais no óleo ou uma bomba ruim.

Outra suposição incorreta é condenar a bomba de óleo sem verificar realmente a pressão líquida do óleo. As bombas de óleo são muito sólidas e raramente falham.

Figura 6.25 Controle da pressão do óleo montado em um compressor. *Cortesia de Emerson Education-Copeland.*

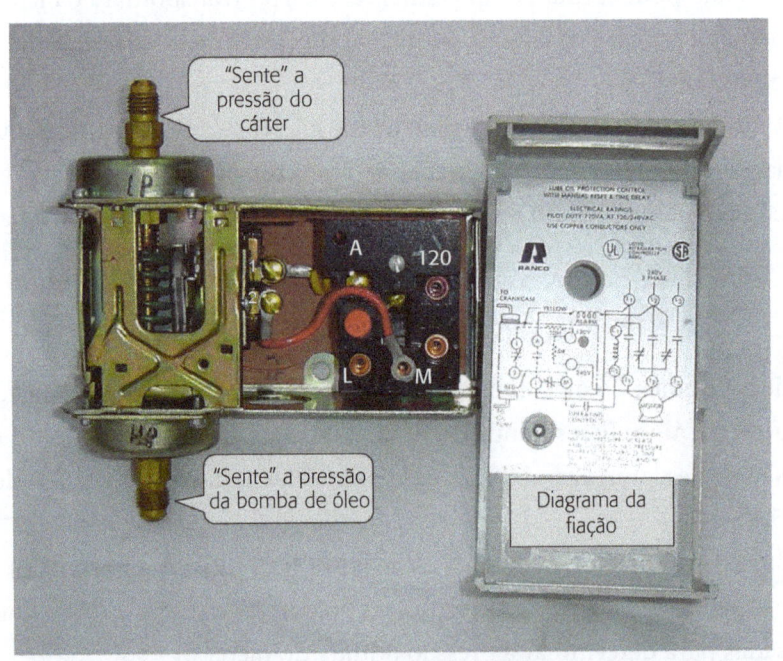

Figura 6.26 Controle padrão de pressão de óleo. *Foto de Dick Wirz.*

Não é raro que a pressão líquida do óleo diminua abaixo de 68,91 kPa man (10 psig) durante a partida do compressor. Para impedir *falhas*, o controle possui um *timer* de 120 segundos embutido, que retarda o desligamento do compressor. Se a pressão não atingiu pelo menos 68,91 kPa man (10 psig) nesse período, o controle de segurança de óleo desliga o compressor e o controle deve ser restabelecido manualmente. Um conjunto opcional de contatos no

Tabela 6.3 Exemplos de pressão de sucção e pressão líquida de óleo em kPa man (psig).

Pressão de sucção (A)	Pressão de descarga de bomba (B)	Pressão líquida do óleo (B – A)
172,28 (25)	344,56 (50)	172,28 (25)
344,56 (50)	516,84 (75)	172,28 (25)
516,84 (70)	861,39 (125)	344,56 (50)
689,12 (100)	758,03 (110)	68,91 (10)

controle pode ser ligado a um alarme remoto. O alarme alertará o cliente se o compressor for desligado devido à falha do óleo.

O circuito do *timer* (também conhecido como o *timer* ou *atraso de tempo*) é o componente-chave (ver a Figura 6.28). Como ilustrado na Figura 6.28, ele requer dois circuitos energizados quentes para realizar a função de *timing*. Uma das fases vem de L1, por meio dos controles de operação e dos terminais L e M, e, finalmente, por meio do terminal 2 para energizar um lado do circuito de *timing*. A fase comum provém de L2, mas está no lado da carga do contator, de maneira que ele é "puxado" para dentro para fornecer energia a essa fase. A pressão do óleo abre e fecha um interruptor na fase comum, que normalmente é um conjunto fechado (NC – *normally closed*) de contatos. Na Figura 6.28, o interruptor está aberto porque o compressor está funcionando e a pressão do óleo é alta o suficiente para manter os contatos abertos. Se a pressão do óleo diminuir abaixo de 68,91 kPa man (10 psig), o interruptor fechará e o *timer* será energizado. Se após dois minutos a pressão ainda estiver baixa, os contatos L e M se abrem, o que desenergiza o contator do compressor.

Ocasionalmente, um controle de segurança de óleo falhará por causa de um problema diferente da condição que foi projetada para impedi-lo. O controle da pressão de óleo falhará se o compressor deixar de funcionar enquanto seu contator é energizado. Por exemplo, se o compressor desligar com uma sobrecarga interna, o compressor deixará de funcionar sem desenergizar o contator do compressor. A bomba, presa no cárter do compressor, desenvolve pressão da rotação do cárter, e não bombeará. No entanto, o contator permanece energizado, portanto, há ainda energia em ambos os lados do *timer*. Como não há pressão de óleo e o controle está energizado, os contatos do controle abrirão em aproximadamente 120 segundos, fazendo falhar o restabelecimento da segurança do óleo. Mesmo que a condição se autocorrija, o compressor não pode ser restabelecido sem o controle de segurança ser restabelecido manualmente.

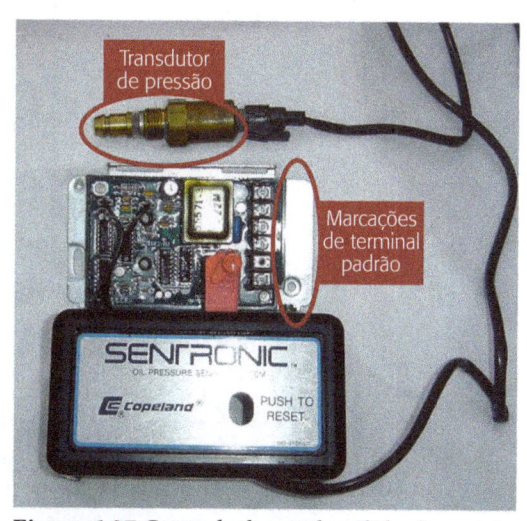

Figura 6.27 Controle de estado sólido de pressão do óleo. *Foto de Dick Wirz.*

> **VERIFICAÇÃO DA REALIDADE Nº 2**
>
> Quando o controle de segurança de óleo falho é restabelecido e o compressor começa a funcionar, o primeiro pensamento de alguns técnicos é de que o controle está ruim porque o compressor parece estar funcionando corretamente. Na realidade, o fato de que o controle falhou mostra que ele está somente fazendo seu trabalho. É problema do técnico descobrir por que ele falhou.

Suponha que um problema de sobrecarga de compressor tenha sido a **diminuição de voltagem** (*brown out*) ou talvez devido ao excesso de pressão voltando para o compressor durante uma incomum redução anormal de temperatura, ou alguma outra condição temporária. Quando o técnico chega e restabelece o controle, o compressor pode iniciar e funcionar bem porque a condição original não existe mais. Entretanto, o cliente pode estar muito nervoso porque seu equipamento parou de funcionar e agora parece não haver razão para isso. Pior, o técnico não pode assegurar ao cliente que isso não mais acontecerá.

Um controle chamado de **relé sensor de corrente** (CSR – *current-sensing relay*) pode evitar esse tipo de problema (ver as Figuras 6.29 e 6.30). O CSR é uma pequena caixa-preta com um buraco em seu centro e dois fios que saem dos lados. O CSR é conectado em série a uma fase do controle de segurança do óleo. (Ver diagrama de fiação do controle de falha de óleo na Figura 6.28.) O conjunto de contatos normalmente aberto no interior do CSR é representado pelo interruptor no fio desde o L2 ao lado comum do *timer*. Um dos fios elétricos que alimentam o compressor é alimentado mediante um buraco no meio da caixa. Na

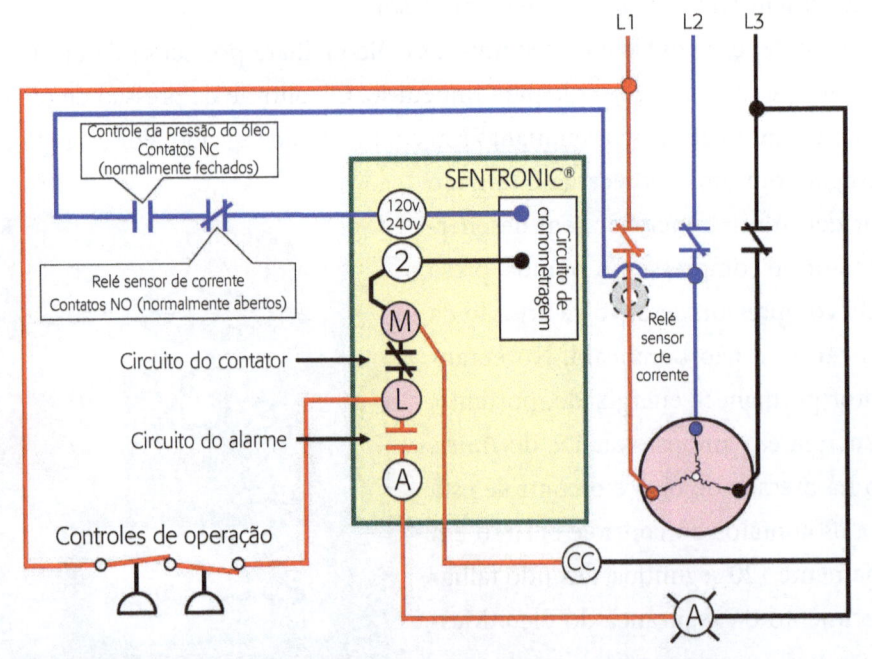

Figura 6.28 Diagrama do controle da pressão do óleo (mostrado com o compressor em funcionamento e com a pressão correta de óleo). *Cortesia de Refrigeration Training Services.*

Figura 6.28, isso é representado como uma rosca ao redor da fase de L1 entre o contator e o compressor. Enquanto o compressor estiver funcionando, o campo magnético ao redor do fio energiza o CSR, fechando os contatos.

Se o compressor desligar em sobrecarga, ele interromperá, e o campo magnético ao redor do fio vai entrar em colapso, o que permite que os contatos do relé abram o circuito para o *timer*, impedindo o controle de chegar ao tempo-limite e falhando o restabelecimento manual. Como resultado, o compressor reiniciará por si mesmo quando o problema de sobrecarga for corrigido. O cliente não terá de esperar que alguém restabeleça o controle, e o técnico não terá motivo para suspeitar de um problema de óleo.

A seguir, apresentam-se algumas verificações que devem ser feitas após o restabelecimento da falha do controle de segurança de óleo.

1. Diagnóstico elétrico
   » Verifique a voltagem para o contator.
   » Verifique a voltagem por meio dos contatos do contator energizado por sinais de contatos corroídos. (Zero volt é perfeito; mas qualquer voltagem indica um problema.)
   » Verifique a voltagem no compressor na partida.
   » Verifique a amperagem do compressor.

2. Diagnóstico do sistema de refrigeração
   » Monitore a pressão líquida do óleo e o nível do óleo em um ciclo completo.
   » Em um *freezer*, verifique o nível do óleo logo antes de o sistema ir para o descongelamento.
   » Procure evidência de uma partida inundada ou retorno da inundação ao compressor.
   » Procure pressões de sucção anormalmente altas ou baixas.
   » Verifique a ocorrência do ciclo curto.

Nota: Ciclo curto do compressor bombeia óleo para o interior do sistema, sem permitir suficiente tempo de funcionamento do compressor para retornar o óleo para o cárter. Se o liga e o desliga de um controle de LP são estabelecidos muito próximos (pequeno diferencial), esse ciclo curto pode ocorrer durante o esvaziamento.

Receptores

O receptor é apenas um tanque de armazenamento para refrigerante. Todos os sistemas de válvula de expansão termostática (TEV) devem ter alguma

Figura 6.29 Relé sensor de corrente. *Foto de Dick Wirz.*

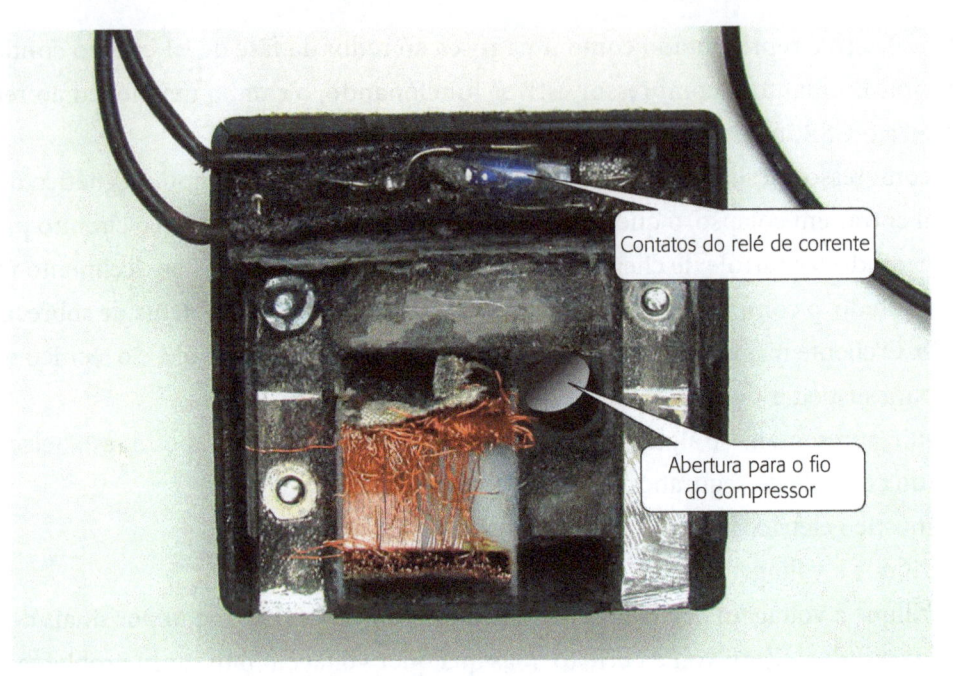

Figura 6.30 Corte transversal de um relé sensor de corrente. *Foto de Dick Wirz.*

capacidade de reserva para ter a certeza de que há refrigerante suficiente para a TEV sob todas as condições.

A carga interna do sistema deve encher somente 80% do receptor. O tamanho do receptor depende das exigências do sistema. A refrigeração de funcionamento longo pode exigir maior capacidade do receptor, especialmente se o solenoide que desliga o fluxo do refrigerante estiver localizado na unidade de condensação. Nesse tipo de instalação, todo o refrigerante na linha do líquido tem de ser bombeado de volta ao receptor antes que o compressor se desligue. Além disso, unidades com válvulas reguladoras de pressão de cabeça (HPR) necessitam mais refrigerante para inundar o condensador durante o tempo frio do que elas necessitam para refrigeração. Durante o clima quente, o receptor é usado para guardar o excesso de refrigerante.

A **válvula-rei**, válvula de serviço sobre a saída do receptor, é muito útil para esvaziar um sistema para serviço (Figura 6.31). Para isso, assente na parte dianteira a válvula-rei com o compressor em funcionamento. Isso fecha o fluxo do refrigerante para a linha de líquido. Desligue o compressor quando a pressão de sucção tiver chegado para 0 kPa man (0 psig). Todo o refrigerante deve agora ser removido da linha de líquido, do evaporador e da linha de sucção. Esse procedimento é útil para substituir os filtros secadores, o evaporador e a válvula solenoide; para ajustar os controles de LP; ou para consertar qualquer peça ou vazamento desde o receptor até o compressor. Naturalmente, evacue essa peça do sistema antes de reabrir a válvula-rei.

> **TROT**
> Para *pump down*
> Máximo de dois ciclos adicionais após o *pump down* inicial.

Acumuladores

Em sistemas de baixa temperatura, o retorno da inundação é muito provável durante a redução anormal de temperatura, especialmente após o descongelamento. O acumulador está localizado na linha de sucção perto do compressor, protegendo-o de acúmulo de líquido (ver a Figura 6.32).

Um acumulador junta, ou acumula, refrigerante líquido da linha de sucção perto do compressor. Se o líquido estiver presente na linha de sucção, ele descerá para o fundo do acumulador. O ar ambiente esquenta a superfície externa do acumulador, fervendo o refrigerante líquido e transformando-o em vapor. O vapor de refrigerante entra na abertura do sifão no topo do acumulador, que dirige o vapor em direção à válvula de sucção de serviço do compressor.

O óleo se assenta no fundo do tanque do acumulador. À medida que entra na abertura no lado do tubo em U, o óleo é elevado, com o vapor do refrigerante, para fora do acumulador e de volta ao compressor.

Esse acessório é normalmente instalado em um sistema como parte de uma exigência de projeto da fábrica. Se um sistema não tiver um acumulador, mas, se ocorrer inundação após o descongelamento ou na partida, verifique primeiro se há problemas no sistema. Se um acumulador for necessário, discuta a situação com o fabricante para o dimensionamento correto e o tipo a ser usado.

> **TROT**
> O que é considerado "ciclo curto"?
> O compressor funciona menos do que dois minutos.
>
> Em um esforço para impedir o ciclo curto, durante uma sequência de esvaziamento, alguns técnicos estabelecem o desligamento de LP acima de 0 kPa man (0 psig). Uma vez que a unidade se esvazie e desligue, ela ficará desligada definitivamente. Entretanto, os fabricantes de compressores avisam contra essa prática, porque a duração do esvaziamento levará tanto tempo que o compressor pode superaquecer. Portanto, eles recomendam definir o desligamento do controle de LP tão alto quanto possível. Além disso, é perfeitamente aceitável para o compressor fazer o ciclo de ligar e desligar algumas vezes antes de ficar desligado.

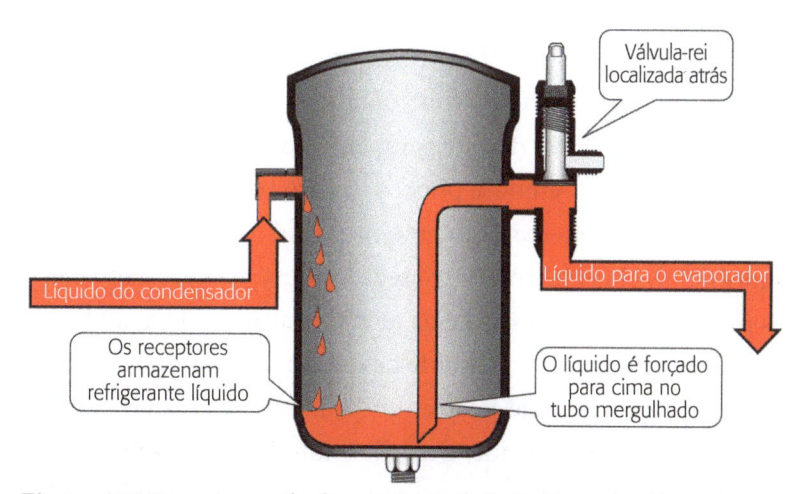

Figura 6.31 Receptor e válvula-rei. *Cortesia de Refrigeration Training Services.*

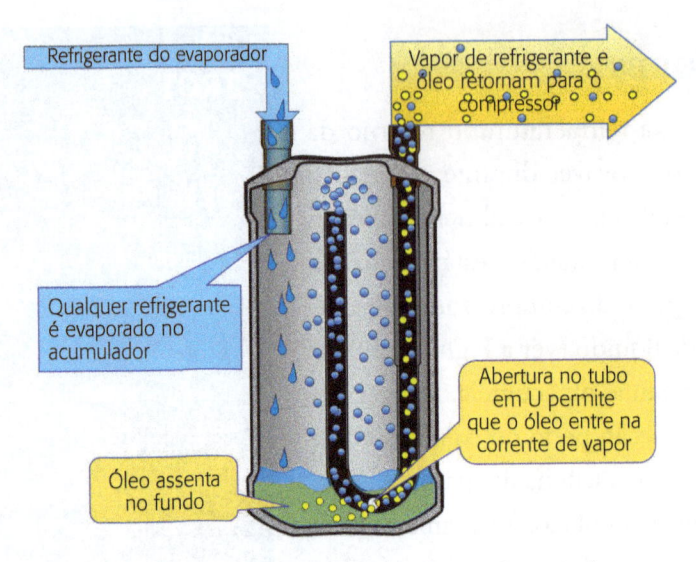

Figura 6.32 Acumulador de linha de sucção. *Cortesia de Refrigeration Training Services.*

Os acumuladores normalmente transpiram porque estão em temperaturas frias na linha de sucção. No entanto, não os isole porque o calor do ar do ambiente é necessário para vaporizar qualquer líquido no tanque. Os acumuladores são feitos de aço e acabam enferrujando por "suar" continuamente. O enferrujamento grave pode causar vazamento de pequeninos buracos no revestimento do acumulador. Portanto, se o sistema tiver um vazamento de refrigerante, o acumulador deve ser verificado.

Filtros secadores

Uma das primeiras coisas que um técnico deve verificar em uma chamada de assistência técnica em um AC é o filtro de ar, pois os técnicos sabem como a condição do filtro de ar afeta o fluxo de ar do sistema e causa impacto no funcionamento geral do sistema. Da mesma forma, o desempenho dos filtros secadores do refrigerante é tão importante quanto a função no interior do sistema de refrigeração, embora poucos técnicos os verifiquem. Reconhecidamente, um filtro secador em um sistema corretamente instalado e evacuado deve se conservar por muitos anos (Figura 6.33). No entanto, o filtro secador deve ser verificado como uma peça padrão de todos os procedimentos de assistência técnica e sistema de manutenção dos técnicos.

Um filtro secador de refrigeração possui telas e filtros de fibra para captar partículas que percorrem o sistema. Além disso, ele possui **dessecantes** para captar contaminantes, como ácidos, cera e, mais importante, umidade. Quando a umidade se combina com o refrigerante, óleo e calor, forma lama e ácidos que provocam falhas no sistema. Sílica gel é um composto que absorve umidade e que constitui a maioria dos dessecantes dos filtros secadores.

Quando um técnico adiciona refrigerante ou abre o sistema para reparos, há a possibilidade de que entre umidade no sistema. À medida que o refrigerante circula pelo sistema, a umidade é captada nos dessecantes do filtro secador. Em líquido de baixas temperaturas, o filtro secador pode reter mais umidade do que em temperaturas mais altas. Um secador frio, que está perto de sua capacidade de reter água, liberará alguma parte de sua umidade quando a linha de líquido aquece. Essa é a razão por que no primeiro dia morno do verão um sistema pode apresentar problemas relacionados com a umidade, como emperramento da válvula de expansão por gelo no orifício.

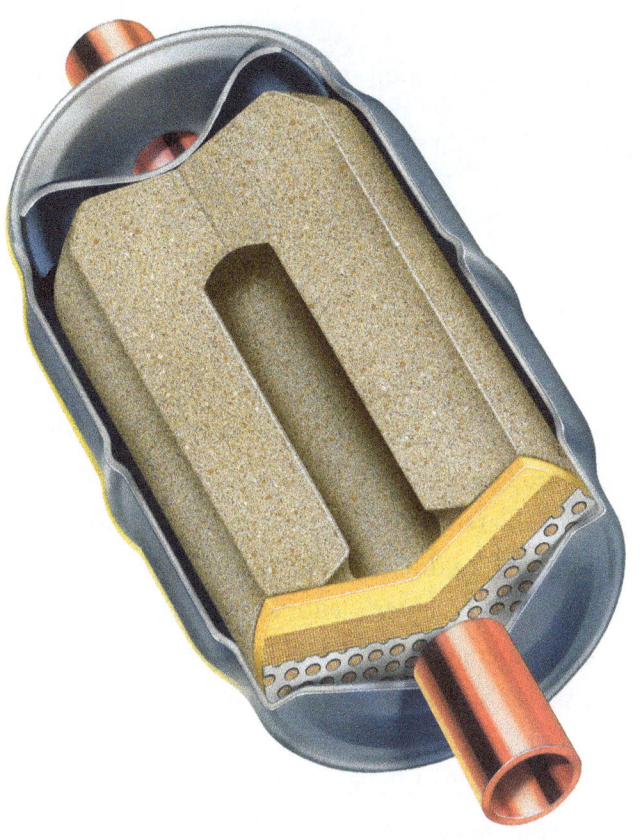

Figura 6.33 Filtro secador. *Cortesia de Sporlan.*

Os filtros secadores não captam necessariamente as partículas ou a umidade na primeira passagem, nem elas ficam presas quando o filtro secador atingir sua capacidade. Uma restrição causada por resíduos no sistema é fácil de determinar.

Se houver excessiva diminuição de pressão através do filtro, isso se deve ao bloqueio do fluxo de fluido pelos resíduos. Os filtros secadores da linha de sucção têm normalmente derivações de pressão tanto na entrada quanto na saída, de modo que a diminuição de pressão possa ser medida. Como sempre, consulte as especificações do fabricante, mas o máximo usual para filtros secadores de sucção permanentemente instalados é 13,78 kPa man (2 psig) para refrigeradores e 6,89 kPa man (1 psig) para *freezers*. A diminuição de pressão na linha de sucção é mais crítica do que na linha de líquido. A maioria dos fabricantes de equipamentos recomenda limpar os filtros secadores de linha de sucção depois do esgotamento do compressor. Eles também recomendam substituir o filtro secador quando a diminuição de pressão através dele for excessiva. O filtro secador deve ser removido quando o sistema estiver limpo. Em nenhum caso um filtro secador de sucção temporário deve ser deixado no sistema por mais de três dias. Se os filtros de sucção forem instalados permanentemente, eles devem ser monitorados regularmente para a diminuição de pressão.

> **TROT**
> Os filtros secadores devem ser substituídos sempre que o sistema for aberto para conserto.

> **TROT**
> Troque o filtro secador da linha de líquido se a diminuição de temperatura for maior do que 1,7 °C.

Além da limpeza após o esgotamento do compressor, os filtros secadores da linha de sucção são muito bons para remover a umidade. Alguns fabricantes afirmam que os filtros secadores da linha de sucção são na realidade mais eficazes para remover a umidade do sistema do que aqueles na linha de líquido. A umidade condensa rapidamente na linha de sucção fria e é facilmente captada pelos secantes do filtro secador de sucção.

Os secadores da linha de líquido devem também ser substituídos quando a diminuição de pressão neles for muito grande. No entanto, é difícil medir a diminuição de pressão através dos filtros secadores da linha do líquido, porque eles não vêm com derivações de pressão. Medir a diferença de temperatura entre o filtro secador na entrada e na saída é quase tão bom quanto medir a diferença de pressão. Se houver diferença de temperatura, há uma diminuição de pressão. Para obter a leitura precisa, os técnicos devem usar um bom termômetro eletrônico de temperatura dual, com dois termistores.

Essa regra funciona bem para refrigerantes de alta pressão (R22 e R404A) a cerca de 43,3 °C de condensação. A diferença de 1,7 °C é aproximadamente igual a uma diminuição de pressão de 68,91 kPa man (10 psig). A regra de 1,7 °C também funciona para refrigerantes de pressão mais baixa como R134a. Como sempre, consulte as especificações do fabricante para os números exatos.

Alguns técnicos dizem que verificam as limitações do filtro secador, colocando as mãos sobre a entrada e a saída do filtro secador. De fato, testes têm provado que a maioria das pessoas não pode detectar uma diferença de temperatura de menos do que 42,2 °C entre as duas mãos. Isso se traduziria em uma diferença de cerca de 206,73 kPa man (30 psig) em um sistema de R22.

A diminuição de pressão através de um filtro indica o aumento de lixo no sistema, mas e sobre a umidade? Não dependa da diminuição de pressão para indicar umidade. Pode não haver diminuição de pressão mesmo quando o filtro secador estiver cheio em toda a sua capacidade de água. Um visor de vidro do tipo indicador de umidade ajudará. No entanto, como se afirmou anteriormente, o sistema pode mostrar-se seco quando verificado em uma manhã fria e depois mostrar-se molhado quando a umidade for liberada durante a tarde quente.

Filtros secadores do tipo *flare* são fáceis de substituir, por isso, eles são preferidos pelos técnicos que devem manter o sistema. No entanto, os *flares* devem ser feitos corretamente. Será inteligente um técnico adquirir a melhor ferramenta de *flaring* possível, que se pagará muitas e muitas vezes, por evitar vazamentos de refrigerantes caros.

A manutenção de filtro secador do tipo *sweat* exige procedimentos próprios. Quando substituir esse tipo de secador, é melhor eliminar o secador antigo. Os técnicos não devem tentar descondensar o ar morno em superfície fria (*unsweat*). O calor da chama liberará a umidade contida no filtro secador de volta ao sistema.

Quando instalar um novo filtro secador, lembre-se de que o superaquecimento do revestimento do filtro pode danificar as peças internas no filtro. Os técnicos podem evitar esse problema colocando uma estopa úmida ao redor do corpo do filtro e certificando-se de que a chama aponte para longe do filtro secador (Figura 6.34).

Filtros secadores do tipo núcleo substituíveis podem ser instalados na linha de sucção ou de líquido. A substituição é fácil; apenas bombeie para baixo o sistema e desatarraxe a capa protetora. Há diferentes combinações de cartuchos de dessecantes para se escolher, com base no tipo de remoção de contaminante que é necessário – umidade, ácido, cera ou simplesmente filtração de resíduos de instalação.

Os números nos filtros secadores normalmente mostram a quantidade de dessecantes por polegadas cúbicas e o tamanho da linha em oitavos de uma polegada. Por exemplo, na Figura 6.35, o filtro secador da Sporlan C-163-S possui 262 cm^3 (16 polegadas cúbicas) de dessecante. O tamanho da linha é 0,95 cm (⅜ de polegada, ou ⅜" OD) do tamanho do tubo. Somente os secantes *sweat* possuem a letra S no final; secadores *flare* não apresentam letra.

Consulte a tabela do fabricante sobre o filtro secante para o dimensionamento correto. É melhor que seja grande demais do que muito pequeno; no entanto, os sistemas de tubo capilar são normalmente limitados a tamanho de filtro de 49 cm^3 (3 polegadas cúbicas). Um filtro secador maior nesse tipo de sistema poderia agir como receptor e alterar a carga crítica da unidade. Observe que o uso do óleo poliolester (POE) nos sistemas de refrigeração tem aumentado os problemas relacionados com a umidade. Portanto, substituir filtros secadores e adicionar visores de vidro com indicadores de umidade têm sido parte importante de uma boa instalação de refrigeração, serviço e manutenção.

> **VERIFICAÇÃO DA REALIDADE Nº 3**
> Se for difícil alcançar o filtro secador, a maior parte dos técnicos de assistência técnica ficará relutante em verificá-lo ou substituí-lo.

> **TROT**
> PARA SUBSTITUIÇÃO DO FILTRO SECADOR:
>
> Filtros secadores na linha do líquido
> - Sempre que o sistema estiver aberto para reparos.
> - Quando o visor de vidro indicar umidade no sistema.
> - Sempre que houver mais de 1,7 °C de diminuição de temperatura através do filtro secador.
> - Quando estiver em dúvida, troque-o.
>
> Filtros secadores permanentes na linha de sucção
> - Diminuição de 13,78 kPa man (2 psig) em unidades de temperatura média.
> - Diminuição de 6,89 kPa man (1 psig) em unidades de temperatura baixa.
>
> Instalar o filtro secador em linha de líquido justo antes da TEV é considerada a melhor localização. Entretanto, em algumas caixas refrigeradas cheias de produto, pode ser muito difícil alcançar o filtro secador. Nesses casos, instale-o na unidade de condensação, onde será mais fácil verificar e substituir.

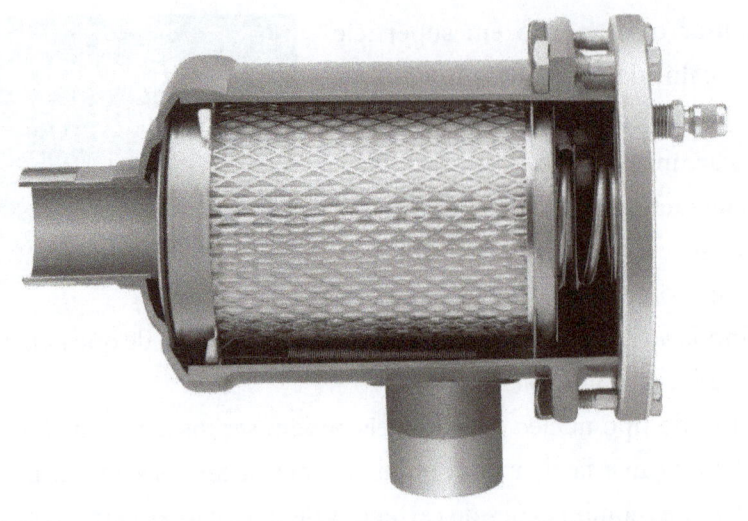

Figura 6.34 Filtro secador com núcleo substituível. *Cortesia da Sporlan.*

VISORES DE VIDRO

Um visor de vidro com indicador de umidade é recomendado em todos os sistemas TEV. O visor mostra o fluxo do refrigerante naquele ponto em que é instalado na linha do líquido. Quando um indicador de umidade é parte do visor, informação adicional encontra-se disponível sobre se o sistema está seco ou possui umidade (Figura 6.36).

De acordo com as especificações da fábrica, o visor de vidro pode ser instalado seja na parte dianteira ou atrás do filtro secador. Alguns técnicos consideram essencial instalar um visor depois do filtro secador, porque, se o filtro secador estiver restringido, ele apresentará bolhas.

EXEMPLO: 10 R22 em 1557,40 kPa man (226 psig) apresenta temperatura de condensação de 43,3 °C. Se o filtro secador restringido baixar a pressão do líquido em 68,91 kPa man (10 psig) para 1488,49 kPa man (216 psig), ele ferverá a 41,7 °C. O líquido em 43,3 °C começará a ferver instantaneamente e bolhas provavelmente aparecerão no visor. No entanto, se o líquido fosse

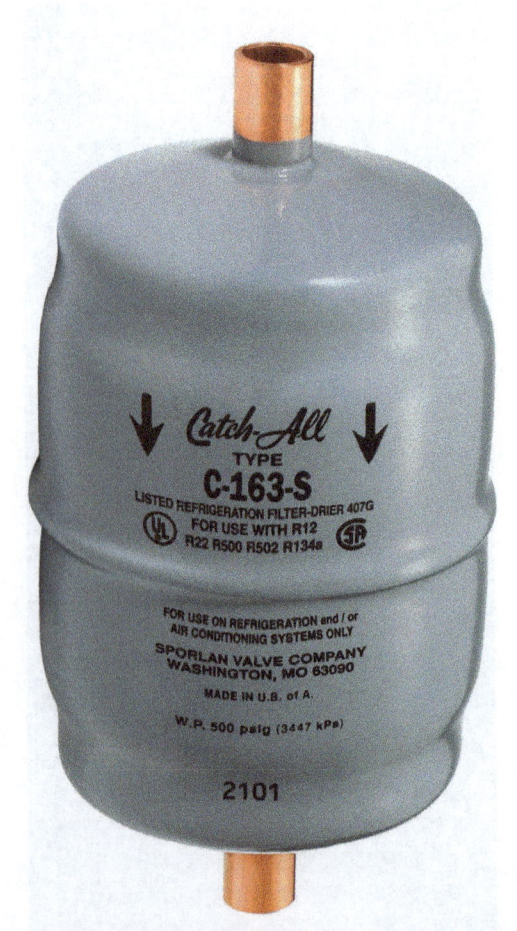

Figura 6.35 Numeração do filtro secador. *Cortesia da Sporlan.*

sub-resfriado em somente 2,8 ºC para 40,6 ºC, as bolhas não apareceriam no visor mesmo com diminuição de pressão de 68,91 kPa man (10 psig).

Se o visor estiver na unidade de condensação e o evaporador estiver acima da unidade ou bem afastado, a fábrica sugere um segundo visor de vidro no evaporador. Como afirmado no Capítulo 5, os técnicos devem ser capazes de verificar que a TEV tem uma coluna cheia de líquido. Os dois visores de vidro em um sistema não aumentarão a diminuição de pressão na linha do líquido, mas aumentarão a precisão do técnico de serviço, ao diagnosticar o funcionamento do sistema.

Alguns técnicos acrescentam refrigerante sempre que as bolhas aparecem no visor. Essa não é uma boa prática porque pode resultar em um sistema com sobrecarga. Não é raro que o visor mostre bolhas durante a partida e durante as condições de carga baixa. São situações temporárias e não exigem necessariamente a adição de refrigerante.

Figura 6.36 Visor de vidro com indicador de umidade. *Cortesia de Refrigeration Training Services.*

Quando um sistema é aberto, o indicador de umidade muda de cor para mostrar um sistema úmido. Mesmo quando um vácuo correto é realizado, o indicador não mostrará o sistema completamente seco. Isso é normal e pode levar até 12 horas de funcionamento do sistema para o indicador de umidade mostrar o sistema seco. Se ele não mostrar, o técnico deve substituir o filtro secador.

Trocas de calor

No Capítulo 3, descreveu-se como a diminuição de pressão e de calor acrescentados às linhas do líquido pode fazer o refrigerante ferver instantaneamente antes de chegar à TEV. Para impedir isso, o líquido pode ser sub-refrigerado por uma troca de calor localizada na linha de sucção que deixa o evaporador (Figura 6.37).

Além disso, baixar a temperatura do refrigerante líquido aumenta a capacidade de uma TEV. Os projetistas de sistemas algumas vezes se

> **VERIFICAÇÃO DA REALIDADE Nº 4**
> Um filtro secador restringido não apresentará bolhas se houver bastante sub-refrigeração.

> **VERIFICAÇÃO DA REALIDADE Nº 5**
> A umidade atinge o equilíbrio no sistema de refrigeração e surgirá no indicador de umidade, não importa onde ele seja instalado.

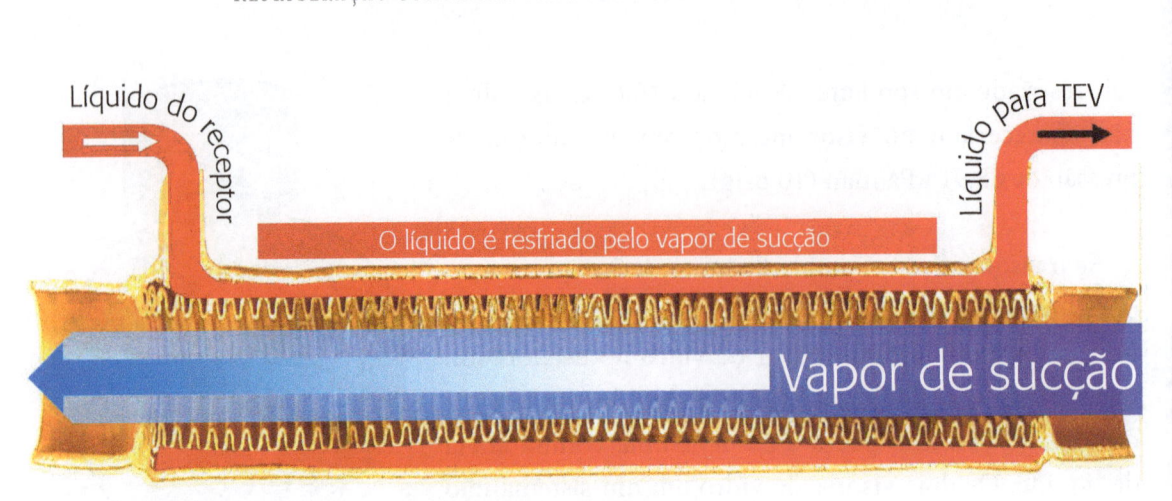

Figura 6.37 Trocador de calor. *Cortesia de Refrigeration Training Services.*

Figura 6.38 Eliminador de vibração. *Foto de Dick Wirz.*

aproveitam dessa característica de adição de trocas de calor para usar uma TEV menor para alimentar o evaporador da unidade.

Em alguns sistemas de tubo capilar, o fabricante solda o tubo capilar a uma seção da linha de sucção.

Esse arranjo age como um trocador de calor que ajuda a manter uma medição consistente no tubo capilar mesmo durante condições ambientais de alta temperatura, tal como uma cozinha quente.

Eliminador de vibração

Compressores semi-herméticos realmente balançam quando dão partida. Isso é semelhante ao movimento de torção de um motor de carro quando se dá partida ou então se acelera. O eliminador de vibração ou absorvente de vibração absorve os impactos da torção e da vibração para impedir danos e vazamentos nas linhas de refrigeração conectadas ao compressor (Figura 6.38).

O eliminador de vibração é um tubo de cobre ondulado que parece o fole de um acordeão. Para força adicionada, uma malha tecida com fios de cobre reveste a tubulação flexível. Na absorção do movimento de torção na partida, o eliminador de vibração deve sempre ser instalado em linha (paralela) ao cárter. Se ele estiver em um ângulo reto (perpendicular) ao cárter, as oscilações do compressor na partida comprimirão o absorvedor como o fole do acordeão ao qual se parece. Infelizmente, isso causará a quebra da fina tubulação flexível.

Quando um técnico verifica um sistema por vazamento de refrigerante, é uma boa ideia incluir sempre um eliminador de vibração na verificação do vazamento.

Resumo

Os termostatos de AC somente têm uma oscilação de temperatura de 1,1 °C porque uma diferença maior seria perceptível às pessoas na sala. No entanto, os termostatos de refrigeração têm pelo menos 1,7 °C a 2,8 °C de oscilação de temperatura, o que permite tempo suficiente para a maioria dos evaporadores de temperatura média descongelar-se. A maior parte dos termostatos de refrigeração "sente" a temperatura do ar, mas alguns "sentem" a temperatura do evaporador.

As válvulas de serviço do compressor são úteis para verificar a pressão e a condição de suas próprias válvulas de palheta e para isolar o compressor para realizar reparos ou manutenção. Lembrar que um técnico não deve nunca assentar na parte dianteira uma válvula de serviço de descarga enquanto o compressor estiver funcionando.

Válvulas solenoides são frequentemente usadas para desligar o fluxo do refrigerante em um sistema antes de o compressor desligar. Desligar o fluxo do refrigerante impede a migração do refrigerante durante o tempo em que está desligado. Portanto, as válvulas solenoides devem ser instaladas em todas as unidades de condensação remotas de refrigeração. Uma válvula solenoide de desligamento do fluxo de refrigerante não é necessária em sistemas que usam EEV, porque um EEV interrompe completamente o fluxo de refrigerante quando desligada.

Válvulas de derivação de gás quente injetam refrigerante no lado baixo do sistema para evitar o superaquecimento do compressor durante condições de carga baixa. Elas também podem ser usadas para impedir o congelamento da serpentina, mantendo as pressões e as temperaturas do evaporador altas.

Durante reduções anormais de temperatura, os CPRs controlam automaticamente o fluxo do vapor de sucção do evaporador até que o compressor possa lidar com a carga. Os CPRs são usados em compressores de baixa temperatura.

Os EPRs mantêm elevada a pressão de sucção no evaporador. Desde que a pressão de sucção não diminua, a temperatura do evaporador também não diminuirá. Os EPRs mantêm temperaturas do recipiente mantendo a temperatura do evaporador do recipiente.

Os controles de LP desligam o compressor quando a pressão de sucção diminui. Essa característica é útil durante o desligamento do fluxo do refrigerante ou quando há perda de refrigerante. Os controles de LP podem também ser usados como controle de temperatura para algumas geladeiras comerciais e recipientes refrigerados.

Controles de alta pressão desligam o compressor quando a pressão máxima aumenta. As principais causas da alta pressão máxima são ambientes de alta temperatura, condensadores sujos e problemas com motor de condensador.

Controles de segurança de óleo protegem os compressores com bombas de óleo no caso de falta de lubrificação. As razões principais para a baixa pressão de óleo são problemas relacionados com o sistema como a inundação de volta, ciclos curtos, congelamento da serpentina e tubulação incorreta. Raramente é a bomba de óleo ou defeito no controle de falha de óleo.

Separadores de óleo retornam a maioria do óleo carregado no vapor de descarga de volta ao cárter do compressor. Esse acessório é usado, principalmente, em grandes sistemas com condensadores remotos e tubulação de longos percursos.

Os receptores são tanques que armazenam refrigerante para os sistemas com uma TEV. O tamanho depende do volume da carga de refrigerante no sistema. A válvula-rei é útil para desligar o fluxo de refrigerante antes de fazer reparos no líquido e nas linhas de sucção.

Os acumuladores protegem compressores de baixa temperatura da inundação de volta do líquido durante redução anormal de temperatura, após o descongelamento.

Questões de revisão

1. Termostatos de refrigeração comercial que "sentem" a temperatura do ar do espaço refrigerado têm oscilação de temperatura de cerca de quantos graus?

   a. 15,6 °C
   b. 32,2 °C
   c. 71,1 °C
   d. 87,8 °C

2. Por que um termostato que "sente" a temperatura da serpentina impede o aumento da camada fina de gelo em um evaporador de temperatura média?

   a. Ele tem uma oscilação pequena de temperatura.
   b. Uma vez que o termostato está satisfeito, qualquer aumento da camada fina de gelo no evaporador deve ser derretido antes que o termostato reinicie o compressor.
   c. O termostato sabe quando passar para a fase de descongelamento.

3. Qual é a principal finalidade da tampa sobre a haste da válvula de serviço?

   a. Evitar vazamentos de refrigerante.
   b. Proteger a haste da válvula de ser golpeada acidentalmente.
   c. Impedir a sujeira de danificar a vedação quando a válvula é aberta.

4. Quais são os dois procedimentos de solução de problemas que podem ser realizados por uma válvula de serviço de sucção assentada na parte dianteira?

   a. Verificar as válvulas de palheta e a sobrecarga da alta pressão da parte de trás.
   b. Verificar o superaquecimento e a sub-refrigeração.
   c. Verificar a alta pressão máxima e a pressão de sucção.

5. O que acontecerá se o compressor é iniciado com a válvula de serviço de descarga assentada na parte dianteira?

   a. As válvulas de sucção de palheta quebrarão.
   b. A linha do líquido vai ficar com pressão excessiva.
   c. A gaxeta da placa da válvula será danificada ou mesmo ferirá o técnico.

6. Com ambas as válvulas de serviço assentadas na parte dianteira, qual é o procedimento básico para substituir um compressor semi-hermético?

7. O que controla o solenoide de desligamento de fluxo do refrigerante?

   a. Termostato
   b. Válvula de serviço da linha do líquido
   c. Interruptor do ventilador

8. Descreva a sequência de desligamento do fluxo do refrigerante.

9. O que acontecerá se o solenoide de desligamento de fluxo de refrigerante for instalado na parte traseira?

   a. Nada, ele pode ser instalado de ambas as formas.
   b. O sistema ficará em uma condição de desligar o fluxo do refrigerante
   c. O sistema não desligará o fluxo do refrigerante e o compressor não desligará.

10. **Qual é a principal função de uma válvula de derivação do gás quente?**

    a. Manter o mínimo de pressão de sucção no compressor.
    b. Evitar a sobrecarga do compressor durante a redução anormal de temperatura.
    c. Manter a pressão baixa no evaporador.

11. **Qual é a função principal da válvula CPR?**

    a. Manter o mínimo de pressão de sucção no compressor.
    b. Impedir o compressor de sobrecarregar durante a redução anormal de temperatura.
    c. Manter a pressão elevada no evaporador.

12. **Qual é a função principal de uma válvula EPR?**

    a. Manter uma pressão mínima de sucção no compressor
    b. Impedir a sobrecarga do compressor durante a redução anormal de temperatura.
    c. Manter pressão alta no evaporador.

13. **Qual é o significado de "ZP" para uma TEV da Sporlan?**

    a. Uma válvula de *freezer* que limita a pressão para o compressor.
    b. Uma válvula de temperatura média feita para congelamento em baixa pressão.
    c. Uma válvula de múltiplos intervalos que mantém elevada a pressão do evaporador.

14. **Relacione as etapas necessárias para determinar a pressão de sucção máxima com que um compressor pode lidar, e também para configurar uma válvula CPR.**

15. **Duas caixas são instaladas em um compressor. Uma é uma caixa de exposição de 35º e a outra é uma caixa de exposição de 50º. Qual caixa demandaria uma EPR?**

    a. A caixa com a temperatura mais alta.
    b. A caixa com a temperatura mais baixa.

16. **Quais são os três usos para o controle de pressão baixa?**

    a. Impede o dano devido à perda de refrigerante e controle de temperatura e desliga o compressor após desligar o fluxo do refrigerante.
    b. Impede o dano devido à perda de refrigerante e controle de temperatura e preserva da sobrecarga o compressor em um desligamento do fluxo de refrigerante.
    c. Impede o dano devido à perda de temperatura e controle de pressão e desliga o compressor antes de desligar o fluxo do refrigerante.

17. **Quais são as três preocupações quando se define um controle de pressão baixa para segurança ou para *pump down*?**

    a. Ciclo curto, superaquecimento do compressor e baixa temperatura do ambiente impedindo o controle de ligar.
    b. Ciclo curto, superaquecimento do compressor e alta temperatura do ambiente impedindo o controle de desligar.
    c. Segurança, alta pressão máxima, e baixa temperatura ambiente impedindo o reinício do compressor.

18. **Se a temperatura mínima de inverno de projeto em sua cidade é de 0 °F (−17,8 °C), qual seria a pressão baixa de ligar e desligar para uma câmara frigorífica usando R22 em uma unidade de condensação externa?**

a. 344,56 kPa man (50 psig) de ligar e 206,73 kPa man (30 psig) de desligar.
b. 137,82 kPa man (30 psig) de ligar e 6,89 kPa man (1 psig) de desligar.
c. 137,82 kPa man (20 psig) de ligar e 34,46 kPa man (5 psig) de desligar.

19. Como na questão 18, defina o controle de baixa pressão para um *freezer* de câmara frigorífica usando R404A em uma unidade externa de condensação.

a. 137,82 kPa man (20 psig) de ligar e 6,89 kPa man (1 psig) de desligar.
b. 172,28 kPa man (25 psig) de ligar e 34,46 kPa man (5 psig) de desligar.
c. 137,82 kPa man (20 psig) de ligar e 34,46 kPa man (5 psig) de desligar.

20. Mesma questão que a 18, mas estabeleça o controle de pressão baixa para uma câmara frigorífica usando R404A em uma unidade interna de condensação.

a. 275,65 kPa man (40 psig) de ligar e 137,82 kPa man (20 psig) de desligar.
b. 206,73 kPa man (30 psig) de ligar e 137,82 kPa man (20 psig) de desligar.
c. 413,47 kPa man (60 psig) de ligar e 275,65 kPa man (40 psig) de desligar.

21. Suponha que você substitua o controle de baixa pressão que age como controle de temperatura em uma geladeira comercial com R22 e que mantém 3,3 °C. É uma noite de sexta-feira e a fábrica está fechada, assim você não pode conseguir qualquer informação sobre as configurações. Em que pressão de ligar e desligar você estabelece o controle de baixa pressão?

a. 281,86 kPa man (38 psig) de ligar e 68,91 kPa man (10 psig) de desligar.

b. 454,82 kPa man (66 psig) de ligar e 227,41 kPa man (33 psig) de desligar.
c. 227,41 kPa man (33 psig) de ligar e (82,69 kPa man (12 psig) de desligar.

22. Qual seria o desligar de um controle de alta pressão para uma unidade externa de refrigeração R404A?

a. 1068,13 kPa man (155 psig)
b. 2756,46 kPa man (400 psig)
c. 3273,30 kPa man (475 psig)

23. Qual é a função de um separador de óleo?

a. Separar o óleo do gás de descarga.
b. Impedir a inundação de volta para o compressor.
c. Parar a migração do refrigerante para o óleo quando desligado.

24. Se um sistema tiver um separador de óleo, você ainda precisa inclinar e aprisionar as linhas de sucção para o retorno do óleo? Por que sim e por que não?

a. Não, o óleo retornou para o cárter antes de ele chegar à tubulação.
b. Sim, algum óleo ainda entra na tubulação.

25. Quais são as duas pressões em um controle de segurança de óleo que devem ser monitoradas?

a. Pressão de sucção e pressão máxima.
b. Pressão do cárter e pressão de descarga de bomba de óleo.
c. Pressão do lado baixo e pressão do receptor.

26. Abaixo de que mínimo de líquido de pressão de óleo o controle de segurança de óleo começa seu atraso de *timer*?

a. 34,46 kPa man (5 psig)
b. 68,91 kPa man (10 psig)
c. 413,47 kPa man (60 psig)

27. Quanto tempo o óleo precisa permanecer abaixo de sua pressão líquida mínima antes que o controle de segurança de óleo falhe?

   a. 10 segundos
   b. 60 segundos
   c. 120 segundos

28. O controle de segurança de óleo falhará se o compressor parar com a sobrecarga interna? Por que sim e por que não?

   a. Sim, ele falhará porque há energia para o controle, mas não há pressão de óleo.
   b. Não, ele não falhará porque a sobrecarga corta a energia para o controle de segurança de óleo.

29. O que você pode fazer para impedir falha do controle de falha de óleo de problemas elétricos, como diminuição de voltagem?

   a. Instalar um relé de partida de compressor.
   b. Instalar um relé sensor de corrente.
   c. Instalar um controle de segurança de óleo de baixa voltagem.

30. Descreva como funciona um relé sensor de corrente.

31. Depois de restabelecer manualmente um controle de segurança de óleo, quais verificações elétricas e de refrigeração devem ser feitas para determinar a causa da falha do controle?

32. A carga total de refrigerante de um sistema deve preencher qual porcentagem do receptor? (Dica: é a mesma porcentagem do preenchimento máximo para um cilindro de recuperação.)

   a. 80%
   b. 90%
   c. 100%

33. Como é chamada a válvula de serviço na saída do receptor?

   a. Válvula-rei
   b. Válvula-rainha
   c. Válvula solenoide

34. Para que é usada a válvula de serviço na saída do receptor?

   a. Para desligar o fluxo do refrigerante do sistema para reparos e para verificar a pressão do líquido.
   b. Para verificar a pressão máxima e o sub-resfriamento.
   c. Para isolar o compressor antes de substituí-lo.

35. Qual é a principal função de um acumulador?

   a. Acumular líquido para que a TEV tenha o suficiente durante a partida.
   b. Para proteger o compressor da inundação de retorno após uma redução anormal de temperatura.
   c. Manter a pressão máxima elevada durante condições de baixa temperatura ambiente.

36. Se o acumulador estiver suando, ele deve ser isolado? Por que sim e por que não?

   a. Não, porque ele necessita de calor do ar ambiente para ferver e secar o refrigerante.

b. Sim, porque ele necessita manter o calor no acumulador.

37. O principal dessecante (normalmente sílica gel) em um filtro secador é projetado para remover qual contaminante do sistema?

    a. Ácido
    b. Cera
    c. Lama
    d. Umidade

38. Por que sistemas que funcionam bem todo o inverno de repente desenvolvem problema de umidade quando o clima esquenta?

    a. Porque o filtro secador foi saturado com umidade quando estava frio, mas liberou alguma umidade quando foi esquentado.
    b. Porque as pressões mais altas forçam a umidade a sair do secador.
    c. Porque o tempo do verão é mais exigente do que o tempo no inverno

39. Um filtro secador capta resíduos e contaminantes na primeira vez que eles tentam passar por ele?

    a. Sim.
    b. Não.

40. Uma vez que os contaminantes são captados pelo filtro secador, eles podem ser liberados de volta para o sistema?

    a. Sim.
    b. Não.

41. Em um sistema de temperatura média, qual é a diminuição máxima de pressão através de seu filtro secador de sucção permanente antes de ela precisar ser substituída?

    a. 6,89 kPa man (1 psig)
    b. 13,78 kPa man (2 psig)
    c. 20,67 kPa man (3 psig)
    d. 68,89 kPa man (10 psig)

42. Se um filtro de sucção for temporariamente instalado para limpar ácido após um esgotamento, qual é o tempo máximo antes de ele precisar ser removido?

    a. Um dia.
    b. Dois dias.
    c. Três dias.

43. O filtro secador de sucção pode ser usado para remover umidade do sistema?

    a. Sim.
    b. Não.
    c. Talvez.

44. De acordo com TROT, qual é a diminuição máxima de temperatura através do filtro de secador da linha do líquido antes que ele demande substituição?

    a. 10 °C
    b. 21,1 °C
    c. 37,8 °C
    d. 60 °C

45. Como você verificaria se um filtro secador atingiu sua capacidade máxima de remoção de umidade?

    a. Verificar a diminuição da pressão/temperatura através do secador.
    b. Verificar o indicador de umidade pelo visor de vidro.

c. Desligar o fluxo de refrigerante do sistema e ver se ele manterá o vácuo.

46. Qual é o melhor procedimento para substituir um secador suado e por quê?

a. Usar uma tocha para secar o suor, porque é mais rápido.
b. Eliminá-lo, porque o calor de uma tocha liberará a umidade no sistema.

47. Um filtro secador da Sporlan é um C052; qual é sua capacidade de dessecante em polegadas cúbicas, o tamanho do tubo e sua conexão *flare* ou *sweat*?

a. 32,8 cm³ (2 polegadas cúbicas), tubo de 15,88 mm (⅝") e *flare*
b. 81,9 cm³ (5 polegadas cúbicas), tubo de 12,7 mm (½") e *sweat*
c. 81,9 cm³ (5 polegadas cúbicas) tubo de 6,35 mm (¼") e *flare*

48. Se forem observadas bolhas no visor de vidro, você deveria acrescentar refrigerante imediatamente? Por que sim e por que não?

a. Sim, isso pode superaquecer o compressor.
b. Não, você deve esperar até que todas as bolhas desapareçam antes de adicionar refrigerante.
c. Não, o sistema pode ter apenas iniciado, ou pode haver uma carga baixa.

49. Para que um trocador de calor é usado?

a. Ele ferve rapidamente e seca o refrigerante para evitar inundar o compressor.
b. Ele sub-refrigera o líquido para impedir a evaporação instantânea do gás antes da TEV.
c. Ele mantém elevada a pressão de sucção para o compressor.

50. O eliminador de vibração deveria ser paralelo ou perpendicular ao cárter do compressor? Por quê?

a. Ele deve ser perpendicular, porque o fole age como um acordeão para absorver a vibração quando o compressor oscila quando dá a partida.
b. Ele deve ser paralelo porque a tubulação interna ondulada pode rachar se comprimir como um fole, mas pode não rachar se ele torcer à medida que o compressor oscila.

Sistema de refrigeração: solucionando problemas

CAPÍTULO 7

Visão geral do capítulo

Este é o capítulo que a maioria dos técnicos aguarda ansiosamente. É como ter todas as peças de um quebra-cabeça colocadas em seus devidos lugares. Os capítulos anteriores foram planejados para ajudar a desenvolver a compreensão abrangente do sistema de refrigeração comercial. Já este foi desenvolvido com base no conhecimento obtido até agora e enfoca o desenvolvimento das habilidades para elaborar diagnósticos.

Algumas informações importantes dos capítulos anteriores são reafirmadas neste capítulo, mas de maneira ligeiramente diferente. Embora isso tenha aumentado a extensão deste capítulo, repetir os conceitos em palavras diferentes, espera-se, tornará esses conceitos mais fáceis de entender. Se você já compreendeu totalmente as ideias, considere-o como um reforço daquilo que já aprendeu.

A arte do diagnóstico é colocar o conhecimento em prática, que dá aos técnicos um sentido de realização e orgulho. Se a solução de problemas fosse fácil, qualquer um poderia fazê-la. A verdade é que solucionar problemas não é fácil, mas ao final deste capítulo você deverá ser capaz de diagnosticar corretamente a maioria dos problemas do sistema de refrigeração. Resolver problemas pode ser divertido. Quanto mais hábil você se torna em resolvê-los, mais divertido fica.

Revisão e previsão

Antes de entrar na solução de problemas específicos, será bom revisar brevemente alguns aspectos do sistema de refrigeração e seus quatro principais componentes. Além disso, este capítulo investiga quais são as condições no sistema de refrigeração que afetam esses componentes e como eles influenciam uns aos outros. Conhecer como as diferentes partes do sistema interagem é essencial para diagnosticar de maneira eficaz o funcionamento do sistema de refrigeração.

Após aprender solucionar problemas de um tipo de sistema, é bem fácil aplicar a maior parte das mesmas ferramentas de diagnóstico para qualquer sistema de refrigeração. Em primeiro lugar, estabeleça em quais temperaturas e pressões a unidade que está sendo assistida deveria supostamente operar, quando está funcionando corretamente. Em outras palavras, o que supostamente ela deveria estar fazendo?

Após decidir qual parte do sistema não está funcionando corretamente, a próxima etapa é usar as habilidades de diagnosticar para descobrir o que está causando o problema. A seguir, há uma lista das informações mínimas necessárias para a solução de problemas:

» Temperatura ambiente que entra no condensador
» Temperatura de condensação
» Intervalo de temperatura de condensador
» Sub-resfriamento do condensador
» Temperaturas do espaço refrigerado que entra no evaporador
» Temperatura do evaporador
» Diferença de temperatura no evaporador
» Superaquecimento do evaporador

Instrumentos de medida e termômetros dão a maioria das informações necessárias, mas, para usar esses dados corretamente, o técnico deve saber as condições de projeto do sistema. A menos que ele saiba de quanto devem ser o intervalo de temperatura do condensador e a diferença de temperatura do evaporador, ele realmente não saberia se o sistema está funcionando corretamente ou não.

EXEMPLO: 1 Um sistema R22 em dia de 35 °C tem pressão máxima de 1915,74 (278 psig), e que poderia ter uma temperatura de condensação de 51,7 °C. É isso que deveria ser?

Sim, se a unidade possui um intervalo de temperatura do condensador de 16,7 °C (51,7 °C – 35 °C = 16,7 °C) com uma unidade de SEER 10 A/C ou o interior de uma câmara frigorífica com uma unidade padrão de condensação. No entanto, a resposta é não, se a unidade é um 14 SEER A/C com intervalo de temperatura do condensador de 11,1 °C, um *freezer* com intervalo de temperatura do condensador de 13,9 ºC, ou um condensador remoto de refrigeração comercial de alta eficiência com intervalo de temperatura de 5,6 ºC. Como indicado neste exemplo, o técnico deve ter uma ideia do que deve ser o intervalo de temperatura do condensador de projeto a fim de solucionar problemas no lado de alta do sistema.

No lado de baixa do sistema, a pressão de sucção é um indicador da temperatura do evaporador, e um termômetro mostrará qual é a temperatura do interior. No entanto, para saber se a temperatura da serpentina está correta para as condições, o técnico deve saber a TD de projeto do evaporador.

Para manter este capítulo com enfoque nos fundamentos, as duas aplicações seguintes são usadas para uma revisão e para exemplos posteriores deste capítulo:

» Câmaras frigoríficas de temperatura média em temperatura ambiente de 35 ºC (Figura 7.1)
» Intervalo de temperatura do condensador de 16,7 ºC
» Temperatura de condensação de 51,7 ºC
» 5,6 ºC de sub-resfriamento de condensador
» 1,7 ºC de temperatura interna
» 5,6 ºC de diferença de temperatura no evaporador
» –3,9 ºC de temperatura do evaporador
» 5,6 ºC de superaquecimento do evaporador
» Dispositivo de controle da válvula de expansão termostática (TEV)
» Geladeira comercial de temperatura média em ambiente de 35 ºC (Figura 7.2)
» Intervalo de temperatura do condensador de 16,7 ºC
» Temperatura de condensador 51,7 ºC
» Sub-resfriamento do condensador 5,6 ºC

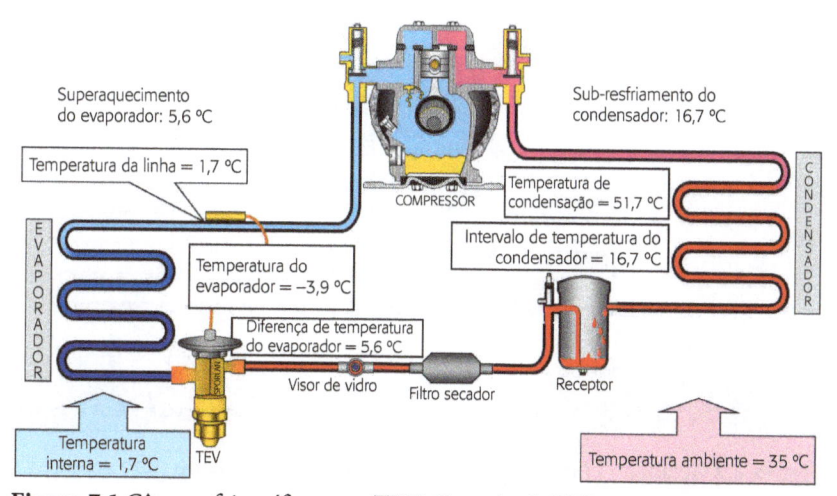

Figura 7.1 Câmara frigorífica com TEV. *Cortesia de RTS.*

- » Temperatura interna de 3,3 °C
- » Diferença de temperatura do evaporador de 11,1 °C
- » Temperatura do evaporador de –7,8 °C
- » Superaquecimento do evaporador de 5,6 °C
- » Dispositivo de controle no tubo capilar

Observe que não há tipos de refrigerante ou pressões listados nas duas amostras de sistemas. Isso acontece porque o tipo de refrigerante não é importante, apenas as temperaturas de saturação são. Por exemplo, os dois sistemas ilustrados teriam as mesmas temperaturas de saturação se usassem o R134a, ou R404A ou mesmo o R410A. Somente as pressões seriam diferentes. Naturalmente, o compressor e o dispositivo de medida teriam de ser projetados para o refrigerante usado.

Evaporador

O refrigerante em ebulição no evaporador absorve o calor do espaço refrigerado. Quando todas as gotículas líquidas do refrigerante forem vaporizadas, o vapor saturado pode captar somente o calor sensível. Medindo o superaquecimento, o técnico pode determinar se o evaporador está funcionando de maneira eficaz, e se há algum líquido prejudicial retornando para o compressor. O superaquecimento é calculado subtraindo-se a temperatura do evaporador da temperatura da linha de sucção na saída do evaporador.

Este capítulo considera o superaquecimento de 5,6 °C como típico para a maioria das amostras dos sistemas de refrigeração.

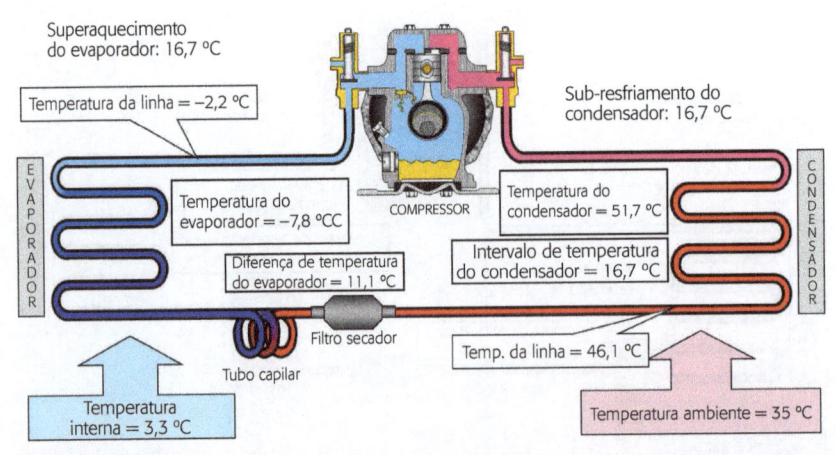

Figura 7.2 Geladeira comercial com dispositivo de controle no tubo capilar. Cortesia de RTS.

Nota: *O superaquecimento normal pode ser tão alto quanto 8,3 ºC nas unidades de ar--condicionado, tão baixo quanto 3,3 ºC em freezers, e somente 1,7 ºC em máquinas de produção de gelo. A falta de superaquecimento (0 ºC) significa inundação de retorno em todos os casos.*

Portanto, em exemplos em que há excesso de refrigerante que entra no evaporador, o suficiente para levar o superaquecimento abaixo de 2,8 ºC, considera-se uma situação de inundação. Se não houver refrigerante suficiente entrando no evaporador, de modo que o superaquecimento esteja acima de 11,1 ºC, a suposição é que o evaporador esteja definitivamente subcarregado.

Nota: para os exemplos neste capítulo, use as seguintes orientações de superaquecimento:
» inundação = superaquecimento abaixo de 2,8 ºC;
» subcarregamento = superaquecimento acima de 11,1 ºC.

Um evaporador de 2,34 kW(8 mil Btuh) no interior de uma câmara frigorífica a 35 ºF (1,7 ºC) nas condições de projeto absorve 2,34 kW(8 mil Btuh) e envia calor para o condensador a fim de que seja removido do sistema. Se um produto morno for colocado no interior da câmara frigorífica, mais de 2,34 kW (8 mil Btuh) serão absorvidos. A temperatura do refrigerante no evaporador aumentará e o líquido evaporará mais rapidamente. O calor provocará aumento no movimento das moléculas do refrigerante, o que leva ao aumento da pressão do evaporador.

Por outro lado, se o evaporador for coberto por fina camada de gelo, então nenhum ar morno passará pelo evaporador para aquecer o refrigerante. A camada fina de gelo age como um isolante e impede, ou pelo menos reduz, a transferência de calor entre o ar mais quente no interior e o refrigerante mais frio no evaporador. Se nenhum calor for adicionado ao refrigerante, sua temperatura e sua pressão diminuirão.

Algumas vezes, pode ser confuso analisar a temperatura do evaporador. Por exemplo, o ar que deixa um evaporador que está congelado, sujo ou subcarregado de refrigerante encontra--se certamente mais morno do que o normal. Essa condição pode surgir como um ΔT baixo se medirmos a diferença entre o ar que entra e o ar que deixa o evaporador.

No entanto, neste capítulo estamos elaborando o diagnóstico com base na temperatura do refrigerante no interior do evaporador. A temperatura do evaporador é uma função da pressão do refrigerante; a pressão é uma função do movimento das moléculas do refrigerante. Quanto menor o calor absorvido, tanto mais lentamente as moléculas se movimentarão, e mais baixa será a pressão do refrigerante.

Se o evaporador estiver congelado, sujo ou subcarregado de refrigerante, o calor não está sendo absorvido no evaporador. Menos calor no refrigerante significa que as moléculas se tornam lentas, resultando em pressão mais baixa. A diminuição da pressão significa também diminuição na temperatura do evaporador. Portanto, a temperatura de um evaporador mais baixa do que o normal indicaria que o calor não está chegando ao refrigerante, ou não há refrigerante suficiente no evaporador.

Compressor

O compressor é uma bomba que aumenta a pressão e a temperatura do vapor de sucção que entra. A temperatura do vapor que sai deve ser alta o suficiente para condensar quando refrigerado pelo ar ambiente que entra no condensador. Nos sistemas usados como amostras, o compressor aumenta a temperatura do vapor de sucção para 51,7 ºC de modo que o ar ambiente de 35 ºC é frio o bastante para condensar o vapor quente em líquido.

Suponha que um refrigerador de câmara frigorífica a 1,7 ºC) possui um compressor configurado para 2,34 kW (8 mil Btuh), com vapor saturado a –3,9 ºC e a uma temperatura de condensação de 51,7 ºC. Desde que a temperatura de sucção ou a temperatura de condensação não suba acima desses valores máximos, o compressor não tem problema em movimentar 2,34 kW (8 mil Btuh) do evaporador para o condensador. Entretanto, se produto morno for colocado no interior, a temperatura do evaporador aumentará cerca de 13,9 ºC. O calor adicional do evaporador aumenta o calor no condensador, e o compressor tem de aumentar sua pressão de descarga para movimentar o refrigerante do evaporador para o condensador.

Por outro lado, se o evaporador for coberto de fina camada de gelo, ele não absorverá os 2,34 kW (8 mil Btuh) do interior. O compressor e o condensador terão menos 9 kW para processar, assim, a temperatura do condensador e a pressão diminuirão.

Esses dois exemplos ilustram o fato de que o que acontece no evaporador tem efeito muito semelhante no condensador; à medida que a temperatura do evaporador aumenta, assim também aumentam as temperaturas do condensador, e vice-versa.

Condensador

O condensador é dimensionado para rejeitar o calor latente e o superaquecimento do evaporador, assim como o calor do motor do compressor e o calor de compressão. Em condições ambientais de 21,1 ºC, um condensador projetado com um intervalo de temperatura de 16,7 ºC pode rejeitar sua capacidade configurada de calor a uma temperatura de 37,8 ºC. Se a temperatura ambiente aumentar para 35 ºC, a temperatura de condensação deve aumentar para 51,7 ºC para realizar a mesma tarefa.

Produto morno no interior fará com que o sistema TEV mande mais refrigerante para o evaporador. O fluxo aumentado de refrigerante absorve mais calor, causando o aumento na pressão do evaporador. O calor adicional e a quantidade de refrigerante preenchem mais o condensador (tomando mais espaço nele), resultando pressão e temperatura de condensação mais altas.

Se o evaporador for coberto de fina camada de gelo, haverá menos calor para o condensador processar; portanto, a temperatura de condensação e a pressão vão diminuir. Quanto menos calor captado pelo evaporador, menos calor o condensador tem de rejeitar. Inversamente, se houver uma carga no evaporador (produto quente ou redução anormal de temperatura), a temperatura do condensador aumentará. Um condensador sujo também fará aumentar a temperatura de condensação porque o refrigerante não será capaz de rejeitar todo esse calor.

A pressão e a temperatura de condensação são também afetadas pela quantidade de refrigerante no condensador. Isso pode ser determinado medindo-se o sub-resfriamento.

Nota: Para os exemplos neste capítulo, use as seguintes orientações para o sub-resfriamento:
  » subcarga de refrigerante = sub-resfriamento abaixo de 2,8 °C;
  » sobrecarga de refrigerante = sub-resfriamento acima de 11,1 °C.

Dispositivos de medida

Tanto as TEVs como os dispositivos de medida fixos (em tubos capilares) diminuem a temperatura do refrigerante condensado e agem como bocais para pulverizar as gotículas de líquido refrigerante no evaporador. No dispositivo de medida entram refrigerante líquido de alta pressão e alta temperatura do condensador e são forçados através de um orifício, o que diminui a pressão do refrigerante. Cerca de 25% do refrigerante resfriam instantaneamente e resfriam o refrigerante restante. A temperatura do refrigerante que entra no evaporador é baseada na diminuição de pressão na válvula. Os dispositivos de medida são projetados para fornecer determinada quantidade de refrigerante a dada temperatura do evaporador. No entanto, a temperatura do líquido que entra no evaporador é também influenciada pela temperatura do refrigerante que entra no dispositivo de medida. Um capítulo adiante explica como a refrigeração em supermercados utiliza esse fato para aumentar a eficiência do evaporador por meio de sub-resfriamento mecânico.

A diminuição de pressão através de uma válvula ou um tubo capilar não vai produzir a mesma temperatura do evaporador para todos os refrigerantes. Portanto, os dispositivos de medida são configurados a uma capacidade específica de Btuh, em um intervalo particular de temperatura de evaporador, para um refrigerante particular.

EXEMPLO: 2 Um modelo de válvula de expansão G ½ C da Sporlan é projetado para um R22 em sistema de temperatura média (−3,9 °C de evaporador). Sob a maior parte das condições, ele fornecerá refrigerante suficiente para o evaporador realizar meia tonelada [1,76 kW (6 mil Btuh)] de efeito de refrigeração.

Dispositivos de medida fixos: Como reagem às condições do sistema

A seguir, um exemplo mostra como os dispositivos de medida fixos usam a diminuição de pressão para criar uma temperatura específica de evaporador. Ele também mostra como refrigerantes de pressão mais alta exigem a diminuição de pressão maior para produzir a mesma temperatura de evaporador.

EXEMPLO: 3 Uma geladeira comercial possui uma configuração de 0,73 kW (2,5 mil Btuh) em uma temperatura de evaporador de −6,7 °C e a uma temperatura de condensação de 48,9 °C. Se o sistema operar com o R134a, qual seria a diminuição de pressão através do tubo capilar, e qual é a dimensão do tubo capilar a ser usado? O que aconteceria se fosse um sistema de R22?

De acordo com a Tabela P/T, o R134a teria que diminuir 1054,35 kPa man (153 psig) [1178,39 kPa man (171 psig) a 48,9 °C −124,04 kPa man (18 psig) a −6,7 °C]. Suponha que um gráfico de tubo capilar mostrou que 2,74 m (9') de tubo capilar de ID de 0,12 cm (0,049") forneceria a quantidade necessária de refrigerante em uma diminuição exigida de pressão.

O R22 exigiria diminuição de pressão maior que 1495,38 kPa man (217 psig) [1791,70 kPa man (260 psig) em 48,9 °C −296,32 kPa man (43 psig) em −6,7 °C] para realizar a mesma condensação para a diminuição de temperatura do evaporador. O mesmo gráfico de amostra de tubo capilar que recomendou 2,74 m (9') de tubo capilar de ID 0,12 cm (0,049") para R 134a pode recomendar algo como uma peça de 22,9 cm (9") de um tubo capilar de ID de 0,11 cm (0,042") para R22. O tubo capilar de ID menor forneceria diminuição de pressão maior necessária para um sistema R22.

O próximo exemplo mostra como a pressão e a temperatura de condensação aumentadas afetam diretamente a temperatura do evaporador e do espaço interno de um sistema de dispositivo de medida.

EXEMPLO: 4 A unidade de tubo capilar anterior R22 tem um condensador sujo (ou a temperatura ambiente aumenta) que aumenta a pressão máxima de 1791,70 kPa man (260 psig) para 1998,44 kPa man (290 psig).

Um dispositivo de medida fixo é projetado para ter diminuição de pressão fixa; portanto, quanto mais alta for a pressão máxima, mais alta será a pressão do evaporador. Neste exemplo, suponha que o aumento de 206,73 kPa man (260 psig) na pressão máxima aumentará a pressão do evaporador em 206,73 kPa man (30 psig). Se a temperatura do evaporador fosse de −6,7 °C em uma pressão de sucção de 296,32 kPa man (43 psig), então o aumento de 206,73 kPa man (30 psig) para uma pressão de sucção de 503,05 kPa man

(73 psig) aumentaria a temperatura do evaporador para 6,1 °C, o que elevaria a temperatura do espaço interior.

O superaquecimento do evaporador diminuirá porque o refrigerante não vai ferver e deixar o evaporador. Para entrar em ebulição, a temperatura do refrigerante tem de ser mais baixa do que a temperatura interior. Outra razão da diminuição do superaquecimento do evaporador é que as altas pressões de condensação inundam o evaporador com tanto refrigerante que não há condições de ferver e deixar o evaporador.

Após observar como um sistema de tubo capilar reage a uma carga no condensador, vamos ver o que acontece se a carga de calor estiver no evaporador.

EXEMPLO: 5 O que aconteceria se um produto quente fosse colocado no interior?

Uma vez que os tubos capilares admitem somente uma quantidade fixa de refrigerante no evaporador, a carga quente rapidamente provoca a ebulição e evapora a quantidade limitada de refrigerante. A pressão do evaporador para de aumentar quando o refrigerante estiver completamente vaporizado, ou totalmente saturado. Se houver uma quantidade limitada de refrigerante líquido para absorver o calor latente, então a pressão do evaporador não pode aumentar muito em razão do aumento da carga quente.

Por uma razão semelhante, a pressão de condensação não aumenta tanto. A quantidade de refrigerante aplicada para um evaporador morno é restrita para cerca da mesma quantidade fornecida sob uma carga interior normal. Portanto, o evaporador pode somente absorver cerca da mesma quantidade de calor latente, como o faz normalmente, e passá-lo para o condensador.

Uma vez que a quantidade limitada de refrigerante entra em ebulição e evapora rapidamente na primeira parte do evaporador, ela capta mais calor latente. Isso se verifica pela temperatura mais alta da linha de sucção que deixa o evaporador. Além disso, o calor sensível captado no evaporador não acrescenta carga suficiente para o condensador aumentar sua pressão somente um pouco. Para resumir, o calor adicionado a um evaporador por um tubo capilar aumenta a temperatura do evaporador e de condensação. O superaquecimento, no entanto, aumenta muito.

Agora que você observou o que acontece quando há alta carga de calor no evaporador, vejamos o que acontece quando há carga baixa de calor no evaporador.

EXEMPLO: 6 O que aconteceria se o evaporador estivesse coberto por uma fina camada de gelo?

Se não houver fluxo de ar através das aletas do evaporador, não há carga no evaporador, e pouco calor para ferver o refrigerante. Se o refrigerante não entrar em ebulição, as pressões e as temperaturas baixam. Há também pouco ou nenhum superaquecimento porque o refrigerante não ferveu. Se o evaporador não estiver captando calor, o condensador tem pouco calor para rejeitar. Como resultado, a temperatura de condensação e a pressão são baixas.

Como os sistemas TEV reagem às condições do sistema

Diferentemente dos tubos capilares, as TEVs têm a capacidade de alimentar adequadamente o evaporador e manter superaquecimento constante sob as mais diversas condições de carga. O bulbo sensor da TEV é preso à linha de sucção na saída do evaporador. Se o bulbo sentir aumento na temperatura da linha de sucção (alto superaquecimento), a válvula abre e envia mais refrigerante para o interior do evaporador. Quando a linha de sucção resfria (baixo superaquecimento), a TEV reduz a quantidade de refrigerante que está alimentando o evaporador.

O refrigerante no interior do bulbo sensor de uma TEV ferve em certo intervalo de temperatura. O ajuste do superaquecimento permite que a válvula mantenha uma temperatura específica de linha de sucção. Por exemplo, em condições padrão o evaporador de uma câmara frigorífica a –3,9 °C com 5,6 °C de superaquecimento apresentará temperatura na linha de sucção de 1,7 °C, na qual o bulbo sensor está preso. Se a temperatura do evaporador aumentar a 1,7 °C, a temperatura no bulbo sensor será de 7,2 °C. A TEV se abrirá amplamente, o bastante para lidar com os adicionais 5,6 °C de calor do evaporador, enquanto mantém ainda o superaquecimento de 5,6 °C na saída do evaporador.

A seguir, tem-se um exemplo de como um sistema TEV responde a uma carga aumentada no evaporador:

EXEMPLO: 7 O que acontece quando produto quente é colocado em uma câmara frigorífica que possui um evaporador com TEV controlada?

Inicialmente, o refrigerante entra rapidamente em ebulição no evaporador. O bulbo da TEV na saída do evaporador "sente" a temperatura mais alta na linha de sucção. A válvula abre-se completamente e alimenta com mais refrigerante em uma tentativa de diminuir a temperatura do evaporador. Quanto mais calor o refrigerante absorve, mais violentamente ele ferve. A proporção de fervura aumentada do refrigerante aumenta a pressão e a temperatura do evaporador.

Dentro dos limites, quanto mais a TEV alimenta de refrigerante o evaporador, mais calor o evaporador pode absorver do produto na câmara frigorífica. Todo o calor absorvido no evaporador é transferido diretamente para o condensador. Quanto maior a quantidade de calor adicionada ao condensador, maior o aumento na temperatura e pressão de condensação.

À medida que a temperatura do produto diminui, a temperatura do evaporador também. A TEV "sente" a linha de sucção mais fria e reduz a quantidade de refrigerante que ela envia ao evaporador. Quando as temperaturas do interior e do produto tiverem atingido as condições de projeto, a TEV mede somente o refrigerante suficiente para o evaporador manter sua temperatura de projeto da linha de sucção. A temperatura da linha de sucção no bulbo sensor é a temperatura do evaporador mais o superaquecimento desejado. Em resumo, o calor adicionado a um evaporador medido por TEV aumenta tanto a temperatura do evaporador quanto a temperatura de condensação. O próximo exemplo mostra como o sistema de TEV reage a uma carga aumentada em seu condensador.

EXEMPLO: 8 O que acontece se o condensador estiver sujo, ou se a temperatura ambiente aumentar?

A pressão e a temperatura de condensação aumentam, colocando mais pressão na entrada da válvula. Entretanto, uma TEV responde ao seu bulbo sensor na saída do evaporador, não à pressão de condensação na entrada da válvula. A diferença de temperatura do evaporador e o superaquecimento permanecem aproximadamente os mesmos. No entanto, a temperatura do evaporador aumentará ligeiramente.

Quanto mais alta a temperatura de condensação, mais refrigerante será necessário para evaporar imediatamente (expansão adiabática) a fim de manter a temperatura de projeto do evaporador.

EXEMPLO: 9 Refrigerante líquido a 37,8 °C entra em um evaporador de –3,9 °C. Suponha que 25% do refrigerante resfriem rapidamente para refrigerar o restante do refrigerante (75%) para a temperatura desejada de evaporador. Se a temperatura do líquido aumentar para 51,7 °C, pode levar 33% do refrigerante a evaporar rapidamente deixando menos refrigerante (67%) para absorver o calor do espaço.

Cargas moderadamente altas no condensador aumentarão a pressão máxima, mas não afetarão tanto a temperatura do evaporador. Entretanto, a TEV possui seus limites. Se o condensador estiver muito sujo ou a temperatura ambiente estiver muito alta, a pressão máxima pode forçar algum refrigerante a temperatura mais alta para o interior do evaporador, aumentando a temperatura do evaporador.

Vamos agora ver como um sistema de TEV responde a uma baixa carga do evaporador.

EXEMPLO: 10 O que acontece se o evaporador estiver coberto com uma fina camada de gelo? A fina camada de gelo impede o evaporador de absorver muito calor, assim, a temperatura do evaporador diminui. O bulbo da TEV "sente" a temperatura resfriada do evaporador e reduz o fluxo de refrigerante para manter o superaquecimento.

Se o evaporador não está captando calor, então o condensador não tem muito calor para rejeitar. As temperaturas e pressões do condensador são baixas, e o sub-resfriamento permanece normal.

RESUMO DE COMO AS MUDANÇAS NA TEMPERATURA EXTERNA AFETAM O SISTEMA DE REFRIGERAÇÃO

As seguintes regras para temperaturas se aplicam ao refrigerante que está saturado (no processo de entrar em ebulição e tornar-se vapor ou condensar para um líquido):

EXEMPLO: 11 Imagine uma câmara frigorífica funcionando corretamente em 1,7 ºC com uma TEV em um dia de 26,7 ºC. A câmara frigorífica fica no interior de um prédio, e a unidade de condensação fica do lado de fora.

A partir do que aprendemos sobre evaporadores, as câmaras frigoríficas têm um intervalo de temperatura do evaporador de 5,6 ºC. Portanto, a temperatura do evaporador é –3,9 ºC (1,7 ºC – 5,6 ºC TD = –3,9 ºC). Se o sistema é o R22, a pressão de sucção é 337,67 kPa man (49 psig), de acordo com a Tabela P/T.

Uma unidade de refrigeração padrão possui um intervalo de temperatura do condensador de 16,7 ºC. Com um ambiente de 26,7 ºC, a temperatura de condensação seria de 43,4 ºC em uma pressão de descarga de 1557,40 kPa man (226 psig).

O compressor está aumentando a pressão/temperatura do refrigerante R22 de –3,9 ºC em 337,67 kPa man (49 psig) para 43,4 ºC em 1557,40 kPa man (226 psig) para manter o interior em 1,7 ºC em um ambiente de 26,7 ºC.

A descrição anterior do funcionamento de sistema emprega termos gerais para descrever como a temperatura influencia um sistema. Os exemplos seguintes são mais específicos para representar uma abordagem de "vida real" à situação. Os resultados também são dados descritos em um formato descritivo, mas curto.

A seguir, são apresentadas algumas condições comuns que podem afetar um sistema de câmara frigorífica, com descrições do que acontece e por quê:

» O ambiente externo de 26,7 ºC no condensador aumenta para 37,8 ºC. O que acontece?
  › A pressão máxima aumenta para 54,4 ºC, condensando em 2046,67 kPa man (297 psig). Por quê?
  › A resposta técnica é que as moléculas do refrigerante se movimentam mais rapidamente à medida que a temperatura aumenta. Esse aumento no movimento faz aumentar a pressão.
  › A explicação mais simples é que a temperatura e a pressão do refrigerante aumentam com o ambiente em proporção direta ao intervalo de temperatura do condensador projetado para essa unidade.
» Mesmo que a pressão máxima aumente, a pressão de sucção permanece em –3,9 ºC e 337,67 kPa man (49 psig). Por quê?

> A válvula de expansão não é afetada pelos aumentos ou reduções na pressão máxima sob condições normais.
> O ambiente não está aumentando nem diminuindo a carga no evaporador, porque não está afetando o que acontece à câmara frigorífica no interior de uma edificação.

» Alguém deixa a porta da câmara frigorífica aberta, ou colocam produto quente no seu interior. O que acontece?
» A pressão e a temperatura no evaporador aumentam. Por quê?
> O calor maior do produto é adicionado ao refrigerante do evaporador. Isso aumenta o movimento das moléculas no refrigerante, o que aumenta a pressão. (Exemplo: o 1,7 °C do interior da câmara refrigerante aumenta para 10 °C e aumenta a pressão do evaporador.)
» A pressão e a temperatura no condensador aumentam. Por quê?
> Esse é um conceito importante para se compreender. Se um compressor recebe vapor de sucção em uma pressão e temperatura elevadas, ele simplesmente passa o calor para o condensador. O condensador está lidando com mais calor do que o projeto prevê nessa temperatura de condensação; portanto, as pressões e as temperaturas começam a se elevar acima do normal. (Exemplo: a temperatura normal de condensação em um ambiente de 37,8 °C é 54,4 °C. No entanto, a carga adicional do evaporador pode aumentar a temperatura de condensação para 62,8 °C.)

> **TROT**
> Se a temperatura do refrigerante aumenta, sua pressão aumenta também.
>
> Quando os dias focam mais quentes, a temperatura do ar que entra em um condensador aumenta, e assim também a pressão máxima. Se um produto morno é colocado em um refrigerador, a temperatura interna aumenta, e da mesma forma a pressão de sucção.
>
> Se a temperatura do refrigerante diminui, sua pressão também diminui.
>
> Quando o sol se põe, diminuem a temperatura do ar que entra em um condensador e também a pressão máxima. À medida que a temperatura do produto morno no interior do refrigerador se reduz, a pressão de sucção também diminui.
>
> Com essas duas regras em mente, use o exemplo seguinte para ajudá-lo a visualizar que influência as mudanças na temperatura externa exerce em um sistema.

É importante entender que adicionar calor ao condensador pode afetar somente parte do sistema (em um sistema TEV). Agora, adicionar calor ao evaporador afeta ambos os lados do sistema. Entender essa relação é parte fundamental da correta solução do problema.

RESUMO DE COMO AS MUDANÇAS NA PRESSÃO AFETAM O SISTEMA DE REFRIGERAÇÃO

Sem tentar supersimplificar algumas leis complexas da natureza, as seguintes regras básicas podem esclarecer algumas relações entre pressão/temperatura.

Regra de pressão nº 1: se a pressão do refrigerante estiver elevada, assim também estará sua temperatura.

O compressor aumenta a pressão de sucção para aumentar sua temperatura.

Regra de pressão nº 2: se a pressão do refrigerante estiver reduzida, assim também estará sua temperatura.

O dispositivo de medida faz diminuir a pressão do líquido para diminuir sua temperatura.

Fora o fluxo de ar restrito no condensador e temperaturas ambiente mais altas, há somente duas causas principais para a alta pressão máxima:

» pressão de sucção alta: isso é um sinal de alta carga no evaporador;
» sobrecarga de refrigerante: excesso de refrigerante ocupa o espaço do condensador e aumenta a pressão máxima.

O oposto é também verdadeiro:

» perda de refrigerante significa excesso de espaço no condensador, assim a pressão de condensação diminui;
» falta de refrigerante para o evaporador resulta em menos ação de ebulição, o que significa menos pressão no evaporador;
» pressão de sucção mais baixa significa pressão de descarga mais baixa deixando o compressor.

Superaquecimento e sub-resfriamento

Os técnicos usam o superaquecimento e o sub-resfriamento como o médico utiliza a temperatura do corpo. O aumento ou a diminuição em relação ao normal indica que algo está acontecendo no sistema.

Quando o refrigerante está totalmente saturado (completamente vaporizado ou completamente condensado), mudar sua temperatura não altera sua pressão.

Regra de superaquecimento: Se o refrigerante estiver totalmente vaporizado, qualquer adição de calor aumentará sua temperatura (superaquecimento), mas não sua pressão.

Se um evaporador com dispositivo de medida fixo estiver funcionando a –12,2 ºC de superaquecimento, acrescentar produto quente aumenta o superaquecimento (inicialmente), com pouco aumento em sua pressão. De fato, o compressor diminuirá a pressão. Isso pode parecer estranho, mas um tubo capilar somente permitirá uma quantidade fixa de refrigerante para o interior de um evaporador. Se essa quantidade não for suficiente para preencher os cilindros do compressor, as pressões diminuirão.

Isso é normal para um sistema de tubo capilar durante a redução anormal de temperatura. O sistema apenas necessita funcionar por um período até que a temperatura interna diminua.

Técnicos inexperientes algumas vezes erram no diagnóstico dessa situação e adicionam refrigerante. Inicialmente, isso pode ajudar o sistema, mas causa problemas depois que o técnico deixa o local.

Por outro lado, superaquecimento *baixo* significa que há refrigerante em excesso sendo alimentado ao evaporador. Algumas coisas a observar em um sistema de TEV que está inundando são:
- » ajuste de superaquecimento da TEV muito baixo;
- » o bulbo da TEV não está sentindo a linha de sucção:
  - › o bulbo térmico não está montado corretamente;
  - › o bulbo térmico pode necessitar ser envolvido com isolamento.
- » a TEV fica em posição aberta;
- » TEV superdimensionada (normalmente ela oscila ou varia entre inundação e subcarregada).

O que se deve verificar quando um sistema de tubo capilar inunda:
- » alta pressão máxima (sobrecarga, condensador sujo, ambiente quente);
- » dimensionamento incorreto do tubo capilar (muito grande).

O *alto* superaquecimento em um sistema de TEV indica a falta de refrigerante no evaporador. O que se deve verificar em um sistema de TEV em subcarga:
- » ajuste do superaquecimento muito alto;
- » TEV restringida;
- » refrigerante insuficiente para a válvula (carga baixa, filtro secador entupido, linha de líquido restrita).

Alto superaquecimento em um sistema de tubo capilar pode ser causado por:
- » carga baixa;
- » filtro secador restrito ou tubo capilar;
- » dimensionamento incorreto do tubo capilar (pequeno demais).

Regra de sub-resfriamento: *Se o refrigerante estiver totalmente condensado, qualquer calor removido reduzirá sua temperatura (sub-resfriamento), mas não sua pressão.*

Os fabricantes projetam condensadores para um intervalo de temperatura específico de condensador e sub-resfriamento. Uma geladeira comercial somente necessita de 2,8 °C de sub-resfriamento enquanto a maior parte das unidades remotas para câmaras frigoríficas tem cerca de 5,6 °C. Os fabricantes de condensadores usam tubulação suficiente para a realização completa da condensação mais tubulação extra, necessária para fornecer a quantidade desejada de sub-resfriamento.

O sub-resfriamento *alto* ocorre normalmente por duas razões somente:
» sobrecarga, que causa excesso de refrigerante no condensador;
» não condensáveis (ar), que ocupam espaço no condensador.

O subaquecimento *baixo* ocorre por uma única razão:
» subcarga, porque não há refrigerante suficiente para condensar e sub-resfriar.

Dica de solução de problema: Cada peça de um sistema de refrigeração pode ser afetada por outra. Se um componente não estiver funcionando corretamente, não o substitua até verificar primeiro se um dos outros componentes do sistema está causando o problema.

EXEMPLO: 12 Se uma TEV não está alimentando refrigerante, pode não ser por falha da válvula. O sistema pode estar com carga baixa de refrigerante, ou ter um compressor ineficiente ou um filtro de secador bloqueado, entre outras coisas.

DIAGNOSTICANDO NOVE PROBLEMAS DO SISTEMA

Quando um sistema de refrigeração se encontra completamente imprestável, é bastante fácil diagnosticar o problema. Por exemplo, se todo o refrigerante vazou para fora da unidade, as válvulas do compressor estão completamente gastas, o condensador encontra-se totalmente coberto de pó, ou o ventilador do evaporador não está funcionando, a razão para a incapacidade da unidade para refrigerar pode ser rapidamente determinada. No entanto, esses exemplos pretendem simular situações mais difíceis. Nesses problemas, suponha que a unidade está funcionando, mas simplesmente não reduz para a temperatura que o cliente necessita.

Solucionar esses tipos de condições exige a compreensão mais abrangente dos sistemas de refrigeração.

Os exemplos abrangem os seguintes nove problemas de sistema que os técnicos mais provavelmente costumam encontrar. Onde for aplicável, inclui-se uma explanação de como o mesmo problema pode mostrar sintomas diferentes entre o sistema de tubo capilar e o sistema de TEV.

» Subcarga de refrigerante
» Sobrecarga de refrigerante
» Condensador sujo, ou fluxo de ar baixo no condensador
» Não condensáveis no condensador
» Compressor ineficiente
» Dispositivos de medida restritos
» Restrição na linha do líquido depois do receptor
» Restrição antes do receptor
» Evaporador sujo ou congelado ou fluxo de ar baixo

Os exemplos são limitados a geladeiras comerciais projetadas para 3,3 °C e para câmaras frigoríficas projetadas para 1,7 °C. Ambas as unidades estão funcionando em um ambiente de 35 °C, e usando refrigerante R22. Obviamente, há muitas aplicações diferentes, desde adegas (geladeiras) climatizadoras de vinho a 12,8 °C a congelamento rápido (*blast freezers*) de 115,6 °C. A pressão também pode ser diferente para temperaturas de outro ambiente e outros refrigerantes. No entanto, usando exemplos de dois tipos apenas de sistemas com os mesmos problemas, espera-se que o leitor seja capaz de aplicar os mesmos procedimentos de diagnóstico para a maioria dos outros tipos de sistemas e condições de operação. Com uma boa compreensão de como as unidades de refrigeração específicas respondem ao problema, os mesmos princípios gerais de diagnóstico podem ser aplicados à maior parte de outros sistemas e condições.

Primeiro, o técnico deve saber como o sistema opera quando tudo está funcionando corretamente. A seguir, uma lista das condições corretas de funcionamento das duas unidades que são usadas nos exercícios de diagnóstico

» Geladeira comercial de temperatura média em ambiente de 35 °C (ver a Figura 7.3).
  › Intervalo de temperatura do condensador de 16,7 °C
  › Temperatura de condensação de 51,7 °C
  › Sub-resfriamento de 5,6 °C
  › Temperatura interna de 3,3 °C
  › Diferença de temperatura do evaporador de 11,1 °C
  › Temperatura do evaporador de –7,8 °C
  › Superaquecimento de 5,6 °C
  › Dispositivo de medida de tubo capilar

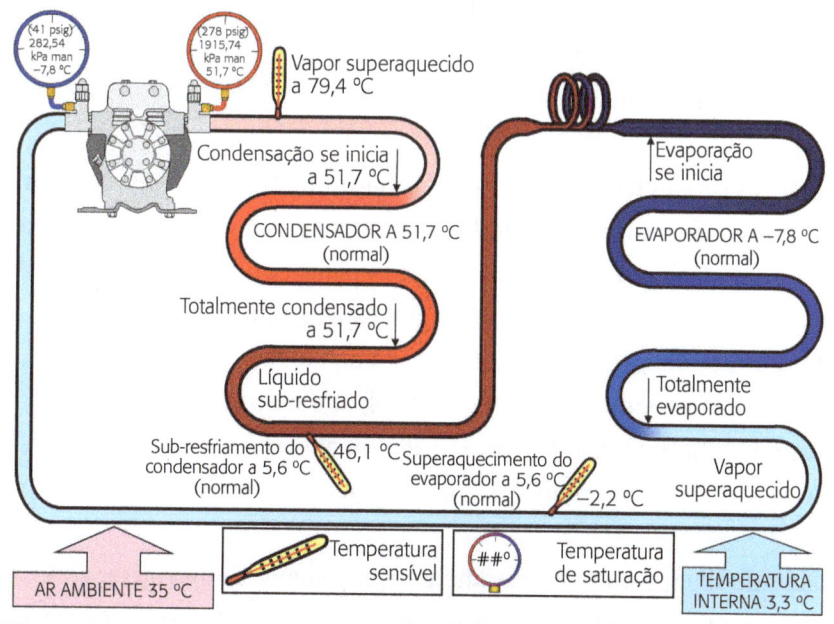

Figura 7.3 Funcionamento correto de uma geladeira comercial de R22 com tubo capilar. *Cortesia de RTS.*

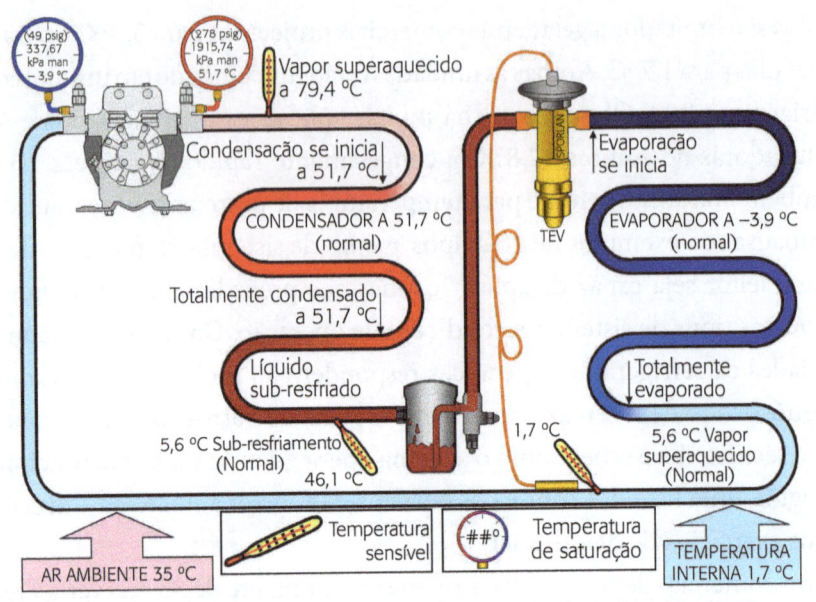

Figura 7.4 Funcionamento correto de uma câmara frigorífica de R22 com TEV. *Cortesia de RTS.*

» Câmara frigorífica de temperatura média em um ambiente de 35 °C (Figura 7.4):
  › Intervalo de temperatura do condensador de 16,7 °C
  › Temperatura de condensação de 51,7 °C
  › Sub-resfriamento a 5,6 °C
  › Temperatura do interior de 1,7 °C
  › Diferença de temperatura do evaporador de 5,6 °C
  › Temperatura do evaporador de −3,9 °C
  › Superaquecimento de 5,6 °C
  › Dispositivo de medida da TEV

As temperaturas de operação corrente de uma unidade devem ser comparadas com as temperaturas que deveriam ter. Para ajudar, cada figura está com as pressões e as temperaturas originais, mas são ligeiramente sombreadas pelas condições correntes. As condições correntes devem ser analisadas para responder a estas quatro questões:

1. Temperatura de condensação: está normal, alta ou baixa?
2. Sub-resfriamento do condensador: está normal, alto ou baixo?
3. Temperatura do evaporador: está normal, alta ou baixa?
4. Superaquecimento do evaporador: está normal, alto ou baixo?

A capacidade de diagnosticar corretamente um sistema de refrigeração é simplesmente uma questão de condensar todas as informações de operação nesses quatro fatores-chave. Depois, determinar o que pode causar a variação das quatro condições da operação normal.

Refrigerante: Subcarga

Como a subcarga afeta uma geladeira comercial com sistema de tubo capilar

Uma unidade completamente sem refrigerante poderia ser fácil de se diagnosticar. O exemplo seguinte de carga baixa em um sistema de tubo capilar supõe que haja algum refrigerante nele, apenas não o suficiente para manter as pressões elevadas mais em nível normal. Em uma unidade criticamente carregada, qualquer coisa abaixo de 10% da carga projetada causará o mau funcionamento do sistema. Em uma geladeira comercial que permite somente 453,50 g (1 libra) de refrigerante, subcarregada com 56,7 g (2 onças) causaria um problema. Carga baixa em um sistema de tubo capilar deve-se mais frequentemente aos técnicos, que colocam seus medidores na unidade do que aos vazamentos. Isso é fácil de fazer considerando que a média da mangueira do lado de alta sobre um dispositivo medidor comporta 28,35 g (1 onça) de líquido. Se houver qualquer dúvida sobre se a unidade tem a carga correta, o procedimento mais eficiente é recuperar o refrigerante existente e pesar a quantidade correta do novo refrigerante. Qualquer diagnóstico posterior será muito mais exato, sabendo-se que a unidade está corretamente carregada.

A seguir temos as perguntas que precisam ser respondidas para cada um dos exemplos de solução de problema. São as mesmas questões sobre as quais você deve se perguntar ao fazer a manutenção de um equipamento:

- » Evaporador:
    - › A temperatura do evaporador é alta ou baixa? Por quê?
    - › O superaquecimento é alto ou baixo? Por quê?
- » Condensador:
    - › A temperatura do condensador é alta ou baixa? Por quê?
    - › O sub-resfriamento é alto ou baixo? Por quê?

Na Figura 7.5, a temperatura do evaporador diminuiu de −7,8 °C para −12,2 °C e o superaquecimento do evaporador subiu para −1,1 °C (4,4 °C − 5,6 °C). Não há intervalo de temperatura do condensador porque a temperatura de condensação é a mesma do ar ambiente. Não há sub-resfriamento no condensador; entretanto, pode haver um pouco na linha de líquido.

A seguir, temos os sintomas apresentados por um sistema de tubo capilar com carga baixa.
- » Evaporador:
    - › Baixa temperatura do evaporador. Falta de refrigerante abaixa as pressões e as temperaturas.
    - › Alto superaquecimento. Refrigerante limitado ferve rapidamente no evaporador.
- » Condensador:
    - › Baixa temperatura do condensador. Pouco calor é captado pelo evaporador subcarregado, resultando em calor insuficiente para elevar a temperatura do condensador.
    - › Baixo sub-resfriamento. Há pouco refrigerante para sub-resfriar.

Nota: "Baixo" é a palavra-chave para unidades que estão com baixa carga. Tudo é baixo, exceto o superaquecimento, que é alto. Sub-resfriamento baixo ocorre somente quando a unidade está com carga baixa.

Sistema TEV: como uma subcarga o afeta

Os sintomas de um sistema TEV com baixa carga (Figura 7.6) são os mesmos de um sistema de tubo capilar. No entanto, o sistema TEV frequentemente possui um visor de vidro na linha do líquido que estará borbulhando.

» Evaporador:
  › Baixa temperatura do evaporador. Falta de refrigerante diminui as pressões e temperaturas.
  › Alto superaquecimento. Se não houver líquido suficiente para a TEV, o evaporador ficará subcarregado, e o superaquecimento aumentará.
» Condensador:
  › Baixa temperatura do condensador. Se houver pouco calor captado pelo evaporador subcarregado, não há calor suficiente para aumentar a temperatura de condensação.
  › Baixo sub-resfriamento. Há pouco refrigerante para sub-resfriar.

Da mesma forma que no sistema de tubo capilar, a única vez em que o baixo sub-resfriamento ocorre em um sistema TEV é quando a unidade está com carga baixa.

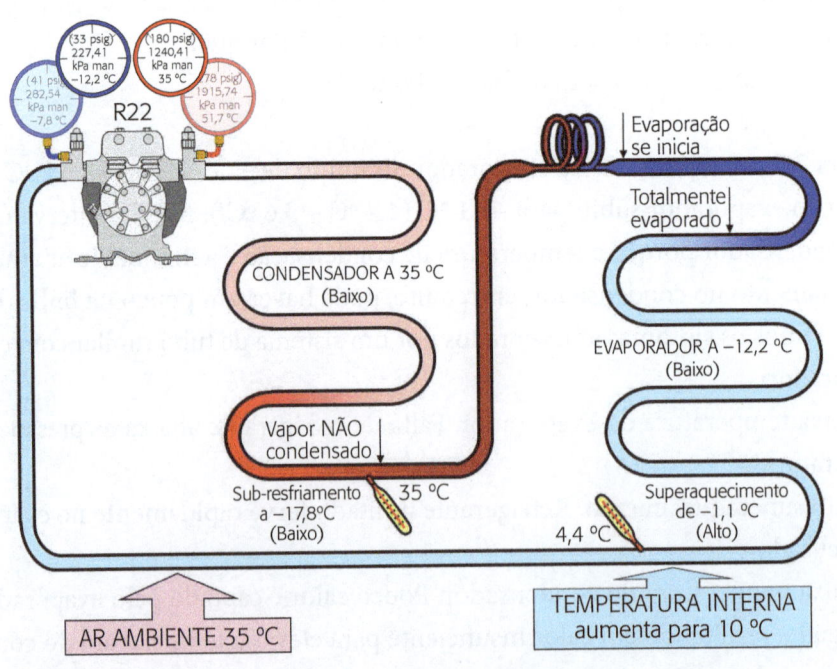

Figura 7.5 Sistema de tubo capilar com carga baixa. *Cortesia de RTS.*

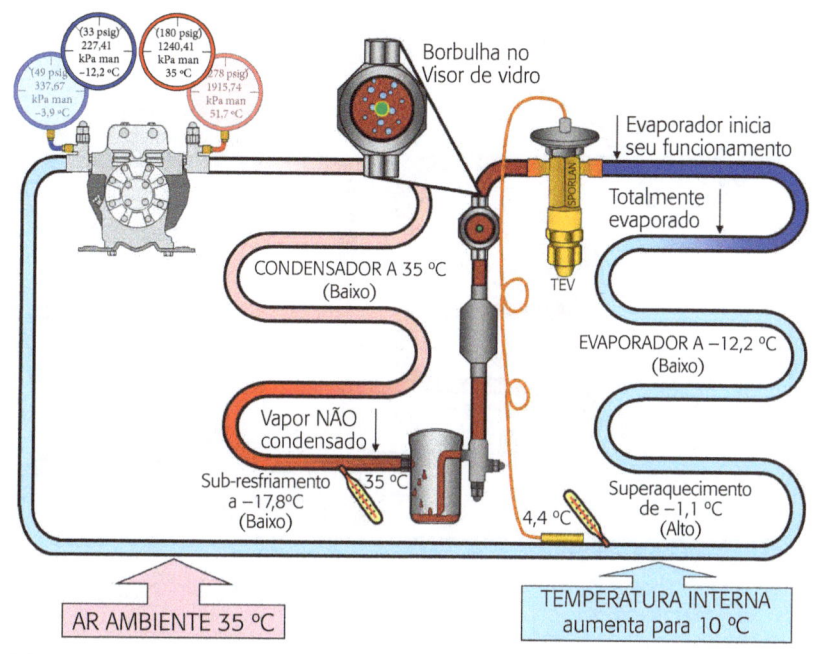

Figura 7.6 Sistema TEV com carga baixa. *Cortesia de RTS.*

Nota: *Baixa carga em um sistema TEV nem sempre significa que haja vazamento de refrigerante. Suponha que o sistema tenha uma unidade de condensação externa localizada em uma condição de ambiente frio. Se a unidade possuir uma válvula reguladora de pressão máxima que retorna o refrigerante ao condensador, pode ser apenas que não haja refrigerante suficiente no sistema. Se a unidade for carregada em clima morno, o técnico pode não ter adicionado refrigerante extra suficiente para condições de ambiente frio. O capítulo sobre cargas aborda esse assunto de modo mais abrangente. Se a unidade estiver também usando um controle de ciclo de ventilador, a configuração do ventilador desligado pode não ter sido ajustada baixo o suficiente.*

SOBRECARGA DE REFRIGERANTE

Como uma sobrecarga afeta um sistema de tubo capilar

Na Figura 7.7, a temperatura de condensação aumentou de 51,7 °C para 62,8 °C, e o sub-resfriamento subiu 13,9 °C (temperatura de condensação 62,8 °C – linha de líquido 48,9 °C). A temperatura do evaporador subiu de –7,8 °C para 4,4 °C, e não há superaquecimento. Ambas as condições do evaporador ocorrem porque o excesso de líquido de alta pressão do condensador está sendo forçado ao longo do evaporador em quantidade maior do que o evaporador pode ferver.

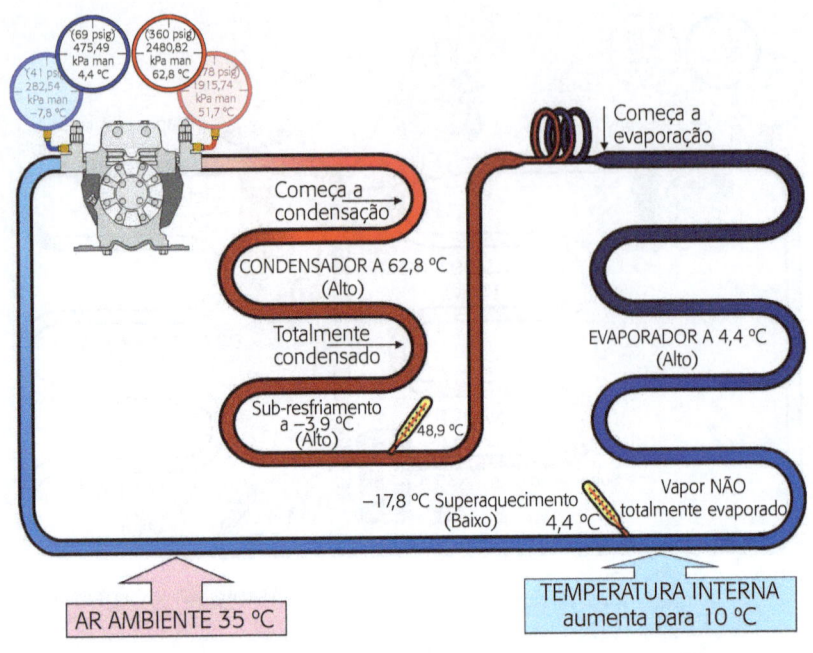

Figura 7.7 Sistema de tubo capilar sobrecarregado. *Cortesia de RTS.*

A seguir estão os sintomas de um sistema de tubo capilar sobrecarregado:
» Condensador:
   › Alta temperatura de condensação e pressão. Excesso de refrigerante está ocupando espaço no condensador.
   › Alto sub-resfriamento. Há mais líquido para sub-resfriar.

» Evaporador:
   › Maior temperatura do evaporador. A pressão alta do condensador está empurrando mais refrigerante através do tubo capilar.
   › Superaquecimento baixo. O refrigerante sendo empurrado através do tubo capilar está inundando o evaporador.

Nota: *Não é necessário muito para sobrecarregar um sistema de tubo capilar. Acima de 10% da carga de refrigerante estimado pode causar as condições descritas anteriormente. Verifique com o cliente para ver se outro técnico fez a manutenção da unidade recentemente e acrescentou refrigerante. Ele pode ter errado o período normalmente longo de redução de temperatura por falta de refrigerante. Ou ele pode ter colocado seus medidores sobre a unidade e supor que a baixa pressão de sucção durante a redução anormal de temperatura fosse em razão da baixa carga.*

Sistema TEV: Como uma sobrecarga o afeta

Na Figura 7.8, o sistema TEV possui condições semelhantes ao sistema de tubo capilar sobrecarregado. Entretanto, a TEV pode resistir à pressão e o medidor de refrigerante no evaporador baseado na temperatura da linha de sucção que deixa o evaporador.

Sintomas de refrigerante em excesso em um sistema TEV são:

» Condensador:
  › Altas temperaturas e pressões. O excesso de refrigerante toma espaço no condensador e o vapor de descarga superaquecido não tem espaço para resfriar e condensar.
  › Sub-resfriamento alto. O excesso de refrigerante está simplesmente acumulando e sendo sub-resfriado pelo ar ambiente puxado pelo condensador.
» Evaporador:
  › Temperaturas ligeiramente mais altas, dependendo da quantidade de sobrecarga. A TEV é boa para impedir mesmo as pressões de condensação altas.
  › Superaquecimento normal. A TEV fecha-se, caso "sinta" uma linha de sucção fria.

Nota: Alguém pode ter sobrecarregado o sistema durante o inverno porque a unidade não tem controle de pressão máxima, ou o controle de pressão máxima não funciona. Ou talvez o refrigerante tenha sido adicionado durante uma situação de baixa carga, quando uma bolha normal do visor de vidro ocorreu, e o técnico confundiu-se pensando que estava com carga baixa.

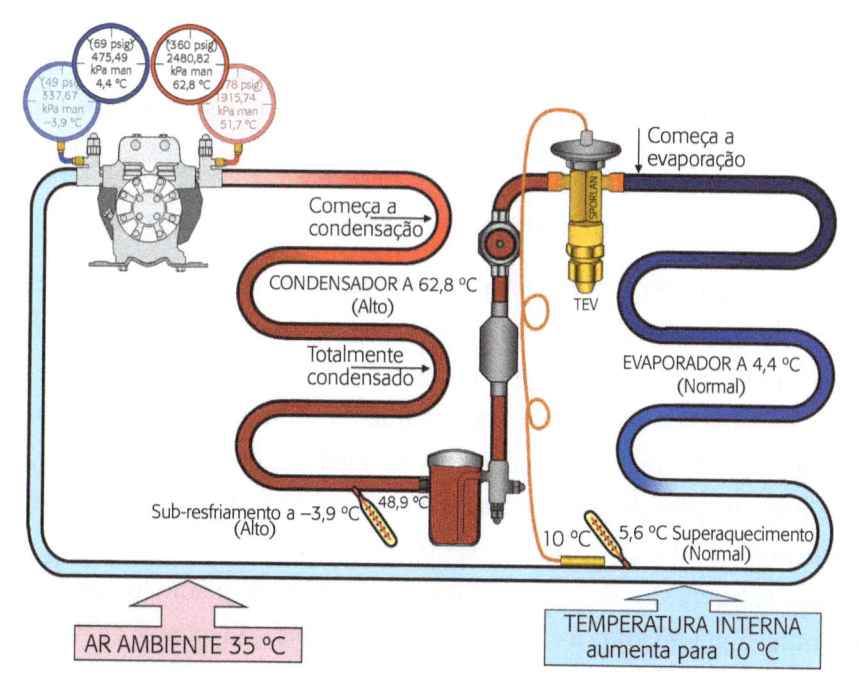

Figura 7.8 Sistema TEV sobrecarregado. *Cortesia de RTS.*

Problemas de fluxo de ar do condensador

Problemas de condensador em um sistema de tubo capilar

Condições ambientais de temperatura alta, ar de descarga de condensador que circula de volta à inspiração do ar do condensador, ar de descarga de outra unidade que entra no condensador, problemas com motor de ventilador ou problemas com lâminas, e aumento de sujeira em um condensador, todos eles apresentam sintomas similares. Uma vez que o aumento da sujeira é de longe a causa mais comum, todos os problemas declarados do condensador serão referidos como "condensador sujo" nesta seção.

Na Figura 7.9, o fluxo de ar reduzido no condensador aumentou a temperatura de condensação para 62,8 °C. O sub-resfriamento tem se mantido normal porque a quantidade de refrigerante não mudou e é permitido refrigerar os 5,6 °C usuais (62,8 °C – 57,2 °C), antes de deixar o condensador.

Os sintomas de um condensador sujo em um sistema de tubo capilar são os seguintes:
- » Condensador:
  - › Temperatura mais alta. O ar ambiente não pode transferir calor do condensador sujo tão eficientemente quanto quando o condensador está limpo.
  - › Sub-resfriamento normal. A quantidade de refrigerante não mudou.
- » Evaporador:
  - › Temperaturas mais altas. A alta pressão de condensação força o refrigerante em pressão mais alta através do evaporador.
  - › Sem aquecimento ou baixo aquecimento. Pressão de condensação alta empurra o refrigerante através do evaporador mais rápido do que ele consegue vaporizar.

Problemas de condensador em um sistema TEV

O condensador pode parecer limpo na superfície, mas pode ter as aletas bloqueadas com sujeira bem no fundo. Há indicadores específicos de que o calor no interior do condensador não está sendo corretamente removido para o ar ambiente.

Na Figura 7.10, a má transferência de calor aumenta a temperatura de condensação, mas o sub-resfriamento permanece aproximadamente na média. Como na sobrecarga, a TEV tenta mais uma vez impedir pressões mais altas de condensação e alimentar somente refrigerante suficiente para o evaporador para manter o correto superaquecimento.

No entanto, a temperatura do evaporador pode ser forçada a aumentar (e o superaquecimento a diminuir) à medida que a alta pressão de condensação afeta a TEV além do que ela consegue lidar.

Os sintomas de um condensador sujo em um sistema TEV são:

Sistema de refrigeração: solucionando problemas

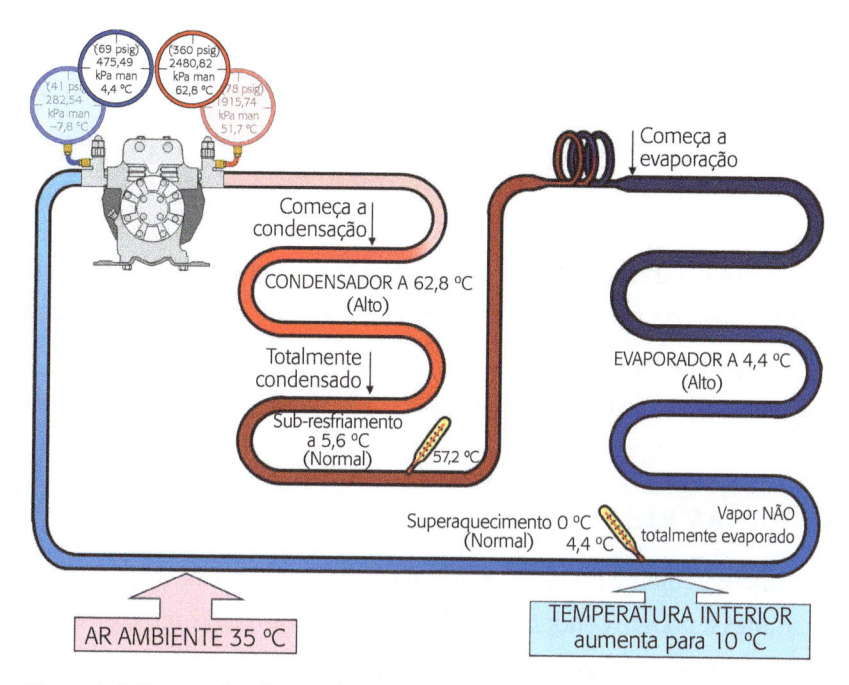

Figura 7.9 Sistema de tubo capilar com um condensador sujo. *Cortesia de RTS.*

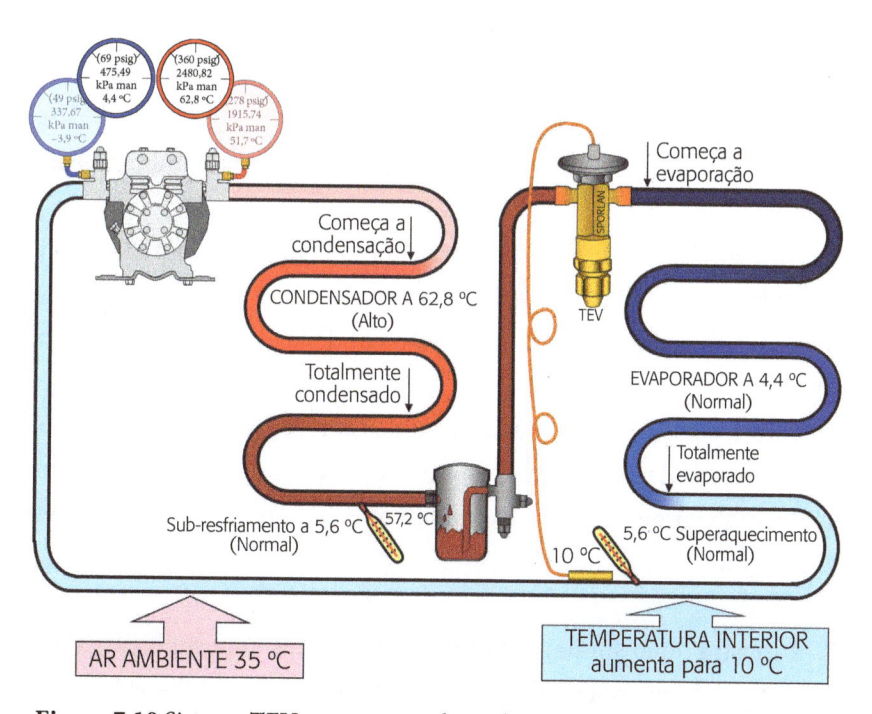

Figura 7.10 Sistema TEV com um condensador sujo. *Cortesia de RTS.*

» Condensador:
> Altas temperaturas. A sujeira no condensador reduz a correta transferência de calor.
> A sub-resfriamento é aproximadamente normal porque a quantidade de refrigerante não mudou.

» Evaporador:
> Temperatura ligeiramente mais alta. Um pouco mais de refrigerante está sendo empurrado através da válvula ou a eficiência mais baixa do sistema não é capaz de refrigerar o espaço apropriadamente.
> Superaquecimento normal até que a pressão se torne maior do que a válvula pode lidar.

Não condensáveis

Qualquer vapor, diferentemente do refrigerante, é considerado um **não condensável** porque somente os refrigerantes fervem e condensam. Os não condensáveis, como o ar e o nitrogênio, podem estar no sistema como resultado de maus procedimentos de conserto ou de instalação. O ar está aprisionado no topo do condensador porque o refrigerante líquido age como um sifão em p para mantê-lo ali. O vapor toma um espaço valioso reduzindo a superfície efetiva do condensador. Por isso, a pressão máxima e a temperatura devem aumentar na tentativa de remover o calor no refrigerante de uma área menor do condensador. A quantidade de sub-resfriamento é muito alta, não por causa de mais refrigerante, mas simplesmente porque a temperatura de condensação é tão alta, e há uma diferença maior entre ela e a temperatura do líquido que deixa o condensador.

Como uma sobrecarga ou um condensador sujo, o sistema de tubo capilar com os não condensáveis forçará mais refrigerante no evaporador, aumentando a temperatura e baixando o superaquecimento.

São os seguintes os sintomas de não condensáveis em um sistema de tubo capilar (Figura 7.11):

» Condensador
> Alta temperatura. O ar toma espaço, resultando em menos espaço para condensação.
> Sub-resfriamento alta. Há uma diferença maior entre a temperatura de condensação e a temperatura na qual o líquido deixa o condensador.

» Evaporador:
> Temperatura e pressão altas. O tubo capilar apresenta uma diminuição fixa de pressão. Alta pressão de condensação significa pressões altas do evaporador.
> Sem superaquecimento ou baixo superaquecimento. O evaporador está inundado de refrigerante.

A Figura 7.12 mostra quão similar é o ar no sistema para uma supercarga ou um condensador sujo, exceto que as pressões relativamente mais altas e o sub-resfriamento mais alto podem ser encontrados.

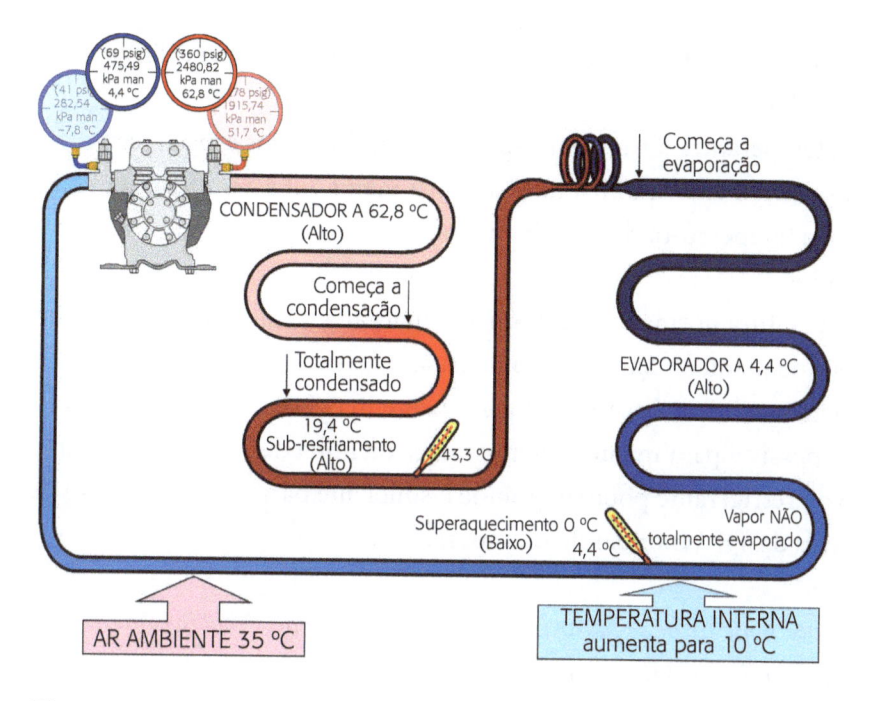

Figura 7.11 Não condensáveis em um sistema de tubo capilar. *Cortesia de RTS.*

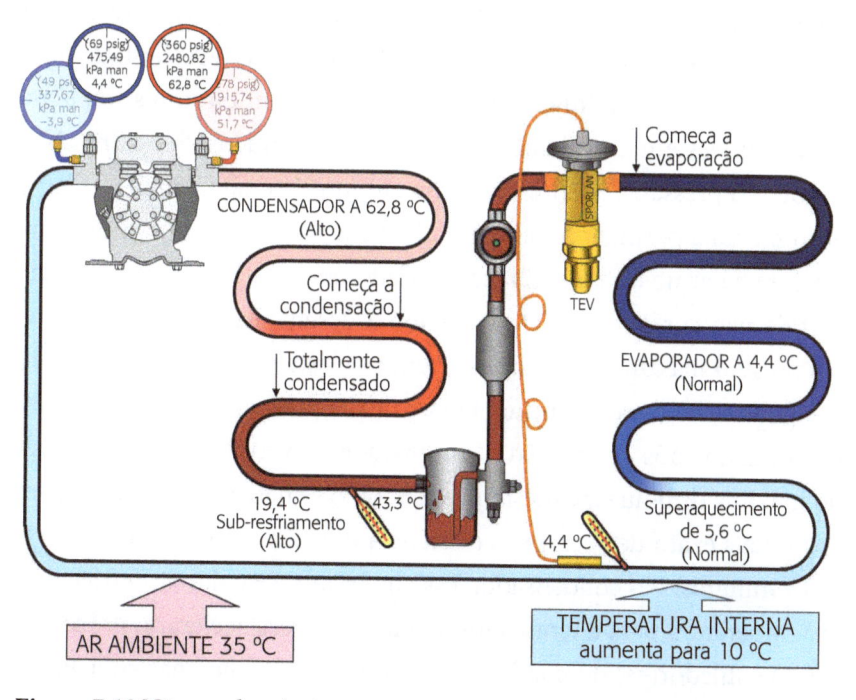

Figura 7.12 Não condensáveis em um sistema TEV. *Cortesia de RTS.*

São os seguintes os sintomas de não condensáveis em um sistema TEV:

» Condensador
  › Alta temperatura. O ar toma espaço, deixando menos espaço para a condensação.
  › Sub-resfriamento muito alto. Diferença maior entre temperatura alta de condensação e a temperatura do líquido que sai.

» Evaporador
  › Temperatura normal ou ligeiramente mais alta. O sistema é menos eficiente e não é capaz de manter a temperatura interna.
  › Superaquecimento normal a ligeiramente mais baixo. A válvula está fazendo o melhor possível para manter a temperatura da linha de sucção. No entanto, a alta pressão do refrigerante pode ser grande o suficiente para forçar o excesso de refrigerante através da TEV, inundando o evaporador.

Nota: *Como você pode dizer se há ar no sistema, em lugar de simplesmente uma sobrecarga ou sujeira escondida nas aletas do condensador?*

Os não condensáveis causam sub-resfriamento mais alto do que a sujeira ou a sobrecarga, mas quanto mais alto é difícil de dizer. Uma geladeira comercial criticamente carregada tem tão pouco refrigerante que é fácil recuperá-lo e produzir um bom vácuo. Esse procedimento assegurará que não haja ar no sistema. Pesar um novo refrigerante também ajuda a verificar se a unidade está corretamente carregada. Se o técnico estiver curioso para saber quanto refrigerante estava originalmente na unidade, ele pode pesar o refrigerante que foi removido.

Em sistemas maiores, pode-se diagnosticar os não condensáveis desligando-se o compressor e observando a pressão máxima no lado alto do medidor. Em um sistema normal, a pressão máxima diminui sistematicamente à medida que o condensador esfria. No entanto, o ar no sistema impede a pressão de diminuir como em um sistema normal.

Se a pressão máxima permanecer alta por alguns minutos após o compressor estar desligado, provavelmente há ar no sistema. É recomendado que esse procedimento seja praticado em sistemas livres de não condensáveis. Isso ajudará a desenvolver um sentimento em relação a quão rápida a pressão máxima deve diminuir em um sistema correto, após o desligamento do compressor. Alguns técnicos economizam tempo de diagnóstico mantendo o ventilador do condensador funcionando após desligarem o compressor. O ventilador do condensador fará com que a pressão máxima diminua até mesmo mais rápido se não houver ar no sistema.

Um método mais exato de verificar a existência dos não condensáveis é desligar o sistema por cerca de 15 minutos. No condensador, esse intervalo deve dar ao refrigerante tempo para diminuir sua temperatura para a temperatura ambiente. Para acelerar o processo, ligue temporariamente o(s) ventilador(es) do condensador e deixe-o(s) funcionar enquanto o compressor está desligado. Quando as temperaturas da tubulação de cobre que entra e deixa o condensador forem iguais à temperatura ambiente, verifique a pressão máxima. Use uma Tabela P/T para encontrar a temperatura de condensação baseada na pressão máxima. Se a temperatura de condensação for a mesma da temperatura do ambiente, não há ar no sistema. Entretanto, se as duas temperaturas forem diferentes, então, os não condensáveis necessitam ser removidos do sistema.

Compressor ineficiente

Em um compressor ineficiente, as válvulas ou anéis de pistão muito danificados afetam a capacidade de bombeamento. As condições serão as mesmas para o sistema de tubo capilar e o sistema TEV.

Os sintomas de um compressor ineficiente em um sistema TEV ou de tubo capilar são os seguintes (Figura 7.13):
- » Condensador
    - › A pressão de descarga é baixa. Válvulas que vazam ou anéis não permitem que a pressão suba durante o curso da compressão.
    - › Sub-resfriamento normal. O refrigerante não está movimentando e permanece no condensador para ser sub-resfriado.
- » Evaporador
    - › A pressão de sucção é alta. O gás de descarga é empurrado de volta para o lado de sucção do sistema.
    - › Alto superaquecimento. O evaporador está subcarregado porque o compressor não está bombeando refrigerante através do dispositivo de controle.

Nota: *O principal indicador de um compressor ineficiente é que ele funcionará em uma pressão de sucção mais alta do que o normal e, ao mesmo tempo, tem uma pressão máxima mais baixa do que o normal.*

Um técnico que vai resolver esses problemas deve observar que um compressor com essas características não pode "bombear" para um vácuo. Mas, se ele o fizer, não manterá o vácuo por mais do que alguns minutos antes que a pressão do medidor do lado baixo comece a aumentar.

Nota: *Não é quanto vácuo o compressor vai gerar que importa, é se ele gerará algum vácuo e se pode mantê-lo. Um aumento na pressão de mais de 20,67 kPa man (3 psig) por minuto é geralmente considerado vazamento excessivo de válvula.*

Um bom compressor de temperatura extrabaixa obterá normalmente vácuo muito baixo, enquanto um compressor de refrigeração de alta temperatura pode somente obter vácuo de aproximadamente 12,7 cm (5") Hg (coluna de mercúrio). Entretanto, se o compressor não gerar o vácuo, há problemas de válvula ou anel.

Uma palavra de precaução: mesmo que o compressor gere vácuo e o mantenha, não significa necessariamente que o compressor esteja bom. Mesmo um compressor com uma haste de ligação quebrada pode passar no teste de vácuo. Embora menos dramático, mas igualmente difícil de determinar com precisão, é o excessivo desgaste dos rolamentos nas hastes de conexão ou pinos de articulação. Essa condição evitará que o pistão se eleve tão alto quanto deveria em um curso de compressão. O volume do vão aumentado entre o topo do pistão e a placa da válvula exigirá reexpansão excessiva antes que a válvula de sucção abra. O resultado é um decréscimo na eficiência volumétrica do compressor.

Nota: *A maioria dos compressores de condicionamento não é projetada para gerar vácuo. Aquele projetado para gerar vácuo sugere redução somente para aproximadamente 34,46 kPa man (5 psig) antes de verificar se as válvulas irão mantê-lo.*

Os fabricantes de compressor recomendam usar suas folhas de especificação para verificar o funcionamento de um compressor. É um gráfico que representa a capacidade do compressor baseada em pressões e sob uma ampla gama de condições. Usar as informações do fabricante verificará definitivamente se o compressor em questão está funcionando como deveria. Se o compressor não estiver conduzindo a corrente indicada de acordo com as folhas de

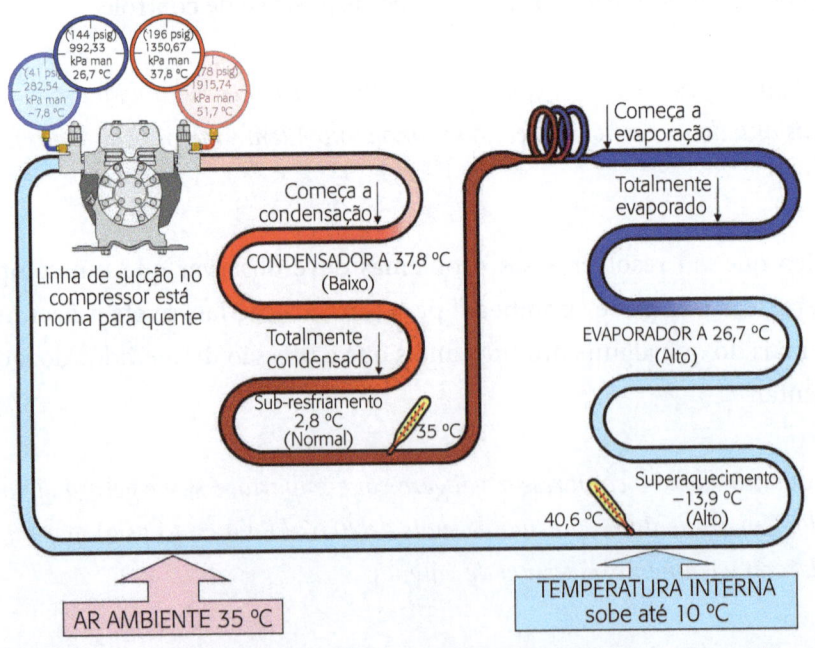

Figura 7.13 Compressor ineficiente em um sistema TEV ou em sistema de tubo capilar. *Cortesia de RTS.*

especificação, então, definitivamente ele apresenta um problema. A Tabela 7.1 é um exemplo de uma tabela de desempenho de um compressor da Copeland para um compressor específico.

Tabela 7.1 Tabela de desempenho revisada do compressor da Copeland.

CONDIÇÕES DE CALIBRAÇÃO 18,3 °C de Gás de retorno 0 °C de Sub-resfriamento 35 °C de Ar Ambiente Sobre		Modelo de COMPRESSOR 9RJ1-0765-TFC COPELAMETIC® HCFC 22 208/230-3-60 TEMPERATURA DE EVAPORAÇÃO (/°C)		
		−9,	−6,7	−3,
CONDENSAÇÃO 54,4 °C	CAPACIDADE EM kW (BTUH)	15,39 (52.500)	17,44 (59.500)	19,49 (66.500)
	AMPERAGEM	27,8	29	30,2
CONDENSAÇÃO 48,9 °C	CAPACIDADE EM kW (BTUH)	16,71 (57.500)	18,76 (64.000)	21,10 (72.000)
	AMPERAGEM	27,1	28,1	29,2
CONDENSAÇÃO 43,3 °C	CAPACIDADE EM kW (BTUH)	18,03 (61.500)	20,22 (69.000)	22,72 (77.500)
	AMPERAGEM	26,3	27,2	28,2
CONDENSAÇÃO 37,8 °C	CAPACIDADE EM kW (BTUH)	19,34 (66.000)	21,84 (74.500)	24,47 (83.500)
	AMPERAGEM	25,5	26,3	27,1

VALORES DE DESEMPENHO (± 5%) E CORRENTE EM 230 V.

Dispositivo de medida restrito

Tubo capilar parcialmente restrito

Na Figura 7.14, a temperatura do evaporador cai e o superaquecimento aumenta porque não há suficiente refrigerante alimentando o evaporador. A temperatura de condensação é baixa porque há pouco calor sendo captado no evaporador para o condensador remover. O sub-resfriamento é mais alto do que o normal porque a quantidade reduzida de refrigerante para o evaporador é retida no condensador. Uma quantidade excessiva de refrigerante no condensador significa sub-resfriamento mais alto.

São os seguintes os sintomas de um tubo capilar parcialmente obstruído:
» Evaporador:
  › Baixa temperatura. Falta de refrigerante baixa a pressão e a temperatura de saturação.
  › Superaquecimento alto. Há menos refrigerante para vaporizar.
» Condensador:
  › Baixa temperatura de condensação. Pouco calor do evaporador.
  › Sub-resfriamento alto. O refrigerante não usado no evaporador é armazenado no condensador.

A obstrução parcial mais comum em um tubo capilar é um pó branco, que provém das gotas de dessecante no filtro secador e aumenta na entrada do tubo capilar. A solução usual para esse problema é cortar alguns centímetros do tubo capilar e substituir o filtro secador.

Nota: *Alguns técnicos consideram que um tubo capilar parcialmente obstruído deve aumentar a pressão máxima.*

Eles acreditam que, se o refrigerante não está no evaporador, ele deve ficar retido no condensador e aumentar a pressão máxima. Sim, fica retido no condensador. Não, ele não aumenta a pressão máxima. Toda a quantidade de refrigerante em um sistema carregado criticamente não é o bastante para preencher o condensador. De fato, a pressão máxima pode mesmo diminuir abaixo do normal porque não há calor do evaporador retornando para o condensador.

O único modo pelo qual a pressão máxima aumentará em um sistema capilar é:
» Altas temperaturas no ambiente;
» Pouco fluxo de ar através do condensador (sujeira, gordura ou problemas com o ventilador);
» Sobrecarga de refrigerante.

Se uma unidade tiver um tubo capilar sem funcionamento com alta pressão, provavelmente é porque o técnico anterior diagnosticou de maneira errada a sucção baixa e as pressões máximas, e acrescentou refrigerante. É por isso que um bom técnico nunca deve simplesmente "adicionar refrigerante" em uma unidade criticamente carregada. O técnico deve sempre remover o refrigerante velho e avaliar pela placa de calibração quanto refrigerante deve adicionar.

TEV parcialmente obstruída

Na Figura 7.15, a TEV parcialmente obstruída apresenta sintomas semelhantes ao sistema de tubo capilar parcialmente obstruído. A principal diferença é que o sub-resfriamento poderia ser normal na unidade de TEV, porque o excesso de refrigerante não fica aprisionado no condensador, mas flui para o receptor de armazenamento. Além disso, um visor de vidro limpo verifica se há líquido para o dispositivo de medida.

Os sintomas a seguir são de uma TEV parcialmente obstruída:
» Evaporador:
  › Temperatura mais baixa. Falta de refrigerante significa pressão mais baixa, o que significa temperatura saturada mais baixa.
  › Superaquecimento alto. Refrigerante limitado é evaporado rapidamente.
» Condensador:
  › Temperatura mais baixa. Pouco calor é captado no evaporador.

› Sub-resfriamento normal. O refrigerante está sendo armazenado no receptor, não no condensador.

OBSTRUÇÃO PARCIAL NA LINHA DE LÍQUIDO APÓS O RECEPTOR

Somente os sistemas TEV têm receptores. Na Figura 7.16, a obstrução encontra-se após o receptor, mas antes do dispositivo de medida. Há dois indicadores de obstrução parcial na linha do líquido. Primeiro, o condensador tem um sub-resfriamento normal, mas o líquido deixa o condensador a 40,6 °C, somente para diminuir drasticamente a 29,4 °C no momento em que alcança o dispositivo de medida. Uma diminuição na pressão cria uma diminuição na temperatura. Somente um dispositivo de medida ou uma obstrução poderia ser capaz de provocar diminuição de pressão de modo a baixar a temperatura até –6,7 °C. Se o técnico usar um termômetro eletrônico e medir a temperatura entre o receptor e o dispositivo de medida, ele logo encontrará a obstrução.

O segundo indicador é a bolha no visor de vidro, se ele for localizado após o filtro secador. Se uma linha dobrada não está evidente, a localização mais provável para uma

> **VERIFICAÇÃO DA REALIDADE Nº 1**
> É difícil encontrar um tubo capilar "parcialmente" restrito porque na época em que o cliente percebe um problema, a tubulação pequena estará completamente bloqueada. Um tubo capilar completamente bloqueado é fácil de diagnosticar. O evaporador estará no vácuo, ainda que haja pressão máxima suficiente e sub-resfriamento para indicar que o condensador tem refrigerante interior.

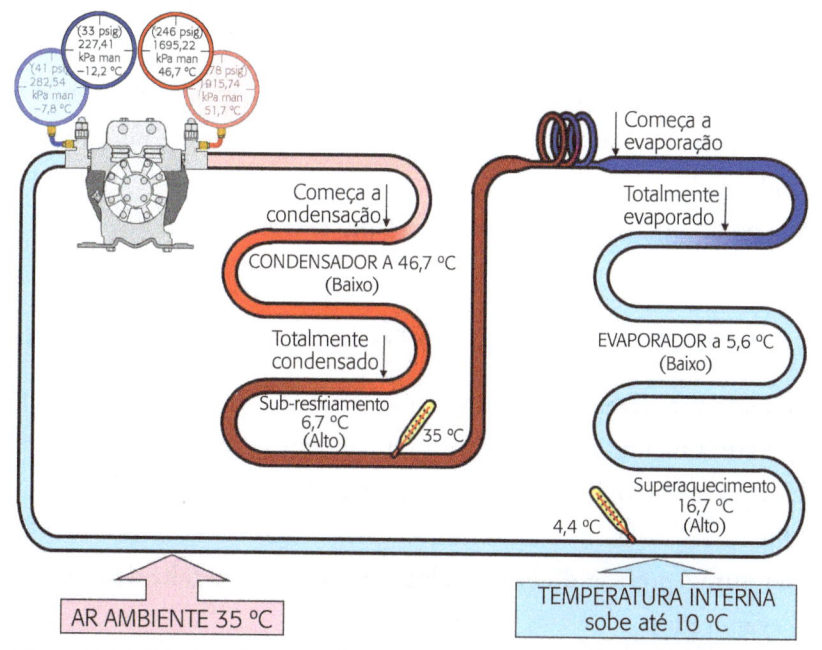

Figura 7.14 Tubo capilar parcialmente obstruído. *Cortesia de RTS.*

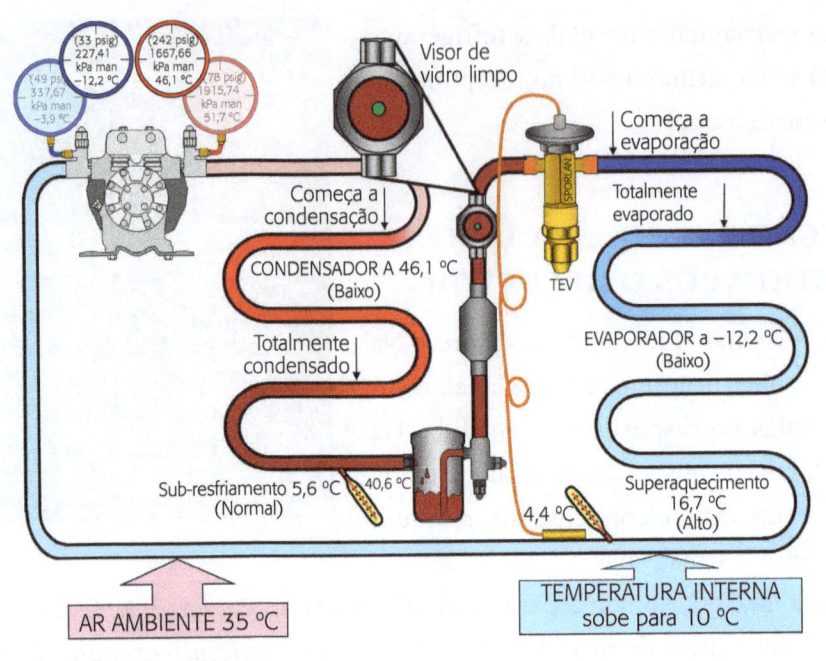

Figura 7.15 TEV parcialmente obstruída. *Cortesia de RTS.*

obstrução está no filtro secador. Uma diminuição de temperatura de mais de 17 °C entre a entrada e a saída do secador verificará o problema.

Os sintomas seguintes são de uma restrição depois do receptor:

» Evaporador:
> Temperatura mais baixa. A pressão mais baixa deve-se à falta de refrigerante.
> Alto superaquecimento. Refrigerante limitado evapora rapidamente.

» Condensador:
> Baixa temperatura de condensação. O evaporador capta muito pouco calor.
> Sub-resfriamento normal. A restrição retém o refrigerante líquido no receptor, não no condensador.
> A linha de líquido poderia estar relativamente fria entrando na TEV.

OBSTRUÇÃO PARCIAL NO LADO DE ALTA ANTES DO RECEPTOR

A Figura 7.17 mostra problemas semelhantes à obstrução após o receptor, exceto que a diminuição de temperatura na linha do líquido está no ou antes do receptor.

Os sintomas seguintes são de uma obstrução antes do receptor:

» Evaporador:
> Temperatura e pressão do evaporador baixas, devido à falta de refrigerante que chega ao evaporador.
> Superaquecimento alto porque o refrigerante limitado é rapidamente evaporado.

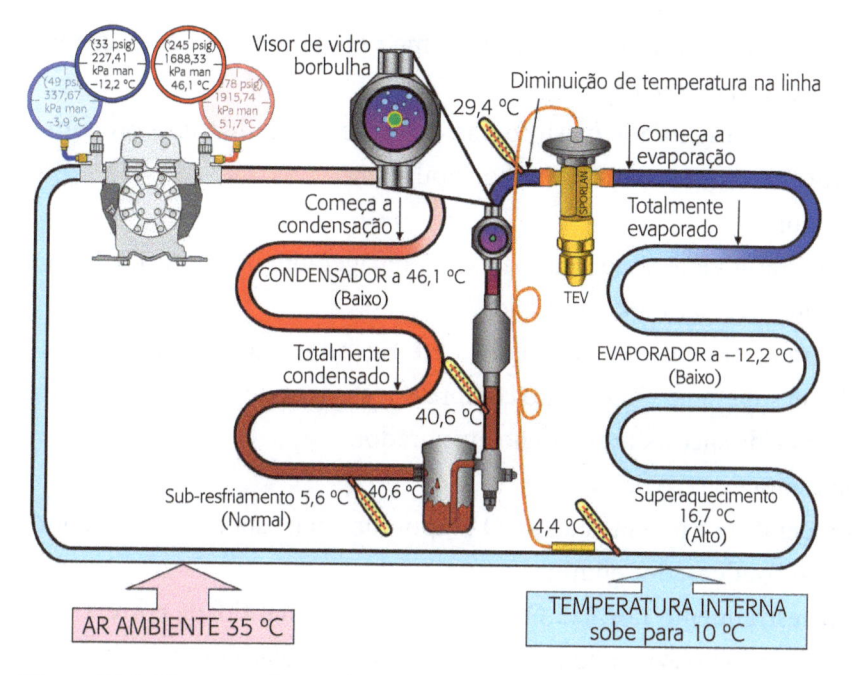

Figura 7.16 Obstrução depois do receptor. Cortesia de RTS.

» Condensador:
   › Temperatura e pressão altas. Excesso de refrigerante, normalmente armazenado no receptor, está todo acondicionado no condensador.
   › Sub-resfriamento alto devido a mais líquido no condensador

Nota: *O lugar mais provável para esse tipo de obstrução é onde a linha de líquido do condensador se conecta à entrada do receptor. Isso é especialmente verdadeiro em unidades de condensação menores em que a linha do líquido é de 0,635 cm (¼") a 0,95 cm (⅜") de cobre. O outro único local em que pode ocorrer encontra-se em curvas em U danificadas ou achatadas no condensador. Uma vez mais, usar um termômetro eletrônico para determinar exatamente onde a diminuição de temperatura ocorre determinará com precisão a obstrução.*

Evaporador sujo, evaporador com gelo ou fluxo de ar baixo

Problemas de evaporador em um sistema de tubo capilar

Na Figura 7.18, a temperatura do evaporador é baixa porque há pouca transferência de calor quando o evaporador estiver coberto de sujeira, fina camada de gelo ou embrulhado com celofane, ou quando o motor do ventilador não estiver com bom funcionamento. Se o calor não for absorvido no evaporador, a temperatura de condensação é baixa porque há pouco calor para eliminar. O sub-resfriamento é normal, uma vez que a carga de refrigerante está correta e flui livremente para o tubo capilar.

A seguir, são apresentados os sintomas de um evaporador sujo ou com gelo, ou com fraco fluxo de ar em um sistema de tubo capilar:

» Evaporador:
  › Temperatura e pressão mais baixas. O refrigerante não pode captar todo o calor suficiente necessário para fervê-lo.
  › Superaquecimento baixo ou nulo. O refrigerante não vaporizou.
  › Algum superaquecimento no compressor sugere que o refrigerante está vaporizando na linha de sucção, mas não no evaporador.
» Condensador:
  › Temperatura e pressão baixas. O evaporador não está captando calor do evaporador para o condensador eliminar.
  › Sub-resfriamento normal. O sistema possui a quantidade correta de refrigerante, e está fluindo no evaporador de volta para o condensador.

Problemas de evaporador em um sistema TEV

Na Figura 7.19, a temperatura do evaporador está ligeiramente mais baixa, embora não tanto como no sistema de tubo capilar. Uma vez mais o bulbo da TEV está sentindo a temperatura

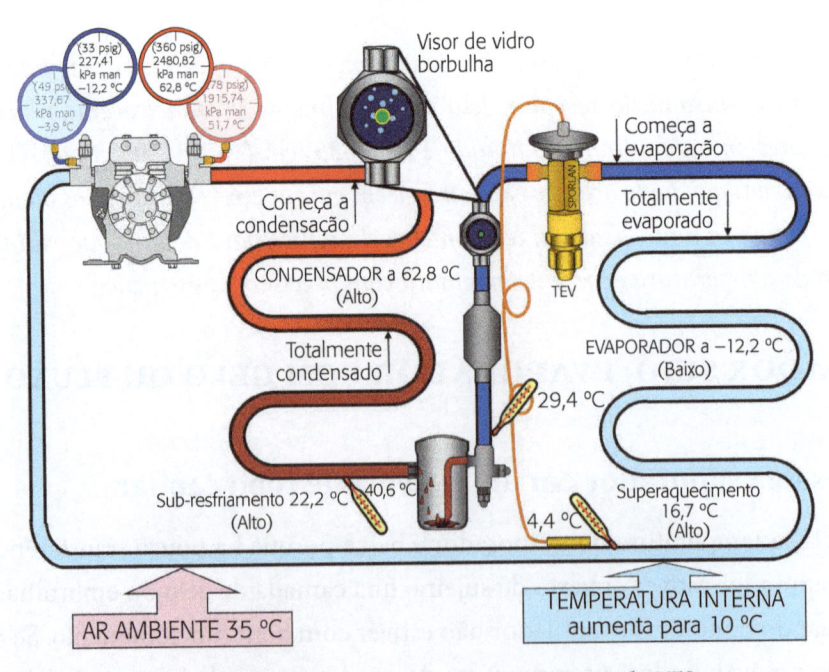

Figura 7.17 Obstrução parcial antes do receptor. *Cortesia de RTS.*

na saída do evaporador e ajusta a quantidade de refrigerante que entra no evaporador. Dado que o evaporador não está captando muito calor, o condensador está mais frio porque possui menos calor para eliminar. O sub-resfriamento está normal porque o sistema está corretamente carregado.

Os sintomas de um evaporador sujo ou com gelo ou com fraco fluxo de ar em um sistema TEV são mostrados a seguir:

> **VERIFICAÇÃO DA REALIDADE Nº 2**
>
> As obstruções parciais antes do receptor são muito raras. No entanto, este capítulo abrange o diagnóstico porque os sintomas ocasionalmente apontam a obstrução do lado de alta. Mais importante ainda, um técnico poder confirmar rapidamente, ou eliminar, esse tipo de obstrução como um problema possível.

» Evaporador:
  › Temperaturas e pressões mais baixas. Isso se deve à transferência reduzida de calor.
  › Superaquecimento baixo a normal. A TEV está tentando manter certa temperatura com base naquilo que o bulbo está sentindo na linha de sucção.
» Condensador:
  › Temperatura mais baixa de condensação. Pouco calor é captado no evaporador.
  › Sub-resfriamento normal. O sistema tem a quantidade correta de refrigerante.

Nesse momento, você deve começar a enxergar um padrão definido de razões para as mudanças de temperatura e pressão em um sistema. Entender bem esses conceitos torna muito mais fácil a solução de problemas de uma unidade de refrigeração, para chegar a um diagnóstico correto.

Obtendo as informações corretas

Para diagnosticar corretamente um problema, o técnico deve primeiro reunir as informações corretas, o que inclui o tipo de sistema, como ele deve operar e como está operando atualmente. Para ajudar com essa coleta de informações, você pode usar a folha de Informações do Sistema na Figura 7.20. O dado exigido mais importante é listado primeiro sob o título "Pressões e Temperaturas".

Preencher os espaços 1 a 5 torna fácil o cálculo do superaquecimento, e os espaços 6 a 10 são usados para o sub-resfriamento. Veja a Figura 7.20, enquanto lê os itens a seguir:

» Coloque a temperatura do ar que entra no evaporador.
» Coloque a temperatura de sucção.
» Calcule a diferença de temperatura (TD) (linha 1 – linha 2).
» Coloque a temperatura da linha de sucção que deixa o evaporador.
» Calcule o superaquecimento (linha 4 – linha 2).
» Coloque a temperatura do ar que entra no condensador.

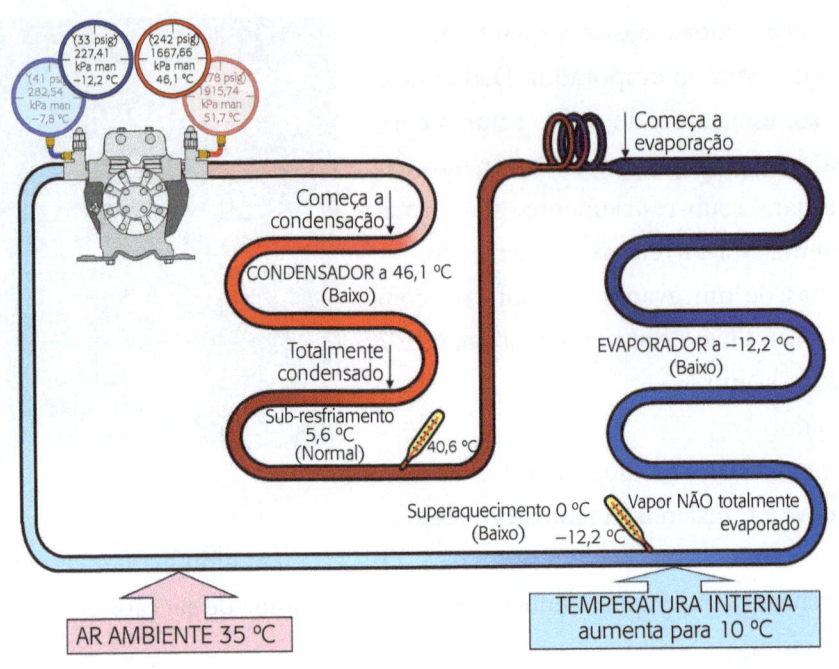

Figura 7.18 Evaporador sujo ou com gelo, ou com pouco fluxo de ar em um sistema de tubo capilar. *Cortesia de RTS.*

» Coloque a temperatura de condensação.
» Calcule o intervalo de temperatura do condensador (linha 7 – linha 6).
» Coloque a temperatura da linha de líquido que deixa o condensador
» Calcule o sub-resfriamento (linha 7 – linha 9).

Todas as informações da folha são necessárias para o correto diagnóstico. No entanto, após usá-la algumas vezes, a maioria dos técnicos percebe que estão percorrendo a maior parte do *checklist* mentalmente, em vez de escrever. Esse é o resultado desejado porque é mais rápido pensar percorrendo as etapas do que escrevendo-as. É ainda uma boa prática anotar a pressão, temperatura e informações elétricas em notas de serviço ou em ordens de serviço. Ajuda a documentar o que você encontrou servirá como histórico do funcionamento do equipamento.

TABELA DE DIAGNÓSTICO: UTILIZAÇÃO

Solucionar problemas é a prática de processar mentalmente as observações em uma sequência lógica para diagnosticar um problema. Quando disponível, uma tabela pode ajudar a organizar essas observações em um padrão que ajuda o usuário a determinar a solução. A Figura 7.21 é uma tabela de diagnóstico criada para ajudar a solucionar os nove problemas de sistema discutidos neste capítulo.

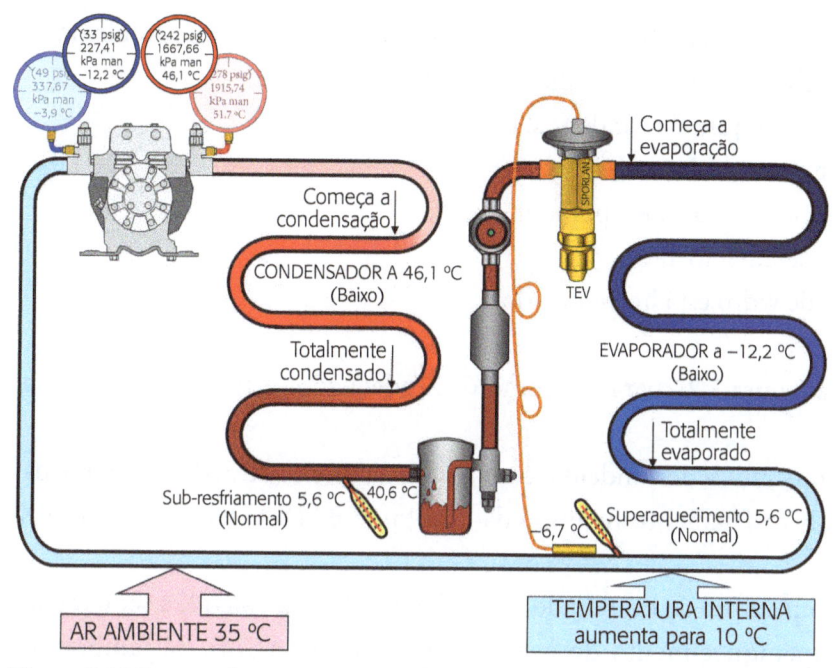

Figura 7.19 Evaporador sujo ou com gelo, ou fluxo fraco de ar em um sistema TEV. *Cortesia de RTS.*

Os quatro principais sintomas são temperatura de condensação, sub-resfriamento, temperatura do evaporador e superaquecimento. Para usar a tabela, simplesmente determine se as condições nas quais a unidade está funcionando são normais, mais altas do que o normal, ou mais baixas do que o normal. Cada sintoma possui uma afirmação do que é considerado normal e quantos graus está acima ou abaixo do normal.

A última categoria é o visor de vidro para os sistemas TEV; ele borbulha ou está transparente.

Para usar a tabela, faça círculo em todos os "X" na linha que se aplica à condição observada. Por exemplo, se a temperatura de condensação da unidade for mais do que 12,2 °C acima do normal, circule os X na primeira linha (ALTA) nas Colunas 6-9. Se a temperatura do evaporador for mais do que 12,2 °C acima, circule os X na linha ALTA nas Colunas 4, 7, 8 e 9. Um X significa que a condição se aplica a ambos os sistemas: TEV e tubo capilar. O X_{CT} significa que a condição se aplica apenas aos sistemas de tubo capilar. Da mesma forma, X_{EV} se aplica somente aos sistemas que usam válvulas de expansão.

Após circular todos os X para cada categoria, totalize o número deles em cada coluna e preencha os quadrados em branco no final da tabela. Se as informações forem coletadas e colocadas corretamente, a coluna com o maior número de X circulados indica o problema.

A Figura 7.22 é um exemplo de como usar a tabela de diagnóstico para encontrar um dos problemas discutidos neste capítulo.

EXEMPLO: 13 Suponha que as temperaturas e as pressões de um problema de um sistema TEV sejam medidas. O sistema exibe as seguintes condições:

» Baixa temperatura de condensação
» Sub-resfriamento baixo
» Baixa temperatura de evaporador
» Superaquecimento alto
» O visor de vidro está borbulhando

Observe a Figura 7.22 para ver como os X adequados estão circulados para as seguintes condições:

» Para temperatura de condensação na linha da direita de BAIXA, circule os cinco X.
» Para sub-resfriamento na linha da direita de BAIXA, há somente um X a ser circulado.
» Para temperatura do evaporador na linha BAIXA, há cinco X a ser circulados.
» Para superaquecimento do evaporador na linha ALTO, há também cinco X a ser circulados.
» Para visor de vidro na linha BORBULHANTE, há três X.

Depois de contabilizar todos os X circulados em cada coluna, o resultado é que a Coluna 3 possui mais X (cinco) do que as outras colunas. O diagnóstico, portanto, é Carga Baixa.

PRESSÕES & TEMPERATURAS:

TEMP. INT. DE PROJETO _____ TEMP. AR ENTRANDO NO EVAPORADOR (1) A
TIPO DE REFRIGERANTE _____ PRESSÃO DE SUCÇÃO _____ TEMP. (2) B
DIFERENÇA DE TEMP. DO EVAPORADOR (3) A – B
TEMP. DA LINHA DE SUCÇÃO NO BULBO DA TEV (OU SAÍDA DA SERP., SE TUBO CAP.) (4) C
SUPERAQUECIMENTO (TEMP. DA LINHA DE SUCÇÃO – TEMP. SUCÇÃO) (5) C-B

(TORNA OS CÁLCULOS MAIS FÁCEIS.)

TEMP. DO AR ENTRANDO NO CONDENSADOR (6) X
CONDENSAÇÃO: PRESSÃO _____ TEMP. (7) Y
INTERVALO DE TEMPERATURA DO CONDENSADOR (8) Y-X
TEMP. DA LINHA DO LÍQ. DEIXANDO O CONDENSADOR (9) Z
SUB-REF. (TEMP. LINHA DO LÍQ. - TEMP. DO CONDENSADOR) (10) Y-Z

COMPONENTES DO SISTEMA E ACESSÓRIOS:

TUBO CAP? _____ VÁL. EXP.? _____ SOLEN. DE DESLIGAR FLUXO DE REFRIG.? _____ EVAP. ABAIXO DO COMPRESSOR? _____
REMOTO? _____ ONDE? _____ HPR? _____ CICLO DE VENTILADOR? _____ SIFÃO P? _____

FUNCIONAMENTO ATUAL E CONDIÇÃO:

SERP. DE EVAP. LIMPA E CLARA POR TODA A EXTENSÃO? _____ CONDENSADOR LIMPO E CLARO POR TODA A EXTENSÃO? _____ DRENO LIMPO? _____
CICLO DE COMP. C/ CONTROLE DE L.P.? _____ C/ CONTROLE DE H.P.? _____ C/ CONTROLE DE O.L.? _____ COMP. BARULHENTO? _____
VISOR DE VIDRO CHEIO? _____ PORTA FECHADA E SELADA POR GAXETA? _____

INFORMAÇÕES ADICIONAIS RELATIVAS AO FUNCIONAMENTO DO COMPRESSOR:

PLACA DE IDENTIFICAÇÃO DE AMPERES (RLA) _____ AMPERERAGEM REAL _____
PLACA DE IDENTIFICAÇÃO DE VOLTS _____ VOLTAGEM REAL @ COMP. _____ VOLTAGEM REAL NA PARTIDA _____
TEMP. NA LINHA DE SUCÇÃO 7,6 CM (3") – 15,2 CM (6") DO COMPRESSOR _____ TEMP. DA LINHA DE DESCARGA 7,6 CM (3") – 15,2 CM (6") DO COMPRESSOR _____

Figura 7.20 Folha de informações do sistema. *Cortesia de RTS.*

Nota: *Se esse fosse um sistema de tubo capilar (sem visor de vidro), a Coluna 3 ainda teria a maior parte dos X. Mesmo sem as informações do visor de vidro, o mesmo problema "carga baixa" se aplica a ambos: as TEVs e os tubos capilares.*

Usar o quadro diagnóstico para solucionar problemas de refrigeração é semelhante a usar uma calculadora em matemática. Não é necessário para todos os problemas, mas é bom para situações difíceis e para verificar seus cálculos. O quadro é apenas mais uma ferramenta; quanto mais você domina as técnicas de solução de problemas, menos você vai usá-lo. O quadro diagnóstico vai funcionar muito bem se:
» o usuário souber quais são as supostas condições corretas de funcionamento para que o sistema se mantenha em operação;
» o usuário realizar leituras precisas das operações reais do sistema.

Os problemas *ALTO* ou *BAIXO* no quadro diagnóstico são desvios da operação normal do sistema que está sendo considerado. Por exemplo, a maior parte dos condensadores de

---

DETERMINE QUAIS SINTOMAS SE APLICAM, ENTÃO CIRCULE TODOS OS X NA LINHA PARA CADA SINTOMA.
TOTALIZE TODOS OS X EM CADA COLUNA. A COLUNA COM MAIOR NÚMERO DE X INDICA QUAL É O PROBLEMA.
"X" POR SI SIGNIFICA QUE SINTOMA DE TUBO CAPILAR E VÁLVULA DE EXPANSÃO SÃO OS MESMOS PARA ESSA CATEGORIA.
"CT" SIGNIFICA QUE ESSE SINTOMA PODERIA SER IMPORTANTE SOMENTE EM UM SISTEMA DE TUBO CAPILAR COM "DISPOSITIVO FIXO DE MEDIDA".
"EV" SIGNIFICA QUE ESSE SINTOMA É IMPORTANTE PARA UM SISTEMA DE VÁLVULA DE EXPANSÃO.

	Número da coluna	1	2	3	4	5	6	7	8	9
TEMPERATURA AMBIENTE + INTERVALO DE TEMPERATURA DO CONDENSADOR	ALTO (5,6 °C MAIS ALTO QUE O NORMAL)						X	X	X	X
TEMPERATURA DE CONDENSAÇÃO	NORMAL									
UNIDADES PADRÃO = AMBIENTE - 1,1 °C	BAIXO (5,6 °C ABAIXO DO QUE O NORMAL)	X	X	X	X	X				
TEMP. CONDENSAÇÃO – TEMPERATURA DA LINHA DE LÍQUIDO	ALTO (SUB-ESFRIAMENTO ACIMA DE 11,1 °C)		X_{CT}				X		X	X
SUB-RESFRIAMENTO DO CONDENSADOR	NORMAL	X	X_{EV}		X	X	X			
SUB-RESFRIAMENTO NORMAL = 5,6 °C	BAIXO (SUB-RESFRIAMENTO ABAIXO DE 2,8 °C)			X						
AR QUE ENTRA NO EVAPORADOR – TD	ALTA (5,6 °C MAIS ALTA DO QUE O NORMAL)						X	X_{CT}	X_{CT}	X_{CT}
TEMPERATURA DO EVAPORADOR	NORMAL							X_{EV}	X_{EV}	X_{EV}
TD PARA AC (19,4 °C), R/L (11,1 °C), W/L (5,6 °C)	BAIXA (5,6 °C MAIS BAIXA DO QUE O NORMAL)	X	X	X		X	X			
TEMP. EVAPORADOR – TEMP. SAÍDA DO EVAP.	ALTA (SUPERAQUECIMENTO ACIMA DE 11,1 °C)		X	X	X	X	X			
SUPERAQUECIMENTO DO EVAPORADOR	NORMAL	X_{EV}						X_{EV}	X_{EV}	X_{EV}
SUPERAQUECIMENTO = 5,6 °C (APROX.)	BAIXA (SUPERAQUECIMENTO ABAIXO DE 2,8 °C)	X_{CT}						X_{CT}	X_{CT}	X_{CT}
VISOR DE VIDRO	CHEIO	X	X		X	X		X	X	X
	BORBULHANDO			X		X	X			
TOTAL DE X CIRCULADOS EM CADA COLUNA =										
DIAGNÓSTICO (PROBLEMA):		EVAP. COM SUJEIRA OU GELO	REST TEV CAPT	POUCA MUDANÇA	VLV/S COMP	REST. APÓS RECEP.	REST. ANTES RECEP.	COND. SUJO	AR NO SISTEMA	SOBRECARGA

Figura 7.21 Tabela diagnóstica. *Cortesia de RTS.*

DETERMINE QUAIS SINTOMAS SE APLICAM, ENTÃO CIRCULE TODOS OS X NA LINHA PARA CADA SINTOMA.
TOTALIZE TODOS OS X EM CADA COLUNA. A COLUNA COM MAIOR NÚMERO DE X INDICA QUAL É O PROBLEMA.
"X" POR SI SIGNIFICA QUE SINTOMA DE TUBO CAPILAR E VÁLVULA DE EXPANSÃO SÃO OS MESMOS PARA ESSA CATEGORIA.
"CT" SIGNIFICA QUE ESSE SINTOMA PODERIA SER IMPORTANTE SOMENTE EM UM SISTEMA DE TUBO CAPILAR COM "DISPOSITIVO FIXO DE MEDIDA".
"EV" SIGNIFICA QUE ESSE SINTOMA É IMPORTANTE PARA UM SISTEMA DE VÁLVULA DE EXPANSÃO.

	Número da coluna	1	2	3	4	5	6	7	8	9
TEMPERATURA AMBIENTE + INTERVALO DE TEMPERATURA DO CONDENSADOR	ALTO (5,6 °C MAIS ALTO QUE O NORMAL)						X	X	X	X
Ex.: TEMPERATURA DE CONDENSAÇÃO É BAIXA	NORMAL									
UNIDADES PADRÃO = AMBIENTE –1,1 °C	BAIXO (5,6 °C ABAIXO DO QUE O NORMAL)	(X)	(X)	(X)	(X)	(X)				
TEMP. CONDENSAÇÃO – TEMPERATURA DA LINHA DE LÍQUIDO	ALTO (SUB-ESFRIAMENTO ACIMA DE 11,1 °C)		X$_{CT}$				X		X	X
Ex.: SUB-RESFRIAMENTO DO CONDENSADOR É BAIXO	NORMAL	X	X$_{EV}$		X	X	X			
SUB-RESFRIAMENTO NORMAL = 5,6 °C	BAIXO (SUB-RESFRIAMENTO ABAIXO DE 2,8 °C)			(X)						
AR QUE ENTRA NO EVAPORADOR – TD	ALTA (5,6 °C MAIS ALTA QUE O NORMAL)				X			X$_{CT}$	X$_{CT}$	X$_{CT}$
Ex.: TEMPERATURA DO EVAPORADOR É BAIXA	NORMAL							X$_{EV}$	X$_{EV}$	X$_{EV}$
TD PARA AC (19,4 °C), R/L (11,1 °C), W/L (5,6 °C)	BAIXA (5,6 °C MAIS BAIXA DO QUE O NORMAL)	(X)	(X)	(X)		(X)	(X)			
TEMP. EVAPORADOR – TEMP. SAÍDA DO EVAP.	ALTA (SUPERAQUECIMENTO ACIMA DE 11,1 °C)		(X)	(X)	(X)	(X)	(X)			
Ex.: SUPERAQUECIMENTO DO EVAPORADOR É ALTO	NORMAL	X$_{EV}$						X$_{EV}$	X$_{EV}$	X$_{EV}$
SUPERAQUECIMENTO = 5,6 °C (APROX.)	BAIXA (SUPERAQUECIMENTO ABAIXO DE 2,8 °C)	X$_{CT}$						X$_{CT}$	X$_{CT}$	X$_{CT}$
Ex.: VISOR DE VIDRO ESTÁ BORBULHANDO	CHEIO	X	X		X		X	X	X	X
	BORBULHANDO			(X)		(X)	(X)			
TOTAL DE X CIRCULADOS EM CADA COLUNA =		2	3	5	2	4	3			
DIAGNÓSTICO (PROBLEMA):		EVAP. COM SUJEIRA OU GELO	REST. TEV CAPT	POUCA MUDANÇA	VLVLS COMP.	REST. APÓS RECEP.	REST. ANTES RECEP.	COND. SUJO	AR NO SISTEMA	SOBRECARGA

Figura 7.22 Usando a tabela diagnóstico para encontrar um problema. *Cortesia de RTS.*

refrigeração tem uma TD de 16,7 °C, mas um *freezer* pode ter somente um intervalo de temperatura de condensador de 13,9 °C, e um grande condensador remoto pode ter somente 5,6 °C. O importante a lembrar é que 5,6 °C acima do normal para a unidade que está sendo consertada é muito alto, e 5,6 °C abaixo é muito baixo. Da mesma maneira, 5,6 °C de superaquecimento é normal para um refrigerador. Mas em um *freezer* é próximo de 2,8 °C, e muitas unidades de AC estão próximas de 8,3 °C.

Sempre que verificar o superaquecimento, 2,8 °C acima ou abaixo do normal podem indicar um problema. Em todos os casos, um superaquecimento abaixo de 2,8 °C significa que há perigo real de inundação do compressor, e o superaquecimento acima de 11,1 °C significa que o evaporador está com subcarga.

Nota: *As leituras de superaquecimento são exatas somente se a temperatura do espaço estiver na faixa dos 2,8 °C das condições de projeto.*

Registrando óleo no evaporador

O óleo aprisionado no evaporador é um problema único, frequentemente de difícil solução. Normalmente é diagnosticado como resultado da eliminação de todas as outras possibilidades. Se as condições observadas não se encaixarem em nenhum dos nove problemas aqui discutidos, o problema pode muito bem ser um evaporador com alto registro de óleo.

O evaporador aprisiona o óleo se a linha de sucção não tiver tubulação para seu retorno correto. Temperaturas baixas na serpentina também tornam lento o fluxo de óleo até o ponto em que acumula no evaporador. Descongelar as serpentinas do *freezer* é tão importante para o retorno do óleo quanto para derreter a fina camada de gelo das aletas.

A seguir, alguns sintomas comuns de evaporador com alto registro de óleo:
» O sistema possui uma história de "simplesmente não parece manter a temperatura".
» Os sintomas não se ajustam a quaisquer problemas normais do sistema.
» O sistema apresenta oscilação da TEV, inundação de retorno ou o superaquecimento não pode ser ajustado.

Esses sintomas mencionados permanecem mesmo depois que a TEV é substituída. A razão é que o óleo isola a linha de sucção. O bulbo sensor da TEV não pode detectar a verdadeira temperatura da linha de sucção, que pode até enganar o termômetro.
» Algumas curvas em U, perto da saída do evaporador, não estão suando ou cobertas de fina camada de gelo como as outras.
» Há uma história de mudanças de compressor.

O primeiro compressor falhou devido à falta de óleo, ou do dano causado por seu óleo aprisionado no evaporador ou restringindo o fluxo em algum lugar no sistema. As substituições subsequentes do compressor não resolvem o problema; elas apenas fornecem mais óleo para aumentar o problema de registro de óleo.
» O nível de óleo no visor de vidro do compressor varia muito durante o ciclo.

O óleo está sendo perdido no sistema e depois retorna durante a partida ou após o descongelamento.
» O compressor está barulhento ou vibrando.

A falta de óleo produz barulho do desgaste do rolamento e da batida do pistão. Óleo em excesso pode causar barulho e vibração do eixo de manivela batendo no óleo do cárter.
» Há evidência de inundação ou acúmulo de líquido.

Pouco ou nenhum superaquecimento na entrada do compressor indica inundação de retorno. O dano da inundação e evidência de óleo no pistão também serão observados durante o processo de desmontagem de um compressor que apresenta falha.

Nota: O acúmulo de óleo danifica mais os compressores do que o acúmulo de líquido. É difícil diagnosticar quando o sistema está operando. No entanto, durante a desmontagem, procure o acúmulo excessivo de óleo no pistão e nas áreas da válvula.

» Há ausência de um solenoide de desligar o fluxo do refrigerante em uma unidade remota de condensação de refrigeração comercial.

Desligar o fluxo do refrigerante ajuda a movimentar o óleo e o refrigerante para fora do evaporador e das linhas de sucção, antes que o compressor desligue.

» O *freezer* tem apenas descongelamento da fina camada de gelo.

Em climas muito secos, uma serpentina de *freezer* pode remover adequadamente a camada fina de gelo com somente um ou dois descongelamentos por dia. Entretanto, se o retorno do óleo for um problema, acrescentar descongelamentos pode ser a resposta.

» Há evidência de práticas incorretas de instalações na tubulação?
  › Não há sifões em p quando o compressor está acima do evaporador.
  › Linhas de sucção devem ser inclinadas na direção do fluxo de refrigerante.
  › As linhas de sucção podem ser muito grandes, especialmente os tubos verticais de sucção. As linhas de sucção devem manter velocidade suficiente para mover o óleo com o vapor refrigerante.

Resolvendo problemas sem medidores

É possível, e frequentemente desejável, resolver problemas de algumas unidades sem medidores. As unidades com cargas críticas (aquelas com um peso específico de operação de refrigerante) não devem ter medidores presos a elas, a não ser que sejam absolutamente necessários. Verificar as pressões abre o sistema para possível contaminação e perda da carga de refrigerante. Unidades criticamente carregadas não funcionarão corretamente se forem descarregadas (ou sobrecarregadas) em mais de 10% da quantidade calibrada estampada em sua placa de identificação. Por exemplo, algumas geladeiras comerciais de única porta, que possuem carga de menos de 283,5 g (10 onças). A perda de 28,35 g (1 onça) de refrigerante (10% da carga total) pode causar altas temperaturas de produto e mais despesas de energia devido aos períodos de funcionamento mais longos.

Uma mangueira padrão que mede 91,4 cm (3') manterá aproximadamente 28,35 g de refrigerante líquido. Se o refrigerante não retornar ao sistema, a perda pode ser significativa em pequenos sistemas. Embora a capacidade de vapor de uma mangueira que mede 0,63 cm (¼") seja quase negligenciável (0,019 grama por cm) (0,02 onça por pé), o uso repetido de medidores a cada vez que a unidade é assistida causará problemas no final.

Solucionar problemas sem os medidores é a melhor prática, mas o técnico deve saber qual deve ser a temperatura do ar e da linha de refrigeração para a unidade específica. Essa informação é obtida da melhor maneira no departamento de assistência técnica do fabricante. Exige-se, também, um conjunto calibrado de termômetros eletrônicos.

Para ilustrar como usar somente termômetros para resolver problemas de uma unidade de refrigeração, suponha que a informação mostrada na Figura 7.23 seja fornecida pelo fabricante de uma geladeira comercial de única porta. A primeira caixa da esquerda indica que, se os medidores fossem usados, deveria haver uma diferença de temperatura no evaporador de 11,1 °C para um refrigerador ou *freezer* funcionar apropriadamente. Do lado direito, a primeira caixa indica que, quando se usa somente termômetros, uma unidade que funcione apropriadamente deve apresentar ΔT (a diferença entre a temperatura do ar que entra no evaporador e a temperatura do ar que sai do evaporador) de 5,6 °C no evaporador.

A segunda caixa na direção para baixo, no lado esquerdo, mostra que, quando verificar com medidores uma unidade que funciona apropriadamente, terá cerca de 16,7 °C de intervalo de temperatura no condensador (*condenser split*), enquanto a segunda caixa do lado direito mostra que, usando termômetros, o ΔT através do condensador deve ser de cerca de 11,1 °C.

Nota: A temperatura do ar que sai do condensador deve ser medida no espaço entre a bobina do condensador e a lâmina do ventilador. É quase impossível conseguir uma temperatura exata do ar que deixa a saída do ventilador do condensador por causa da turbulência do ar causada pelas lâminas do ventilador (ver a Figura 7.24 para as colocação do termômetro).

A última caixa do lado esquerdo indica o sub-resfriamento correto de 5,6 °C, se medidores forem usados. Se os termômetros forem usados de acordo com a caixa do lado direito, deve haver somente uma diferença de 2,8 °C entre a temperatura da linha do líquido que deixa a bobina do condensador e a temperatura da linha na saída do filtro secador.

Além disso, a amperagem do compressor menor do que 90% de RLA (*rated load amps* = amperes de carga calibrada) indica que o sistema não está funcionando corretamente.

Supondo que são medidas de temperaturas precisas, os diagnósticos seguintes podem ajudar a determinar problemas específicos com sistemas de refrigeração. Para cada problema, todos os indicadores listados ocorrerão ao mesmo tempo.

1. **Carga baixa de refrigerante:**
   » Sub-resfriamento baixo (menos de 2,8 °C)
   » ΔT de evaporador baixo (menos de 5,6 °C)
   » ΔT de condensador baixo (menos de 11,1 °C)

2. **Tubo capilar bloqueado:**
   » Sub-resfriamento ligeiramente alto (3,9 °C a 5,6 °C)
   » ΔT de evaporador baixo (menos de 5,6 °C)
   » ΔT de condensador baixo (menos de 11,1 °C)
   » A linha de sucção somente está ligeiramente fria.

Observe que um filtro secador restrito terá diminuição de temperatura através dele de 1,7 °C ou mais.

3. **Válvulas de descarga de compressor ruins:**
   » Sem ou muito pouco sub-resfriamento
   » ΔT do evaporador baixo ou sem ΔT
   » Sem ou nenhum ΔT no condensador
   » Linha de sucção morna no compressor
   » Cúpula de condensador quente

Um conjunto de medidores de refrigeração fornece as temperaturas mais exatas do evaporador e de condensação. No entanto, termômetros eletrônicos podem fornecer informações adequadas para diagnosticar unidades criticamente carregadas e aquelas que não possuem válvulas de serviço instaladas pela fábrica. Não importa o método usado para reunir informações, o técnico deve primeiro saber o que deve procurar. Embora as regras de ouro sejam úteis, as informações de diagnóstico exatas podem somente vir do fabricante do equipamento.

Resumo

Um médico diagnostica as doenças com base nas queixas e no histórico médico do paciente, temperatura do corpo, amostras de sangue, raios X e outros exames. Se o diagnóstico estiver incorreto, o médico tentará algo diferente, e receberá também por isso. Como explicou um médico: "É por isso que eles chamam de 'prática médica', porque ficamos praticando até descobrirmos o que cura o paciente".

Entretanto, os clientes com problemas de refrigeração não pagarão a alguém para "praticar" em seu equipamento. Eles esperam que o técnico encontre e conserte corretamente

SISTEMA DE REFRIGERAÇÃO: SOLUCIONANDO PROBLEMAS

Com medidores

Ar interno ___°
- Temperatura do evaporador ___°
=TD do evaporador ___°
TD deve ser 11,1 ºC

Ar ambiente ___°
-Temperatura do condensador ___°
=Intervalo de temperatura do condensador ___°
C/S deve ser 16,7 ºC

Temperatura de condensação ___°
- Temperatura da linha do líquido ___°
= Sub-resfriamento ___°
S/C deve ser 5,6 ºC

Nota: A amperagem do compressor dentro de ± 10% RLA.

Com termômetros

Ar interno ___°
- Temperatura do ar fornecido ___°
= ΔT do evaporador ___°
ΔT deve ser 11,1 ºC

Ar ambiente ___°
- Ar de descarga ___°
= ΔT do condensador ___°
ΔT deve ser 11,1 ºC

Temperatura da linha do líquido ___°
- Temperatura da saída do filtro ___°
= Sub-resfriamento ___°
S/C deve ser 2,8 ºC

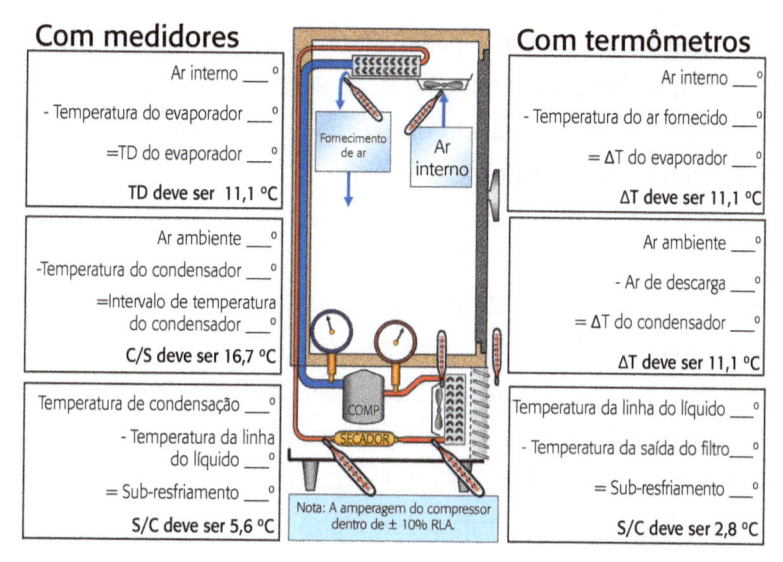

Figura 7.23 Exemplo de recomendações da fábrica para diagnosticar uma geladeira comercial. *Ilustração de Irene Wirz, RTS.*

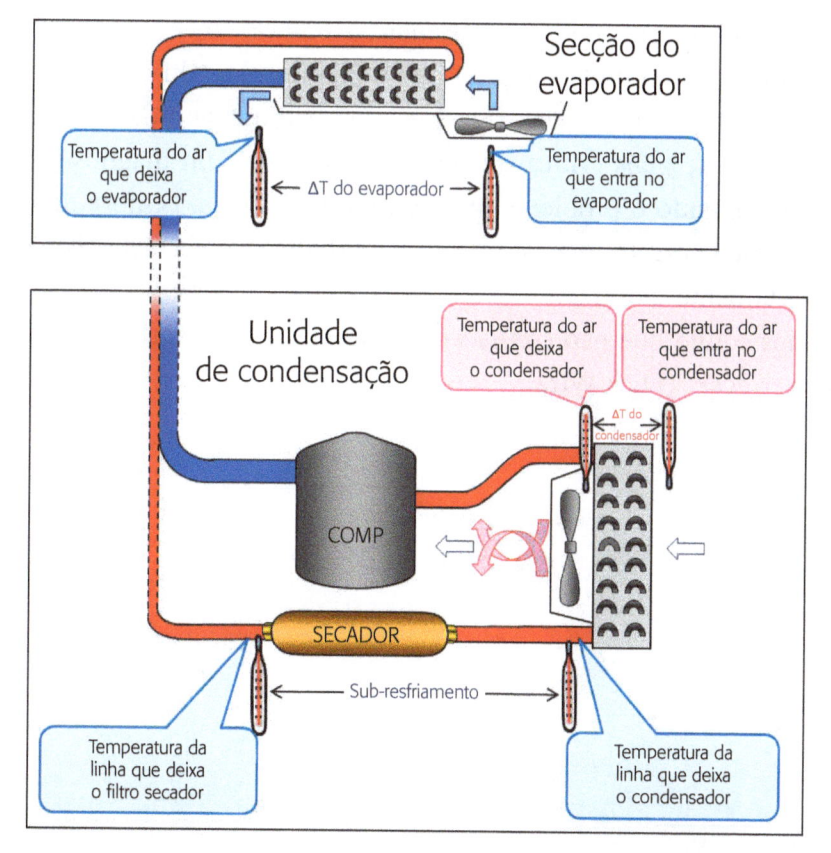

Figura 7.24 Localizações do termômetro para diagnóstico sem medidores. *Ilustração de Irene Wirz, RTS.*

o problema logo na primeira vez. Isso é possível de ser alcançado usando os instrumentos corretos a fim de reunir todas as informações necessárias e fazer um diagnóstico correto. É simplesmente uma questão de comparar como um sistema está funcionando na realidade e como ele deveria estar funcionando.

Os problemas do sistema discutidos neste capítulo são para essas chamadas de assistência técnica em que o cliente diz: "Está resfriando, só que não está baixando para sua temperatura normal". A situação pode não ser ainda crítica, é mais uma situação inconveniente ou aborrecida. As chamadas para assistência técnica dessa natureza são mais difíceis de diagnosticar do que quando o espaço interno está quente e nada parece estar funcionando. Por exemplo, uma unidade com um condensador completamente sujo é fácil de diagnosticar, porque ela poderia estar deixando de funcionar no controle da alta pressão máxima ou sobrecarga de compressor. De modo semelhante, um sistema sem refrigerante poderia se desligar em pressão baixa ou não mostrar pressão no sistema.

A seção sobre solução de problemas usa as informações aprendidas em capítulos anteriores para ajudá-lo a saber como resolver problemas difíceis, que confundem os técnicos. Este capítulo abordou muitas coisas, mas, idealmente, ele lhe permitiu aplicar o que foi aprendido. Com uma boa base dos fundamentos, suas habilidades para resolver problemas aumentarão rapidamente com a experiência.

A tabela de diagnóstico pode ser útil nos problemas mais difíceis do sistema. O benefício principal da tabela é que ela exige que o usuário inclua todas as informações necessárias, que é a parte mais crítica da análise do serviço. Um diagnóstico final é feito simplesmente escolhendo o problema que tem mais sintomas. Lembre que a tabela fornecerá o diagnóstico correto, mas somente se as informações coletadas forem exatas e analisadas corretamente.

"Condenamos aquilo que não conhecemos completamente; suspeitamos daquilo que não podemos verificar". (Dick Wirz)

Questões de revisão

1. **O que é a primeira coisa que um técnico precisa saber sobre o sistema que está tentando consertar?**

    a. Como o sistema deveria operar.
    b. Qual o valor suposto do serviço que deve ser feito.
    c. O modelo e os números de série do sistema.

2. **Quais são as oito partes das informações necessárias para diagnosticar um problema de sistema?**

3. **Se um produto morno for acrescentado ao interior, como respondem a temperatura do evaporador e a pressão?**

    a. A temperatura sobe e a pressão cai.
    b. A temperatura e a pressão sobem.
    c. A temperatura e a pressão caem.

4. **Por que aumentar a temperatura do refrigerante aumenta sua pressão?**

    a. Faz a bomba do compressor bombear mais vigorosamente.
    b. Temperaturas mais altas baixam o ponto de ebulição do refrigerante.
    c. O calor adicionado faz com que o refrigerante ferva mais rapidamente.

5. **Se o evaporador for coberto por uma fina camada de gelo ou de sujeira, ou o motor do ventilador deixar de funcionar, como a temperatura e a pressão do evaporador respondem?**

    a. A temperatura e a pressão do evaporador diminuem.
    b. A temperatura do evaporador diminui, mas a pressão aumenta.
    c. A temperatura e a pressão do evaporador aumentam.

6. **Se um produto morno for adicionado no interior, como respondem a temperatura de condensação e a pressão? Por quê?**

    a. A temperatura de condensação e a pressão sobem porque o calor do evaporador faz aumentar a pressão de condensação mais do que o normal para eliminar o calor adicional.
    b. A temperatura e a pressão de condensação permanecem as mesmas porque o intervalo de temperatura do condensador permanece o mesmo.
    c. A temperatura de condensação sobe, mas a pressão permanece a mesma porque a superfície do condensador permanece constante.

7. **Se o evaporador estiver coberto de sujeira ou de uma fina camada de gelo, ou o motor do ventilador deixar de funcionar, como respondem a temperatura de condensação e a pressão? Por quê?**

    a. A temperatura de condensação aumenta, mas a pressão diminui porque o evaporador está frio.
    b. A temperatura e a pressão de condensação diminuem porque há pouco ou nenhum calor sendo captado do evaporador.
    c. A temperatura de condensação diminui, mas a pressão sobe porque a pressão sempre aumenta mesmo se a temperatura não aumentar.

8. **Qual é a diminuição de pressão através de um dispositivo de medida usando R404A se a temperatura**

de condensação for 43,3 °C e a temperatura do evaporador for 3,9 °C?

a. 1266,63 kPa man (178 psig)
b. 1378,23 kPa man (200 psig)
c. 1447,14 kPa man (210 psig)

9. A temperatura de condensação aumentará se a temperatura ambiente que entra no condensador aumentar de 21,1 °C para 32,2 °C? Por que sim ou por que não?

   a. Sim. O intervalo de temperatura do condensador é um valor constante; portanto, um aumento no ambiente aumenta a temperatura de condensação.
   b. Sim, porque o ambiente é a única coisa que determina a temperatura de condensação.
   c. Não, porque o intervalo de temperatura do condensador limita o aumento na temperatura de condensação.

10. Consulte a questão 9. Qual será o efeito sobre a temperatura e a pressão do evaporador e sobre o superaquecimento se se tratar de um sistema de tubo capilar? Por quê?

11. Consulte a questão 9. Qual será o efeito sobre a temperatura e a pressão do evaporador e sobre o superaquecimento se se tratar de um sistema TEV? Por quê?

Para fazer os Problemas de assistência técnica 7.1 a 7.6, você deverá imaginar que trabalha em uma câmara frigorífica com uma TEV. As condições padrão são: 1,7 °C de temperatura interna para temperatura média e −23,3 °C para congelamento; 5,6 °C para diferença de temperatura no evaporador; 5,6 °C de superaquecimento; 16,7 °C para o intervalo de temperatura do condensador de temperatura média; 13,9 °C para o intervalo de temperatura do condensador de um *freezer*; e 5,6 °C de sub-resfriamento para ambos. Com base nessas informações, você pode preencher com números os espaços em branco de 1 a 6. Com base nesses dados você deverá responder as questões 7, 8 e 9. Faça seu diagnóstico inicial sem usar a tabela de solução de problemas da Figura 7.21. Depois use a tabela para verificar sua resposta. Aqui vai uma dica: com base nas condições existentes, determine se a temperatura de condensação, temperatura do evaporador, superaquecimento e sub-resfriamento são considerados normais, altos ou baixos.

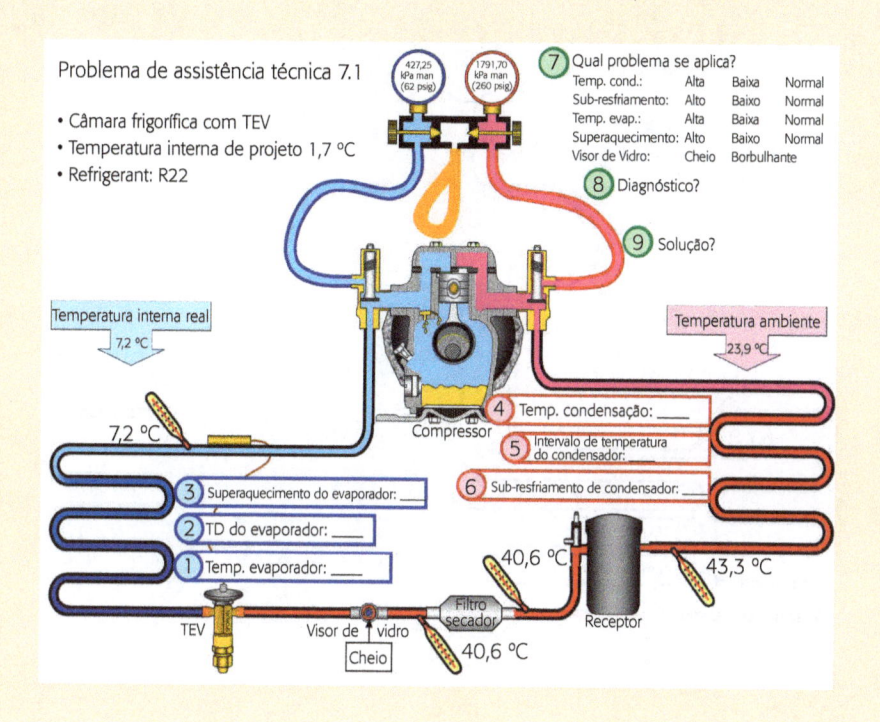

Problema de assistência técnica 7.1

- Câmara frigorífica com TEV
- Temperatura interna de projeto 1,7 °C
- Refrigerant: R22

Manômetros: 427,25 kPa man (62 psig) / 1791,70 kPa man (260 psig)

⑦ Qual problema se aplica?
- Temp. cond.: Alta Baixa Normal
- Sub-resfriamento: Alto Baixo Normal
- Temp. evap.: Alta Baixa Normal
- Superaquecimento: Alto Baixo Normal
- Visor de Vidro: Cheio Borbulhante

⑧ Diagnóstico?

⑨ Solução?

Temperatura interna real: 7,2 °C
Temperatura ambiente: 23,9 °C

7,2 °C
Compressor
④ Temp. condensação: ____
⑤ Intervalo de temperatura do condensador: ____
③ Superaquecimento do evaporador: ____
⑥ Sub-resfriamento de condensador: ____
② TD do evaporador: ____
① Temp. evaporador: ____
40,6 °C   43,3 °C
TEV   Visor de vidro: Cheio   Filtro secador   40,6 °C   Receptor

---

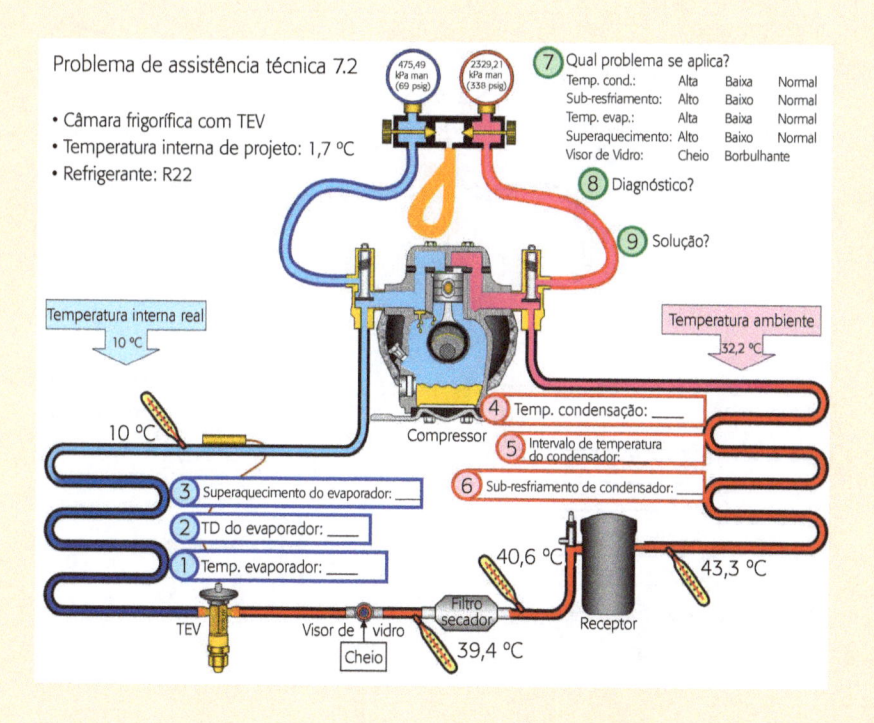

Problema de assistência técnica 7.2

- Câmara frigorífica com TEV
- Temperatura interna de projeto: 1,7 °C
- Refrigerante: R22

Manômetros: 475,49 kPa man (69 psig) / 2329,21 kPa man (338 psig)

⑦ Qual problema se aplica?
- Temp. cond.: Alta Baixa Normal
- Sub-resfriamento: Alto Baixo Normal
- Temp. evap.: Alta Baixa Normal
- Superaquecimento: Alto Baixo Normal
- Visor de Vidro: Cheio Borbulhante

⑧ Diagnóstico?

⑨ Solução?

Temperatura interna real: 10 °C
Temperatura ambiente: 32,2 °C

10 °C
Compressor
④ Temp. condensação: ____
⑤ Intervalo de temperatura do condensador: ____
③ Superaquecimento do evaporador: ____
⑥ Sub-resfriamento de condensador: ____
② TD do evaporador: ____
① Temp. evaporador: ____
40,6 °C   43,3 °C
TEV   Visor de vidro: Cheio   Filtro secador   39,4 °C   Receptor

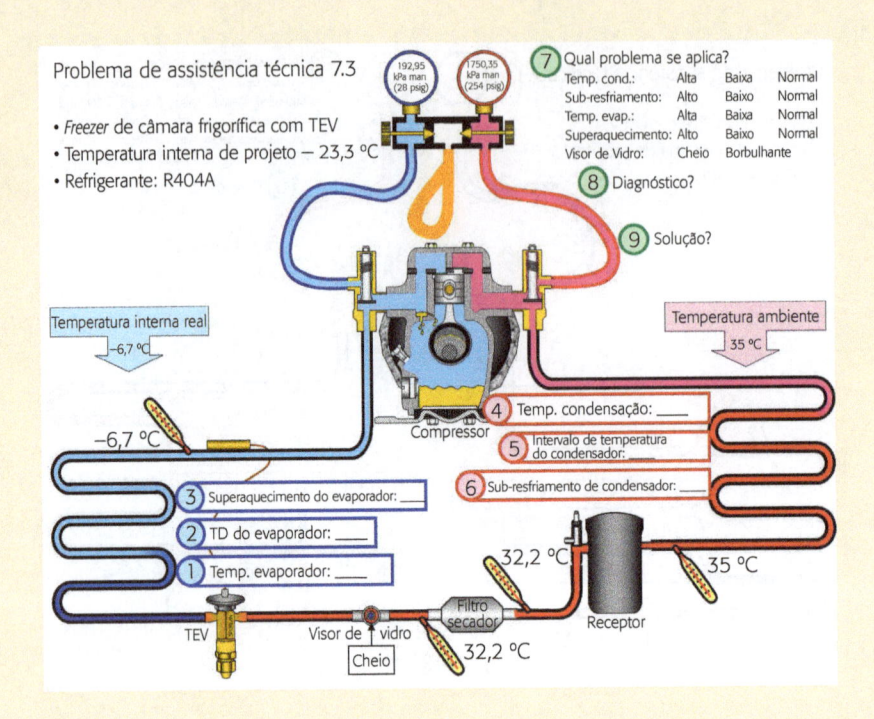

Problema de assistência técnica 7.3

- *Freezer* de câmara frigorífica com TEV
- Temperatura interna de projeto –23,3 °C
- Refrigerante: R404A

192,95 kPa man (28 psig)
750,35 kPa man (254 psig)

⑦ Qual problema se aplica?
Temp. cond.: Alta Baixa Normal
Sub-resfriamento: Alto Baixo Normal
Temp. evap.: Alta Baixa Normal
Superaquecimento: Alto Baixo Normal
Visor de Vidro: Cheio Borbulhante

⑧ Diagnóstico?

⑨ Solução?

Temperatura interna real –6,7 °C

Temperatura ambiente 35 °C

–6,7 °C

Compressor

④ Temp. condensação: ____
⑤ Intervalo de temperatura do condensador: ____
⑥ Sub-resfriamento de condensador: ____

③ Superaquecimento do evaporador: ____
② TD do evaporador: ____
① Temp. evaporador: ____

TEV
Visor de vidro — Cheio
Filtro secador
32,2 °C
Receptor
32,2 °C
35 °C

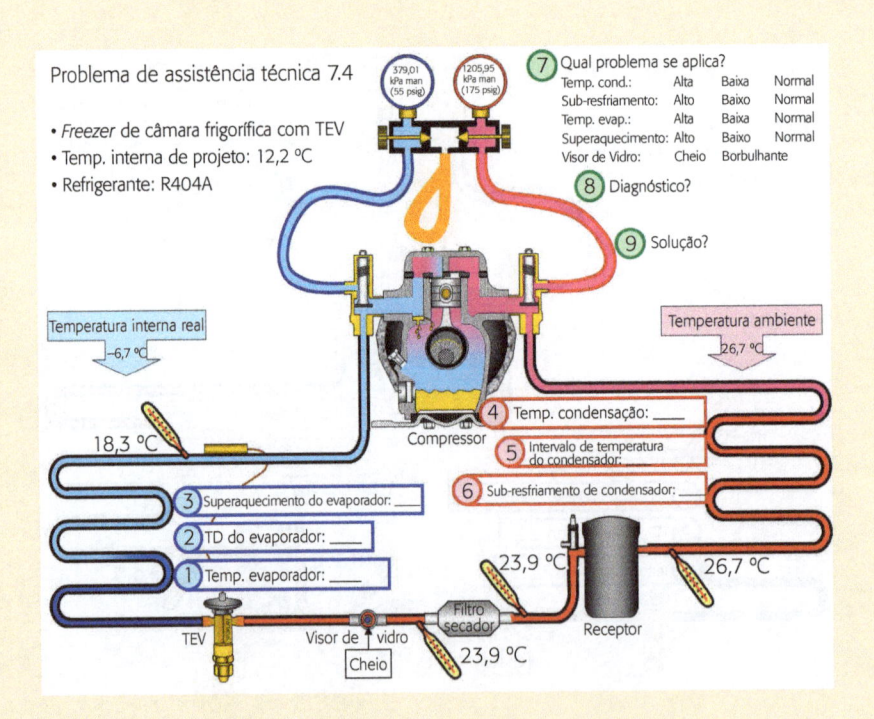

Problema de assistência técnica 7.4

- *Freezer* de câmara frigorífica com TEV
- Temp. interna de projeto: 12,2 °C
- Refrigerante: R404A

379,01 kPa man (55 psig)
1205,95 kPa man (175 psig)

⑦ Qual problema se aplica?
Temp. cond.: Alta Baixa Normal
Sub-resfriamento: Alto Baixo Normal
Temp. evap.: Alta Baixa Normal
Superaquecimento: Alto Baixo Normal
Visor de Vidro: Cheio Borbulhante

⑧ Diagnóstico?

⑨ Solução?

Temperatura interna real –6,7 °C

Temperatura ambiente 26,7 °C

18,3 °C

Compressor

④ Temp. condensação: ____
⑤ Intervalo de temperatura do condensador: ____
⑥ Sub-resfriamento de condensador: ____

③ Superaquecimento do evaporador: ____
② TD do evaporador: ____
① Temp. evaporador: ____

TEV
Visor de vidro — Cheio
Filtro secador
23,9 °C
Receptor
23,9 °C
26,7 °C

Problema de assistência técnica 7.5

- *Freezer* de câmara frigorífica com TEV
- Temperatura interna de projeto: −12,2 °C
- Refrigerante: R404

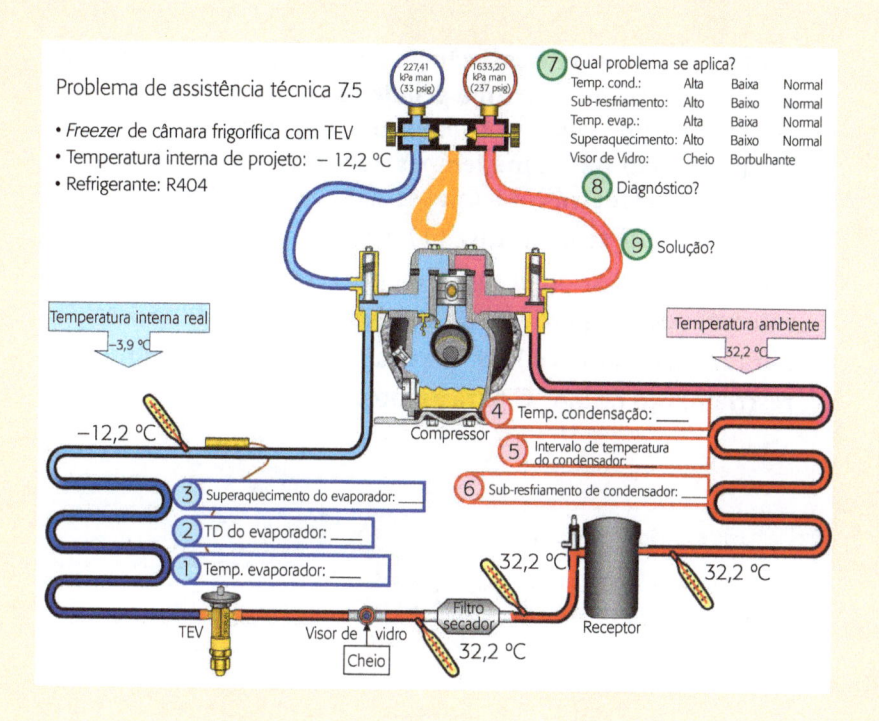

Manômetros: 227,41 kPa man (33 psig) / 1633,20 kPa man (237 psig)

(7) Qual problema se aplica?
- Temp. cond.: Alta Baixa Normal
- Sub-resfriamento: Alto Baixo Normal
- Temp. evap.: Alta Baixa Normal
- Superaquecimento: Alto Baixo Normal
- Visor de Vidro: Cheio Borbulhante

(8) Diagnóstico?

(9) Solução?

- Temperatura interna real: −3,9 °C
- Temperatura ambiente: 32,2 °C
- −12,2 °C
- Compressor
- (4) Temp. condensação: ____
- (5) Intervalo de temperatura do condensador: ____
- (3) Superaquecimento do evaporador: ____
- (6) Sub-resfriamento de condensador: ____
- (2) TD do evaporador: ____
- (1) Temp. evaporador: ____
- 32,2 °C   32,2 °C
- TEV — Visor de vidro (Cheio) — 32,2 °C — Filtro secador — Receptor

---

Problema de assistência técnica 7.6

- Câmara frigorífica com TEV
- Temp. interna de projeto: 35° (1,7 °C)
- Refrigerante: R404 A

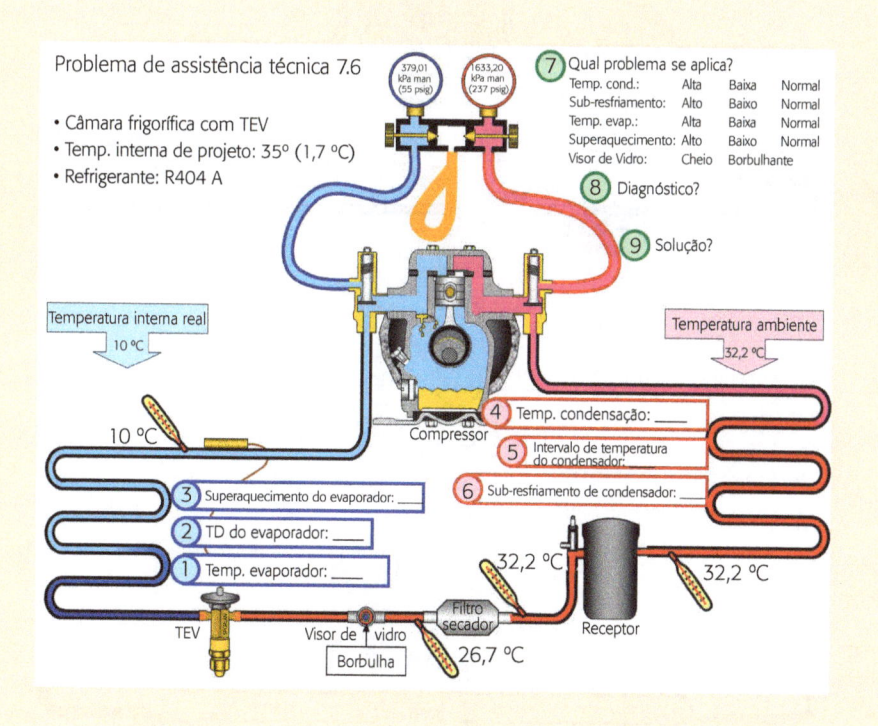

Manômetros: 379,01 kPa man (55 psig) / 1633,20 kPa man (237 psig)

(7) Qual problema se aplica?
- Temp. cond.: Alta Baixa Normal
- Sub-resfriamento: Alto Baixo Normal
- Temp. evap.: Alta Baixa Normal
- Superaquecimento: Alto Baixo Normal
- Visor de Vidro: Cheio Borbulhante

(8) Diagnóstico?

(9) Solução?

- Temperatura interna real: 10 °C
- Temperatura ambiente: 32,2 °C
- 10 °C
- Compressor
- (4) Temp. condensação: ____
- (5) Intervalo de temperatura do condensador: ____
- (3) Superaquecimento do evaporador: ____
- (6) Sub-resfriamento de condensador: ____
- (2) TD do evaporador: ____
- (1) Temp. evaporador: ____
- 32,2 °C   32,2 °C
- TEV — Visor de vidro (Borbulha) — 26,7 °C — Filtro secador — Receptor

Para os problemas de assistência técnica 7.7 a 7.12, imagine que você trabalhe com uma geladeira comercial que tem um sistema de tubo capilar. A maioria das geladeiras comerciais são projetadas para uma temperatura interna de 3,3 °C e o *freezer* da geladeira comercial será de cerca de 0° (−17,8 °C). A diferença de temperatura (TD) para esses exemplos será de 11,1 °C, o superaquecimento será de 5,6 °C e o intervalo de temperatura do condensador será de 16,7 °C para refrigeradores e 13,9 °C para *freezers* e usará sub-resfriamento de 5,6 °C para ambos.

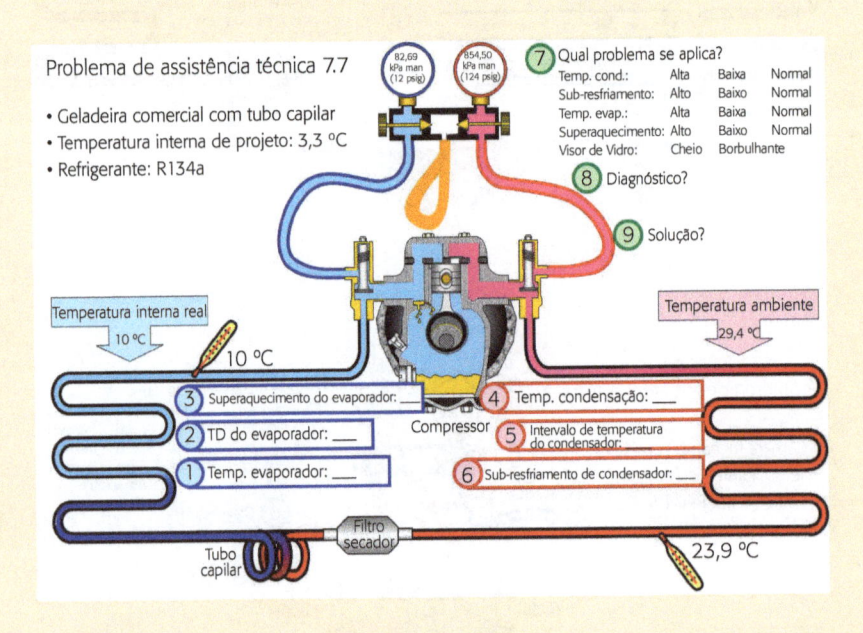

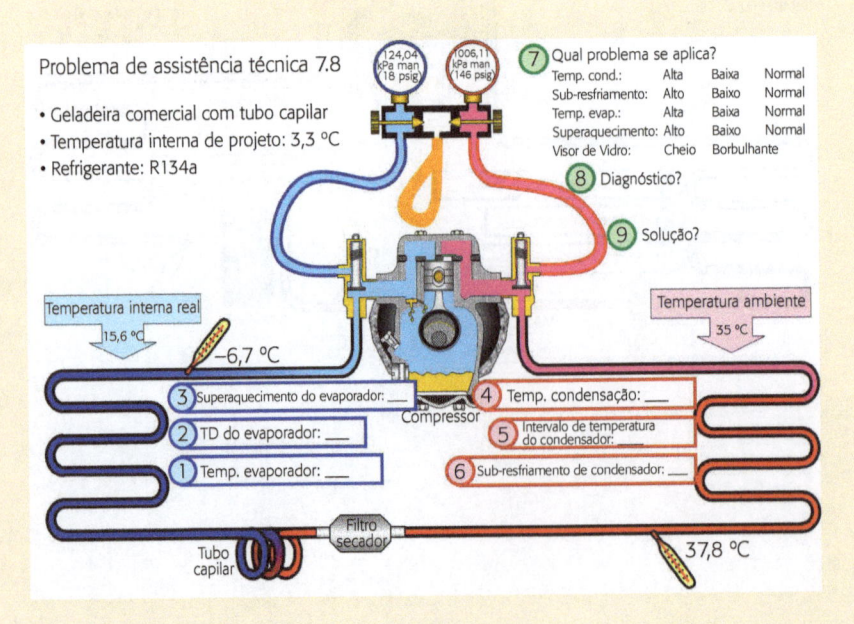

Problema de assistência técnica 7.7

- Geladeira comercial com tubo capilar
- Temperatura interna de projeto: 3,3 °C
- Refrigerante: R134a

Pressões: 82,69 kPa man (12 psig); 854,50 kPa man (124 psig)

(7) Qual problema se aplica?
- Temp. cond.: Alta Baixa Normal
- Sub-resfriamento: Alto Baixo Normal
- Temp. evap.: Alta Baixa Normal
- Superaquecimento: Alto Baixo Normal
- Visor de Vidro: Cheio Borbulhante

(8) Diagnóstico?

(9) Solução?

Temperatura interna real: 10 °C
10 °C
Temperatura ambiente: 29,4 °C
23,9 °C

(3) Superaquecimento do evaporador: ___
(2) TD do evaporador: ___
(1) Temp. evaporador: ___
(4) Temp. condensação: ___
(5) Intervalo de temperatura do condensador: ___
(6) Sub-resfriamento de condensador: ___

Compressor, Filtro secador, Tubo capilar

Problema de assistência técnica 7.8

- Geladeira comercial com tubo capilar
- Temperatura interna de projeto: 3,3 °C
- Refrigerante: R134a

Pressões: 124,04 kPa man (18 psig); 1006,1 kPa man (146 psig)

(7) Qual problema se aplica?
- Temp. cond.: Alta Baixa Normal
- Sub-resfriamento: Alto Baixo Normal
- Temp. evap.: Alta Baixa Normal
- Superaquecimento: Alto Baixo Normal
- Visor de Vidro: Cheio Borbulhante

(8) Diagnóstico?

(9) Solução?

Temperatura interna real: 15,6 °C
−6,7 °C
Temperatura ambiente: 35 °C
37,8 °C

(3) Superaquecimento do evaporador: ___
(2) TD do evaporador: ___
(1) Temp. evaporador: ___
(4) Temp. condensação: ___
(5) Intervalo de temperatura do condensador: ___
(6) Sub-resfriamento de condensador: ___

Compressor, Filtro secador, Tubo capilar

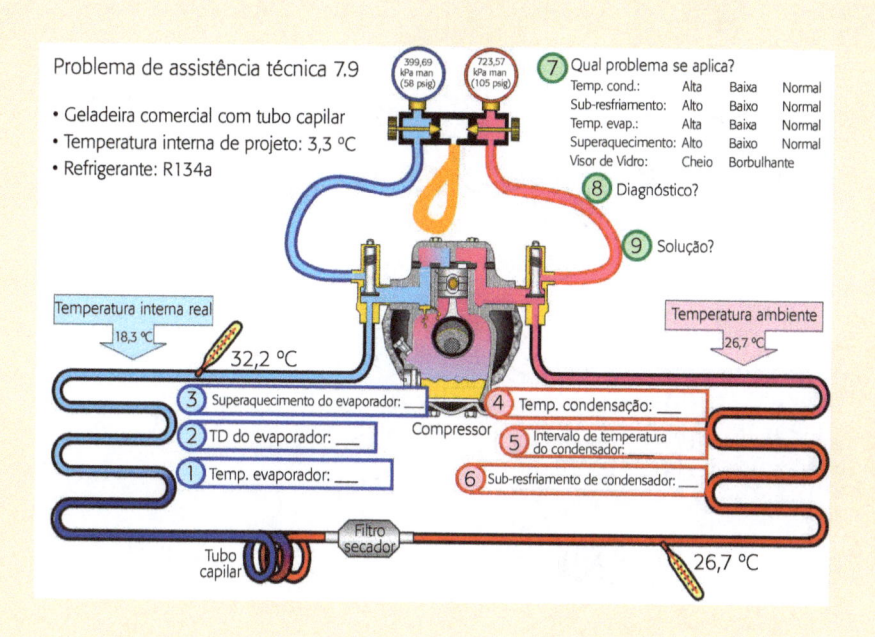

Problema de assistência técnica 7.9

- Geladeira comercial com tubo capilar
- Temperatura interna de projeto: 3,3 °C
- Refrigerante: R134a

Pressões: 399,69 kPa man (58 psig) | 723,57 kPa man (105 psig)

⑦ Qual problema se aplica?

Temp. cond.:	Alta	Baixa	Normal
Sub-resfriamento:	Alto	Baixo	Normal
Temp. evap.:	Alta	Baixa	Normal
Superaquecimento:	Alto	Baixo	Normal
Visor de Vidro:		Cheio	Borbulhante

⑧ Diagnóstico?

⑨ Solução?

Temperatura interna real: 18,3 °C
32,2 °C
Temperatura ambiente: 26,7 °C
26,7 °C

③ Superaquecimento do evaporador: ___
② TD do evaporador: ___
① Temp. evaporador: ___
④ Temp. condensação: ___
⑤ Intervalo de temperatura do condensador: ___
⑥ Sub-resfriamento de condensador: ___

Compressor
Tubo capilar
Filtro secador

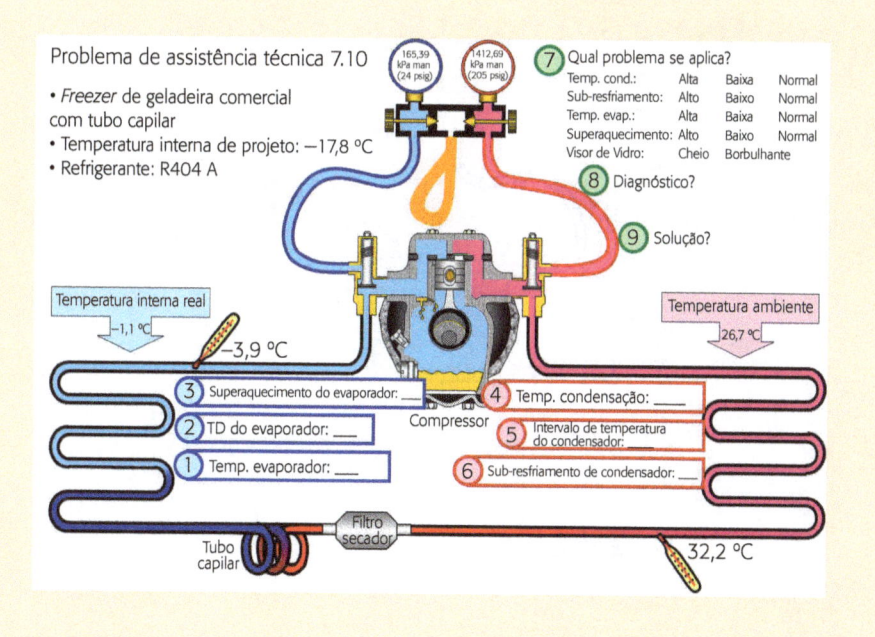

Problema de assistência técnica 7.10

- *Freezer* de geladeira comercial com tubo capilar
- Temperatura interna de projeto: −17,8 °C
- Refrigerante: R404 A

Pressões: 165,39 kPa man (24 psig) | 1412,69 kPa man (205 psig)

⑦ Qual problema se aplica?

Temp. cond.:	Alta	Baixa	Normal
Sub-resfriamento:	Alto	Baixo	Normal
Temp. evap.:	Alta	Baixa	Normal
Superaquecimento:	Alto	Baixo	Normal
Visor de Vidro:		Cheio	Borbulhante

⑧ Diagnóstico?

⑨ Solução?

Temperatura interna real: −1,1 °C
−3,9 °C
Temperatura ambiente: 26,7 °C
32,2 °C

③ Superaquecimento do evaporador: ___
② TD do evaporador: ___
① Temp. evaporador: ___
④ Temp. condensação: ___
⑤ Intervalo de temperatura do condensador: ___
⑥ Sub-resfriamento de condensador: ___

Compressor
Tubo capilar
Filtro secador

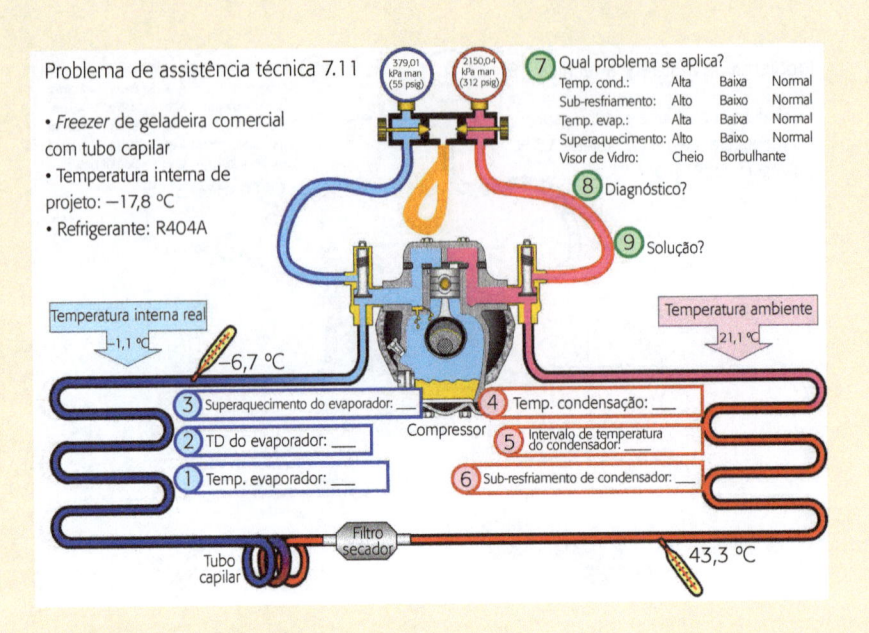

Problema de assistência técnica 7.11

- *Freezer* de geladeira comercial com tubo capilar
- Temperatura interna de projeto: −17,8 °C
- Refrigerante: R404A

Manômetros: 379,01 kPa man (55 psig) / 2150,04 kPa man (312 psig)

⑦ Qual problema se aplica?
- Temp. cond.: Alta Baixa Normal
- Sub-resfriamento: Alto Baixo Normal
- Temp. evap.: Alta Baixa Normal
- Superaquecimento: Alto Baixo Normal
- Visor de Vidro: Cheio Borbulhante

⑧ Diagnóstico?

⑨ Solução?

Temperatura interna real: −1,1 °C
−6,7 °C
Temperatura ambiente: 21,1 °C
43,3 °C

③ Superaquecimento do evaporador: ___
② TD do evaporador: ___
① Temp. evaporador: ___
④ Temp. condensação: ___
⑤ Intervalo de temperatura do condensador: ___
⑥ Sub-resfriamento de condensador: ___

Compressor
Tubo capilar
Filtro secador

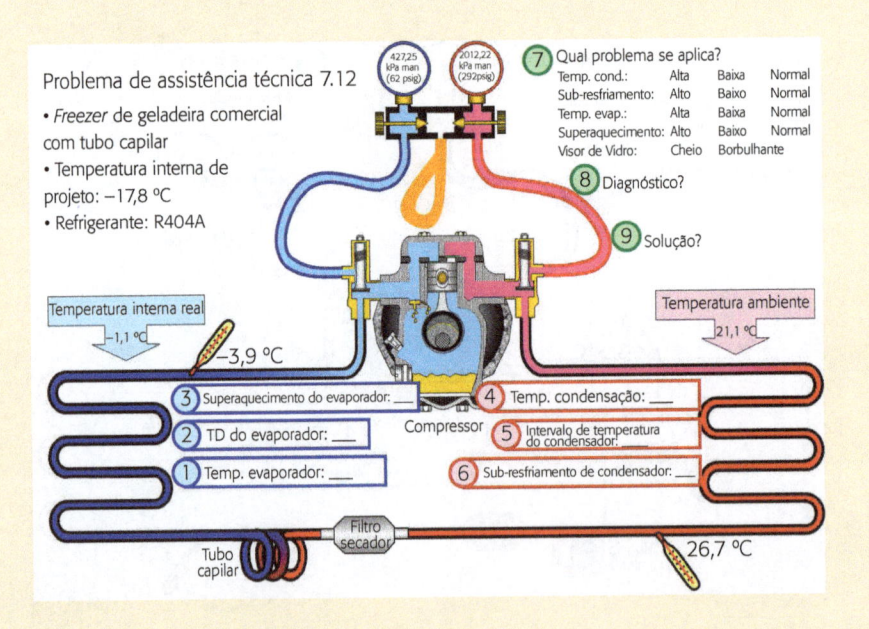

Problema de assistência técnica 7.12

- *Freezer* de geladeira comercial com tubo capilar
- Temperatura interna de projeto: −17,8 °C
- Refrigerante: R404A

Manômetros: 427,25 kPa man (62 psig) / 2012,22 kPa man (292 psig)

⑦ Qual problema se aplica?
- Temp. cond.: Alta Baixa Normal
- Sub-resfriamento: Alto Baixo Normal
- Temp. evap.: Alta Baixa Normal
- Superaquecimento: Alto Baixo Normal
- Visor de Vidro: Cheio Borbulhante

⑧ Diagnóstico?

⑨ Solução?

Temperatura interna real: −1,1 °C
−3,9 °C
Temperatura ambiente: 21,1 °C
26,7 °C

③ Superaquecimento do evaporador: ___
② TD do evaporador: ___
① Temp. evaporador: ___
④ Temp. condensação: ___
⑤ Intervalo de temperatura do condensador: ___
⑥ Sub-resfriamento de condensador: ___

Compressor
Tubo capilar
Filtro secador

Controles do motor do compressor

CAPÍTULO 8

Visão geral do capítulo

Grande parte dos problemas do compressor são elétricos. Portanto, o conhecimento do que controla um motor de compressor é essencial para resolver seus problemas.

Você aprendeu no Capítulo 7 que, para diagnosticar um componente de uma unidade de refrigeração, o técnico deve saber como as outras partes do sistema afetam esse componente. Isso também é verdadeiro em relação aos motores. Seguindo o passo da eletricidade, o técnico pode determinar exatamente qual controle está impedindo o motor de funcionar ou se o próprio motor está ruim.

Motores trifásicos

Há algumas vantagens em usar compressores trifásicos (3Ø) em vez de compressores monofásicos (1Ø):

» motores trifásicos custam menos para operar do que motores monofásicos;
» um motor trifásico puxa menos corrente; portanto, o circuito do motor requer fios mais finos;
» o torque de partida de um motor 3Ø é duas vezes maior do que o de um motor 1Ø;
» um motor 3Ø não exige dispositivos de partida. Os três enrolamentos são apenas 120º defasados uns dos outros, enquanto os enrolamentos de partida e de funcionamento de motores 1Ø estão distantes 180º.

Com toda a potência de motores trifásicos, seus principais pontos fracos são a perda da fase e o desequilíbrio de voltagem. A perda de fase significa que uma das fases (um dos três circuitos de energia) é interrompida (aberta). Com apenas dois enrolamentos energizados, o motor "puxará" mais amperagem e se sobrecarregará, queimando, possivelmente, os seus enrolamentos.

O desequilíbrio ou desigualdade na voltagem é a diferença entre as voltagens aplicadas aos três circuitos de potência. Os três enrolamentos de um motor 3Ø possuem a mesma resistência, ou leitura de ohms. Portanto, se voltagens diferentes forem aplicadas aos enrolamentos, o desequilíbrio elétrico pode causar o superaquecimento dos enrolamentos do motor. De fato, um desequilíbrio de voltagem de mais de 2% pode danificar um motor de 3Ø.

Determina-se o desequilíbrio de voltagem por meio da seguinte fórmula:

Desequilíbrio de voltagem (V_u) = Desvio de voltagem (V_d) : Média de voltagem (V_a), em que o desvio de voltagem (V_d) é a maior diferença da média.

EXEMPLO: 1 $L_1 \to L_2$ = 230 volts, $L_2 \to L_3$ = 240 volts e $L_1 \to L_3$ = 245 volts

Voltagem média (V_a) = (230 + 240 + 245) : 3 = 238 volts

Desvio de voltagem (V_d) = 238 – 230 = 8 volts; 240 – 238 = 2 volts; 245 – 238 = 7 volts

O maior desvio da média é 8 volts.

$V_u = V_d : V_a = 8 : 238 = 0,034$

Para converter em porcentagem, multiplicar por 100: 0,034 × 100 = 3,4% de desequilíbrio de voltagem (V_u).

Sobrecargas de motor abrem todos os três circuitos no interior do motor. No entanto, algumas vezes ocorre dano no motor bem antes que as sobrecargas internas possam reagir. Os dispositivos de partida do motor e os monitores de fase são recomendados para uma proteção mais precisa de motor 3Ø.

De acordo com o Guia de Assistência Técnica do Compressor da Carlyle, o desequilíbrio na voltagem causará um desequilíbrio na corrente, mas o desequilíbrio na corrente não significa necessariamente que haja um desequilíbrio na voltagem. Por exemplo, uma conexão frouxa no terminal ou contatos corroídos em L_1 causaria uma resistência maior em L_1 do que nos outros dois ramais. Como a corrente segue o caminho de menor resistência, haveria uma corrente mais alta em L_2 e L_3 do que em L_1. As correntes mais altas causam aumento de temperatura nos enrolamentos do motor.

O máximo desequilíbrio aceitável de corrente é de 10%. Calcula-se o desequilíbrio da corrente da mesma forma que o desequilíbrio de voltagem.

Obviamente, a precisão em medir a corrente é crítica. No entanto, amperímetros padrão não são mais confiáveis em fornecer leituras precisas, pois não levam em consideração os efeitos que os microprocessadores têm nos sistemas elétricos dos quais são energizados. Alguma espécie de sistema de computador é usada em quase toda a edificação, na qual equipamentos de ar-condicionado (AC) e de refrigeração são colocados. Como os impulsos elétricos são entrelaçados com a corrente alternada, as medidas com um amperímetro padrão podem estar erradas por aproximadamente 40%. "Medidas verdadeiras da raiz quadrada média" foram desenvolvidas para permitir que os técnicos leiam a amperagem correta em sistemas afetados pelos computadores eletrônicos. Naturalmente, as medidas verdadeiras da raiz quadrada média podem ser usadas também em sistemas padrão.

Contatores

O contator é um grande relé que abre e fecha o circuito para um motor. Uma bobina eletromagnética no interior do contator junta os contatos, e a energia é enviada para o compressor. O termostato (*tstat*), controles de alta pressão e controles de baixa pressão são conectados por fios em série com a bobina do contator.

Para interromper um motor 3Ø, os três cabos de energia devem ser abertos ao mesmo tempo. Compressores monofásicos somente necessitam de um dos dois ramais de energia aberto para interromper o motor.

Ao escolher um contator, os fatores a se considerar são:
1. Polo
   » Motores trifásicos demandam três polos.
   » Motores monofásicos demandam um ou dois polos.
2. A configuração da amperagem do contator deve ser igual ou maior do que a amperagem de carga configurada do compressor (RLA – *rated load amps*) mostrada na placa indicadora *somada aos outros ventiladores quaisquer* ou *acessórios que também operam por meio do contator*. A maior parte dos contatores possuem duas configurações. Use a configuração de amperagem de carga indutiva para compressores (ver a Figura 8.1).
   » Amperagens de carga indutiva: corrente de alto influxo (motores).
   » Amperagens de carga resistiva: sem corrente de influxo (aquecedores de resistência).
3. Configuração de voltagem de linha de circuito carregado.
4. Configuração da voltagem da bobina.

A Figura 8.2 mostra um contator que é atraído (energizado) e que fornece energia para um motor monofásico.

Se os contatos estiverem bons, haverá uma leitura de voltagem de 0 volt entre L_1 e T_1 e entre L_2 e T_2. Os contatos são queimados ou corroídos caso haja qualquer leitura de voltagem através deles. O contator ou os contatos devem ser substituídos.

Nota: *Sempre que um compressor for substituído, o contator deve também ser substituído. Isso é especialmente importante em unidades de 3Ø.*

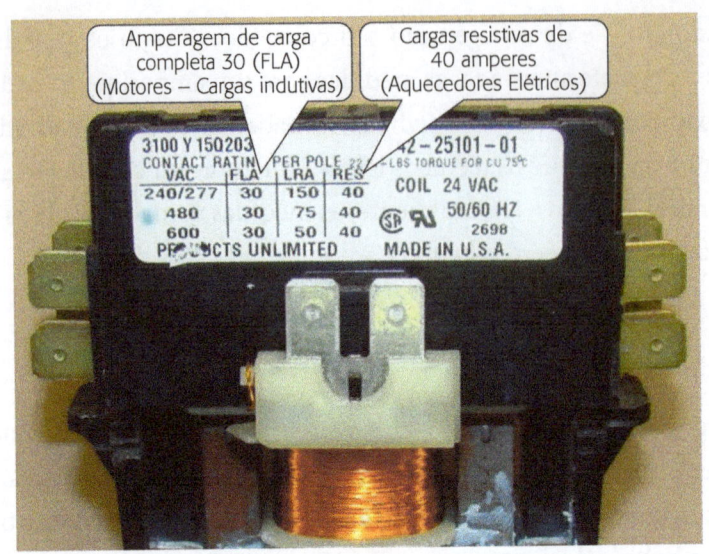

Figura 8.1 Configurações de amperagem listadas em um contator. *Foto de Dick Wirz.*

Há dois tipos de contatores: NEMA (National Electrical Manufacturers Association – Associação Nacional de Fabricantes Elétricos), classificado como contatores de finalidades gerais e contatores de finalidade definida. Os contatores NEMA são listados por tamanhos que geralmente relacionam-se com o cavalo-vapor (cv) e a amperagem do motor. São construídos para o mais pesado uso industrial e projetados para uma vida mínima de 2 milhões de ciclos. Como eles devem ser adaptáveis para muitas aplicações diferentes, os contatores classificados da NEMA devem ter um fator de segurança alto, e como resultado são grandes e caros.

Os contatores de finalidade definida são projetados especificamente para aplicações em refrigeração e ar-condicionado e são configurados em amperes (amps). Eles devem ser projetados também para satisfazer condições rigorosas como ciclos rápidos, sobrecargas extensas,

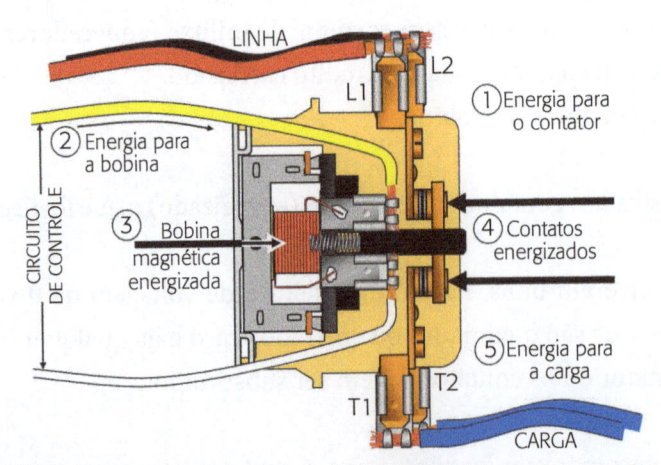

Figura 8.2 Visão esquemática e *diagrama* da fiação. *Cortesia de Refrigeration Training Services.*

assim como baixa voltagem. No entanto, uma vida de 250 mil ciclos é adequada para suas finalidades específicas, portanto, o contator é menor e mais barato. Consulte a Tabela 8.1 para um exemplo das diferentes configurações de NEMA e contatores de finalidade definida.

Tabela 8.1 NEMA – Configurações da corrente de contator com finalidade geral e finalidade definida. *Cortesia de Refrigeration Training Services.*

Tamanho NEMA	Configuração da amperagem NEMA	Configurações de amperagem disponíveis para finalidade definida
1 7,5 CV @ 230 V 10 CV @ 460 V	27	25 30 40
2 15 CV @ 230 V 25 CV @ 460 V	45	50 60 75
3 30 CV @ 230 V 50 CV @ 460 V	90	90 120 150

Motor: Dispositivos de partida

O dispositivo de partida de motor é basicamente um contator com sobrecargas (ver a Figura 8.3). As sobrecargas no dispositivo de partida são selecionadas de acordo tanto com a voltagem quanto com a RLA do compressor. Esses protetores respondem a uma mudança no calor causada pela queda de voltagem e pelo aumento na amperagem. Se o dispositivo de partida "sentir" uma condição de sobrecarga em qualquer um dos circuitos do motor, causará a abertura do contator e interromperá a energia a todos os circuitos. Normalmente, o dispositivo de partida interromperá a energia antes que a sobrecarga interna do motor abra. As partidas do motor são projetadas para ser restabelecidas manualmente depois de passarem na sobrecarga. A suposição é de que a pessoa, restabelecendo o controle, monitorará, então, o funcionamento do motor a fim de determinar o que causou a abertura da proteção do motor.

Motores monofásicos

Os enrolamentos de um motor monofásico estão afastados em 180º. Como consequência, quando o *estator* (rolamento estacionário) é energizado, o *rotor* (ímã em permanente rotação) não pode se mover porque há uma atração igual, mas oposta, em ambos os lados do rotor.

Para o motor começar a girar, ele necessita ter alguma energia magnética do estator exercida em um pequeno ângulo, ao invés de se opor diretamente aos polos negativo e positivo do rotor. Para isso é usado um enrolamento separado de partida. Para desviar alguma voltagem que chega ao enrolamento de partida de alta resistência, ocorre uma mudança de fase, o que

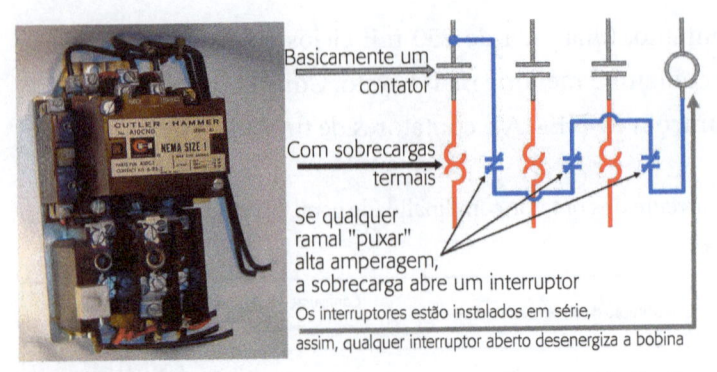

Figura 8.3 Dispositivos de partida de motor e diagrama da fiação. *Cortesia de RTS.*

cria uma atração magnética no rotor de um ângulo ligeiramente diferente. Isso força o rotor a começar a rodar. Em alguns segundos, o motor é capaz de pegar velocidade e o enrolamento de partida é então desenergizado. O rotor continua a girar em um campo magnético criado somente por meio do funcionamento dos enrolamentos.

Os motores monofásicos usados em compressores são chamados de **motores de fase dividida** porque são divididos em dois enrolamentos, o de partida e o de marcha.

O motor na Figura 8.4 mostra dois enrolamentos de partida menores, um no topo e outro na parte inferior. Os dois fardos maiores de fios são os enrolamentos de marcha, um do lado direito e um do lado esquerdo do motor. Como o motor possui dois conjuntos de enrolamentos de marcha, é chamado de motor de dois polos. Se a placa identificadora do motor estiver perdida, o técnico pode determinar a velocidade aproximada do motor, contando o número de polos:

Velocidade do motor síncrono = (120 × frequência) ÷ polos

onde 120 é uma constante e a frequência é de 60 ciclos (120 × 60 = 7.200).

Um motor de dois polos funciona em 3600 rotações por minuto (rpm) (7200 ÷ 2). A rpm real é mais próxima de 3450 após levar em conta a diminuição da velocidade. Compressores herméticos usam motores de dois polos.

Um motor de quatro polos opera mais lentamente em somente 1800 rpm (7200 ÷ 4) com uma velocidade real próxima de 1725 rpm. Compressores semi-herméticos usam motores de quatro polos.

Há dois métodos básicos usados para dar partida em compressores monofásicos:

1. o relé de partida energiza um enrolamento de partida, depois desenergiza a força do enrolamento de partida quando o motor está funcionando;

2. o capacitor de marcha encontra-se permanentemente conectado entre os terminais de marcha e de partida. Ele cria uma leve mudança

Figura 8.4 Motor monofásico com enrolamentos de partida e de marcha. *Cortesia de Copleland Corporation.*

de fase no enrolamento de partida, tanto para a eficiência de partida quanto de marcha. Esse método é usado somente em motores de capacitor separado (PSC – *permanent split capacitor*) de compressores e ventiladores.

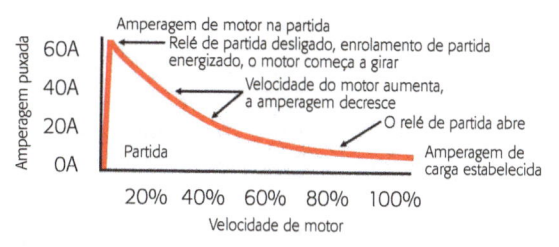

Figura 8.5 Corrente "puxada" pelo motor durante a partida. *Cortesia de Refrigeration Training Services.*

Relés de partida e capacitores

Os motores de compressor "puxam" **amperagem de rotor na partida** (LRA – *locked rotor amperage*) cada vez que tentam dar partida. Assim que o rotor atinge velocidade, a amperagem cai. Quando o motor está quase em sua velocidade total, o relé de partida abre, cortando a energia para o enrolamento de partida. O motor continua a funcionar, com energia apenas do seu enrolamento de marcha. O consumo de corrente é diminuído para a RLA do motor (ver a Figura 8.5).

A Figura 8.6 ilustra como um relé de partida "empresta" energia de L_1 e a dirige para o terminal de partida. Para torque adicional (força para iniciar a rotação do rotor), um capacitor de partida pode ser acrescentado na série com o relé. O relé de partida permite força total para o rolamento de partida iniciar a sua atividade. Quando o motor do compressor ganha velocidade, o relé desliga, ou desenergiza, o enrolamento de partida.

Há três tipos de relé de partida:
1. relé de corrente;
2. relé potencial;
3. relé de coeficiente de temperatura positiva (PTCR – *positive temperature coefficient relay*).

Relés de corrente

Os relés de corrente funcionam muito bem em compressores de cv fracionário (abaixo de 1 cv). As conexões por fio são projetadas para:
» L para linha de potência;
» M para o enrolamento principal (enrolamento de marcha);
» S para enrolamento de partida.

A Figura 8.7 pode ajudar a esclarecer a descrição seguinte de motor que dá partida

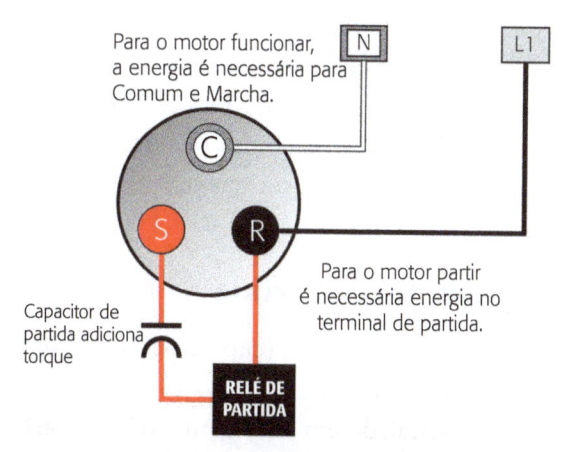

Figura 8.6 Diagrama de fiação do relé de partida simples. *Cortesia de Refrigeration Training Services.*

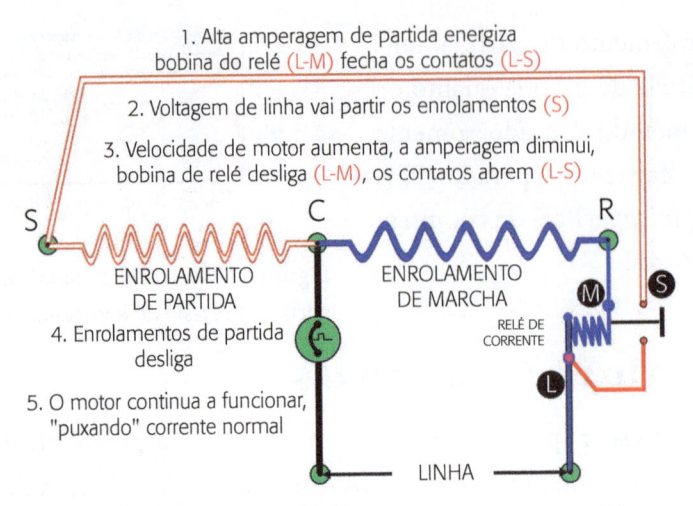

Figura 8.7 Operação do relé de corrente com um capacitor de partida. *Cortesia de Copeland Corporation/Adaptação de Refrigeration Training Services.*

com um relé de corrente. Na partida, a demanda de amperagem é próxima de LRA antes de o rotor começar a rodar.

A corrente alta no ramal da energia que vai de M, através de R, para o enrolamento de marcha, energiza a bobina do relé entre os terminais L e M. Essa bobina traz os contatos L e S normalmente abertos. A voltagem de linha é enviada através dos contatos fechados para o enrolamento de partida (S), o que dá partida ao giro do rotor. Quando o motor atinge a velocidade, a amperagem no ramal de eletricidade para R começa a cair. A redução na corrente na bobina do relé entre L e M reabre o circuito para o enrolamento de partida (L para S). O motor continua a funcionar em seu enrolamento de partida apenas em sua RLA.

Um relé de corrente por si mesmo é suficiente para dar partida a um compressor de refrigeração instalado em um sistema de tubo capilar (Figura 8.8). O tubo capilar permite que as pressões no sistema se equalizem durante o período em que estiver desligado. Portanto, o compressor não dá partida sob uma carga pesada.

No entanto, em sistemas de válvula de expansão termostática (TEV), as pressões não se equalizam, e o compressor tem bastante peso contra para começar. Um capacitor de partida, acrescentado na série com o relé de corrente, fornece uma mudança adicional de fase, o que possibilita ao compressor dar partida contra pressões altas.

Capacitores de partida

O capacitor de partida (cap de partida) aumenta o torque de partida aumentando o ângulo da fase (Figura 8.9).

Ele é instalado em série com o relé de partida e é retirado do circuito elétrico quando o relé de partida se desenergiza. Todos os capacitores vendidos pela Copeland para seus compressores vêm com um **resistor de drenagem** através dos terminais do capacitor, para impedir

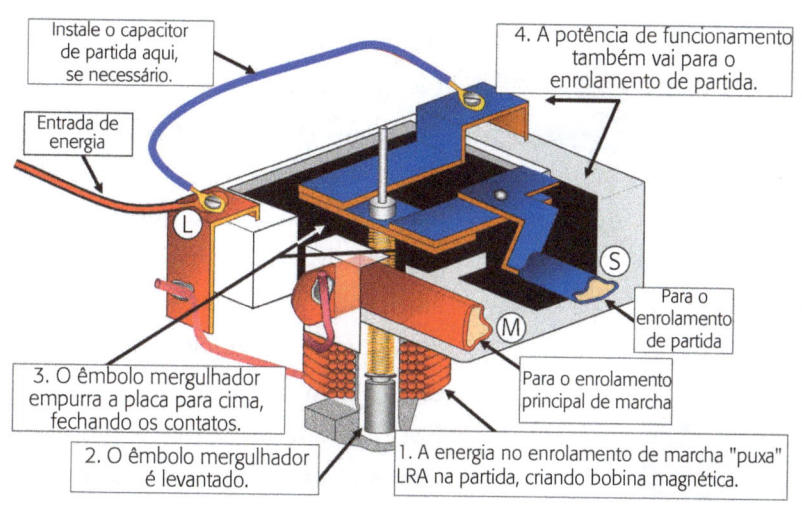

Figura 8.8 Vista esquemática do relé de corrente. *Cortesia de Refrigeration Training Services.*

a produção de faíscas quando os contatos do relé se abrem. O resistor "remove" ou elimina qualquer carga elétrica remanescente no capacitor depois de ter sido usado para energizar o enrolamento de partida. O resistor não somente prolonga a vida de um relé, mas também protege o capacitor.

Nota: *Remova o resistor de drenagem quando estiver testando um capacitor de partida. Se o resistor for deixado na linha, o verificador do capacitor lerá incorretamente um valor mais alto do que a capacitância configurada.*

O capacitor reúne uma grande quantidade de energia elétrica quando a voltagem é aplicada. Essa energia deve ser descarregada antes que o capacitor possa ser verificado. Alguns técnicos descarregam o capacitor colocando uma chave de fenda sobre os terminais. Esse curto-circuito pode danificar o capacitor e, possivelmente, ferir o técnico. O modo certo de descarregar um capacitor é usar um resistor de 20 mil ohms e 5 watts sobre os conectores por cerca de 5 segundos.

A leitura em microfarad (μF) em um capacitor de partida é feita em faixas; por exemplo, 145-174 μF. Quando usar um verificador de capacitor, o valor médio é o ideal, mas o capacitor deve ainda funcionar corretamente em aproximadamente 10% acima ou abaixo desse valor. Por exemplo, a faixa média do capacitor anterior é de aproximadamente 160 μF. Dez por cento

Figura 8.9 Capacitor de partida com resistor. *Foto por Dick Wirz.*

(16) mais alto seria 176 µF e 10% mais baixo seria 144 µF (ver a Figura 8.10).

O VAC (*volt ampere capacity* – capacidade volt ampere) de um capacitor substituto deve ser o mesmo, ou maior, do que o original. Uma configuração de VAC de capacitor é determinada pelo fabricante do motor e é maior do que a voltagem configurada de funcionamento do motor porque está sujeita à força contraeletromotriz (contra EMF) gerada no enrolamento de partida. Na Figura 8.11 há quatro capacitores com a mesma configuração de µF, mas com VAC diferente.

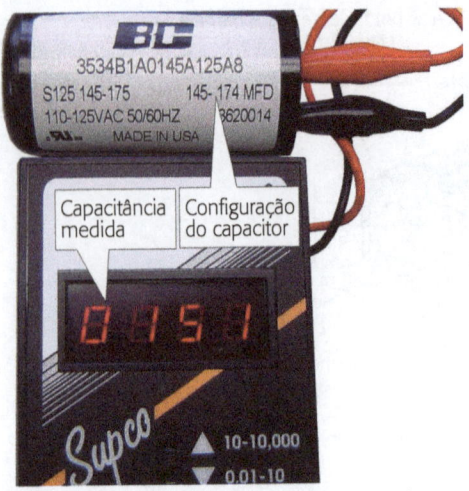

Figura 8.10 Verificando um capacitor de partida. *Foto de Dick Wirz.*

Relés potenciais

Um relé de corrente tem seus contatos normalmente abertos (NO – *normally open*) e "sente" a corrente de partida, no entanto, o relé potencial tem contatos normalmente fechados (NC – *normally closed*) e "sente" a voltagem (ver a Figura 8.12). De fato, a voltagem que ele "sente" é a *força contraeletromotriz* gerada nos enrolamentos de partida em decorrência da proximidade do rotor girando no estator (ver a Figura 8.13). À medida que a força contraeletromotriz aumenta

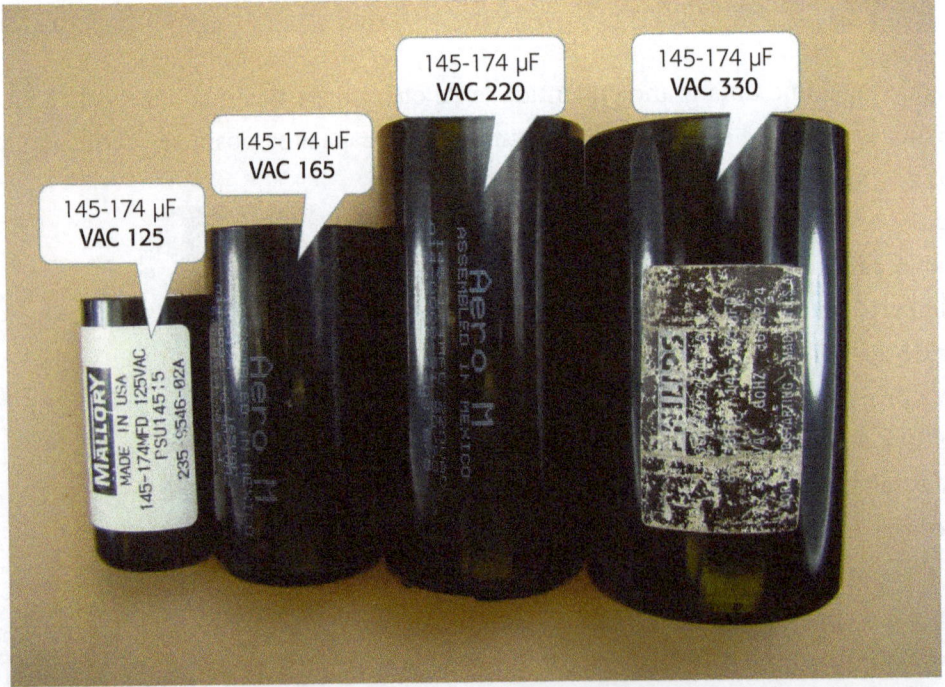

Figura 8.11 Exemplos de capacitores de 145-174 µF com VAC diferente. *Foto de Dick Wirz.*

durante a partida, ela energiza a bobina do relé (entre 5 e 2) e abre os contatos entre os terminais 1 e 2 para abandonar o enrolamento de partida e o capacitor de partida. A força contraeletromotriz contínua mantém os contatos abertos enquanto o compressor estiver funcionando.

Nota: *Quase todos os relés potenciais usam o mesmo sistema de numeração. Os fios dos terminais do compressor são conectados aos terminais numerados no relé potencial na seguinte ordem: comum no 5, partida no 2 e marcha no 1.*

Figura 8.12 Relé potencial (removido da caixa). *Cortesia de Copeland Corporation.*

Relés potenciais apresentam várias configurações de voltagem:
1. voltagem de força de aceleração – voltagem que abre os contatos 1 e 2;
2. voltagem de abandono – a voltagem mínima exigida para manter os contatos abertos;
3. voltagem contínua – voltagem contínua máxima com que a bobina pode lidar (5-2).

Capacitor de marcha

O capacitor de marcha auxilia na operação de um motor, fornecendo uma mudança de fase. Diferentemente do relé de partida ou capacitor de partida, o capacitor de marcha é projetado para permanecer no circuito todo o tempo em que o compressor estiver funcionando. Ele

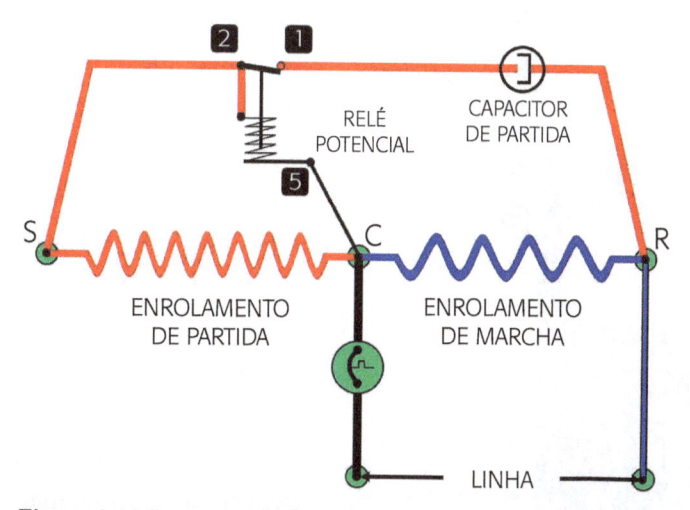

Figura 8.13 Diagrama da fiação com relé potencial e capacitor de partida. *Cortesia de Copeland Corporation/Refrigeration Training Services.*

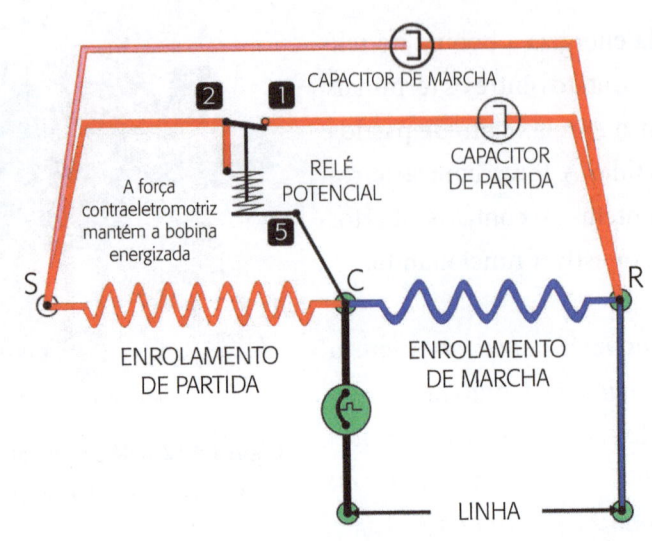

Figura 8.14 Diagrama da fiação com um capacitor de funcionamento adicionado. *Cortesia de Copeland Corporation/Adaptação de Refrigeration Training Services.*

fornece uma pequena mudança de fase energizando levemente o enrolamento de partida, o que ajuda o compressor a funcionar de modo eficiente.

Na Figura 8.14, o capacitor de marcha é provido de fios elétricos de modo que ficará no circuito todo o tempo, mesmo depois que o relé potencial for aberto. Um indicador do funcionamento ruim de um capacitor é que, embora o compressor dê a partida normalmente, ele funcionará com amperagem ligeiramente mais alta. Isso pode ser verificado ao monitorar a amperagem em funcionamento de uma unidade, primeiro com e depois sem o benefício de seu capacitor de funcionamento.

Para que um motor funcione corretamente, o capacitor de marcha, como um capacitor de partida, deve também ter capacitância de pelo menos 10% da estabelecida. Isso pode ser determinado facilmente com um verificador de capacitor. A Figura 8.15 é não somente uma ilustração de como verificar um capacitor de funcionamento, mas também esse fabricante em particular recomenda um desvio máximo de mais ou menos 6% ao invés dos 10% normais. Os quadros de texto na figura ilustram as diferenças entre os dois fatores.

Em uma emergência, se um técnico não possui capacitor de marcha de substituição de μF exato, pode usar uma combinação de capacitores (ver as Figuras 8.16 e 8.17).

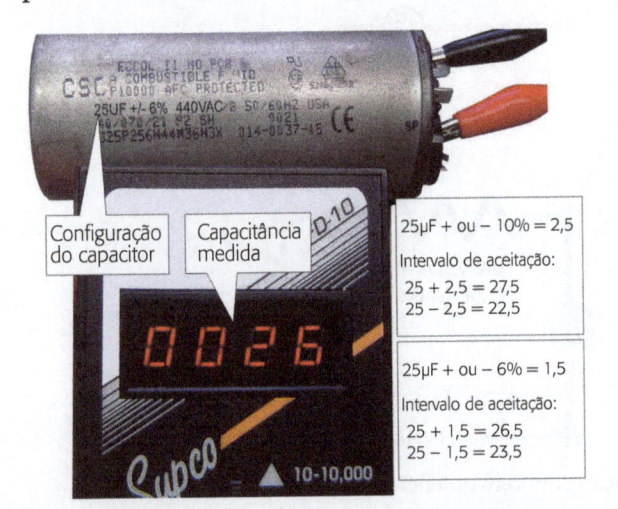

Figura 8.15 Verificando um capacitor de marcha. *Foto de Dick Wirz.*

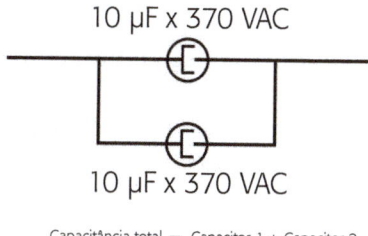

10 µF x 370 VAC

10 µF x 370 VAC

Capacitância total = Capacitor 1 + Capacitor 2
T
= 10 µF + 10 µF
= 20 µF

Nota: A voltagem deve ser ≥ a capacitor substituído

Figura 8.16 Dois capacitores instalados em paralelo para uma capacidade maior. *Cortesia de Refrigeration Training Services.*

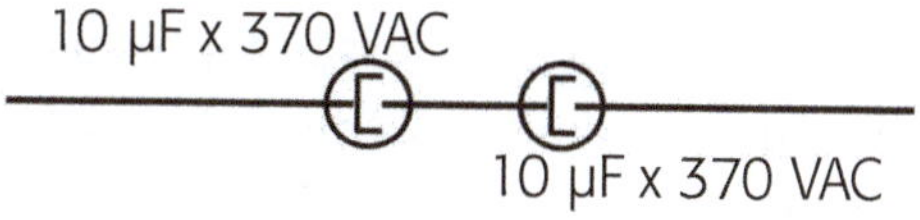

10 µF x 370 VAC   10 µF x 370 VAC

Capacitância total = (Capacitor 1 x Capacitor 2) ÷ (Capacitor 1 + Capacitor 2)

= (10 µF x 10 µF) ÷ (10 µF + 10 µF)

= (100 µF) ÷ (20 µF)

= 5 µF

Nota: A voltagem nominal é a soma das voltagens = 740 VAC.

Figura 8.17 Dois capacitores instalados em série para capacidade mais baixa. *Refrigeration Training Services.*

Nota: *Assegure-se de que a configuração da VAC dos capacitores é igual ou maior do que o capacitor que está sendo substituído. Isso vale tanto para capacitor de marcha quanto de partida.*

PTCR – Relé de coeficiente positivo de temperatura

O relé de coeficiente positivo de temperatura (PTC) é um relé de estado sólido que aumenta sua resistência ao fluxo de corrente quando aquece (ver a Figura 8.18). Quando o motor do compressor dá a partida, há potência total através de PTCR para o enrolamento de partida. Em alguns segundos, o consumo de corrente do compressor aquece o disco de cerâmica no interior do relé. O calor transforma as propriedades de condução do disco em um isolante. O material interrompe o fluxo de eletricidade para o enrolamento de partida de modo tão eficaz quanto a abertura de um conjunto de contatos, mas sem usar partes mecânicas móveis.

O PTCR é normalmente usado em conjunção com um capacitor de marcha (Figura 8.19). Quando o circuito que atravessa o relé se abre, a voltagem é redirecionada através do capacitor de marcha, o que fornece um caminho para que alguma corrente siga para o enrolamento de partida, executando uma leve mudança de fase necessária para aumentar a eficiência do funcionamento do compressor.

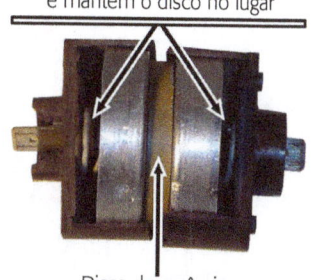

Por anos, esse arranjo tem sido comum em compressores herméticos de AC residenciais com motores PSC (*permanent split capacitor* – capacitor de *split* permanente). No entanto, agora está sendo usado com mais sucesso em máquinas comerciais de produção de gelo Manitowoc.

Figura 8.18 Corte transversal de um PTCR. *Cortesia de Refrigeration Training Services.*

Motor: Tipos de sobrecargas

Para ajudar a prevenir danos no motor do compressor, os fabricantes fornecem uma proteção contra a sobrecarga. Essas sobrecargas abrem em resposta ao calor excessivo, amperagem ou a uma combinação de ambos. Algumas sobrecargas estão localizadas no interior do compressor e são chamadas de cargas internas ou **inerentes** do motor; elas são enterradas nos enrolamentos do motor de modo que possam detectar com precisão o aquecimento do motor (ver a Figura 8.20).

Normalmente, uma sobrecarga externa está localizada na caixa terminal do compressor (Figura 8.21). Esse tipo de sobrecarga é um termodisco que "sente" tanto o calor do corpo do compressor quanto o calor do circuito gerado pelo consumo de corrente.

Nota: A capa da caixa do terminal do compressor deve permanecer fechada para que a sobrecarga "sinta" corretamente a temperatura do compressor. A capa também impede a entrada de sujeira e de óleo na caixa do terminal, onde poderia haver risco de incêndio. Além disso, impede que o técnico seja eletrocutado acidentalmente pelos fios expostos.

As sobrecargas magnéticas são usadas em alguns dos compressores maiores; são pequenas caixas pretas, com o tamanho de um conjunto de cartas de baralho, presas a cada um dos ramais de eletricidade do compressor. Essas sobrecargas são normalmente localizadas na caixa de controle da unidade de condensação, e não na caixa do terminal elétrico no corpo do compressor. Uma carga magnética é um dispositivo eletrônico muito sensível que responde exatamente à amperagem do compressor, mas não se influencia pela temperatura do ar a seu redor.

Essa é uma explicação muito breve dos tipos de sobrecargas; a explicação mais completa seria parte de um curso de eletricidade. No entanto, o ponto mais importante é que uma sobrecarga desconecta a eletricidade para o motor do compressor, sempre que "sentir" um problema que poderia danificar o motor.

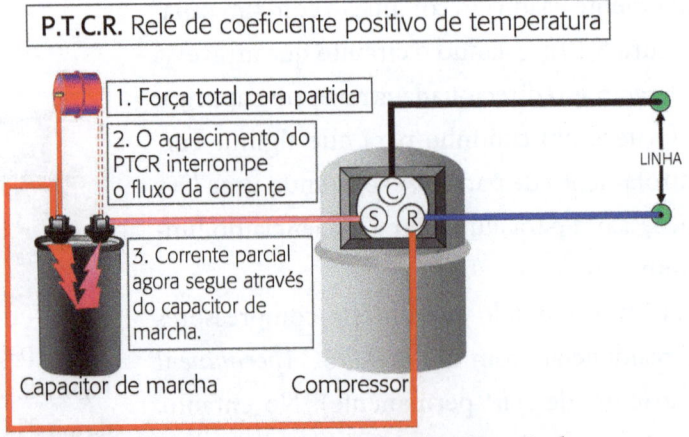

Figura 8.19 PTCR e o capacitor de marcha. *Cortesia de Refrigeration Training Services.*

Verificação de sobrecargas

As sobrecargas necessitam de tempo para refrigerar, antes de religar, o que pode levar apenas alguns minutos para uma sobrecarga externa a várias horas para uma sobrecarga interna. Se a sobrecarga for de tipo bimetálico que está realizando o ciclo de ligar e desligar o compressor, o fato de ele estar se reajustando configura prova de que a sobrecarga ainda é boa. Esses dispositivos de proteção são muito resistentes e raramente falham. Quando substituir um relé e um capacitor, não é necessário substituir uma sobrecarga externa, a menos que ela esteja obviamente ruim.

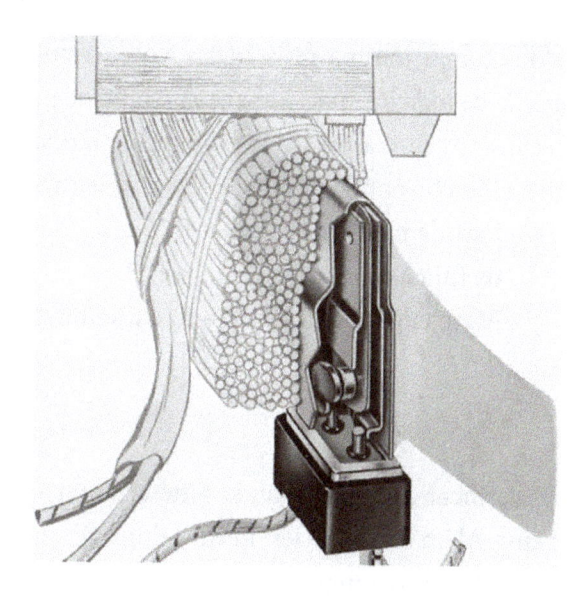

Figura 8.20 Sobrecarga de motor interno ou inerente. *Foto de Dick Wirz.*

Nota: *Nunca negligencie uma sobrecarga.*

Ignorar a sobrecarga remove o único desligamento de emergência e proteção elétrica que o motor possui. Em muitos compressores, os terminais são o alívio de pressão de emergência no caso em que a sobrecarga não desliga o compressor. Se os terminais se queimarem em virtude do desvio da sobrecarga, o compressor estará arruinado. Ainda mais grave, o técnico poderia se machucar ou mesmo morrer.

MOTORES: SOLUÇÃO DE PROBLEMAS

A parte mais difícil na solução de problemas é visualizar o que acontece no interior dos enrolamentos do motor. A Figura 8.22 constitui um diagrama de um motor monofásico, com exemplos de resistências de enrolamentos de partida e de marcha.

Os motores trifásicos têm três enrolamentos de marcha,

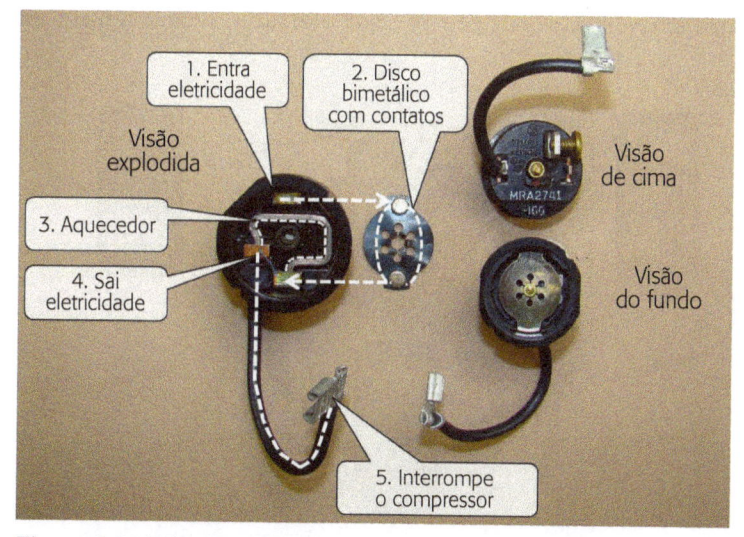

Figura 8.21 Sobrecargas externas do compressor. *Cortesia de Tecumseh Products.*

todos com a mesma resistência. No entanto, motores monofásicos têm somente um enrolamento de marcha, mais um enrolamento de partida de alta resistência. O método utilizado para verificar os enrolamentos em um motor monofásico é:

» Marcha para comum (R – C) é a leitura mais baixa em ohms;
» Partida para comum (S – C) é cerca de três a seis vezes mais alta do que o enrolamento de funcionamento;
» Marcha para partida (R – S) é a soma de ambos os enrolamentos, R – C e S – C.

$$R - S = [R - C] + [S - C]$$

Verificar as leituras ajuda a determinar quais terminais são de marcha, de partida e comuns. Além disso, os desvios da leitura de ohm normal indicam problemas como enrolamento aberto, enrolamentos encurtados ou se a sobrecarga interna encontra-se aberta.

Há duas condições básicas para o não funcionamento do compressor:

1. ausência de som. O compressor não está sequer tentando dar a partida;
2. soa como se ele estivesse tentando dar a partida, mas o rotor não gira.

Ausência de som

Se não há som, verifique a potência correta para o compressor; se não houver eletricidade, verifique os disjuntores e os fusíveis. Disjuntores com falha e fusíveis queimados normalmente indicam um curto-circuito. Portanto, verifique os enrolamentos do motor para curto-circuito e aterramentos, como ilustrados nas Figuras 8.23 e 8.24. Enrolamentos encurtados vão se mostrar em um ohmímetro como 0 ohm (ou próximo de 0).

Para verificar um compressor aterrado, faça a leitura em ohm para cada terminal para terra (normalmente a linha de sucção). Deve haver um circuito aberto ou resistência infinita com um leitor de medida de resistência infinita OL (*infinite ohms*). No entanto, alguma contaminação no óleo do cárter pode fornecer a leitura de pequena resistência. Portanto, a maioria dos fabricantes de compressor afirma que a resistência mínima permissível a terra é mil ohms por volt em

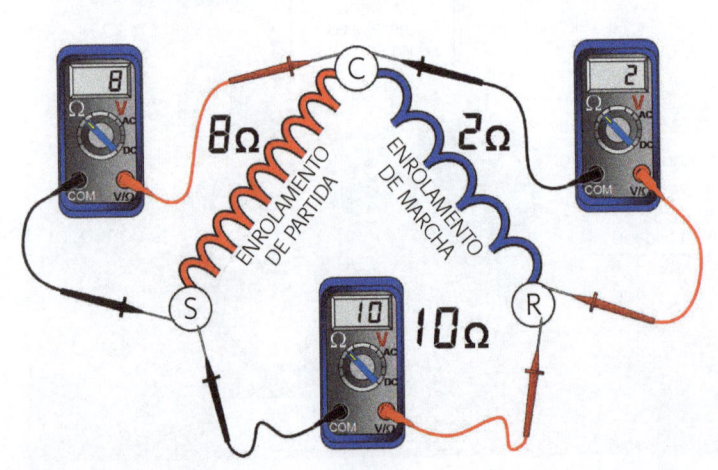

Figura 8.22 Resistências de enrolamentos de motor 1Ø. *Cortesia de Refrigeration Training Services.*

operação. Uma leitura em ohm menor do que 240 mil ohms para um motor de 240 volts ou 120 mil ohms para um motor de 120 volts indicaria as possíveis situações de curto-circuito ou de aterramento. O motor pode estar "puxando" alta corrente para funcionar e, ocasionalmente, falhando na sobrecarga ou na partida de motor, se for trifásico.

Suponha que haja eletricidade do painel elétrico sobre o circuito do motor, mas sem voltagem para os terminais do motor. Verifique todos os controles no circuito entre o painel e o motor, como controles de pressão, contatores, relés e sobrecargas externas. Se os terminais do motor estiverem com potência total, verifique o diagrama de fiação do motor para ver se há sobrecarga interna. Em caso afirmativo, desconecte a fiação para a sobrecarga e utilize um ohmímetro para determinar se ela está aberta.

O motor tenta dar partida

Um motor que tenta dar a partida provoca um zumbido, que interrompe quando a sobrecarga abre o circuito do motor. Certifique-se de que a voltagem para o motor é correta. Uma queda de voltagem de mais de 10% quando o motor tenta dar a partida indica um problema de eletricidade, não um problema de motor.

Nota: Tome cuidado quando medir a voltagem de partida nos terminais do compressor.

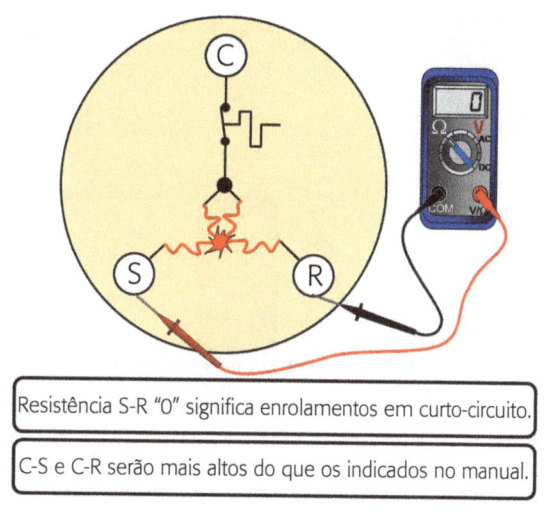

Figura 8.23 Enrolamentos em conjunto em curto-circuito. *Cortesia de Refrigeration Training Services.*

Verificar a voltagem com as sondas de medida nos terminais pode ser perigoso, especialmente em compressores pequenos em que o espaço é limitado. Um deslize da sonda pode acidentalmente criar um curto-circuito e queimar os terminais do compressor. Curto-circuitos dessa natureza podem ser letais ao técnico.

Nota: Pode ser mais seguro usar ligações em ponte com clipes jacaré isolados entre as sondas de medida e postes terminais do compressor.

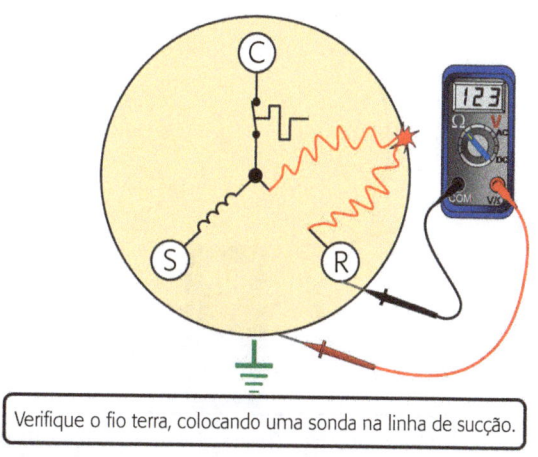

Figura 8.24 Enrolamentos em curto-circuito e aterramento. *Cortesia de Refrigeration Training Services.*

A Figura 8.25 ilustra uma sobrecarga interna aberta, quando o ohmímetro está mostrando OL de R para C e também de S para C. Compressores monofásicos têm suas sobrecargas (internas e externas) no circuito comum.

A Figura 8.26 ilustra uma sobrecarga interna aberta em um compressor 3Ø, quando o ohmímetro lê OL entre os três terminais. As sobrecargas de compressor trifásico devem abrir os três ramais para os enrolamentos; se um deles ainda estiver energizado, ele superaquecerá e queimará.

Frequentemente, são necessárias horas para restabelecer a sobrecarga interna. Dê tempo para o motor resfriar e feche a sobrecarga. Compressores demais são substituídos erroneamente só porque o técnico pensou que o compressor tinha três enrolamentos ruins.

Nota: *A leitura OL em um enrolamento apenas é sinal de um enrolamento aberto, o que indica que o compressor deve ser substituído.*

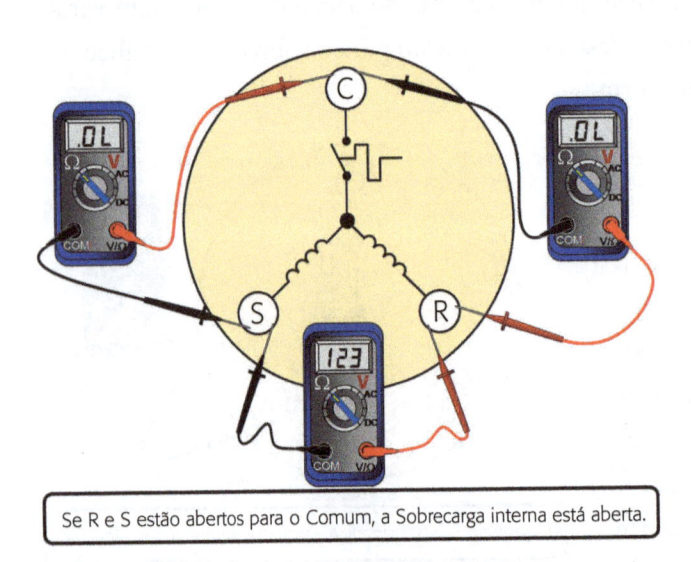

Figura 8.25 Sobrecarga interna aberta em um compressor monofásico. *Cortesia de Refrigeration Training Services.*

Quando a sobrecarga restabelecer, verifique se os enrolamentos não estão abertos, em curto ou aterrados. Se os testes de resistência forem bons, então as únicas duas razões para o compressor não dar partida são a voltagem de partida, ou porque o compressor está mecanicamente bloqueado.

Se um compressor trifásico parece estar bloqueado, mudar quaisquer dois fios elétricos reverterá a rotação e pode resultar na partida do motor. Se não, verifique a voltagem para o motor quando ele tenta dar a partida. Se a voltagem de partida estiver boa, mas o compressor ainda não

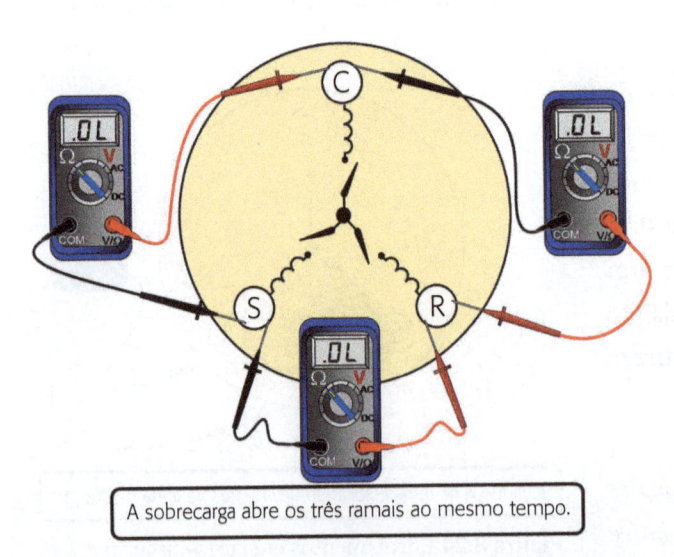

Figura 8.26 Sobrecarga interna aberta em um compressor trifásico. *Cortesia de Refrigeration Training Services.*

funcionar e sair da sobrecarga de novo, isso mostrará que o compressor está bloqueado. Substitua o compressor.

Nota: Não reverta fios condutores em um compressor 3Ø em espiral ou em rosca. Eles são sensíveis à rotação e podem se danificar se o funcionamento for revertido.

Nota: Os compressores não morrem simplesmente, eles são assassinados!

Há quase sempre uma causa externa para uma falha de compressor. A menos que a razão para tal falha seja determinada, a substituição do compressor provavelmente falhará também.

Compressor monofásico: componentes de partida

Até agora a verificação de compressores de 1Ø e de 3Ø tem sido muito semelhante. No entanto, um compressor monofásico possui componentes de partida que exigem procedimento diagnóstico adicional antes que possa, por não funcionar, ser considerado condenado. Após verificar a voltagem correta, enrolamentos em bom estado e que a sobrecarga está fechada, o técnico deve ainda "ouvir" o que o compressor tenta "dizer" a ele.

1. Ausência de som. O motor nem mesmo tenta dar partida.

Esse é o mesmo resultado do problema da ausência de eletricidade. Entretanto, dessa vez o técnico deve verificar se há eletricidade para os componentes de partida e então, através deles, para os terminais do motor.

» Em um relé potencial (Figura 8.13), os contatos entre 1 e 2 devem ser NC. Se não, o relé está ruim.

» Em um relé de corrente (Figura 8.7), os contatos entre M e S devem estar abertos, e depois eles devem fechar quando o motor tenta dar partida. Se não, o relé está ruim.

Diagnosticar relés de partida de compressor pode ser realizado com um ohmímetro ou saltando-os, ou eles podem ser substituídos com um *kit* de partida. Essas opções serão discutidas adiante neste capítulo.

2. Soa como se o motor estivesse tentando dar a partida, mas o rotor não gira e desengata a sobrecarga.

Se o motor está tentando dar a partida, então a energia está chegando através do relé de partida, mas ainda não está girando o rotor. Primeiro, verifique para ter a certeza de que tenha a voltagem correta. Depois, se há um capacitor de partida no circuito, verifique-o com um testador de capacitor. Se a eletricidade correta está passando pelo relé e a verificação do capacitor for boa, então o compressor está bloqueado. Substitua o compressor.

3. O compressor funciona por alguns segundos, e depois desengata a sobrecarga.

Uma vez que o compressor dá partida e funciona, a eletricidade está sendo fornecida ao terminal de partida. O capacitor de partida (se usado) está provavelmente bom, uma vez que possui capacidade bastante para conseguir que o motor dê partida. Parece que os contatos do relé não estão abrindo o circuito de partida quando o motor está atingindo a velocidade. Portanto, o relé de partida está ruim.

Verificação dos relés de partida

As únicas duas funções do relé de partida são para: 1) fornecer eletricidade para o enrolamento de partida; e (2) abrir aquele circuito quando o motor atinge velocidade. Um relé de partida pode ser verificado com um ohmímetro. A seguir, algumas orientações para medir a resistência de cada tipo de relé.

1. Relé de corrente (ver a Figura 8.7): os contatos do interruptor L – S devem estar abertos (OL). L – M é a bobina do relé que deve medir a resistência do circuito com algum valor mensurável. Se a resistência for 0, a bobina está em curto-circuito; se infinito (OL), a bobina está aberta.
2. Relés potenciais (ver a Figura 8.13): os contatos do interruptor, terminais 1 e 2, devem estar fechados (0 ohm). A bobina do relé, terminais 5 a 2, deve ser verificada da mesma maneira que um relé de corrente.
3. PTCRs (ver a Figura 8.18): a leitura deve ser 15-45 ohms, dependendo do fabricante. Leituras abertas e com circuito são as mesmas de outros relés.

Nota: Verifique um PTCR quando ele estiver à temperatura ambiente. Isso pode levar até cinco minutos. O disco de cerâmica no interior de um relé em estado sólido abre o circuito em cerca de 80 mil ohms, quando sua temperatura atinge 93,3 °C a 148,9 °C. Um PTCR em funcionamento mantém o circuito de partida aberto, permanecendo quente até que desligue o ciclo do compressor. O relé deve resfriar antes que o compressor tente reiniciar.

Muitos técnicos sentem-se muito confortáveis verificando um relé de partida defeituoso, usando uma ligação em ponte no lugar do relé de partida suspeito. Uma ligação em ponte conecta o terminal de funcionamento (R) ao terminal de partida (S). Se houver um capacitor, ele é instalado em série com a ligação em ponte. O técnico aplica eletricidade, conta até três, e então desconecta um dos cabos de ligação. Esse procedimento é muito eficaz para técnicos experientes, mas pode ser perigoso se não for executado corretamente.

O método recomendado para se desviar de relés de partida suspeitos é usar um relé potencial eletrônico, como o mostrado na Figura 8.27, ou a combinação relé de corrente e *kit* de substituição de capacitor na Figura 8.28. Se não obtiver resultados satisfatórios utilizando o *kit* de partida correto, o compressor precisa ser substituído.

Os fabricantes de equipamentos originais (OEM – *original equipment manufacturers*) de compressores não recomendam deixar esses componentes eletrônicos de partida em suas unidades. As fábricas fornecem relés eletromecânicos específicos para responder à corrente de partida particular e voltagens de seus diferentes compressores.

Os relés eletrônicos de substituição abrem o circuito mais como uma função do tempo do que de corrente, e são, portanto, não tão precisos quanto os relés dos OEMs. Os fabricantes de compressores provavelmente não se importam de usar relés eletrônicos em uma emergência ou para verificar se o compressor está ruim. No entanto, as fábricas recomendam usar componentes de partida dos OEM para maximizar a vida do compressor.

Técnicos responsáveis comunicam todas essas informações a seus clientes, e deixam que eles tomem a decisão. O cliente quer que o técnico volte mais tarde com as partes corretas (a um custo adicional), ou gostaria que o técnico deixasse os *kits* de substituição existentes no compressor?

Nota: Sempre que um relé de partida for substituído, o capacitor também deve ser substituído e vice-versa. Quando falha um dos componentes, ele provavelmente colocou uma tensão em outro componente.

Há outra situação que os técnicos podem vivenciar com um compressor monofásico. Ele pode dar partida e funcionar, mas "puxa" amperagem mais alta do que o normal.

Isso é um problema bastante incomum, e é especialmente difícil de diagnosticar quando o motor parece funcionar bem por um ciclo relativamente longo, depois falha a sobrecarga. Mecanicamente, os rolamentos do motor podem estar deixando de funcionar. Eletricamente, pode ser o capacitor de funcionamento, se ele tiver um. Uma vez que o motor deu partida, o capacitor de funcionamento é o único no circuito a ajudar o compressor a funcionar de modo mais eficiente. Se o capacitor de funcionamento estiver em mau estado ou fraco, o compressor vai "puxar" RLA mais alto do que o normal, e pode parar na sobrecarga.

Nota: Um capacitor de funcionamento não tem de abrir ou causar curto-circuito para causar um problema. Ele pode simplesmente estar fraco, colocando menos de sua capacidade estabelecida. Verifique-o com um testador de capacitor para se certificar.

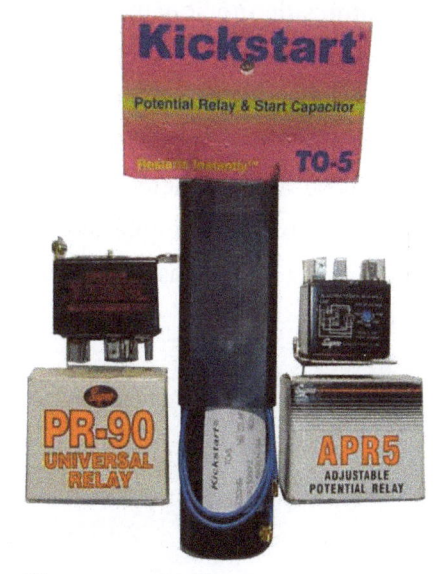

Figura 8.27 *Kits* de relé potencial de partida eletrônico. *Foto de Dick Wirz.*

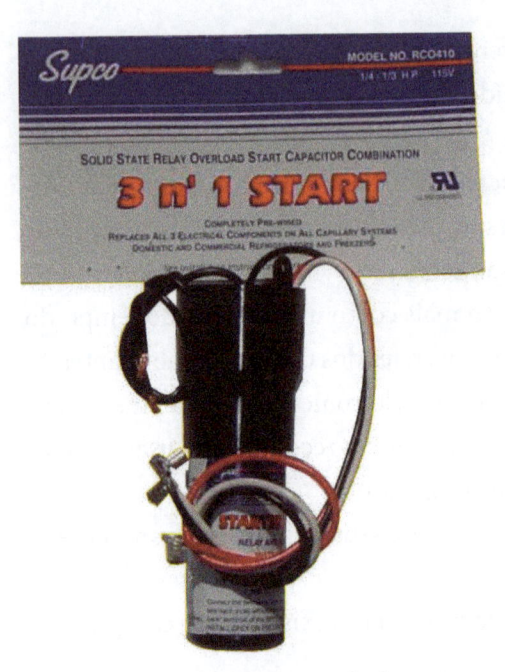

Figura 8.28 *Kit* de relé de partida de corrente eletrônica. *Foto de Dick Wirz.*

Resumo

Os motores trifásicos são poderosos, eficientes e bastante simples do ponto de vista elétrico. No entanto, eles podem ser danificados pela perda de um ramal de eletricidade ou um desequilíbrio de fase de mais do que 2%. Monitores de fase, partidas de motor magnéticas e sobrecargas de motor fornecem proteção adequada.

A voltagem correta e fase nos terminais do compressor são a primeira exigência para uma operação correta de motor. Sem ela, o compressor não dará partida. Se um compressor trifásico possuir uma voltagem correta, mas ainda assim não funcionar, o compressor provavelmente necessita ser substituído.

Motores monofásicos necessitam de enrolamento de partida para mudar a fase da corrente que entra para ajudar a iniciar o giro do rotor. Os relés de partida são usados para fornecer energia momentaneamente do enrolamento de funcionamento para o enrolamento de partida. Quando o motor atinge a velocidade, o relé abre o circuito, e o motor continua a funcionar no enrolamento de funcionamento.

Compressores monofásicos em sistemas com dispositivos de medida TEV frequentemente necessitam de capacitores de partida para fornecer torque adicional durante a partida. Os capacitores de funcionamento são usados em alguns motores monofásicos para ajudá-los a funcionar de modo mais eficiente.

Enrolamentos de partida, relés de partida, capacitores de funcionamento e capacitores de partida ajudam o compressor monofásico a dar partida e a funcionar corretamente. No entanto, essas peças extras acrescentam dificuldade em diagnosticar corretamente problemas elétricos do compressor monofásico. Os testadores de capacitor e os *kits* de relé eletrônico ajudam a solucionar problemas de compressores monofásicos com mais facilidade e mais segurança.

Questões de revisão

1. **Quais são os dois principais pontos fracos de motores trifásicos?**

   a. Perda de fase e desequilíbrio de voltagem.
   b. Alta amperagem e baixa voltagem.
   c. Dimensão do fio e do disjuntor.

2. **Qual é a fórmula usada para medir a porcentagem do desequilíbrio de voltagem?**

   a. $V_u = V_a \div V_d$
   b. $V_u = V_d \div V_a$
   c. $V_u = V_d \div (V_a + V_d)$

3. **Quais são os quatro itens que um técnico precisa saber ao escolher um contator?**

4. **A carga de amperagem estabelecida de um contator de compressor é listada sob qual configuração, a indutiva ou resistiva?**

   a. Configuração de carga indutiva
   b. Configuração de carga resistiva

5. **O que indica que os contatos estão ruins em um contator?**

   a. A trepidação ou zumbido do contator.
   b. Há uma leitura de voltagem através dos contatos do contator quando interrompido.
   c. Há 0 volt através dos contatos do contator quando interrompido.

6. **O contator deve ser substituído sempre que um compressor trifásico for substituído.**

   a. Verdadeiro
   b. Falso

7. **Como uma partida de motor é diferente de um contator?**

   a. Uma partida de motor tem sobrecargas.
   b. Uma partida de motor interrompe e faz todos os três circuitos.
   c. Uma partida de motor desliga o disjuntor, depois o restabelece.

8. **Por que um motor monofásico necessita de uma mudança de fase para iniciar o giro do motor?**

   a. Os enrolamentos estão 120º fora da fase e, portanto, difíceis de realinhar.
   b. Motores monofásicos não possuem resistências iguais; portanto, necessitam de algo para equalizar a mudança de fase.
   c. Os enrolamentos estão 180º fora de fase; portanto, na partida o estator e o rotor possuem atração igual, mas oposta.

9. **Como um motor monofásico realiza sua mudança de fase?**

   a. A voltagem é atrasada para energizar o enrolamento de funcionamento mais rápido.
   b. Um enrolamento de funcionamento é usado para mudar a resistência quando o motor dá partida.
   c. O enrolamento de partida possui mais resistência, o que causa a mudança de fase, criando um ângulo ligeiramente diferente da atração magnética do estator.

10. **Qual é a diferença entre os enrolamentos em um motor trifásico e um motor monofásico?**

    a. Um motor monofásico possui ambos os enrolamentos, de partida e de funcionamento.

b. Um motor trifásico possui somente enrolamentos de partida.
c. Um motor monofásico possui somente enrolamentos de funcionamento.

11. **O que são considerados os polos de um motor?**

    a. O rotor e o estator.
    b. Um feixe de fios para os enrolamentos de funcionamento ou para os enrolamentos de partida.
    c. Os campos negativo e positivo de reatores magnéticos.

12. **Qual é a rpm nominal de um motor de dois polos? De um motor de quatro polos? De um motor de seis polos?**

    a. 3000, 1600 e 1200 rpm.
    b. 3600, 1800 e 1200 rpm.
    c. 7200, 3200 e 1600 rpm.

13. **Durante a partida, à medida que a velocidade do motor aumenta, o que ocorre com a amperagem?**

    a. Aumenta.
    b. Diminui.
    c. Continua a mesma.

14. **Um motor puxa LRA somente quando o motor está mecanicamente bloqueado.**

    a. Verdadeiro
    b. Falso

15. **Quais são as duas funções básicas de um relé de partida?**

    a. O relé de partida fornece potência total ao enrolamento de partida na partida, e depois desenergiza os enrolamentos de partida quando o motor está apto a adquirir velocidade.
    b. O relé de partida fornece potência total aos enrolamentos de partida na partida, e depois fornece uma mudança de fase para manter o motor rodando.
    c. O relé de partida fornece uma mudança de fase em uma direção para dar partida ao motor, depois reverte a mudança de fase para manter o motor em funcionamento.

16. **Quais são os três tipos de relés de partida?**

17. **Que tamanhos de compressores usam relés de corrente?**

    a. Compressores acima de 1 cv.
    b. Compressores até 3 cv.
    c. Compressores de cv fracionais.

18. **Em um relé de corrente, o que significam as designações L, M e S?**

    a. Linha, enrolamento principal e enrolamento de partida.
    b. Carga, enrolamento médio e enrolamento curto.
    c. Linha, enrolamento menor e enrolamento de partida.

19. **Um capacitor de partida é adicionado a um relé de partida para compressores de que tipo de sistema – sistema de tubo capilar ou sistema TEV? Por quê?**

    a. Um sistema de tubo capilar, porque necessita de pressão para empurrar através do tubo.
    b. Um sistema TEV porque o sistema não equaliza durante o ciclo desligado.
    c. Um sistema TEV porque a válvula abre na partida e pressuriza o sistema.

20. Como o capacitor de partida é instalado no circuito elétrico?

   a. Em série com o enrolamento de funcionamento.
   b. Em paralelo com o enrolamento de funcionamento.
   c. Em série com o relé de partida.

21. Por que alguns fabricantes acrescentam um resistor a um capacitor de partida?

   a. Torna o capacitor mais barato para fabricação.
   b. Expurga o excesso da carga elétrica quando o capacitor não está no circuito.
   c. Adiciona excesso de carga elétrica ao capacitor para fornecer mais de uma mudança de fase durante a partida.

22. Por que o resistor é removido antes de usar um medidor para verificar o capacitor?

   a. Ele fará com que o medidor dê uma leitura incorreta.
   b. Ele prejudicará o medidor elétrico.
   c. Ele poderia superaquecer e causar um incêndio.

23. Os contatos (L- S) de um relé de corrente estão normalmente abertos (NO) ou estão normalmente fechados (NC)?

   a. Normalmente abertos (NO)
   b. Normalmente fechados (NC)

24. Os contatos (1-2) de um relé potencial estão NO ou NC?

   a. Normalmente abertos (NO)
   b. Normalmente fechados (NC)

25. Quais são as três configurações de voltagem em relés potenciais? O que elas significam?

26. Qual é a diferença entre a operação de um capacitor de funcionamento e de um capacitor de partida?

   a. Um capacitor de partida tem uma VAC (capacidade Volt ampère) mais alta.
   b. Um capacitor de partida permanece mais tempo no circuito, mas um capacitor de funcionamento possui uma configuração µF (microfarad) mais baixa.
   c. O capacitor de funcionamento permanece no circuito, mas o capacitor de partida sai depois que o compressor está apto a imprimir velocidade.

27. Suponha que um técnico tem uma situação de emergência e necessita de um capacitor de funcionamento de 15 µF x 370 VAC. Ele tem dois de cada dos seguintes capacitores: 5 µF, 7,5 µF e 10 µF, todos configurados em 370 VAC. Quais combinações ele poderia usar e como ele as instalaria, em série ou em paralelo?

   a. Dois capacitores de 7,5 µF instalados em série, e um capacitor de 5 µF instalado em série.
   b. Um capacitor de 10 µF e um de 5 µF instalados em série, e um capacitor de 7,5 µF instalado em paralelo.
   c. Dois capacitores de 7,5 µF instalados em paralelo ou um capacitor de 10 µF e um de 5 µF instalados em paralelo.

28. Qual é a regra para configuração de VAC de capacitor, quando se substitui um capacitor?

a. A configuração VAC do novo capacitor deve ser igual ou maior do que a do capacitor que está substituindo.
b. A configuração VAC do novo capacitor deve sempre ser maior do que a do capacitor que está sendo substituído.
c. Se a configuração µF é a mesma do capacitor original, o VAC pode ser mais baixo ou mais alto do que o original.

29. **O que é um PTCR? Como ele abre o circuito para o enrolamento de partida?**

30. **Em resposta a quê as sobrecargas de motor abrem um circuito?**

    a. Somente voltagem, se for uma sobrecarga externa.
    b. Somente à amperagem, se for uma sobrecarga interna.
    c. Calor, amperagem ou uma combinação dos dois, dependendo da sobrecarga.

31. **Por que a capa de uma caixa de um terminal de compressor necessita ser deixada?**

    a. Para que a sobrecarga sinta corretamente a temperatura do motor e abra durante uma condição de sobrecarga.
    b. Evitar risco de incêndio se a sujeira e o óleo entrarem na caixa de controle.
    c. Evitar contato acidental do técnico com fios ligados.
    d. Todas as respostas anteriores.

32. **Como uma sobrecarga magnética difere de uma carga externa do tipo termodisco?**

    a. Sobrecargas magnéticas não são tão precisas como as sobrecargas do tipo termal.
    b. Sobrecargas magnéticas respondem com precisão somente à amperagem e não são afetadas pela temperatura do ar ambiente.
    c. Sobrecargas termais devem ser usadas em motores abertos; sobrecargas magnéticas devem ser usadas em compressores.

33. **Por que é perigoso se desviar de uma sobrecarga de motor de compressor?**

    a. Sem a sobrecarga, não há proteção do motor. O motor pode ser danificado e o técnico ferido.
    b. Poderia fazer falhar o disjuntor.
    c. O técnico poderia provocar curto-circuito de sobrecarga enquanto tenta desconectá-la.

34. **Em um motor de compressor trifásico, se a leitura em ohms de T_1 para T_2 é 2 ohms, qual seria a leitura em ohms entre T_2 e T_3 e entre T_3 e T_1?**

    a. $T_2 - T_3 = 6, T_3 - T_1 = 8$
    b. $T_2 - T_3 = 8, T_3 - T_1 = 6$
    c. $T_2 - T_3 = 2, T_3 - T_1 = 2$

35. **Em um compressor trifásico, se as leituras de ohms para $T_1 - T_2$, $T_2 - T_3$ e $T_3 - T_1$ forem todas resistência infinita, qual é o problema?**

    a. O motor do compressor está ligado em curto-circuito a terra.
    b. Todos os enrolamentos do compressor estão abertos em curto-circuito.
    c. A sobrecarga do motor está aberta.

36. **Em um compressor trifásico, se as leituras em ohms para $T_1 - T_2$, $T_2 - T_3$ forem cada uma de 3 ohms, e $T_3 - T_1$ indicar resistência infinita (OL), qual é o problema?**

a. O enrolamento $T_3 - T_1$ está em curto-circuito para terra.
b. O enrolamento $T_3 - T_1$ está aberto.
c. A sobrecarga do motor está aberta.

37. Se a leitura em ohms de T_2 para o fio terra (sobre a linha de sucção) for resistência infinita (OL), existe um problema? Por que sim ou por que não?

    a. Sim, deveria ser mensurável a resistência ao fio terra.
    b. Não, não deveria haver qualquer resistência mensurável ao fio terra.
    c. Depende; o motor teria de estar funcionando para verificar.

38. Em um motor monofásico, se a leitura em ohms para R-S é 6 ohms e a leitura em ohms para R-C for 1,5 ohm, qual deveria ser a leitura em ohms para S–C?

    a. 4,5 ohms
    b. 7,5 ohms
    c. 3 ohms

39. Verificar a voltagem de partida em terminais de compressor pode ser perigoso? Por quê?

    a. Porque a voltagem deve ser verificada com a eletricidade desligada.
    b. Porque um resvalamento na sonda medidora poderia causar um curto-circuito.
    c. Porque é difícil dizer qual é o terminal de partida e qual é comum.

40. Se um compressor trifásico não está nem tentando dar partida, qual é a primeira coisa a se verificar?

    a. Se o motor tem uma voltagem total para os terminais do compressor.
    b. Se a sobrecarga interna está aberta.
    c. Se o motor está mecanicamente engripado.

41. Se um compressor trifásico está conseguindo voltagem total, tentando dar partida, mas saindo de uma sobrecarga interna, qual provavelmente seria o problema?

    a. O compressor ligado a terra.
    b. Os enrolamentos do compressor estão abertos.
    c. O compressor está mecanicamente engripado ou bloqueado.

42. Se um compressor trifásico parece estar mecanicamente bloqueado, qual é o próximo passo?

    a. Fazer orçamento para o cliente de um compressor novo.
    b. Reverter a rotação do motor para ver se o compressor funcionará.
    c. Reconstruir o compressor.

43. Um motor monofásico não faz barulho, não tenta dar partida. Qual é a primeira coisa a verificar?

    a. Se o motor tem voltagem total para os terminais do compressor.
    b. Se a sobrecarga interna está aberta.
    c. Se o motor está mecanicamente engripado.

44. Qual poderia ser o problema com um motor monofásico que provoca um zumbido, tentando dar partida, mas desliga em sobrecarga?

    a. Baixa voltagem para o compressor
    b. Capacitor de partida ruim
    c. Compressor travado
    d. Todas as respostas anteriores.

45. Qual poderia ser o problema com um motor monofásico que dá partida e funciona por alguns segundos, mas desliga em sobrecarga?

a. Os contatos do relé de partida emperram fechados.
b. Sobrecarga fraca
c. Capacitor de partida em mau estado.

46. Quais são as duas funções de um relé de partida?

47. Como é verificado um relé de corrente com um ohmímetro?

   a. Os contatos L–S devem estar abertos, e a bobina do relé (L–M) deve ter resistência mensurável.
   b. Os contatos L–S devem estar fechados, e a bobina do relé (L–M) deve ter resistência infinita.
   c. Os contatos L–S devem estar abertos, e a bobina do relé (L–M) não possuir resistência.

48. Como um relé potencial deve ser verificado com um ohmímetro?

   a. Os contatos do interruptor (1-2) devem estar fechados, e a bobina do relé (5-2) deve ter resistência mensurável.
   b. Os contatos do interruptor (1-2) devem estar abertos, e a bobina do relé (5-2) deve ter uma resistência infinita.
   c. Os contatos do interruptor (1-2) devem estar fechados, e a bobina do relé (5-2) não deve ter resistência.

49. Se o relé de partida de um compressor necessita ser substituído, o capacitor de partida também deve ser substituído? Por que sim ou por que não?

   a. Sim, porque um novo capacitor sempre vem com um relé sobressalente.
   b. Não, porque você deve substituir apenas o que você sabe que está ruim.
   c. Sim, porque se o relé falha, significa que provavelmente foi colocada também uma pressão sobre o capacitor.

Atualização, recuperação, evacuação e carga

CAPÍTULO 9

Visão geral do capítulo

No final todas as unidades com R12 e R502 serão substituídas ou atualizadas com um refrigerante de hidrogênio, cloro, flúor e carbono (HCFC) ou hidrogênio, flúor e carbono (HFC). Este capítulo deve ajudar na compreensão de quais opções estão disponíveis quando se trata de mudar refrigerantes em geladeiras comerciais e câmaras frigoríficas. A atualização muitas vezes exige troca do óleo do compressor. O capítulo inclui a descrição detalhada sobre como realizar esse procedimento, de modo rápido e fácil, quando executado em compressores semi-herméticos. Com compressores herméticos, o processo é difícil, e o custo, o tempo e os materiais podem superar seu valor.

A atualização de refrigerante também requer recuperação do refrigerante, evacuação do sistema e carga de refrigerante. Todas essas tarefas são abordadas em detalhe. Além disso, este capítulo oferece uma excelente oportunidade de compartilhar algumas dicas de técnicos experientes de como realizar esses procedimentos de modo mais rápido e mais simples.

Refrigeração: Atualização dos sistemas

Por muitos anos, o R12 e R502 têm sido usados na maioria dos sistemas de refrigeração doméstica e comercial. A partir de 1995, esses refrigerantes de clorofluorcarbono (CFC) deixaram de ser produzidos por danificarem a camada de ozônio e contribuírem para o aquecimento global. (CFC é o acrônimo dos elementos que constituem esses refrigerantes: cloro, flúor e carbono.)

Os refrigerantes de hidrogênio, cloro, flúor e carbono (HCFC) possuem menos cloro do que os refrigerantes CFC; além disso, eles contêm hidrogênio na composição. O hidrogênio faz a molécula quebrar na atmosfera, o que libera o cloro antes que ele possa reagir com o ozônio na estratosfera. Embora menos prejudicial ao meio ambiente do que os CFCs, os HCFCs estão ainda programados para deixar de ser produzidos gradualmente até 2030. O HCFC-22 (R22) é um caso especial. Esse refrigerante não será mais usado em equipamentos novos a partir de 2010, e seu uso está programado para cessar gradual e totalmente até 2020.

Os refrigerantes com base em hidrogênio, flúor e carbono (HFC) são os substitutos de longo prazo para CFCs e HCFCs. Embora os refrigerantes HFC não prejudiquem a camada de ozônio, eles possuem ainda um pequeno potencial para contribuir para o aquecimento global.

As misturas de refrigerantes constituem combinações de refrigerantes que têm a finalidade de obter propriedades e eficiências que se pareçam rigorosamente com as dos refrigerantes que são projetados para substituir. Misturas baseadas em HCFC são substituições de curto prazo para refrigerantes CFC e outros refrigerantes HCFC.

Os refrigerantes com um único composto como HCFC-22 e HFC – 134a, assim como misturas azeotrópicas como o R502, possuem somente um ponto de ebulição e/ou de condensação para cada pressão dada. As misturas zeotrópicas são misturas de refrigerantes, cujos componentes individuais fervem e evaporam em pressões diferentes, ou se fracionam. Portanto, para assegurar que eles mantenham sua composição original, esses refrigerantes combinados devem ser carregados em estado líquido. Além disso, o técnico que calcula o superaquecimento e o sub-resfriamento em sistemas com misturas zeotrópicas pode ter de levar em consideração a **temperatura de deslizamento (ou de planagem)** desses refrigerantes combinados.

Fundamentos da atualização

A **atualização do refrigerante** é a expressão usada para descrever a substituição de um tipo de refrigerante em um sistema por um tipo diferente de refrigerante. Atualmente, a maioria dos sistemas que são atualizados tem seu refrigerante original CFC substituído por um refrigerante HCFC ou HFC. Esse processo seria muito fácil, não fossem dois fatores:

1. miscibilidade diferente de óleo;
2. eficiências diferentes, ou pesos, de refrigerantes substitutos.

A miscibilidade do óleo

O óleo mineral é muito miscível (significa que "se mistura bem") com refrigerantes CFC. No entanto, de acordo com os fabricantes, os refrigerantes HCFC e HFC não se misturam bem com óleo mineral. Como resultado, os HCFCs e HFCs não movimentarão óleo mineral no sistema, o que causaria problemas de lubrificação para o compressor. Portanto, os fabricantes de refrigerantes têm as seguintes recomendações:

1. ao modernizar um sistema CFC com um refrigerante HCFC, substitua pelo menos 50% do óleo mineral existente por óleo alquilbenzeno;
2. ao modernizar um sistema CFC com um refrigerante HFC, substitua pelo menos 95% do óleo mineral existente por óleo poliolester.

As eficiências do refrigerante

Na maioria dos casos, a substituição de refrigerantes é mais eficiente por peso do que os refrigerantes originais CFC, o que parece ser uma vantagem, mas é muito difícil determinar quanto refrigerante de substituição pesar em um sistema criticamente carregado, originalmente projetado para R12. Também a capacidade dos HCFCs de absorver calor pode sobrecarregar o compressor durante as condições máximas de operação.

A maior parte dos fabricantes de refrigerantes recomenda usar menos do que a quantidade indicada de refrigerante de substituição, quando modernizar sistemas criticamente carregados. Por outro lado, os sistemas de válvulas de expansão termostáticas (TEV) devem estar completamente carregados para assegurar que o líquido complete o dispositivo de medida. A seguir, é apresentado um exemplo de como o efeito da refrigeração aumentada de um refrigerante substituto pode sobrecarregar um compressor se a TEV for superdimensionada.

EXEMPLO: 1 Um sistema R12 de 2,34 kW (8 mil Btuh) com uma TEV calibrada em 1 tonelada [3,57 kW (12 mil Btuh)]. Quando atualizado com R401A, o compressor interromperia na sobrecarga quando a temperatura ambiente no condensador estiver acima de 32,2 °C. Depois que a TEV de uma tonelada for substituída por uma TEV menor de ½ tonelada, o compressor pode lidar com a carga e a câmara frigorífica, funcionar tão bem como antes da atualização.

Nota: A real ocorrência pode ser usada para justificar a alegação de que alguns refrigerantes de substituição são mais eficientes do que o R12. Se, além disso, a unidade tiver TEV superdimensionada, o refrigerante no evaporador pode absorver mais calor do que o compressor pode lidar durante condições de alta carga. Embora os técnicos devam estar conscientes dessa condição, isso definitivamente não significa que toda atualização exija uma TEV menor.

Troca do óleo

Ao atualizar uma unidade CFC com um refrigerante HCFC, pelo menos metade do óleo mineral original deve ser substituída com óleo de alquilbenzeno. Normalmente, a troca de todo o óleo mineral original no cárter com alquilbenzeno é suficiente para satisfazer essa exigência.

Se o refrigerante substituto for um HFC, a fábrica recomenda que pelo menos 95% do óleo mineral original seja substituído com óleo poliolester, o que normalmente implica um mínimo de três trocas. Após cada troca de todo o óleo no cárter, o sistema deve ser operado por pelo menos várias horas para se ter certeza de que o óleo circule por todo o equipamento. Um refractômetro é necessário para verificar o mínimo de poliolester exigido na mistura de óleo.

A exigência de 95% de pureza de poliolester e a dificuldade e o custo de três trocas de óleo desencorajam a maioria dos técnicos e dos clientes de atualizar os refrigerantes HFC. Portanto, qualquer referência posterior à atualização será somente sobre HCFCs.

Em certa medida, substituir o óleo em um compressor semi-hermético se torna fácil com a ajuda de um pequeno tubo de cobre e alguma massa para selar ao redor do tubo. Consulte a Figura 9.1 enquanto lê a descrição do processo:

1. Com o compressor em funcionamento, coloque na parte frontal a válvula de sucção de serviço.
2. Desligue o compressor quando a pressão do cárter cair para zero.
3. Remova a tampa de óleo no lado do compressor.
4. Insira um pedaço de tubo de 0,64 cm (¼") ou 0,95 cm (⅜") no orifício, de modo que uma extremidade toque o fundo do cárter.
5. Sele temporariamente o corpo da tubulação com alguma massa.
6. Abra ligeiramente a válvula de sucção para pressurizar o cárter.

Nota: São necessários apenas 13,78 kPa man (2 psig) de força na superfície do óleo para empurrá-lo no tubo para fora do cárter.

7. Meça a quantidade de óleo removida do cárter.

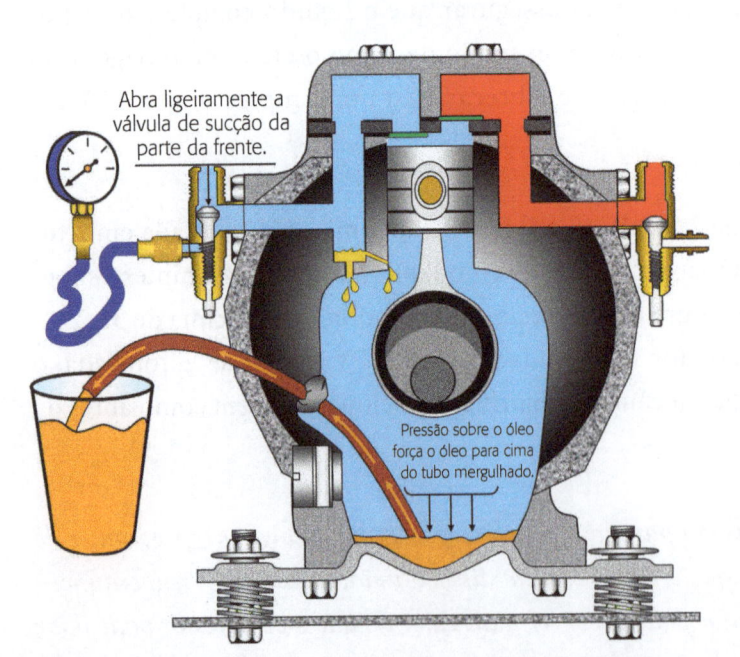

Figura 9.1 Troca do óleo em um compressor semi-hermético. *Cortesia de RTS.*

8. Coloque a mesma quantidade do novo óleo de substituição no cárter.
9. Reinstale a tampa do óleo e evacue o cárter.
10. Abra a válvula de sucção, dê partida ao compressor e verifique o visor de vidro do óleo.

Nota: *Há kits de remoção de óleo disponíveis contendo tubo plástico e ferramentas de instalação necessárias para realizar esse procedimento com mais facilidade.*

Trocar o óleo em um compressor hermético é muito mais difícil. O modo mais eficaz é recuperar o refrigerante, desligar o compressor do sistema e colocá-lo de cabeça para baixo para drenar o óleo da linha de sucção, colocar o óleo substituto e, depois, reinstalar o compressor.

Refrigerantes: atualização

Há bem poucos refrigerantes de substituição no mercado, e provavelmente em um futuro próximo haverá mais opções. No entanto, a seguinte discussão sobre a atualização se limita a alguns refrigerantes de substituição que estão já há algum tempo no mercado, tempo suficiente para que a maioria dos técnicos tenha tido pelo menos alguma experiência com eles.

O principal problema com refrigerantes de substituição é que essas unidades atualizadas em ambientes amenos parecem ter mais problemas do que o normal, quando operam em ambientes de alta temperatura ou cargas pesadas no interior do refrigerador. Os compressores se desligam na sobrecarga em algumas unidades, e outros experimentam enorme refluxo de refrigerante.

Para a finalidade de demonstração neste livro-texto, três unidades de geladeiras comerciais com R12 foram testadas em loja, pelo autor, por mais de duas semanas, na tentativa de recriar os problemas com refrigerantes substitutos, e para encontrar uma solução. As unidades do teste consistiam de uma geladeira de uma porta com um sistema de tubo capilar, um *freezer* de uma única porta com um sistema de tubo capilar e um refrigerador de três portas com um sistema TEV. Todas as temperaturas e pressões com cargas de R12 recomendadas pela fábrica foram

> **VERIFICAÇÃO DA REALIDADE Nº 1**
>
> Substituir um compressor hermético em vez de tentar fazer a troca do óleo pode apresentar melhor relação custo-benefício. Ambas as tarefas levam aproximadamente o mesmo tempo, e o novo compressor vem com o óleo correto. Além do mais, um compressor hermético mais antigo pode não reiniciar depois de passar por um tratamento difícil como um procedimento de troca de óleo.

> **VERIFICAÇÃO DA REALIDADE Nº 2**
>
> Muitas empresas de assistência técnica deixam o óleo mineral no compressor hermético quando atualizam pequenas geladeiras comerciais autônomas. O evaporador e a unidade de condensação são tão próximos (emparelhados próximo) que, aparentemente, o óleo mineral movimenta-se através do sistema sem qualquer problema.

inicialmente registradas em suas condições de projeto. A condição seguinte foi a simulação de um produto quente que foi colocado no interior dos refrigeradores. A terceira e última condição foi a operação do compressor sob altas temperaturas ambiente que as unidades encontrariam em uma cozinha quente.

Cada unidade foi atualizada com três diferentes HCFCs. Após cada atualização, as unidades foram testadas sob as três diferentes condições de operação, que acabamos de mencionar. Uma carga completa de HCFCs de substituição parece sempre causar problemas sob condições de alta temperatura ambiente. Portanto, as quantidades de refrigerantes substitutas foram variadas para determinar qual porcentagem traria as condições de operação mais próxima do R12 original. Os três refrigerantes HCFCs escolhidos para os testes foram R401A, R409A e R414B.

Sistemas: atualização com tubo capilar

Os fabricantes da maioria dos refrigerantes de substituição recomendam usar uma porcentagem (normalmente 80%) da carga de R12 original quando atualizar sistemas criticamente carregados. As recomendações da fábrica foram seguidas, no entanto, logo se tornou aparente que a porcentagem variava, na realidade, baseada no refrigerante, e se a unidade de teste apresentava uma temperatura interna média ou baixa. Cada refrigerante substituto usaria uma porcentagem para os refrigeradores e uma porcentagem diferente para os *freezers*. Tentar decidir qual refrigerante era melhor, e mais fácil de usar, foi um desafio.

Finalmente, algumas semelhanças interessantes tornaram-se evidentes. As descobertas foram verificadas por um engenheiro sênior de aplicações de uma grande fábrica de compressores. Como resultado desses testes, alguns procedimentos definidos foram desenvolvidos para a atualização de R12 nas unidades de tubos capilares com R401A, R409A ou R414B.

Nota: Para usar os procedimentos de troca dados em TROT, o condensador precisa estar totalmente limpo.

EXEMPLO: 2 Suponha que uma carga determinada para a unidade seja 567 g (20 onças) de R12. Sua pressão máxima seria 937,20 kPa man (136 psig) em uma temperatura de condensação de 43,3 °C (consulte a coluna de R12 na Tabela P/T, no Apêndice).

Para atualizar esta unidade com HCFC em uma temperatura ambiente de 26,7 °C seria necessário também trocar uma pressão máxima de 937,20 kPa man(136 psig). Se o HCFC escolhido for R401A, provavelmente seriam necessários apenas 396,9 g (14 onças) (70%) para atingir 937,20 kPa man(136 psig). Se for usado o R414B, seriam necessários provavelmente 510,3 g (180 onças) (90%) para atingir 937,20 kPa man (136 psig). Ambos os refrigerantes vão funcionar muito bem; eles apenas executam o mesmo trabalho com quantidades diferentes. A quantidade de sub-resfriamento é também um indicador da quantidade de refrigerante no sistema. Se houver mais de 11,1 °C de sub-resfriamento, o sistema provavelmente esteja um pouco sobrecarregado. Entretanto, não remova qualquer refrigerante antes de verificar o superaquecimento do evaporador sob condições de alta temperatura ambiente.

Para simular condições ambientais de alta temperatura, bloqueie o condensador e eleve a temperatura de condensação para aproximadamente 51,7 °C, o que equivale a uma temperatura ambiente de 35 °C para uma geladeira comercial de temperatura média. Se ainda houver alguns graus de superaquecimento, isso significa que o sistema não está sobrecarregado e não está inundando o compressor. No entanto, se não houver superaquecimento, então pode ser necessário remover um pouco do refrigerante para impedir formação de líquido no compressor.

O R408A é uma escolha popular para atualizar sistemas com R502; é tão próximo quanto possível de uma substituição muito simples. Em sistemas criticamente carregados, o R408A pode ser avaliado em 100% da placa de identificação, e ele funciona bem. Tecnicamente, esse refrigerante é um HCFC e deve ser usado com óleo de alquilbenzeno. No entanto, a maioria dos técnicos considera desnecessária a troca de óleo, mesmo em câmaras frigoríficas com unidades de condensação remotas. A razão disso pode ser que os sistemas R502 normalmente são *freezers*; portanto, o ciclo de degelo auxilia o retorno do óleo ao compressor.

Sistemas TEV: atualização

Um sistema TEV atualizado com R12 é carregado da mesma maneira que qualquer outro sistema TEV que não esteja criticamente carregado. Em

---

TROT

Carregando um sistema de tubo capilar atualizado

1. Carregue o sistema de modo equivalente às pressões máximas de R12.

Nota: Use um intervalo de temperatura no condensador de 16,7 °C para refrigeradores e um intervalo de temperatura no condensador de 13,9 °C para freezers.

EXEMPLO: Para uma geladeira comercial, se o ambiente estiver a 26,7 °C, carregue a 43,3 °C em 937,20 kPa man (136 psig).

1. O sub-resfriamento deve ser de 2,8 °C a 5,6 °C.
2. Quando o interior do refrigerador estiver em sua temperatura de projeto (3,3 °C para refrigerador e –17,8 °C para *freezer*), o superaquecimento deve ser de cerca de 2,8 °C a 5,6 °C.

Nota: É difícil montar uma sonda de temperatura na parte interna do refrigerador na saída do evaporador. Portanto, meça a temperatura da linha de sucção onde existe a parede interna.

1. Bloqueie o condensador o suficiente para conseguir que a temperatura de condensação suba a 51,7 °C.
2. O superaquecimento diminuirá para cerca de 0,6 °C a 1,1 °C com base na temperatura da linha de sucção a cerca de 15,24 cm (6") do compressor. Se não houver superaquecimento, remova um pouco de refrigerante até que haja algum superaquecimento.

O ponto mais importante desse procedimento de atualização para sistemas de tubo capilar é carregar qualquer que seja o refrigerante usado como se fosse o R12 – não pelo peso, mas pela pressão máxima. Quando carregar o refrigerante HCFC em pressão máxima correta para R12, o peso do refrigerante atualizado usado será de cerca de 70% a 90% da carga crítica de R12 na placa de dados da unidade.

outras palavras, carregue para um intervalo de temperatura no condensador de 16,7 °C (ou 13,9 °C em um *freezer*) e busque um sub-resfriamento de cerca de 5,6 °C. (Use a Tabela P/T do Apêndice para o refrigerante substituto.) A coisa estranha sobre refrigerantes mistos é que o visor de vidro pode estar borbulhando ligeiramente mesmo quando o sistema estiver totalmente carregado. Para verificar se o borbulhar se deve à carga baixa, meça a quantidade de sub-refrigeração no visor. Desde que haja sub-resfriamento, deve haver uma corrente cheia de líquido entrando no visor. No entanto, HCFCs e HCFs misturados são resultado de misturas de refrigerantes, que fervem em diferentes temperaturas e pressões. Portanto, somente um dos refrigerantes na mistura pode estar fervendo no visor, o que não significa necessariamente que todo o refrigerante esteja evaporando instantaneamente.

Outra razão para a formação das bolhas é que o diâmetro interno do visor de vidro pode ser maior do que o do tubo que chega ao visor. Essa ampla área no tubo dá ao refrigerante a oportunidade de por um momento evaporar rapidamente e depois retornar a líquido à medida que continua para dentro da linha de líquido. Nesse caso, o borbulhar dos refrigerantes mistos não significa necessariamente que a TEV seja afetada. Desse modo, acrescentar refrigerante apenas para limpar o visor de vidro pode resultar na sobrecarga da unidade e em problemas com altas pressões máximas.

Recuperação do refrigerante: Procedimentos

Esta seção tem início com os fundamentos da recuperação de refrigerante, seguidos por uma descrição do método de alternar (*push-pull*). Essa técnica acelera o processo de recuperação em sistemas com grande quantidade de refrigerante líquido. Na parte final desta seção, em alguns exemplos, descreve-se como apenas um tanque evacuado frio de recuperação pode ser usado para remover refrigerante líquido, sem o uso de uma máquina de recuperação (ver a Figura 9.2).

A recuperação é sempre feita com compressor da unidade de refrigeração desligado. A seguir, apresenta-se um procedimento de conexão para um tanque e unidade de recuperação:

1. Conecte as mangueiras de sucção e de descarga do tubo de distribuição para as válvulas de serviço em uma unidade de refrigeração.
2. Conecte uma mangueira de carregamento da torneira central no tubo de distribuição para a entrada da máquina de recuperação.
3. Conecte uma mangueira de carregar da saída da máquina de recuperação à válvula do vapor no cilindro de recuperação.
4. Abra as válvulas de entrada e saída da unidade de recuperação.
5. Abra a válvula de vapor no tanque de recuperação e dê partida à máquina de recuperação.
6. Abra a válvula de sucção de serviço tanto da unidade de refrigeração quanto do tubo de distribuição do medidor.

Atualização, Recuperação, Evacuação e Carga

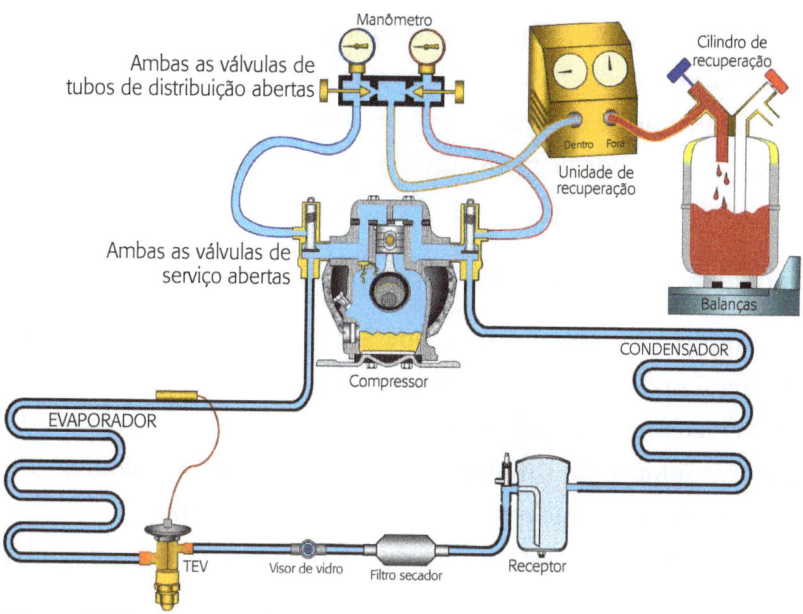

Figura 9.2 Recuperação de vapor padrão de refrigerante. *Cortesia de RTS.*

7. Depois de aproximadamente dois minutos, abra a válvula de descarga de serviço na unidade de refrigeração e no tubo de distribuição do medidor.
8. Todo o refrigerante foi recuperado quando o lado baixo do medidor mostrar que o sistema está em 0 psig, ou mais baixo.

Nota: *Observe o peso do tanque de recuperação à medida que o refrigerante o preenche. Interrompa o processo quando o tanque estiver 80% cheio, pelo peso. Substitua o tanque por um tanque vazio, e termine o processo de recuperação.*

Uma máquina de recuperação é basicamente um pequeno compressor com um condensador. O compressor da unidade de recuperação aspira o vapor para fora da unidade para ser atualizada; o vapor, por sua vez, é comprimido e descarregado no condensador da máquina de recuperação, onde se transforma em líquido. O líquido é removido da máquina e vai para um cilindro de recuperação.

Os compressores de unidades de recuperação, assim como compressores de unidades de refrigeração, podem se danificar ao tentar comprimir líquido. Portanto, todas as unidades de recuperação devem ter somente vapor entrando em suas portas de entrada. Mesmo assim, a literatura sobre a unidade de recuperação pode alegar que ela pode recuperar líquido, na realidade ela deve vaporizar o líquido antes que ele alcance o compressor da unidade de recuperação. Para obter isso, a maioria das unidades de recuperação tem um orifício na entrada do compressor. Se o líquido não entrar na máquina de recuperação, ele evaporará pelo orifício ou pelo dispositivo de medida, antes de entrar no compressor.

O processo de recuperação de vapor, ou de vaporizar líquido, é mais lento do que o movimento do líquido diretamente da unidade de refrigeração para o cilindro de recuperação. A seguir, algumas maneiras de conseguir que a maior parte do líquido saia de um sistema de refrigeração, sem que a unidade de recuperação tenha evaporado o líquido primeiro.

Líquido: recuperação alternante (*push-pull*)

Em sistemas com receptores, o tempo de recuperação pode ser encurtado removendo-se, em primeiro lugar, o líquido do receptor e enviando-o para um cilindro de recuperação. O refrigerante restante é então removido pela recuperação do vapor (ver a Figura 9.3).

Depois que os medidores são instalados em uma unidade, os seguintes passos ligarão a unidade de recuperação e o tanque para o procedimento de alternar:

1. Conecte uma mangueira para carregar da válvula-rei no receptor para a válvula de líquido no tanque de recuperação.
2. Conecte uma mangueira para carregar da válvula do vapor no tanque de recuperação à entrada da máquina de recuperação.
3. Conecte a mangueira para carregar do centro do tubo distribuidor do medidor à saída da máquina de recuperação.
4. Abra a válvula de descarga (localizada no meio) no compressor e abra a válvula do lado alto no tubo distribuidor do medidor.

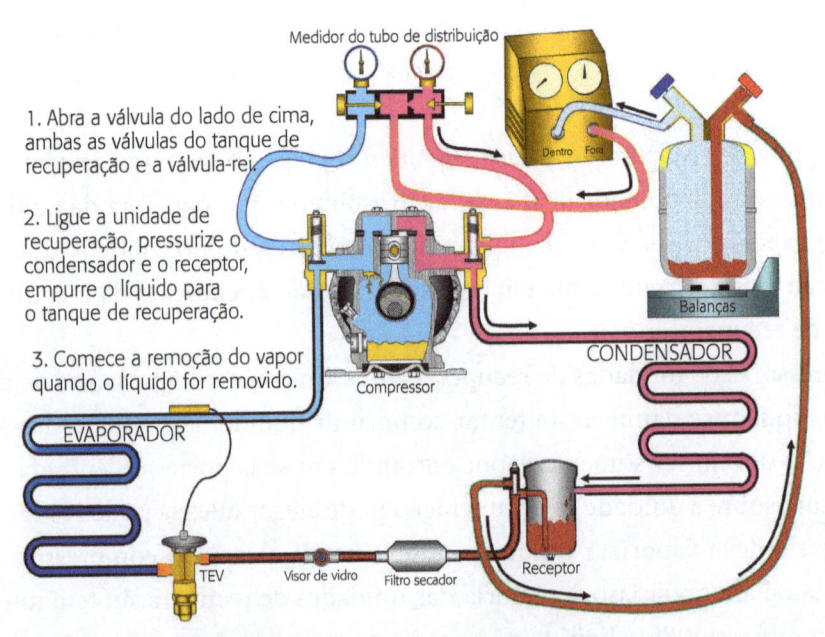

Figura 9.3 Recuperação de líquido pelo método alternante (*push-pull*).
Cortesia de RTS.

5. Abra tanto as válvulas da entrada quanto da saída da unidade de recuperação e as válvulas de vapor e do líquido no tanque de recuperação.
6. Dê partida à unidade de recuperação e depois abra totalmente a válvula-rei para a posição frontal.

A máquina de recuperação reduz a pressão do vapor no tanque de recuperação enquanto aumenta a pressão no sistema de refrigeração. O líquido é forçado a sair da válvula-rei do receptor e ir para o cilindro de recuperação. Após o líquido parar de fluir para fora do receptor, mude as mangueiras de volta para as posições padrão, e coloque no meio a válvula-rei. Continue a recuperação pelo método do vapor até que todo o refrigerante remanescente tenha sido aspirado da unidade de refrigeração.

Figura 9.4 Máquina de recuperação da Appion. *Cortesia da Appion, Inc.*

Há uma máquina de recuperação no mercado que tem grande capacidade de bombear o líquido. O Appion recuperará o vapor em uma velocidade igual a outras máquinas; no entanto, sua velocidade de recuperação de líquido é muitas vezes maior (Figura 9.4). Uma recuperação rápida é um benefício para o técnico e para o cliente.

Recuperação de líquido com um tanque em vácuo

Um cilindro de recuperação evacuado "puxará" uma quantidade surpreendente de líquido para fora do receptor (ver a Figura 9.5). Em sistemas menores, esse método pode ser suficiente para remover todo o líquido do sistema. Simplesmente use uma bomba de vácuo para evacuar um tanque de recuperação vazio. Conecte uma mangueira para carregar de uma válvula-rei no receptor à válvula do líquido no tanque de recuperação. Coloque o tanque de recuperação em uma balança e abra as válvulas de ambas as extremidades da mangueira de carregamento. O refrigerante irá sempre de um lugar de pressão mais alta para um de pressão mais baixa. Quando o peso na balança deixar de aumentar significa que recuperou todo o líquido possível. Uma máquina de recuperação removerá rapidamente o vapor remanescente.

Se houver gelo disponível, quase todo o líquido, mesmo dos sistemas grandes, pode ser recuperado sem o uso de uma máquina de recuperação. Coloque o tanque de recuperação em um recipiente com água gelada. Desde que o líquido no sistema de refrigeração esteja acima da temperatura de congelamento, ele migrará naturalmente para o espaço mais frio no cilindro de recuperação. Além disso, à medida que o líquido mais quente do receptor da unidade é resfriado no frio cilindro de recuperação, sua pressão diminui também. Portanto, o fluxo do refrigerante é ajudado pelo fato de que o refrigerante sempre irá de um lugar com pressão mais alta para uma área de pressão mais baixa.

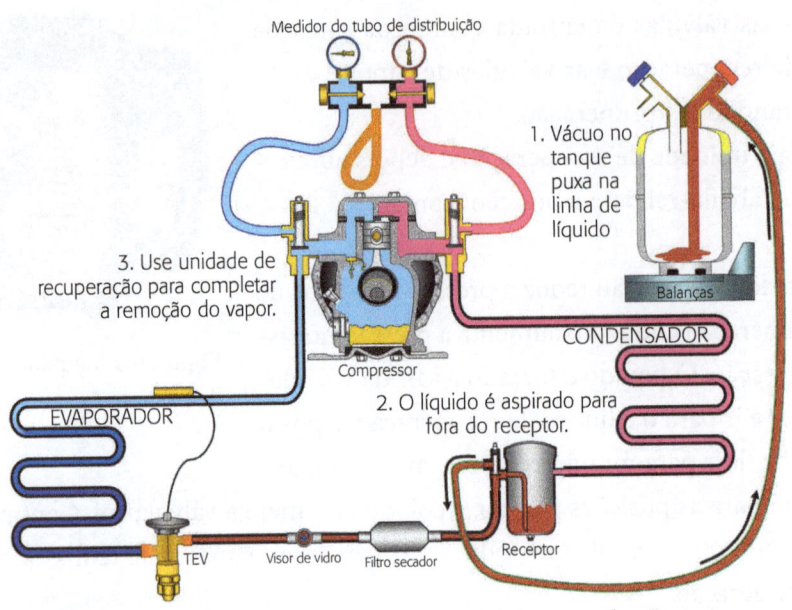

Figura 9.5 Recuperação de líquido em um tanque evacuado. *Cortesia de RTS.*

Conecte uma extremidade de uma longa mangueira de carregar à válvula-rei no receptor. A outra extremidade é afixada a um cilindro de recuperação que está assentado em um recipiente de água gelada. Quando ambas as válvulas são abertas, o líquido do receptor fluirá para o tanque mais frio.

Equipamento de recuperação: manutenção

Instale um pequeno secador de 49,16 cm^3 (3 polegadas cúbicas) na entrada da máquina de recuperação. A maioria dos fabricantes de filtros secadores oferece filtros com saída de flare fêmea de 0,64 cm (¼") e entrada de flare macho de 0,64 cm (¼"), o que funciona bem (Sporlan C – 032 – F). Investir financeiramente em um filtro secador protegerá uma unidade cara de recuperação de ácidos, lama e resíduos que podem ser recuperados com os refrigerantes. Substitua o filtro secador após cada recuperação do esgotamento ou após cada dez recuperações normais.

Cilindros de recuperação

Os cilindros de recuperação cinza e amarelo, usados em refrigeração, são familiares para a maioria dos técnicos, mas há alguns pontos interessantes que devem ser levantados. Duas válvulas estão no topo de um cilindro de recuperação: uma para o vapor e outra para o líquido. No entanto, não há padronização para a cor dessas válvulas. Um fabricante usará a válvula vermelha para líquido, enquanto outro pode colocar uma válvula de vapor vermelha. Certifique-se de que a válvula que conectará seja para vapor ou para líquido.

Os tamanhos mais populares de cilindros de recuperação carregados em caminhões de assistência técnica são os tanques de 22,68 kg (50 libras) e 11,34 kg (25 libras) nominais. Cada cilindro apresenta uma data estampada nele, o que significa que deve ser reinspecionado caso volte para uma fornecedora após aquela data. O *TW* estampado na alça do tanque representa "peso vazio", ou o peso do tanque quando vazio. Se o peso estiver ligeiramente acima do TW, não suponha simplesmente que deva existir algum refrigerante deixado nele. Poderia ser algum óleo acumulado das operações anteriores de recuperação. Coloque também etiquetas em seus tanques com o refrigerante recuperado, assim não há chance de misturar diferentes refrigerantes.

Nota de segurança: *Preencha o cilindro de recuperação apenas até 80% de sua capacidade máxima.*

A regra de preenchimento máximo de 80% é um fator de segurança. Se o tanque for preenchido em mais de 80% de sua capacidade e sua temperatura permitida subir até 51,7 ºC, a expansão do refrigerante pode causar ruptura do tanque. A capacidade de um tanque se estabelece pela quantidade de água que consegue manter, e essa quantidade é também colada na alça, precedida pelas letras WC (*water capacity*) para "capacidade de água". A quantidade de refrigerante que um tanque pode manter depende do tipo de refrigerante e sua temperatura. Para sermos precisos, teríamos de calcular o peso específico do refrigerante usado, compará-lo com a WC e subtrair 20%. No entanto, é mais fácil e mais seguro limitar a quantidade de refrigerante recuperado a 80% de sua capacidade nominal. Por exemplo, caso possua um tanque de 11,34 kg (25 libras), não coloque nada mais que 9,07 kg (20 libras) (11,34 × 0,80 = 9,07) (25 × 0,80 = 20) de refrigerante. Para verificar se um tanque não tem qualquer quantidade a mais do que a capacidade máxima, adicione simplesmente 9,07 kg (20 libras) ao peso vazio e pese-o [9,07 kg (20 libras) + *TW* = peso total máximo]. (Ver a Figura 9.6 para ter um exemplo de informação estampada na alça de um cilindro de recuperação.)

Sistema: Evacuação

O ar no sistema consiste de oxigênio, nitrogênio e qualquer umidade que tenha entrado no sistema com o vapor. As pressões individuais de oxigênio e nitrogênio são adicionadas à pressão do refrigerante do sistema e aumentarão à medida que suas temperaturas sobem. Esse aumento na pressão depende da quantidade de ar aprisionado no sistema, mas pode-se facilmente adicionar 22,68 kg (50 libras) ou mais à pressão máxima. O oxigênio no sistema reage prontamente com outros elementos no sistema para causar ferrugem, corrosão

> **VERIFICAÇÃO DA REALIDADE Nº 3**
>
> Algumas vezes uma medida micrométrica sobe para 750 ou mil mícrons, após a bomba de vácuo ser desligada. Isso poderá constituir uma pequena quantidade de umidade remanescente ou da evaporação do refrigerante. Desde que o nível micrométrico interrompa em um desses níveis, o vácuo do sistema é bom. No entanto, se o nível do vácuo for aumentando, pode haver vazamento.

e queimadura. A umidade, quando combinada com o oxigênio, rapidamente ataca o refrigerante e o óleo, causando a formação de ácido e lodo, o que se evidencia pelo revestimento de cobre e enrolamentos queimados.

Muitas máquinas de recuperação podem "puxar" um leve vácuo no sistema do qual estão recuperando refrigerante. No entanto, os sistemas de refrigeração devem ser evacuados até um nível micrométrico para assegurar que a umidade e os não condensáveis sejam removidos. A maior parte dos fabricantes de equipamentos de refrigeração exige que o sistema mantenha um vácuo de 500 micrômetros antes de carregar o sistema (ver a Figura 9.7).

Nota: Certifique-se de que a estrutura do equipamento de evacuação esteja livre de vazamentos antes de tentar gerar vácuo no sistema de refrigeração.

Conecte os medidores à unidade de refrigeração, a bomba de vácuo e o micrômetro, mas não abra as válvulas de serviço da unidade de refrigeração. Comece a bombear o vácuo e puxe um vácuo de 250 micrômetros a 500 micrômetros e depois desligue a bomba. Um nível micrométrico permanente indica que não há vazamentos nas conexões do equipamento de evacuação para o sistema a ser evacuado.

Finalmente, abra as válvulas de serviço da unidade de refrigeração e reinicie a bomba de vácuo. Qualquer vazamento de vácuo subsequente certamente estará na unidade de refrigeração, e não nas suas conexões.

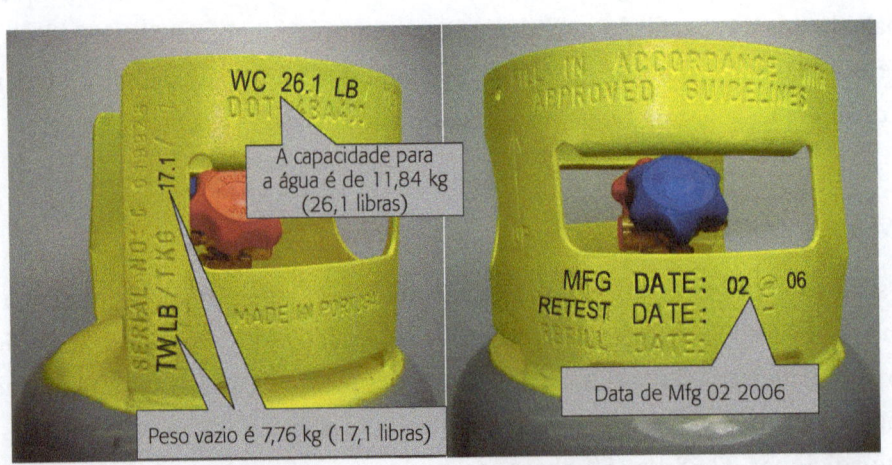

Figura 9.6 Cilindros de recuperação com WC, TW e cones que apresentam datas na alça. *Fotos de Dick Wirz.*

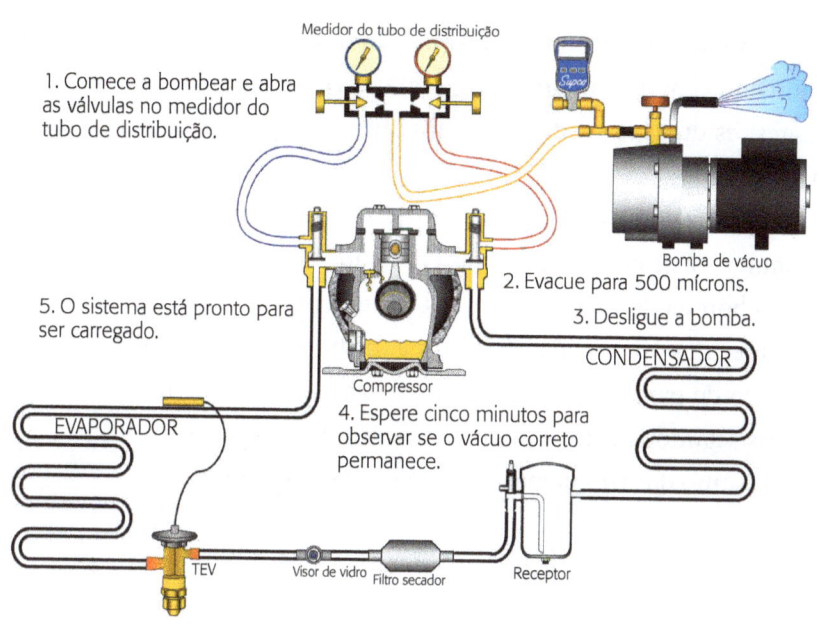

Figura 9.7 Evacuação única. *Cortesia de RTS.*

Tripla evacuação

Todas as afirmações a seguir são verdadeiras:
- » Se o vácuo for mantido de 500 a mil mícrons, o sistema encontra-se seco e está sem os não condensáveis.
- » A maior parte das evacuações únicas é realizada como uma medida preventiva, caso haja uma pequena quantidade de umidade ou ar no sistema.
- » Uma única evacuação para 500 mícrons é normalmente mais rápida do que uma evacuação tripla.

No entanto, há vezes em que uma evacuação tripla é necessária; por exemplo, um condensador com água fria que tenha estourado e a água, entrado no sistema. Ou se o sistema desenvolveu um vazamento na parte de baixa e gerou vácuo, ele definitivamente puxou ar e umidade para o interior do sistema. E, finalmente, contaminantes certamente serão um problema se o sistema for aberto para a atmosfera por algum tempo.

O equipamento de evacuação é conectado da mesma maneira para uma evacuação tripla e para uma evacuação única, exceto que providências devem ser tomadas para introduzir nitrogênio seco no sistema. O fabricante dos compressores Copeland (Emerson Climate Technologies, Inc.) recomenda duas evacuações para 1500 mícrons e no final para 500 mícrons. Os dois primeiros vácuos devem ser quebrados para 13,78 kPa man (2 psig) a cada vez com nitrogênio seco. O nitrogênio absorverá qualquer umidade residual, o que torna a próxima evacuação mais eficiente. Por exemplo, se a primeira evacuação removeu 98% dos contaminantes, a evacuação seguinte removeria 98% dos 2% remanescentes. Após a terceira evacuação, a porcentagem do contaminante remanescente seria 2% × 2% × 2% ou 0,0008%. Os contaminantes residuais são reduzidos para um nível tão baixo que não representam mais perigo para o sistema.

Se um sistema apresentar um problema de alta umidade, realizar vácuo removerá a maior parte dela. No entanto, a umidade deve estar em estado de vapor antes que possa ser arrancada para fora por uma bomba de vácuo. Gotículas de água permanecem sob o óleo refrigerante se elas não forem aquecidas ou movidas de alguma forma para dar à água a chance de se separar do óleo. O processo de tripla evacuação cuida dessa preocupação fazendo funcionar o compressor por alguns segundos entre a primeira e a segunda evacuação.

A seguir, um resumo das três etapas de uma evacuação tripla:

Etapa 1: *Evacue o sistema para 1.500 mícrons (Figura 9.8)*

Etapa 2: **Rompa o vácuo** *adicionando nitrogênio ao sistema até que as pressões estejam em cerca de 13,78 kPa man (2 psig). Interrompa o nitrogênio, dê partida ao compressor e deixe-o funcionar por cerca de cinco segundos. Desligue o compressor e gere o segundo vácuo a 1.500 mícrons (Figura 9.9).*

Etapa 3: *Quebre o vácuo de novo com nitrogênio. Interrompa o nitrogênio e gere um terceiro vácuo para 500 mícrons.*

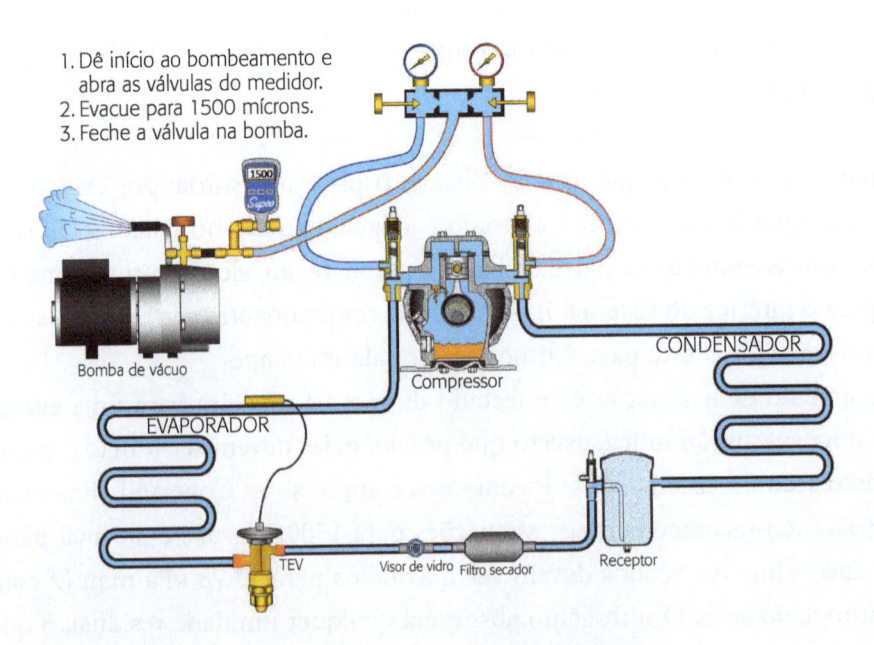

Figura 9.8 Etapa 1 da tripla evacuação. *Cortesia de RTS.*

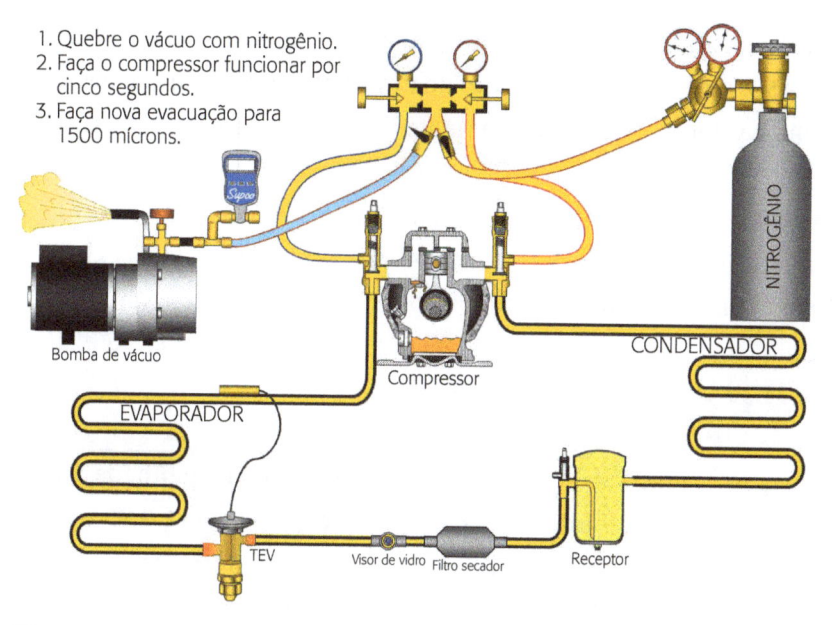

Figura 9.9 Etapa 2 da evacuação tripla. *Cortesia de RTS.*

O sistema deve agora estar livre de umidade e de não condensáveis. Desde que o vácuo mantenha mil mícrons, o sistema está pronto para ser carregado.

Bomba de vácuo e micrômetro: dicas de manutenção e operação

As bombas de vácuo só removem vapor; elas não podem remover ácido, lodo, resíduos ou líquido. Os filtros secadores no sistema de refrigeração são projetados para remover esses contaminantes que não são vapor.

Se a bomba de vácuo tiver uma maçaneta como válvula de lastro de gás, abra-a logo antes de começar a bombear. Isso abrirá a primeira etapa de uma bomba de duas etapas e "puxará" o ar principal carregado de umidade para fora do sistema, sem contaminar o óleo da bomba. Depois de alguns minutos de funcionamento, feche a válvula de lastro, isso permitirá que a bomba utilize sua segunda etapa para gerar o vácuo profundo. Deixe a válvula de lastro fechada enquanto a bomba é desligada.

Assegure-se de trocar o óleo da bomba de vácuo depois de evacuar um sistema que continha muita umidade ou um compressor desgastado. Recoloque o óleo após cada cinco evacuações normais. O óleo em uma bomba de vácuo pode absorver umidade apenas por estar em um caminhão ou em uma loja. Portanto, sempre que a bomba parecer lenta em gerar vácuo, troque o óleo e tente novamente.

Um fator que não é completamente avaliado pela maioria dos técnicos é a criticidade do funcionamento de uma bomba de vácuo para o tamanho das mangueiras conectadas e peças de equipamentos. Embora mangueiras de dimensão interna de 0,64 cm (¼") sejam boas para

pequenos sistemas, sistemas maiores devem usar mangueiras de 0,95 cm (3/8") a 1,27 cm (½")
As Tabelas 9.1 e 9.2 constituem adaptações de um catálogo de informações de um fabricante de bombas sobre a velocidade de bombeamento de bombas de vácuo rotativas.

Nota: *O volume interno nas Tabelas 9.1 e 9.2, 3,54 m³ (5 pés cúbicos), representa um sistema relativamente grande. Em comparação, somente 1/10 desse tamanho ou 0,0035 m³ (0,5 pé cúbico) constitui o volume interno de aproximadamente 30,48 m (100') de uma tubulação de refrigerante de 2,86 cm (1 1/8"), ou 280,4 m (920') de tubulação de 0,95 cm (3/8"), ou um cilindro de recuperação de 11,34 kg (25 libras) nominais.*

Com base nas informações da Tabela 9.1, mais eficiência é ganhada aumentando o tamanho da linha de dimensão interna (DI) de 0,64 cm (¼") para 0,95 cm (3/8") em uma bomba de 0,028 metro cúbico por minuto (mcm) [1 pé cúbico por minuto (cfm)] do que é ganhada, colocando uma bomba de 0,14 mcm (5 cfm) em uma conexão original de 0,64 cm (¼"). Para benefício maior, ambos os tamanhos de linha e o tamanho da porta do medidor devem ser aumentados.

Tabela 9.1 Velocidade líquida de bombeamento em mcm (cfm) para uma bomba de vácuo em mil mícrons

Tamanho da bomba de vácuo mcm (CFM)	Capacidade de bombeamento com mangueira de 15,24 cm (6") mcm (cfm)		
	Mangueira de ID 0,64 cm (¼")	Mangueira de ID 0,95 cm (3/8")	Mangueira de ID 1,27 cm (½")
0,028 (1)	0,0065 (0,23)	0,017 (0,60)	0,0246 (0,87)
0,056 (2)	0,0073 (0,26)	0,0235 (0,83)	0,0424 (1,50)
0,14 (5)	0,0082 (0,29)	0,0314 (1,11)	0,0835 (2,95)

Fonte: adaptado do Manual de Refrigeração da Emerson Climate Technologies, Inc.

Tabela 9.2 Tempo estimado para a bomba de vácuo puxar para 500 mícrons para um volume interno de 0,14 m³ (5 pés cúbicos)

Tamanho da bomba de vácuo mcm (CFM)	Tempo para baixar para 500 mícrons com uma mangueira de 15,24 cm (6") (Minutos)		
	ID da mangueira 0,64 cm (¼")	ID de mangueira 0,95 cm (3/8")	ID de mangueira 1,27 cm (½")
0,028 (1)	78	51	45
0,056 (2)	56	29	23
0,14 (5)	43	16	10

O VOLUME DO SISTEMA É DE 0,14 M³ (5 PÉS CÚBICOS).

Fonte: adaptado do Manual de Refrigeração da Emerson Climate Technologies, Inc.

A Tabela 9.2 ilustra como os tempos de evacuação são grandemente reduzidos pelo uso de mangueiras maiores. Por exemplo, usar mangueiras de 1,27 cm (½") em uma bomba de 0,028 mcm (1 cfm) permite-lhe gerar vácuo de 500 mícrons quase tão rapidamente quanto uma bomba de 0,14 mcm (5 cfm) usando mangueiras padrão de 0,64 cm (¼"). Da mesma forma, apenas aumentar o tamanho da mangueira de 0,64 cm (¼") para 0,95 cm (3/8") em uma bomba de 0,14 mcm (5 cfm) permite que o tempo de evacuação seja reduzido em quase ⅔.

Usar mangueiras maiores durante o tempo de evacuação poderia ser a resposta para os técnicos que não querem gastar tempo para gerar um bom vácuo.

Cálculos para determinar o tempo de remoção são muito complicados, possuem muitas variáveis e diferirão de acordo com o projeto e a qualidade de determinada bomba. Portanto, as informações na Tabela 9.2 são, no melhor dos casos, uma aproximação e devem ser usados somente para fins de ilustração.

Mangueiras largas com medidores permitem que a bomba gere vácuo mais depressa. Mesmo sendo as mangueiras grandes conectadas a portas originais pequenas de medidores, o tamanho maior de mangueiras reduz a restrição total durante a evacuação. Alguns técnicos usam mangueiras trançadas de aço inoxidável. Os fabricantes de mangueiras de metal alegam que elas têm baixa resistência à pressão e são menos porosas do que as mangueiras com medidores normais emborrachadas. É uma boa ideia ter um conjunto de medidores de quatro válvulas apenas para a evacuação. A mangueira extra torna mais fácil introduzir o nitrogênio durante as triplas evacuações, para sistemas que exigem uma torneira extra para desviar da válvula solenoide, ou para carregar depois que a evacuação estiver completada.

Micrômetros são muito sensíveis ao óleo e à alta pressão. A maioria dos micrômetros digitais tem uma porta de entrada e de saída para que possam ser instalados na linha entre a unidade de refrigeração e a bomba de vácuo. Se o vapor de óleo for extraído da unidade de refrigeração e através do micrômetro, ele entupirá o equipamento eletrônico no medidor e causará seu mau funcionamento. No entanto, um pouco de álcool derramado nas portas do medidor deve limpar o óleo, e o micrômetro voltará a sua operação exata.

Em lugar de ter o vácuo gerado através do micrômetro, use apenas uma das portas do medidor e coloque um T na linha. Também, uma pressão positiva acima de 1033,67 kPa man (150 psig) pode danificar o sistema eletrônico no medidor. Certifique-se de que o micrômetro esteja isolado do sistema durante o carregamento e enquanto o sistema está em funcionamento.

Sistema: Partida e carregamento

O método padrão de carregamento dos CFCs era o de dar partida no compressor e carregar vapor de refrigerante através da válvula de sucção de serviço. No entanto, misturas de refrigerantes se fracionarão ou evaporarão em refrigerantes individuais, se liberados do tanque

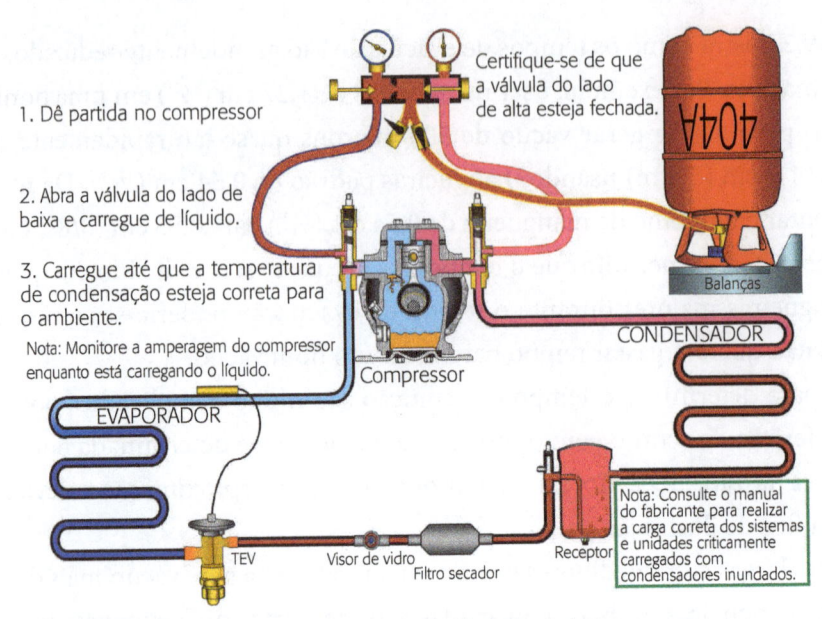

Figura 9.10 Carregando líquido realizado do lado de baixa, com o compressor em funcionamento. *Cortesia de RTS.*

como vapor. Portanto, todos os HCFC misturados e os refrigerantes HFC misturados devem ser carregados em forma líquida por meio da válvula de sucção (ver a Figura 9.10).

Para evitar dano de líquido ao compressor, monitore a amperagem do compressor durante o processo de carregamento. Se o compressor der a partida "puxando" mais de 10% acima da placa de indicação, pode haver muita quantidade de líquido entrando no compressor. Reduza também a velocidade do fluxo ou interrompa o carregamento até que essa camada desapareça se a válvula de sucção no compressor começar a formar uma fina camada de gelo.

Em sistemas maiores, o processo de carregamento acontecerá mais rapidamente se o líquido for alimentado do lado de alta do sistema, o que somente pode ser feito se o compressor estiver desligado e o sistema estiver no vácuo.

Nota: *Consulte o manual do fabricante para realizar a carga correta dos sistemas e unidades criticamente carregados com condensadores inundados.*

O vácuo inicialmente atrairá do tanque de refrigerante grande quantidade de líquido para o interior da unidade, pelo lado de alta da válvula de carregamento, e para o interior da válvula de descarga de serviço do compressor (ou a válvula-rei do receptor). Quando as pressões se **equalizarem** (lados de alta e de baixa estiverem com a mesma pressão), desligue o lado de alta do tubo de distribuição de carga. Abra a válvula do lado de baixa no tubo de distribuição de carga, inicie o compressor e complete a carga por meio da válvula de serviço de sucção (Figura 9.11).

Nota: *Não use este método em sistemas pequenos que mantêm menos de 2,27 kg (5 libras) de refrigerante. O vácuo atrairá muito refrigerante para o interior do sistema, resultando em sobrecarga. Em vez disso, carregue sistemas pequenos somente por meio da válvula de serviço de sucção enquanto o compressor estiver funcionando.*

Carga: como saber se está correta

Os **sistemas criticamente carregados** têm **carga definida** determinada pela fábrica. Se a placa indicativa na unidade indica 567 g (20 onças) de R404A ou 1417,5 g (50 onças) de R134a, isso significa que a carga é muito importante. Portanto, use uma balança eletrônica para pesar a quantidade exata de refrigerante e colocar na unidade. Desde que todos os componentes do sistema estejam funcionando corretamente, a unidade manterá as pressões corretas e temperaturas após carregar. No entanto, uma pequena sobrecarga ou subcarga de 10% impedirá o sistema de funcionar corretamente.

Em todos os outros sistemas, carregue refrigerante por meio da válvula de sucção e observe o medidor de pressão de descarga. Interrompa o carregamento quando a temperatura de condensação estiver igual à temperatura ambiente mais o intervalo de temperatura do condensador para aquela unidade.

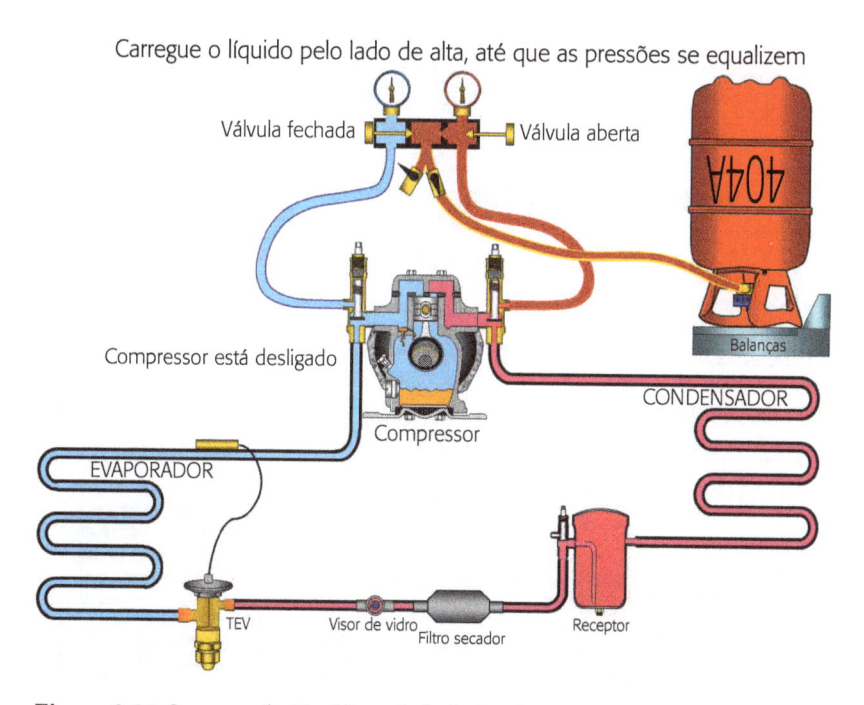

Figura 9.11 Carregando líquido pelo lado de alta, com o compressor desligado. *Cortesia de RTS.*

EXEMPLO: 3 Uma câmara frigorífica padrão é carregada com R404A em temperatura ambiente de 29,4 °C. A diferença de temperatura no condensador é de 16,7 °C, assim, a temperatura de condensação deve ser de 46,1 °C (29,4 °C + 16,7 °C). Na temperatura de condensação de 46,1 °C, a pressão de R404A deve ser de cerca de 2012,22 kPa man (292 psig).

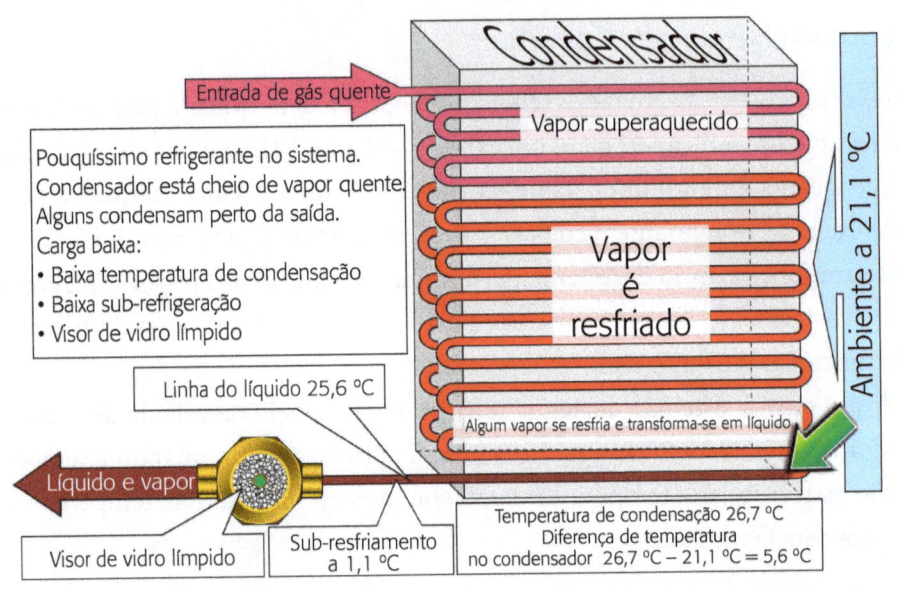

Figura 9.12 Um exemplo de como a carga baixa de refrigerante afeta o condensador. *Cortesia de Refrigeration Training Services.*

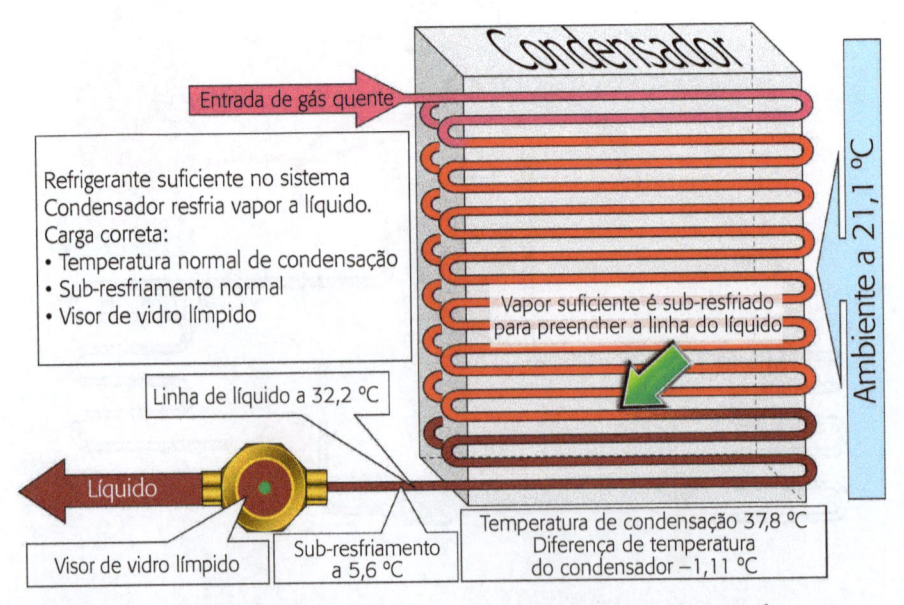

Figura 9.13 Um exemplo de condensador com a carga correta. *Cortesia de Refrigeration Training Services.*

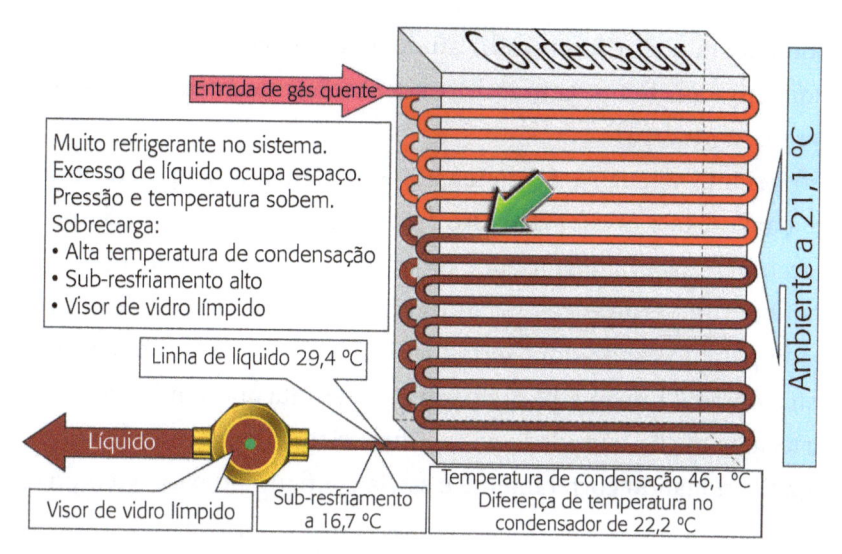

Figura 9.14 Um exemplo de um condensador com muito refrigerante (sobrecarga). *Cortesia de Refrigeration Training Services.*

Para verificar a carga correta, verifique o sub-resfriamento. Algo abaixo de 2,8 °C indica carga baixa e mais de –11,1 °C aponta para uma sobrecarga. Se a unidade possuir um visor de vidro, ele deve estar limpo, sem bolhas, exceto por um borbulhar menor ocasional de refrigerantes misturados, o que foi descrito anteriormente neste capítulo.

As Figuras 9.12 a 9.14 fornecem a representação visual do que acontece no condensador à medida que o refrigerante é adicionado a uma unidade durante a partida. A Figura 9.12 ilustra os estágios iniciais de carregamento. O condensador basicamente tem vapor em seu interior, o que se evidencia pelas baixas temperaturas de condensação, ausência ou pouca sub-refrigeração e bolhas no visor de vidro.

À medida que mais refrigerante é acrescentado, a Figura 9.13 mostra como o líquido condensa e se evapora. À medida que a quantidade de refrigerante no sistema aumenta, líquido suficiente será formado no fundo do condensador para preencher a linha de líquido que deixa o condensador. Quando a linha de líquido estiver repleta, as bolhas de vapor de refrigerante sumirão do visor de vidro.

Um visor de vidro límpido no condensador não significa necessariamente que o sistema esteja totalmente carregado, especialmente se a unidade possuir uma linha de líquido longa correndo para o evaporador. O sistema na Figura 9.13 pode ter um visor de vidro límpido e diferença de temperatura de 16,7 °C, mas o sub-resfriamento pode estar em qualquer faixa entre 2,8 °C e 11,1 °C. Se o evaporador estiver a 30,48 m (10') do condensador, então muito pouco sub-resfriamento é necessário, mas o funcionamento longo ou a elevação vertical pode exigir mais sub-refrigeração para superar a queda de pressão.

A sobrecarga pode ser um problema também, como a Figura 9.14 mostra. Refrigerante demais significa que mais líquido está condensando, ocupando espaço no condensador. O espaço reduzido exigirá que o compressor aumente a pressão de descarga para empurrar o vapor para o condensador. Temperaturas de condensação aumentadas e alto sub-resfriamento são indicadores de sobrecarga.

Quando refrigerante suficiente é adicionado ao sistema, a temperatura de condensação é normal para a aplicação e o visor de vidro está livre de bolhas. Mas não pare aí. Verifique a sub-refrigeração para saber a quantidade de refrigerante que se encontra no condensador. Assegure-se, também, de verificar o superaquecimento do evaporador, de que haja refrigerante suficiente indo para o evaporador. Verifique o superaquecimento quando o sistema tiver baixado para sua temperatura do espaço de projeto. Permita que a unidade interrompa o ciclo e volte por seu termostato. Se a unidade possuir um relógio de descongelamento, certifique-se de que ele esteja funcionando corretamente e esteja configurado para o tempo certo do dia.

Medidores da unidade: remoção

A seguir, temos os passos para remover corretamente os medidores de um sistema enquanto o compressor está em funcionamento.

1. Coloque na parte de trás a válvula do lado alto onde a mangueira de medida do lado alto está conectada.
2. Desligue a válvula do tanque.
3. Abra a válvula do lado alto no tubo de distribuição do medidor.
4. Abra a válvula do lado baixo no tubo distribuidor do medidor.
5. Abra a válvula de serviço de sucção. Isso purgará o refrigerante de pressão alta nas mangueiras para o lado baixo do sistema.
6. Coloque na parte de trás a válvula de serviço de sucção e remova os medidores.

Isso não somente salva o refrigerante, mas também evita a descarga descuidada de gás quente e óleo da mangueira do lado de alta quando ela é desconectada (Figura 9.15).

Carregando para condições de baixa temperatura ambiente

Em um condensador padrão sem controles de ambiente de baixa temperatura, carregar refrigerante somente até o visor de vidro se tornar limpo significa que a unidade possui apenas refrigerante suficiente para funcionar em ambiente corrente, ou mais quente. Se a temperatura ambiente cair, assim também cairá a pressão máxima, que pode causar evaporação instantânea na linha de líquido. Por exemplo, limpar o visor de vidro a 37,8 °C não significa que haverá refrigerante suficiente em um condensador de *freezer* de câmara frigorífica, quando a temperatura ambiente chegar a 21,1 °C. No entanto, os técnicos normalmente adicionam mais refrigerante "só para ter certeza", o que algumas vezes aumenta o sub-resfriamento o suficiente

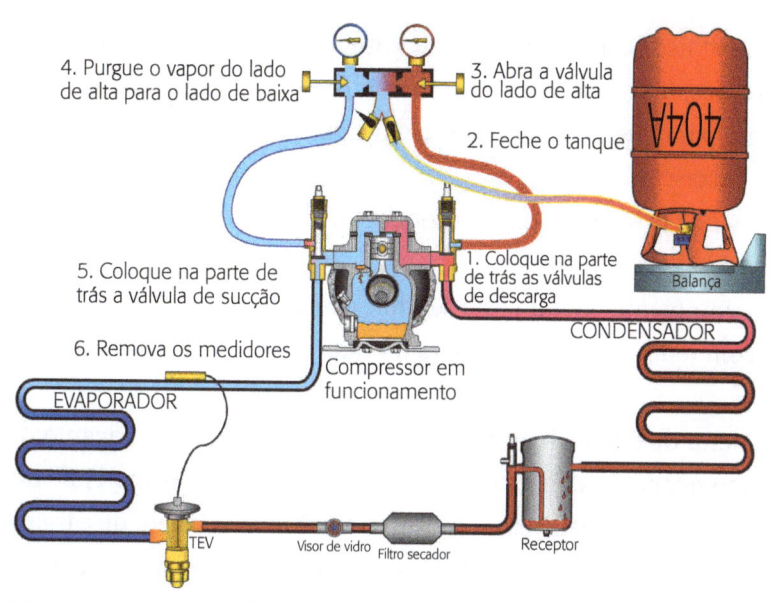

Figura 9.15 Remover de forma correta os medidores com o compressor em funcionamento. *Cortesia de RTS.*

para assegurar funcionamento correto em temperaturas baixas. Além disso, quando a temperatura ambiente diminui para aproximadamente 15,6 °C, a maior parte das unidades começa a ter problemas.

Uma unidade que não tem qualquer controle de ambiente de baixa temperatura terá pressão máxima baixa durante condições ambientais de baixa temperatura. Se a pressão máxima diminuir abaixo de um mínimo (normalmente pressão equivalente a 32,2 °C de temperatura de condensação), a pressão do líquido que entra em uma TEV padrão não será suficiente para o dispositivo de medida funcionar corretamente. Pressão baixa na entrada da TEV pode resultar em oscilação da válvula, subcarga ou inundação.

Uma unidade de condensação que possui válvula reguladora de pressão máxima (HPR) manterá sua pressão de condensação mínima estabelecida em condições de baixa temperatura ambiental. A válvula, localizada na saída do condensador, impedirá o refrigerante de sair do condensador até estar no mínimo estabelecido para a válvula HPR. Retornar líquido ao condensador diminui a área de condensação disponível, o que aumenta a pressão máxima. Isso é o que acontece em uma unidade padrão se ela for sobrecarregada com refrigerante. A válvula HPR manterá a pressão máxima em ambientes de temperaturas muito baixas, desde que a unidade esteja corretamente carregada. Carga correta significa que deve haver refrigerante suficiente para preencher o condensador em certa porcentagem de sua capacidade para manter elevada a pressão máxima. Embora nenhum condensador necessite preencher sua capacidade total, não é raro que condensadores estejam com 75% a 85% preenchidos com líquido para manter pressão máxima mínima de válvulas em ambientes externos com temperatura abaixo de –17,8 °C.

A maioria dos técnicos carrega as unidades limpando a linha de líquido do visor de vidro. A questão permanece, uma vez que o visor de vidro esteja limpo, quanto refrigerante mais o sistema necessitará para que a válvula mantenha a pressão máxima no mínimo em ambientes de temperaturas baixas?

A resposta depende principalmente de todos os três fatores seguintes:
1. Dimensão do condensador
2. A temperatura ambiente quando está sendo carregado
3. O ambiente com temperatura mais baixa no qual se espera que a unidade funcione.

A melhor maneira de determinar a carga correta é contatar o fabricante do equipamento e solicitar suas recomendações. Por exemplo, Russell (parte do Grupo HTP de Witt, Kramer, Coldzone e Carrier Commercial Refrigeration) possui uma etiqueta de carga em suas unidades e tabelas para cada uma de suas unidades de condensação. Se a temperatura de condensação for de 40,6 °C ou mais, simplesmente limpe o visor de vidro e depois avalie a quantidade adicional conforme sua tabela ou quantidade da etiqueta para aquela unidade. Se carregar em condições ambientais de baixa temperatura, bloqueie o condensador simplesmente e carregue até que a temperatura de condensação suba a 40,6 °C. Depois, avalie a quantidade adicional conforme a tabela ou a etiqueta para aquela unidade.

Se as informações do fabricante não estiverem disponíveis, a melhor coisa a fazer é ir para o web site da Sporlan (Parker) e baixar o Boletim 90 – 30 – 1 (http://sporlan.jandrewschoen.com/90-30-1.pdf). O documento de quatro páginas fornece recomendações explícitas para carregar unidades de condensação com e sem descarregamento do cilindro do compressor, com temperaturas do evaporador de 10 °C a −37,2 °C, unidades usando 13 dos refrigerantes mais comuns, com tubulação de condensador de dimensão 0,95 cm (3/8") a 3,5 cm (1 3/8"), e operando em ambientes externos de 26,7 °C a −40 °C.

Os técnicos têm suas próprias *regras de ouro* favoritas para carregar as unidades para condições ambientais de temperatura baixa. Alguns alegam obter bons resultados quando carregar em ambientes de 21,1 °C ou acima, mantendo o visor de vidro límpido e adicionando 25% de refrigerante. Outros alegam que carregar um sistema com aproximadamente 2 kg (4,5 libras) de refrigerante por cv funciona bem. Outros técnicos verificam as especificações da fábrica para o tamanho do receptor e avaliam uma quantidade igual a 90% da capacidade do receptor. Isso certamente seria a carga máxima que alguém gostaria de colocar na unidade, não importa qual seja a condição ambiental.

Uma palavra de precaução deve ser dita nesse ponto. Primeiro, um sistema não deve jamais ser carregado em mais de 90% da capacidade do receptor, a menos que seja recomendado pelo fabricante do equipamento. Segundo, o lugar onde a válvula solenoide de evacuação do fluxo do refrigerante está localizada pode ser crítico. A carga total de um sistema inclui o refrigerante na linha de líquido. Onde esse líquido é armazenado depende de onde o solenoide de evacuação do fluxo de refrigerante é instalado. Se a válvula estiver na extremidade da linha de líquido próxima da TEV, então, durante a evacuação da linha de líquido, torna-se o local de armazenamento adicional para o receptor. No entanto, se a válvula estiver localizada na unidade remota de condensação, perto da saída do receptor, então todo o líquido na linha deve ser bombeado para fora e adicionado ao receptor. Se a linha de líquido for longa, esse refrigerante adicional pode ser apenas suficiente para sobrecarregar o receptor e fazer com que o sistema desligue em alta pressão máxima durante a evacuação.

Há ainda mais uma opção para carregar um sistema de condensador inundado: é uma versão simplificada do boletim da Sporlan e deve ser razoavelmente precisa para sistemas de até 7,5 cv com tubo de condensador de 0,95 cm (3/8") e 1,27 cm (½").

1. Determine o comprimento total da tubulação reta do condensador.
2. Conte o número de curvas em U e multiplique por 7,6 cm (0,25').
3. Adicione os dois números para o comprimento total equivalente da tubulação do condensador.

EXEMPLO: 4 27,43 m (90') de tubulação + 40 curvas em U = 27,43 (90') + (40 × 0,076) (40 × 0,25) = 27,43 m (90') + 3,05 m (10') = 30,48 m (100').

4. Multiplique o comprimento do tubo pela quantidade de refrigerante que o tubo pode conter. [0,0744 kg (0,05 libra) é o peso por metro (pé) de refrigerante líquido para tubo de 0,95 cm (3/8"), e 0,1488 kg (0,10 libra) por metro (pé) para tubo de 1,27 cm (½").]

Consulte a Figura 9.16 para calcular o comprimento da tubulação e a capacidade de refrigerante de um condensador com 30,48 m (100') de tubo de 1,27 cm (½").

EXEMPLO: 5 30,48 m × 0,1488 kg por metro = 4,536 kg de refrigerante (100' × 0,10 libra por pé = 10 libras de refrigerante).

Suponha que carregamos uma unidade de temperatura média em uma temperatura externa de 21,1 °C. Se apenas mantivermos o visor de vidro límpido, e a menos de 2,8 °C de sub-resfriamento, a unidade possui apenas carga suficiente para preencher a linha de líquido e funcionar em ambiente de 21,1 °C ou acima.

Se houver um total de 30,48 m (100') de tubulação de 1,27 cm (½") no condensador, levaria 4,536 kg (10 libras) de refrigerante depois de limpar o visor de vidro para preencher o condensador com 100% de líquido. Naturalmente, jamais desejaríamos preencher o condensador com líquido porque a unidade desligaria em segurança de alta pressão máxima.

No entanto, à medida que a temperatura do ambiente cai, a válvula HPR congestionará o condensador para aumentar a pressão máxima a sua pressão estabelecida (normalmente

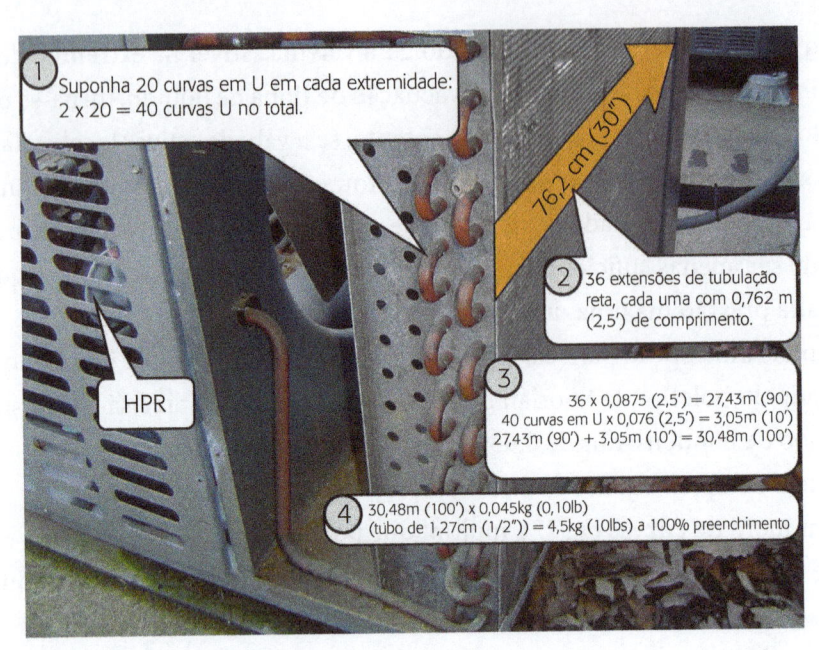

Figura 9.16 Calculando o comprimento da tubulação para o condensador preencher sua capacidade. *Foto de Dick Wirz.*

1240,41 kPa man (180 psig) para R22. Se soubermos qual a temperatura mais baixa do ambiente que o condensador experimentará, então, podemos usar os dados da Tabela 9.3 para determinar a porcentagem do condensador que será necessária preencher para manter a configuração da pressão máxima de um válvula HPR.

Tabela 9.3 Porcentagem do preenchimento do condensador exigido em ambientes de –23,3 °C a 26,7 °C

Ambiente °C	Baixo Evaporador a –31,7 °C (% de preenchimento)	Médio Evaporador a –6,7 °C (% de preenchimento)	Alto (AC) Evaporador a 4,4 °C (% de preenchimento)
26,7	15	0	0
21,1	50	0	0
15,6	65	35	20
10	75	50	40
4,4	80	60	50
–1,1	80	65	60
–6,7	85	70	65
–12,2	85	75	75
–17,8	90	80	80
–23,3	90	85	85

Na Tabela 9.3, resumem-se os dados para condensadores baixo, médio e alto (ar-condicionado) com válvulas HPR, ou *válvulas de contenção*. Os números em cada coluna são as porcentagens de inundação do condensador exigidas por uma válvula HPR em ambiente de temperaturas listadas na coluna da esquerda.

Previamente mantemos o visor límpido quando carregando uma câmara frigorífica de temperatura média em um ambiente de 21,1 °C. Depois de calcular a extensão total equivalente de tubulação de condensador de 0,95 cm (3/8"), determinamos que o condensador poderia receber mais 2,27 kg (5 libras) para preencher completamente o condensador em 100% de sua capacidade. Se a temperatura projetada para o inverno para uma localização da unidade for de –17,8 °C, então, de acordo com a Tabela 9.3, precisamos adicionar refrigerante suficiente para preencher 80%. Portanto, adicionaríamos 1,81 kg (2,27 kg × 80% = 1,81 kg) (5 libras × 80% = 4 libras).

E se estivéssemos carregando uma câmara frigorífica de temperatura média, quando estiver 4,4 °C externamente? Quanto mais adicionaríamos depois de obter o visor de vidro límpido para manter a pressão máxima correta quando a temperatura ambiente diminuir para –17,8 °C?

Se obtivermos um visor de vidro límpido a uma temperatura ambiente de 4,4 °C, significa que a válvula HPR está congestionada com refrigerante suficiente para preencher 60% do condensador. [Consulte a Tabela 9.4 para esse exemplo de uma unidade de temperatura média em ambiente de 4,4 °C.] Portanto, precisamos apenas adicionar outros 20% para que a capacidade do condensador atinja os 80% exigidos para preencher em um ambiente de –17,8 °C. Isso significa que somente 0,45 kg (1 libra) de refrigerante adicional é necessária (2,27 kg × 20% = 45 kg) (5 libras × 20% = 1 libra).

A seguir, apresentamos mais alguns exemplos.

1. Unidade de temperatura média (evaporador a –6,7 °C) é carregada para manter o visor de vidro límpido em uma temperatura ambiente de 26,7 °C e a temperatura do ambiente mais baixa no inverno é de –12,2 °C (Tabela 9.5).
    » O condensador tem uma tubulação de 57,9 m (190') de 0,95 cm (3/8") e 40 curvas em U.
    » O comprimento equivalente de um tubo é 57,9 m (190') + [40 curvas U × 0,076 m (0,25') por curva U = 3,1 m] = 61 m (200').
    » 61 m (200') × 0,0227 kg (0,05 libra) por 0,3048 m (1 pé) [para tubulação de 0,95 cm (3/8")] = 54 kg (10 libras) de refrigerante adicional para encher 100% da capacidade do condensador.
    » Em temperatura ambiente de 26,7 °C, quando carregado para obter visor de vidro límpido, o condensador é considerado 0% cheio.
    » Em temperatura ambiente de –12,2 °C, o condensador precisa estar 75% cheio de líquido.
    » 75% × 4,536 kg = 3,4 kg (75% × 10 libras = 7,5 libras) – mais refrigerante é necessário para operação em ambiente de baixa temperatura.
2. Uma unidade de baixa temperatura (evaporador a –31,7 °C, é carregada para manter um visor de vidro límpido em ambiente de 21,1 °C e a temperatura ambiente mais baixa de inverno para a área é de –17,8° C (Tabela 9.6).

Tabela 9.4 Exemplo de carregamento de uma unidade de temperatura média em um ambiente de 40 °F (4,4 °C) com refrigerante suficiente para operar em um ambiente a 0 °F (−17,8 °C).

Ambiente °C	Baixa temperatura do evaporador −31,7 °C (% de preenchimento)	Evaporador com temperatura média −6,7 °C (% de preenchimento)	Alto (AC) + Evaporador a 4,4 °C (% de preenchimento)
26,7	15	0	0
21,1	50	0	0
15,6	65	35	20
10	75	50	40
4,4*	80	60*	50
−1,1	80	65	60
−6,7	85	70	65
−12,2	85	75	75
−17,8**	90	80**	80
−23,3	90	85	85

* Visor de vidro límpido (com 60% de capacidade).
** Adicionar 20% mais (80% − 60%).

Tabela 9.5 Exemplo de carregamento de uma unidade de temperatura média em ambiente de 26,7 °C com refrigerante suficiente para operar em um ambiente de −12,2 °C

Ambiente °C	Evaporador com temperatura baixa −31,7° C (% de preenchimento)	Evaporador com temperatura média −6,7° C (% de preenchimento)	Evaporador com temperatura alta (AC) 4,4° C (% de preenchimento)
26,7*	15	0*	0
21,1	50	0	0
15,6	65	35	20
10	75	50	40
4,4	80	60	50
−1,1	80	65	60
−6,7	85	70	65
−12,2**	85	75**	75
−17,8	90	80	80
−23,3	90	85	85

* Visor de vidro límpido (0% de preenchimento).
** Adicionar 75% mais (75% − 0%).

» O condensador tem 27,43 m (90') de tubulação de 15,24 cm (1/2") e 40 curvas em U.
» O comprimento equivalente de tubo é 27,43 m (90') + [40 curvas U × 0,076 m (0,25 pé) por curva U] = 30,48 m (100').
» 30,48 m (100') × 0,045 kg (0,10 libra) por 0,3048 m [para tubulação de 1,27 cm (½")] = 4,5 kg (10 libras) de refrigerante adicional para encher 100% da capacidade do condensador.

- » Em temperatura ambiente de 21,1 °C, quando se carrega um visor de vidro límpido, o condensador já está cheio em 50% [foram necessários 2,27 kg (5 libras) de refrigerante para obter o visor de vidro límpido].
- » Em temperatura ambiente de –17,8 °C, o condensador precisa estar cheio em 90% [4,08 kg (9 libras) de refrigerante].
- » 90% – 50% = 40% mais preenchimento de condensador é necessário para operação em temperatura ambiente de –17,8 °C.
- » 40% × 4,5 kg (10 libras) = 1,8 kg (4 libras) de refrigerante necessitam ser adicionados à unidade.

Tabela 9.6 Exemplo de carregamento em unidade de baixa temperatura em ambiente de 21,1 °C com refrigerante suficiente para operar em ambiente de –17,8 °C.

Ambiente °C	Evaporador com temperatura baixa –31,7 °C (% de preenchimento)	Evaporador com temperatura média –6,7 °C (% de preenchimento)	Evaporador com temperatura alta (AC) 4,4 °C (% de preenchimento)
26,7	15	0	0
21,1*	50*	0	0
15,6	65	35	20
10	75	50	40
4,4	80	60	50
–1,1	80	65	60
–6,7	85	70	65
–12,2	85	75	75
–17,8**	90**	80	80
–23,3	90	85	85

* Visor de vidro límpido (com 50% da capacidade).
** Adicionar 40% mais (90% – 50%).

Resumo

Neste capítulo, abordaram-se os fundamentos da recuperação e foram discutidos os métodos de recuperação de refrigerante líquido alternante (*push-pull*) ou simétrica, tanque em um vácuo e tanque frio. Evacuar um sistema em níveis micrométricos é importante para remover toda a umidade e os não condensáveis. Procedimentos de evacuação tripla são usados em sistemas altamente contaminados.

Sistemas criticamente carregados devem ser carregados por peso. No entanto, substituir R12 com HCFCs tem forçado os técnicos a voltar para o carregamento pelas temperaturas de condensação quando estão modernizando o refrigerante. Além disso, o uso de refrigerantes mistos exige que os técnicos carreguem cuidadosamente o líquido através da válvula de sucção. Para acelerar todo o processo de troca em grandes unidades, os técnicos devem adicionar líquido no lado alto se o compressor estiver desligado e o sistema, em vácuo. A carga final deve ser feita pelo lado de baixa, quando o compressor estiver funcionando.

Tipicamente, um sistema encontra-se totalmente carregado quando a temperatura de condensação é igual à do ambiente mais o intervalo de temperatura de condensador de projeto para aquela unidade. Uma carga total é confirmada baseando-se em medidas de sub-refrigeração.

Certificar-se de que um sistema esteja livre de umidade e dos não condensáveis é parte importante da instalação e dos procedimentos de assistência técnica. Gerar um bom vácuo em um sistema é também importante. Usar mangueiras maiores e trocar o óleo da bomba de vácuo regularmente pode ajudar a acelerar o processo.

Carregar uma unidade que possui uma válvula HPR pode apresentar alguns desafios. O método correto de carregar a unidade é seguir os procedimentos recomendados pelo fabricante do equipamento. Neste capítulo, discutem-se algumas regras de ouro usadas pelos técnicos. Uma versão simplificada do procedimento da fábrica é apresentada. Ela consiste em determinar a capacidade do condensador e depois aplicar aquela informação em uma tabela que dá a porcentagem de preenchimento do condensador exigida em diferentes temperaturas ambientais.

Questões de Revisão

1. O que é atualização do refrigerante?

2. Por que a miscibilidade do óleo é uma preocupação na atualização do refrigerante?

   a. Se o óleo do refrigerante não for miscível com o refrigerante no sistema, ele pode causar problemas de lubrificação no compressor.
   b. Se o óleo do refrigerante não for miscível com o refrigerante no sistema, ele pode causar um entupimento no dispositivo de medida.
   c. Se o óleo do refrigerante não for miscível com o refrigerante no sistema, ele pode causar problemas de pressão máxima.

3. Quais problemas de sistema surgem quando o refrigerante substituto é mais eficiente do que o refrigerante original?

   a. O refrigerante substituto pode danificar o compressor por causa de problemas de lubrificação.
   b. O refrigerante substituto pode remover mais calor do espaço do que o compressor pode lidar.
   c. O refrigerante substituto pode fazer com que a pressão de sucção caia perigosamente.

4. Quantas trocas de óleo alquilbenzeno resultarão na mistura de 50% exigida?

   a. Normalmente uma troca de óleo.
   b. Normalmente duas trocas de óleo.
   c. Normalmente três trocas de óleo.

5. Quantas trocas de óleo para o óleo poliolester chegar a aproximadamente 95% da mistura?

   a. Normalmente uma troca de óleo.
   b. Normalmente duas trocas de óleo.
   c. Normalmente três trocas de óleo.

6. Descreva os dez passos do processo de remover óleo de um compressor semi-hermético, pela inserção de um tubo no cárter.

7. Como se troca o óleo em um compressor hermético?

8. Por que muitas empresas de assistência técnica escolhem não substituir o óleo mineral quando está atualizando uma geladeira comercial completa?

   a. Porque o sistema está estritamente acoplado, o óleo mineral original parece movimentar-se por meio do sistema adequadamente e voltar para o compressor.
   b. Porque substituir o óleo em geladeiras comerciais pode, na realidade, danificar o compressor.
   c. Porque, pelo custo de uma troca de óleo, o cliente poderia comprar uma nova geladeira comercial.

9. Suponha que esteja atualizando uma câmara frigorífica que possui 850,5 g (30 onças) de refrigerante R12. O refrigerante substituto é R401A, e a temperatura ambiente que entra no condensador é 23,9 °C. Qual é a pressão máxima aproximada quando a unidade está corretamente carregada?

   a. 1068,13 kPa man (155 psig)
   b. 999,22 kPa man (145 psig)
   c. 861,39 kPa man (125 psig)

10. Suponha que esteja atualizando um *freezer* de geladeira comercial que tem carga crítica de 850,5 g (30 onças) de R502. Quanto R408A você pesaria para colocar na unidade? O que você faria com o óleo mineral em um compressor hermético?

   a. Adicionaria 680,4 g (24 onças) de R408A e deixaria o óleo mineral no compressor.
   b. Adicionaria 680,4 g (24 onças) de R408A e substituiria o óleo mineral por alquilbenzeno.
   c. Adicionaria 680,4 g (30 onças) de R408A e deixaria o óleo mineral no compressor.

11. Descreva como carregar um sistema TEV atualizado que não se encontra criticamente carregado.

12. É sempre necessário limpar todas as bolhas do visor de vidro de um sistema TEV atualizado? Por que sim e por que não?

13. Se o refrigerante líquido danificar uma unidade de compressor recuperado, como alguns fabricantes poderiam classificar suas unidades recuperadas sobre a quantidade de líquido que eles podem recuperar?

   a. O fabricante não é confiável.
   b. Compressores com unidade recuperada são fortes e são capazes de bombear líquido.
   c. As unidades recuperadas têm um orifício que vaporizará o líquido refrigerante antes que ele entre no compressor.

14. Dê uma breve descrição de procedimento alternante (*push-pull*) para recuperar líquido do sistema.

15. Como um tanque evacuado remove líquido de um sistema?

   a. O cilindro evacuado pressuriza o sistema e força para fora o líquido do cilindro.
   b. O cilindro evacuado age como um condensador e muda vapor refrigerante em um líquido refrigerante.
   c. O líquido em alta pressão no receptor é aspirado para dentro do cilindro evacuado.

16. Por que um tanque vazio em um banho de gelo puxa líquido de um recipiente mais quente de refrigerante ou um receptor de refrigerante mais quente?

   a. Pela lei da termodinâmica, o refrigerante é sempre atraído pelo gelo.
   b. Pelas leis básicas da natureza, um refrigerante morno em uma pressão mais alta buscará um lugar mais frio em uma pressão mais baixa.
   c. Pela lei do infinito, o frio busca o calor.

17. O que pode proteger uma máquina de recuperação dos contaminantes retirados dos sistemas durante o processo de recuperação?

   a. Instalação de um acumulador na saída da máquina de recuperação.
   b. Instalação de um receptor na máquina de recuperação.
   c. Instalação de um filtro secador na entrada da máquina de recuperação.

18. Qual nível de vácuo a maioria dos fabricantes recomenda para remover ar e umidade de um sistema?

   a. 500 mícrons
   b. mil mícrons
   c. 73,66 cm (29") de Hg

19. Por que é uma boa ideia verificar o vazamento de uma bomba de vácuo e conexões de medidores antes de evacuar um sistema?

   a. Certificar-se de que qualquer vazamento de vácuo está no sistema, e não no medidor ou nas conexões da bomba de vácuo para o sistema.
   b. Assegurar-se de que todo o ar está fora da bomba de vácuo e das mangueiras antes de tentar gerar um vácuo no sistema.
   c. Assegurar-se de que a bomba de vácuo está funcionando corretamente antes de tentar gerar um vácuo em todo o sistema.

20. Descreva brevemente o procedimento de tripla evacuação.

21. Uma bomba de vácuo deve ser usada para remover ácido, lodo e resíduos?

   a. Sim, as bombas de vácuo aspirarão tudo para fora do sistema.
   b. Não, somente vapor e umidade do refrigerante. Os filtros secadores devem ser usados para remover outros contaminantes.
   c. Sim, para conseguir um nível micrométrico, a bomba tem de remover os contaminantes antes.

22. Em uma bomba de vácuo de dois estágios, por que o lastro do gás é aberto quando a bomba dá a partida, e é fechado alguns minutos depois?

   a. O primeiro estágio aspirará o ar principal carregado de umidade antes que ele possa contaminar o óleo da bomba. Fechado, ela utiliza o segundo estágio.
   b. O segundo estágio aspirará o ar principal carregado de umidade antes que ele contamine o óleo da bomba. Fechado, ela utiliza o primeiro estágio.
   c. Abrir o lastro de gás torna mais fácil dar partida na bomba. Após a bomba ter começado, fechar o lastro do gás utiliza ambos os estágios da bomba.

23. Quão frequentemente o óleo deve ser trocado em uma bomba de vácuo?

   a. Somente depois de evacuar um sistema com muita água, após o esgotamento do compressor ou quando o óleo fica escuro ou branco.
   b. Após evacuar o sistema com muita água, depois de um esgotamento do compressor ou depois de cinco evacuações normais.
   c. Depois de cada evacuação.

24. Se a válvula micrométrica não está funcionando corretamente, qual poderia ser o problema, e pode ele ser corrigido?

   a. Óleo na válvula micrométrica pode causar um mau funcionamento. Limpe-o jogando álcool na entrada da válvula micrométrica.
   b. Se uma válvula micrométrica não estiver funcionando por causa da contaminação de óleo, este deve ser carregado para fora pelo refrigerante líquido.
   c. As válvulas micrométricas são muito delicadas e quebram facilmente, então, substitua-as quando não funcionam.

25. Qual é a pressão máxima positiva que a maioria das válvulas micrométricas pode tolerar antes que se danifique?

   a. 344,56 kPa man (50 psig)
   b. 1033,67 kPa man (150 psig)
   c. 1722,79 kPa man (250 psig)

26. Como você evita danos ao compressor quando está carregando refrigerante misturado em um estado líquido

através da válvula de serviço de sucção?

a. Mantendo a amperagem do compressor dentro de 10% de RLA. Também, tornando mais lento o carregamento se a válvula de sucção de serviço começar a formar uma fina camada de gelo.
b. Mantendo a amperagem do compressor em seu RLA, e parando se a válvula de descarga de serviço começar a formar uma fina camada de gelo.
c. Carregando de líquido até que o compressor comece a bater e depois voltar e desligar um pouco.

27. Descreva o procedimento para carregar líquido através do lado alto quando o compressor está desligado e no vácuo.

28. Se a placa de identificação de um *freezer* em uma geladeira comercial disser "680,4 g (24 onças). R404A", quanto R404A deve ser colocado nela e como você sabe que a carregou corretamente?

a. A unidade será carregada corretamente se o sistema for evacuado e 680,4 g (24 onças) de R404A são colocados nele.
b. A unidade está corretamente carregada quando a pressão de condensação de R12 for atingida.
c. A unidade está carregada corretamente se 80% da placa de identificação forem pesadas, ou 544,3 g (19,2 onças) de R404A são colocados no sistema.

29. Suponha um *freezer* em uma câmara frigorífica com um sistema TEV com R404A com ar ambiente de 32,2°C entrando no condensador. Qual pressão indica que ele se encontra corretamente carregado? Quais temperaturas poderiam verificar se o sistema estava completamente carregado?

a. Pressão máxima de 1006,11 kPa man (146 psig) e sub-resfriamento de 5,6 °C.
b. Pressão máxima de 2012,22 kPa man (292 psig) e sub-resfriamento de 5,6 °C.
c. Pressão máxima de 2294,76 kPa man (312 psig), pressão de sucção de 16 psig e sub-resfriamento de 2,8 °C.

30. Qual é o procedimento correto para remover medidores de uma unidade enquanto ela está funcionando?

a. Feche a válvula de descarga de serviço e drene as mangueiras do lado alto de volta para a válvula de sucção de serviço.
b. Abra a válvula de descarga de serviço e drene as mangueiras do lado baixo de volta para o tanque de refrigerante.
c. Feche a válvula de sucção de serviço e drene as mangueiras do lado alto de volta para a linha de descarga.

Refrigeração de supermercado

CAPÍTULO 10

Visão geral do capítulo

Embora os princípios básicos de refrigeração sejam os mesmos, o equipamento de supermercado difere em alguns aspectos dos equipamentos da refrigeração comercial que discutimos nos capítulos anteriores.

Ao comprar alimentos, a maioria dos clientes é muito consciente dos preços. Consequentemente, os supermercados precisam manter seus preços competitivos. A combinação de preço baixo e altos custos operacionais resulta em um lucro líquido médio por loja de apenas 1% ou 2%. Para prosperar, os supermercados precisam vender grande volume de produtos, mantendo, ao mesmo tempo, seus custos operacionais em um patamar mínimo.

Neste capítulo, a ênfase encontra-se em como a correta engenharia e instalação do equipamento de supermercado pode satisfazer as exigências tanto da loja quanto de seus clientes.

Visibilidade do produto e acesso do cliente

A exposição do alimento em supermercados é quase uma ciência. Muitas pessoas que compram alimentos o fazem por impulso. Portanto, é importante que o produto seja bem apresentado e esteja facilmente acessível ao consumidor. Aberturas frontais e portas de vidro em geladeiras facilitam aos compradores pegar o produto (ver a Figura 10.1).

Refrigeradores múltiplos e temperaturas

Há uma ampla variedade de alimentos perecíveis em um supermercado. Cada alimento tem uma temperatura ótima na qual deve ser refrigerado para manter-se fresco o maior tempo possível. A seguir, uma lista de alguns produtos e suas temperaturas de refrigeração recomendadas:

- Frutas e vegetais 4,4 ºC
- Laticínios 2,2 ºC
- Delicatéssen 1,1 ºC
- Carne –2,2 ºC
- Suco congelado –20,6 ºC
- Alimento congelado –23,3 ºC
- Sorvete –26,1 ºC

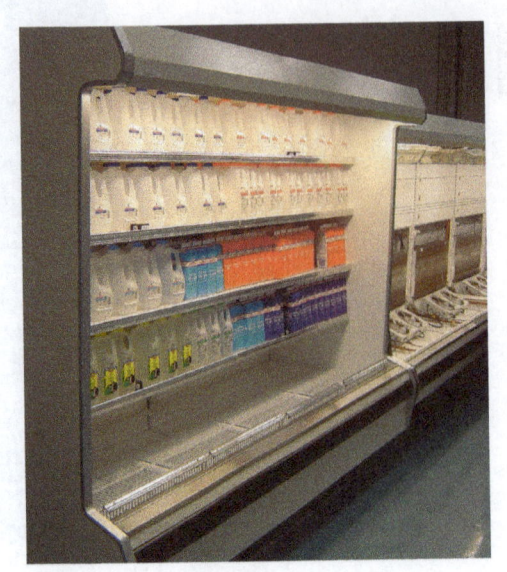

Figura 10.1 Refrigerador com abertura frontal no Hussmann Training Center. *Cortesia de Hussmann Training Center.*

Sistemas de rack paralelo

Um sistema de *rack* paralelo possui muitos compressores em vez de múltiplas unidades de condensação, que compartilham uma fonte comum de refrigerante e óleo para refrigerar um grupo de refrigeradores específicos (Figuras 10.2 e 10.3). Esses sistemas são projetados

Figura 10.2 Sistema de rack paralelo no Hussmann Training Center. *Foto de Dick Wirz.*

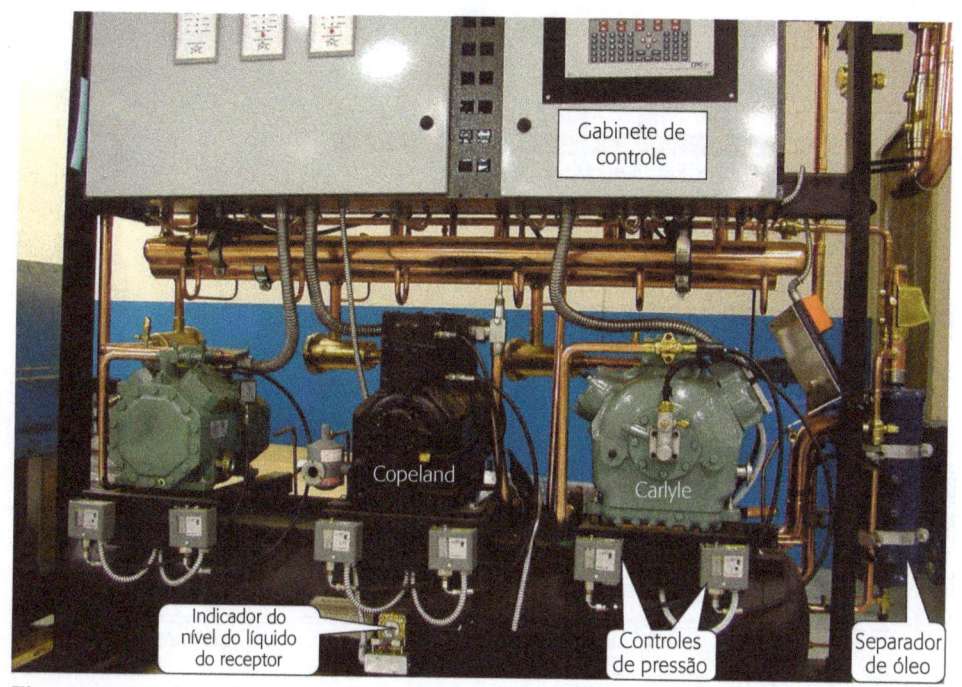

Figura 10.3 Racks de Hussmann feitos especialmente para exposição. *Cortesia de Hussmann Training Center.*

para fornecer o controle excelente de temperatura aos refrigeradores específicos de diferentes temperaturas (Figura 10.4). Além disso, mantêm o bom controle de capacidade, que ajuda a torná-los mais eficientes energeticamente. Normalmente, os *racks* são separados em sistemas de temperaturas média e baixa.

Os compressores partilham tubos de distribuição comuns, ou **tubos de comunicação**, nos quais as linhas individuais que vão dos refrigeradores ou que saem dos refrigeradores estão presas. As linhas de líquido para os refrigeradores específicos originam-se de um tubo de comunicação de líquido, e as linhas de sucção que retornam desses refrigeradores específicos terminam em um tubo de comunicação de sucção. A descarga de cada compressor entra em um tubo de comunicação que vai para o condensador; o líquido que retorna entra em um grande receptor. Os receptores em sistemas de *racks* podem conter de 45,36 kg (100 libras) a 907,2 kg (2000 libras) de refrigerante, dependendo do tamanho e das necessidades do sistema.

Tubulações longas e o uso de compressores múltiplos exigem dispositivos especiais para assegurar a lubrificação adequada do compressor. Um separador de óleo é usado para captar tanto óleo quanto possível do gás de descarga antes que ele entre no condensador. Do separador, o óleo flui para um controle de nível de óleo preso a cada cárter do compressor (ver a Figura 10.5). Alarmes são instalados nos controles de nível de óleo para avisar o gerente da loja se houver problemas com a lubrificação do compressor do sistema (Figura 10.6). Os filtros de óleo estão disponíveis para manter o óleo limpo.

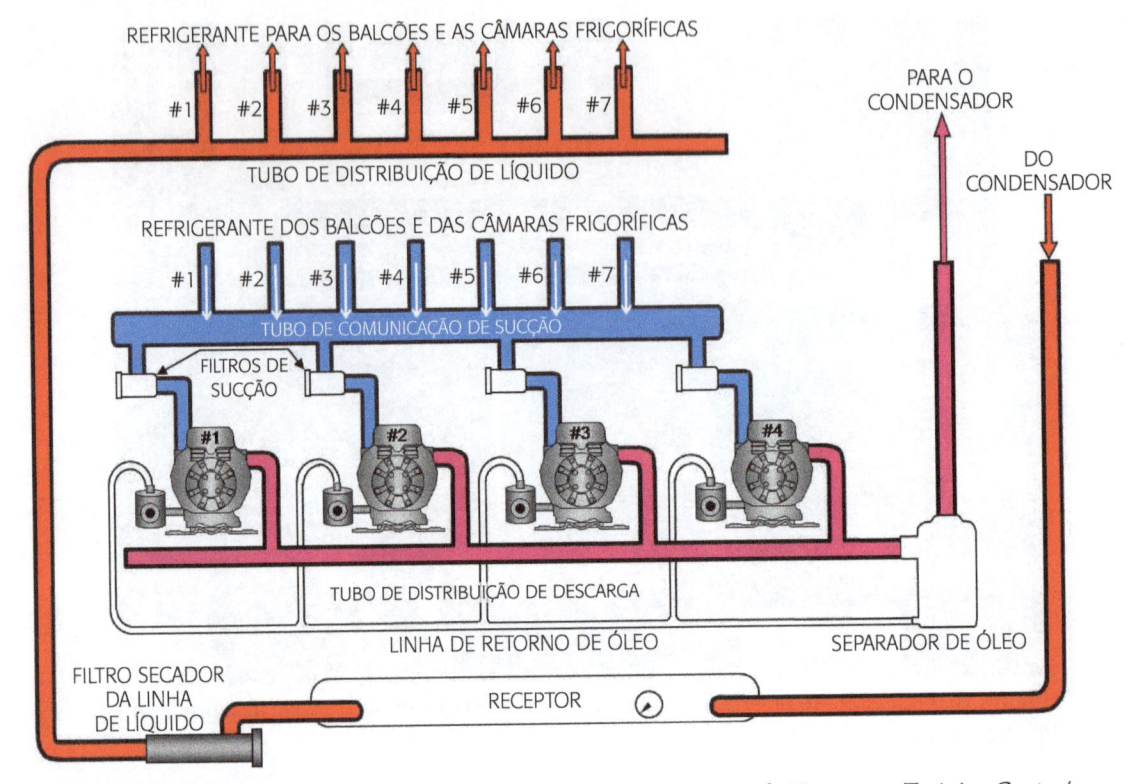

Figura 10.4 Ilustração de um sistema de rack paralelo básico. *Cortesia de Hussmann Training Center/Refrigeration Training Services.*

RACK PARALELO: CONTROLES DO SISTEMA

Somente ajustes precisos de controle podem manter a operação correta de grandes sistemas de rack. Refrigeradores específicos com temperaturas extremamente estáveis são obtidos da combinação de controles eletrônicos e mecânicos. As pressões do sistema de refrigeração aumentam e caem com base na carga de calor nos refrigeradores específicos. Em resposta a essas pressões, os compressores ligam e desligam quando necessário a fim de manter a operação total eficiente.

No exemplo seguinte, uma loja tem bastante refrigeração de temperatura média para exigir quatro compressores rack de 20 cavalos-vapor (cv).

Há várias câmaras frigoríficas, uma seção de refrigeradores específicos de frutas e verduras, alguns refrigeradores específicos de laticínios, alguns de delicatéssen e vários refrigeradores específicos de carne. Sob condição de carga total, com todos os refrigeradores específicos e câmaras frigoríficas necessitando de refrigeração, os quatro compressores devem funcionar ao mesmo tempo para manter a carga. Quando a temperatura nos refrigeradores específicos começa a baixar, também a pressão diminui no sistema de rack. Há quatro controles de pressão baixa. Cada controle está ajustado para desligar um dos compressores quando a pressão do sistema diminui ao nível do ajustado no controle. As pressões exatas para o desligamento do compressor são determinadas pela fábrica, de acordo com as exigências específicas do sistema. No entanto, os ajustes seguintes para pressão de um rack de quatro compressores fornece um exemplo do que os projetistas tinham em mente.

EXEMPLO: 1 A pressão do sistema é 482,38 kPa man (70 psig), todos os compressores (A, B, C e D) estão em funcionamento.

» A pressão do sistema diminui para 447,93 kPa man (65 psig); o compressor A para, enquanto B, C e D funcionam.
» A pressão do sistema diminui para 413,47 kPa man (60 psig); o compressor B para, enquanto C e D continuam.
» A pressão do sistema diminui para 379,01 kPa man (55 psig); o compressor C para, enquanto o D continua.

Figura 10.5 Separador de óleo montado na extremidade do rack do compressor. *Foto de Dick Wirz.*

O compressor D é ajustado para desligar em 344,56 kPa man (50 psig), mas em geral funciona continuamente por causa das cargas de calor normais que fazem com que as temperaturas e pressões mantenham a pressão acima da pressão de desligamento de D.

Figura 10.6 Controle do nível de óleo instalado no compressor. *Cortesia de Hussmann Training Center/Parallel Rack System Controls.*

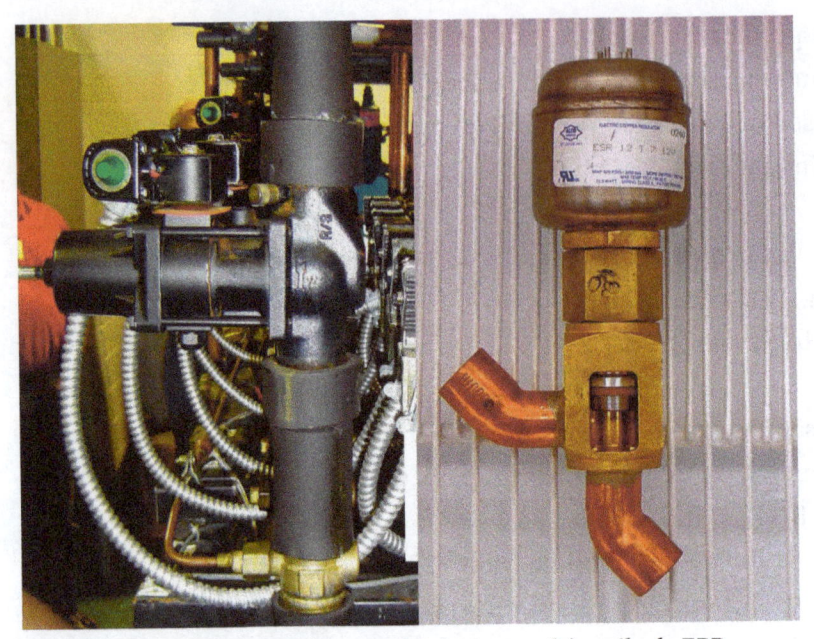

Figura 10.7 Válvula EPR mecânica padrão (esquerda) e válvula EPR eletrônica da Alco (direita). *Fotos de Dick Wirz.*

» A pressão do sistema aumenta acima de 379,01 kPa man (55 psig); o compressor C inicia e funciona com o D.
» A pressão do sistema aumenta acima de 413,47 kPa man (60 psig); o compressor B inicia e funciona com C e D.

Os compressores continuam o ciclo de ligar e de desligar à medida que as pressões do sistema mudam.

As temperaturas dos refrigeradores específicos são normalmente reguladas pela instalação de um regulador de pressão do evaporador (EPR) para cada seção de produto (Figura 7.10). Um exemplo de um ajuste de EPR é:

EXEMPLO: 2 Suponha que um acondicionador de laticínio a 2,2 °C opere em uma temperatura de evaporador de –3,3 °C. Um evaporador de –3,3 °C teria pressão de sucção no evaporador de 441,03 kPa man (64 psig) para um sistema R404.

No Capítulo 6, afirmou-se que uma válvula EPR mantém elevada a pressão de sucção para a pressão de evaporador desejada. Portanto, se o EPR é ajustado para manter 64 psig, o evaporador se manterá em –3,3 °C. Supondo que o evaporador foi projetado com uma TD de 5,6 °C, esse refrigerador manteria um acondicionador a 2,2 °C e temperatura do produto.

Também no Capítulo 6, os EPR foram instalados nas saídas do evaporador de vários refrigeradores específicos independentes atendidos por um único compressor. Os refrigeradores

Figura 10.8 Exemplo de sensores controladores que monitoram a pressão. *Foto de Dick Wirz.*

específicos mantinham frequentemente temperaturas diferentes, com os EPR em apenas refrigeradores específicos de temperatura mais alta.

Em supermercados, no entanto, há vários refrigeradores específicos em uma linha com a mesma temperatura. Portanto, a localização mais lógica para o EPR é onde a linha de sucção penetra no tubo de distribuição no rack do compressor. Mesmo em tubulações longas, o EPR pode ser ajustado para manter a pressão correta do evaporador nos refrigeradores específicos.

A maior parte das instalações dos supermercados novos usa válvulas EPR eletrônicas para o controle mais exato da temperatura. Elas respondem a um sinal de entrada seja do **transdutor de pressão** ou um **termistor** que está "sentindo" as temperaturas dos refrigeradores específicos. Esses controles são capazes de manter as temperaturas dos recipientes no interior de um décimo de grau (−17,7 °C) (Figura 10.8). Além disso, quando desligados, eles fecham completamente a linha de sucção. Essa característica de desligamento pode ser usada para eliminar um termostato e um solenoide de desligamento de fluxo do refrigerante em algumas aplicações.

Além dos EPR, válvulas de expansão eletrônica (EEV) têm vantagens semelhantes de fechar o controle e completar o desligamento, eliminando a necessidade de solenoides de desligamento de fluxo de refrigerante.

Atualmente, os controles eletrônicos são oferecidos como equipamento opcional para válvulas mecânicas padrão. À medida que o custo dessa tecnologia diminui, válvulas eletrônicas podem tornar-se rapidamente um equipamento padrão em todas as unidades.

Controladores de sistema de rack

Todos os sistemas de rack fabricados hoje possuem painéis eletrônicos de controle, ou **controladores** (Figura 10.9). Esses painéis apresentam uma placa eletrônica de entrada que recebe sinais de termistores e transdutores de pressão instalados em localizações críticas no

Figura 10.9 Painel eletrônico de controle de rack paralelo no Hussmann Training Center. *Foto de Dick Wirz.*

sistema. Uma placa de saída usa as informações da placa de entrada para produzir alguma ação. Por exemplo, quando o transdutor de pressão "sente" queda de pressão na tubulação de distribuição de sucção, o controlador pode desligar um dos compressores paralelos. Embora isso possa também ser realizado pelos controles mecânicos de baixa pressão, o controlador é mais preciso, e pode armazenar essas informações em sua memória assim como transmitir as informações para um monitor remoto. Esse monitor pode estar no escritório de um engenheiro de construção ou na fábrica a milhares de quilômetros de distância. Não somente a operação do sistema pode ser monitorada, mas ela pode também ser controlada desses locais remotos.

Sistemas similares são atualmente usados para controlar o ar-condicionado (AC) e o aquecedor em grandes edifícios de escritórios. Esses controladores são chamados de sistemas de controle digital direto (DDC – *direct digital control*).

Pressão máxima: Controle

O controle da pressão máxima em alguns sistemas de rack é uma combinação de ciclo de ventilador e condensadores inundados com válvulas de regulação de pressão máxima (HPR). Sistemas remotos menores usam uma única válvula HPR não ajustável para manter a pressão máxima. Os sistemas grandes na refrigeração de supermercado utilizam uma válvula reguladora de pressão ajustável para manter elevada a pressão máxima e uma válvula de pressão diferencial para assegurar que a pressão do receptor também seja mantida (ver a Figura 10.10).

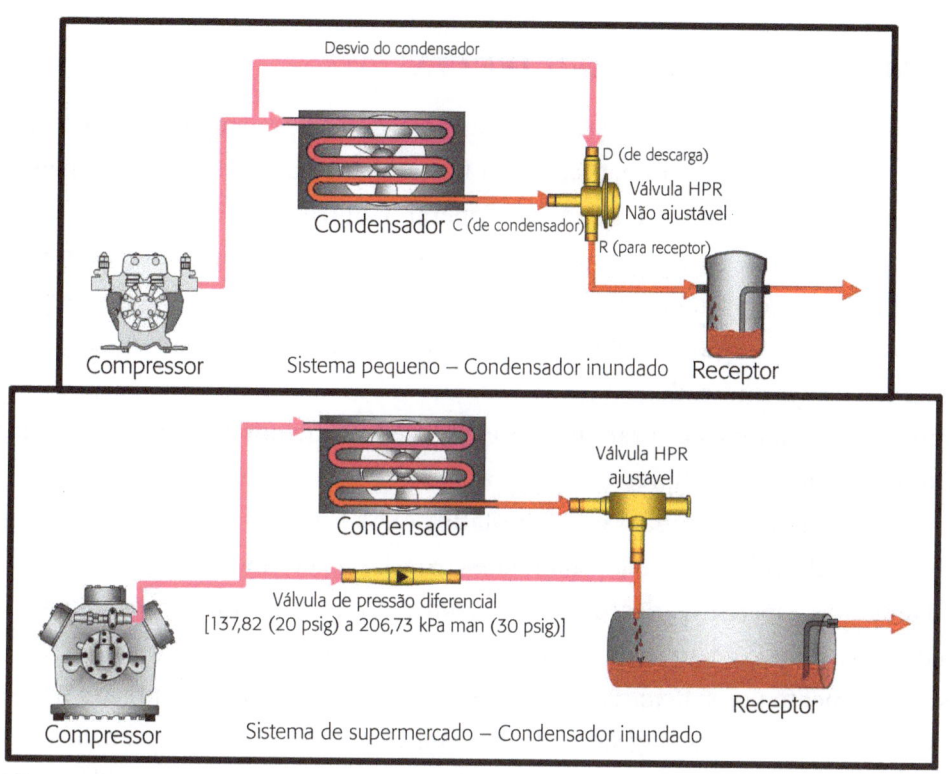

Figura 10.10 HPR para sistemas menores (parte superior) e HPR com válvula diferencial para equipamento de supermercado (parte inferior). *Adaptação dos diagramas de Sporlan por Refrigeration Training Services.*

Em sistemas mais novos, o conceito de **condensador separado** (*split condenser*) é usado em conjunção com as válvulas HPR (ver a Figura 10.11). O condensador é separado, ou dividido em duas seções separadas (Figura 10.12). Ambas as seções são utilizadas durante o verão e em condições de alta carga. Durante o clima frio ou condições de baixa carga, uma válvula fecha automaticamente o fluxo do vapor de descarga para uma seção do condensador. A vantagem do condensador dividido é que a carga total do sistema é consideravelmente reduzida porque a válvula HPR somente tem de retornar refrigerante na metade ativa do condensador para manter elevada a pressão máxima.

Figura 10.11 Tubulação de condensador dividido. *Foto de Dick Wirz.*

Consumo de energia: Eficiência

Com margens de lucro perto de 1%, os supermercados se preocupam muito em manter o custo de operação de seu equipamento tão baixo quanto possível. Quanto mais eficiente seu equipamento, menos ele custará para operar. Controles e controladores eletrônicos fornecem operação precisa do equipamento de refrigeração, o que aumenta a eficiência. Se a refrigeração preserva melhor os alimentos e por mais tempo, há menos desperdício e redução nos gastos. A seguir são apresentados alguns métodos de economizar energia em equipamento de supermercado:

1. Compressores múltiplos utilizam menos energia e têm melhor controle de capacidade do que um único grande compressor.
2. Válvulas eletrônicas de expansão termostática (TEV) e EPR aumentam a eficiência do evaporador baixando os superaquecimentos para 1,7 °C ou menos.
3. Refrigeradores específicos descongelados com gás quente usam menos energia do que descongelamentos com aquecedores elétricos (ver as Figuras 10.13 e 10.14).
4. Descongelamento por solicitação, que significa descongelar somente quando necessário, é mais eficiente do que descongelamento em tempos regularmente programados.
5. Use portas de vidro com um filme especial para evitar névoa em lugar de aquecedores elétricos.
6. Faça molduras não metálicas para a porta, que não exijam aquecedores antitranspiração elétricos.
7. Aumente mecanicamente o sub-resfriamento do líquido (ver as Figuras 10.15 e 10.17).
8. Utilize recuperação de calor e reaquecimento (ver as Figuras 10.17 e 10.18).

Serpentina: Descongelamento

Historicamente, os dois métodos mais comuns de descongelar refrigeradores comerciais têm sido o descongelamento por ar para serpentinas de temperatura média e aquecedores elétricos para descongelar serpentinas de temperatura baixa. Infelizmente, esses dois tipos de descongelamento são um tanto lentos. Em refrigeração de supermercado, é importante descongelar o evaporador tão rápido quanto possível para evitar que haja aumento de temperatura dos produtos não mais do que o absolutamente necessário.

Há dois métodos de descongelamento interno que são mais rápidos e com menor consumo de energia do que os velhos padrões de descongelamento por ar e elétrico. Um deles é usar a descarga do gás quente do compressor para descongelar o evaporador. Outro é usar o vapor quente que sai do topo do receptor. Embora o gás quente de descarga seja mais quente, o vapor do receptor na realidade contém mais calor por libra de vapor. Em ambos os métodos, a vantagem é que o descongelamento ocorre de dentro do evaporador perto da fonte do gelo, do

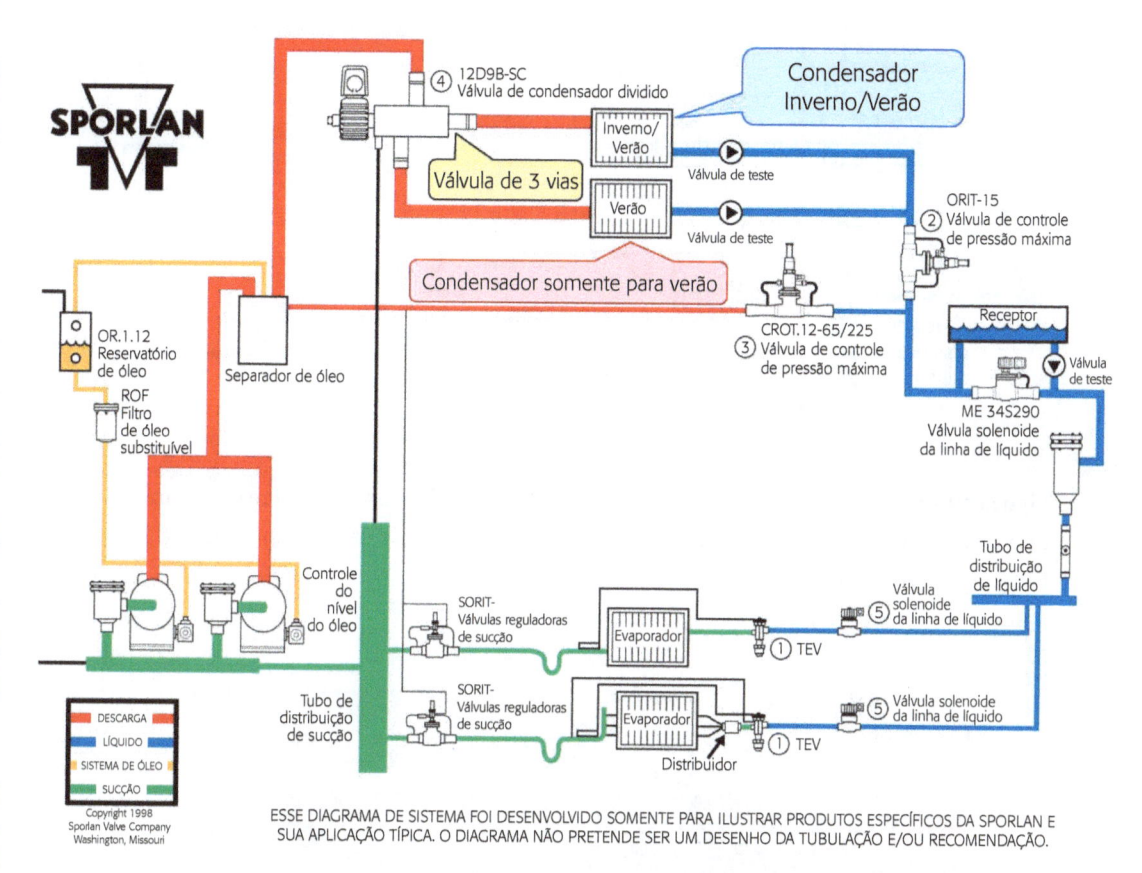

Figura 10.12 Diagrama de condensador dividido por Sporlan. *Cortesia de Sporlan Valve Company.*

que fora da serpentina, onde o calor deve penetrar na área que tem o gelo. O método interno de descongelar é, portanto, muito mais rápido e mais eficiente.

Quando for necessário o descongelamento, um solenoide na linha de líquido interrompe o fluxo do refrigerante para o evaporador. Ao mesmo tempo, uma válvula no tubo de distribuição de descongelamento abre e permite que o refrigerante em alta pressão (gás quente ou vapor morno) seja forçado para o interior do evaporador, aquecendo-o suficientemente para derreter o gelo acumulado. Uma técnica é fazer o vapor de descongelamento entrar na saída de sucção do evaporador e sair de um T entre a TEV e o distribuidor (ver a Figura 10.13). Após o gás quente sair da serpentina e se desviar da TEV e do solenoide da linha de líquido, ele entra na linha do líquido e rapidamente se condensa. A Figura 10.14 é uma foto da válvula de verificação e do T entre a TEV e o distribuidor usado nesse tipo de gás quente de descongelamento. Outra técnica é semelhante, mas oposta na direção do fluxo. O vapor entra na entrada do evaporador no T distribuidor e sai na saída de sucção do evaporador. Os dois métodos funcionam bem e qual deles usar é apenas uma questão de preferência do engenheiro de aplicação baseada no projeto do sistema.

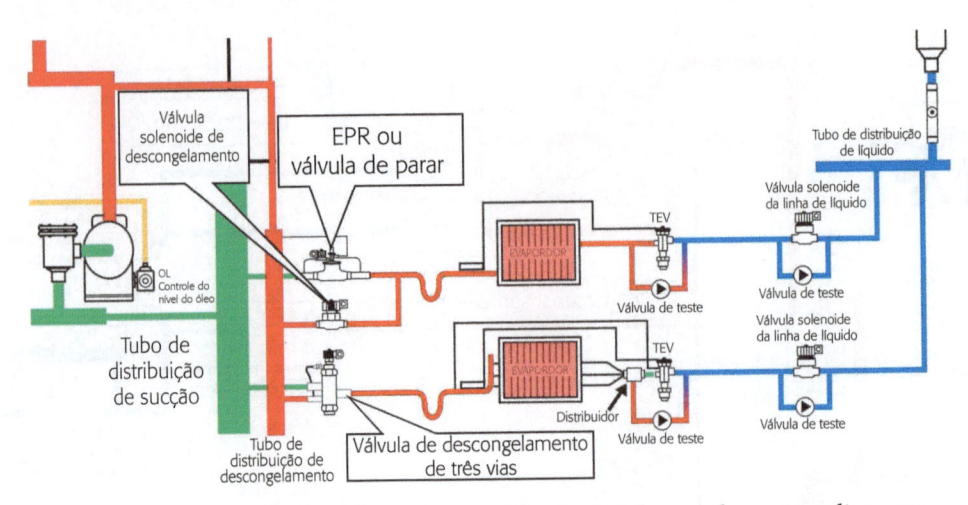

Figura 10.13 Um diagrama de vários tipos de válvulas Sporlan usadas para realizar um tipo reverso de descongelamento com gás quente que entra na saída do evaporador. *Cortesia de Sporlan Valve Company.*

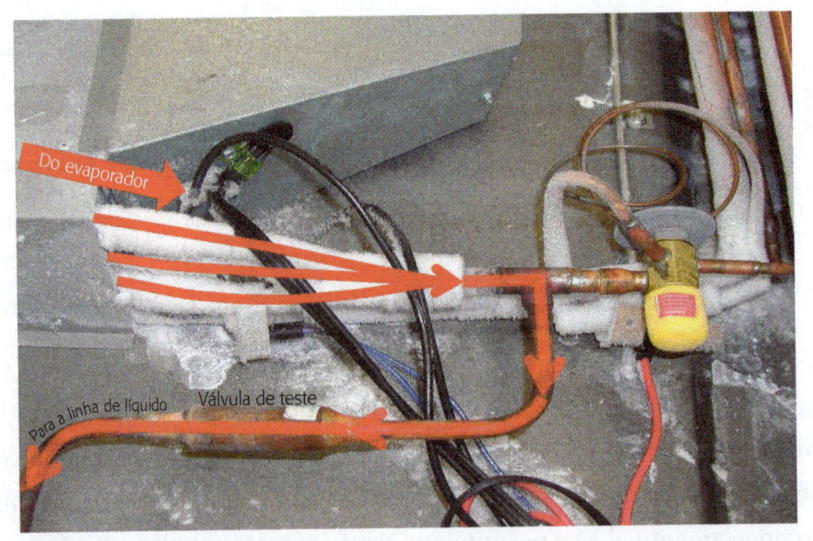

Figura 10.14 O distribuidor T e o conjunto de válvulas de verificação projetados para permitir que o gás quente descongele o vapor para deixar o evaporador e entrar na linha do líquido. *Foto de Dick Wirz.*

SUB-RESFRIAMENTO MECÂNICO

Os sistemas mais simples de compressor único são projetados para ter entre −15 °C a −9,4 °C de sub-resfriamento de condensador. Esse amortecedor de segurança de sub-resfriamento ajuda a evitar a evaporação instantânea do líquido antes que chegue à TEV. No entanto, se o refrigerante líquido for sub-resfriado quando entrar na TEV, isso também aumentará a eficiência da unidade.

Nota: *Para cada 0,56 °C de sub-resfriamento na TEV, há 0,5% de aumento na capacidade do evaporador.*

Na refrigeração de supermercado, o sub-resfriamento mecânico é usado para fornecer acima de 7,2 °C de sub-resfriamento, o que aumenta a capacidade do sistema em mais de 20%.

A placa de sub-resfriamento na Figura 10.16 está localizada depois do receptor do líquido e logo antes de o líquido entrar no tubo de distribuição, onde começam as linhas de líquido do

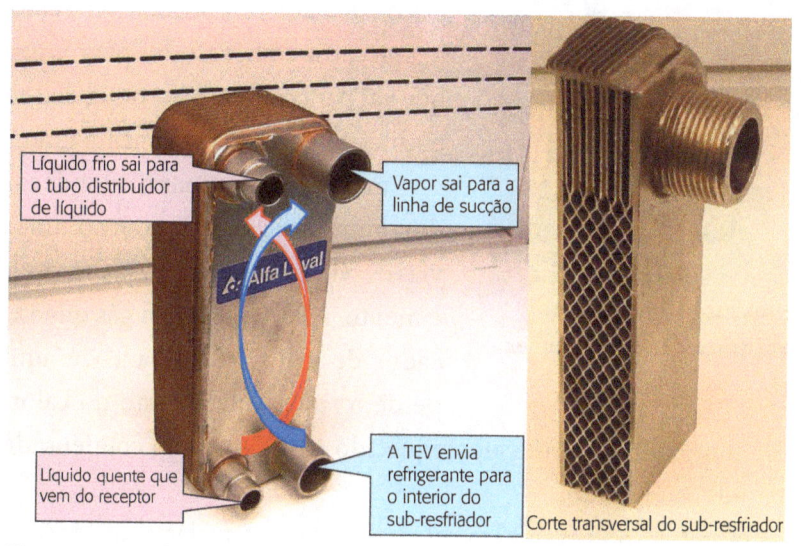

Figura 10.15 Placa de sub-resfriador usado por Hussmann. *Foto de Dick Wirz.*

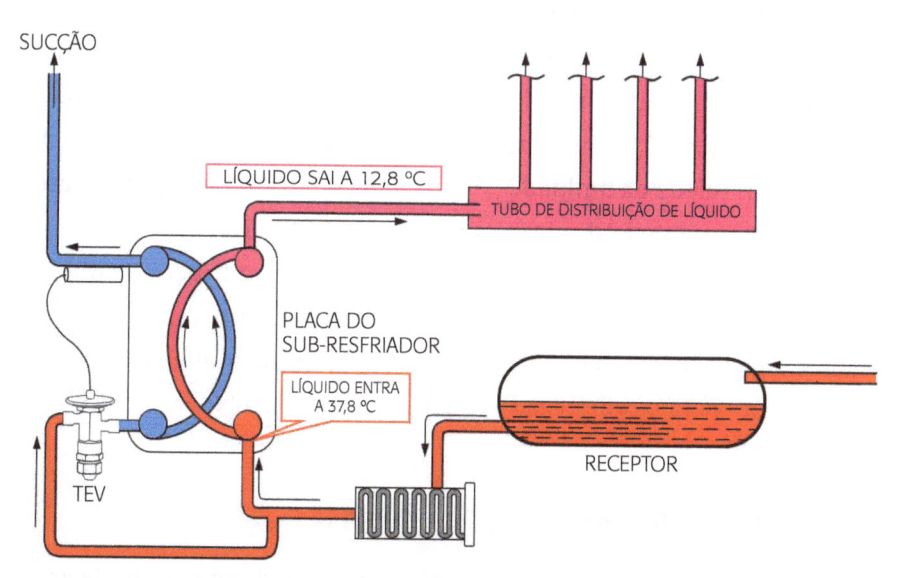

Figura 10.16 Sub-resfriamento mecânico. *Cortesia de Hussmann Training Center/ Refrigeration Training Services.*

refrigerador. É um evaporador especial com medidor de TEV que resfria o refrigerante líquido de aproximadamente 37,8 °C para 12,8 °C.

RECUPERAÇÃO DE CALOR E REAQUECIMENTO

Economia adicional de energia pode ser obtida se o gás quente dos compressores for usado para ajudar a aquecer a edificação ou para preaquecer a água que vai para o aquecedor de água doméstico. Isso é essencialmente um suprimento gratuito de energia.

Em lugar de eliminar o calor de todo o sistema e do compressor para o ar externo, uma válvula de três vias desvia o gás quente para uma unidade de aquecimento. À medida que o gás quente flui pelo trocador de calor na unidade de aquecimento, ele perde o superaquecimento do calor do compressor e do calor do motor. O vapor dessuperaquecido então entra no condensador, onde o gás quente é condensado em líquido.

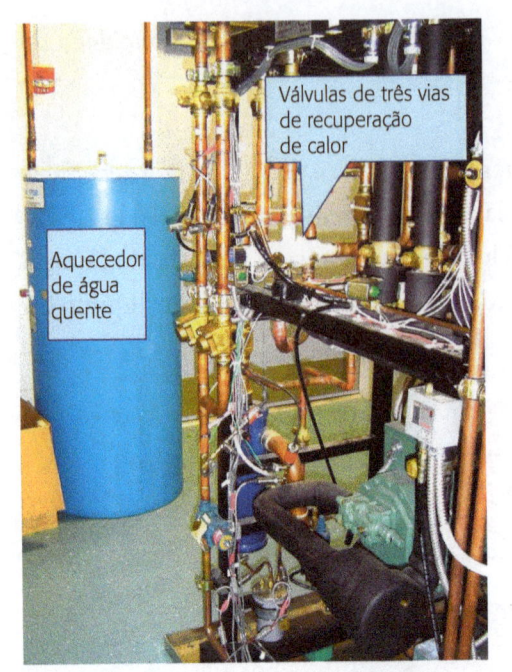

Figura 10.17 Recuperação do calor para água quente no Hussmann Training Center. *Foto de Dick Wirz.*

O calor do compressor pode também ser usado para controlar a umidade no edifício. Os refrigeradores específicos abertos em supermercados não funcionarão corretamente se a umidade da loja for acima de 60%. Em áreas geográficas úmidas, isso pode se constituir em um problema real. Felizmente, o gás quente do compressor pode ser desviado para reaquecer as serpentinas nos dutos de suprimento em sistemas de AC. Aumentar ligeiramente a temperatura do ar de suprimento diminui a umidade relativa do ar descarregado na loja. A umidade relativa é uma porcentagem da quantidade total de umidade que o ar pode manter em dada temperatura. Se a quantidade da umidade em (0,453 kg) (1 libra) de ar permanecer constante, aumentando a temperatura do ar diminui-se sua umidade relativa.

Além disso, o AC funciona por um pouco mais de tempo, o que permite que o evaporador remova mais umidade do ar de retorno. A umidade mais baixa do ar no edifício permite que os refrigeradores específicos desempenhem melhor, mas também oferece um ambiente mais confortável à loja tanto para os empregados quanto para os clientes.

VITRINES DE EXPOSIÇÃO: FLUXO DE AR

Os técnicos de ar-condicionado já sabem da importância do fluxo correto de ar em AC e em sistemas de aquecimento. No entanto, poucos técnicos percebem quão crítico o fluxo de ar é

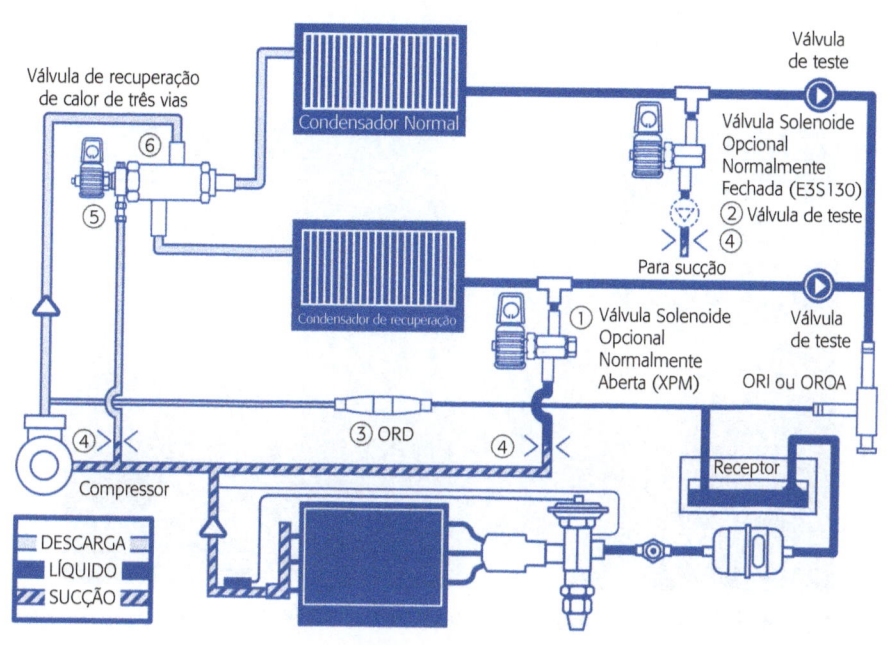

Figura 10.18 Desenho da recuperação de calor por Sporlan. *Cortesia da Sporlan Valve Company.*

para as vitrines abertas do supermercado (Figura 10.19). Cortinas de ar são forçadas através de uma grelha de ar, chamada "favo de mel" no topo do acondicionador (Figura 10.20). O ar é dirigido para baixo na parte frontal do acondicionador e aspirado para os orifícios do ar de retorno na margem inferior da abertura do recipiente. A corrente de ar não somente refrigera o recipiente, mas também fornece uma cortina de ar que impede o ar mais quente do ambiente na frente da área aberta de exposição de entrar no recipiente.

Freezers verticais abertos demandam várias cortinas de ar. No entanto, a maioria das lojas usa atualmente *freezers* de porta de vidro mais eficientes. *Freezers* de abertura horizontal, ou "recipientes de caixão", ainda são usados por que o ar frio desce; portanto, o ar refrigerado permanece no recipiente.

Se a cortina de ar for interrompida em uma vitrine aberta, ela perderá sua capacidade de refrigerar. Algumas causas comuns para problemas de fluxo de ar são os "favos de mel" sujos, problemas de ventilador ou empilhamento incorreto de produtos que bloqueiam a cortina de ar.

Um tipo diferente de fluxo de ar é usado em algumas vitrines fechadas de vidro. Serpentinas de

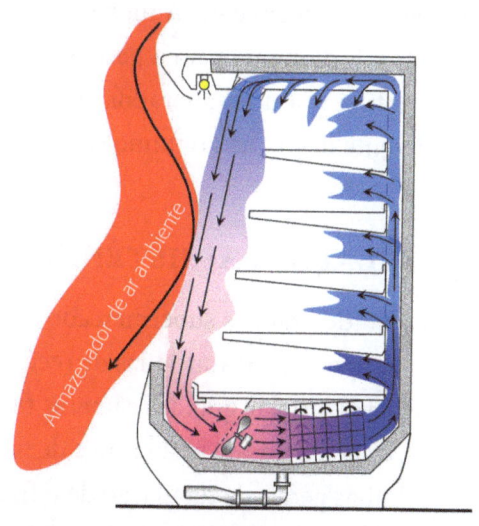

Figura 10.19 Cortina de ar do recipiente de exposição aberto. *Cortesia de Refrigeration Training Services.*

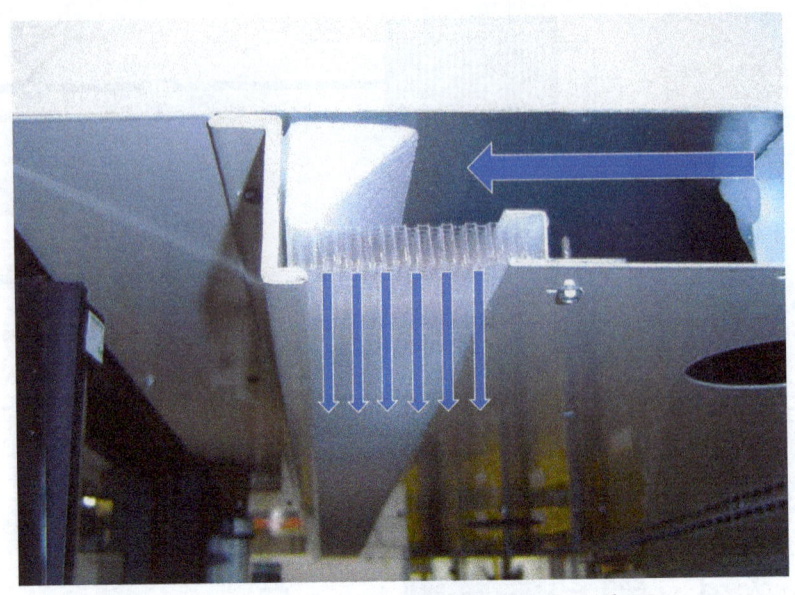

Figura 10.20 Ar de descarga no "favo de mel". *Foto de Dick Wirz.*

gravidade, como aquela na Figura 10.21 são muito eficazes em pontos em que a alta umidade na vitrine é essencial para impedir que o produto resseque. Quando o ar passa sobre produtos alimentícios descobertos, ele remove a umidade. Além disso, a umidade é removida do ar como resultado da diferença relativamente alta de temperatura (TD) das serpentinas de ar forçado do ventilador. No entanto, as serpentinas de gravidade dependem da convecção natural. Uma circulação suave de ar possui efeito ínfimo de ressecamento do produto. Além disso, o projeto da serpentina é tal que a temperatura do ar que passa por ela não é baixa o suficiente para remover muita umidade do ar. Para isso, o evaporador é montado no ponto mais alto do interior do recipiente. À medida que o ar na porção inferior do recipiente é aquecido pelo produto, ele aumenta para a parte superior do interior do recipiente e entra em contato com a serpentina fria do evaporador. À medida que o calor é removido pela serpentina, o ar frio gentilmente desce para o fundo do recipiente onde refrigera o produto.

INSTALAÇÃO, ASSISTÊNCIA TÉCNICA E MANUTENÇÃO

Instalação de grandes supermercados pode levar um ano para ser concluída. É difícil e leva muito tempo ajustar toneladas de recipientes, compressores e condensadores (Figura 10.22). Além disso, instalar grandes câmaras frigoríficas, fileira após fileira de racks de aço e, literalmente, quilômetros de tubulação e de fiação não é tarefa fácil (Figura 10.23).

As linhas gerais de tubulação de refrigerante e de drenagem começam a ser planejadas antes que as paredes do edifício sejam erguidas. Túneis sob o chão, algumas vezes com 1,8 m (6') de altura e 1,8 m (6') de largura, são quase totalmente preenchidos com tubos de refrigeração e de drenagem. Depois que o equipamento é colocado em operação, pode levar semanas, ou

Figura 10.21 Serpentina de gravidade em um refrigerador de delicatéssen.
Foto de Dick Wirz.

mesmo meses, para verificar e equilibrar o sistema. Os técnicos de instalação de supermercados são considerados especialistas em seu campo porque é um trabalho exigente e demanda um bom planejamento, excelentes habilidades no trabalho e um corpo forte.

Fazer a assistência técnica de equipamento de supermercado pode ser, no mínimo, desafiador. Imagine a dificuldade de encontrar um vazamento em um sistema que pode ter milhares de metros de tubulação em túneis, acima do teto, no telhado e no interior de frisos de refrigeradores específicos. O trabalho do técnico de assistência técnica não é fácil, mas será menos difícil se os técnicos de instalação forem altamente habilidosos, tiverem orgulho em seu trabalho e verificaram completamente o sistema procurando vazamentos antes de o colocarem em funcionamento. Um vazamento de refrigerante em um sistema de supermercado pode facilmente custar ao proprietário um prejuízo imenso.

Os técnicos que fazem a assistência técnica nos supermercados devem também estar totalmente familiarizados com o funcionamento de todo o sistema, e entender completamente os controles e os controladores. O técnico deve ser capaz de encontrar o problema com rapidez e repará-lo corretamente.

Para evitar a necessidade de assistência de emergência onerosa, um programa abrangente de manutenção deve ser parte do orçamento de todo supermercado. Durante a atividade inicial dos sistemas, deve ser feito o registro das temperaturas, pressões, voltagens e amperagens de todo o equipamento. Durante as inspeções regularmente programadas, o técnico de manutenção compara as condições de funcionamento corrente com as informações originais do início de funcionamento. Quaisquer desvios das leituras originais podem ajudar a identificar possíveis problemas que podem ser corrigidos bem antes de se tornarem uma emergência.

Figura 10.22 Montando os refrigeradores. *Cortesia de Jerry Meyer, Hussmann Training Center.*

Figura 10.23 Tubulação de sistema de rack. *Cortesia de Jerry Meyer, Hussmann Training Center.*

Vazamento de refrigerante: Detecção

Mesmo com boa instalação e práticas de manutenção, há vazamentos de refrigerante em quase todos os sistemas. A média nacional de perda de refrigerante em um supermercado é de aproximadamente 10% ao ano. Uma loja média pode facilmente perder 226,8 kg (500 libras) de refrigerante anualmente, o que não é somente caro, mas é prejudicial ao meio ambiente. Detectores eletrônicos de vazamento estão sendo usados em muitas lojas para disparar um alarme quando o vazamento é detectado. Os sensores remotos do detector indicam em que ponto o vazamento ocorre. Esse tipo de sistema de aviso precoce pode evitar a perda excessiva de refrigerante e de produto e reduz as chances de danos ao equipamento; isso resulta em carga baixa de refrigerante. A Figura 10.24 mostra um dos detectores eletrônicos de vazamento usados atualmente.

Novas tecnologias

Válvulas eletrônicas são usadas em refrigeração de supermercados já há algum tempo (ver a Figura 10.25). No entanto, tem havido avanços significativos no desenho de válvulas e dispositivos para controlá-las. Um bom exemplo da nova tecnologia é o Sistema de Gerenciamento de Superaquecimento (SMS – *superheat management system*) usado pela Hill PHOENIX, um fabricante de refrigeradores específicos e sistemas de refrigeração. Cada refrigerador possui uma EEV, transdutor de pressão, termistor de temperatura e um módulo de controle (ver a Figura 10.26). O SMS ajusta automaticamente o superaquecimento em resposta às mudanças nas condições do ambiente, carga no refrigerador e variações nos parâmetros do sistema. Se os valores-alvo de superaquecimento precisam ser alterados, o módulo de controle do interior do refrigerador é reprogramado a partir de um laptop ou smartphone simplesmente apontando um dispositivo de infravermelho para o controlador. A possibilidade de ajuste da operação

Figura 10.24 Detector eletrônico remoto de vazamento. *Foto de Dick Wirz.*

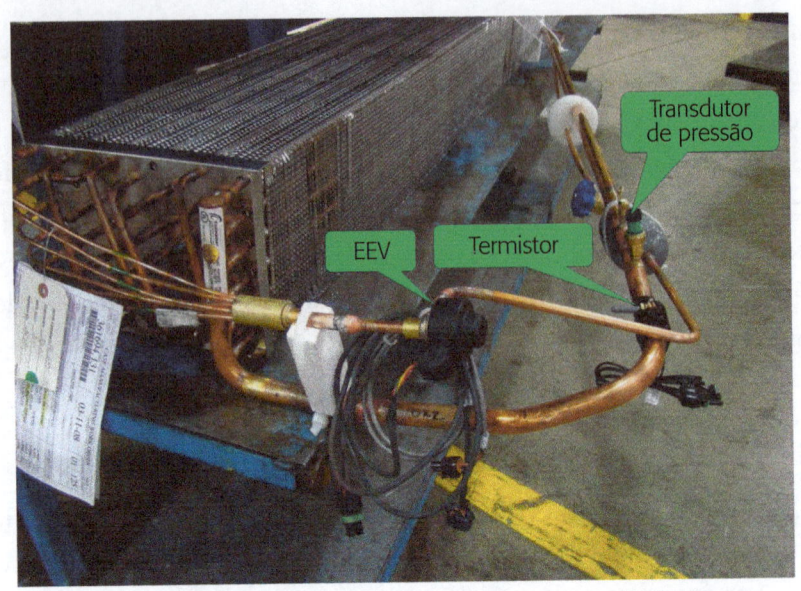

Figura 10.25 Evaporador de uma caixa refrigerada com válvula elétrica e controles. *Foto de Dick Wirz.*

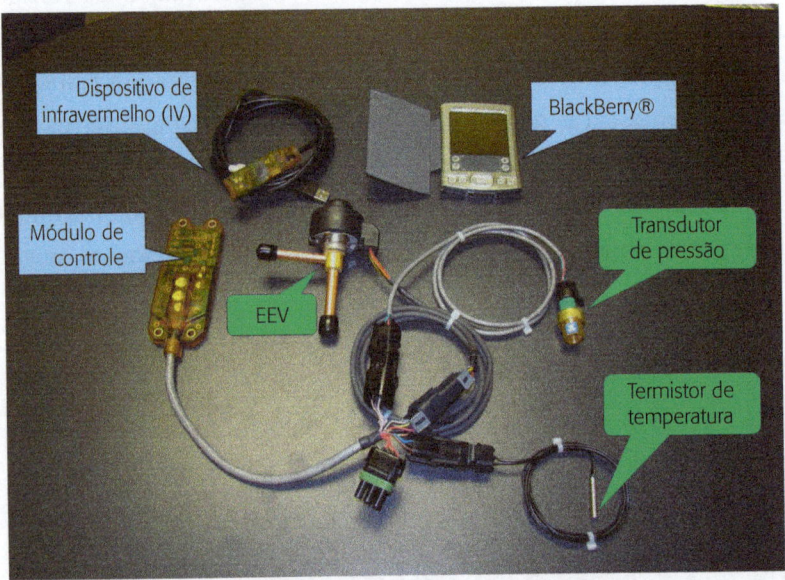

Figura 10.26 O SMS por Hill PHOENIX. *Foto de Dick Wirz.*

do refrigerador simplesmente pressionando-se uma tecla de computador é muito atraente para qualquer técnico, que tem tido a tarefa difícil de ajustar uma válvula de expansão padrão no fundo de um refrigerador.

A tecnologia do acionador de frequência variável (VFD – *variable frequency drive*) tem sido usada extensivamente para controlar a velocidade do compressor, condensador e motores de bombas tanto para o controle de capacidade quanto para a eficiência no consumo de energia. No entanto, a tecnologia de motor não é apenas para equipamentos de muitos cavalos-vapor.

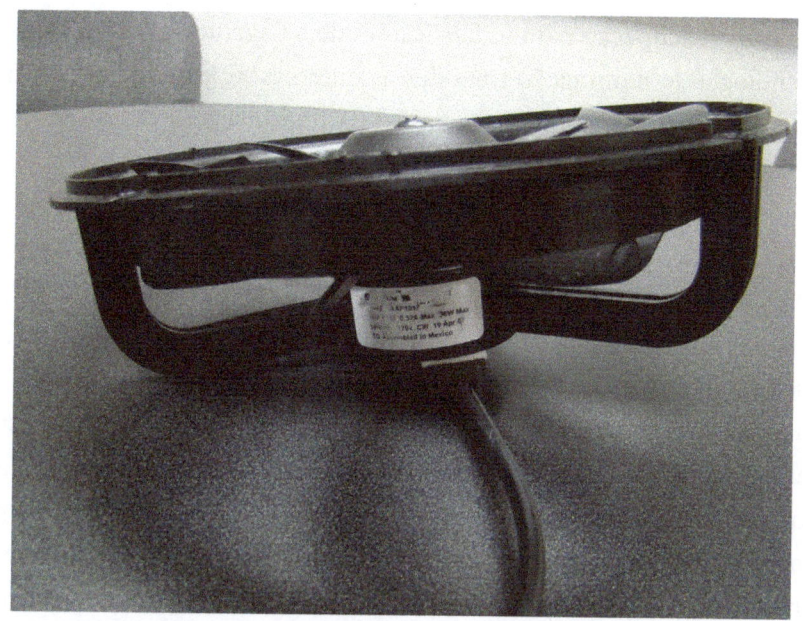

Figura 10.27 Ventiladores do evaporador ECM. *Foto de Dick Wirz.*

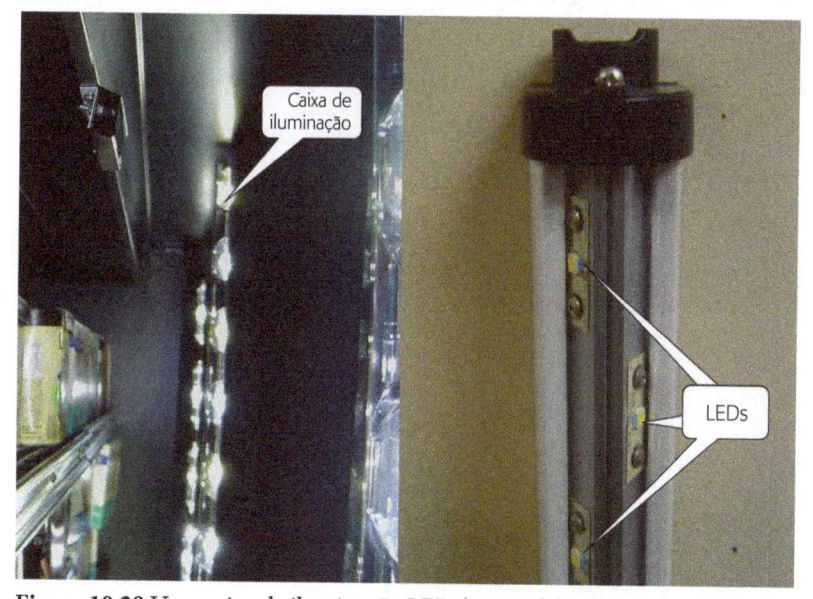

Figura 10.28 Uma caixa de iluminação LED (esquerda) e bulbo LED (direita). *Fotos de Dick Wirz.*

O uso de ventiladores de evaporador ECM (*electrically commutated motor* – motor eletricamente comutado) em refrigeradores específicos é outro avanço tecnológico. Esses motores de ventilador usam menos energia e podem ser programados para variar sua velocidade a fim de regular a temperatura do ar de descarga do refrigerador (ver a Figura 10.27).

A iluminação correta em recipientes refrigerados é muito importante para expor a mercadoria da melhor maneira possível. No entanto, a energia usada e o calor gerado pela iluminação sempre foram uma preocupação para os fabricantes de refrigeradores específicos e seus clientes. A nova tecnologia de iluminação trata dessas questões. O uso de iluminação LED (*light emitting diode* – diodo emissor de luz) fornece boa iluminação a custos operacionais mais baixos e produz muito pouco calor (ver a Figura 10.28).

O antigo padrão de usar água gelada para grandes aplicações de AC é agora usado para o propósito de refrigeração comercial. A Hill PHOENIX desenvolveu esses sistemas de refrigerantes secundários para aplicações em supermercados. O refrigerante principal, R404A, por exemplo, esfria um refrigerante secundário de propilenoglicol. O principal sistema de refrigeração em rack é confinado no espaço de equipamento mecânico, onde esfria a solução de glicol. A água gelada é bombeada do espaço mecânico para os refrigeradores específicos por meio de tubulação plástica. Esse tipo de sistema usa somente uma fração da quantidade de refrigerante, que é exigida para sistemas convencionais e reduz enormemente o custo tanto do trabalho de instalação quanto de materiais. Não somente há menos chance de vazamento de refrigerante, mas há bem menos problemas do que aqueles normalmente associados com os evaporadores de expansão direta (DX) e válvulas de expansão. A Figura 10.29 ilustra as diferenças entre um sistema de refrigeração convencional e o sistema "Segunda Natureza" projetado pela Hill PHOENIX. A Figura 10.30 é o retrato de uma porção real de resfriador de um sistema de refrigerante secundário com bombas de circulação. A Figura 10.31 mostra quão

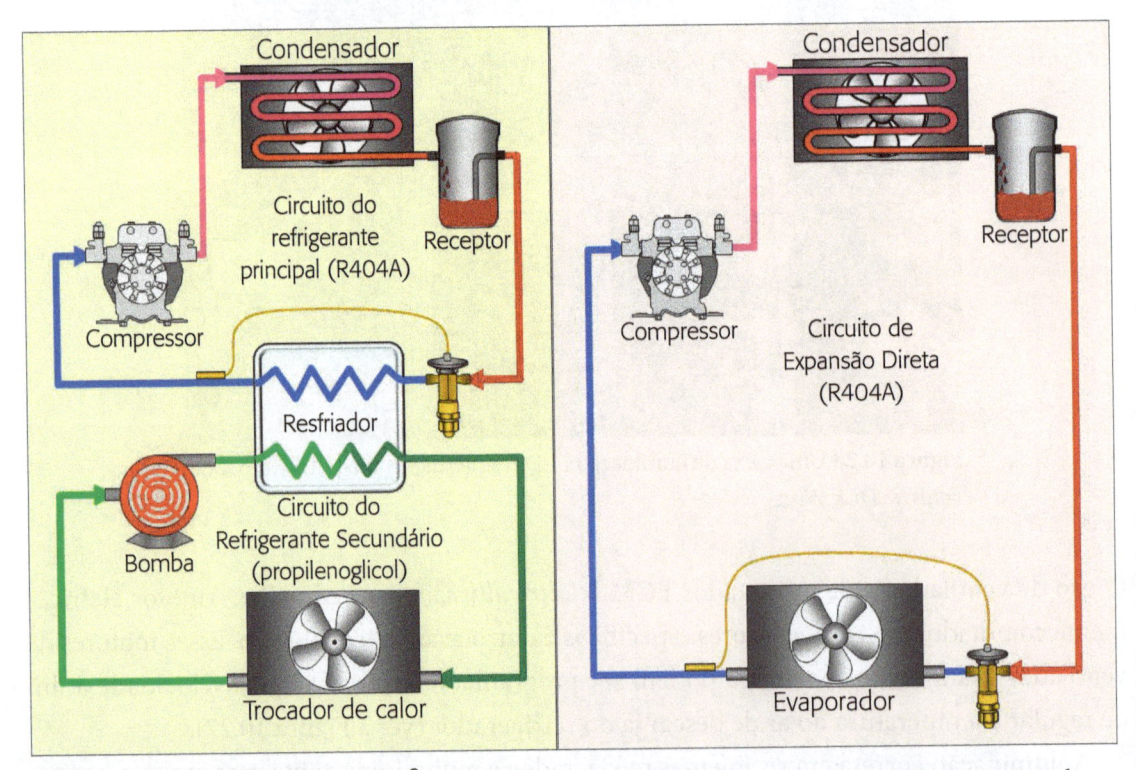

Figura 10.29 Sistema Second Nature® por Hill PHOENIX (esquerda) e um sistema DX convencional (direita). *Adaptação do desenho de Hill PHOENIX por Refrigeration Training Services.*

Figura 10.30 Resfriador e bomba circulante usados em um sistema de refrigerante secundário. *Foto por Dick Wirz.*

baixo o nível de alguns sistemas de água gelada necessitam operar em aplicações de supermercado; a Figura 10.32 é um retrato de um par de evaporadores ajustado para água gelada à espera de ser instalado na fábrica em um refrigerador. A Figura 10.33 mostra um refrigerador de delicatéssen com bandejas de água gelada usadas para refrigerar o produto.

O descongelamento de evaporadores é realizado de modo eficiente pela solução de glicol quente que circula nas serpentinas. A solução de descongelamento é aquecida pelo vapor de descarga do principal circuito de refrigeração.

Outra tecnologia nova é o uso de CO_2 como refrigerante secundário. A Figura 10.34 é um desenho de um sistema CO_2 Second Nature® com R404A como refrigerante principal. O CO_2 líquido, em vez de refrigerantes HFC, circula pela loja para remover o calor dos refrigeradores específicos e câmaras frigoríficas. O CO_2 vaporiza uma porção, mas não todo o seu líquido à medida que absorve calor na serpentina. A mistura

Figura 10.31 Temperatura do glicol para refrigeração de supermercado. *Foto de Dick Wirz.*

Figura 10.32 Serpentinas canalizadas para água gelada. *Foto de Dick Wirz.*

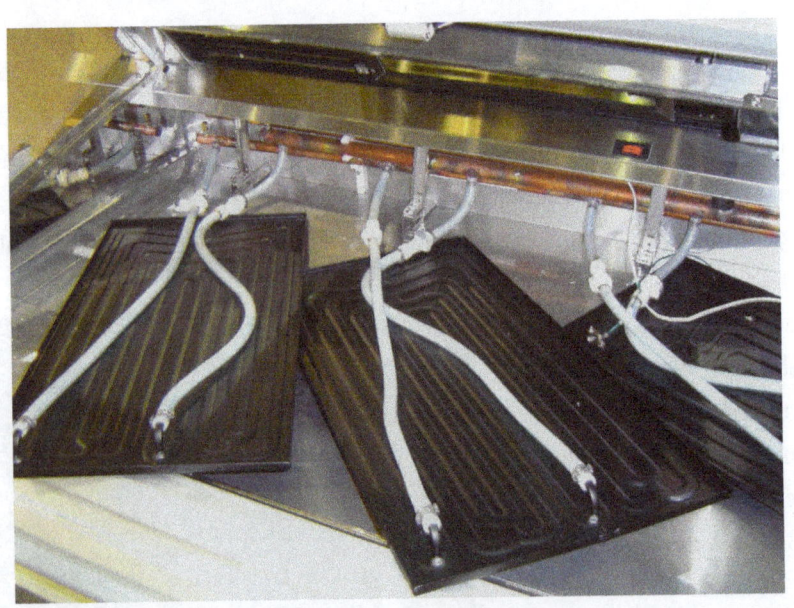

Figura 10.33 Acondicionador de delicatéssen com bandejas de água gelada. *Foto de Dick Wirz.*

de líquido e vapor é retornada ao separador. A partir daí, o vapor é "puxado" para o interior do condensador-evaporador, onde o principal refrigerante, um HFC tal como R404A, é usado para condensar o vapor CO_2 de volta para líquido antes de ser enviado novamente para o separador.

O CO_2 está também sendo usado como refrigerante principal em algumas aplicações de baixa temperatura. Nesse arranjo, um sistema convencional R404A possui duas funções.

Ele resfria a solução de glicol, que esfria refrigeradores específicos de temperatura média, e também age como a porção de cascata superior de sistema de baixa temperatura, resfriando os condensadores de CO_2. A Figura 10.35 é um desenho de um sistema Second Nature® usando CO_2 como refrigerante principal em porção de baixa temperatura de um sistema em cascata.

Resumo

A refrigeração de supermercado é projetada para manter os produtos alimentícios frescos por mais tempo. Isso não somente torna as mercadorias mais atraentes para os clientes, mas também reduz os custos do produto, diminuindo o desperdício e a deterioração do alimento. Além disso, o equipamento deve funcionar de modo eficiente para manter os custos dos serviços públicos ao mínimo. Para alcançar esses objetivos, todos os princípios de refrigeração discutidos neste livro são incorporados no projeto de equipamento mais eficiente, sua instalação e possíveis serviços.

A refrigeração de supermercado é desafiadora e especializada. Este capítulo não pode fazer justiça ao treinamento e à especialização exigidos para esse tipo de trabalho. No entanto, a instalação de equipamentos em lojas de alimentação, a assistência técnica e a manutenção podem ser uma linha de trabalho muito satisfatória e lucrativa.

As novas tecnologias estão transformando a indústria da refrigeração de supermercados. Embora seus sistemas tenham sempre sido projetados com a eficiência do consumo de energia em mente, as cadeias de supermercados têm se tornado cada vez mais agressivas em sua busca

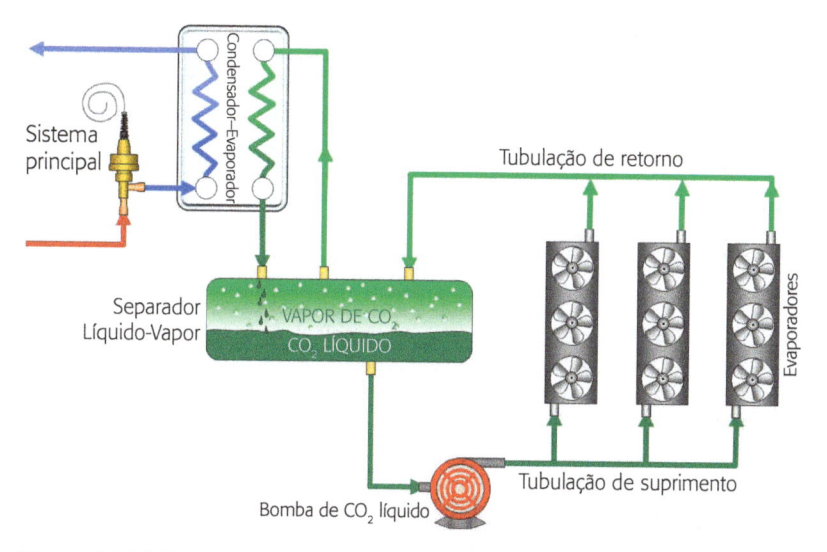

Figura 10.34 Sistema Second Nature® com CO_2 como refrigerante secundário. *Adaptação do desenho de Hill PHOENIX por Refrigeration Training Services.*

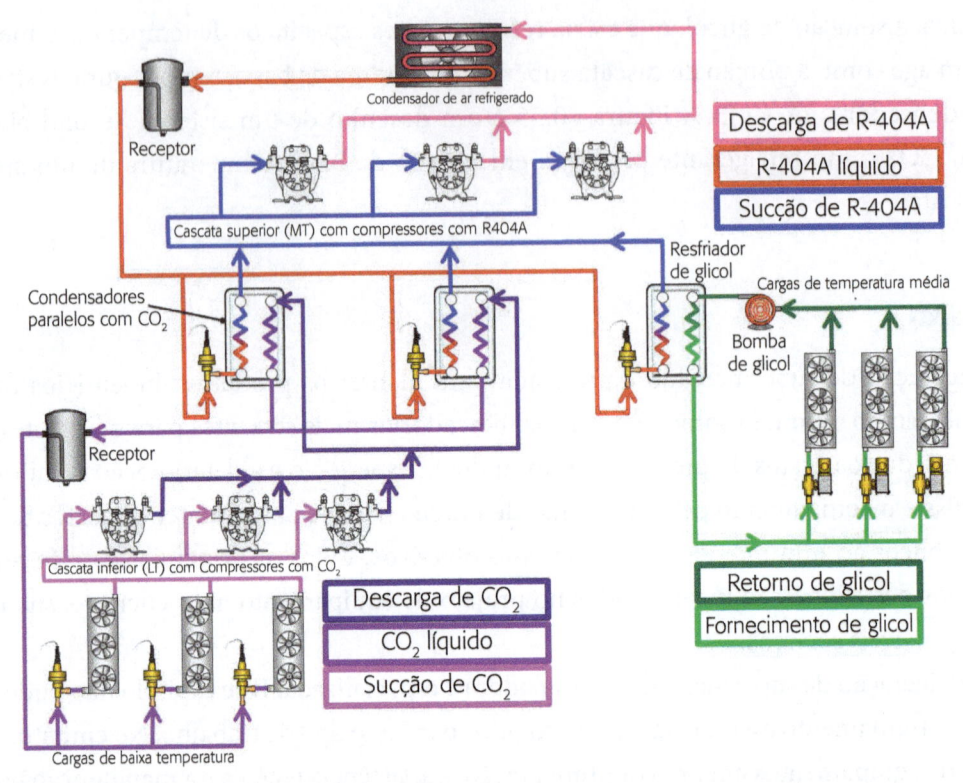

Figura 10.35 Sistema Second Nature® com CO_2 como refrigerante principal em um sistema em cascata. *Adaptação do desenho de Hill PHOENIX por Refrigeration Training Services.*

de meios novos e inovadores de aumentar a eficiência. E ainda mais admiravelmente, essa indústria vem se comprometendo com a redução do impacto de suas operações sobre o meio ambiente através do uso reduzido de refrigerantes HFC, cobre e outros produtos, os quais contribuem para o aquecimento global. Tomara que aquilo que a indústria do supermercado vem fazendo hoje seja adotado em um futuro muito próximo por outras indústrias que usam refrigeração comercial.

Questões de revisão

1. **Qual é a temperatura correta para uma geladeira de carnes?**
   a. 2,2 ºC
   b. 1,1 ºC
   c. –2,2 ºC

2. **O que é um sistema de rack paralelo?**
   a. Um sistema de compressores múltiplos que compartilham uma fonte comum de refrigerante e óleo para refrigerar um grupo de geladeiras.
   b. Um grupo de unidades de condensação que são alinhadas próximas umas das outras, em lugar de estarem umas de frente às outras.
   c. Um rack para apoiar as tubulações de refrigeração que são instaladas paralelamente umas às outras.

3. **Por que sistemas de racks paralelos são usados em refrigeração de supermercado?**
   a. São mais fáceis de instalar do que unidades de condensação separadas.
   b. Eles fornecem excelente controle de temperatura, controle eficaz da capacidade e consomem menos energia do que unidades de condensação separadas.
   c. São muitos refrigeradores específicos, assim eles precisam de muitos cv.

4. **Com tubulações tão longas, como o sistema de rack pode assegurar que o óleo retorne para os compressores?**
   a. Usando inclinação maior do que o normal em tubulação de sucção para um retorno melhor de óleo.
   b. Usando mais sifões em p para aprisionar o óleo e retorná-lo ao compressor.
   c. Usando separadores de óleo para captar o óleo antes que ele deixe o rack do compressor.

5. **O que determina quando os compressores de racks ligam e desligam seu ciclo?**
   a. Os controles de pressão e temperatura no rack monitoram a carga de refrigeração e o ciclo dos compressores.
   b. O pessoal da loja monitora as temperaturas da geladeira e o ciclo dos compressores.
   c. As válvulas HPR bloqueiam o condensador quando a demanda do sistema é baixa.

6. **Como as temperaturas na geladeira são reguladas em um sistema de rack paralelo?**
   a. Válvulas EPR
   b. Válvulas HPR
   c. Válvulas CPR

7. **Em supermercados, onde estão localizadas as válvulas EPR?**
   a. Na saída do evaporador de cada geladeira.
   b. Na tubulação de comunicação de sucção do compressor.
   c. No condensador no telhado.

8. **O que é um controlador, e como é usado em um sistema de rack?**
   a. É um painel de controle eletrônico usado para controlar a operação do sistema.
   b. É um controle de temperatura para a unidade de condensação ligar os ventiladores.
   c. É uma válvula que modula o fluxo de refrigerante para os compressores.

9. Quais métodos são usados para controlar a pressão máxima nos sistemas de rack?

   a. Ciclo do ventilador do condensador.
   b. Condensadores inundados usando válvulas HPR.
   c. Condensadores separados.
   d. Todas as respostas anteriores.

10. Por que a eficiência no consumo de energia é tão importante para os supermercados?

    a. A Agência de Proteção Ambiental (EPA – Environmental Protection Agency) monitora as atividades dos supermercados.
    b. As margens de lucro dos supermercados são somente próximas de 1%.
    c. Somente equipamentos com consumo eficiente de energia manterão os produtos corretamente refrigerados.

11. Relacione oito maneiras pelas quais os sistemas de refrigeração de supermercados podem economizar energia.

12. Para cada grau de sub-refrigeração na TEV, qual será o aumento na capacidade do evaporador?

    a. 0,5%
    b. 1%
    c. 5%

13. Qual é o máximo de sub-resfriamento usado em muitos sistemas modernos de refrigeração de supermercados?

    a. 8,3 ºC
    b. 13,9 ºC
    c. 25 ºC

14. O que é recuperação de calor?

    a. É o calor adicionado ao refrigerante para a condensação correta.
    b. É a remoção do superaquecimento do gás quente para aquecer uma edificação ou água.
    c. É o calor soprado para fora do condensador com uma serpentina de separação.

15. Se a umidade da loja estiver acima de _____, ela afetará negativamente a operação dos refrigeradores específicos.

    a. 50%
    b. 60%
    c. 70%

16. Além do AC corretamente dimensionado, como o sistema de refrigeração pode ajudar a manter a umidade da loja?

    a. Reaquecendo o ar-condicionado do sistema de recuperação de calor.
    b. Separando o condensador para manter a pressão máxima.
    c. Ajustando os EPR para manter temperaturas corretas do evaporador.

17. Como o ar refrigerado pode ficar no interior de um expositor aberto?

    a. Uma cortina de ar sopra para baixo na abertura frontal do expositor para impedir que o ar externo entre.
    b. O ar frio permanece no expositor porque o calor migra para o frio.
    c. Ele não fica no expositor, e é por isso que tanta refrigeração é necessária.

18. Quais são as causas comuns de problemas de fluxo de ar em balcões refrigerados?

19. Por que a instalação correta do equipamento no supermercado é tão importante?

   a. Porque a eficiência pode somente ser obtida de boas instalações.
   b. Porque quanto maior o sistema e quanto mais longa a tubulação, mais oportunidade para problemas e mais difícil sua solução.
   c. Porque há poucos técnicos de assistência técnica qualificados para atender os supermercados.

20. Como um bom programa de manutenção de refrigeração beneficia o proprietário de uma mercearia?

   a. Manutenção regular pode evitar quebras maiores e chamadas emergenciais de assistência técnica.
   b. Porque os técnicos de assistência técnica tornam-se familiarizados com o que o proprietário deseja.
   c. Porque produtos perdidos e assistência técnica de emergência podem ser muito onerosos para os supermercados.
   d. Todas as respostas anteriores.

Câmaras frigoríficas e *freezers*

CAPÍTULO 11

Visão geral do capítulo

Câmaras frigoríficas são um dos aspectos mais fascinantes da refrigeração comercial. Elas são o maior equipamento de refrigeração e são muito importantes para a operação de nossos clientes. As câmaras frigoríficas permitem que o proprietário da loja economize fazendo compras em grandes volumes e ter produtos suficientes à mão para o funcionamento do negócio.

Este capítulo oferece uma introdução de como os sistemas de refrigeração são selecionados para as câmaras frigoríficas, como a parte interna e a refrigeração são instaladas, e os problemas específicos de assistência técnica associados com câmaras frigoríficas. Como em qualquer resolução de problemas, esses sistemas necessitam de um conhecimento básico de como deve operar o interior de uma câmara frigorífica corretamente dimensionada e instalada, assim como os sistemas de refrigeração.

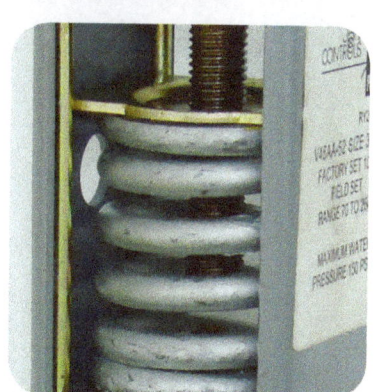

Tipos e tamanhos do interior da câmara frigorífica

Os painéis de isolamento de câmaras frigoríficas têm normalmente 10 cm (4") de espessura e são fechados juntos com uma fechadura especial (ver a Figura 11.1). A maior parte dos painéis usa espuma de poliuretano que possui um valor de isolamento de aproximadamente R-33, equivalente a 25,4 cm

(10") de isolamento de fibra de vidro. Diferentemente da fibra de vidro, célula fechada de poliuretano não absorve umidade e, portanto, mantém suas qualidades isolantes por toda a vida da câmara frigorífica. Painéis de até 15,2 cm (6") de espessura com valor de isolamento de R50 estão disponíveis e altamente recomendados para aplicações em *freezers* de baixa temperatura, abaixo de −23,3 °C. Outro tipo de isolante, poliestireno, é oferecido por alguns fabricantes de câmaras frigoríficas. Embora seja um isolante de espuma, seus valores isolantes não são muito melhores do que os das fibras de vidro.

As câmaras frigoríficas são identificadas por seu tamanho e temperatura de aplicação. O tamanho é dado pelas dimensões externas de comprimento, largura e altura. A dimensão mais curta, seja do comprimento ou da largura, é dada em primeiro e a altura por último. A temperatura de aplicação é ou refrigerador (esfriador) ou congelador (*freezer*).

EXEMPLO: 1 Um *freezer* de câmara frigorífica tem 3,05 m × 3,66 m × 2,44 m (10' × 12' × 8').

Painéis das paredes internas são expedidos da fábrica e os técnicos de instalação montam a câmara frigorífica no local de trabalho (ver a Figura 11.2). As câmaras frigoríficas menores são chamadas de *step-ins*. Normalmente elas têm cerca de 1,2 m × 1,2 m × 1,8 m (4' × 4' × 6') e possuem uma unidade de refrigeração autocontida no topo do painel (ver a Figura 11.3).

Figura 11.1 Pinel de câmara frigorífica fixa espuma no lugar (esquerda) e fixa em moldura de madeira (direita). *Cortesia de Jerry Meyer.*

Figura 11.2 Instalando painéis na câmara frigorífica. *Cortesia de Penn Refrigeration.*

As câmaras frigoríficas maiores são chamadas de "prédios refrigerados" ou "depósitos refrigerados". Elas são tão grandes que empilhadeiras podem ser conduzidas em seu interior para carregar e descarregar produtos.

Instalação da parte interna das câmaras frigoríficas

Instalar uma câmara frigorífica se inicia em um piso plano. Se o piso não for plano, então as partes internas não se ajustarão corretamente, e a porta não fechará completamente.

O piso de uma câmara frigorífica pode ser composto de painéis isolantes ou de piso de concreto do edifício (ver a Figura 11.4). O piso do edifício pode ser usado se for **uma superfície nivelada** (*on grade*) (concreto sobre terra), porque a temperatura do piso sob a placa é normalmente uma temperatura constante de 12,8 °C. A pequena diferença entre a temperatura do

Figura 11.3 Interior de um refrigerador em que se pode entrar. *Cortesia de W.A. Brown Walk-in Box Installation.*

Figura 11.4 Câmara frigorífica sem painéis no piso (esquerda) e câmara frigorífica com placas com desenho em forma de diamante (direita).

piso e de um refrigerador de 1,7 °C demanda uma pequena capacidade de refrigeração adicional. Se o piso de concreto não estiver nivelado sobre um espaço ocupado, a instalação de uma câmara frigorífica sem painéis isolantes pode causar alguns problemas muito graves.

EXEMPLO: 2 A cozinha de um restaurante se localiza sobre uma garagem de estacionamento, e a temperatura nessa garagem durante o verão é de 26,7 °C. Uma câmara frigorífica sem piso isolante é instalada na cozinha. O calor da garagem será acrescentado à carga no refrigerador. Sob a câmara frigorífica, o teto da garagem torna-se frio o suficiente para condensar água e respingar nos carros. O problema poderia ser pior se a área sob a câmara frigorífica fosse um escritório ao invés de uma garagem.

Um *freezer* de câmara frigorífica não pode ser colocado sobre um piso de concreto nivelado porque as temperaturas frias do interior congelariam o piso sob a laje. O piso congelado se expandiria, subiria e romperia a laje. Todos os *freezers* devem ter um piso isolado ou ter isolamento instalado sob a placa antes que o piso de concreto seja despejado.

Se carrinhos pesados ou carrinhos de mão forem usados com frequência sobre um piso isolado, os painéis logo serão danificados. Pode-se evitar isso instalando placas de alumínio de 0,48 cm (3/16") de espessura com desenhos no formato de diamante sobre os painéis do piso em áreas de grande circulação (ver a Figura 11.4).

Pisos de concreto raramente estão perfeitamente nivelados. Portanto, os painéis instalados no piso vão necessitar de madeira tratada ou calços de metal instalados sob os painéis para assegurar que o interior esteja perfeitamente nivelado. Se a câmara frigorífica não tiver painéis de piso, os painéis das paredes verticais instalados na base de concreto, provavelmente, terão de ser calçados para nivelar seu interior.

A importância de uma base nivelada não pode ser suficientemente enfatizada. Sem uma fundação nivelada, os painéis da parede e do teto não se prenderão e o batente da porta não ficará alinhado. Uma vez que a porta é a única parte móvel de toda a câmara frigorífica, é a sessão mais visível. Se a porta não fechar ou vedar corretamente, haverá uma fonte constante de irritação para o usuário. Essa impressão negativa é, frequentemente, transferida tanto para o fabricante da parte interna quanto para a companhia que a instalou.

Tipos de portas e ajustes da câmara frigorífica

A maioria das portas das câmaras frigoríficas são embutidas, de fechamento automático e vedação automática. Isso significa que a porta fica igual à parede quando é fechada, as dobradiças são projetadas para fazer a porta fechar-se; quando a porta é fechada, as gaxetas são bem ajustadas ao marco da porta para vedar o frio.

Algumas pessoas têm muito receio de ficar trancadas no interior das câmaras frigoríficas. No entanto, as seções das portas são produzidas com um mecanismo para abrir por dentro.

Figura 11.5 Liberação da porta abre a câmara frigorífica de dentro, mesmo se a porta estiver fechada com cadeado. *Fotos de Dick Wirz.*

Esse dispositivo de segurança permite que se abra facilmente a porta, mesmo se a maçaneta da porta estiver trancada com cadeado (ver a Figura 11.5). Dobradiças com tubo ascendente de came (excêntrico) elevam a porta verticalmente a cerca de 2,5 cm à medida que a porta é movida para abrir. Quando a porta é liberada, seu peso, combinado com o ângulo de cames para inserir dobradiça, faz a porta girar de volta para a sua posição de fechada. Dobradiças opcionais com molas colocam ainda mais pressão na porta para assegurar que ela feche (ver a Figura 11.6).

Problemas de assistência técnica ocorrerão certamente se a porta da câmara não fechar por completo. Uma porta levemente aberta permitirá que o calor entre no refrigerador. Para evitar esse problema, a maior parte das portas pode ser puxada para fechar, por um dispositivo chamado "fechador de porta" (ver a Figura 11.6). O "fechador" é um mecanismo fixado no marco da porta. Ele usa um gancho e uma mola, ou pistão hidráulico, para engatar e puxar a porta para fechar completamente, quando ela oscila cerca de uns 2,5 cm para fechar.

A maioria das gaxetas das portas das câmaras frigoríficas contém uma faixa magnética que é atraída ao marco de metal da porta. Esse ímã ajuda a manter a porta fechada e a vedar o calor externo. Esse tipo de gaxeta é semelhante àquela usada em refrigeradores residenciais.

A parte inferior da porta possui uma aba de borracha que cobre a abertura entre a parte de baixo da porta e o umbral; essa gaxeta é chamada de "gaxeta de varredura". A gaxeta de

Figura 11.6 Dobradiças de porta e fechador. *Foto de Dick Wirz.*

varredura não deve ser tão longa a ponto de interferir no fechamento da porta. Se necessário, o técnico pode apará-la ou ajustá-la.

A maioria dos fabricantes recomenda um espaço de ar entre a parte de baixo da gaxeta e a soleira da porta, que não exceda 0,32 cm (1/8").

Fios aquecedores são usados no marco da porta de todos os *freezers* para evitar que a porta congele aderindo ao marco quando está fechada. Quando o *freezer* está em funcionamento, esses aquecedores não parecem esquentar muito o marco da porta. Entretanto, eles estão realizando seu trabalho desde que a gaxeta não congele o marco da porta quando a porta estiver fechada.

Se a porta de um *freezer* estiver ligeiramente entreaberta, o calor de fora migra para o interior do *freezer* frio. A umidade do ar congela nas partes não congeladas da porta e do marco. A formação de gelo bloqueará a porta não permitindo seu fechamento. Os técnicos devem instruir seus clientes a verificar diariamente o gelo no marco da porta e limpá-lo delicadamente. Se a porta for fechada com força antes de o gelo ser removido, ela se danificará, assim como o marco, os aquecedores e as gaxetas. Isso resultará em um conserto muito caro e que levará muito tempo, o que pode ser evitado se a porta for completamente fechada a cada vez, após sua abertura.

A Figura 11.7 mostra vários itens anteriormente discutidos, incluindo o fechador de porta, gaxeta, aquecedores do marco e soleira. Além disso, o desenho mostra uma porta de alívio de pressão (PRP) que possui um arranjo de aba com duas vias. Uma porta de alívio de pressão permite diferenças de pressão entre o interior e o exterior para equalizar. Embora isso não seja necessário em unidades de temperatura média, elas devem ser instaladas em *freezers*.

EXEMPLO: 3 Quando um *freezer* inicia o descongelamento, o ar no interior do gabinete do evaporador vai estar de 10 °C a 21,1 °C mais quente do que a temperatura interna. Embora o espaço ocupado pelo evaporador seja relativamente pequeno, a expansão do ar quente pode aumentar a pressão em toda a parte interna do *freezer*, especialmente em câmaras frigoríficas menores. O aumento da pressão no interior da câmara frigorífica pode ser suficiente para forçar a abertura da porta da câmara. Se a parte interna possuir uma porta de alívio de pressão, a pressão interna vai empurrar a aba para abrir, e permitirá a equalização da pressão na parte interna da câmara.

EXEMPLO: 4 Quando a porta está aberta, o ar quente flui para o interior da câmara. À medida que o ar quente é resfriado, ele ocupa menos espaço, criando um vácuo. Se alguém tentar abrir de novo a porta em um minuto, mais ou menos, esse leve vácuo tenderá a manter a porta fechada, tornando muito difícil abri-la. Uma PRP aliviaria o vácuo no interior da câmara, permitindo algum ar de fora entrar e equalizar as pressões.

Todos os fabricantes montam os termômetros sobre o marco da porta com o bulbo do termômetro medindo a temperatura do ar no interior da câmara. Infelizmente, quando a

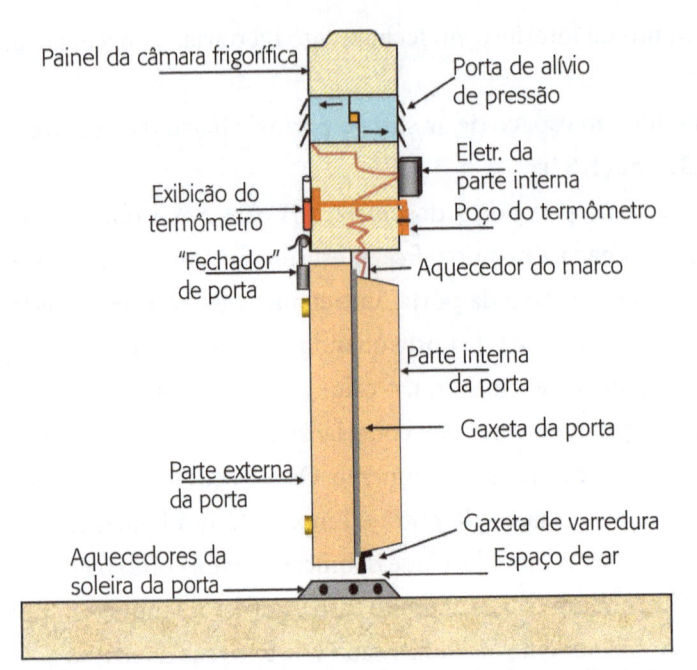

Figura 11.7 Visão lateral do marco da porta do *freezer*. *Cortesia de Refrigeration Training Services.*

porta é aberta, o ar externo faz a temperatura subir. Depois que a porta é fechada, pode levar até dez minutos para o termômetro voltar para a temperatura real, no interior da câmara.

Alguns técnicos usam um procedimento que ajuda a assegurar que o termômetro seja menos afetado pelas aberturas da porta. A Figura 11.7 mostra um termômetro com seu bulbo em um "poço de termômetro". O poço é uma peça com cerca de 15 cm (6") feita de tubo de cobre ou de PVC (cloreto de polivinila) de 2,54 cm (1") fechada no fundo. O tubo é fixado na parede interna da câmara frigorífica, e o bulbo de termômetro vem através do painel. O bulbo é inserido no tubo, e depois coberto com glicol comestível. Esse arranjo evita as flutuações da temperatura causadas pelas aberturas da porta, e é um indicador preciso da temperatura do produto armazenado no interior da câmara.

Para a porta vedar corretamente, o marco da porta precisa estar nivelado e **aprumado**. Para verificar isso, coloque um nível através do topo do marco da porta. Se o nivelamento for necessário, afrouxe as travas do marco da porta e calce o marco ou nivele o piso da câmara (ver a Figura 11.8). Para verificar o prumo, coloque o nível verticalmente sobre a face do batente da porta. Se ajustes forem necessários, afrouxe as travas do painel e empurre o marco para o interior ou para fora. Embora o desalinhamento possa ser de apenas 0,32 cm (1/8") a 0,64 cm (¼"), pode afetar enormemente o modo como a porta veda quando fechada (ver a Figura 11.9).

Algumas vezes, o marco está tão nivelado e aprumado quanto possível e, no

Figura 11.8 Nivelando um marco de porta. *Cortesia de Refrigeration Training Services.*

Visão lateral de marco "fora de prumo"

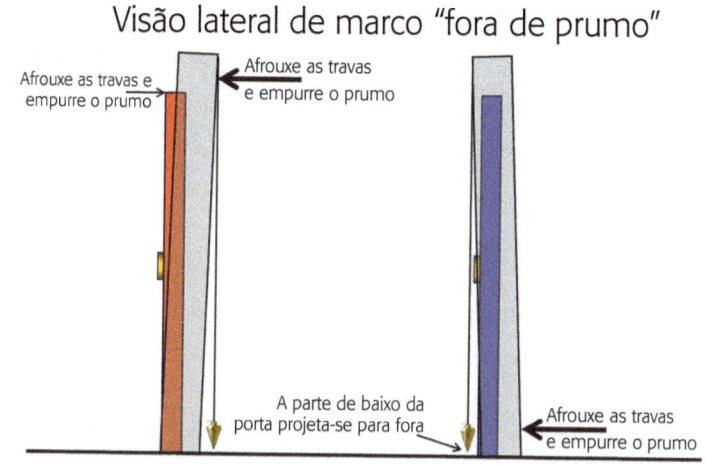

Figura 11.9 Aprumando um marco de porta. *Cortesia de Refrigeration Training Services.*

entanto, um canto da porta pode estar se projetando ligeiramente para fora do marco. Calçar a placa da dobradiça do canto oposto ao problema fará girar a porta e poderá trazê-la de volta ao alinhamento. Use calços de metal fino sob a placa da dobradiça, e não na própria porta. Como foi ilustrado na Figura 11.10, fazendo um calço na dobradiça do lado esquerdo do fundo, empurrará o canto superior direito da porta.

Parte interna das câmaras frigoríficas: Aplicações

Quando adaptar o equipamento de refrigeração ao interior de uma câmara frigorífica, é importante saber a aplicação da câmara. Em outras palavras, a câmara frigorífica será usada como um *freezer* ou um refrigerador (resfriador)? É considerada uma câmara de armazenamento, que necessita apenas armazenar produtos previamente refrigerados? Ou é uma câmara de produção que será sujeita a cargas pesadas e talvez tenha mesmo de resfriar produtos mornos?

Quase todas as câmaras refrigeradoras são, atualmente, configuradas em uma temperatura interna de 1,7 °C. A maioria dos *freezers* de câmara é configurada em −23,3 °C. Entretanto, ocasionalmente os fabricantes configurarão seus sistemas como refrigerador em 4,4 °C e o *freezer* em −17,8 °C. Essas temperaturas internas mais

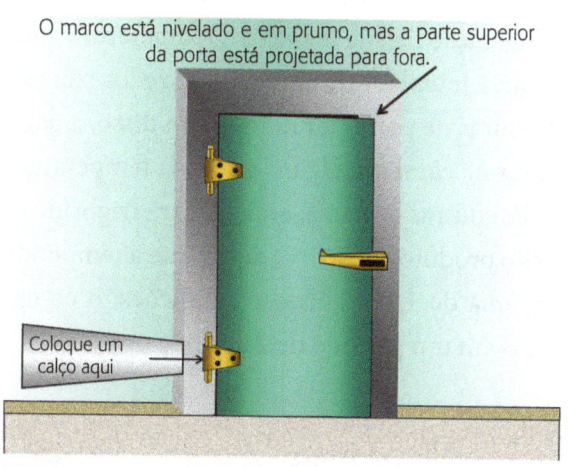

Figura 11.10 Calce as dobradiças para torcer a porta. *Cortesia de Refrigeration Training Services.*

Dimensionamento do equipamento para o interior de uma câmara frigorífica		
Dimensão interna	Temp. int 1,7 °C (Evap. -3,9°C) Carga kW (Btuh)	Temp. int -23,3 °C (Evap. -28,8°C) Carga kW (Btuh)
2,44M x 2,44M x 2,44M (8' x 8' x 8')	1,76 (6 MIL)	1,76 (6 MIL)
2,44M x 3,66M x 2,44M (8' x 12' x 8')	2,34 (8 MIL)	2,34 (8 MIL)
2,44M x 6,10M x 2,44M (8' x 20' x 8')	3,52 (12 MIL)	3,52 (12 MIL)
2,44M x 8,53M x 2,44M (8' x 28' x 8')	4,69 (16 MIL)	4,69 (16 MIL)

Figura 11.11 Tabela de dimensionamento do equipamento de refrigeração para o interior de uma câmara frigorífica somente para armazenamento. *Cortesia de Refrigeration Training Services.*

Unidades de condensação de temperatura média (Temperatura de sucção a -3,9 °C)		
Modelo da unidade	Cavalo-vapor	kW (Btuh)
MT-075	¾	1,76 (6 MIL)
MT-100	1	2,34 (8 MIL)
MT-150	1½	3,52 (12 MIL)
MT-200	2	4,69 (16 MIL)
MT-300	3	7,03 (24 MIL)

Figura 11.12 Tabela de unidade de condensação de temperatura média. *Cortesia de Refrigeration Training Services.*

altas exigem menos cavalos-vapor de refrigeração do que temperaturas mais baixas. Portanto, se dois fabricantes diferirem na capacidade de refrigeração exigida para câmaras frigoríficas de mesma dimensão, pode ser uma diferença no projeto de temperaturas internas da câmara.

Quando um fabricante fornece uma tabela que dá o tamanho do equipamento de refrigeração, com base nas dimensões físicas do seu interior, então, a câmara frigorífica é classificada como "somente para armazenamento". Somente para armazenamento significa que a unidade de refrigeração listada manterá a temperatura configurada no interior da câmara frigorífica, desde que a temperatura ambiente ao redor não esteja acima de 35 °C e não haja mais do que duas aberturas de porta por hora. Além disso, a parte importante, o produto a ser refrigerado deve entrar na câmara a alguns graus da temperatura estabelecida.

Em outras palavras, uma câmara frigorífica com temperatura estabelecida em 1,7 °C manterá o produto em 1,7 °C, desde que a temperatura do produto que entra no seu interior esteja próxima de 1,7 °C. Nessas condições, o compressor não terá de funcionar mais do que 16 horas em um período de 24 horas.

Nota: *Somente 16 horas de período de funcionamento pode apresentar uma grande capacidade de reserva, se necessário. No entanto, os refrigeradores precisam do descongelamento fora do ciclo de funcionamento. Por exemplo, um ciclo de dez minutos de tempo de funcionamento e* cinco minutos fora de funcionamento permitiria somente um total de tempo de funcionamento de 16 horas por dia.

A Figura 11.11 é um exemplo de uma tabela de dimensionamento do equipamento de uma câmara frigorífica. Todas as tabelas apresentadas neste capítulo para as câmaras frigoríficas, unidades de condensação e evaporadores são para serem usadas apenas nos exemplos das seções seguintes e para as questões no final do capítulo. As cargas Btuh são próximas das cargas reais estabelecidas pela fábrica, mas os números foram arredondados e ajustados para tornar os exemplos e os cálculos mais fáceis de entender.

Sistema: Ajuste dos componentes para o correto funcionamento

Para uma câmara frigorífica de 2,44 m × 3,66 m × 2,44 m (8' × 12' × 8') a 1,7 °C, veja a Figura 11.11 para identificar a quantidade de refrigeração necessária. Em seguida, veja a Figura 11.12 para determinar qual a unidade de condensação forneceria a capacidade necessária. Depois, vá para a Figura 11.14 para escolher o evaporador que se ajuste à unidade de condensação.

EXEMPLO: 5 Um refrigerador a 1,7 °C de 2,44 m × 3,66 m × 2,44 m (8' × 12' × 8') necessita de 2,34 kW (8 mil Btuh) de refrigeração (Figura 11.11). O MT – 100, unidade de condensação de 1 cavalo-vapor de temperatura média, fornece 2,34 kW (8 mil Btuh) em uma temperatura de sucção de –3,9 °C (Figura 11.12). O evaporador MEV-080 (Figura 11.14) ajusta-se perfeitamente com a produção da unidade MT–100.

Se a câmara frigorífica de 2,4 m × 3,6 m × 2,4 m (8' × 12' × 8') fosse um *freezer*, também demandaria 2,34 kW (8 mil Btuh). No entanto, ela demandaria uma unidade de condensação de baixa temperatura em lugar de uma unidade de média temperatura.

Unidades de condensação de baixa temperatura			
Modelo de unidade	Cavalos-vapor	kW (Btuh) - Sucção a –3,3 °C	kW (Btuh) - Sucção a –28,9 °C
LT–075	¾	1,17 (4 mil)	0,88 (3 mil)
LT–100	1	1,46 (5 mil)	1,17 (4 mil)
LT–150	1 ½	2,20 (7,5 mil)	1,76 (6 mil)
LT–200	2	2,93 (10 mil)	2,34 (8 mil)
LT–300	3	4,40 (15 mil)	3,52 (12 mil)
LT–400	4	5,86 (20 mil)	4,69 (16 mil)

Figura 11.13 Tabela da unidade de condensação de baixa temperatura. *Cortesia de Refrigeration Training Services.*

EXEMPLO: 6 De acordo com a tabela da Figura 11.13, a unidade de condensação de baixa temperatura de 2 cv, LT–200, fornecerá as 2,34 kW (8 mil Btuh) necessárias em temperatura de sucção de 104,4 °C. O evaporador de baixa temperatura LEV–080, na Figura 11.14, se ajustará a ele.

Os dois exemplos anteriores mostram os fundamentos da combinação de equipamento de refrigeração ao tamanho de uma câmara frigorífica usada somente para armazenamento. A seguir, um resumo do processo:

1. Determine as demandas em kW (Btuh) do interior da câmara frigorífica;
2. Determine qual unidade de condensação fornecerá as kW (Btuh) exigidas;
3. Ajuste o evaporador à unidade de condensação com a mesma kW (Btuh).

Evaporadores			
Temperatura média Evap. –3,9 °C a 5,6 °C TD		Baixa temperatura Evap –28,9 °C a 5,6 °C TD	
Modelo	kW (Btuh)	Modelo	kW (Btuh)
MEV–040	1,17 (4 mil)	LEV–040	1,17 (4 mil)
MEV–060	1,76 (6 mil)	LEV–060	1,76 (6 mil)
MEV–080	2,34 (8 mil)	LEV–080	2,34 (8 mil)
MEV–100	2,93 (10 mil)	LEV–100	2,93 (10 mil)
MEV–120	3,52 (12 mil)	LEV–120	3,52 (12 mil)
MEV–140	4,1 (14 mil)	LEV–140	4,1 (14 mil)
MEV–160	4,69 (16 mil)	LEV–160	4,69 (16 mil)
MEV–180	5,27 (18 mil)	LEV–180	5,27 (18 mil)
MEV–200	5,86 (20 mil)	LEV–200	5,86 (20 mil)
MEV–220	6,45 (22 mil)	LEV–220	6,45 (22 mil)

Figura 11.14 Tabela das configurações do evaporador para refrigeradores e *freezers*. Cortesia de Refrigeration Training Services.

Nota: *A maioria das câmaras frigoríficas opera a uma TD de 5,6 °C. Portanto, escolha o equipamento que opere em uma temperatura de sucção (temperatura do evaporador) que seja 5,6 °C abaixo da temperatura interna da câmara frigorífica.*

A unidade de condensação do *freezer* da câmara frigorífica de –23,3 °C no exemplo anterior teve de ser escolhida da coluna kW (Btuh) em sucção de –28,9 °C na Figura 11.13. Se a coluna de –23,3 °C tivesse sido escolhida incorretamente, a unidade de condensação seria a LT–150 que produz 2,20 kW (7.500 Btuh) a uma sucção de –23,3 °C, mas somente 1,76 kW (6 mil Btuh) a uma sucção requerida de –28,9 °C. O sistema de refrigeração LT–150 não lidaria com uma carga de 2,34 kW (8 mil Btuh) em sucção de −28,9 °C para um *freezer* de câmara frigorífica de 2,44 m × 3,66 m × 2,44 m (8' × 12' × 8') operando a uma temperatura interna de −23,3 °C.

Ajuste de cavalo-vapor (cv) do compressor com o kW (Btuh)

Uma unidade de condensação possui capacidade de kW (Btuh) e potência (em cv) estabelecidas. Para dada potência, a capacidade em kW (Btuh) variará, dependendo do tipo do compressor e do tamanho do condensador usado na unidade de condensação. Portanto, a literatura da fábrica possui páginas e páginas de configurações diferentes para as unidades de mesma potência. Entretanto, quando se está trabalhando sem os manuais da fábrica, lembrar das regras de ouro para determinar a capacidade da unidade de condensação pode ser muito útil.

Evaporadores: ajuste às unidades de condensação

Como discutido no Capítulo 2, o sistema de TD de 5,6 °C padrão é bom para a maior parte das aplicações em serviços de alimento em que a alta umidade relativa do ar (umidade relativa do ar em 85% ou RH – *relative humidity*) é necessária para evitar que frutas, verduras e alimentos similares se ressequem. Um sistema de refrigeração comercial de TD de 5,6 °C é obtido combinando-se simplesmente a Btuh da unidade de condensação com o evaporador. Uma unidade de condensação de 4,69 kW (16 mil Btuh) combinada com um evaporador de 4,69 kW (16 mil Btuh) manteria um sistema de 5,6 °C. A seguir, é apresentada a fórmula para calcular o TD do sistema:

» TD do sistema = configuração da unidade de condensação ÷ configuração do evaporador (em uma TD de 0,56 °C)

TROT

TROT para ajustar cavalo-vapor de compressor a Btuh:

- 1 cv = 3,52 kW (12 mil Btuh) de ar-condicionado [sala com temperatura de 23,9 °C, evaporador de 4,4 °C, 10 SEER (*seasonal energy efficiency ratio* – índice de eficiência energética sazonal) ou menos];
- 1 cv = 2,34 kW (8 mil Btuh) de refrigeração de temperatura média (temperatura interna de 1,7 °C, temperatura de sucção de −3,9 °C, temperatura ambiente de 35 °C);
- 1 cv = 1,17 kW (4 mil Btuh) de refrigeração de baixa temperatura (temperatura interna de −23,3 °C, temperatura de sucção de −28,9 °C, temperatura ambiente de 35 °C).

EXEMPLO 1: Suponha que o fabricante afirme que uma câmara frigorífica de 2,44 m × 3,66 m × 2,44 m (8' × 28' × 8') demanda cerca de 4,69 kW (16 mil Btuh). Com base no TROT, a câmara frigorífica deve ter uma unidade de condensação de cerca de 2 cv [4,69 (16000) ÷ 2,34 (8000) = 2 cv]. No entanto, se a câmara frigorífica fosse um *freezer* a −23,3 °C, ela deveria ter uma unidade de temperatura de baixa de 4 cv [4,69 (16000) ÷ 1,17 (4000) = 4 cv].

Nota: *Essas são aproximações, mas sempre use especificações da fábrica se os cálculos tiverem de ser exatos.*

Nota: *A maioria dos evaporadores são configurados em uma TD de 5,6 °C. Portanto, uma TD de 0,56 °C é 10% da configuração original.*

EXEMPLO: 7 Uma unidade de condensação configurada em 4,69 kW (16 mil Btuh) é combinada com um evaporador com uma capacidade de 4,69 kW (16 mil Btuh) em uma TD de 5,6 °C (ou 0,8375 kW (1,6 mil Btuh) em uma TD de 0,56 °C.

» 4,69 (16000) ÷ 0,8375 (1600) = sistema de TD de 5,6 °C (mantém cerca de 85% de umidade relativa)

O que aconteceria com a temperatura interna e a umidade se a unidade de condensação e o evaporador tiverem configurações diferentes?

EXEMPLO: 8 A configuração da unidade de condensação é 4,69 (16 mil) e o evaporador está configurado em 2,93 (10 mil).

» 4,69 (16000) ÷ 0,527 (1000) = TD do sistema 8,9 °C (mantém cerca de 75% de umidade relativa do ar)

Quanto maior a TD do sistema, mais frio se torna o evaporador. Quanto mais fria a superfície da serpentina, mais umidade é condensada no evaporador e removida do espaço. Portanto, a umidade diminui. Uma TD de 8,9 °C pode ressecar uma carne não embalada, vegetais e outros produtos semelhantes. No entanto, não seria problema com produtos embalados ou garrafas. Se uma combinação similar for encontrada no trabalho, pode ter sido intencional, porque o espaço disponível na câmara frigorífica limita o tamanho do evaporador. De fato, as geladeiras comerciais normalmente têm TD de 8,3 °C a 11,1 °C porque a falta de espaço nos gabinetes exige evaporadores pequenos.

Usar um evaporador menor pode reduzir os custos do equipamento, mas ele também reduz a capacidade total de kW (Btuh) do sistema. A capacidade do sistema é tratada na próxima seção.

Se a TD do sistema é menor, a temperatura do evaporador é mais alta; menos umidade condensará no evaporador. Portanto, a umidade na área interna aumenta. Alta umidade é importante para câmaras frigoríficas de flores e de carne fresca. Além disso, evaporadores de fluxo de ar baixo são frequentemente usados para reduzir as chances de correntes de ar que prejudicam as delicadas flores ou tornam as superfícies da carne mais escuras.

EXEMPLO: 9 A configuração da unidade de condensação é 4,69 (16 mil), e o evaporador é configurado em 5,86 (20 mil).

» 4,69 (16000) ÷ 1,054 (2000) = TD de sistema 4,4 °C (mantém cerca de 90% de umidade relativa)

Capacidade do sistema baseada na combinação da unidade de condensação e evaporador

A capacidade total do sistema é determinada pela combinação da unidade de condensação e do evaporador. A capacidade do sistema é a média dos dois componentes, desde que a capacidade do evaporador seja menor ou igual à capacidade da unidade de condensação. A seguir, a fórmula para a capacidade do sistema:

» Capacidade do sistema = (capacidade da unidade de condensação + capacidade do evaporador) ÷ 2.

EXEMPLO: 10 A configuração da unidade de condensação é 4,69 (16 mil) e o evaporador é configurado em 4,69 (16 mil).

» Capacidade do sistema = [4,69 (16000) + 4,69 (16000)] ÷ 2 = 9,383 (2000) ÷ 2 = 4,69 kW (16 mil Btuh)

EXEMPLO: 11 A configuração da unidade de condensação é 4,69 (16 mil) e o evaporador é configurado em 2,93 (10 mil).

» Capacidade do sistema = [4,69 (16000) + 2,93 (10000)] ÷ 2 = 7,62 (26000) ÷ 2 = 3,81 kW (13 mil Btuh)

Os exemplos anteriores mostram como um evaporador menor reduz a capacidade total do sistema.

Há uma exceção para determinar a capacidade total do sistema fazendo a média dos dois componentes. Essa exceção é quando a capacidade do evaporador é maior do que a capacidade da unidade de condensação.

EXEMPLO: 12 Configuração da unidade de condensação é 4,69 (16 mil) e o evaporador é configurado em 5,86 (20 mil).

Se o evaporador é maior do que a unidade de condensação, a capacidade do sistema é basicamente limitada à capacidade da unidade de condensação, neste caso 4,69 kW (16 mil Btuh). A lógica é que o evaporador não pode absorver qualquer calor a mais do espaço do que a unidade de condensação pode rejeitar.

TEV: ajuste ao evaporador

O Capítulo 5 afirma que a capacidade da TEV depende da queda de pressão através da válvula e a temperatura do refrigerante líquido que entra nela. Use as tabelas do fabricante para determinar corretamente a capacidade da TEV baseada nas condições de operação esperadas.

Selecione a válvula que possui a capacidade mais próxima à configuração kW (Btuh) do evaporador no qual ela deve ser instalada.

Nota: *Dimensionar a TEV para o evaporador é correto somente sob as seguintes condições:*
1. quando o evaporador e a unidade de condensação tiverem a mesma capacidade;
2. para aplicações de temperatura média (*freezers* serão discutidos mais tarde).

Ajustar pela tonelagem nominal (a configuração impressa na válvula) é bem próximo às tabelas de configurações sobre refrigeração em temperatura média. Por exemplo, uma TEV configurada nominalmente em 1 tonelada fornecerá, aproximadamente, 3,52 kW (12 mil Btuh) de refrigeração.

EXEMPLO: 13 A capacidade do evaporador é 3,52 kW (12 mil Btuh); a capacidade da TEV deve ser de 1 tonelada.

EXEMPLO: 14 A capacidade do evaporador é 2,64 kW (9 mil Btuh); a capacidade da TEV deve ser de ¾ de tonelada.

EXEMPLO: 15 O evaporador está configurado em 2,64 kW (9 mil Btuh); mas a TEV vem com capacidades de apenas meia tonelada [1,76 kW (6 mil Btuh)] e 1 tonelada [3,52 kW (12 mil Btuh)]. Qual delas você escolheria?

A válvula menor de meia tonelada provavelmente subcarregará o evaporador, em especial durante a partida e na redução anormal de temperatura. No entanto, a válvula maior de 1 tonelada fornecerá muito refrigerante, e o fará sem inundar o compressor. Uma válvula de expansão é projetada para manter corretamente o superaquecimento mesmo quando é ligeiramente superdimensionada.

TEV especial: dimensionamento

Para dimensionar corretamente uma TEV, para sistemas de baixa temperatura, exige-se que você procure na tabela do fabricante para ver a capacidade da TEV. Por exemplo, uma válvula tipo-F da Sporlan calibrada para 2 toneladas (7,03 kW (24 mil Btuh)) em temperatura de evaporador a −6,7 °C somente produziria 1,68 tonelada em um evaporador com −28,9 °C. Portanto, o próximo tamanho disponível é de 3 toneladas, o que forneceria capacidade suficiente de 2,10 toneladas nas mesmas condições de baixa temperatura.

> **TROT**
> Escolha a TEV com a maior configuração, quando tiver de escolher entre capacidades de válvula.

O dimensionamento de TEV é fácil em sistemas de temperatura média que tenham se ajustado a uma unidade de condensação e às capacidades do evaporador. No entanto, a capacidade de um evaporador é principalmente função do tamanho da unidade de condensação conectada à sua saída e à tonelagem da TEV que o alimenta. Anteriormente, no capítulo, foi mostrado que a TD de um sistema era a capacidade da unidade de condensação dividida pela capacidade do evaporador em uma TD de 0,56 °C. Por exemplo, um evaporador calibrado em 3,52 kW (12 mil Btuh) em TD de 5,6 °C terá a configuração de 0,35 kW (1200 Btuh) em uma TD de 0,56 °C. À medida que a TD aumenta, também aumenta sua capacidade. O evaporador, no exemplo, fornecerá 3,52 kW (12 mil Btuh) em TD de 5,6 °C, 7,03 kW (24 mil Btuh) em TD de 11,1 °C, 10,55 kW (36 mil Btuh) em TD de 16,7 °C, e assim por diante.

Suponha que um cliente necessite de uma câmara frigorífica de 1,7 °C para lidar com uma carga de 7,03 kW (24 mil Btuh), mas quer um interior mais seco e com umidade máxima de 65% em lugar de a umidade de 85% de um sistema de TD de 5,6 °C. Uma TD de 11,1 °C dará ao cliente aproximadamente 65% de umidade, mas qual o tamanho do evaporador que deveríamos usar? Como já fizemos no capítulo, calculamos a TD do sistema pela equação seguinte:

» Capacidade da unidade de condensação ÷ capacidade do evaporador a uma TD de 0,56 °C = TD do sistema.

Podemos usar a mesma equação para resolver o tamanho do evaporador:
» Capacidade da unidade de condensação ÷ TD do sistema = capacidade do evaporador a uma TD de 0,56 °C.

7,03 kW (24 mil Btuh) ÷ 11,1 °C = 0,35 kW (1200 Btuh) em TD de 0,56 °C
= 3,52 kW (12 mil Btuh) em TD de 5,6 °C
= 7,03 kW (24 mil Btuh) em TD de 11,1 °C

Uma vez que se espera agora que o evaporador lide com 7,03 kW (4 mil Btuh), será necessário ser alimentado por uma TEV com 2 toneladas de capacidade. Além disso, a unidade de condensação necessitará ter uma configuração que combine com 7,03 kW (24 mil Btuh) em um evaporador de −9,4 °C de temperatura, que é 11,1 °C abaixo da temperatura interior de 1,7 °C (TD de 11,1 °C). Esse é um exemplo do porque algumas TEV podem parecer desajustadas ao evaporador, mas, de fato, são perfeitamente corretas. Também mostra porque alguns técnicos acreditam que a TEV deve ser dimensionada conforme a capacidade da unidade de condensação.

Outro método para determinar a capacidade do sistema e o dimensionamento da TEV é a "Regra 3:1". Esse método é a média da capacidade da unidade de condensação mais a capacidade do evaporador, mas coloca três vezes mais ênfase na capacidade da unidade de condensação.

Primeiro, multiplique a capacidade da unidade de condensação por três, depois adicione a capacidade do evaporador em uma TD de sistema, finalmente divida por quatro para obter a média. No exemplo anterior, a equação seria:

[(Capacidade da unidade de condensação $\times$ 3) + Capacidade do evaporador em TD de sistema] $\div$ 4 = Capacidade da TEV

[(7,03 (24000) x 3) + 7,03 (24000)] $\div$ 4 = 7,03 kW (24000 Btuh)

Suponha que o projeto determine uma temperatura interna de 1,7 °C como antes, mas a unidade de condensação deve operar em uma temperatura de sucção de –3,9 °C, o que significa uma TD de 5,6 °C. O evaporador está com sua configuração original de 3,52 kW (12 mil Btuh) em uma TD de 5,6 °C, e a configuração da unidade de condensação na temperatura mais alta de sucção está agora somente em 5,86 kW (20 mil Btuh).

Aplicando a "Regra 3:1":

[(5,86 (20000) $\times$ 3) + 3,52 (12000)] $\div$ 4 = 5,28 kW (18000 Btuh)

Capacidade da TEV 5,28 kW (18 mil Btuh)

Embora a "Regra 3:1" funcione muito bem, ela não é o método mais preciso. Os fabricantes da parte interna de uma câmara frigorífica, e da válvula de expansão, usam tabelas para determinar a TEV correta para a aplicação. Essas tabelas permitem que eles plotem a capacidade total de um sistema com base nos dados de desempenho da unidade de condensação e do evaporador. Sempre que possível seria melhor consultar o fabricante quando dimensionar uma válvula em um sistema, em que a unidade de condensação e o evaporador não estão se ajustando perfeitamente.

Refrigeradores para produção ou para baixar a temperatura

Câmaras frigoríficas de armazenamento são projetadas para manter produtos previamente refrigerados, próximos da mesma temperatura de quando eles foram colocados no refrigerador. Refrigeradores para produção ou para baixar a temperatura são usados para reduzir a temperatura de produtos específicos em período. Por causa do produto morno, a rapidez em baixar a temperatura e outros fatores tornam as exigências da refrigeração bastante diferentes de uma câmara frigorífica apenas para armazenamento. Equipamentos dimensionados para esses sistemas devem ser produzidos pelos engenheiros de aplicação dos fabricantes de câmaras frigoríficas. Eles têm experiência em calcular as cargas de refrigeração com base em exigências específicas.

A fórmula, antes mencionada, é um exemplo de uma estimativa de carga para um refrigerador de uma loja de conveniência de 1,7 °C com portas de vidro. Cálculos adicionais são feitos para um piso de concreto não isolado e cargas de produtos para refrigerantes e laticínios com uma temperatura de entrada mais alta do que a do interior do refrigerador. Essa fórmula é adotada a partir de outra usada por Heatcraft, um fabricante de equipamento de refrigeração.

Com base na tabela de dimensionamento na Figura 11.11, uma câmara de refrigeração para armazenamento, apenas de 2,44 m × 8,53 m (8' × 28'), exigiria um sistema de refrigeração de 4,69 kW (16 mil Btuh), o que é aproximadamente uma unidade de 2 cv. No entanto, o refrigerador do mesmo tamanho na Figura 11.15 possui algumas cargas adicionais que uma unidade de somente armazenamento não possui.

> **VERIFICAÇÃO DA REALIDADE Nº 1**
>
> Algumas vezes as tabelas da fábrica não estão disponíveis e a decisão para o tamanho da TEV deve ser tomada baseada apenas na tonelagem nominal da válvula. Portanto, os exemplos seguintes mostram como combinar a TEV à capacidade do evaporador.

Sem entrar na especificidade de cada cálculo de carga, o ponto importante é que o piso, cargas de produto e portas de vidro acrescentam outros 4,69 kW 16 mil (Btuh) às exigências de refrigeração dessa câmara frigorífica. Portanto, para refrigerar corretamente câmaras frigoríficas de mesmo tamanho, mas com uma carga mais alta, exigiria 9,38 kW (32 mil Btuh), ou 4 cv, do sistema de refrigeração.

Engenheiros de aplicação necessitarão das seguintes informações para calcular corretamente as cargas de produtos para uma câmara frigorífica proposta:

1. Tipo de produto (exemplos: laticínios, carne, tipo de vegetais etc.)
2. Quantidade de produto
3. Temperatura de entrada do produto
4. Tempo para baixar a temperatura (padrão é 24 horas)

Refrigeração: Tubulação

Uma vez que o sistema de refrigeração seja selecionado, o próximo passo é determinar o correto dimensionamento das linhas de líquido e de sucção entre a unidade de condensação e o evaporador. As primeiras preocupações sobre tubulação de refrigeração são em manter a queda de pressão ao mínimo, impedir que o óleo fique na linha de sucção, retornar o óleo para o compressor e certificar-se de que a linha de sucção não capte o calor ambiente ou cause danos por água em razão da transpiração.

A seguir, são apresentadas algumas regras para a adequada tubulação de refrigeração.

Nota: Siga sempre as recomendações do fabricante. No entanto, as orientações básicas seguintes são normalmente adequadas para sistemas de até 3 cv.

1. Use uma tabela de tubulação para dimensionar as linhas de sucção e do líquido (ver a Figura 11.16).

2. Determine o **comprimento equivalente** de tubo por um dos dois seguintes métodos:
   » comprimento do tubo mais 0,91 m (3') para a montagem;
   » comprimento do tubo multiplicado por 1,5 (método rápido).
3. Incline para baixo as linhas de sucção em 0,16 cm (1/16") por 0,3048 m (1') na direção do fluxo do refrigerante. (Esse é um número conservador. A maioria dos fabricantes recomenda uma inclinação entre e 1,27 (½") a 2,54 cm (1") para cada 6,1 m (20') de funcionamento na horizontal.)
4. Prenda a linha de sucção no evaporador sempre que o compressor estiver mais de 1 m (3 pés) acima do evaporador.
5. Prenda a linha de sucção a cada 6,1 m (20') do **tubo ascendente** vertical quando o compressor estiver acima do evaporador.
6. Instale um sifão-p invertido no topo do tubo ascendente vertical da linha de sucção.
7. Isole as linhas de sucção de temperatura média com um isolamento de tubo de 1,27 cm (½"), e linhas de sucção de baixa temperatura com isolamento de tubo de 2,54 cm (1").

Quando a unidade de condensação estiver localizada no telhado, frequentemente a tubulação torna-se uma grande armadilha de óleo. A linha pontilhada na Figura 11.17 ilustra como isso pode ocorrer. Quando a linha de sucção deixa o tubo do telhado (ou tubo recurvado) ela cai para o telhado e corre horizontalmente até que alcança a unidade de condensação. A seção horizontal da linha de sucção prende o óleo e restringe a linha de sucção de modo tão eficaz como se alguém tivesse achatado a tubulação com um martelo. A Figura 11.17 mostra o projeto de uma tubulação alternativa para uma aplicação em que o compressor está acima do evaporador. No diagrama, a linha de sucção sai do tubo recurvado e é inclinada para baixo para a unidade de condensação. Esse método evita armadilhas desnecessárias. A foto na Figura 11.18 mostra um exemplo de uma boa tubulação da linha de sucção. No topo da foto você pode ver um exemplo de uma tubulação ruim, quando a linha de sucção faz um círculo para formar várias armadilhas para o óleo.

Para o próximo exemplo, use a tabela de tubulação da Figura 11.16 para determinar o dimensionamento da linha para o tubo em um sistema similar àquele da Figura 11.17.

EXEMPLO: 16 Um sistema de baixa temperatura tem 1,5 cv e está usando R404A. A circulação total da tubulação é de 12,2 m (40') e há sete conexões. Determine o tamanho correto da linha do líquido e de sucção.

Primeiro, calcule o comprimento equivalente do tubo. Esse é o comprimento real da tubulação mais um comprimento adicional de tubo reto que seria equivalente à queda de pressão nas conexões. Os dois métodos seguintes mostram como calcular o comprimento da tubulação

Fórmula da carga estimada de refrigerante (adaptada de Heatcraft, Inc.).
Refrigerador de Conveniência em 1,7 °C com portas de vidro
Base para cálculo
Dimensão do espaço: Larg. 2,44 m (8') × Comp. 8,53 m (28') × Alt. 2,44m (8'). Vol: 50,78 m3(1792 pés cúbicos)
Temp. ambiente 29,4 °C (corrigida para carga em sol) Temp. da sala 1,7 °C TD 27,8 °C
Isolamento: Teto: estireno de 10,16 cm (4") Paredes estireno de 10,16 cm (4") Piso concreto de 15,24 cm (6")
Carga de produto
(A) 907,2 kg (2000 lb)/dia de Temp. de entrada de Refrigerante a ser reduzida de 29,4 °C p/ 1,7 °C Queda de temp. 27,7 °C
(B) 90,72 kg (200 lb)/dia de Temp. de entrada de Laticínio a ser reduzida de 4,4 °C p/ 1,7 °C Queda de temp. 2,7 °C
Miscelânea
Motor do ventilador 0,2 cv Temp. do piso 15,5 °C Luzes (10,75 watt/m2) 224 Watts   N° de pessoas _____
1. Cargas de transmissão
Teto: (L) 8,53 m (28) × (W) 2,44 m (8) × Carga de calor 72(0,226kW/m2)   (Tabela 1) = 4,7 kW (16128)
Parede Norte (L) 8,53 m (28) × (H) 2,44 m (8) × Carga de calor 72(0,226kW/m2)   (Tabela 1) = 4,7 kW (16128)
Parede Sul   (L) 8,53 m (28) × (H) 2,44 m (8) × Carga de calor 72 (0,226kW/m2) (Tabela 1) = 4,7 kW (16128)
Parede Leste (W) 2,44 m (8) × (H) 2,44 m (8) × Carga de calor 72 (0,226kW/m2) (Tabela 1) = 1,35 kW (4608)
Parede Oeste (W) 2,44 m (8) × (H) 2,44 m (8) × Carga de calor 72 (0,226kW/m2) (Tabela 1) = 1,35 kW (4608)
Piso   (L) 8,53 m (28) × (W) 2,44 m (8) × Carga de calor 125 (0,3935kW/m2) (Tabela 1) = 8,20 kW (28000)
2. Carga de mudança de ar
Volume: 50,78 m31 (792 pés cúbicos) × Fator (Tabela 4) 19,5 × Fator (Tabela 6) 1,86 = 19,05(64996)
3. Cargas adicionais
Motores elétricos: 0,2 cv × 21,9825kW (75000 Btuh)/24horas = 4,39 (15000)
Luzes elétricas: 224 Watts × 82 = 5,381 (8368)
Carga de pessoas: _____ Pessoas × _____ BTU/24horas (Tabela 12) = _____
Carga da porta de vidro: 10 Portas × 5,63 kW (19200 BTU)/Porta/24horas = 56,27 (192000)
4. Carga de produto: Sensível (Carga de produto estimado a 24 horas. Fazer baixar)*
(A) 907,2 kg (2000 lb)/dia ×0,9 Calor esp. (Tabela 7) × Queda de temp. 27,8 °C = 26,38 (90000)
(B) 90,72 kg (200 lb)/dia ×0,7 Calor esp. (Tabela 7) × Queda de temp. 2,8 °C = 0,20 (700)
* Para tempo de resfriamento de produto diferente de 24 horas. Estime 24 horas de carga × (24/Tempo de resfriamento).
5. Carga de produto: Respiração
_____ lb. armazenadas × _____ BTU/lb/24horas (Tabela 8) = _____
Carga Total de Refrigeração (1 + 2 + 3 + 4 + 5) BTU/24 horas = 136,7 (466664)
Acrescentar 10% de Fator de Segurança = 13,67 (46666)
Total com fator de segurança BTU/24 horas = (15,04) 513330
Dividir pelo número de horas de operação (16) para obter kW (Btuh) Requerimento de Resfriamento 9,4 (32.083)

Figura 11.15 Fórmula da carga estimada de câmara frigorífica. *Adaptado de Heatcraft, Inc,*

em termos de pés equivalentes. O primeiro de fato equivale a todas as conexões; o segundo é um método rápido usado por muitos instaladores.

1. Metros equivalentes (pés equivalentes) = 12,2m (40') + [7 conexões × 0,91m (3') por conexão)] = 12,2m (40') + 6,4m (21') = 18,6 m (61').
2. Metros equivalentes (pés equivalentes) = 12,2m (40') × 1,5 = 18,3 m (60')

TABELA DE DIMENSIONAMENTO DA TUBULAÇÃO DE REFRIGERAÇÃO								
R 134A R401A (MP39) R12 TEMP. MÉDIA 1,7 °C INTERIOR [SUCÇÃO −3,9 °C]								
CV	kW (BTUH)	LINHA DE SUCÇÃO (METROS EQUIVALENTES) (PÉS EQUIVALENTES)				TUBO ASCENDENTE DE SUCÇÃO MÁXIMA	LINHA DE LÍQUIDO	
		7,62 (25′)	15,24 (50′)	30,48 (100′)	150′ (45,72)		15,24 (50′)	15,24 (100′)
1/4	0,59 (2 MIL)	0,95 (3/8)	0,95 (3/8)	1,27 (1/2)	1,27 (1/2)	1,27 (1/2)	0,64 (1/4)	0,95 (3/8)
1/3	8,79 (3 MIL)	1,27 (1/2)	1,27 (1/2)	1,59 (5/8)	1,59 (5/8)	1,27 (1/2)	0,95 (3/8)	0,95 (3/8)
1/2	1,17 (4 MIL)	1,27 (1/2)	1,59 (5/8)	1,59 (5/8)	2,22 (7/8)	1,59 (5/8)	0,953 (/8)	0,95 (3/8)
3/4	1,76 (6 MIL)	1,27 (1/2)	1,59 (5/8)	2,22 (7/8)	2,22 (7/8)	1,59 (5/8)	0,95 (3/8)	0,95 (3/8)
1	2,34 (8 MIL)	1,59 (5/8)	2,22 (7/8)	2,22 (7/8)	2,22 (7/8)	2,22 (7/8)	0,95 (3/8)	0,95 (3/8)
1 1/2	2,52 (12 MIL)	2,22 (7/8)	2,22 (7/8)	1,27 (1 1/8)	1,27 (1 1/8)	2,22 (7/8)	0,95 (3/8)	0,95 (3/8
2	4,69 (16 MIL)	2,22 (7/8)	2,22 (7/8)	1,27 (1 1/8)	1,27 (1 1/8)	1,27 (1 1/8)	0,95 (3/8)	1,27 (1/2)
3	7,03 (24 MIL)	2,22 (7/8)	1,27 (1 1/8)	1,27 (1 1/8)	3,49 (1 3/8)	1,27 (1 1/8)	1,27 (1/2)	1,27 (1/2)

R22 R404A TEMP. MÉDIA DA PARTE INTERNA 1,7 °C [SUCÇÃO −3,9 °C]								
CV	kW (BTUH)	LINHA DE SUCÇÃO (PÉS EQUIVALENTES)				TUBO ASCENDENTE DE SUCÇÃO MÁXIMA	LINHA DE LÍQUIDO	
		7,62 (25′)	15,24 (50′)	15,24 (100′)	45,72 (150′)		15,24 (50′)	15,24 (100′)
1/4	0,59 (2 MIL)	0,95 (3/8)	0,95 (3/8)	1,27 (1/2)	1,27 (1/2)	11,2 (7/2)	0,64 (1/4)	0,95 (3/8)
1/3	8,79 (3 MIL)	0,95 (3/8)	1,27 (1/2)	1,27 (1/2)	1,59 (5/8)	1,27 (1/2)	0,64 (1/4)	0,95 (3/8)
1/2	1,17 (4 MIL)	1,27 (1/2)	1,27 (1/2)	1,27 (1/2)	1,59 (5/8)	1,271 (/2)	0,64 (1/4)	0,95 (3/8)
3/4	1,76 (6 MIL)	1,27 (1/2)	1,27 (1/2)	1,59 (5/8)	2,22 (7/8)	1,59 (5/8)	0,95 (3/8)	0,95 (3/8)
1	2,34 (8 MIL)	1,59 (5/8)	1,59 (5/8)	1,59 (5/8)	2,22 (7/8)	2,22 (7/8)	0,95 (3/8)	0,95 (3/8)
1 1/2	2,52 (12MIL)	1,59 (5/8)	1,59 (5/8)	2,22 (7/8)	2,22 (7/8)	2,22 (7/8)	0,95 (3/8)	0,95 (3/8)
2	4,691 (6 MIL)	2,22 (7/8)	2,22 (7/8)	2,22 (7/8)	2,22 (7/8)	2,22 (7/8)	30,9 (5/8)	0,95 (3/8)
3	7,03 (24 MIL)	2,22 (7/8)	2,22 (7/8)	2,22 (7/8)	1,27 (1 1/8)	1,27 (1 1/8)	0,95 (3/8)	1,27 (1/2)

R404A BAIXA TEMPERATURA INTERNA −17,8 °C [SUCÇÃO −28,9 °C]								
CV	kW (BTUH)	LINHA DE SUCÇÃO (PÉS EQUIVALENTES)				TUBO ASCENDENTE MÁX.	LÍQUIDO	
		7,62 (25′)	15,24 (50′)	15,24 (100′)	45,72 (150′)		15,24 (50′)	15,24 (100′)
1/4	0,29 (1 MIL)	0,95 (3/8)	0,95 (3/8)	1,27 (1/2)	1,27 (1/2)	1,27 (1/2)	0,64 (1/4)	0,64 (1/4)
1/3	0,44 (1500)	0,95 (3/8)	0,95 (3/8)	1,27 (1/2)	1,27 (1/2)	1,27 (1/2)	0,64 (1/4)	0,64 (1/4)
1/2	0,59 (2 MIL)	0,95 (3/8)	1,27 (1/2)	1,27 (1/2)	1,59 (5/8)	1,27 (1/2)	0,64 (1/4)	0,95 (3/8)
3/4	0,88 (3 MIL)	1,27 (1/2)	1,27 (1/2)	1,595 (/8)	2,22 (7/8)	1,27 (1/2)	0,95 (3/8)	0,95 (3/8)
1	1,17 (4 MIL)	1,27 (1/2)	1,59 (5/8)	2,22 (7/8)	2,22 (7/8)	1,59 (5/8)	0,95 (3/8)	0,95 (3/8)
1 1/2	1,76 (6 MIL)	1,59 (5/8)	1,59 (5/8)	2,22(7/8)	2,22 (7/8)	1,59 (5/8)	0,95 (3/8)	0,95 (3/8)
2	2,34 (8 MIL)	1,59 (5/8)	2,22 (7/8)	2,22 (7/8)	1,27 (1 1/8)	2,22 (7/8)	0,95 (3/8)	0,95 (3/8)

Figura 11.16 Tabela de tubulação. *Cortesia de Refrigeration Training Services.*

Consulte a tabela de tubulação para R404A de baixa temperatura no final da Figura 11.16. Uma vez que o funcionamento equivalente é de mais de 15,24 m (50'), é necessário usar o tamanho da linha sob a próxima coluna mais alta, ou 30,48 m (100 pés). Localize na tabela 1,5 cv e siga a linha à direita até a intersecção da coluna sob 30,48 m (100'). O tamanho da linha de sucção para toda a tubulação horizontal é de 2,22 cm (7/8") para reduzir a queda de pressão. No entanto, sob a coluna "Tubo ascendente", o tamanho máximo da linha de sucção para as seções verticais da tubulação é de 1,59 cm (5/8"). Os tubos ascendentes verticais precisam manter uma velocidade suficiente para que o refrigerante empurre o óleo tubulação acima.

O tamanho da linha de líquido está na mesma linha, bem à direita. De acordo com a tabela, a linha de líquido deve ter um tubo de 0,95 cm (3/8"). Como o óleo se mistura bem com o refrigerante líquido, e o líquido está passando em uma pressão alta, a linha inclinada e os sifões-p não são uma preocupação quando se faz a tubulação da linha de líquido.

A espessura do isolamento recomendado sobre a linha de sucção desse exemplo é de 2,54 cm (1').

Em uma câmara frigorífica grande é provável que haja mais de um evaporador em um único compressor. Evaporadores múltiplos fornecem fluxo de ar mais regular por todo o interior da câmara. A Figura 11.19 mostra três métodos de funcionamento para as linhas de sucção em uma instalação de múltiplo evaporador em que o compressor está acima do evaporador.

Tubulação da linha de descarga e duplos tubos ascendentes da linha de sucção

A tubulação da linha de descarga de um compressor para um condensador remoto segue na maior parte as mesmas regras de inclinação dos sifões-p como em uma linha de sucção. Semelhante ao frio vapor de sucção, a descarga do vapor quente também movimenta óleo através das linhas de descarga (ver a Figura 11.20). A tubulação da linha de descarga é normalmente um tamanho de tubo maior do que o tamanho exigido para a linha de líquido. No entanto, é melhor consultar as recomendações de fábrica antes de decidir qual o tamanho da linha de descarga para correr para um condensador remoto.

Velocidades mínimas aproximadas de 213,36 m/min (metro por minuto) [700 FPM (*feet per minute*)] nas linhas de sucção horizontais e 457,20 m/min (1500 FPM) nas linhas verticais têm sido recomendadas e usadas com sucesso por muitos anos para dimensionamento de linha de sucção padrão. Em grandes sistemas com compressores com controle de capacidade, ou onde compressores múltiplos têm ciclos para controle de capacidade, um único tubo ascendente de linha de sucção pode ter insuficiente velocidade de sucção durante condições de carga parcial para movimentar para cima adequadamente o óleo pelo tubo ascendente de sucção. Se o tubo ascendente tiver tamanho pequeno o suficiente para o retorno do óleo durante condições de carga mínima, a queda de pressão poderia ser grande demais no pequeno tubo ascendente durante a carga máxima.

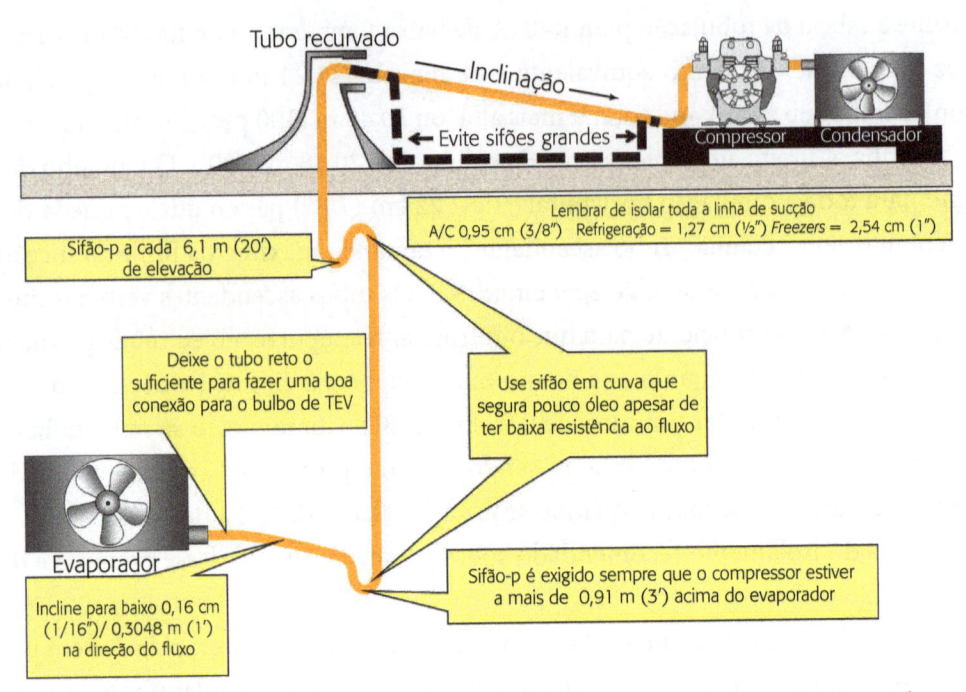

Figura 11.17 Tubulação de refrigeração quando o compressor está acima do evaporador. *Cortesia de Refrigeration Training Services.*

Aplicações de ar-condicionado podem tolerar quedas um tanto mais altas de pressão sem uma penalidade importante no desempenho do sistema. No entanto, em sistemas de temperatura média e baixa a queda de pressão é mais crítica. Onde não são possíveis tubos ascendentes separados para evaporadores individuais, um tubo ascendente duplo pode ser necessário para evitar a perda excessiva de capacidade (ver a Figura 11.21).

Uma típica configuração de tubo ascendente duplo é apresentada na Figura 11.22. As duas linhas terão aproximadamente a mesma área de corte transversal de um único tubo ascendente para condições de carga máxima; elas são normalmente de tamanhos diferentes. A linha mais longa

Figura 11.18 Exemplos de tubulação de unidades de condensador acima do evaporador. *Foto de Dick Wirz.*

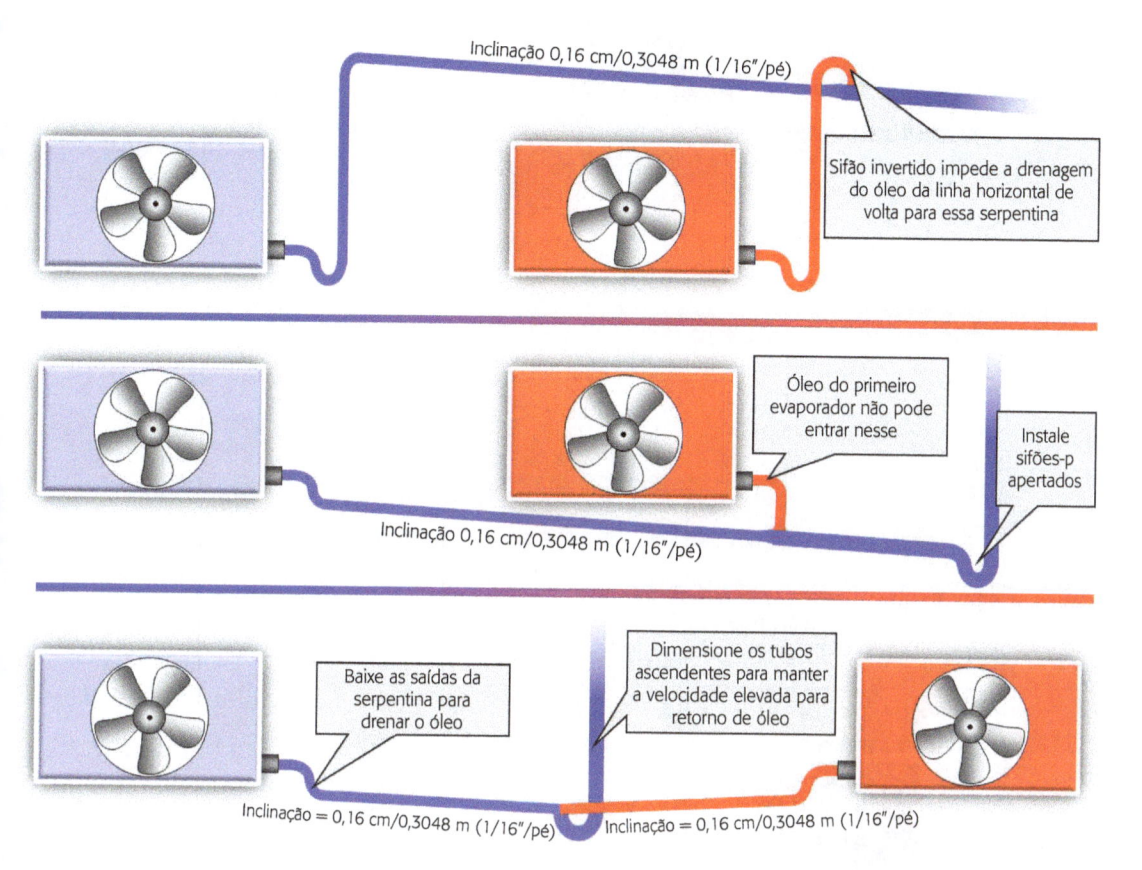

Figura 11.19 Três opções de tubulação da linha de sucção para evaporadores múltiplos. *Cortesia de Refrigeration Training Services.*

tem curvas, enquanto a linha menor é dimensionada para carga reduzida com velocidade adequada para movimentar o óleo verticalmente sob condições de carga parcial.

Durante operação em carga máxima, o vapor e o óleo arrastado fluirão através de ambos os tubos ascendentes. Em condições de carga mínima, o vapor não estará em velocidade suficiente para carregar o óleo para cima pelos dois tubos ascendentes. O óleo arrastado sai do vapor do refrigerante e acumula-se no sifão-p, formando uma vedação de vapor. Como resultado, o fluxo do vapor será forçado para cima pelo tubo ascendente menor em uma velocidade suficiente para circular óleo no sistema.

Dimensionamento correto de tubos ascendentes verticais exige o uso de tabelas em que se pode determinar o tamanho da linha com base na capacidade do compressor e temperatura do evaporador. Para tubos ascendentes de linha dupla, a menor das duas linhas deve ser dimensionada de acordo com a capacidade mínima de operação, enquanto a soma dos dois tubos ascendentes lidará com as condições de carga máxima. Obviamente, é melhor deixar a cargo dos engenheiros da fábrica determinar isso, mas eles podem utilizar tabelas similares àquela na Figura 11.23. A figura é uma parte da tabela reproduzida do *Refrigeration Manual Part 4 – System Design* de Emerson Climate Technologies.

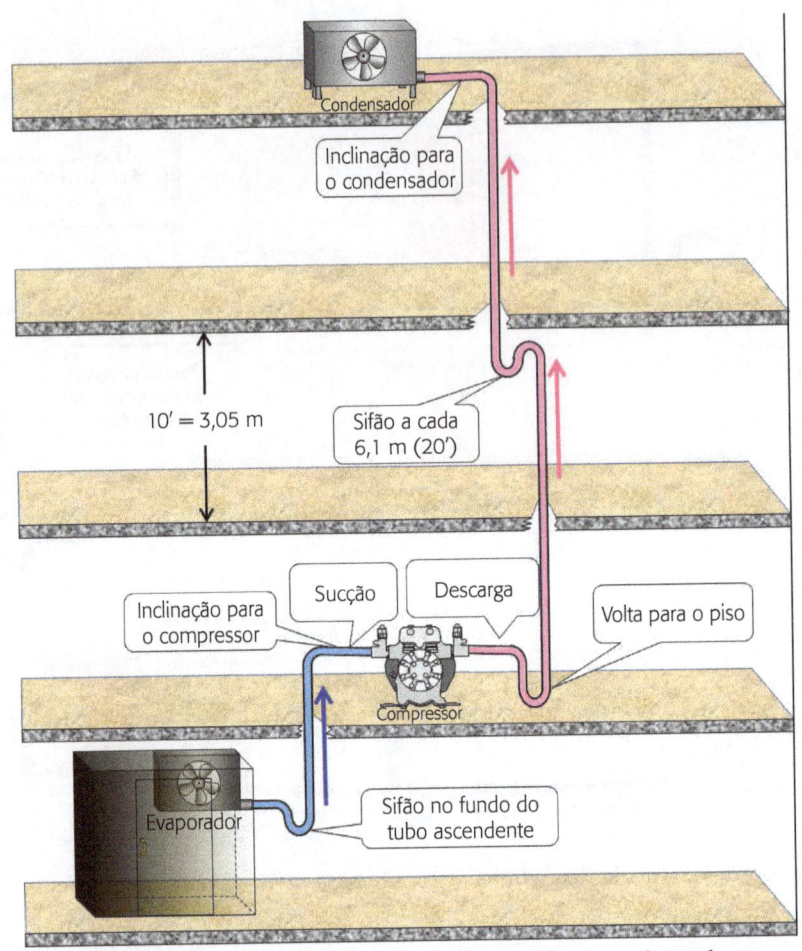

Figura 11.20 Comparação entre a tubulação do tubo ascendente da linha de sucção e da linha de descarga. *Cortesia de Refrigeration Training Services.*

Suponha um compressor de 50 cv com descarregadores de capacidade de redução de carga de 50%. O sistema é capaz de 29,31 kW (100 mil Btuh) em uma temperatura de evaporador de –28,9 °C. O total de tubulação é de 30,5 m (100'). De acordo com a tabela da Figura 11.23, a tubulação horizontal deve ser de 6,67 cm (2 5/8"). Se o compressor não possui descarregadores o tubo ascendente de sucção seria apenas ligeiramente reduzido para 5,4 cm (2 1/8") para o correto retorno do óleo.

Suponha que o compressor em nosso exemplo tenha capacidade de descarregar 50% de sua capacidade. A tabela mostra que um tubo ascendente de sucção de dois tubos de 3,5 cm (1 3/8") e 4,1 cm (1 5/8") será necessário. A área de corte transversal dos dois tubos é aproximadamente igual à área do tubo ascendente original de 5,4 cm (2 1/8"). Quando descarregado em 50% de sua capacidade, a unidade somente utilizará o tubo ascendente menor de 3,5 cm (1 3/8") para vapor de sucção e retorno de óleo. No entanto, entre condições de 33% e carga máxima, ambos os tubos ascendentes serão colocados em uso para retorno do vapor de sucção e óleo ao compressor.

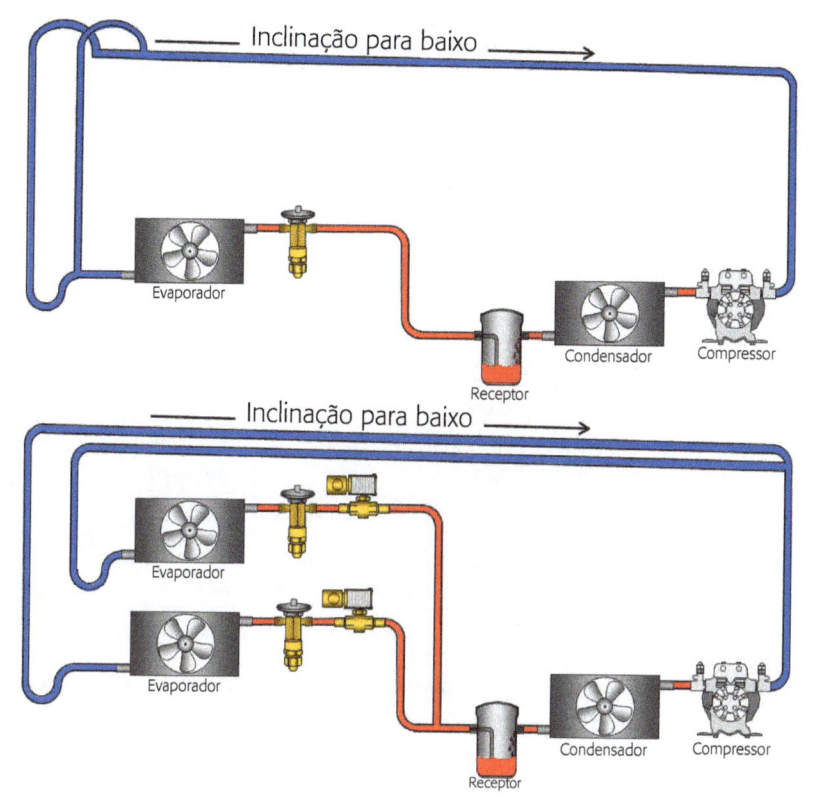

Figura 11.21 Tubulação de evaporador único e múltiplo quando o controle de capacidade é usado. *Cortesia de Refrigeration Training Services.*

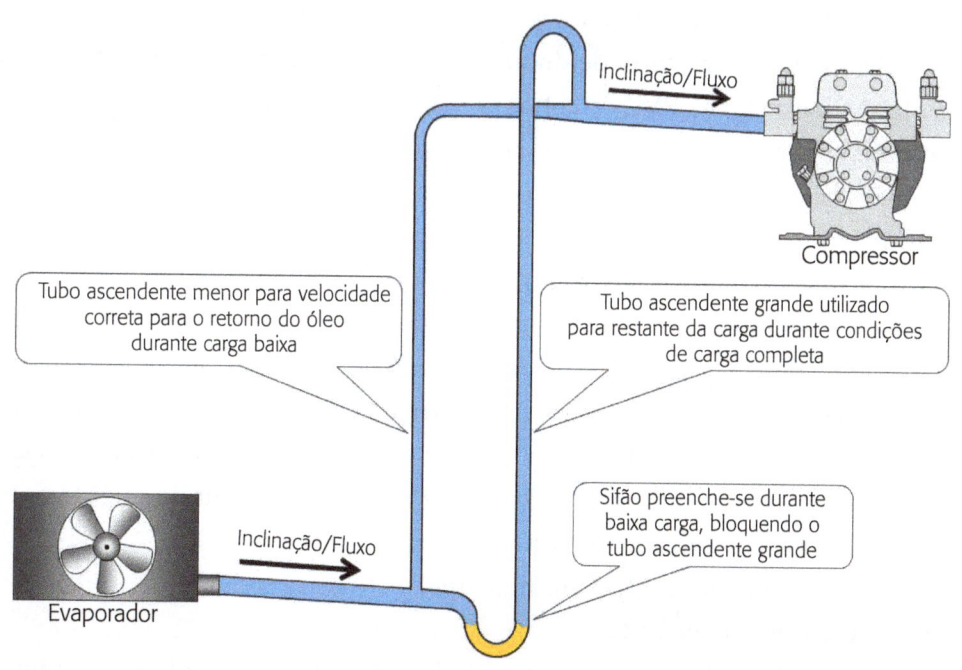

Figura 11.22 Tubo ascendente duplo da linha de sucção. *Cortesia de Refrigeration Training Services.*

		Tamanhos de linha de sucção recomendados				
		R502 Temperatura de evaporação –28,9 °C				
CAPACIDADE kW (BTU)	REDUÇÃO MODERADA DA CAPACIDADE DE CARGA (%)	COMPRIMENTO EQUIVALENTE, METROS (PÉS)				
		15,24 (50)		30,48 (100)		
		HORIZONTAL	VERTICAL	HORIZONTAL	VERTICAL	
17,59 (60 MIL)	0 A 33	4,13 (1 5/8)	4,13 (1 5/8)	5,40 (2 1/8)	4,13 (1 5/8)	
21,98 (75 MIL)	0 A 33	5,40 (2 1/8)	4,13 (1 5/8)	6,67 (2 5/8)	4,13 (1 5/8)	
29,31 (100 MIL)	0 A 33 50	5,40 (2 1/8) 5,402 (1/8)	5,40 (2 1/8) *3,49 (*1 3/8)	*4,13 (*1 5/8)	6,67 (2 5/8) *3,49 (*1 3/8)	*4,13 (*1 5/8)
43,97 (150 MIL)	0 A 50 66	6,67 (2 5/8) 6,672 (5/8)	5,40 (2 1/8) 5,402 (1/8)	6,672 (5/8) 2 5/8 (6,67) *3,49 (*1 3/8)	5,40 (2 1/8) *4,13 (*1 5/8)	
58,62 (200 MIL)	0 A 50 66	6,67 (2 5/8) 6,672 (5/8)	6,672 (5/8) *4,13 (*1 5/8)	*5,40 (*2 1/8)	7,94 (3 1/8) 7,94 (3 1/8)	6,672 (5/8) *4,13 (*1 5/8) *5,40 (*2 1/8)
			TUBO ASCENDENTE DUPLO			

Figura 11.23 Dimensionamento da linha de sucção para tubulação horizontal e tubos ascendentes verticais de dois tubos. *Cortesia de Refrigeration Training Services.*

TUBULAÇÃO DE DRENAGEM

Em uma câmara frigorífica de temperatura média, a água é condensada nas aletas frias do evaporador à medida que o ar úmido é soprado através da serpentina (Figura 11.24). O *condensado* é coletado no reservatório de drenagem do evaporador, saindo do interior através de uma linha de drenagem de PVC ou cobre. O tamanho da linha de drenagem deve ser pelo menos do mesmo tamanho da saída do reservatório de drenagem, e deve estar inclinado em um mínimo de polegada 4,17 cm por metro (½" por pé) de curso. Um sifão deve ser instalado na linha de drenagem. A água sela o sifão de modo que nenhum ar morno de fora da câmara frigorífica pode migrar até o dreno e para o interior do evaporador.

A umidade em um *freezer* de câmara frigorífica projeta-se no evaporador na forma de gelo. Durante o ciclo de degelo, a água é coletada no reservatório de drenagem do evaporador. É importante que toda a água seja removida rapidamente tanto do reservatório quanto da linha de drenagem durante o descongelamento. Qualquer água remanescente poderia congelar novamente e bloquear o dreno ou romper o tubo de drenagem. A seguir, as exigências para os drenos funcionarem em *freezers* de câmara frigorífica.

1. Incline a linha de drenagem 33,33 cm/m (4"/pé).
2. Use tubos de cobre, não de PVC.
3. Instale fita autorreguladora aquecedora na linha de drenagem no interior da câmara frigorífica.

4. Isole a linha de drenagem.
5. Instale um sifão fora da câmara.

Uma grande inclinação ajuda a remover o condensado rapidamente durante um ciclo de descongelamento relativamente curto. O tubo de cobre é aquecido de modo uniforme pela fita quente, e o isolamento o mantém morno. Qualquer água deixada na linha do dreno após o degelo pode congelar, mesmo com a fita quente. Portanto, o sifão-p deve ser instalado do lado de fora do *freezer*.

Câmaras frigoríficas: Solução de problemas

O Capítulo 7 tratou da solução de problemas do sistema de refrigeração. No entanto, há muitos problemas em uma câmara frigorífica que não são associados com o refrigerante, o compressor ou dispositivo de medida. Portanto, nesta seção, exploram-se as questões de assistência técnica únicas de câmaras frigoríficas, como congelamento do evaporador, problemas de carga de produtos, problemas com a porta e problemas de drenagem. Ficará aparente que esses problemas estão frequentemente relacionados.

Como foi apontado em capítulos anteriores, o congelamento da serpentina é um resultado normal das temperaturas frias do evaporador em câmaras frigoríficas. A fina camada de gelo também deve derreter fora do ciclo de funcionamento. No entanto, se houver camadas finas de gelo em excesso ou o ciclo parado não for suficientemente longo, a fina camada de gelo

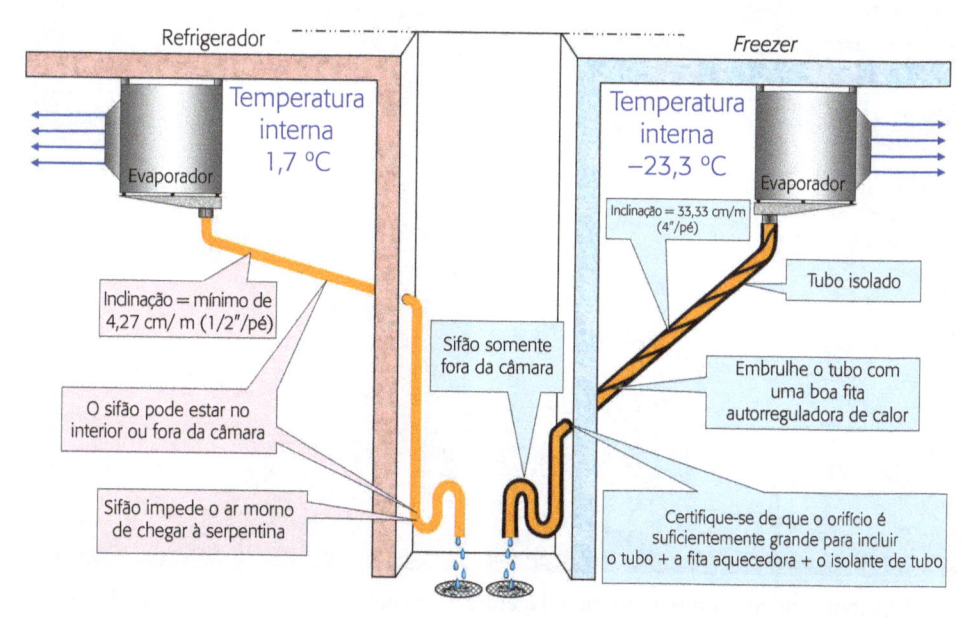

Figura 11.24 Tubulação de drenagem para câmaras frigoríficas. *Cortesia de Refrigeration Training Services.*

pode aumentar até causar um problema. A seguir, uma lista das causas comuns para o congelamento do evaporador:

1. Problemas de sistema de refrigeração (abordados em um capítulo anterior). Ver a Figura 11.25 (lado esquerdo da foto)
2. Problemas de fluxo de ar do evaporador
3. Problemas com as portas
4. Problemas de dimensionamento do sistema ou cargas impróprias de produto
5. Problemas de drenagem
6. Problemas de descongelamento do *freezer* [Ver a Figura 11.25 (lado direito da foto)]

Na Figura 11.25, o evaporador com problemas de refrigeração terá acúmulo desigual de camadas de gelo (esquerda) e um evaporador de *freezer* que já passou da hora de degelar tem acúmulo uniforme de camadas de gelo (direita).

Evaporador: problemas de fluxo de ar

Se o evaporador estiver sujo, o ar na entrada é bloqueado pela embalagem do produto, ou se houver problemas com o motor do ventilador, a temperatura do evaporador cairá e se formará uma camada excessiva de gelo. O problema normalmente é bastante evidente, exceto no

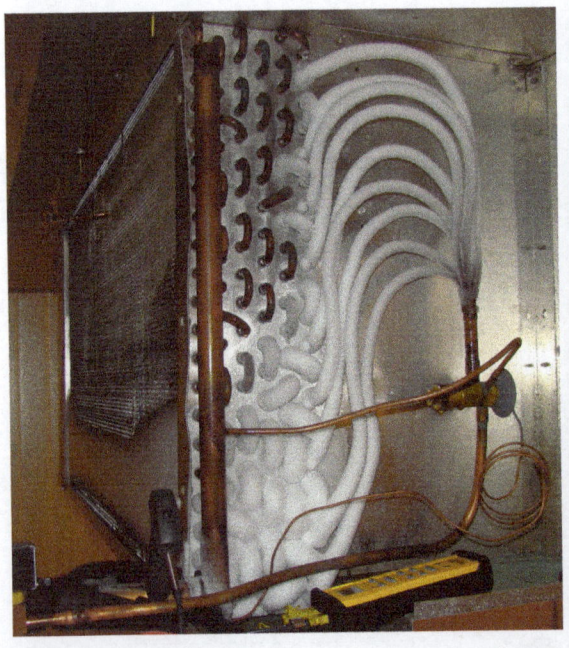

Figura 11.25 Evaporador com problemas de refrigeração terá acúmulo desigual de camada de gelo (esquerda) e um evaporador de *freezer* que passou da hora para seu descongelamento tendo mesmo um acúmulo de camadas de gelo (direita). *Fotos de Dick Wirz.*

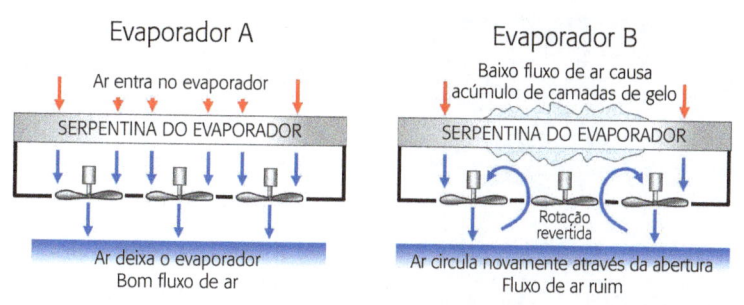

Figura 11.26 Um motor ruim de ventilador no EVAPORADOR B.
Cortesia de Refrigeration Training Services.

caso de um motor ruim de ventilador em um evaporador com múltiplos ventiladores. Nessa situação, o motor do ventilador para, mas a lâmina do ventilador é livre para rodar. O ar sofre curto-circuito nas aberturas do motor ruim do ventilador. O fluxo de ar reverso gira a lâmina do ventilador, mas na direção oposta aos motores dos ventiladores bons (ver a Figura 11.26).

Muito pouco ar é "puxado" pelo evaporador atrás do motor do ventilador, assim a camada de gelo e o gelo se desenvolvem.

O gelo mais espesso está normalmente na área do ventilador de motor ruim. Para descobrir, desligue os ventiladores e observe-os. À medida que eles desaceleram, a rotação revertida da lâmina do ventilador de motor estragado ficará visível.

Porta: problemas

Se a porta não for fechada ou as gaxetas estiverem ruins, o ar morno do exterior entra na câmara frigorífica, adicionando calor ao seu interior. A temperatura interna aumentará, a unidade de refrigeração funcionará por muito tempo, o evaporador não se autodescongelará e a serpentina, finalmente, congelará.

Supondo que a porta foi originalmente instalada corretamente, há algumas soluções para os problemas de fechamento de portas. Algumas dessas soluções incluem instalar um fechador de porta, instalar cortinas de tiras de plástico no vão da porta (ver a Figura 11.27), e substituir as gaxetas gastas da porta. Algumas vezes a solução mais simples é a melhor: lembrar às pessoas que usam a câmara frigorífica se certifiquem de que a porta foi fechada depois de saírem da câmara.

Problemas de dimensionamento do sistema ou carga imprópria de produto

Se o sistema de refrigeração for dimensionado para armazenamento apenas, mas a câmara frigorífica estiver sendo usada como refrigerador de produto, o compressor funcionará

Figura 11.27 Porta de câmara frigorífica com cortinas de tiras. *Foto de Dick Wirz.*

continuamente e o evaporador congelará. Para determinar se isso pode ser o problema, compare o tamanho do equipamento existente às recomendações da fábrica. Pergunte também ao cliente sobre quanto produto tem sido colocado na câmara frigorífica a cada dia, e qual é a temperatura dos produtos quando são colocados no refrigerador. Pesquisar essas coisas ajudará a determinar se a unidade existente está sendo sobrecarregada.

Em *freezers* de câmara frigorífica, como o produto é carregado pode ser tão importante quanto o que é armazenado. Na Figura 11.28, o lado direito do interior da câmara tem um fluxo bom de ar ao redor do produto, assim ele permanece congelado à temperatura interna de –23,3 °C. No lado esquerdo do interior da câmara, o sorvete é deixado no piso e é bem encostado à parede. O maior calor fora da câmara frigorífica tem um caminho direto para o produto frio no interior do *freezer*. O isolamento não interrompe a transferência de calor, ele somente a retarda. Se não houver espaço de ar entre o produto e os painéis de isolamento, o produto ficará aquecido no final. Se a massa de sorvete estiver mole é um sinal de que está quente demais, e a formação de cristais no produto indica descongelamento e recongelamento.

Drenagem: problemas

Um dreno conectado em um refrigerador fará o coletor transbordar, e o cliente perceberá água no piso. O reparo é realizado facilmente pelo esvaziamento da linha de drenagem.

Em um *freezer*, a água voltando na linha de drenagem se transformará em gelo e rachará o tubo. Além disso, o reservatório do dreno encherá de água, congelará e produzirá gelo em formato de estalactites no reservatório. O gelo no reservatório do dreno também causará acúmulo de gelo no evaporador; no evaporador, o gelo bloqueará o fluxo de ar, o que fará com que a temperatura na câmara frigorífica aumente e finalmente derreta o produto congelado no interior da câmara. Não somente isso pode ser custoso para o cliente em termos de perdas de produtos, mas também o cliente incorrerá em pagamento de serviços de assistência técnica de um técnico de pelo menos quatro horas, além do custo de materiais.

As causas mais comuns para problemas de dreno de *freezers* são instalação incorreta do dreno e falha na fita de aquecimento. O uso de fita de aquecimento autorreguladora é recomendado, porque ela tem a capacidade de adicionar mais calor à medida que o tubo fica mais frio, e não se desgastar tão facilmente quanto a fita de aquecimento padrão. Embora o custo do tipo autorregulador seja cinco a dez vezes maior do que a fita de aquecimento padrão, a diferença é insignificante se comparada com o alto custo dos consertos e da perda de produtos de uma linha de drenagem congelada.

Freezer: problemas de descongelamento

O número de descongelamentos do *freezer* por dia depende das condições do ambiente e de como a câmara frigorífica é usada. Um *freezer* de câmara frigorífica em local de baixa umidade relativa pode exigir somente um ou dois descongelamentos por dia (24 horas), enquanto um *freezer* em local de alta umidade relativa, pode exigir quatro descongelamentos. O fator principal no número de descongelamentos é a quantidade da umidade no ar, mesmo que em local de baixa umidade relativa possa ficar mais quente que o local de alta umidade relativa.

Abaixo temos a sequência de descongelamento de um *freezer* de câmara frigorífica padrão.
1. O descongelamento é iniciado em horário determinado (iniciado a certa hora do dia).
2. Os ventiladores desligam, os aquecedores começam a funcionar e a camada de gelo derrete.
3. O descongelamento tem uma temperatura de término (o descongelamento termina quando a serpentina chegar a 12,8 °C).
4. Os aquecedores desligam e o compressor dá partida.
5. Os ventiladores do evaporador são retardados até que a temperatura da serpentina caia para aproximadamente –3,9 °C

Um problema com qualquer uma dessas sequências demandará a chamada da assistência técnica. A seguir, são apresentados alguns desses problemas e o que procurar.
1. O evaporador não entra em degelo. Verifique se o relógio está certo ou o controle de degelo.
2. O aquecedor não aquece. Se houver voltagem para o aquecedor, mas não houver amperagem, o aquecedor está ruim. Para verificar, uma leitura de resistência infinita significa que o aquecedor está rompido e deve ser substituído.
3. Descongelamentos longos. O término principal de descongelamento está com base na temperatura da serpentina. Se esse controle falhar, o ciclo de degelo vai continuar até que apareça "falha de segurança" programada ou apoio ao término de degelo. A temperatura interna vai subir como resultado dos longos descongelamentos, porque o tempo desligado é longo demais e pode haver menos tempo de congelamento.

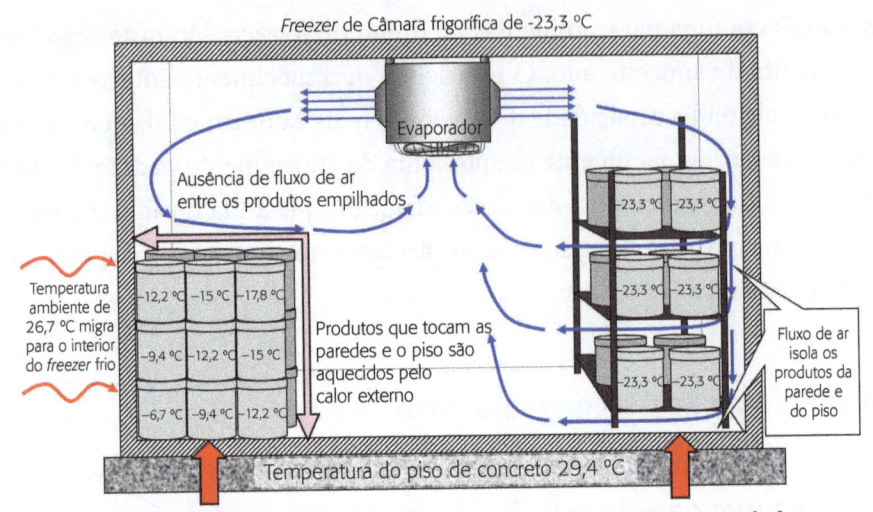

Figura 11.28 A importância do fluxo de ar ao redor do produto congelado.
Cortesia de Refrigeration Training Services.

Quando o degelo estiver terminado, o compressor dá partida, mas a demora do ventilador mantém os ventiladores desligados até que o evaporador tenha resfriado até cerca de −3,9 °C. Isso assegura que qualquer calor remanescente dos aquecedores de degelo seja removido da área da serpentina. Além disso, quaisquer gotículas de água que permaneçam nas aletas da serpentina serão congeladas novamente.

O problema seguinte descreve o que acontece se a demora do ventilador falha com seus contatos presos:

1. Gelo em formato de estalactites e camadas finas de gelo se formam no teto da câmara frigorífica perto dos ventiladores, e o gelo se desenvolve nas lâminas do ventilador. O problema é uma má tomada de retardo de ventilador, porque os ventiladores geralmente falham na posição de fechado. Isso significa que os ventiladores não retardam, mas iniciam rapidamente após o degelo, jogando gotículas de água e ar quente de fora no interior da câmara.

Portas de vidro que embaçam

Uma porta de vidro que embaça é uma área especial da solução de problemas de câmaras frigoríficas (Figura 11.29). Embora algumas vezes surpreendente, encontrar a causa do embaçamento no vidro e nos marcos é razoavelmente fácil, uma vez que você entenda quais condições causam a formação da água.

Os três tipos básicos de portas de vidro disponíveis para câmaras frigoríficas são:
1. Portas de vidro de dois painéis.
2. Portas de vidro de dois painéis com aquecedores no vidro.
3. Portas de vidro com três painéis com aquecedores no vidro (para *freezers*).

Todos os marcos de portas possuem aquecedores para evitar condensação sobre eles. Se houver umidade somente nos marcos das portas, verifique a energia dos aquecedores.

Embora a maior parte das câmaras frigoríficas que servem aos alimentos sejam projetadas para 1,7 °C, algumas aplicações permitem que o interior da câmara esteja um pouco mais quente. Se a temperatura interna estiver acima de 3,3 °C, portas de vidro não aquecidas podem ser usadas. No entanto, elas embaçarão pelas seguintes razões:

1. o vidro interno está abaixo de 3,33 °C;
2. o ar externo à câmara está acima de 26,7 °C;
3. a umidade relativa do ar fora da câmara está acima de 60%.

EXEMPLO: 17 Uma câmara frigorífica recém-instalada com portas de vidro não aquecidas encontra-se em um edifício recém-construído. O cliente está preocupado porque as portas estão embaçando. Quais seriam as causas mais prováveis?

Em uma edificação nova ainda em processo de construção, é muito provável que a umidade relativa esteja acima dos 60% ou que a temperatura do espaço esteja acima de 26,7 °C. O ar frio que vem do evaporador pode, também, estar batendo no vidro por trás, esfriando-o muito abaixo dos 3,3 °C. Armazenar produtos nas prateleiras atrás da porta de vidro pode resolver o problema simplesmente bloqueando o ar frio que vem do evaporador. Se não, pode ser necessária a instalação de um obstáculo para o ar no evaporador para dirigir o ar para longe das portas de vidro.

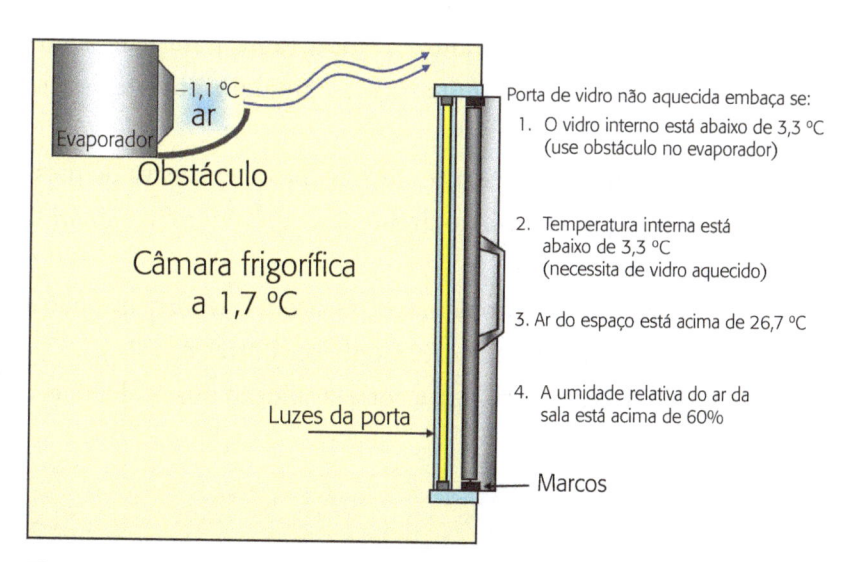

Figura 11.29 Condições para embaçamento de portas de vidro de exposição sem aquecimento. *Cortesia de Refrigeration Training Services.*

EXEMPLO: 18 Um cliente está preocupado porque as portas de vidro em sua câmara frigorífica estão embaçando quando ela as abre de manhã, mas depois elas ficam limpas no interior em cerca de uma hora. O que está causando o problema?

Há duas causas prováveis para esse problema. Primeiro, o ar-condicionado na loja está sendo desligado à noite, e o aumento do calor e da umidade faz com que as portas embacem. Quando o AC é ligado de manhã, o embaçamento desaparece quando a temperatura e a umidade diminuem.

A segunda causa poderia se aplicar às portas aquecidas de vidro. Os aquecedores da porta são frequentemente ligados ao mesmo circuito das luzes da porta. Se o cliente estiver usando disjuntor para desligar as luzes da câmara frigorífica, ele também está desligando os aquecedores. As portas ficarão limpas quando as luzes são acesas novamente de manhã porque os aquecedores da porta serão energizados ao mesmo tempo.

RESUMO

As câmaras frigoríficas são normalmente refrigeradores em 1,7 °C ou *freezers* em –23,3 °C. No entanto, o cliente tem uma ampla gama de tamanhos e temperaturas para escolher.

O piso tem de estar nivelado se a parte interna for colocada corretamente e as portas devem fechar corretamente. Alguns nivelamentos e ajustes do marco da porta podem ser feitos após a parte interna ser instalada. O cliente somente usa a porta, portanto, ela deve funcionar perfeitamente.

Sistemas de refrigeradores em câmara frigorífica são dimensionados de acordo com o tamanho da parte interna e como ela vai ser utilizada. O equipamento de refrigeração para uma câmara frigorífica somente para armazenamento pode ser determinado de uma tabela fornecida pelo fabricante. No entanto, é importante para o técnico entender os fundamentos do dimensionamento do equipamento para dar a correta assistência técnica às câmaras frigoríficas.

Tubulação correta de sucção de refrigeração impede queda excessiva de pressão e retorno de óleo ao compressor. Tubulação correta do dreno de evaporador em câmaras frigoríficas é importante, especialmente para *freezers*.

Há muitas câmaras frigoríficas com problemas de assistência técnica que não estão associados diretamente com o sistema de refrigeração. Conhecer outras causas para dar assistência técnica às câmaras frigoríficas é essencial para a correta solução dos problemas.

QUESTÕES DE REVISÃO

1. **Dez centímetros de isolamento de uretano é equivalente a quantos centímetros de isolamento de fibra de vidro?**

    a. 20,32 cm (8")
    b. 25,40 cm (10")
    c. 30,48 cm (12")

2. **Por que o isolamento de uretano é melhor do que o isolamento de fibra de vidro?**

    a. É mais espesso do que fibra de vidro.
    b. Não absorve umidade como a fibra de vidro e mantém suas propriedades isolantes mais tempo do que a fibra de vidro.
    c. O uretano pode ser usado onde a fibra de vidro não é permitida.

3. **Quando instalar uma câmara frigorífica com painéis de piso pré-fabricados sobre um piso de concreto, é necessário nivelar os painéis com calços?**

    a. Não, porque quando os painéis do piso são pré-fixados no lugar, o interior ficará nivelado.
    b. Sim, porque os painéis do piso não são pré-fixados juntos.
    c. Sim, porque, mesmo que os painéis do piso sejam pré-fixados, não manterão o nível do interior da câmara se o piso for desigual.

4. **É importante que o piso da câmara frigorífica fique nivelado. O que acontece quando ele não está nivelado?**

    a. Os painéis da parede e do teto não se ajustam corretamente, e a porta não vedará totalmente.
    b. O valor do isolamento dos painéis será afetado.
    c. O produto cairá da prateleira no interior da câmara frigorífica.

5. **Qual dispositivo pode ser adicionado em uma porta de câmara frigorífica para ajudá-la a fechar completamente?**

    a. Um "fechador" de porta.
    b. Gaxetas magnéticas.
    c. Uma placa para chutar

6. **Qual é o nome da gaxeta na parte inferior da porta?**

    a. Gaxeta balão
    b. Gaxeta de lâmina
    c. Gaxeta de varredura

7. **Marcos de porta devem ser ambos_____ e _____ para a porta vedar corretamente.**

    a. Horizontal e com dobradiça.
    b. Nivelado e com prumo.
    c. Rígida e presa no lugar.

8. **Quando o equipamento do refrigerador é dimensionado para "somente armazenamento", o que isso significa em termos de carga de produto?**

    a. O produto que entra está a uma mesma temperatura da câmara frigorífica.
    b. O produto será forçado a baixar sua temperatura até a temperatura de armazenamento no interior de 24 horas.
    c. A câmara frigorífica somente lida com certa quantidade de produto por dia.

9. **Quais são as três etapas básicas para combinar refrigeração de somente armazenamento com o tamanho de uma câmara frigorífica?**

Para as questões 10 a 14, use as informações das Figuras 11.9, 11.10, 11.11 e 1.12.

10. **Qual unidade de condensação e evaporador devem ser usados em uma câmara frigorífica de 1,7 °C de 2,44 m × 2,44 m × 2,44 m?**

    a. MT-075 e MEV-060
    b. MT-100 e MEV-100
    c. MT-150 e MEV-120

11. **Qual a tonelagem nominal de TEV deve ser usada em um evaporador MEV-060?**

    a. meia tonelada
    b. ¾ de tonelada
    c. 1 tonelada

12. **Qual a TD do sistema e o Btuh total do sistema se uma unidade de condensação MT.100 for combinada com um evaporador MEV-080?**

    a. TD de 4,4 °C e 1,76 kW (6 mil Btuh)
    b. TD de 5,6 °C e 2,34 kW (8 mil Btuh)
    c. TD de 5,6 °C e 2,93 kW (10 mil Btuh)

13. **Qual a TD do sistema e o Btuh total do sistema se uma unidade de condensação MT-150 for combinada com um evaporador MEV-060?**

    a. TD de 5,6 °C e 1,76 kW (6 mil Btuh)
    b. TD de 8,3 °C e 2,34 kW (8 mil Btuh)
    c. TD de 11,1 °C e 2,64 kW (9 mil Btuh)

14. **Qual unidade de condensação e evaporador devem ser usados em uma câmara frigorífica de −23,3 °C de temperatura e de tamanho 2,4 m × 6 m × 2,4 m?**

    a. LT-300 e LEV-120
    b. LT-150 e LEV-200
    c. LT-400 e LEV-220

15. **Usando TROT, qual é a Btuh aproximada de uma unidade de condensação de 2,5 cv em uma temperatura de sucção de −3,9 °C?**

    a. 2,93 kW (10 mil Btuh)
    b. 4,69 kW (16 mil Btuh)
    c. 5,86 kW (20 mil Btuh)

16. **Usando TROT, qual é a Btuh aproximada de uma unidade de condensação de 2,5 cv em uma temperatura de sucção de −28,9 °C?**

    a. 2,93 kW (10 mil Btuh)
    b. 4,69 kW (16 mil Btuh)
    c. 5,86 kW (20 mil Btuh)

17. **Quais são as sete regras para tubulação correta de refrigeração dada neste livro?**

18. **Consulte a Tabela de tubulação na Figura 11.15. Suponha que você precisa colocar a tubulação de um *freezer* com R404A e uma unidade de condensação de 1,5 cv. Há 9,14 m (30') de tubulação com cinco encaixes. Qual é o dimensionamento recomendado para a linha de sucção e do líquido?**

    a. linha de sucção de 1,31,27 cm (½") e linha de líquido de 0,95 cm (3/8")
    b. linha de sucção de 1,6 cm (5/8") e linha de líquido de 0,95 cm (3/8")
    c. linha de sucção de 2,2 cm (7/8") e linha de líquido de 0,95 cm (3/8")

19. Qual é a inclinação da linha de drenagem em uma câmara frigorífica refrigeradora?

    a. 1,05 cm/m (1/8"/pé) de funcionamento
    b. 4,17 cm/m (½"/pé) de funcionamento
    c. 33,33 cm/m (4"/pé) de funcionamento

20. Qual é a inclinação de drenagem em uma câmara frigorífica?

    a. 1,05 cm/m (1/8"/pé) de funcionamento
    b. 4,17 cm/m (½"/pé) de funcionamento
    c. 33,33 cm/m (4"/pé) de funcionamento

21. Por que um sifão-p é usado na linha de drenagem de uma câmara frigorífica?

    a. Para evitar insetos e roedores de entrarem no interior da câmara frigorífica.
    b. Para que assim a água flua melhor para fora do dreno.
    c. Para que assim o ar quente não entre no interior da câmara frigorífica pela tubulação do dreno.

22. O sifão-p de dreno da câmara frigorífica *freezer* nunca deve ser localizado no interior da câmara frigorífica. Por quê?

    a. Porque mesmo com fita quente, a água vai congelar no sifão.
    b. Porque a fita aquecedora desliga durante o ciclo de congelamento.
    c. Porque com a inclinação íngreme de um dreno de *freezer* não há espaço para um sifão-p no interior da câmara frigorífica.

23. Quais são as seis causas mais comuns de congelamento do evaporador?

24. Se uma porta for deixada ligeiramente aberta em uma câmara frigorífica refrigeradora, isso causa um evaporador congelado? Por quê?

25. Por que um evaporador congela se a carga interna é maior do que o sistema pode lidar?

26. O que acontece com um *freezer* em câmara frigorífica quando o dreno congela?

27. Quais são os cinco passos na sequência do descongelamento básico de um *freezer* em uma câmara frigorífica?

Máquinas de fabricar gelo

CAPÍTULO 12

Visão geral do capítulo

As máquinas de fabricar gelo são peças especializadas de equipamento. Este capítulo é uma introdução aos fundamentos da operação, manutenção e solução de problemas das máquinas de produzir gelo. Para conhecer as especificidades de uma máquina particular, o técnico necessitaria frequentar uma escola da fábrica ou seminário que ofereça o treinamento abrangente sobre esse tipo de equipamento. No entanto, o conhecimento mais abrangente das máquinas de produção de gelo pode levar anos de experiências transmitidas de uma pessoa para outra.

Assim como conhecer que o fluxo de ar é crítico para a assistência técnica em ar-condicionado, um técnico precisa do conhecimento completo sobre como a água afeta uma máquina de fabricar gelo. A água, a causa de muitos problemas de assistência técnica a máquinas de produzir gelo, é muito discutida neste capítulo.

Máquinas de produzir gelo: Tipos e aplicações

Os dois tipos principais de máquina de fabricar gelo são aqueles que produzem gelo em cubo e que produzem flocos (Figura 12.1). Os cubos de gelo são mais duros do que os flocos de gelo e duram mais tempo. As máquinas de cubos de gelo também produzem "gelo puro". Os cubos são formados pela água que flui sobre o evaporador frio. Somente a água congela, os minerais e outras impurezas permanecem na solução e são expelidos durante o ciclo de desprendimento do gelo. O ar e o cloro, também presentes no abastecimento de água, tendem a evaporar e sair da água, quando ela congela. Para realizar um teste de gelo puro, encha uma taça com gelo comercial e deixe-o derreter. Beba a água do gelo derretido; qual é o gosto que você sente? Nenhum; De fato, tem gosto "insípido". Isso ocorre porque não há cloro, ar, odor ou minerais na água. Fabricantes de bebidas estão contando com essa pureza. Quando um refrigerante é colocado em um copo com gelo comercial, a bebida gelada deve ter somente o gosto da própria bebida.

Compare os cubos de gelo comerciais com aqueles feitos em congeladores de uma geladeira residencial. Na unidade doméstica, a água é simplesmente derramada em formas para ser congelada em cubos. O gelo conterá tudo que estiver na água: ar, cloro, minerais, mais os odores de alimentos no congelador (como cebola). O ar na água é o que produz a cor branca do gelo doméstico.

O gelo comercial em flocos é similar ao gelo em cubo doméstico; ele contém tudo que estiver na água. O gelo em flocos é usado principalmente para exposição de alimentos de todo tipo, desde peixes até travessas de saladas. O gelo em flocos toma bem o formato do produto que é pressionado para seu interior, oferecendo excelente refrigeração das mercadorias. No entanto, o gelo em flocos derrete muito mais rapidamente do que o gelo em cubo, em razão do ar e outras impurezas que ficaram presas nele, quando foi formado.

Um tipo de máquina de fabricar gelo em flocos chamado "lasca de gelo" foi desenvolvido para superar parcialmente os inconvenientes do gelo em flocos. Os pedaços do gelo são de aproximadamente 1,27 cm (1/2") de comprimento e têm a espessura de um lápis [0,64 cm (1/4")]. A lasca de gelo é usada sobretudo em geladeiras de refrigerantes de autoatendimento, em restaurantes do tipo cafeteria e lojas de conveniência. Embora elas tenham alguns usos muito importantes, as máquinas de fabricar o floco e a lasca de gelo respondem por somente 10% das vendas das máquinas de produção de gelo.

Máquinas de fabricar gelo: Funcionamento básico

Máquinas de fabricar gelo em cubos produzem "bateladas" de gelo. A água enche um reservatório (bandeja de água) e uma bomba circula a água sobre a superfície do evaporador frio. Quando o gelo estiver suficientemente espesso, a máquina muda para o ciclo de desprendimento do gelo, um degelo realizado por meio de gás quente.

À medida que o evaporador aquece, libera o gelo no interior do recipiente de armazenamento. A água que é deixada do lote de gelo é muito concentrada com minerais e deve ser expelida do recipiente. Em preparação ao novo ciclo, o reservatório é preenchido novamente com água fresca (ver as Figuras 12.2 e 12.3).

O ciclo de fabricação de gelo é basicamente o mesmo para todas as máquinas de gelo em cubo. A principal diferença entre as marcas são o evaporador (formatos de cubo), o mecanismo pelo qual a máquina dá partida para o ciclo de desprendimento do gelo e como a máquina detecta quando o reservatório está cheio.

Uma máquina de gelo em flocos possui um longo cilindro cheio de água. O evaporador é a parede do cilindro. Uma broca de aço inoxidável roda no centro do cilindro. Os movimentos da broca (aletas) juntam e comprimem os flocos de gelo que se formam na água, movimentam o gelo para cima do cilindro, e força-o para fora por meio de um tubo inclinado para o interior do recipiente de armazenamento de gelo.

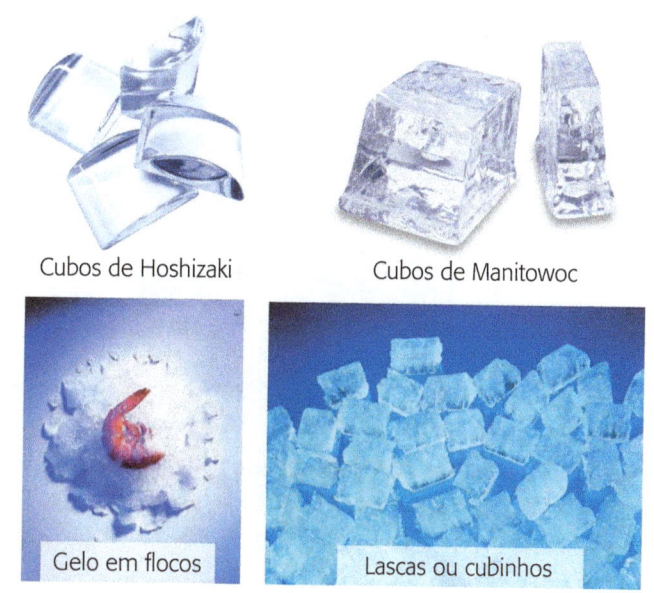

Figura 12.1 Tipos de gelo: cubos, flocos e lascas. *Cortesia de Hoshizaki America, Inc. e Manitowoc Ice, Inc.*

O processo de produzir lascas de gelo é similar ao processo de produzir gelo em flocos, exceto por uma etapa a mais. À medida que os flocos de gelo deixam a câmara de congelamento, eles são forçados através de um prato de metal espesso com orifícios de 0,64 cm (1/4").

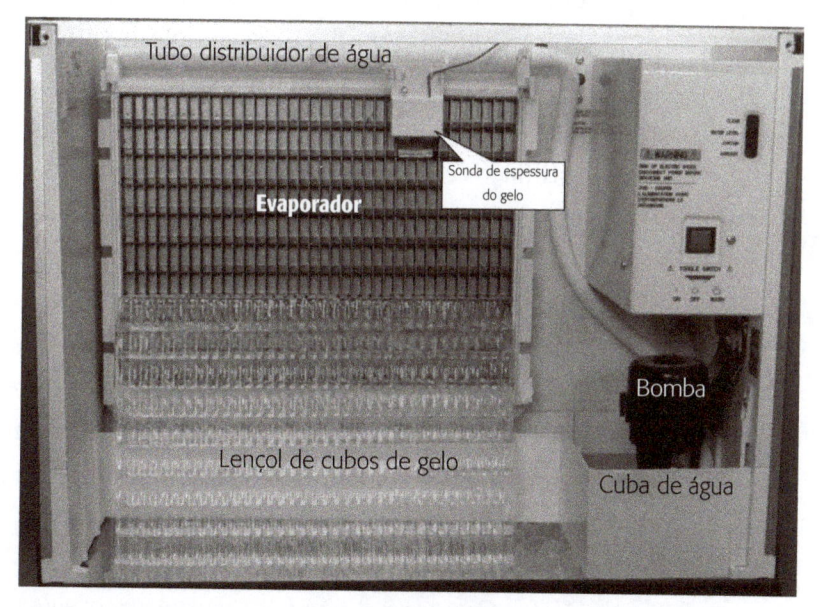

Figura 12.2 Um lote de cubos de gelo desprende-se para o interior do recipiente de armazenamento. *Cortesia de Manitowoc Ice, Inc.*

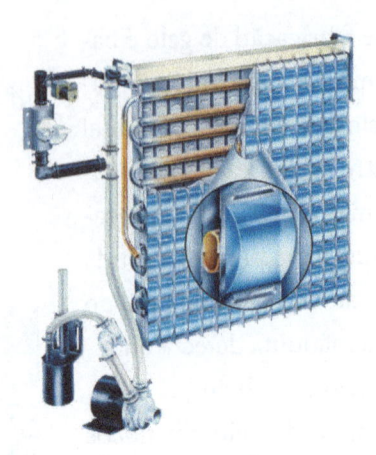

Figura 12.3 Cubo de gelo de Hoshizaki forma-se sobre o evaporador.
Cortesia de Hoshizaki America, Inc.

A placa, ou "placa de extrusão", espreme o excesso de água à medida que comprime o gelo em pedaços duros antes que eles deslizem pelo tubo inclinado para o interior do recipiente coletor de gelo (ver a Figura 12.4).

A máquina Vogt-Tube Ice é um exemplo de equipamento que oferece as características tanto dos fabricantes de gelo em cubos quanto de gelo em flocos em uma só máquina. O gelo é formado pela água que circula pelo tubo vertical frio. Quando o gelo estiver suficientemente espesso, o ciclo de **desprendimento** (descongelamento) se inicia e o gelo é liberado do evaporador. À medida que o gelo desprende-se, uma lâmina que roda corta o gelo em tubos cilíndricos de 2,54 cm a 5,08 cm (1" a 2") de comprimento. Se o proprietário quiser gelo do tipo floco, ele simplesmente move um interruptor e o cortador roda mais rapidamente para produzir gelo "triturado". O gelo triturado se apresenta em lascas ou estilhaços como o gelo em floco, mas é o gelo duro e puro de uma máquina de gelo em cubos (Figura 12.5).

Para decidir qual máquina de gelo recomendar a um cliente, o preço não deve ser a única consideração. O equipamento é vendido somente uma vez, mas terá de ter assistência técnica por muitos anos. Portanto, deve-se oferecer ao cliente uma máquina de qualidade, que tenha um bom suporte técnico, treinamento e disponibilidade de peças da fábrica.

Figura 12.4 Conjunto para gelo em flocos da Manitowoc.
Cortesia de Manitowoc Ice, Inc.

Nota: *O preço é o que você vai pagar, o valor é o que você obtém.*

Instalação: Serviços

A instalação correta da máquina de produzir gelo é simplesmente uma questão de seguir as instruções do fabricante. No entanto, muitas unidades são instaladas incorretamente, levando a problemas e serviços de assistência técnica. Nesta seção descrevem-se alguns erros comuns de instalação que um técnico deve procurar quando for solucionar um problema de uma máquina de fabricar gelo.

A primeira coisa a considerar é a localização. Há espaço suficiente ao redor da máquina para o condensador do ar, assim como acesso para assistência técnica? A maior parte das máquinas de fabricar gelo necessita de, pelo menos, 15,24 cm (6") de espaço ao redor e acima.

A consideração seguinte é sobre a drenagem (ver a Figura 12.6). Uma máquina de fabricar gelo possui vários drenos: o dreno do recipiente de armazenar gelo, um "dreno de descarga" para remover a água deixada em cada lote de gelo e um dreno de condensador se a unidade for resfriada com água. Todos os drenos devem funcionar separadamente, ser suficientemente grandes e manter 2,54 cm (1") de espaço para ar (espaço aberto) acima do dreno do piso (pelo código de encanamento). Se o dreno do recipiente for pequeno demais, ele logo vai entupir, enchendo o recipiente de armazenamento com água de gelo derretido. Se o dreno de descarga for pequeno demais, a máquina não será capaz de eliminar toda a água velha do último lote de gelo. Isso causará um acúmulo de lascas de gelo na máquina e gelo de má qualidade. O dreno de descarga e o dreno do condensador não devem ser conectados ou ligados juntos à linha de drenagem do recipiente de armazenamento. A água nessas linhas está sob pressão e pode forçar a volta do dreno do recipiente para o recipiente de armazenagem de gelo. Isso resultaria que algum gelo, no fundo do recipiente, derretesse.

A perda oculta de gelo por causa de problemas de dreno é difícil de solucionar, o que pode ser muito frustrante tanto para o cliente quanto para o técnico. Portanto, os procedimentos para a assistência técnica de máquinas de produção de gelo devem sempre incluir uma inspeção na tubulação de drenagem para possíveis defeitos.

Figura 12.5 Máquina de produção de gelo Vogt Tube® com capacidade de 907,2 kg a 1.814,4 kg (2.000 a 4.000 libras). *Cortesia de Vogt Ice, LLC.*

O derretimento de gelo é normalmente indicado por um gotejamento contínuo de água do dreno do recipiente. No entanto, a ausência de gotejamento pode indicar um dreno bloqueado. Por outro lado, a corrente firme de água pode ser um sinal de que há um problema na seção de produção de gelo, e a água está vazando para o interior do recipiente de gelo.

A válvula de descarga supostamente deve estar aberta somente durante certas partes do ciclo da máquina. Um fluxo contínuo de água da linha do dreno de descarga indicaria que a válvula de descarga está interrompida na posição aberta (ver a Figura 12.7). Em máquinas de gelo

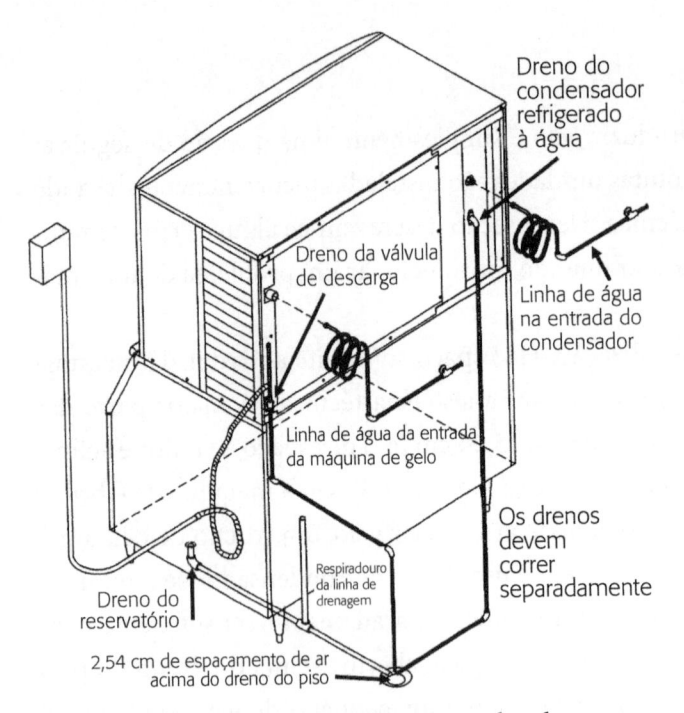

Figura 12.6 Tubulação da água da máquina de gelo e tubulação da drenagem. *Cortesia de Manitowoc Ice, Inc.*

refrigeradas à água, qualquer água que flui do dreno do condensador, quando a máquina está desligada, significa que a válvula reguladora de pressão máxima (HPR) não está fechando completamente. Isso não somente é um desperdício de água, mas, durante o ciclo de desprendimento, qualquer quantidade de água que passe através do condensador refrigerará o vapor de descarga necessário para descongelar e prolongar o ciclo de desprendimento do gelo. O tamanho da linha de entrada de água e a pressão da água são também importantes. Se o tamanho da linha de água na entrada for muito pequeno, pode reduzir a produção. Se a pressão da água for baixa demais (abaixo de 137,82 kPa man (20 libras por polegada quadrada [psi])), a máquina de gelo não produzirá em toda a sua capacidade. Se houver pressão demais (acima de 551,29 kPa man (80 psi)), a água na entrada flutua ou a válvula eletrônica de enchimento pode estar danificada. Válvulas reguladoras de água, na entrada da máquina de fazer gelo, podem protegê-la da pressão excessiva da água.

Nota: Muitos edifícios comerciais têm pressão de água bem acima de 551,29 kPa (80 psi).

Máquinas de fazer gelo com condensadores remotos têm conjuntos de linhas disponíveis em vários comprimentos. No entanto, algumas vezes a distância entre a máquina e a unidade de condensação é menor do que a esperada, resultando em tubulação excessiva. As voltas desnecessárias da tubulação podem se tornar armadilhas para o óleo e a tubulação também se torna facilmente dobrável. Mesmo assim, as fábricas têm recomendações para enrolar o

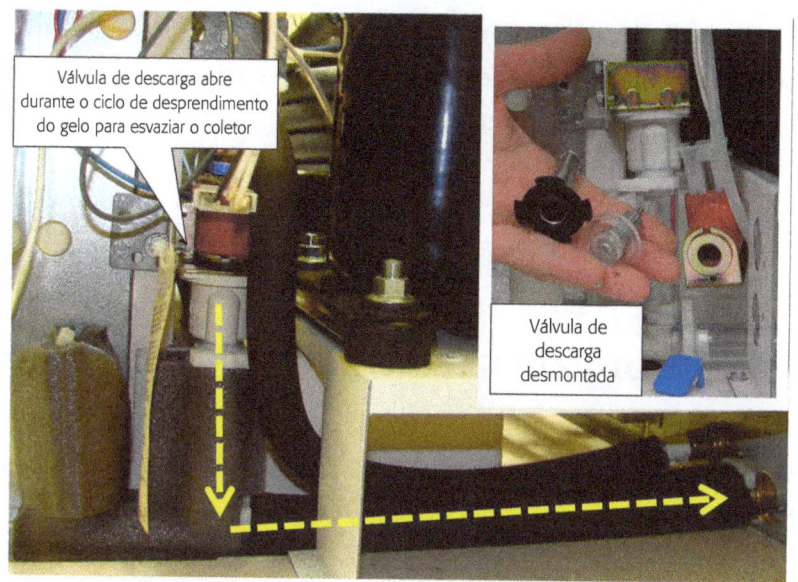

Figura 12.7 Válvula de descarga da máquina de fabricar gelo da Manitowoc. *Cortesia de Manitowoc Ice, Inc.*

Figura 12.8 Conjunto do excesso de linhas (deveriam ser cortadas). *Cortesia de Manitowoc Ice, Inc.*

excesso de tubulação; a melhor solução é cortar o tubo extra, soldar em um acoplamento, evacuar a tubulação e, então, conectá-la às unidades (ver a Figura 12.8).

Esse procedimento deveria ser realizado na época da instalação, antes que o tubo fosse ligado à máquina de fabricar gelo. Inicialmente, somente a tubulação possui carga de vapor, enquanto a carga completa de refrigerante do sistema é armazenada na máquina de gelo.

Somente depois que a tubulação for conectada entre a máquina de fazer gelo e o condensador, a carga é liberada para o sistema. Uma vez liberada, todo o refrigerante deveria ser recuperado antes que seja cortado o excesso de tubulação.

Nota: É melhor verificar as recomendações do fabricante para lidar com os conjuntos de linhas excessivas para a marca e o modelo específicos.

Máquinas de produzir gelo: Manutenção e limpeza

A parte mais importante da manutenção da máquina de gelo é limpar o circuito da água. Todos os lugares em que a água flui em uma máquina de gelo, um acúmulo de visco de depósito de minerais será coletado. A remoção desse resíduo acumulado exige assistência técnica regular com um limpador de máquina de gelo e uma escova (ver a Figura 12.9). As áreas críticas são o evaporador e os tubos de pulverização de água. O acúmulo de depósitos minerais no evaporador impedirá que o gelo seja liberado durante a fase de desprendimento do gelo. A interrupção dos tubos de pulverização resultará em um lote incompleto de gelo. Em algumas máquinas de gelo, o lodo também é uma causa da restrição do tubo de pulverização. Um programa regular de desinfetante fluindo através do circuito de água da máquina pode evitar esse problema, matando as bactérias que causam o lodo.

Muitas máquinas de gelo têm um dispositivo autolimpante (Figura 12.10), o que normalmente significa que, após adicionar um produto de limpeza ou um desinfetante, o técnico movimenta o seletor do interruptor para a posição de limpeza. A máquina desliga o compressor

Figura 12.9 Use um produto de limpeza e uma escova para limpar os evaporadores da máquina de fabricar gelo. *Cortesia de Manitowoc Ice, Inc.*

Figura 12.10 Produtos de limpeza e desinfetantes para máquina de fabricar gelo. *Cortesia de Manitowoc Ice, Inc. e (direita). Foto por Dick Wirz.*

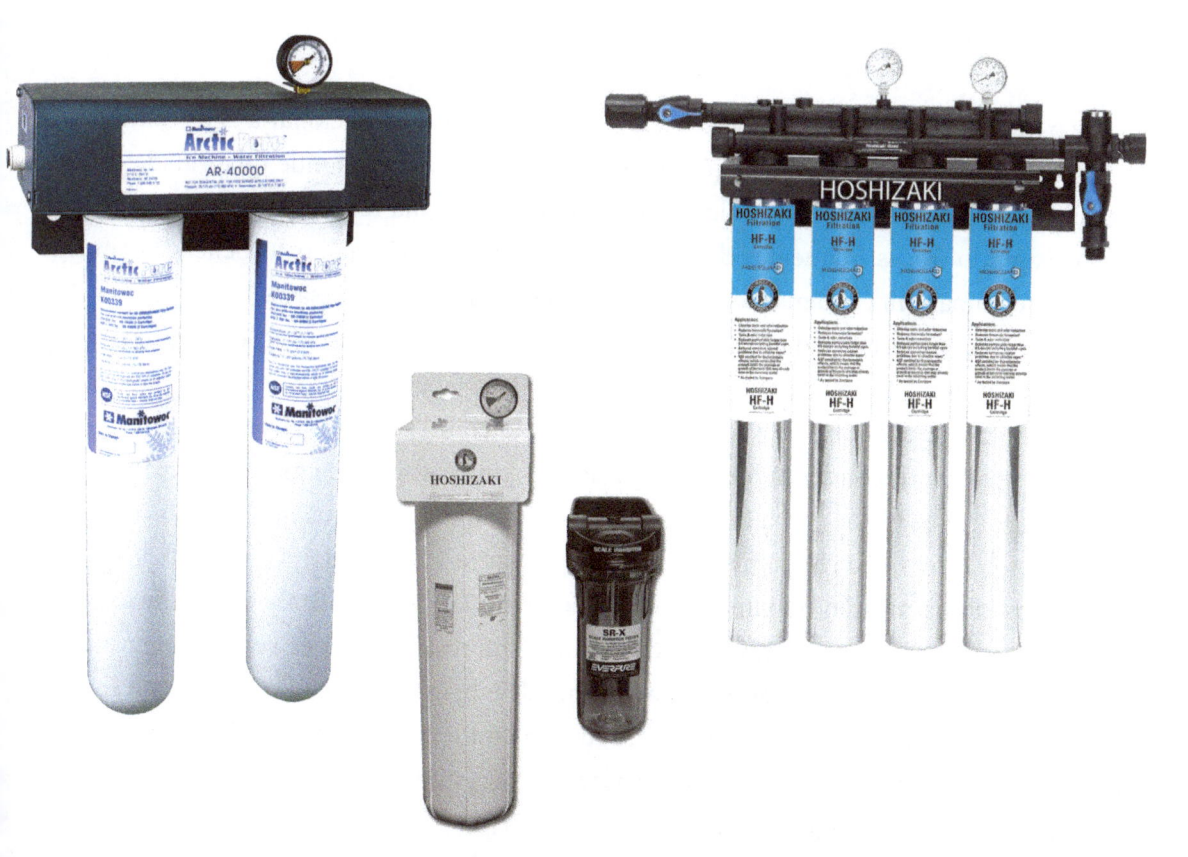

Figura 12.11 Filtros de água para máquinas de fabricar gelo. *Cortesia da Hoshizaki America, Inc. e Manitowoc Ice, Inc.*

e circula o limpador e o desinfetante durante um período preestabelecido de tempo. Depois, a máquina recebe várias sequências de jatos de água antes de retornar para o modo de fazer gelo. As máquinas de produzir gelo da Manitowoc não somente possuem um ciclo programado de limpeza e de jatos de água, mas também oferecem um AuCS (*automatic cleaning system* – Sistema Automático de Limpeza) opcional que realiza ciclos de limpeza pré-programados com produtos de limpeza e desinfetantes.

A qualidade da água usada para produzir o gelo determina a quantidade de manutenção que uma máquina de gelo necessita. Para reduzir enormemente a necessidade de limpeza de uma máquina de gelo, os fabricantes recomendam usar filtros de água para eliminar sedimentos e partículas grandes antes dela entrar na máquina. Infelizmente, os minerais dissolvidos na água não podem ser filtrados. Portanto, alguns filtros de água de máquinas de gelo contêm fosfatos que se ligam aos minerais para impedi-los de entupir o evaporador e outras partes de dentro da máquina de gelo. Os minerais dissolvidos são eliminados no final do ciclo de produção de gelo. Em uso normal, os fosfatos em um filtro de água, corretamente dimensionado devem durar aproximadamente um ano (ver a Figura 12.11).

Nota: Se a máquina de produzir gelo for resfriada à água, conecte o filtro da máquina de gelo de maneira que ele somente sirva a água na entrada para fabricar gelo.

Se o filtro for instalado na linha principal de água, ele vai condicionar a água tanto para o condensador quanto para a produção de gelo. No entanto, uma grande quantidade de água usada pelo condensador refrigerado à água poderia, de forma rápida, esgotar os fosfatos no filtro, exigindo trocas frequentes de filtro. Há uma melhor relação custo-benefício em simplesmente limpar um condensador refrigerado à água, quando necessário.

Uma parte importante da manutenção da máquina de fabricar gelo é assegurar que o condensador esteja limpo. A maioria das máquinas de fabricar gelo refrigerado a ar possui algum tipo de limpador de filtro de ar na entrada do condensador (ver a Figura 12.12). Entretanto, verificar os condensadores refrigerados à água é um pouco mais desafiador do que apenas verificar os filtros (ver a Figura 12.13). A temperatura da água que deixa o condensador deve ser aproximada à temperatura do corpo (entre 35 ºC e 40,6 ºC) quando a unidade está operando na pressão máxima recomendada pelo fabricante. Embora um fluxo excessivo de água possa ser uma indicação de acúmulo de resíduos, não é sempre uma medida exata da condição do condensador nas máquinas de fabricar gelo. Um modo razoavelmente eficaz de determinar acúmulo de minerais em um condensador refrigerado à água é medir a temperatura da água que sai do condensador. A seguir, um resumo dos procedimentos sobre a temperatura da água:

1. Meça a temperatura da água que deixa o condensador.

2. Se ela for mais baixa do que a temperatura do corpo (cerca de 35 ºC), verifique a pressão máxima.
3. Se a pressão máxima estiver no interior das recomendações da fábrica, o condensador fica somente com uma fina camada de acúmulo de resíduos.

EXEMPLO: 1 A temperatura da água que deixa o condensador é 29,4 ºC mais baixa do que os 35 ºC a 40,6 ºC. A pressão máxima do condensador está no interior da faixa especificada no manual de assistência técnica da máquina de gelo. Essa condição pode significar um pequeno acúmulo de mineral no condensador.

Neste exemplo, o problema da crosta não está suficientemente ruim para causar o aumento da pressão máxima. Permitindo o fluxo maior de água para transferir o calor, a válvula pode manter a pressão máxima baixa ao que era originalmente ajustada para manter. No entanto, a crosta impede a transferência eficiente de calor resultando em temperatura mais baixa da água. Há um modo fácil de verificar a condição. Eleve a temperatura da água do condensador, ajustando a válvula para reduzir o fluxo da água. Se a pressão máxima subir, então, acima das recomendações da fábrica, a causa provável é uma camada fina de minerais no interior do condensador. Nesse caso, um pequeno removedor de crosta jorrado no condensador deve retornar a temperatura da água ao seu nível original.

4. Se a pressão máxima for alta, o condensador provavelmente possui uma camada espessa de acúmulo de resíduos.

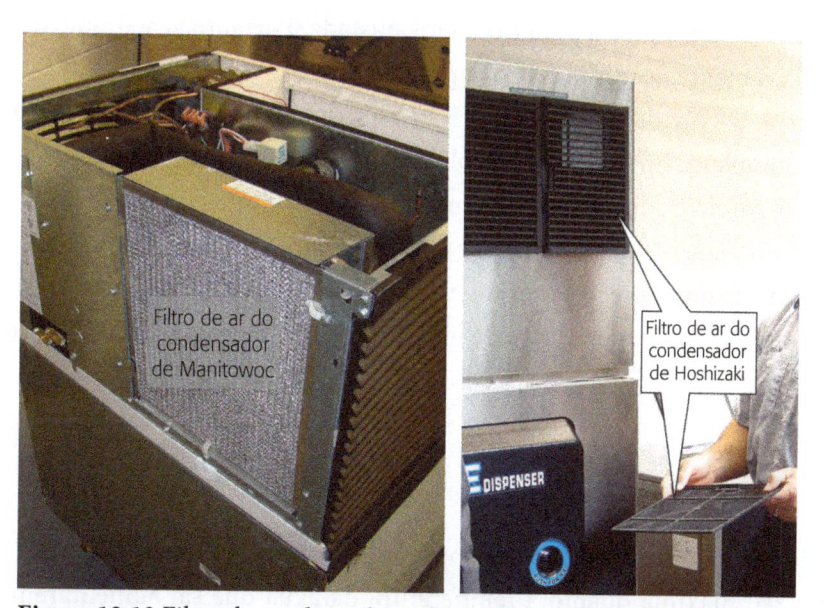

Figura 12.12 Filtro de condensador refrigerado a ar de máquina de produzir gelo. *Cortesia da Hoshizaki America, Inc. e (esquerda) foto de Dick Wirz.*

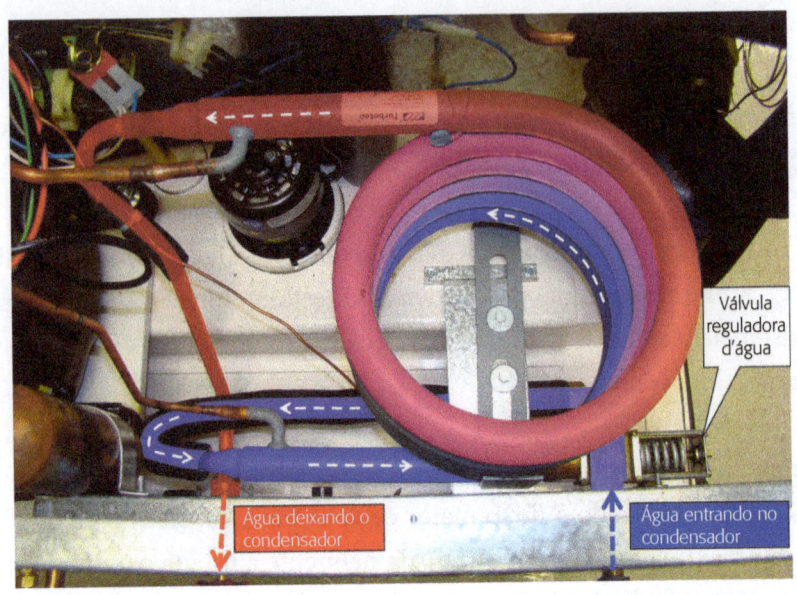

Figura 12.13 Máquina de produzir gelo resfriado à água. *Foto de Dick Wirz.*

EXEMPLO: 2 Se a pressão máxima for alta e a temperatura da água que sai é baixa, o condensador refrigerado à água, muito provavelmente, possui uma espessa camada de acúmulo de mineral.

Neste exemplo, mesmo com a válvula completamente aberta, o fluxo não é suficiente para manter a pressão máxima correta para a qual foi ajustada. Portanto, o acúmulo de visco é bem espesso e definitivamente necessitará de limpador ácido.

Algumas vezes, a camada de minerais é tão espessa que a solução de limpeza não pode removê-la por completo. Em outros exemplos, a crosta racha em grandes pedaços para parar totalmente o condensador. Se o condensador não puder ser limpo, então, ele deve ser substituído. Até que um novo condensador seja instalado, a máquina de gelo do cliente não funcionará. Portanto, um técnico experiente verificará a disponibilidade de um condensador de reposição antes de iniciar o processo de limpeza de um condensador refrigerado à água.

Nota: *Se o acúmulo de mineral for excessivo, limpar o condensador nem sempre pode ser bem-sucedido.*

5. Se a pressão máxima for baixa, ajuste a válvula da água para elevar a pressão máxima. Se tanto a pressão máxima quanto a temperatura da água que sai aumentarem para níveis normais, o condensador está limpo.

Máquina de produção de gelo: Garantias

Antes de abordar a solução de problemas de máquinas de fabricar gelo, é uma boa ideia discutir as garantias. A seguir se encontra uma lista de garantias básicas da fábrica para a maior parte das máquinas produtoras de gelo:

- » Peças de três anos e garantia de trabalho sobre todas as peças da máquina.
- » Garantia adicional de dois anos somente para peças do compressor.
- » Garantia de peças de cinco anos e trabalho no evaporador.

Para realizar trabalho de garantia e receber reembolso da fábrica por ele, a pessoa da assistência técnica deve ser um fornecedor ou técnico certificado para aquela marca de máquina de fabricar gelo. Isso é compreensível porque a fábrica somente quer técnicos corretamente treinados para executar consertos no prazo de validade da garantia.

O proprietário de uma máquina é responsável pela manutenção normal. Além disso, a fábrica não cobrirá problemas causados pela água ou energia elétrica externa à máquina, problemas em virtude das condições ambientais além dos limites do projeto ou problemas resultantes de uma instalação incorreta.

> **VERIFICAÇÃO DA REALIDADE Nº 1**
> Falta de manutenção é a principal causa de chamadas de assistência técnica para máquinas de fabricar gelo. A necessidade de garantia da fábrica para peças de substituição não é tão comum.

Máquinas de produzir gelo: Solucionando problemas

Esta seção apresenta algumas orientações gerais sobre a solução de problemas. No entanto, um técnico eficaz, que faz assistência técnica às máquinas, deve ter treinamento na fábrica assim como o manual de assistência técnica para o modelo de máquina de fazer gelo em que ele está trabalhando.

A primeira coisa que um técnico deve lembrar sobre dar assistência técnica a uma máquina de fabricar gelo é deixar seus medidores no veículo. Dessa maneira ele não será tentado a verificar as pressões toda vez que solucionar problemas de uma unidade. Máquinas de gelo são criticamente carregadas; verificar as pressões todas as vezes que é atendido é um bom modo de terminar com uma carga baixa. Além disso, 50% a 75% dos problemas da máquina de fabricar gelo estão relacionados com a água – circuito sujo, pouca ou muita pressão da água, problemas de drenagem e assim por diante. No entanto, quando as pressões forem verificadas, o técnico deve usar um conjunto de medidores que não manterá refrigerante no interior das mangueiras do medidor. A Figura 12.14 é um exemplo de medidores sem mangueiras.

Chamada de assistência técnica para a "falta de gelo": resolução de problemas

Quando uma máquina de produzir gelo não estiver funcionando, é razoavelmente fácil encontrar o problema. Se uma máquina de gelo tem energia e água, mas não funciona, pode ser que um controle de segurança desligou a unidade. O controle de segurança mais comum é um interruptor de alta pressão com um botão de restabelecimento manual. Se restabelecer o controle der partida à máquina, então o técnico deve descobrir o que a fez parar.

Nota: Ocasionalmente os controles de pressão alta são condenados porque o técnico não pode religar a máquina logo após a falha do controle. Tenha em mente que, se uma máquina falhar em um interruptor de alta pressão, ela necessita de tempo para a pressão diminuir antes que possa ser restabelecida.

Outros controles de segurança desligam a máquina de fazer gelo e acendem as luzes no painel do circuito. Essas luzes são uma chave para o diagnóstico do técnico de assistência técnica. Para diagnosticar o problema usando as luzes do painel do circuito, o técnico necessitará do manual de assistência técnica para aquele modelo.

EXEMPLO: 3 Os controles de alta pressão da Manitowoc em suas máquinas R404A vão desligar em aproximadamente 3101,02 kPa man (450 psig), mas não se restabelecerão até que a pressão diminua para 2067,35 kPa man (300 psig).

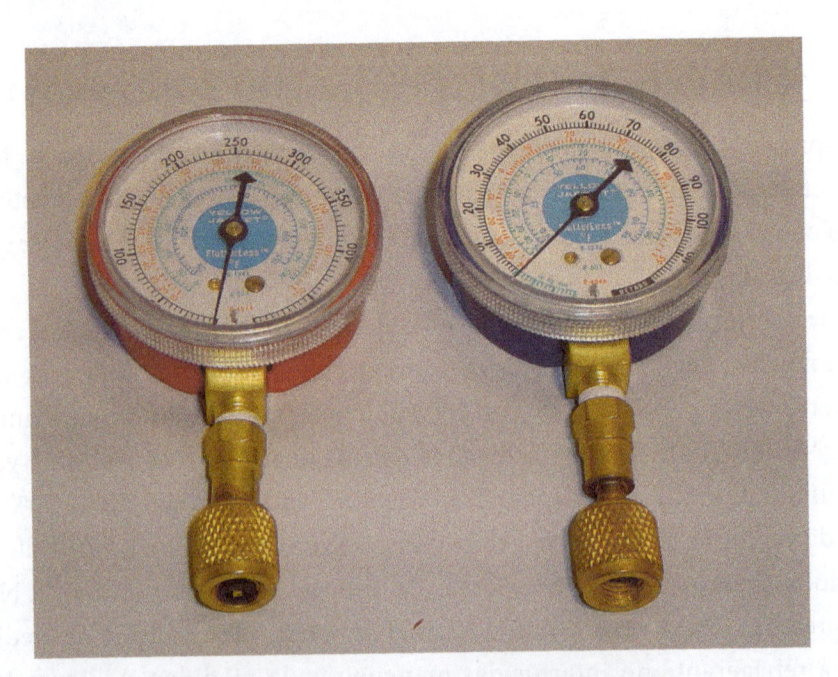

Figura 12.14 Medidores usados em máquinas de fabricar gelo.
Foto de Dick Wirz.

Chamada de assistência para "gelo lento" ou "gelo insuficiente": solução de problemas

Quando uma máquina de produzir gelo não está produzindo o suficiente para os clientes, o técnico deve primeiro fazer uma "verificação da capacidade".

1. Verifique a temperatura do ar ambiente e da água que vai para a máquina.
2. Determine o tempo do ciclo completo (ciclo de congelamento + ciclo de desprendimento do gelo).
3. Pese o lote de gelo.

Nota: Alguns manuais dão o peso médio de um lote de gelo corretamente formado.

4. Calcule a produção diária, da seguinte maneira:
   » [1440 (minutos em um dia) ÷ tempo total do ciclo] × peso do gelo = produção

EXEMPLO: 4 O ciclo de congelamento é de 14 minutos, o de desprendimento, 1 minuto, e tempo do ciclo total, 15 minutos.

O peso do lote de gelo é 2,27 kg (5 libras). Calcule a produção total em 24 horas:
» [1.440 minutos por dia ÷ 15 minutos por ciclo] × 2,27 kg (5 libras) por ciclo = 96 ciclos × 2,27 kg (5 libras) = 217,7 kg (480 libras) de produção em 24 horas.

Cada modelo de máquina de produção de gelo possui uma tabela que mostra sua produção média de gelo em 24 horas, baseada no ar ambiente e na temperatura da água que entra (ver a Figura 12.15). A máquina é considerada em funcionamento correto se sua produção estiver na faixa dos 10% de sua capacidade estabelecida. Se a máquina no Exemplo 4 estiver calibrada para 235,9 kg (520 libras) por dia, a produção de 217,7 kg (480 libras) seria de aproximadamente 8% abaixo da estabelecida, mas seria aceitável. Quase sempre, as máquinas de produção de gelo produzem-no acima de sua capacidade estabelecida.

Se o cliente necessitar regularmente comprar mais gelo do que a máquina produz diariamente, então uma máquina maior, ou uma máquina adicional, pode ser a resposta. No entanto, se a máquina enche e fica ociosa uma grande parte da semana, mas o cliente ainda precisa de mais gelo somente em finais de semana movimentados, a resposta pode ser apenas um recipiente maior. Nesse caso, a máquina de produzir gelo pode funcionar mais tempo durante a semana para fazer mais gelo que ficará disponível para o fim de semana. Outra solução é o cliente empacotar algum gelo durante a semana e armazená-lo em um *freezer* de câmara frigorífica para as demandas pesadas do final de semana.

Lembrar de verificar os drenos. O derretimento de gelo no reservatório, devido a problemas no dreno, será evidente somente quando o gelo é removido do recipiente. Observe o recipiente

SÉRIE B450 DE MÁQUINAS DE PRODUÇÃO DE GELO REFRIGERADAS À ÁGUA PRODUÇÃO DE GELO DE 24 HORAS (kg) (Libras)			
TEMPERATURA DO AR AMBIENTE °C	PRODUÇÃO EM ÁGUA COM TEMPERATURA DE:		
	10 °C	21,1 °C	32,2 °C
21,1 °C	199,58 (440)	181,44 (400)	161,03 (355)
26,7 °C	197,32 (435)	179,17 (395)	158,76 (350)
32,2 °C	195,05 (430)	176,90 (390)	156,49 (345)
37,8 °C	190,51 (420)	172,37 (380)	151,96 (335)

Com base no peso médio de uma placa de 1,87 kg a 2,82,15 kg (4,12 libras a 4,75 libras).

DURAÇÃO DO CICLO (Minutos)				
TEMPERATURA DO AR AMBIENTE EM °C	TEMPO DE CONGELAMENTO A UMA TEMPERATURA DA ÁGUA DE:			TEMPO DE DESPRENDIMENTO
	10 °C	21,1 °C	32,2 °C	
21,1 °C	12,0 – 14,1	13,3 – 15,6	15,2 – 17,8	1 – 2,5 MINUTOS
26,7 °C	12,1 – 14,2	13,5 – 15,8	15,5 – 18,1	
32,2 °C	12,3 – 14,4	13,7 – 16,0	15,7 – 18,3	
37,8 °C	12,6 – 14,8	14,1 – 16,5	16,2 – 18,9	

Tempo de congelamento + Tempo de desprendimento = Tempo do ciclo total

Figura 12.15 Tabela de produção de máquinas de gelo. *Adaptação das tabelas da Manitowoc Ice por Refrigeration Training Services.*

vazio de gelo ocasionalmente durante o ciclo de produção do gelo e, especialmente, durante o ciclo de desprendimento. Se qualquer quantidade de água estiver retornando para o recipiente, a tubulação do dreno terá de ser consertada.

A verificação da capacidade é uma excelente oportunidade para observar cada detalhe da produção de gelo e operação de desprendimento. Muitas máquinas de fabricar gelo podem produzir um ciclo completo em 10 a 20 minutos. Técnicos experientes podem determinar a maioria dos problemas das máquinas de gelo no decorrer de dois ciclos completos. Mesmo máquinas de fabricar gelo como a Hoshizaki, que possuem ciclos relativamente longos, têm procedimento para a verificação da maior parte das operações da máquina em cerca de 7 minutos (Figura 12.16).

Solução de problemas: dicas adicionais

O modo como o gelo se forma pode ser uma peça valiosa da informação. Se houver gelo no recipiente, procure as irregularidades em seu formato. Indicadores típicos incluem gelos muito espessos, muito finos ou "queimados". Se os cubos se projetarem sobre o evaporador, eles "queimam" ou derretem, em formatos irregulares durante o processo de degelo (ver a

Figura 12.17). Problemas com os cubos mal formados normalmente podem ser resolvidos removendo os depósitos minerais do evaporador com o limpador de máquina de gelo e uma escova dura.

A válvula de água HPR, em uma máquina resfriada à água, deve desligar o fluxo de água através do condensador quando a máquina estiver desligada ou durante o ciclo de desprendimento de gelo.

Se não, há grande desperdício de água durante o ciclo parado. Além disso, uma válvula de água vazando pode esfriar o gás de descarga durante o ciclo de desprendimento, resultando em períodos de desprendimento mais longos e produção geral mais baixa.

Uma máquina de produção de gelo que vaza água no piso pode fazer com que alguém escorregue, caia e se machuque, assim como pode causar danos ao edifício. Esse problema deve ser prontamente corrigido. No entanto, algumas vezes o que parece um vazamento da máquina de gelo pode ser apenas a transpiração das linhas de drenagem de cobre. A água derretida do recipiente torna fria a linha de drenagem, fornecendo um lugar para a umidade no ar ser condensada. Em dias quentes e úmidos, os drenos podem transpirar tanto que o cliente pode pensar que a máquina de gelo está com um vazamento de água. Isolar as linhas de drenagem resolverá o problema.

Resumo

Máquinas comerciais de fabricação de gelo produzem dois tipos de gelo: cubos e flocos. Máquinas de gelo em cubos são as mais populares, mas as máquinas de fabricar gelo em flocos são preferidas para algumas aplicações. Embora as máquinas de fabricar gelo sejam semelhantes, cada uma tem características de operação específicas. A melhor maneira para tornar-se um técnico eficiente de assistência técnica de máquinas de produzir gelo é aproveitar todos os treinamentos disponíveis da fábrica para as marcas que ele assiste.

Uma máquina de fabricar gelo, corretamente instalada, permite que a máquina produza gelo em sua

Figura 12.16 Máquina de produção de gelo da Hoshizaki. *Cortesia da Hoshizaki Ameria, Inc.*

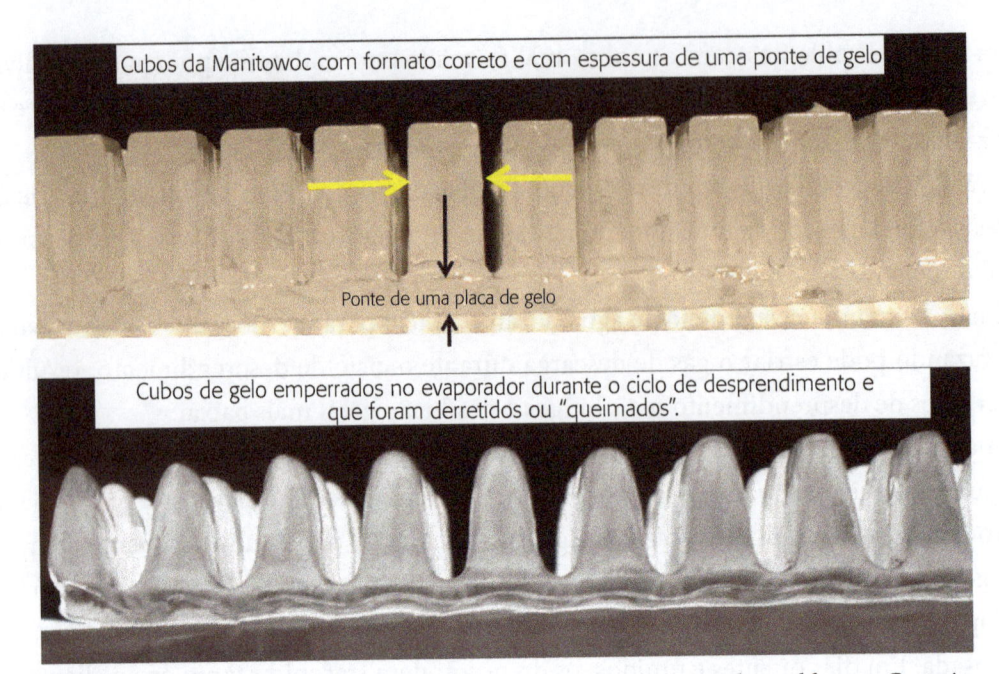

Figura 12.17 Verifique os cubos de gelo quando estiver solucionando problemas. *Cortesia da Maniwotoc Ice, Inc.*

capacidade estabelecida e elimina a maior parte das chamadas de assistência desnecessárias. Além disso, a manutenção é tão importante para as máquinas de fabricar gelo como para qualquer outra peça de refrigeração. A principal diferença é que o circuito da água exige atenção especial. Cerca de 50% a 75% dos problemas das máquinas produtoras de gelo estão relacionados com a água. Filtros de água podem ajudar a manter minimamente os problemas de manutenção e de assistência técnica.

Uma rápida verificação da capacidade ajudará a determinar se o problema está na máquina ou no uso do gelo pelo cliente. Ela também oferece ao técnico uma excelente oportunidade para ver cada função da máquina de produzir gelo.

Questões de revisão

1. Quais são os dois tipos principais de máquinas de produzir gelo?

2. Por que os cubos de gelo comerciais podem ser considerados "gelo puro"?

   a. Eles têm diferentes formatos.
   b. Eles não contêm impurezas.
   c. Eles não são congelados em uma bandeja.

3. Qual é o processo básico para gelo em flocos?

4. Qual é o processo básico para um gelo em cubo?

5. Por que os fabricantes exigem o mínimo de espaço ao redor das máquinas de fabricar gelo?

   a. Para acesso à assistência técnica e fluxo de ar.
   b. Para armazenar e parecer bom.
   c. Para segurança e drenagem.

6. Quais problemas ocorrem se a drenagem do recipiente da máquina de fabricar gelo for pequena demais?

   a. Os cubos de gelo não podem se formar corretamente.
   b. A máquina não produzirá gelo suficiente.
   c. O dreno pode ficar entupido, retorno da água, e derreter o gelo no recipiente.

7. Quais problemas ocorrem se o "dreno de descarga" for pequeno demais?

   a. O ciclo de produção do gelo será longo demais.
   b. A máquina não produzirá gelo suficiente.
   c. Um acúmulo excessivo de minerais ocorrerá no interior da máquina.

8. Quais problemas ocorrem se o dreno de descarga ou o dreno do condensador refrigerado à água forem canalizados para o interior do dreno do recipiente de gelo?

   a. A água pode voltar para o recipiente de gelo, derretendo o gelo.
   b. A máquina de gelo fará menos gelo.
   c. Minerais em excesso se acumularão no recipiente.

9. O que acontece se a água, para a máquina de gelo, possuir muito pouca pressão?

   a. Ela não será capaz de produzir sua capacidade estabelecida de gelo.
   b. A válvula de água na entrada, ou a válvula de flutuar, podem estar danificadas.
   c. A máquina fará gelo demais e transbordará do recipiente.

10. O que acontece se a água para a máquina de gelo tiver um excesso de pressão de água?

    a. Ela não será capaz de produzir sua capacidade estabelecida de gelo.
    b. A válvula de água na entrada, ou a válvula de flutuação, pode estar danificada.
    c. A máquina fará gelo demais e transbordará do recipiente.

11. O que deve ser feito com o excesso de tubulação nos condensadores remotos?

    a. Cortá-lo fora ou verificar as recomendações do fabricante.
    b. Enrole o excesso de tubulação verticalmente, como uma roda de Ferris.

c. Não se preocupe com ele porque se trata somente de gás de descarga.

12. Qual é a parte mais importante da manutenção correta da máquina de fabricar gelo?

a. Um dreno de recipiente limpo.
b. Um circuito de água limpo.
c. Um ciclo mais rápido de desprendimento.

13. Em condensadores refrigerados à água, qual é a temperatura correta da água que sai?

a. −6,7 °C−1,1 °C acima da temperatura ambiente
b. 46,1°C−51,7 °C de água
c. Água na temperatura do corpo (35 °C−40,6 °C)

14. Qual é a garantia das partes básicas e de trabalho na maioria das máquinas de produzir gelo?

a. Um ano, peças e trabalho.
b. Três anos, peças e trabalho.
c. Cinco anos, peças e trabalho.

15. O que normalmente não é coberto em uma garantia de fábrica de uma máquina de fabricar gelo?

16. Por que os técnicos da assistência técnica de máquinas de fabricação de gelo devem deixar seus medidores no veículo?

a. Porque muitos problemas estão relacionados à água.
b. Porque não há portas de medidores em uma máquina de fabricar gelo.
c. Porque as máquinas de fabricar gelo não perdem refrigerante.

17. Descreva o procedimento para se realizar em uma verificação da capacidade da máquina de fabricar gelo.

18. Se uma máquina de fabricar gelo está produzindo na faixa de _____ de sua produção estabelecida, considera-se que está funcionando corretamente.

a. 4,54 kg (10 libras)
b. 10%
c. 20%

19. Por que a verificação da drenagem do recipiente é parte do processo de solução de problemas?

a. Para ver se o recipiente do dreno tem um orifício.
b. Para ver se há água voltando para o recipiente.
c. Para ver se o recipiente do dreno está inclinado corretamente.

20. Se os cubos de gelo estiverem "queimados", ou mostrarem sinais de emperrar no evaporador durante seu ciclo de desprendimento, qual é a primeira coisa que o técnico pode fazer para corrigir o problema?

a. Limpar o circuito de água da máquina e o evaporador.
b. Limpar o dreno do recipiente.
c. Adicionar algum refrigerante.

21. Quando não haveria fluxo de água na válvula HPR em uma máquina de fabricar gelo resfriada à água?

a. Durante a partida da máquina.
b. Quando a temperatura da água na entrada for abaixo de 10 °C.

c. Quando a máquina estiver desligada e durante o ciclo de desprendimento.

22. Por que a transpiração do dreno do recipiente constitui um problema?

a. Porque pode causar dano de água no edifício ou alguém pode escorregar e cair.
b. Porque causará uma redução na produção do gelo.
c. Porque causará o entupimento do dreno do recipiente e a volta para o recipiente.

Temperatura do produto para sua preservação e para a saúde

CAPÍTULO 13

Visão geral do capítulo

Os gerentes de restaurantes temem as visitas dos fiscais da saúde. As inspeções não são anunciadas e, frequentemente, ocorrem no momento mais movimentado do restaurante. A escolha desses momentos é intencional; ela fornece ao departamento da saúde uma boa oportunidade para ver se o estabelecimento obedece aos regulamentos da saúde em condições de funcionamento total. O departamento da saúde possui a autoridade de impor multas ou até mesmo de fechar o restaurante se houver violações substanciais dos códigos da saúde ou de alimentos.

Os fiscais da saúde verificam tudo no funcionamento do restaurante, desde o controle de insetos ao dreno na pia da cozinha. No entanto, a finalidade deste capítulo é conscientizar os técnicos das preocupações do fiscal da saúde com relação à refrigeração. Quanto mais o técnico souber sobre os regulamentos da saúde, melhor pode assistir seus clientes, assegurando que o equipamento de refrigeração opere de acordo com o código. Tão importante também é seu conhecimento de como seus clientes estão usando seu equipamento de refrigeração em uma tentativa de estar de acordo com esse código.

Nota: Os códigos locais podem variar de uma região para a outra.

TEMPERATURAS MÍNIMAS

Há basicamente três níveis de exigências para as temperaturas de produtos alimentícios. O nível mínimo para o Brasil é estabelecido pela ANVISA (Agencia Nacional de Vigilância Sanitária) que utiliza a Food and Drug Administration (FDA – Administração de Alimentos e Remédios) dos Estados Unidos como referência. A seguir, os departamentos da saúde locais podem fazer cumprir regulamentos mais severos. Finalmente, as políticas de restaurantes, especialmente cadeias grandes de restaurantes, podem ser ainda mais rigorosas do que as exigências locais.[1]

Por exemplo, a temperatura máxima para um refrigerador comercial é 5 ºC de acordo com a FDA. No entanto, alguns restaurantes querem 1,1 ºC na câmara frigorífica e 3,3 ºC em geladeiras comerciais. Quanto mais baixa a temperatura, mais tempo mantém fresco o produto. Além disso, em um evento de uma visita surpresa do departamento da saúde, o equipamento pode estar alguns graus acima da exigência do restaurante e ainda assim passar na fiscalização.

O padrão para alimento congelado da FDA é simplesmente que o produto esteja congelado sólido. O grau de dureza depende do tipo de alimento que é congelado. Por exemplo, a água pode ficar congelada de forma sólida em cerca de 0 ºC, mas o sorvete se tornará macio acima de –15 ºC. A maior parte de *freezers* do tipo geladeira comercial são projetados para somente –17,8 ºC a –15 ºC, e a maior parte das câmaras frigoríficas para –23,3 ºC a –17,8 ºC.

O QUE O FISCAL DA SAÚDE PROCURA?

Em uma tentativa de fazer o fiscal pensar que a unidade está funcionando em temperatura mais fria do que o necessário, alguns empregados de cozinha colocam o bulbo do termômetro no fluxo de ar na saída do evaporador ao invés de sua entrada.

Durante uma fiscalização, a temperatura do alimento é verificada com um termômetro eletrônico, normalmente equipado com uma sonda de aço inoxidável. A sonda permite que o fiscal verifique a temperatura dentro do produto. Alguns gerentes de cozinha usam um termômetro infravermelho para "investigar" a temperatura do produto várias vezes ao dia. Embora não tão precisa quanto a sonda, monitorar a temperatura com a unidade infravermelha é mais fácil do que uma sonda, e ainda dá uma indicação razoavelmente boa da temperatura do alimento.

> **VERIFICAÇÃO DA REALIDADE Nº 1**
>
> Os fiscais da saúde usam seus próprios termômetros para verificar a temperatura dentro do refrigerador, e registram as temperaturas na parte mais quente do gabinete. Mais importante, eles frequentemente verificam a temperatura do produto para ter a certeza de que eles estão refrigerados à temperatura correta.

---

[1] NRT: Para mais informações (inclusive sobre a Resolução 275, 21/10/2002), acesse <http://www.anvisa.gov.br>.

A temperatura do produto é mais importante do que a temperatura do interior do refrigerador. Por exemplo, se a temperatura interna for de até 12,2 °C, mas a temperatura do produto é abaixo de 5 °C, o fiscal dirá ao cliente para ter seu refrigerador examinado. Ele vai supor que o interior do refrigerador precisa de reparos, e o produto foi recentemente transferido de uma câmara frigorífica. No entanto, se o produto estiver a 12,2 °C e o refrigerador estiver a 12,2 °C, ele não terá escolha a não ser citar a cozinha por violação.

ÁREAS DE PROBLEMAS E SOLUÇÕES

Unidades de preparação como aquelas das Figuras 13.1 e 13.2 são os alvos principais da sonda de temperatura do fiscal. As bandejas de alimento são refrigeradas no fundo enquanto a parte de cima fica exposta ao ar ambiente.

A área de armazenamento da unidade de preparação é regularmente ajustada em cerca de 1,1 °C na tentativa de manter o produto nas bandejas abaixo de 4,4 °C. A maioria das unidades de preparação possui uma tampa para cobrir as bandejas quando não estão em uso, mas as unidades são frequentemente deixadas abertas.

Pelo menos um fabricante possui uma unidade de preparação que sopra ar refrigerado sobre a parte de cima das bandejas. De acordo com a empresa, esse projeto evita que as temperaturas dos produtos aumentem quando a tampa é removida.

Se o fiscal da saúde descobrir que a temperatura do produto está mais alta do que deveria, os gerentes da cozinha usam, muitas vezes, a explicação de que o alimento foi colocado recentemente no refrigerador. O fiscal tem de determinar se a alegação é válida. De acordo com o Código de Alimentos da FDA, alimento cozido é permitido até cerca de quatro a seis horas (dependendo do alimento) ser refrigerado até 5 °C. Além disso, alimentos refrigerados que foram removidos e misturados com outros alimentos devem chegar a pelo menos 5 °C em uma hora, ao ser recolocado no refrigerador.

Figura 13.1 Exemplo de uma mesa de preparação. *Cortesia de Master-Bilt.*

Figura 13.2 Verificando a temperatura do produto em uma unidade de preparação. *Foto de Dick Wirz.*

Equipamento padrão de refrigeração (geladeiras comerciais, câmaras frigoríficas e unidades de preparação) não é projetado para baixar rapidamente a temperatura de alimentos quentes até 5 °C. Essas unidades são apenas para armazenamento. Introduzir produtos muito quentes aumentará a temperatura interna, fazendo o compressor funcionar continuamente sem seu ciclo normal de degelo. Como discutido no Capítulo 2, sem um uma etapa significativa em ciclo desligado, a serpentina não terá a oportunidade de descongelar, resultando em um evaporador congelado. Uma solução é instalar um termostato (*tstat*) com um bulbo sensor montado nos ângulos da serpentina. Isso desligará o compressor, quando o evaporador se tornar muito frio; o compressor não reiniciará até que a temperatura do evaporador esteja acima do congelamento e a camada fina de gelo tenha derretido. Outra medida preventiva é usar um *timer* para fornecer um ciclo de desligamento planejado para descongelamento. As duas sugestões vão impedir que o evaporador forme uma camada fina de gelo, mas isso não vai acelerar o processo de refrigeração.

A melhor maneira de baixar rapidamente a temperatura do alimento preparado é usar jatos resfriadores. Esses gabinetes refrigerados são especialmente equipados com grandes unidades de refrigeração e fluxo de ar aumentado para baixar a temperatura de grandes quantidades de alimentos.

EXEMPLO: 1 Uma geladeira comercial padrão de uma porta, normalmente tem compressor de 1/4 cv. No entanto, um resfriador a jato de tamanho similar possui uma unidade de condensação de 4 cv, ou aproximadamente 16 vezes a capacidade de refrigeração de um refrigerador de armazenamento. Esse refrigerador especializado pode baixar a temperatura de até 91,72 kg (200 libras) de produtos cozidos, de 76,7 °C para 4,4 °C em cerca de 1 hora e meia.

O exemplo anterior ilustra quanta capacidade adicional de refrigeração é necessária para baixar as temperaturas do produto. Portanto, deveria ser mais fácil entender por que mesmo em grandes câmaras frigoríficas, projetadas somente para armazenamento, pode haver dificuldade em baixar a temperatura de alimento quente.

O fluxo de ar correto é importante ao redor do produto dentro de todos os equipamentos de refrigeração, não somente jatos resfriadores e *freezers*. O alimento precisa ser colocado em prateleiras ou bandejas com espaço adequado para o ar frio circular. Os fabricantes de geladeiras comerciais frequentemente usam prateleiras com "paradores de produto" no fundo para evitar que os pacotes entrem em contato com a parede interna e bloqueiem a circulação do ar frio. Mesmo com essas salvaguardas, alguns usuários sobrecarregam a geladeira comercial com produtos, restringindo assim o fluxo de ar refrigerado. Muitas pessoas que estocam em geladeiras comerciais não estão conscientes desse problema. Portanto, sempre depende do técnico instruir o cliente sobre carregar corretamente e a necessidade de um bom fluxo de ar. Ocasionalmente, um técnico terá de atender a **um chamado desagradável de assistência técnica** em que as temperaturas do produto quente são o resultado de um excesso de estoque, não uma falha de equipamento.

Máquinas de produzir gelo: Inspeção

A levedura carregada pelo ar forma um resíduo claro e viscoso no interior escuro e molhado de uma máquina de fabricar gelo. Esse crescimento de fungos parece repugnante e pode interferir na produção de gelo. A levedura está presente em lugares em que a massa é feita e onde a cerveja é servida. A limpeza regular da máquina de fabricar gelo, com um produto de limpeza aprovado, cuidará desse problema.

A maioria dos restaurantes possui um porta-colher de sorvete ao lado da máquina de produzir gelo, onde a colher é mantida quando não estiver em uso. Como o gelo faz parte do Código de Alimento, o fiscal não quer que os empregados usem as mãos para procurar a colher de tirar gelo sob o gelo no recipiente (ver a Figura 13.3).

Dobradiças, maçanetas e gaxetas

De acordo com o Código de Alimentos da FDA, as ferragens do equipamento de refrigeração devem estar em bom estado. As gaxetas da porta devem ser limpas e higienizadas pelo menos uma vez por dia. As pessoas que lidam com alimentos frequentemente têm gordura animal nas mãos quando tocam as gaxetas ao abrir ou fechar as portas. Isso deixa um resíduo que

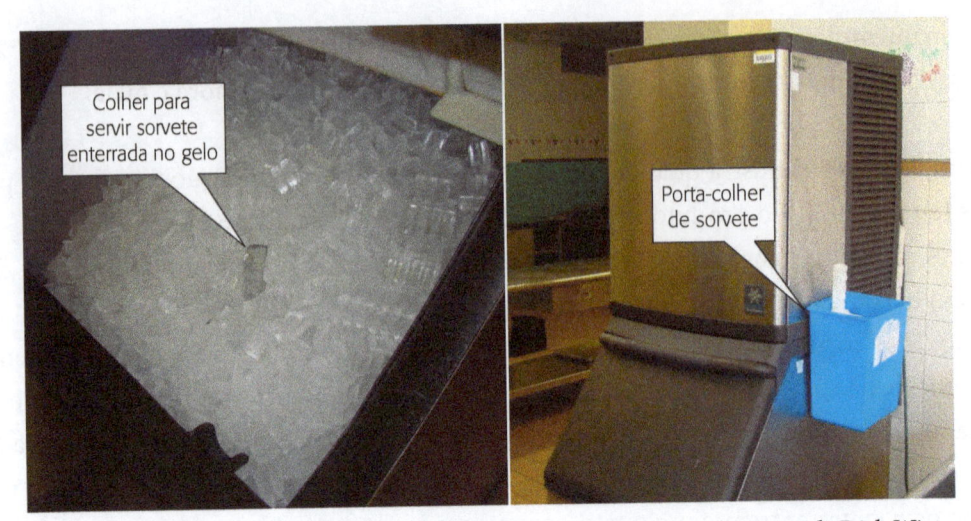

Figura 13.3 Colher para gelo deve ser guardado fora da cuba de gelo. *Fotos de Dick Wirz.*

deteriorará rapidamente as gaxetas de borracha e plástico (Figura 13.4). Gaxetas de porta arrancadas ou caídas permitem que o ar externo entre no espaço refrigerado, o que não somente resulta em produtos com temperaturas mais altas, mas também aumenta as chances de um evaporador congelado. Pela mesma razão, dobradiças e maçanetas frouxas devem ser apertadas regularmente e ferragens quebradas devem ser substituídas (Figura 13.5).

Portas de correr são frequentemente problemáticas porque as roldanas e os trilhos parecem desgastar com relativa rapidez se comparados com o abrir e fechar normal. Além disso, se o alimento for derrubado nos trilhos da porta, isso não somente contribui para problemas de deslizamento, mas também causa questões que podem violar o código da saúde. Quando a porta não fecha facilmente, os empregados deixam-na ligeiramente aberta,

Figura 13.4 Exemplos de problemas de gaxeta. *Fotos de Dick Wirz.*

Figura 13.5 Problemas nas ferragens da porta. *Fotos de Dick Wirz.*

permitindo que o ar quente do ambiente entre no interior. Portanto, a limpeza regular dos trilhos da porta é importante para a operação correta da porta, para manter a refrigeração e para a higienização correta.

Refrigeração: Programa de manutenção

A primeira linha de defesa contra as violações do departamento da saúde é um bom programa de manutenção de refrigeração. Se a manutenção será realizada mensal, trimestral ou semestralmente depende das condições nas quais o equipamento deve funcionar. No entanto, o ponto importante é que os *check-ups* do equipamento sejam programados em intervalos regulares. A seguir, alguns dos procedimentos mais importantes de manutenção:

- » Verificar e ajustar as temperaturas do equipamento.
- » Limpar os condensadores resfriados a ar (ou substituir o material do filtro do condensador).
- » Verificar os condensadores resfriados à água sobre o uso da água.
- » Verificar os drenos dos evaporadores e condensadores.
- » Verificar as maçanetas, gaxetas e dobradiças das portas.
- » Verificar a produção de gelo e limpar o circuito de água.
- » Perguntar ao cliente sobre quaisquer problemas ou preocupações com o equipamento que eles possam ter.

Se esses itens fizerem parte de um programa abrangente, o cliente terá poucas questões relativas à refrigeração para se preocupar quando o departamento da saúde fizer sua fiscalização.

Seja muito cuidadoso para não colocar produtos químicos ou sujeira no alimento quando limpar os evaporadores e condensadores (Figura 13.6). A prevenção é a melhor proteção; ou cubra os alimentos ou remova-os da área. Se houver contaminação acidental de alimento, assegure-se de que o gerente seja notificado imediatamente. É muito melhor pedir desculpas e correr o risco de enfrentar sua raiva do que envenenar um de seus clientes.

Temperatura e saúde: Fatos interessantes

A seguir apresentamos algumas informações que devem ser tanto interessantes quanto úteis para os técnicos de refrigeração comercial.

As operações em serviços de alimentação usam um material de limpeza para eliminar os germes, remover uma gordura leve das superfícies de preparação de alimentos e como desinfetante no equipamento de lavar louça. O desinfetante é uma solução suave de alvejante e água; é necessária somente uma colher de chá do alvejante para um galão de água. Alvejante demais deixa um resíduo tóxico em todas as superfícies. O fiscal da saúde usa um pedaço de **papel de tornassol** para certificar-se de que não haja alvejante demais na solução de limpeza.

O congelamento rápido é importante para manter o gosto da maioria dos alimentos, especialmente a carne. Em um *freezer* comercial, a carne é congelada com rápido jato para temperaturas abaixo de zero em matéria de minutos, ao invés de horas.

A velocidade do processo de congelamento envolve a umidade natural da carne e produz cristais muito pequenos de gelo. Quando a carne é cozida, ela retém seus sucos originais e, portanto, seu sabor original. No entanto, quando a carne é colocada em um *freezer* normal, o lento processo de congelamento cria cristais relativamente grandes de gelo, o que rasga as células do produto que está sendo congelado. Quando o alimento é cozido, os sucos são drenados, deixando a carne sem gosto e dura.

Nota: *Esse problema pode também ser criado quando a carne congelada corretamente é descongelada, depois recongelada lentamente.*

Alguns alimentos fritam melhor quando são mantidos congelados até

Figura 13.6 Condensador sujo no topo de uma geladeira comercial. *Foto de Dick Wirz.*

serem colocados na fritadeira. Por exemplo, batatas fritas que foram descongeladas absorverão a gordura quente de fritura e ficarão moles e consistentes, em vez de crocantes. Por essa razão, os restaurantes normalmente têm um *freezer* perto da estação de frituras.

A qualidade do sorvete varia enormemente, portanto, a temperatura na qual ele se torna um sólido também varia. Sorvetes mais baratos ficam sólidos em aproximadamente −20,6 ºC. Entretanto, sorvetes de melhor qualidade contêm mais creme, que exige temperaturas mais baixas de −23,3 ºC a −28,9 ºC antes que seja considerado suficientemente "duro" para armazenamento. Nas salas de sorvetes, o sorvete é retirado do *freezer* de armazenamento e colocado em um "gabinete de descongelamento" para aumentar sua temperatura. Quando o sorvete já tem a sua temperatura próxima de −17,8 ºC a −15 ºC, ele pode ser colocado no gabinete de retirada, pronto para ser facilmente servido com uma colher.

As temperaturas da unidade de refrigeração devem ser verificadas todos os dias antes que a equipe comece a usar o equipamento. Se a unidade for iniciada em temperatura correta, e no entanto aumentar excessivamente durante o dia, pode ser a maneira como as unidades estão sendo usadas ao invés de um problema no equipamento. Há ainda outra importante razão para verificar o equipamento, em primeiro lugar, pela manhã. Se uma unidade necessitar de assistência técnica, quanto mais cedo a empresa de refrigeração for notificada, mais cedo o problema será corrigido.

Uma vez que os departamentos da saúde normalmente possuem um número limitado de fiscais qualificados, eles gostariam de concentrar seus esforços em lugares onde provavelmente deve haver violações do código de alimentos. Alguns fiscais da saúde sugerem que os técnicos de refrigeração os ajudem. Uma vez que os técnicos veem com frequência a condição de uma cozinha, eles devem voltar-se para os estabelecimentos que servem alimentos que eles acreditam colocar em risco a saúde do público. No entanto, os técnicos precisam perguntar como se sentiriam se alguém que eles conhecem ficasse doente, ou mesmo morresse, como resultado de comer em um restaurante que um técnico poderia ter denunciado ao departamento da saúde. Certamente isso é algo a considerar.

Resumo

Embora os fiscais da saúde nunca signifiquem um motivo de alegria para o gerente de alimentos, pode ser bem menos estressante se as temperaturas de refrigeração estiverem corretas. A FDA exige uma temperatura mínima de refrigeração de 5 ºC para alimentos e que os alimentos congelados estejam sólidos. Todos os equipamentos de refrigeração, fabricados para a indústria de alimentos, são capazes de manter as temperaturas exigidas pelo Código de Alimento. No entanto, o equipamento precisa ser usado de acordo com as condições de projeto, e deve ser mantido apropriadamente.

A principal razão para o equipamento de refrigeração não manter a temperatura do produto é o mau uso e a negligência do usuário. O equipamento de refrigeração padrão é projetado para armazenar produtos já refrigerados, não para forçar para baixo a temperatura de um produto quente. Resfriadores a jato e *freezers* a jato são projetados para esse tipo de aplicação. Também, deve haver espaço suficiente ao redor do produto para o ar frio circular. E, finalmente, o equipamento deve ser limpo e verificado regularmente.

Máquinas de produzir gelo fornecem um ambiente escuro e molhado, que é o principal para a criação de problemas de mofo e bactérias. A higienização regular impedirá as máquinas de gelo de se tornarem uma questão de saúde.

Um programa de manutenção de refrigeração é essencial para manter a refrigeração de acordo com as exigências do departamento de saúde. As fiscalizações de manutenção ajudam a assegurar que as temperaturas estejam corretas e que as ferragens do equipamento estejam em ordem e em bom estado de funcionamento.

QUESTÕES DE REVISÃO

1. Quais são os três níveis de exigências para as temperaturas de produtos alimentícios?

2. Onde os fiscais da saúde verificam a temperatura da refrigeração?

   a. Na parte mais quente do refrigerador.
   b. Na parte mais fria do refrigerador
   c. No primeiro lugar em que ele possa medir.

3. Se o termômetro no refrigerador estiver marcando 1,1 ºC, o fiscal ainda assim verificará a temperatura do produto dentro do refrigerador?

   a. Sim, porque o produto pode estar mais quente do que a temperatura interna.
   b. Sim, porque o termômetro pode estar ajustado para medir mais frio do que deveria.
   c. Sim, porque o bulbo do termômetro pode estar lendo a temperatura mais fria da saída do evaporador em lugar do interior do refrigerador ou a temperatura de retorno.
   d. Todas as respostas acima.

4. De acordo com a FDA, qual é a temperatura máxima permitida para um refrigerador comercial?

   a. 1,1 ºC
   b. 5 ºC
   c. 12,2 ºC

5. O cliente deve esperar que sua geladeira comercial deva forçar a temperatura do produto para baixo rapidamente?

   a. Sim, porque todos os refrigeradores são projetados para refrigerar alimento.
   b. Não, porque a maioria dos refrigeradores são somente para armazenamento, e não projetados para baixar rapidamente o calor do produto.

6. Qual o dano que pode haver em tentar forçar para baixo a temperatura de um produto quente em uma câmara frigorífica ou em uma geladeira comercial?

   a. A serpentina poderia congelar e causar o aumento da temperatura interna do refrigerador.
   b. Nenhum, porque a temperatura interna somente levará mais tempo para reduzir.
   c. O produto ressecará muito depressa.

7. Qual é a principal diferença entre um resfriador a jato e uma geladeira comercial normal?

   a. O resfriador a jato possui mais movimento de ar.
   b. O resfriador a jato possui muito mais refrigeração e fluxo de ar.
   c. O resfriador a jato é maior do que um refrigerador normal.

8. Qual é a melhor forma de se livrar da levedura de mofo em uma máquina de gelo?

   a. Usar um produto de limpeza de máquina de fazer gelo somente.
   b. Usar um produto de limpeza e um desinfetante de máquina de fazer gelo.
   c. Arejar o gabinete da máquina de fazer gelo regularmente.

9. Qual é a melhor maneira de manter as gaxetas da porta em boas condições?

   a. Cobri-las com gordura da cozinha para mantê-las flexíveis.

b. Limpar e desinfetá-las aproximadamente uma vez por semana.
c. Limpar e desinfetá-las pelo menos uma vez por dia.

10. Como os técnicos podem ajudar seus clientes a manter seu equipamento de refrigeração em boas condições e evitar violar os regulamentos do departamento da saúde?

a. Oferecendo um bom programa de manutenção de refrigeração.
b. Vendendo ao cliente somente equipamentos de refrigeração de boa qualidade.
c. Ensinando o cliente os fundamentos da refrigeração.

11. O que um técnico de refrigeração deve fazer se tiver contaminado acidentalmente um alimento do cliente enquanto dava assistência a uma unidade?

a. Sair sorrateiramente e não contar a ninguém.
b. Contar imediatamente ao cliente.
c. Limpar o alimento da melhor maneira possível, e depois esquecer o assunto.

12. O que é um desinfetante?

a. Uma solução de amônia e água.
b. Uma solução de sabão e água.
c. Uma solução de alvejante de cloro e água.

13. A solução do desinfetante deve ser muito forte?

a. Sim, quanto mais forte, melhor.
b. Não, ela deve ser uma solução suave. Alvejante demais pode ser tóxica.
c. Não, o desinfetante é caro. Em excesso reduz os lucros.

14. Por que a carne comercialmente congelada parece ter um sabor melhor do que a carne congelada em um refrigerador residencial?

a. O congelamento comercial é feito muito rapidamente e não prejudica as células da carne.
b. Os gostos e odores do outro alimento em um *freezer* doméstico afetam o gosto da carne.
c. É apenas a sua imaginação; desde que ela fique abaixo de $-17,8$ °C, a carne tem o mesmo gosto.

15. Por que as batatas congeladas fritam melhor do que as batatas descongeladas?

a. Uma batata congelada evitará que o óleo quente penetre na batata frita.
b. Os cristais de gelo em batatas congeladas reagem com o óleo quente para uma batata frita mais tenra.
c. As batatas congeladas fritam mais rápido do que batatas descongeladas.

Dicas para o negócio de refrigeração

CAPÍTULO 14

VISÃO GERAL DO CAPÍTULO

Neste capítulo são fornecidas algumas dicas sobre o funcionamento do negócio de refrigeração, um pouco sobre iniciar um negócio e muito sobre como permanecer no negócio. Pode parecer estranho ter um capítulo sobre estratégias de negócio em um manual sobre refrigeração. Entretanto, os técnicos aceitarão muito mais as políticas da empresa se eles entenderem as preocupações que seus empregadores têm sobre a administração de um negócio. Quem sabe, talvez algum dia, alguns desses técnicos possam tomar decisões similares de negócio.

Quando alguém encontra-se no estágio de planejamento para começar seu próprio pequeno negócio, um bom livro para se ler é *The E Myth Revisited* [*O E mito revisitado*], de Michael E. Gerber, disponível no formato livro, CD e fita cassete. É uma excelente análise do porquê as pessoas querem entrar no negócio e como necessitam se preparar mentalmente para isso.

O NEGÓCIO: COMEÇAR E PERMANECER

De acordo com as estatísticas do Departamento de Comércio dos Estados Unidos, mais de um milhão de novos negócios têm início todos os anos nesse país. Mas quase 50% deles fracassam no primeiro ano. Após cinco anos, somente 20% das empresas originais permanecem. Ao final de dez anos, cerca de 5% delas, do grupo original, ainda estão no negócio.

As novas empresas despendem muito de sua energia somente para sobreviver. Mesmo empresas já estabelecidas há muito tempo têm seus momentos bons e ruins, mas elas têm experiência em fazer aquilo que for necessário para permanecer no negócio.

Muitos negócios de refrigeração são iniciados por técnicos que são muito bons naquilo que fazem, mas acreditam que podem ganhar mais dinheiro tendo seu próprio negócio do que trabalhando para outras pessoas. Quando eles começam a trabalhar sozinhos, o primeiro choque é o custo de fazer negócio. Cada vez que o técnico recebe de um cliente, parece que há muitas pessoas esperando para receber parte de sua receita.

» O distribuidor precisa ser pago por peças e materiais.
» Há impostos (federal, estaduais e FICA – Lei Federal de Contribuições para Seguro) tanto para sua renda pessoal quanto para a da empresa.
» Há o aluguel do espaço da empresa (mesmo que seja sua casa), serviços públicos, manutenção, pagamentos do caminhão, mais impostos sobre propriedade pessoal, despesas com gasolina e consertos.
» Há custos de seguros para saúde, caminhão, edificação e seguro de risco e títulos de licença para a empresa.

Embora essa seja somente uma lista parcial das despesas do negócio, ela ilustra quão pouco resta para o técnico.

Conhecer os custos dos negócios de uma empresa é a primeira etapa para estabelecer os preços que uma empresa deve cobrar para ser bem-sucedida. O apreçamento deve se basear no custo de fazer negócio mais um lucro razoável, não necessariamente sobre quanto os concorrentes estão cobrando.

EXEMPLO: 1 A empresa A cobra preços maiores do que seus concorrentes. A gerência acredita que eles podem cobrar mais porque oferecem mais do que outras empresas em termos de bom serviço e qualidade do trabalho.

EXEMPLO: 2 A empresa B tenta cobrar menos do que seus concorrentes. O proprietário dessa empresa pode acreditar que eles atrairão mais clientes oferecendo preço menor.

Ambas as empresas podem obter sucesso, ou não. Em qualquer caso, há muitos caminhos para a empresa obter sucesso, assim como para fracassar. A direção que a empresa toma depende do proprietário e de sua equipe de gerência.

Quase toda decisão que o proprietário ou o gerente toma envolve custos de alguma maneira. Os exemplos seguintes são sobre algumas coisas que um gerente pode ter de considerar antes de tomar uma decisão:

» Os técnicos devem fazer hora extra para conseguir terminar o trabalho, mesmo que o lucro seja menor.

- » Dar desconto em uma venda para conseguir um negócio com o cliente, reduzindo o lucro.
- » Procurar um fornecedor perto do trabalho, em lugar de gastar mais tempo e gasolina para ir a um lugar mais afastado, para uma loja que venda mais barato.
- » Comprar um novo caminhão ou consertar um velho.
- » Contratar um novo técnico, ou os outros técnicos fazerem mais horas extras.
- » Despedir alguém porque não há trabalho suficiente, ou mantê-lo e esperar que mais trabalhos surjam.
- » Pagar aos técnicos o pagamento de uma semana inteira durante o período de pouco movimento, ou mandá-los para casa quando não houver trabalho.
- » Oferecer mais benefícios aos empregados para evitar que eles vão para outro lugar, ou diminuir os benefícios para não ter que aumentar os preços do serviço.

Os técnicos devem estar cientes das muitas preocupações que a gerência deve considerar, antes de tomar as decisões. Esse conhecimento pode ajudar os técnicos a entender as escolhas que seus empregados têm de fazer.

Com tantas coisas a considerar, não se pode esperar que os proprietários e os gerentes agradem a todos o tempo todo. A primeira regra da tomada de decisão pela gerência é fazer o que é melhor para a empresa. Se o negócio falir, todos perdem: os proprietários, os empregados e os clientes. Além disso, os proprietários devem obter benefícios, pois investiram seu próprio dinheiro e energia na construção da empresa. Depois, há os empregados que cuidam dos clientes. E, finalmente, os clientes, a única razão de a empresa estar no negócio.

Registros e escrituração

Poucas pessoas gostam realmente do trabalho de escrituração. A maioria dos técnicos vê esse trabalho como algo que os impede de fazer "seu verdadeiro trabalho". Embora possa ser uma dor de cabeça, a escrituração faz parte de manter o registro que é uma parte necessária do negócio. Imagine o que seria sem ele:

EXEMPLO: 3 Um cliente telefona e o atendente pega a informação, mas não anota. O técnico é enviado, mas para um endereço errado. Ele finalmente chega ao local, mas precisa perguntar ao cliente qual é o problema, porque o atendente não anotou isso também. Quando termina o trabalho, o técnico não preenche a fatura, de maneira que o cliente não tem nenhum registro do que foi feito. O cliente não pagará até que tenha uma nota. O técnico diz ao cliente que uma nota será enviada do escritório. Ele, então, telefona para o escritório e diz para o atendente qual trabalho ele realizou. O atendente não anota, mas diz para o departamento de cobrança o que ele acha que o técnico disse. Infelizmente, alguém esqueceu de mencionar os US$ 500 do compressor e o valor de US$ 200 das outras partes que o técnico colocou na unidade do cliente. Como não há escrituração, o departamento de cobrança esqueceu de cobrar; portanto, o cliente jamais vai pagar. A loja de suprimento cobra a empresa pelas peças que nunca foram cobradas do cliente. Como resultado, não há dinheiro suficiente disponível para pagar o técnico pelo seu trabalho. O técnico fica transtornado e deixa a empresa. Mas espere, o dano causado pela falta de informações escritas não termina aí.

O cliente liga alguns dias depois porque a unidade que acabou de ser consertada não está funcionando. O atendente diz para o cliente que ele deve pagar pela chamada de assistência técnica, porque não há registro de que a empresa tenha dado assistência técnica àquela unidade antes. Em lugar de discutir sobre o erro, o cliente chama outra empresa, esperando que a nova empresa tenha registro melhor.

Esse exemplo pode parecer um pouco exagerado, mas qual parte da escrituração não era necessária? É bem óbvio que toda a escrituração era necessária. Nesse ponto, a maioria dos técnicos diria: "OK, então preencher os papéis pode ser necessário, mas eu tenho que escrever um livro?". O exemplo seguinte pode ajudar a responder esta questão.

EXEMPLO: 4 O atendente não indicou qual unidade necessitava de assistência técnica. O técnico esqueceu de escrever alguns materiais usados e não colocou tempo suficiente em sua fatura ou no cronograma. Quando ele pegou os materiais, ele esqueceu de verificar a ordem, para descobrir mais tarde que ele não recebeu todas as coisas pelas quais ele foi cobrado. A empresa de assistência técnica faturou o cliente errado por uma quantia errada porque eles não conseguiram ler a escrita manual do técnico. O cheque de pagamento do técnico foi pequeno porque a pessoa responsável pela folha de pagamento não foi capaz de combinar o cronograma do técnico com suas faturas.

Qualquer um perceberia esse último item. A resposta poderia ser: "Ei, eles confundiram o meu cheque de pagamento". De fato, todos os erros foram igualmente prejudiciais e afetaram os custos e os lucros da empresa. No entanto, o erro no cheque de pagamento chamou a atenção do técnico porque tocou na sua carteira, não na da empresa. Os erros sempre têm custo para alguém, assim, é responsabilidade de todos minimizar os erros custosos, fazendo corretamente a escrituração.

O DINHEIRO É O REI

Uma forma de cortar bastante o trabalho de escrituração é recolher dinheiro na entrega (COD – *cash on delivery*) sempre que possível. A seguir, alguns dos muitos benefícios do serviço COD:

- » Elimina os custos das faturas de cobrança.
- » Fornece dinheiro para fazer a folha de pagamento.
- » Fornece dinheiro para descontar as notas (a quantia em fatura de fornecedores é reduzida se paga antecipadamente).
- » Poucas dívidas ruins (uma dívida ruim ocorre quando um cliente não paga sua conta).

É um problema comum nos negócios que os clientes levarão muito tempo para pagar e, ocasionalmente, há aqueles que nunca pagam (mau débito). Se não houver suficiente dinheiro para pagar as próprias contas da empresa, ou para cobrir a folha de pagamento, o proprietário terá de pedir dinheiro emprestado. Geralmente os juros de dinheiro emprestado são em torno dos mesmos que o lucro que a empresa está tentando obter de suas operações. Portanto, fluxo lento de caixa retira os lucros da empresa e os dá ao emprestador.

Nota: *Muitas empresas saem do negócio não porque não seja lucrativo, mas porque não têm fluxo de caixa necessário para pagar suas contas.*

Orçamento e custos

O dinheiro que o técnico recolhe tem de ser suficiente para cobrir as despesas e sobrar um extra para o lucro. Por alguma razão, muitas pessoas acreditam que o "lucro" é uma palavra ofensiva. No entanto, no mundo dos negócios, cada empresa precisa obter lucro se deseja sobreviver. Alguns técnicos consideram o lucro um excesso de caixa que vai para o bolso do dono. De fato, é dinheiro que é colocado de lado para cobrir despesas durante os períodos de fluxo de caixa baixo, e também para expandir o negócio.

O custo é o que foi pago, por aquilo que foi vendido. Quando uma empresa vende algo, ela deve cobrir todos os seus custos, ou a organização estará logo fora do negócio. Na indústria da refrigeração, o custo do tempo de serviço de um técnico é muito mais do que o valor do seu trabalho por hora. Aqui está uma lista dos diferentes tipos de custos e lucros que compõem uma venda:

- » *Custos diretos* são normalmente considerados o pagamento por hora do técnico e o que a empresa paga pelas peças.
- » *Lucro bruto* é a quantidade de dinheiro que resta depois que os custos diretos são subtraídos do preço de venda.
- » *Custos indiretos* ou *custos variáveis* são aqueles necessários para ajudar o técnico a obter o trabalho, mas pelo qual não será pago se o técnico não trabalhar esse dia, por exemplo, gasolina para o caminhão.
- » *Despesas gerais* é o termo que usamos para todas as outras despesas.
- » *Lucro líquido* é o que resta depois que todas as despesas são deduzidas da renda das vendas.

EXEMPLO: 5 O custo direto para uma chamada de assistência técnica somente de mão de obra (sem o uso de peças) é normalmente considerado como salário do técnico pelo tempo de trabalho. Há também custos indiretos ou variáveis, como os impostos da folha de pagamento, seguro e despesas com o caminhão, que podem ser acrescentadas para cada hora que o técnico trabalha. Finalmente, as despesas gerais são os custos da equipe de escritório, contador, aluguel, pagamentos do caminhão, serviços públicos, telefone e tudo o mais que deve ser pago esteja o técnico trabalhando ou não.

A Tabela 14.1 é um exemplo dos custos que podem ser associados com uma chamada de serviço de mão de obra somente para uma empresa de refrigeração de tamanho médio. Os custos indiretos e gerais são listados juntos.

O verdadeiro lucro líquido de US$ 25 pode ser considerado grande. No entanto, no mundo real, não funciona exatamente assim por causa do que chamamos de *tempo improdutivo*. Um técnico é somente 100% produtivo se pode cobrar um cliente por cada hora que a empresa paga de salário para ele. O exemplo seguinte ilustra a produtividade de um técnico típico de assistência técnica.

EXEMPLO: 6 Suponha que um técnico atenda uma média de quatro chamadas de serviço em um dia de oito horas.
- » Tempo de viagem de meia hora (não cobrado) para cada chamada (total: duas horas).
- » Dedução do tempo para as férias pagas, feriados, reuniões e treinamento (uma hora).
- » Dedução de retorno de ligação, serviço não cobrável, e pegar as peças (uma hora).

Com base nesses cálculos, o técnico médio cobra quatro horas de oito, ou tem 50% de produtividade. Na Tabela 14.2, o custo real do tempo é recalculado para mostrar que para cada hora que o técnico cobra de um cliente, a empresa está lhe pagando por duas horas.

O lucro líquido de US$ 5 (ou 5% do total da cobrança da mão de obra) é mais próximo de um lucro realista, mas ainda um lucro aceitável para a média das empresas de assistência técnica.

Nota: *O lucro normalmente é referido em termos de porcentagem. Na Tabela 14.1, o lucro bruto foi de 80% e o líquido, de 25%. Na Tabela 14.2, o lucro bruto foi de 60% e o lucro líquido foi de 5%. Haverá mais sobre lucro bruto na seção sobre manutenção de contratos adiante neste capítulo.*

Para aumentar os lucros, satisfazer o cliente e tornar o apreçamento do serviço mais fácil, muitos empreiteiros de ar-condicionado e refrigeração comercial estão usando agora preço fixo (FRP – *flat rate pricing*). O preço fixo significa que a remuneração para um conserto

Tabela 14.1 Custos de uma venda de assistência técnica – somente de mão de obra

	Despesas	Receita
Venda de mão de obra apenas – US$ 100		US$ 100
Pagamento do técnico	US$ 20	
Custo direto		–US$ 20
Lucro bruto		US$ 80
Custos indiretos e despesas gerais		
Escritório e salários do proprietário	US$ 20	
Gastos com caminhão	US$ 8	
Seguro (todos)	US$ 6	
Impostos da folha de pagamento	US$ 4	
Aluguel e utilidades	US$ 5	
Despesas de escritório, tais como telefone e outras	US$ 5	
Diversos (instrumentos, ferramentas etc.)	US$ 4	
Publicidade	US$ 2	
Contador e advogados	US$ 1	
Total de despesas gerais		–US$ 55

Tabela 14.2 Custo da venda de mão de obra em 50% de produtividade

	Despesas	Receita
Venda de mão de obra somente – US$ 100		US$ 100
Pagamento do técnico	US$ 20	
50% de tempo improdutivo	US$ 20	
Custo direto		–US$ 40
Lucro bruto		US$ 60
Custos indiretos e despesas gerais		–US$ 55

específico é cotado de um livro de preços ao invés de cobrar com base no tempo e no material (T&M – *time and material*). O problema com o T&M é que o cliente não sabe de fato quanto o conserto custará até que o trabalho seja realizado e os totais de T&M sejam somados. Com o preço fixo, o técnico usa uma tabela de preços para determinar o preço do conserto. Algumas das razões mais importantes para usar o preço fixo são as seguintes:

» O cliente sabe exatamente qual será o custo antes que o trabalho tenha início.
» O cliente não é cobrado por qualquer trabalho adicional, se o trabalho levar mais tempo.
» As cotas de conserto usando FRP são mais fáceis para o técnico calcular no trabalho.
» Uma empresa de assistência técnica que usa FRP não precisa se preocupar em concorrer com outra empresa de assistência técnica baseada em taxas de serviço de mão de obra.

» O preço de conserto do consumidor será o mesmo não importa qual o técnico que a empresa use para que o trabalho seja feito.

A seguir, uma ilustração de como uma empresa de assistência técnica determina inicialmente a porção do trabalho de um conserto particular antes de imprimir em seu livro de FRP.

EXEMPLO: 7 Certo tipo de troca de compressor leva três horas para o técnico A, quatro horas para o técnico B e cinco horas para o técnico C. O técnico A é muito experiente e recebe US$ 25 por hora. O técnico B é bastante experiente e recebe US$ 20 por hora. O técnico C é o menos experiente e recebe US$ 15 por hora. Vamos ver qual é a diferença entre o que os técnicos custam para a empresa e o que eles teriam que cobrar do cliente em uma taxa de serviço de US$ 100 por hora.

Tabela 14.3 Comparação dos custos da mão de obra com as cobranças ao cliente pelo mesmo trabalho – substituição de compressor

	Custo da empresa (Horas x taxa de pagamento)	Custo do cliente (Horas x US$ 100 por hora)
Técnico A	3 x US$ 25 = US$ 75	3 x US$ 100 = US$ 300
Técnico B	4 x US$ 20 = US$ 80	4 x US$ 100 = US$ 400
Técnico C	5 x US$ 15 = US$ 75	5 x US$ 100 = US$ 500

A Tabela 14.3 mostra que os custos da mão de obra para a empresa são aproximadamente os mesmos para qualquer um dos técnicos substituir o compressor. O cliente pagaria menos se o técnico A fizesse o trabalho, mas a empresa receberia menos. Se o técnico C fizesse o trabalho, a empresa poderia ganhar mais dinheiro, mas o cliente teria de pagar mais. A cobrança do técnico B representa a média, ou o meio, dos três técnicos.

A ideia do FRP é tornar o preço igualmente justo para ambos, o cliente e a empresa, cobrando o tempo médio que os técnicos levam para fazer o conserto. No exemplo, o custo do FRP se basearia no tempo médio para trocar o compressor, ou quatro horas. O custo do cliente incluiria o total de mão de obra de US$ 400, não importando qual técnico a empresa mandasse para fazer o trabalho.

Algumas empresas têm produzido o seu próprio sistema FRP, enquanto outras têm usado um método desenvolvido por uma organização que é especialista em FRP. Embora os programas

> **VERIFICAÇÃO DA REALIDADE Nº 1**
> A maioria das pequenas empresas de ar-condicionado e refrigeração estão operando em somente 1% a 3% de lucro líquido anual. De maneira ideal, elas deveriam operar pelo menos entre 5% a 10%.

possam ser diferentes, o conceito básico de FRP está ganhando popularidade em refrigeração comercial e está se provando benéfico tanto para as empresas de assistência técnica quanto para os seus clientes.

Clientes

Custa muito mais tempo e dinheiro trazer um novo cliente do que manter um cliente já existente. Essa é a razão porque a empresa deve certificar-se de que seus atuais clientes estejam satisfeitos.

O que um cliente quer de uma empresa? A melhor maneira de responder essa pergunta é os técnicos se colocarem no lugar do cliente. A seguir, uma lista de itens que quase todos esperariam do serviço de uma empresa de assistência técnica em sua casa ou seu negócio:

» A pessoa que atende ao telefone deve ser agradável e profissional.
» A pessoa que recebe a chamada deve ser capaz de dar uma ideia razoavelmente exata de quando esperar o técnico.
» O técnico de assistência técnica deve:
  › Chegar no horário combinado, ou ligar de antemão se houver algum problema.
  › Estar limpo e bem arrumado.
  › Examinar e discutir o pedido de assistência técnica cuidadosa e sistematicamente com o cliente, para assegurar-se de que sabe o que precisa ser feito.
  › Explicar o problema para o cliente em termos simples e depois de solucionar o problema da unidade.
  › Fornecer uma estimativa dos custos e do tempo necessário para conseguir as peças e completar o trabalho.
  › Oferecer alternativas, quando possível, para que o cliente possa tomar a decisão estando mais bem informado.
  › Realizar os consertos prontamente, uma vez dada a aprovação.
  › Depois de terminado o trabalho, produzir uma fatura legível e bem escrita.
  › Explicar o que foi feito e para qual trabalho e quais peças as garantias se aplicam.

Os itens mencionados são somente algumas das cortesias básicas que todos os clientes podem esperar de suas empresas de assistência técnica. O cuidado e o tratamento que seus clientes recebem determinarão o futuro dessas organizações. Como você pode ver, de todas as pessoas da empresa, os técnicos têm a melhor oportunidade de causar uma boa impressão ao cliente.

Quando o equipamento do cliente quebra, ele sofre não somente pela inconveniência, mas pode ter perdido algum produto caro. Portanto, é compreensível que alguns clientes estejam transtornados quando ligam pedindo assistência técnica. Quanto mais depressa o técnico puder responder, mais depressa o problema do cliente será resolvido.

Quando apresentar um orçamento para o cliente, o técnico deve tentar entender que o cliente pode não estar muito feliz em gastar dinheiro com consertos. No entanto, chegando ao cliente na hora combinada, agindo como um profissional e resolvendo de modo eficiente o problema, o cliente ficará pelo menos satisfeito com a empresa que escolheu para assistir seu equipamento.

Ocasionalmente, o técnico, ou alguém em sua organização, cometerá um erro: o técnico não conseguiu chegar ao cliente na hora marcada, uma peça previamente instalada falhou ou o atendente foi impaciente com o cliente. Se o cliente se queixar ao técnico, a primeira coisa que ele precisa fazer é pedir desculpas. Mesmo que não tenha sido uma falha dele, ele representa todos da empresa. Mostrando respeito e compreensão pelos sentimentos do cliente, o técnico demonstra o desejo de sua organização de cuidar de seus clientes. É surpreendente como admitir um erro, e pedir desculpas, pode acalmar um cliente zangado. Em seguida, o técnico deve corrigir o problema com o melhor de sua capacidade e de acordo com as políticas de sua empresa.

Embora as empresas tentem agradar todos os seus clientes, sempre há alguns que não parecem razoáveis, ou mesmo abusivos. É melhor assumir que o cliente está apenas tendo um mau dia e que ele normalmente não é tão negativo. Não há como saber quais pressões os outros estão sofrendo em sua vida profissional e pessoal.

No entanto, se o cliente sempre parece ser negativo, tenta culpar o técnico por coisas que não são suas falhas, ou frequentemente tentar que se reduza o preço, então o técnico pode querer discutir a situação com o seu supervisor. Nessa situação, não é raro que a gerência decida "demitir o cliente". Uma empresa de assistência técnica, algumas vezes, tem de determinar se o custo emocional e financeiro de tentar manter um cliente negativo vale o esforço.

Empregados

Uma empresa é conhecida por seus empregados, pela pessoa que atende o telefone ao técnico que dá assistência ao equipamento. O proprietário está colocando a reputação de sua empresa e o seu futuro nas mãos de seus empregados. Ele espera que os empregados mantenham a imagem da empresa e levem a organização para um nível mais alto. O dia em que uma organização de uma pessoa contrata seu primeiro empregado, o proprietário começou a colocar a reputação e o futuro da empresa nas mãos de outros. Esse é o motivo pelo qual os empregados devem ser escolhidos com cuidado e que a filosofia da empresa seja perfeitamente entendida por todos.

Uma empresa é constituída de pessoas com diferentes pontos: fortes e fracos. A combinação das habilidades ajuda a formar uma equipe forte na empresa. Como uma boa equipe, no entanto, todos os integrantes precisam se conformar aos mesmos códigos, regras e regulamentos.

Se for permitido a uma pessoa que ignore as regras, então, os outros empregados podem sentir que eles têm também o direito de ignorar essas regras. Se isso acontecer, o dono deve tomar uma decisão de fazer cumprir as regras ou, possivelmente, mudar as regras. Algumas vezes, o descumpridor não é um dos empregados mais experientes e qualificados, ou talvez, até um parente. Embora todos os empregados sejam importantes para a empresa, ninguém é indispensável. O proprietário tem a responsabilidade como líder da empresa de se certificar de que todos os empregados trabalhem juntos com respeito mútuo. É uma perda para todos quando membros talentosos e bons, de outra maneira, de uma equipe da empresa forem solicitados a sair porque foram incapazes de acatar as políticas da empresa.

Alguns donos de empresas contratam pessoas da família na crença de que eles serão mais honestos e leais do que os outros; que a família colocará um esforço extra porque o dono é seu parente; e que eles desejarão assumir o negócio quando o dono se aposentar. Embora esse arranjo possa funcionar em alguns casos, contratar familiares, ocasionalmente pode ter efeitos negativos no trabalho e nos incentivos da equipe dos empregados. Os empregados que não são parentes do dono veem suas oportunidades de avanço como sendo muito limitadas. Frequentemente, eles acreditam que os familiares do dono vão herdar as melhores posições assim como a empresa.

Quando contratar e promover os empregados, o dono deve garantir que os parentes não recebam tratamento favorável. Os familiares devem passar pelo mesmo processo do que qualquer outro candidato e ganhar sua renda e posição baseadas em suas qualificações, e não no parentesco. Quando as empresas mantêm os familiares no mesmo padrão que os outros empregados, a gerência e a família são mais respeitados. E, também, isso manda uma mensagem para todos na empresa de que não importa quem você seja, você é responsável por um nível aceitável de conduta e desempenho.

O NEGÓCIO: EXPANDIR

Tanto os donos quanto os empregados gostam de ver sua empresa crescer. No entanto, expandir um negócio é muito semelhante a iniciar um negócio, é necessário dinheiro. O **capital**, algumas vezes chamado de *capital de giro*, é o dinheiro que está sendo usado para trazer mais dinheiro. Esses fundos podem vir dos lucros líquidos da empresa ou por empréstimo.

Normalmente uma empresa pode crescer em cerca de 10% por ano sem causar problemas demais no fluxo de caixa. Uma expansão maior pede um planejamento mais cuidadoso.

Contratar mesmo um técnico a mais não é uma decisão a ser tomada levianamente. Para cada técnico contratado, há despesas adicionais de um caminhão, estoque e, possivelmente, algumas ferramentas fornecidas pela empresa, sem falar dos custos de seguro e impostos. Se vários técnicos são contratados, mais funcionários de escritório poderão ser necessários para dar suporte aos técnicos adicionais.

EXEMPLO: 8 Suponha que, para cada novo técnico em certa empresa, o custo total de um novo caminhão, estantes, letreiros no caminhão, ferramentas e peças do estoque seja de aproximadamente 50.000 dólares. Suponha também que um técnico experiente neste exemplo ganhe 50.000 dólares por ano e que as vendas anuais estimadas de mão de obra para cada técnico seja de 100.000 dólares.

Embora os pagamentos do caminhão sejam divididos em três anos, os custos adicionais de contratar um novo empregado pode ainda usar até os lucros líquidos que ele gera durante o primeiro ano. Portanto, mesmo que a empresa esteja realizando mais trabalho e trazendo mais vendas, os lucros podem não aumentar por certo tempo.

O exemplo somente ilustra parte da complexa tomada de decisão que justifique expandir um negócio. Só porque a empresa está crescendo não significa necessariamente que está ganhando dinheiro. Como começar um novo negócio, o crescimento também leva um tempo para se estabelecer e tornar-se lucrativo.

Manutenção: Contratos

No negócio de refrigeração comercial, há momentos de muita demanda e depois, algum tempo de ociosidade. Durante os momentos de muita demanda, os empregados horistas ganham uma renda extra que as horas extras proporcionam. No entanto, durante os tempos de ociosidade, a empresa pode não ter 40 horas de trabalho para todos os técnicos.

Contratos de manutenção, ou contratos de assistência técnica, foram originados como meio de manter os técnicos ocupados durante os tempos de ociosidade. No entanto, como mostram os seguintes benefícios, os contratos de manutenção surgiram para significar muito mais para as empresas de assistência técnica que os usam:

» Mantêm os técnicos ocupados, realizando inspeções durante os períodos ociosos.
  › Essas inspeções evitam a quebra do equipamento nos períodos de pico.
  › Isso libera os técnicos para realizar serviços lucrativos para clientes sem contratos durante os períodos de pico.
» Fornece um bom campo de treinamento para os aprendizes, com a manutenção do equipamento.
» Forma uma grande e leal base de clientes.
» Fornece mais oportunidade para vender equipamento para substituição.
» Fornece renda estável.

Os contratos de manutenção não somente são bons para a empresa de assistência técnica, mas também são de grande benefício para os clientes.

» Manutenção regular mantém o equipamento de refrigeração operando em pico de eficiência, com custos mais baixos de operação e com muito menos quebras.

» Assistência técnica prioritária sobre os clientes que não possuem um contrato.
» Possíveis descontos para novos equipamentos, instalação e outros serviços.
» Os técnicos ficam mais familiarizados com o equipamento e a operação do cliente contratante.

Muitas empresas ficam desconfortáveis em iniciar um programa de contrato de manutenção. Elas não têm certeza de como estabelecer o preço, o que deve ser incluído ou excluído, quão grande um programa precisa ser para ser lucrativo, e como manter o acompanhamento do contrato. Os contratos de manutenção são tão importantes para um negócio lucrativo de refrigeração comercial que o restante desta seção será devotado à sua discussão detalhada.

Há dois tipos básicos de contratos: cobertura total (FC – *full coverage*) e manutenção preventiva (PM – *preventive maintenance*). Os contratos de cobertura total cobrem a mão de obra, a maior parte das peças e todas as inspeções de manutenção. As seguintes exclusões são normalmente observáveis no contrato, mas são tipicamente realizadas pelas empresas de assistência técnica como um extra ao contrato:

» Suprimento de água, drenagens e eletricidade fora do equipamento.
» Portas e acessórios (gaxetas, dobradiças, maçanetas, molas, fechaduras, aquecedores e vidro).
» Iluminação.
» Termômetros.
» Compressores fora da garantia.
» Evaporadores e condensadores (resfriados a ar e à água) com mais de cinco anos de uso.

Os últimos itens com cobrança extra (compressores, evaporadores e condensadores) são importantes para evitar que a empresa de assistência tenha de trabalhar em equipamento que seja tão velho, e em tal mau estado, que não compense reparar. Como regra, quando um cliente tem de pagar para reparar um componente importante, ele eventualmente decide substituir toda a unidade.

Cada empresa de assistência técnica deve decidir estabelecer suas próprias taxas no contrato de cobertura total e determinar quais tipos de equipamentos cobrirá. A seguir, algumas orientações básicas sobre orçamento para um contrato de cobertura total em operações de serviços de alimentos de pequeno a médio porte, com uma combinação de geladeiras comerciais, câmaras frigoríficas e máquinas de produção de gelo.

» Geladeiras comerciais e bandejas de exposição = 3 horas
  › Unidades de preparação, acrescentar 25%
  › *Freezer*, acrescentar 50%
  › Unidades remotas, acrescentar 50%

» Câmaras frigoríficas:
- Até 2 cv = 4 horas
- Até 3 cv = 6 horas
- Até 5 cv = 9 horas
- Até 7,5 cv = 12 horas
- *Freezers*, acrescentar 50%

» Máquinas de produzir gelo em cubos (uma marca na qual os técnicos da empresa são treinados)
- Série 100 – 400 = 4 horas
- Série 600 – 800 = 6 horas
- Série 1000 – 1200 = 8 horas
- Série 1700 – 2000 = 9 horas
- Remotas, acrescentar 25%
- Recipiente de gelo (não incluído trabalho com soda), acrescentar 50%

Nota: Essas orientações para orçamento são estimativas e podem não funcionar para todas as operações de assistência técnica. Embora todos os leitores deste livro sejam bem-vindos para usá--las, por favor, monitorem a lucratividade regularmente para ter a certeza de que o programa está funcionando de modo satisfatório.

Os preços do contrato se baseiam em um número médio de horas por ano que um técnico gasta em certos tipos de equipamento. Para determinar o preço do contrato anual de assistência técnica para cada unidade, multiplique as horas por unidade pela taxa de serviço regular da empresa. Esse total será a quantidade a cobrar do cliente por ano pela manutenção, assistência técnica e peças sobre um acordo de serviço de cobertura total.

Os exemplos seguintes são de orçamento de contrato de cobertura total para uma empresa cuja taxa de serviço normal é US$ 100 por hora:
1. Geladeira comercial = 3 horas × US$ 100 = US$ 300 por ano
2. *Freezer* de câmara frigorífica de 2 cv = (4 horas + 50%) × US$ 100 = US$ 600 por ano.
3. Máquina de produzir gelo da série 400 = 4 horas × US$ 100 = US$ 400 por ano.

Se o cliente tiver um de cada, seu contrato anual seria de US$ 1.300. Normalmente, tanto a empresa de assistência técnica quanto os clientes preferem pagamento mensal.

Os preços mencionados incluem:
1. Duas inspeções de manutenção preventiva por ano.
2. Todas as peças e materiais, exceto as exclusões anotadas previamente.
3. Toda a mão de obra, incluindo as horas extras.

A cobertura das horas extras da mão de obra varia entre as empresas de assistência técnica. Algumas empresas realizarão assistência de emergência sem cobrança adicional; algumas terão cobrança extra. Há empresas que somente realizarão assistência de emergência antes das 22 horas. Seu raciocínio é de que atender chamadas no meio da noite simplesmente não é um bom negócio. Uma chamada à meia-noite pode tornar o técnico muito improdutivo em todas as chamadas do dia seguinte.

Os contratos de manutenção de cobertura total são semelhantes às políticas de seguro e somente serão lucrativos se a empresa de assistência técnica tiver suficientes unidades sob contrato. Normalmente, se houver clientes suficientes sob contrato para cobrir cerca de 50 peças de equipamento, a empresa está no caminho para um programa de contrato de manutenção bem-sucedido.

A primeira inspeção de manutenção de um novo cliente exige uma limpeza muito completa e avaliação do equipamento. Como regra, o cliente é responsável por quaisquer peças substituídas durante a inspeção inicial. Mesmo com uma boa limpeza, o primeiro ano de um contrato novo normalmente não é muito rentável. Durante os 12 meses iniciais, uma empresa de assistência técnica tem de gastar tempo extra para colocar o equipamento do cliente em forma e para se familiarizar com a operação do negócio do cliente.

Nota: Alguns clientes querem que a empresa de assistência técnica cubra somente o equipamento que lhes causa mais problemas. Não faça isso. O contrato deve cobrir todos os equipamentos.

Um programa bem-sucedido de contrato de manutenção demanda um custo exato. Cada contrato é verificado anualmente para se certificar de que o lucro requerido esteja sendo obtido. Dependendo de como a empresa contar os custos diretos e o tempo produtivo, o lucro bruto para um contrato de serviço de cobertura total deve estar entre 60% e 80%. Se o trabalho não for lucrativo, a empresa deve se perguntar:

» Foi falha da empresa não fazer a manutenção corretamente?
» Houve problema com o trabalho de assistência técnica realizado?
» Foram apenas algumas peças do equipamento que deram mais trabalho?
» Todo o equipamento causou problemas porque é muito antigo?
» Houve excesso de custo de horas extras, e em caso afirmativo, por quê?

Encontrar respostas para essas questões é o único meio de a empresa determinar honestamente se o preço do contrato deve ser aumentado ou não.

Nota: A maioria das empresas de assistência técnica possui aumento mínimo de contrato entre 2% e 5% a cada ano. Isso ajuda a cobrir a inflação e o custo crescente de assistir equipamentos que estão ficando velhos.

Empresas que não estão prontas para saltar para contratos de cobertura total podem começar cuidadosamente no trabalho de manutenção com um programa de manutenção preventiva. Com contratos de manutenção preventiva, o cliente é cotado com um preço somente por inspeções de manutenção programadas regularmente. Chamadas para assistência técnica terão cobrança extra tanto para a mão de obra quanto para peças.

A vantagem da manutenção preventiva para os clientes é que seu equipamento será inspecionado e mantido regularmente para um desempenho máximo. Além disso, o cliente da manutenção preventiva conseguirá prioridade no serviço sobre os clientes sem contrato. Algumas empresas dão, mesmo para os clientes de manutenção preventiva, um desconto na taxa da mão de obra.

Quando um negócio de assistência técnica teve contratos de manutenção preventiva por alguns anos, ele pode usar seus registros de serviço naqueles clientes com contrato para determinar como apreçar um contrato de cobertura total.

Técnicos como vendedores

Técnicos que "vendem" é um tópico que suscita muita discussão entre os donos, gerentes e os próprios técnicos de HVAC/R. Alguns proprietários acreditam que seus técnicos devem vender, outros acreditam que isso é um trabalho só de vendedores treinados. Alguns técnicos acreditam que seu trabalho é apenas reparar ou instalar, mas não vender. A maioria dos técnicos acredita que não têm a habilidade para vender qualquer coisa. Seguros em sua habilidade técnica, esses técnicos não têm a confiança de abordar um cliente e sugerir serviços adicionais, um contrato de manutenção ou uma atualização de equipamento.

Infelizmente, há uma concepção errada de que os vendedores são mascates que batem à porta das pessoas e tentam convencer o proprietário da casa de que eles precisam de qualquer coisa que o mascate esteja vendendo. Ou eles imaginam um vendedor que exerce grande pressão para tentar forçar as pessoas a comprar algo de que elas realmente não necessitam. Na realidade, esses exemplos estão longe do tipo de venda de que estamos falando.

O fato é que cada técnico é um vendedor, em algum grau. Quando chegamos ao local para fazer consertos ou uma instalação, tentamos dar uma boa impressão e mostrar ao cliente que somos profissionais e bons naquilo que fazemos. Em essência, nossa primeira tarefa é nos vender para o cliente.

Quando encontramos um problema com o equipamento, geralmente contatamos nosso escritório para conseguir uma estimativa para podermos orçar para o nosso cliente. Depois de dizer ao cliente quanto o conserto custará, respondemos suas dúvidas e lhe asseguramos de que somos qualificados para fazer o trabalho. Basicamente, isso é o que estamos vendendo – determinando a necessidade do cliente e satisfazendo essa necessidade.

Técnicos que vendem não estão mais do que dizendo aos nossos clientes quanto custará cuidar de seus problemas. Não é difícil visualizar-se apontando as coisas que um cliente pode necessitar, mas de que ele ainda não se deu conta. Por exemplo, é vender informar os clientes de que um contrato de assistência técnica seria em seu melhor interesse e na verdade vai economizar-lhes dinheiro a longo prazo? Você precisa ser um vendedor para sugerir que o cliente fará melhor substituindo uma unidade velha do que tê-la consertada? Talvez você esteja trabalhando em uma unidade, mas vê que o evaporador de outra unidade está congelado. Você não deveria perguntar ao seu cliente se ele gostaria que você cuidasse daquele problema também? Esses são exemplos de satisfazer as necessidades dos clientes, não de pressioná-los a comprar algo de que eles não necessitam. O melhor tipo de técnico que vende está tentando satisfazer os desejos e vontades do cliente. Se você olhar para os interesses dos clientes, eles ficarão satisfeitos, seu empregador ficará satisfeito e você terá mais valor para ambos.

Estratégia de saída

Alguém disse uma vez, "Comece com o fim em mente". Isso é muito verdadeiro quando se inicia um negócio. Eventualmente o proprietário vai desejar aposentar-se ou mudar para alguma outra coisa e precisa planejar bem antes de esse evento ocorrer. Planejamento dessa natureza é conhecido como plano de saída ou *estratégia de saída*.

A maioria dos donos de pequenas empresas de refrigeração enfoca as atividades do dia a dia, tentando apenas sobreviver, de maneira que falha em planejar o futuro da empresa sem eles. Como resultado, a maior parte dessas empresas são vendidas por menos do que o valor total de seus ativos (veículos, equipamentos, peças etc.). Vender uma empresa apenas pelo seu ativo pode não resultar em um retorno apropriado para o investimento inicial do dono e pelos anos de gerenciamento. Além disso, se o proprietário não planejar a continuação da empresa, os empregados terão de procurar outro trabalho.

Com algum planejamento, um proprietário pode se aposentar com uma boa renda e com a segurança de que tanto a empresa quanto seus empregados permanecerão no negócio. Há mais opções do que apenas vender o negócio para outra empresa. Em alguns casos, os empregados-chave podem comprar do dono que se aposenta, de modo que não exija que eles façam grandes empréstimos. Frequentemente, os arranjos de financiamento podem ser feitos por meio das operações normais do negócio.

Se o negócio ficar sob a responsabilidade dos empregados, a transição pode ser feita enquanto o dono ainda está presente. Gradualmente, os empregados da gerência devem receber mais autoridade e oportunidade para administrar a organização sob a orientação do dono. Dessa maneira, a transição final da propriedade e gerenciamento será suave e eficaz.

Resumo

Tomara que este capítulo ajude os técnicos a entender por que os proprietários e gerentes são tão preocupados sobre o tempo faturável, custos, recolhimentos e crescimento da empresa. Seria benéfico, também, se essas percepções fossem compartilhadas com outros técnicos, que podem não ter tido a chance de aprender sobre como administrar um negócio de refrigeração. Esse compartilhamento de conhecimento pode se provar ser um serviço inestimável tanto para os empregadores quanto para os colegas empregados.

Iniciar um negócio é duro, e qualquer pessoa que tenha passado por isso tem um grande apreço por aqueles que ainda estão no negócio depois de dez anos. No entanto, há mais para estar no negócio do que apenas sobreviver. Os proprietários são orgulhosos de seu negócio, e embora alguns não demonstrem com bastante frequência, eles são muito preocupados com seus empregados e seu sucesso continuado com a organização.

Os técnicos que avançam na administração da empresa, ou mesmo abrem seus próprios negócios, devem se aproveitar de muitos seminários e escolas de administração e práticas básicas de negócio tanto quanto possível. Tão importante quanto para os técnicos receberem treinamento técnico, gerir corretamente as pessoas e administrar uma empresa também exige treinamento.

Eu agradeço a dedicação e o esforço que vocês mostraram em concluir este livro sobre refrigeração comercial. Desejo-lhes o melhor em qualquer escolha que vocês façam na indústria de refrigeração. Tomara que o que aprenderam neste livro faça de vocês não somente técnicos melhores, mas pessoas mais confiantes e um crédito para o comércio.

Boa sorte,

Dick Wirz

Questões de revisão

1. **De um milhão de negócios iniciados todos os anos, qual porcentagem estará em funcionamento até o final de seu primeiro ano?**

    a. 95%
    b. 75%
    c. 50%

2. **De um milhão de negócios originais, qual porcentagem resta depois de dez anos?**

    a. 50%
    b. 20%
    c. 5%

3. **Como os preços da assistência técnica devem ser determinados?**

    a. Com base no custo de fazer negócio, mais um lucro.
    b. Com base naquilo que a concorrência está cobrando.
    c. Com base no preço mais alto que a empresa pensa que pode cobrar.

4. **Qual fator influencia mais as decisões da gerência?**

    a. Satisfação do empregado.
    b. Imagem da empresa.
    c. Custos

5. **Qual é a primeira regra da tomada de decisão gerencial?**

    a. Fazer o que os clientes querem.
    b. Fazer o que é melhor para a empresa.
    c. Fazer o que os empregados querem.

6. **Por que realizar uma escrituração correta é uma parte importante do trabalho de todos?**

    a. Ajuda a eliminar erros custosos.
    b. É uma parte da manutenção do registro da empresa.
    c. É um meio eficaz de comunicação da empresa.
    d. Todas as respostas anteriores.

7. **Como recolher dinheiro na entrega ajuda a operação de uma empresa?**

    a. Elimina os custos de cobrar faturas.
    b. Fornece dinheiro para fazer a folha de pagamentos e descontar notas.
    c. Reduz os maus débitos.
    d. Todas as respostas anteriores.

8. **O que é lucro líquido?**

    a. O que o dono da empresa guarda para si.
    b. O que sobra depois de todas as despesas, e é economizado para os tempos difíceis e para crescimento.
    c. O que o cliente é cobrado pela chamada de assistência técnica.

9. **O que são considerados custos diretos?**

    a. Pagamento do técnico + custo das peças.
    b. Preço de venda – custos diretos.
    c. Preço de venda – custo das peças.

10. **Qual é a produtividade média de um técnico de assistência técnica?**

    a. 95%.
    b. 75%.
    c. 50%.

11. **Qual é o lucro líquido médio das pequenas empresas de ar-condicionado e refrigeração?**

    a. 15% a 20%.
    b. 5% a 10%.
    c. 1% a 3%.

12. **O que é um preço fixo?**

    a. O cliente é cobrado pela remuneração de um conjunto de horas.
    b. Um conserto específico é cotado de acordo com um livro de preços.
    c. O cliente é cobrado com base no total da mão de obra e materiais.

13. **Por que o preço fixo é justo tanto para a empresa quanto para o cliente?**

    a. O cliente é somente cobrado pelo tempo médio que um técnico leva para fazer aquele tipo de conserto.
    b. O cliente somente paga o que ele quer pagar.
    c. O cliente paga somente o tempo que o técnico mais rápido levaria para resolver um problema.

14. **Por que os negócios tentam tão duramente manter seus clientes atuais satisfeitos?**

    a. Custa muito mais trazer um novo cliente, do que manter o cliente existente.
    b. Porque os clientes atuais são fáceis de agradar.
    c. Porque os novos clientes são mais difíceis de convencer.

15. **Por que é importante contratar o tipo certo de empregados para uma empresa?**

    a. Porque eles são mais fáceis de treinar.
    b. Porque o tipo errado de empregado não ficará muito tempo na empresa.
    c. Porque a reputação e o futuro da empresa estão nas mãos dos empregados.

16. **O que é capital de giro?**

    a. Dinheiro usado para gerar mais dinheiro.
    b. Todos os lucros gerados pela empresa.
    c. O dinheiro emprestado de um banco.

17. **Descreva os benefícios de um programa de contrato de manutenção para a empresa e para o cliente.**

18. **Como o contrato de manutenção preventiva difere do contrato de cobertura total?**

ÍNDICE REMISSIVO

A

Acumuladores, 134, 205
Administração de Alimentos e Remédios dos Estados Unidos (FDA), 434
AEVs (válvulas de expansão automática), 161-162 Ver também TEV (válvula de expansão termostática)
Agência de Proteção do Meio Ambiente (EPA), 9
Alco EEV, 164f
Algoritmos, 165
Amortecedores, 66
Amortecedores de ar, 66
Amperagem, 279-281
Amperagem de rotor de bloqueio, 104, 282-284
Amperagens de carga estabelecida (RLA), 183, 190-192, 266, 279-281, 283-285, 297
Apreçamento, 414, 446-453, 455-460
Aquecedores em faixa de resistência elétrica, 35
Ar ambiente, 3, 232-234
Ar condicionado
    carga, 332-335
    compressores *scroll*, 118-120
    controle digital direto (DDC) sistemas, 348
    Delta T, 17
    diferença de temperatura (TD) e umidade, 19-20
    em supermercados, 354
    espaçamento de aleta, 34
    filtros de ar, 206
    fluxo de ar, 52
    intervalo de temperatura (*condenser split*), 58
    novas tecnologias, 362, 365f
    operação do sistema de R22 simples, 3-6f
    superaquecimento, 28, 132
    taxa de compressão, 88
    temperatura de descarga, 112-116
    temperaturas do evaporador, 190
    TEV, 150
    troca de calor, 22-24
    vs. refrigeração, 5-8
Azeótropos, 8, 306

B

Balcões de exposição, 354-357

Benchmarks, 19
Bobinas de expansão direta (DX), 22
Bombas de vácuo, 315, 318-323
Bombear para fora, 109, 186

C

Caixas de abaixamento de temperatura, 387-389
Caixas de produção, 388-389
Calor. *Ver também* Superaquecimento
    latente, 5, 17, 23, 47, 52
    recuperação, 354*f*, 354
    sensível, 5, 27-28, 47, 86, 132
    troca, 22-25, 211-212
Calor latente, 5, 17, 23, 47, 52
Calor sensível, 5, 27-28, 47, 86, 132
Câmaras frigoríficas. *Ver também* Refrigeração de baixa temperatura
    aplicações, 379-381
    componentes, 381-389
    condições de operação, 237-238
    diferença de temperatura (TD) e umidade, 16, 19
    dispositivos restritos de medida, 254-255
    dobradiças, maçanetas e gaxetas, 437-439
    EEV, 163
    EPR, 193
    faixas de temperatura, 379
    fiação, 32
    formulário de cálculo de carga, 391*f*
    instalação, 373-376
    operação de evaporador, 20, 27-33
    portas, 376-380, 401
    problemas de degelo, 403-405
    problemas de dimensionamento ou carga de produto, 401
    problemas de drenagem, 402-403
    problemas de evaporador, 256-258, 399-401
    problemas de fluxo do ar no condensador, 244-247
    problemas de transpiração da porta de vidro, 405-406
    recarga, 332-335
    redução anormal de temperatura, 17
    refrigerantes, 8
    restrição na linha de líquido após o receptor, 255
    restrição no lado alto antes do receptor, 255
    sistema de rack paralelo, 106-109, 345
    sistema R22, 7*f*
    sobrecarga de refrigerante, 242-244
    solução de problemas de não condensáveis, 247-249
    solução de problemas no compressor, 249-251
    subcarga de refrigerante, 239-241
    superaquecimento, 133
    tabela de unidade de condensação, 380*f*
    TEV, 146-147, 223*f*
    tipos e tamanhos, 372-373
    tubo de drenagem, 398-399
    tubulação de refrigeração, 389-398
Capacidade, 383-386
Capacidade do sistema, 383-386
Capacidade Volt-Ampere (VAC), 286-287
Capacitores, 284-289
Capacitores de funcionamento, 287-289
Capacitores de partida, 284-287
Capital e expansão, 455
Carga crítica, 159

Carga de produto, 401
Cargas avaliadas, 325
CFC, 306
Chamadas desnecessárias de assistência técnica, 437
Ciclo curto, 204
Clientes
    apreçamento e custos, 449-453
    assistência técnica a, 452-454, 459-461
    limpeza de condensador para, 61
    máquinas de fabricar gelo, 418-422
    supermercado, 343
Coletores, 343
Compressor Carlyle, 113
Compressores
    acúmulo de líquido, 98-103
    aplicações de baixa temperatura, 92, 112
    atividades iniciais e carregamento, 323-335
    atualização, 307-313
    capacitores de partida, 284-287
    contatores, 277-281
    controle da capacidade, 102, 104-112
    cv/combinação com kW, 382-384
    dispositivos de partida do motor, 281, 282f
    em sistemas simples de R22, 3-6
    evacuação, 317-323
    função, 86
    herméticos, 89-91
    inundação, 95-98
    lubrificação, 92-95, 343
    motores monofásicos, 281-282, 295
    operações, 86-90
    recuperação de refrigerante, 311-318
    redução anormal de temperatura, 183
    refrigerados a ar, 65, 91, 95-103
    relés de partida, 282-284, 287-290, 295-298
    scroll, 118-122
    semi-hermético, 90-92, 213, 308
    separadores de óleo, 95, 197-200, 343, 344f
    sistemas compostos de dois estágios, 112-118
    sistemas de rack paralelo, 343-348, 358f
    sobrecarga, 150, 182-183, 189-191, 201-202, 307-309
    sobrecargas do motor, 278-281, 291-296
    solucionando problemas, 102, 104f, 225-227, 249-251, 266, 291-298
    superaquecimento, 101-102, 113
    três fases, 278
    válvula de serviço, 180-184
    válvulas de serviço de compressor, 180-184
    variadores de frequência (VFD), 122, 360
    visão geral, 9
Compressores alternados. *Ver* Compressores.
Compressores Copeland
    compressores *scroll*, 118-121
    controles de ciclo de pressão máxima do ventilador, 65
    lubrificação de compressor, 94
    resfriamento por solicitação (Demand Cooling'), 113, 114f
    superaquecimento de compressor, 102
Compressores de ferro fundido,., 90
Compressores herméticos, 89-91
Compressores herméticos utilizáveis, 90
Compressores refrigerados a ar, 65, 91, 95-103
Compressores *scroll*, 118-122

Compressores semi-herméticos, 90-92, 213, 308
Compressor parafusado, 90
Compressor trifásico, 277
Comprimento equivalente da tubulação, 390
Condensador dividido, 5, 58-60, 349
Condensadores
　Btuh, 383
　capacidade de sistema, 383-386
　carregar, 325-335
　como imagem de espelho de evaporadores, 9, 52
　dividido (CS), 5, 58-60, 349
　fases, 54-55
　funções, 52
　gás *flash*, 55-59
　inundação, 66-70
　limpeza e manutenção, 60-62, 77-79
　operações, 52-54
　pressão máxima, 62-66, 72, 75-78
　pressão máxima de flutuação, 68-70
　problemas de fluxo de ar, 244-247, 354-357
　refrigerado à água, 22, 70-79, 92, 319, 416, 421-422, 427-428
　refrigerados a ar, 60-66, 70, 440
　resfriando torres, 72
　sistemas de água usada, 73, 75
　solucionando problemas, 227, 243-247
　tecnologia de serpentina de microcanal, 78
　válvulas reguladoras de pressão máxima (HPR), 66, 68*f*, 68-69
　variadores de frequência (VFD), 66, 360
Condensadores de casco e tubo, 70-71, 73*f*, 76*f*
Condensadores do tipo flange, 71*f*
Condensadores refrigerados a ar, 60-66, 70, 440

Condensadores resfriados à água, 22, 70-79, 92, 319, 416, 421-422, 427-428
Condensadores tubo a tubo, 70, 71*f*, 76*f*
Condições ambientais de baixa temperatura, 328-335
Condições de projeto, 17
Congelamento. *Ver* Descongelamento.
Contatores, 277-281
Contra EMF(Força contraeletromotriz), 286-287
Contratos, 61, 456-460
controladores do ciclo de ventilador, 64-66
Controladores, 46*f*, 166*f*, 348
Controladores Sporlan, 166*f*
Controle da pressão de óleo, 200-204
Controle de capacidade, 102, 104-112
Controles da temperatura, 2, 176-181, 379
Controles de alta pressão, 197, 198*f*
Controles de baixa pressão (LP), 194-197, 214
Cortinas de ar, 355-356
CS (intervalo de temperatura do condensador), 5, 58-60, 222, 263, 311-312
Curso de compressão, 87
Curso de entrada, 87
Curso de sucção, 87
Custos, 449-453

D

Dando assistência técnica
　bombas de vácuo, 321-323
　clientes, 449-453, 459-461
　condensadores resfriados à água, 73-79
　condensadores resfriados a ar, 60-63
　contratos de manutenção, 61, 456-460
　equipamentos de supermercado, 356-357

filtros secadores, 207-209, 316
máquinas de produção de gelo, 420-423
micrômetros, 321-323
produtos de limpeza, 61-62, 77, 418-422
serviço de refrigeração de alimentos, 438-440
torres de resfriamento, 72
tubos capilares, 161

Delta T, 17, 19, 265-266

Descarregadores, 104-109

Descongelamento
baixa temperatura, 30-31, 34-46, 263-265, 350, 403-405
DTFD (término de degelo/interruptor de retardo de ventilador), 36-37, 40-41f
em refrigeração de supermercado, 350-355
evaporadores, 30-33
problemas, 403-405
relógios, 31f-32f, 36-37, 38f-40f, 43f, 44f
término, 39-44
TROT, 33-35

Descongelamento aleatório, 30

Descongelamento desligado, 30

Descongelamento planejado com ar, 30-32

Descongelamento por gás quente, 34

Deslizamento, 8, 306

Desmontes, 90, 93

Desprendimento (máquinas de gelo), 412-416, 418, 425-428

Dessecantes, 160, 207

Desumidificação, 19

Desvio de gás quente, 106, 113

Diagnóstico. Ver Solução de problemas

Diferença de temperatura (TD), 16-21, 197, 265, 356

Diferencial, 30, 64

Dispositivos de partida de motor, 281, 282f
dispositivos de seguro contra falhas, 36-37, 40, 403
Distribuidores, 138
DTFD (término de degelo/interruptor de retardo de ventilador), 36-37, 40-41f
DX (bobina de expansão direta), 22

E

EEV da Sporlan, 164f, 165f

Efeitos de refrigeração, 113

Eficiência energética, 20, 348-350, 354

Eficiência volumétrica, 87, 112

Eliminadores de vibração, 212f

EMF (força eletromotriz), 286-287

Empregados, 454-456

Enrolamentos, 291, 293f

Estatores, 101

Evacuação, 317-323

Evacuação automática, 109, 186

Evacuação tripla, 319-321

Evaporadores. *Ver também* Dispositivos de medida; TEV (Válvulas de expansão termostática)
capacidade do sistema, 383-386
descongelamento, 30-33
descongelamento em baixas temperaturas, 34-46
descongelamento interno, 350-355
descongelamentos por ar em temperatura média, 30-35
diferença de temperatura (TD), 16-21
e Btuh, 383
e condensadores, 9, 52
eficiência de troca de calor, 22-25
espaçamento de aletas, 33f
fiação, 32f, 33f

função, 16-25
Heatcraft, 16f, 26f, 36f
inundação e subcarga, 28, 130, 151
materiais, 21-23
medida de superaquecimento, 27-28, 132-135
na absorção de calor, 4-6
operação de, 20, 27-33
pressão, 27, 191-194, 226-231, 345-347
problemas com tubos capilares, 255-256
problemas de fluxo de ar, 255-256, 400-402
reduções anormais de temperatura, 17, 29
registro de óleo, 263-265
solução de problemas, 20-22, 225, 255-258, 399-401
tabelas de configuração, 382f
temperaturas, 16, 130-131, 190
tipos, 24-27
visão geral, 8
Evaporadores de microcircuito, 25
Evaporadores estampados, 25, 28f
Evaporadores subcarregados, 28, 130, 151, 159
expansão adiabática, 131

F

Fase de dessuperaquecimento, 5, 54, 113
FDA (Administração de Alimentos e Remédios dos Estados Unidos), 434
fiação do interruptor do ventilador, 33f
Filtros secadores, 159-161, 206-210, 316
Filtros secadores em linha de sucção, 207-208
Fluxo de ar
    amortecedores e, 66
    ar condicionado, 52
    em expositores, 354-357
    problemas de condensador e, 244-247, 354-357
    problemas de evaporador e, 255-256, 400-402
Fluxo de caixa, 449
Força eletromotriz (EMF), 286-287
Formulário de cálculo de carga, 391f
Freezers. *Ver também* Refrigeração em baixas temperaturas; Câmaras frigoríficas

G

Garantias, 422-423
Gás de descarga, 54
Gás *flash*, 55-59
Gás quente, 54
Gaxetas, 437-439
Geladeiras comerciais. *Ver também* Sistemas de tubulação capilar
    com dispositivos de medida de tubos capilares, 223f
    condições de operação de, 237-238
    controles de baixa pressão, 195-198, 214
    descongelamento, 34
    diferença de temperatura (TD) e umidade, 19-20, 197
    dispositivos de medição restrita, 253-254, 266
    faixas de temperatura, 2
    problemas de fluxo de ar com condensador, 244
    problemas no evaporador, 255-256
    recomendações da fábrica para diagnósticos, 267f
    refrigerante, 8, 309-311, 328, 365
    sobrecarga de refrigerante, 241-242

solução de problemas de compressor, 249-251
solução de problemas de não condensáveis, 245-247
subcarga de refrigerante, 239
termostatos, 176, 177f, 180

H

Heatcraft, 16f, 26f, 36f, 46f
Hill PHOENIX, 359, 362

I

Iluminação, 361
Inspeção sanitária, 434-442
Instalação
    acesso ao ajuste de pressão, 134
    bulbos de TEV, 142-144
    câmaras frigoríficas, 373-376
    compressores scroll, 120
    condensadores refrigerados a ar, 65
    EPR, 192, 346
    filtros secadores, 159-161, 207-209, 316
    máquinas de produzir gelo, 415-420
    micrômetros digitais, 323
    pares de compressão ou junta, 75-77
    portas de alívio da pressão (PRP), 377
    prevenir superaquecimento do compressor, 113
    refrigeração de supermercado, 356-358
    separadores de óleo, 199-200
    sifões-p, 389, 398-399
    sistemas de água usada, 73
    termostatos, 178, 436
    torres de resfriamento, 72
    tubo de drenagem, 398-399
    tubulação, 389-393

válvulas CPR, 190-191
válvulas de desvio de gás quente, 193
válvulas solenoide, 187
válvulas tipo sweat, 137-138
visores de vidro, 209-211
interruptor de ventiladores com retardo, 36, 40-41f
Interruptores contínuos, 109
Inundação
    condensadores, 66-70
    evaporadores, 28, 130, 151
    refrigerantes, 95-98
Inundação de retorno, 95-98, 205
Invensys/Paragon, 44
Jatos resfriadores, 436

L

Lama, 98-101
Lei do ar limpo, 8
Leituras em microfarad, 285
Ligar e desligar, 30, 64-65, 197
Limpeza e manutenção. *Ver* Assistência técnica
Linhas de descarga, 393-396
Linhas de líquido
    dimensionamento, 389-392
    em solenoides de desligar refrigerante, 99, 194
    secadores, 207-209
    visores de vidro, 210, 240, 328
LRA (Amperagem de rotor bloqueado), 104
Lubrificação, 92-95, 343

M

Manitowoc Ice, Inc., 22, 289, 414f, 417f, 418, 426

Manutenção
    bombas de vácuo, 321-323
    condensadores refrigerados a ar, 60-63
    condensadores resfriados à água, 73-79
    contratos, 61, 456-460
    equipamentos de supermercado, 356-357
    filtros secadores, 207-209, 316
    manutenção de equipamento de refrigeração de alimentos, 439-440
    máquina de produzir gelo, 418-423
    micrômetros, 321-323
    produtos de limpeza, 61-62, 77, 418-422
    serviço de atendimento ao cliente, 449-453, 459-461
    torres de resfriamento, 72
    tubos capilares, 161
Máquinas de produção de gelo
    filtros, 63, 419f
    garantias, 422-423
    inspeção sanitária, 437
    instalação, 415-420
    limpeza e manutenção, 420-422
    operação, 412-415
    solução de problemas, 423-428
    tipos e aplicações, 412
Máquinas de produção de gelo refrigerados a ar, 421
Margem de segurança, 27, 132
Medidores, 264-266, 318, 322-323, 328
Micrômetro digital, 318, 321-323
Micrômetros, 318, 321-323
Miscibilidade de óleo, 306
Modernização
    sistemas de refrigeração, 306-311
    sistemas de tubo capilar, 310-311
    sistemas TEV, 311

MOP (pressão máxima de operação), 150
Motores com fase dividida, 282
Motores eletricamente comutados (ECM), 66, 361
Motores monofásicos, 281-282, 295

N

Não condensáveis, 246-249
NEMA (Associação Nacional dos Fabricantes de Materiais Elétricos), 280
Nivelado, 373
Nível e prumo, 378-379

O

Obturadores, 66
Óleo alquilbenzeno, 307
Óleo polioester (POE), 209, 307
Orifício, 130
Oscilação, 64, 135, 151-152

P

Papel de tornassol, 440
Partida e carregamento, 323-335
Poço de termômetro, 378
Ponto de bolha, 8
    clientes, 452-456
    começando e permanecendo, 446-448
    contratos de manutenção, 61, 456-461
    dicas de negócio
    estratégia de saída, 461
    expansão, 455
    orçamento e custos, 449-453
    registros e escrituração, 447-449
Ponto de orvalho, 8, 18
Portas, 375-380, 401, 405-406

Pressão
- em condensadores, 52-59
- em evaporadores, 27, 191-194, 226-231, 346-347
- equalizada, 325
- lado baixo, 4
- máxima, 62-66, 72, 75-78
- máxima de operação (MOP), 150
- máxima flutuante, 68-70
- óleo, 200-204
- portas de alívio (PRP), 377-378
- queda, 55-56, 226-231
- regras de, 233
- reguladores de pressão do evaporador (EPR), 192-194, 346
- solução de problemas, 233
- sucção, 27, 90, 112, 120-122
- transdutores, 44f, 165, 166f
- válvulas HPR, 66, 68f, 68-69

Pressão de sucção, 27, 90, 112, 120-122
Pressão máxima, 62-66, 72, 75-78
Pressão máxima de operação (MOP), 150
Pressão máxima flutuante, 70
Pressões equalizadas, 325
Processo de carregamento, 324-335
Produtos alimentícios
- ácidos nos, 22
- armazenamento de frutos do mar, 24
- ciclo de descongelamento e, 30
- flocos de gelo e, 412
- inspeção sanitária, 434-442
- movimento do ar e, 356
- temperaturas para, 343, 405
- umidade e, 19-20, 383

Produtos de limpeza, 61-62, 77, 418-422
Prumo e nivelamento, 378-379
pump down, 109, 186, 204, 265, 330
pump down de uma única vez, 109, 186
pump down sem reciclagem, 186
Queda de voltagem, 202

R

Razão de eficiência energética sazonal (SEER), 20
Receptores, 204-205, 255, 313-315
Recuperação de líquido em vácuo, 313-315
Recuperação de refrigerantes, 311-318
Redução anormal de temperatura
- e acumuladores, 205
- e compressores, 183
- e evaporadores, 17, 29
- e reguladores de pressão do cárter, 190-192
- e sistemas tubos capilares, 234, 242
- e superaquecimento, 135
- e TEV, 150

Refrigeração. *Ver também* Dicas de negócio
- componentes, 8-9
- sistemas R22 de operação simples, 6f
- tubulação, 389-398
- vs. ar condicionado, 6-8

Refrigeração com temperatura extrabaixa, 116, 250
Refrigeração de baixa temperatura
- carga de produto, 401
- carregamento, 334
- compressores, 92, 112
- compressores em Scroll, 120-122
- descongelamento, 30-31, 34-46, 263-265, 350, 403-405
- diferença de temperatura (TD) e umidade, 20, 265
- faixas de temperatura, 2, 379
- filtros secadores na linha de sucção, 207-209

intervalo de temperatura de condensador, 223, 263, 311-312
inundação de retorno, 205
níveis de óleo, 203
problemas de lubrificação, 94-95
reduções anormais de temperatura, 17, 150
refrigeração em temperaturas extra baixas, 116, 250
refrigerantes, 8, 328, 365
resfriamento da cabeça do compressor, 92, 113, 114f
sistemas de rack paralelo, 333
sobrecarga do compressor, 150, 182, 189-191
superaquecimento, 133, 225
supermercado, 354
tabela de unidade de condensação, 380f
taxas de compressão, 59, 88-89, 112
TEV, 147, 150

Refrigeração em supermercados
caixas múltiplas e temperatura, 343
controladores, 348
controle de pressão máxima, 348
descongelamento de serpentina, 350-355
eficiência energética, 348-350
fluxo de ar no expositor, 354-356
instalação, prestação de serviços e manutenção, 356-358
novas tecnologias, 359-365
recuperação de calor e reaquecimento, 354
sistemas de rack paralelo, 343-348, 358f
sub-resfriamento mecânica, 353
vazamento de refrigerante, 357-359
visibilidade do produto e acesso do consumidor, 343

Refrigeração em temperaturas médias. *Ver* Câmaras frigoríficas
Refrigeração por solicitação, 113
Refrigerantes
absorção de calor sensível, 132
acumuladores, 205
atualização, 308-311
câmaras frigoríficas, 8
detecção de vazamentos, 358-359
e a Lei do Ar Limpo, 8
eficiências, 306-307
em geladeiras comerciais, 8, 309-311, 328, 366
em redução de temperatura, 130-131
em refrigeração comercial, 7-8
em refrigeração de baixa temperatura, 8, 328, 365
HCFC (hidrogênio, cloro, flúor e carbono), 306-311, 324
HFC (hidrogênio, flúor, carbono), 306-308, 324
inundação, 95-98
novas tecnologias, 362-363
para receptores, 204-205
procedimentos de recuperação, 311-318
saturado, 5
sobrecarga de, 241-244
subcarga de, 239-241, 266
terminologia da ebulição, 17
Refrigerante saturado, 5
Refrigerantes HCFC (hidrogênio, cloro, flúor e carbono), 306-313, 323
Refrigerantes HFC (Hidrogênio, Flúor e Carbono), 306-308, 323
Regras de ouro do técnico (TROT)
ajuste do cv do compressor ao kW, 383
carregando um sistema de tubo capilar modernizado, 311

ciclo curto, 204
definidas, 10
descongelamentos, 32-35
efeitos da temperatura externa, 232
filtros secadores, 207
filtros secadores da linha de líquido, 207
intervalos de temperatura do condensador, 58
pump down, 204
sub-refrigeração, 55
substituição do bulbo da TEV, 142
TD de evaporador, 20-23
torres de resfriamento, 72
tubos capilares, 158

Reguladores de pressão do cárter (CPR), 189-191

Reguladores de pressão do evaporador (EPR), 192-194, 346

Relés
    coeficiente positivo de temperatura (PTCR), 289, 296-297
    corrente, 283-285, 295-297
    partida, 282-285, 287-290, 295-298
    potencial, 283, 287-288, 295-297
    potencial eletrônico, 297
    sensor de corrente, 202, 203f

Relés com coeficiente de temperatura positiva (PTCR), 289, 295-297

Relés de corrente, 283-285, 295-297

Relés de partida, 282-285, 287-290, 295-298

Relés potenciais, 283, 287-288, 295-297

Relés potenciais eletrônicos, 297

Relés PTC, 289, 295-297

Relés sensores de corrente (CSR), 202, 203f

Relógios. *Ver* Relógios que controlam o tempo

Resistores de drenagem, 284-285

RLA – Amperagem de carga estabelecida, 183, 190-192, 266, 279-281, 283-284, 297

Rotores, 101

Russell Coil Company, 70

S

SEER (Razão de eficiência energética sazonal), 20

Segurança
    aquecedor, 41
    carregamento, 330
    condição de superaquecimento, 132
    contatores, 280
    controle de pressão de óleo, 200-203
    dispositivo de segurança contra falhas, 36-37, 40, 403
    interruptor de pressão, 107, 423-424
    liberadores de porta, 375
    margem de, 27
    partida de motor, 292
    preenchimento máximo do cilindro de recuperação, 316-317
    sub-resfriamento do condensador, 353
    temperatura da linha de descarga, 113

Separador de óleo, 95, 199-200, 343, 344f

Serpentinas de gravidade, 25, 356

Serpentinas de tubo de convecção aletadas, 25

Sifões-p, 91, 95, 265, 389, 393-396, 398-399

Sistema de gerenciamento de superaquecimento (SMS), 359

Sistemas criticamente carregados, 325

Sistemas de águas servidas, 73, 75

Sistemas de compressores compostos de dois estágios, 112-118

Sistemas de controle digital direto (DDC), 348

Sistemas de DDC (Controle digital direto), 348
Sistemas de medida. *Ver também* Evaporadores; TEV (Válvulas de expansão termostática); Sistemas TEV
  dimensionamento, 146-149
  efeito do sistema sobre, 146
  estilo do corpo, 137-138
  função, 9, 130-131
  leitura, 150
  operação, 135-137
  queda de pressão, 226-231
  restritas, 253-255, 266
  sistema AC com R22, 6*f*
  solução de problemas, 151-152, 226, 252-255
  substituição de bulbo, 140-146
  superaquecimento, 132-135, 140
  TEV
  tubos capilares, 152-161, 223*f*
  válvulas de expansão automáticas, 161-162
  válvulas de expansão eletrônicas (EEV), 162-168
  válvulas equalizadas, 138-142
Sistemas de tubo capilar. *Ver também* Tubos Capilares
  atualização, 310-311
  compressores ineficientes, 249-250
  dispositivos de medida restritos, 253-255, 266
  não condensáveis, 246-248
  problemas de fluxo de ar do condensador, 244
  problemas do evaporador, 255-256
  redução anormal de temperatura, 234, 242
  sobrecarga de refrigerante, 241-242
  subcarga de refrigerante, 239-240
Sistemas R22, 3-6*f*, 7*f*
Sistemas rack paralelo, 106-109, 333, 343-348, 358*f*
Sistemas TEV
  câmaras frigoríficas, 145-147, 223*f*
  compressor ineficiente, 249-250
  dispositivos restritos de medida, 253-255
  e capacidade do evaporador, 385
  modernização, 311
  problemas com fluxo de ar no condensador, 244-247
  problemas no evaporador, 256-257
  restrições na linha de líquido após o receptor, 255
  restrições no lado alto, antes do receptor, 255
  sistema de baixa temperatura, 147, 150, 386-388
  sobrecarga de refrigerante, 242-244
  subcarga de refrigerante, 240-241
Sobrecarga
  compressores, 150, 182-183, 189-191, 201-202, 307-309
  com produtos alimentícios, 103, 437
  motores de compressor, 278-281, 291-296
Sobrecarga inerente do motor, 291
Solenoides para baixar a temperatura, 31-33, 100-101, 106-107, 167, 185-188, 194, 330, 347-349
Solução de problemas
  compressores, 102, 104*f*, 225-226, 249-251, 268, 291-298
  condensadores, 226, 243-247
  dispositivos de medida, 227, 252-255

dispositivos de medidas restritos, 253-255, 266
dispositivos fixos de medida, 227-231
e sub-resfriamento, 234-235
e superaquecimento, 234-235
evaporadores, 20-23, 225, 255-258, 399-401
fluxo de ar, 52, 244-247, 354-356, 401
máquinas de fabricação de gelo, 423-428
mínimo de informações necessárias, 222
mudanças de pressão e, 233
não condensáveis, 246-249
registro de óleo no evaporador, 263-265
restrição no lado alto antes do receptor, 255
restrições na linha de líquido após o receptor, 255
sem medidores, 265-266
sobrecarga de refrigerante, 241-244
subcarga de refrigerante, 239-241
tabelas diagnóstico, 258-264
temperaturas e ar ambiente, 232-233
tubos capilares, 159-161
Sub-resfriamento, 3, 55-58, 234-235, 353f, 353
Sub-resfriamento mecânico, 353f, 353
Superaquecimento, 101-102, 113
    ajuste, 140
    ar condicionado (AC), 28, 132
    definição, 4, 47
    dessuperaquecimento, 5, 54, 113
    dispositivos de medida, 132-135, 141
    e redução anormal de temperatura, 17, 29, 135
    medir, 27-28, 132-135
    refrigeração em baixas temperaturas, 133, 225

solução de problemas, 233-235
vapor, 54

T

Tabelas de diagnóstico, 258-264
Tabelas de dimensionamento, 382f
Tabelas de Pressão/Temperatura (P/T), 16
Tabelas P/T (pressão e temperatura), 16
Taxa do fluxo de massa, 90
Taxas de compressão, 59, 87-89
TD (diferença de temperatura). *Ver* Diferença de temperatura
Tecnologia de serpentinas de microcanal, 78
Temperatura de condensação, 5, 54
Temperatura de deslizamento, 306
Temperatura de saturação, 17, 131f
Temperatura de sucção, 17
Temperatura de sucção saturada (SST), 17
Temperaturas
    ambiente, 3, 232-234
    de condensação, 5, 54
    de descarga, 112-116
    evaporador, 16-18, 130-131, 190
    geladeiras comerciais, 2
    máquinas de fazer gelo, 437
    para alimentos perecíveis, 343
    produtos alimentícios, 434-438, 440-442
    refrigeração de supermercado, 343
    refrigeração em baixa temperatura, 2, 379
    refrigerantes e, 7-8
    saturação, 17, 131f
    sucção, 17
    tabelas de pressão/temperatura, 16
    temperatura de sucção saturada (SST), 17

Termistores, 165, 166f
Termômetros, 133, 267f
Termostato (tstat), 30, 176-181, 185-188, 436
TEV da Danfoss, 131f
TEV da Sporlan, 130f, 135f, 152f
TEV (válvula de expansão termostática). *Ver também* Válvulas de expansão automáticas (AEV); Válvulas de expansão eletrônica
    ar condicionado, 150
    Danfoss, 131f
    dimensionamento, 146-149, 386-387
    efeito sobre o sistema, 146, 229-232
    estilo do corpo, 137-138
    função de, 4
    leitura, 150
    operação de, 135-137
    portas balanceadas, 70, 152, 153f
    redução anormal de temperatura e, 150
    refrigeração em baixa temperatura, 147, 150
    solução de problemas, 151-152, 229-232
    Sporlan, 130f, 135f, 152f
    substituição do bulbo, 140-146
    superaquecimento, 132-135, 140
    válvulas equalizadas, 138-142
    visor de vidro, 209-211
Timer da Paragon, 31f, 38f, 44f
Timer eletrônico de descongelamento de Grasslin, 43
Timer, 31f-32f, 36-37, 38f-40f, 43f, 44f
Torres de resfriamento, 72
Transdutores de pressão, 347
Transmissão de frequência variável (VDF), 66, 122-123, 360
TROT (Regra de ouro dos técnicos). *Ver* Regra de ouro dos técnicos (TROT)

Tubos capilares. *Ver também* Sistemas de tubo capilar
    funções, 152-160
    ilustrado, 131f
    solucionando problemas, 159-161
    trocadores de calor e, 211-213
Tubulação
    condensador dividido, 349f
    dimensionamento, 56
    drenagem, 398-399, 402-403, 416, 427
    e EPR, 347
    e lubrificação do compressor, 92-100, 343
    e registro de óleo no evaporador, 265
    instalação em supermercados, 356-358
    linha de sucção, 109, 133, 392f, 398f
    refrigeração, 389-398
    separador de óleo, 199-200
    sistemas de degelo com gás quente, 35
Tubulação de drenagem, 398-399, 402-403, 416, 427
Tubulação em linhas de sucção, 109, 133, 392f, 398f

U

Umidade, 18-20, 192-194, 197, 265, 354, 383
Unidades de refrigeração apenas armazenamento, 379-381, 437
unidades de tubulação de ventiladores, 26f, 27

V

VAC – Capacidade Volt-Ampere, 286-287
Válvula-rei, 204-205
Válvulas. *Ver também* TEV (Válvulas de expansão termostática)

AEV, 161-162
assistência técnica ao compressor, 180-184
desvio de gás quente, 188-189, 193
EEV, 162-168, 187, 347-349
equalizada, 138-142, 150
expansão dessuperaquecimento, 113
HPR, 66, 68*f*, 68-69
porta de expansão balanceada, 70, 152, 153*f*
rei, 204-205
solenoide, 31-33, 99-101, 106-107, 167, 184-188, 194, 330, 347
tipos sweat, 137-138
WRV, 72, 74*f*
Válvulas de desvio de gás quente, 188-189, 193
Válvulas de expansão automática (AEV), 161-162 *Ver também* TEV (válvulas de expansão termostática)
Válvulas de expansão de dessuperaquecimento, 113
Válvulas de expansão de porta balanceada, 70, 152, 153*f*

Válvulas de expansão eletrônica (EEV), 162-168, 187, 346-349. *Ver também* TEV (válvulas de expansão termostática)
Válvulas do tipo sweat, 137-138
Válvulas equalizadas, 138-142, 150
Válvulas externamente equalizadas, 138-142
Válvulas HPR (reguladoras de pressão máxima), 66, 68*f*, 68-69
Válvulas internamente equalizadas, 138-142
Válvula solenoide, 31-33, 99-101, 106-107, 167, 184-188, 194, 330, 347-349
Válvulas reguladoras de água (WRV), 72, 74*f*
Válvulas reguladoras de pressão máxima (HPR), 66, 68*f*, 68-69, 348
Vapor de sucção, 27, 52
Vapor saturado, 27
Vendas, 460-461
Ventos prevalecentes, 66
Visor de vidro, 55, 94, 209-211, 240, 328
Volume do vão, 87

Z

Zeotrópicos, 8, 306